普通高等教育"十一五"国家级规划教材

高职高专教材

设施园艺

第二版

张彦萍　主编

中国农业出版社

内容简介

全教材力求反映设施园艺的科学性、先进性和实用性，突出“新颖、简明、实用、易操作”的特色。全书共分十二章，介绍了园艺设施的类型与结构、园艺设施的规划与建造、园艺设施的覆盖材料、园艺设施环境特点及其调控技术、无土栽培技术、设施育苗技术、蔬菜设施栽培、设施花卉栽培技术、主要果树的设施栽培技术、设施园艺新技术。教材在章末安排了适量的设施园艺技能训练，并且在最后一章安排了“综合实践”，充分体现了“突出职业能力培养”的原则。各章后附有思考题。

教材注重现代设施栽培理论和技术的学习，突出实践教学和技能的培养。图文并茂，内容充实，适用面广，南北方皆宜，适合全国高职高专院校相关专业使用，也可供本科院校独立学院和中等职业技术学校相关专业参考。教学中可以根据地区特点和专业特点，对内容加以取舍，也可以结合当地的需要补充讲义。

第二版编审人员

主　编　张彦萍

副主编　陈素娟　张清友　孙曰波

编　者（按姓氏笔画排序）

弓林生（山西农业大学原平农学院）

卢爱英（山西林业职业技术学院）

刘海河（河北工程大学）

孙曰波（潍坊职业学院）

张彦萍（河北工程大学）

张清友（黑龙江农业职业技术学院）

陈素娟（苏州农业职业技术学院）

尚晓峰（杨凌职业技术学院）

审　稿　郭世荣（南京农业大学）

宋士清（河北科技师范学院）

第二版前言

本教材自2002年6月第一版出版以来，在全国高职院校应用广泛，对培养园艺、园林和农艺类高等技术应用性专门人才，提高劳动者素质起到了重要作用。近几年，设施园艺技术飞跃发展，新成果不断出现。此外，随着教育部颁布《关于全面提高高等职业教育教学质量的若干意见》，高职人才培养模式进行了全新的改革，以工学结合的思想带动专业调整与建设，引导课程设置、教学内容和教学方法的革新。在这样的背景下，本教材进行了修订。

在修订过程中，进一步突出设施园艺基础理论知识的应用和实践能力的培养。实践教学方面围绕职业能力培养的要求，开设实践性、综合性、设计性实验，强化技能训练和创新实践，使该教材更具代表性、广泛性、实用性和可操作性，突出教材“新颖、简明、实用、易操作”的特色。

在内容安排上，增添“园艺设施的规划与建造”、“设施园艺新技术”二章，为突出无土栽培和育苗技术在设施园艺中的作用，将“无土栽培技术”、“设施育苗技术”分别独立成章。每章末安排了适量的技能训练，最后增加了“综合实践”一章，设立了8个综合实践训练，充分体现了“突出职业能力培养”的原则。全书结构根据设施园艺生产过程进行组织，遵循由简单到高级、循序渐进和少而精的原则。

本教材共分十二章，编者根据各自的专长承担相关的编写任务，具体分工为：第一章 张彦萍；第二章 孙曰波；第三章 弓林生，刘海河；第四章 卢爱英；第五章 张彦萍，刘海河；第六章 陈素娟；第七章 张彦萍；第八章 刘海河，张彦萍；第九章 孙曰波；第十章 尚晓峰；第十一章 张清友；第十二章 张彦萍，刘海河，孙曰波，卢爱英，弓林生，尚晓峰。全书由张彦萍统稿。

教材修订期间，先后收到不少兄弟院校同仁的建议，修订中参阅了许多学者编著的教材、著作和完成的研究资料。书稿成形后，承蒙南京农业大学郭世荣教授和河北科技师范学院宋士清教授审阅了书稿，并提出建设性意见。这些都为本教材的完善和提高起到了至关重要的作用。在此，特表示由衷的感谢和敬意。

本教材涉及学科多，从理论到实践内容知识面广，参撰人员虽多次研讨并数易其稿，但由于时间和水平所限，疏漏或不妥之处在所难免，敬请广大读者指正，为本书进一步提高提供帮助。

张彦萍

2008年11月于河北工程大学

第一版编审者

主　编　张彦萍

副主编　韩世栋　陈国平

参　编　刘海河　程建国　张义勇

　　　　　陈国元　宋士清

主　审　邹志荣

第一版前言

本教材是国家教育部面向21世纪高职高专教学内容和课程体系改革的一项研究成果，是国家教委颁布试行的“21世纪农业部高职高专规划教材”组织编写的68种教材之一。

本教材编写大纲是在农业部高职高专规划教材指导委员会指导下，经反复修改拟订的。全书力求反映设施园艺的科学性、先进性和实用性。主要介绍了园艺设施的结构类型和性能、园艺设施覆盖材料、园艺设施环境及其调控、现代设施园艺技术基础；蔬菜、花卉和果树设施栽培的一般要求、主要蔬菜、花卉和果树设施栽培技术；设施园艺技能训练和综合实习实训指导。各章附有复习思考题。

本教材共分五篇，第一篇由张彦萍、刘海河、韩世栋、陈国元编写；第二篇由刘海河、张彦萍、宋士清、陈国元编写；第三篇由张义勇、陈国平编写；第四篇由程建国、张彦萍编写。宋士清编写整理附录。张彦萍负责全书统稿。

在编写过程中，我们始终坚持把实用性放在第一位，强调理论联系实际，力求通俗易懂。但是，由于设施园艺是一门新兴的学科，涵盖面宽，涉及学科多，又是21世纪全国高职高专规划教材，要求高，因此难度大，虽经几易其稿，错误和不妥之处在所难免。我们将这本教材奉献给广大读者，并诚请各位专家、学者及广大师生提出宝贵意见，以便再版时修订。

本书在编写和审改过程中承西北农林科技大学邹志荣教授审改部分内容，并参考了相关书籍和资料，在此一并表示谢意。

编　者

2001年12月

目　录

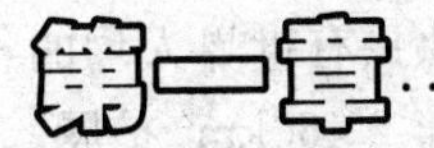

绪　论

【学习目标】了解设施园艺意义与发展状况；掌握国内外设施园艺发展现状；展望设施园艺技术的发展方向；掌握设施园艺的主要特点及设施园艺学的研究范畴。

第一节　设施园艺及其在国民经济中的作用

一、设施园艺的概念

设施园艺是指在不适宜园艺作物（主要指蔬菜、花卉、果树）生长发育的寒冷或炎热季节，采取防寒保温或降温防雨等设施、设备，人为地创造适宜园艺作物生长发育的小气候环境，不受或少受自然季节的影响而进行的园艺作物生产，称为设施园艺。由于生产的季节往往是在露地自然环境下难以生产的时节，又称“不时栽培”或“反季节栽培”、“错季栽培”等。蔬菜的设施栽培，在我国长期以来也被称为“保护地栽培”。

设施栽培和露地栽培是园艺作物栽培中的两种方式。设施栽培季节主要是在冬、春、秋以及夏、秋淡季，供应大量新鲜的园艺产品。因此设施栽培常采用多种园艺设施和措施，于不同季节进行生产，以获得多样化产品，满足人们需要。设施栽培的设施类型有风障、阳畦、温床、地膜覆盖、塑料拱棚、温室、荫棚等。生产方式有早熟栽培、延后栽培、冬季促成栽培、软化栽培、假植栽培以及炎夏降温、防雨栽培等。

设施园艺是我国农业领域一个重要的方面，涵盖了建筑、材料、机械自动控制、品种、栽培、管理等多种系统，科技含量高。设施园艺的发达程度，往往是一个国家或地区农业现代化水平的重要标志之一。

随着科技的发展，人民生活水平不断提高，对园艺产品周年供应提出了越来越高的要求。现今人们对蔬菜、花卉、果树供应的要求，不但要满足数量，而且要求质量以及花色种类，设施园艺的作用显得更加重要。

二、设施园艺的作用

（一）设施园艺在国民经济中的作用

随着改革开放市场经济和科技的发展，设施栽培在我国的蔬菜、花卉为主的园艺业发展中发挥着重要作用，设施园艺已成为设施农业的重要组成部分。因此，在我国发展设施园艺具有重要的现实和战略意义。

1. 实现资源高效利用 目前我国人均耕地为世界人均的1/3，人均水资源只有世界人均的1/4，人口以1.7%的速度逐年递增，耕地以每年30万hm^2递减，荒漠化以每年2 460km^2扩展。

设施内的小水暗灌、软管滴灌、小喷灌、渗灌、地膜覆盖储水保墒等新的灌溉技术不断发展，不仅能有效地提高水分利用率，而且可节水50%～70%，同时降低设施内湿度20%～30%，提高地温，防止土壤板结，防止和推迟设施病虫害的发生，亦有利于产量的提高和品质的改进。

设施栽培是高度集约化栽培方式，不仅可以在一般耕地上进行，而且可以在干旱缺水的沙漠地区、盐碱沙荒不毛之地、沿海滩涂地区、边防海边无土地区以及其他无法进行农业耕种的地区实施，不但可实现周年四季生产，而且可有效利用国土资源，补充耕地资源不足，大幅度地提高资源利用率和劳动生产率，实现高产、优质、高效和可持续发展。

2. 大幅度提高单产，增加产值，促进农业增收、农民致富和农村发展 近20年来，我国农业产业结构已发生巨大变化，园艺与特种经济作物只用15%的耕地，安排1.2亿人以上农村劳动力就业，占农民增收的30%以上。截至2005年底，全国蔬菜播种面积为1 772.1万hm^2，其中设施蔬菜栽培面积达253.7万hm^2，占世界设施蔬菜总面积的80%以上；全国果园面积1 300.7万hm^2，设施果树栽培面积约7万hm^2；全国花卉生产面积63.6万hm^2，设施花卉栽培面积达3万hm^2。

设施园艺是在人工控制环境条件下从事生产，比一般露地栽培产量有很大的提高。例如露地生产的黄瓜、番茄、甜椒、茄子等产量仅为每667m^2 2～3t，而设施内栽培产量可达每667m^2 10～20t，较露地增产10倍。

设施园艺生产的产品供应期比露地大量生产产品上市时间推迟或提前，经济效益高。据调查，蔬菜设施栽培的比较经济效益高于露地栽培的4～5倍，较大田作物高出10倍。2006年全国设施园艺产品纯收入约2 400亿元，对农民人均纯收入的贡献额达250元。

实践证明，设施园艺是我国新时期大幅度提高农业产值、经济效益、突出解决“三农”问题的重要手段，也是建设社会主义新农村的重要组成部分。

3. 有利于保障食品安全，提高我国农产品的国际竞争力 设施园艺是在环境可控条件下进行生产，有利于进行虫害控制，配合生物控制等高新技术的应用，可保证食品的安全生产，也是提高我国优势农产品国际竞争力的迫切需要。

4. 调节市场供应，增加市场花色种类 设施栽培使北方地区冬春季新鲜果品、蔬菜、花卉当地供应成为现实，也使南方地区在炎热的季节生产出露地无法生产的园艺产品，使近年全国南北市场出现了淡季不淡的园艺产品供应新景象，为丰富城乡人民的菜篮子和美化环境做出了重要贡献。例如，北方地区塑料棚膜温室中栽培油桃，3月下旬果实成熟上市；葡萄4月下旬开始采收上市，比露地栽培提前60～100d上市。利用日光温室生产喜温性蔬菜，基本上达到了周年生产和周年供应。

5. 增强抗灾减灾能力 设施园艺工程以其牢固的骨架设施和高强度、耐候性强的覆盖材料，在一定程度上能抵抗自然界大风、低温霜冻、大雨、冰雹以及高温、强日照的不利影响，增强抗灾和减灾能力，使设施栽培作物在不适宜的外界条件下获得成功。如按照节能型日光温室第二代结构与设计参数建造的设施，在严寒季节室内外最低温温差可达 30℃，就是说外界最低温－20℃的环境下，室内可维持在 10℃，这不仅能有效地防止低温冻害，保证设施内作物正常生长，而且为作物在不适宜的栽培季节向高纬度、高海拔地区推进，扩大栽培作物分布范围，增加产量，保障供给，增加效益创造了有利条件。在夏季高温酷热多雨的长江流域及以南的广大地区，设施覆盖农膜、遮阳网、防虫网等可达到遮强光、防高温、避雨淋、降湿、降温、防病虫的效果，使常规栽培条件下难获成功的夏秋菜栽培及育苗获得成功。

6. 为发展生态型农业提供必要条件 北京、河北、辽宁、山西、甘肃、黑龙江等地，将节能型日光温室、畜禽暖棚暖圈与沼气池三位一体科学筑造，构成有机生态型农业模式而形成良性循环，饲养动物放热呼出二氧化碳，为植物利用。粪便入池产生沼气作为燃料或用来照明，沼渣是优质肥料，植物为家畜提供良好的空气环境，而其残株烂叶也是家畜的青饲料，这样就使家庭种植业、养殖业及沼气能源同步发展，不仅有良好的社会经济效益，而且也有明显的环境效益。

7. 带动其他行业发展 设施园艺业属于科技密集型的高效集约型农业，设施园艺的高速持续发展，带动了国内一批相关产业的发展。如温室制造业、覆盖材料、仪器设备、包装、种苗业、运输业、餐饮业等各相关产业的发展，增加就业机会，提高国民收入，同时也为设施栽培进一步发展创造了有利条件。

（二）设施园艺在园艺作物周年生产中的作用

设施园艺的作用因地而异，由于地区的自然条件不同，市场的需求不同，采用的设备及生产方式各有特点，就其生产作用而言，以蔬菜为例可概括为：

1. 育苗 秋、冬及春季利用风障、阳畦、温床、塑料棚及温室为露地和设施栽培培育各种蔬菜幼苗，或保护耐寒性蔬菜的幼苗越冬，以便提早定植，获得早熟产品。夏季利用荫障、荫棚等培育秋菜幼苗。

2. 越冬栽培 利用风障、塑料棚等于冬前栽培耐寒性蔬菜，在保护设备下越冬，早春提早收获，如风障根茬菠菜、韭菜、小葱等，大棚越冬菠菜、油菜、芫荽，中小棚的芹菜、韭菜等。

3. 早熟栽培 利用保护设施进行防寒保温，提早定植，以获得早熟产品。如大棚早熟栽培可提早 30～50d。

4. 延后栽培 夏秋季节利用温室，塑料拱棚栽植果菜类、叶菜类等蔬菜，前期进行通风、防雨，秋季后期进行保温或加温，以延长蔬菜的生育及供应期，塑料拱棚栽培可比露地延长收获30d 左右。

5. 炎夏栽培 高温、多雨季节利用荫障、荫棚、大棚遮荫及防雨棚等设施，进行遮荫、降温、防雨，于炎热的夏季进行栽培。

6. 促成栽培 在最寒冷的冬季利用温室（日光或加温），栽培喜温果菜类蔬菜，促使形成产品。

7. 软化栽培 利用棚、室（窖）或其他软化方式，为形成的鳞茎、根、植株或种子创造条件，促其在遮光的条件下生长，生产出韭黄、蒜黄、羊角葱、豌豆苗、萝卜芽、苜蓿芽、菊苣、香椿芽等芽菜。

8. 假植栽培（储藏） 秋、冬期间利用保护设施将在露地已长成或半长成的蔬菜连根掘起，密集囤栽在阳畦或小棚中，使其继续生长，如油菜、芹菜、茎用莴苣、甘蓝、小萝卜、花椰菜等。经假植后于冬、春供应新鲜蔬菜。

9. 利用园艺设施进行无土栽培 上述这些作用同样适用于花卉尤其是草本花卉的周年生产，对于果树最主要的作用则是早熟栽培或促成栽培。

第二节 设施园艺的历史、现状及展望

一、设施园艺的发展简史

世界设施园艺的发展大体上分3个阶段：

第一，原始阶段：约2 000多年前，我国使用透明度高的桐油纸作覆盖物，建造温室。古代的罗马是在地中挖成长壕或坑，上面覆盖透光性好的云母板，并使用铜烟管进行加温，此时可以说是温室的原始阶段。

第二，发展阶段：主要是第二次世界大战后，玻璃温室和塑料大棚等真正发展起来，尤其以荷兰、日本为首的国家发展迅速，而且附加设备增多起来。

第三，飞跃阶段：20世纪70年代后，大型钢架温室出现，自动控制室内环境条件已成现实，世界各国覆盖面积迅速增加，室内加温、灌水、换气等附加设备广泛运用，甚至出现了植物工厂，完全由人类控制作物生产。今后将向着节能、高效、自动管理的方向发展。

荷兰温室已有100多年历史，目前温室结构及生产管理水平都处于世界领先地位。荷兰农民从19世纪末就开始把玻璃盆覆盖在植物上用于透光和保温，后来采用不足0.5m高的玻璃温箱种植作物，这是温室农业的最初形式。20世纪50年代初建起了木结构的“人”字形玻璃温室，开始了保护地规模化生产。荷兰温室结构主要选用铝合金框架和玻璃覆盖材料，也有少部分聚碳酸酯（PC）板材温室，温室生产基本实现了光、温、水、肥、气全面自动化控制。

我国的设施园艺虽然开始较早，但真正大面积运用生产是20世纪70年代初开始，至1978年，我国塑料大棚的面积已达5 300hm^2。1982年塑料薄膜地面覆盖已达21 000hm^2。2000年133万hm^2。到2006年，我国设施栽培面积已达250万hm^2，特别是“九五”期间，我国研制开发了华北型、东北型、西北型、华东型、华南型以及东南沿海等不同生态类型区和气候条件的新型、适用的温室及配套设施，提高了整体园艺设施水平。同时，我国又自建或引进了一批荷兰温室、日本及美国塑料温室，开展了工厂化育苗的技术研究，大面积采用了薄壁镀锌钢管装配骨架的塑料大棚。中国的设施园艺近年来发展最为迅速，已成为农业产业化一个新的增长点。主要用于蔬菜、瓜果、花卉的生产，其中节能日光温室、普通日光温室和塑料大棚发展最快。

二、设施园艺的现状与展望

（一）国外设施园艺发展现状与趋势

以荷兰、美国、日本、法国、以色列等国家为代表，其明显的特征是设施结构多样化，生产

管理自动化，生产操作机械化，生产方式集约化，是以现代工业装备农业，现代科技武装农业，现代管理经营农业。

1. 设施面积较大，发展程度不同 世界设施园艺比较发达的国家有：北美的加拿大和美国；西欧的英国、法国、荷兰、意大利和西班牙；中东的以色列、土耳其；亚洲、大洋洲的日本、韩国、澳大利亚等国家。其中西北欧国家由于常年天气较冷，夏季短，气温不高，以玻璃温室为主，而亚洲、南欧、北美以塑料温室为主。

2. 设施结构与建筑材料多样化

(1) 设施结构的多样化　纵观国外设施农业，其结构主要有3种类型：

①小拱棚：用支撑物托住塑料薄膜，高度在1m左右，两侧薄膜埋入土中，方法简便。

②塑料大棚：外形有拱圆形、屋脊形，以塑料膜为覆盖物，内部设施较少，主要用于春、夏、秋季生产。

③温室：大约有3个等级。第一是初级温室，指一般小型温室，不具备调温、通风等设备。第二是现代化温室，指连栋大型温室，可以实行耕种机械化，管理自动化。第三是工厂化温室，它是一座比较完善的工厂，其中有各种工序所需要的厂房、车间，按工序进行流水作业，即每天按同一规格和一定数量进行播种，育苗，促其生长和收获，它不需要土壤，作物也不一定固定生长，而是可以随机械转动进行移动生长，它的栽培是高度密集化的，操作是高度机械化的，经营是高度集约化的，它的生长时间短，采收时间长，年产量比露天作物高10倍，比现有的塑料大棚、普通温室高5倍。

(2) 建筑材料的多样化　在建筑材料上，国外温室建筑与工业材料的发展密切相关。如美国温室建筑大体可分为3个阶段：

①第一阶段（1950—1969）：当时建筑的温室以木结构为主，覆盖材料几乎全部用玻璃，温室的数量不少，但面积很少超过1.5hm²，有加温设备和自然通风，室内以土壤栽培为主。自动化设备很少应用。

②第二阶段（1970—1989）：金属骨架温室逐步增加，20世纪80年代以后建的温室，几乎全部用镀锌钢、镀锌管和铝合金的屋顶，覆盖材料除了玻璃以外，出现了玻璃钢、FRP板和双层充气薄膜温室，这样可以减轻屋架的重量，降低建筑成本。80年代中期，二氧化碳施肥技术、应用计算机控制温室环境及滴灌技术、无土栽培技术已普遍应用，温室降温采用电扇强力通风，用湿帘加强通风的技术也比较普及。

③第三阶段（1990—）：PC板已进入实用阶段，该板透光与保温性能好，耐用，不易破损，防火性能强，可制成3层的中空板，保温性能更佳。另外，光谱选择薄膜发展很快，如在塑料薄膜中加入类似硫酸铜的染料，可降低远红外光的透过率，使温室内温度降低。

3. 温室管理向电子化、机械化、专业化发展，基本实现自动化管理 温室管理由于采用了电子计算机控制环境和无土栽培技术，使植物在最佳小气候条件和根系环境中生长，产量水平得以突破。荷兰的温室70%以上面积已采用无土栽培，其中绝大部分采用岩棉栽培，微电脑控制温室的生产面积达90%以上，使作物栽培向自动化、工厂化发展。加拿大温室的一半以上采用无土栽培，每平方米番茄产量平均达35～40kg，最高达到48～50kg。黄瓜达到每平方米50～70kg。

计算机在温室中调控的环境因素除了空气温度、相对湿度、二氧化碳浓度和光照外，还有定时定量灌水以及营养液的精确注入、空气流速等。以加拿大不列颠哥伦比亚省制作的 Argus 软件系列为例，其与 IBM 兼容，可以从 16 个不同的方面考虑同一因子的控制。如降温，首先控制冷热水交换阀，减少热水进入温室的流量，减少锅炉燃料供应量，若温度仍高，再启动开天窗、遮荫、喷雾或水帘等降温设施。所有程序按照顺序运行，如果阴天光照极弱，温度极低，可覆盖保温幕保温并开灯补光，以节约燃料能源。因此，节能效果极好。日本除了温室内安装计算机控制系统，还将工程技术作为一个专家系统（咨询系统）引入设施栽培中，温室控制的管理规则，正在向可以通过一系列的正规控制指令来实现的方向发展。

4. 温室的科研成果不断转化，推动生产迅速发展 研究目的明确，新技术、新成果推广应用迅速，并且相关产业的发展也得到应有的重视。包括温室的结构建造、病虫害综合防治技术、节能技术和品种的改良等，也为温室的高产优质管理技术起到重要作用。

日本对温室的科学研究一直比较重视，据《日本农业新闻》报道，一种利用气压支撑的塑料大棚温室，目前在日本农村已经广为使用。这种气压式塑料大棚，比传统的和钢架支撑的塑料大棚价格便宜，而且透光性好，可控制温度，因此受到欢迎。对温室的废旧塑料的处理方法也已研制成功。

美国在温室研究中推出了以下新技术：

（1）太阳能水墙温室 美国东北部已开发成功一种能独立解决能源问题的太阳能温室，该温室分两层，第 1 层为骨架结构，面积约 370m^2；第 2 层是温床，面积为 167m^2。温室东、西、北 3 面墙上均装有 15cm 厚的带玻璃罩的太阳能聚酯电池板，该装置的绝热性能相当于 4 块玻璃，它的光通过量比 2 块玻璃还多，能将热储存在两边容量达 13 626L 的湿帘里，使水温上升到15～27℃，然后再用太阳能驱动抽水喷灌。

（2）无土栽培 美国温室的无土栽培蔬菜作物主要为番茄、黄瓜和叶用莴苣，其他叶菜也占一定比重，甜瓜的比重不大，大多数温室用于种花。20 世纪 50～70 年代，无土栽培的方式以水培为主，以石砾、沙等固定根系，营养液循环利用，这种方式成本高，之后逐渐减少。80 年代开始用营养液膜系统、袋培系统，基质为草炭、蛭石、珍珠岩和各种泡沫塑料的废脚料，同时也从欧洲引进少数岩棉栽培系统。90 年代以来，岩棉系统占绝大多数，不用基质的水培系统已经很难见到了。美国宇航中心采用最先进的无土栽培技术，生产人类在太空中生活必需的食物，已获得成功，最新技术每平方米可种 1 万株小麦，1.2m^2 的小麦就可满足 1 个人食用。玉米株高仅 40～50cm 就成熟了，番茄每平方米种植 100～120 株，此外还有绿豆、菜豆和马铃薯等作物已试验成功。目前在太空中吃的东西包括麦、薯、豆、菜等，每人只需 6m^2 就够了，这些作物从种植到收获一般为 50～60d。

（3）二氧化碳的应用 近 20 年来，美国温室内已普及增施二氧化碳的技术，增施的浓度达到空气中二氧化碳的 3 倍，主要是采用燃烧碳氢化合物的方法。

（4）熊蜂授粉 从 1991 年开始，将振荡授粉改为熊蜂授粉。熊蜂比普通蜜蜂个头大，身体强壮，而且不伤人。采用这种方法一般能使作物产量提高 20%左右。人工授粉不如熊蜂均匀，熊蜂的工作时间是日出授粉，日落休息。熊蜂由专业户饲养，可以租用，每个蜂箱 80 只蜂，授粉面积达 1 500m^2，平均每只蜂授粉面积为 20m^2，租金很便宜，蜂箱每月更换 1 次。

(5) 机器人移苗　随着蔬菜、花卉和苗木数量不断增加，美国南北各地，均有许多专门生产蔬菜、花卉和观赏植物的苗木农场，穴盘育苗在全国各地普遍应用。播种时先播在小苗孔的穴盘上，过一段时间再移栽到大苗孔的穴盘上。由于育苗中移苗工作需要很多人工。因此，机器人移苗技术应运而生。所谓机器人，实际上是一只机器手，前面有两个类似大针的触角传感器，将苗盘上小苗孔的幼苗，移到大苗孔的苗盘上，平均1.2s移1株，移栽几十万株幼苗的繁重劳动，对机器人来说是很容易的事。机器人能辨别苗的好坏，把不好的苗抛到一边，只移栽好苗。

(6) 太阳能基质消毒　太阳能消毒法可以节约能源，而且消毒效果也是可以接受的，虽然不能百分之百地把病虫全部杀死，但可以大大减轻病虫的传播，因为蒸汽消毒太贵，化学消毒法污染环境，太阳能消毒法是比较理想的发展途径。

据报道，前苏联莫斯科建筑物理科学研究所建造的自然能温室，采用的节能型墙板填充料是新型无毒物质——桑拉胶。墙板上充满空气，也是储热体，一到晚上，该物质逐渐变冷、变硬，同时放出白天积蓄的全部热量。这种墙板蓄热的能力比水强4倍。

5. 温室生产产业化体系已完整运行　许多国家很重视温室产业化生产和发挥农业的总体效益。例如，美国的蔬菜产业化主要是产前的服务体系、产中的规模化、机械化生产体系和产后的销售与加工体系相配套，发挥了整体作用。

(1) 产前的种苗和肥料农药公司　工厂化育苗在20世纪60年代由美国人开发，于80年代初在欧美、日本等国家和地区推广应用。至今，工厂化育苗已发展成一项成熟的农业先进技术。目前美国所有移栽的蔬菜苗，都是由专业育苗公司提供。有世界最大的年产10亿株商品苗的Speedling种苗公司，中等生产规模年产商品苗1亿株的种植者育苗公司以及年产1 000万～2 000万株商品苗的山本种苗场和Santafenursery种苗公司。主要育苗蔬菜有芹菜、叶用莴苣、青花菜等，同时还有花卉、烟草等。各个种苗公司育苗生产的共同特点是：苗生长整齐、成本低、育苗科技含量高。

(2) 产中的机械化生产体系　美国的菜田机械化从20世纪40年代已开始，此后菜田机械化程度继续增加，机械功率增长快于台数的增长，显示了机械大型化的发展趋势。蔬菜生产从整地施肥、起垄作畦、移栽（或直播）、中耕、打药、除草、收获等作业都有配套机械。目前，青花菜、芹菜、叶用莴苣等移栽作业正从半机械化移栽发展到使用全自动蔬菜移栽机田间作业。

(3) 产后的销售与加工体系　美国蔬菜大部分为超级市场销售，但也有定期开放的农贸市场（一般每周1～2次）。经过预冷的蔬菜，按固定的销售渠道运往批发市场或直接运到超级市场。超级市场零售蔬菜均有冷气柜台。美国零售市场蔬菜90%以上不包装，为了防止失水，有的超级市场蔬菜冷柜还设有喷雾装置，美国蔬菜生产成本占1/3，收获、包装、预冷成本占1/3，流通利润与损耗占1/3。

荷兰是一个人多地少的国家，种植粮食在经济上是不合算的，因此就集中力量发展经济价值相对较高的鲜花和蔬菜生产。目前，荷兰已建成1.1万hm^2玻璃温室（约占全国土地面积的0.5%，占全世界玻璃温室面积的1/4），专门用于种植蔬菜和鲜花，生产效率极高。无土栽培的辣椒高3m，单产为30kg/m^2；番茄秧长超过30m，单产达60～70kg/m^2。同时，由于实行专业化集约生产，花卉品种不断增多，质量不断提高，竞争力不断增强。目前，荷兰超过7 000农户从事花卉栽培，选育出近1亿个品种，每天向世界出口1 700万支鲜花和1 700万盆盆花。荷兰鲜花在世界鲜花市场的占有率已达60%以上，仅此一项全国每年获得的收益达112.5亿美元，成为该国的主要支柱产业，所创造的产值占全国农业总产值的35%左右。荷兰每个农业劳动力可供养112人，高于美国的60～70人，为英国、法国和德国的10倍。

（二）我国设施园艺发展现状与趋势

1. 我国设施园艺发展现状 目前中国的设施园艺开始进入了稳定发展时期，基本摆脱了过去忽起忽落的不稳定状态，步入了“发展、提高、完善、巩固、再发展”的比较成熟的阶段，由单纯地追求数量、单产，转变为重视质量和效益，同时注重市场信息和科学生产。具体表现在以下几个方面：

①设施园艺的类型结构与分区和布局更加合理，注意充分利用光热资源，因地制宜发展。设施园艺的发展注意体现中国特色，符合中国国情。在我国的设施园艺生产中，日光温室约占20%，这是在北方冬季能进行大面积生产的唯一类型。大型连栋温室代表着设施园艺的最高级现代化水平，我国有100hm^2左右，仅占设施园艺总面积的0.04%。

②设施栽培的作物种类更加丰富多彩，注重提高经济效益。设施栽培作物种类除蔬菜外，花卉已占有相当比重，果树设施栽培也正在迅速发展。

③新型覆盖材料的研制与开发进展迅速。根据中国设施园艺的特点，农用塑料薄膜是用量最多的覆盖材料。农用塑料薄膜的主攻方向是研制新型的功能性薄膜，先后推出了聚氯乙烯防老化、防雾滴棚膜，聚乙烯防老化、防雾滴棚膜，保温防病多功能膜和多功能EVA膜等，大大推动了我国设施园艺的发展。外保温覆盖材料，目前已研制出的厚型无纺布、物理发泡片材以及复合保温材料，取代传统的稻草苫、蒲席，是很有希望的新型保温覆盖材料，也利于机械化、自动化卷铺，省时、省力。

④设施园艺工程的总体水平有了明显提高。具体表现在园艺设施逐步向大型化发展，近20年来，小型简易类型比重下降约20%。通过大型现代化温室及配套设施的引进，促进了我国温室产业的发展，使我国新型优化节能日光温室和国产连栋塑料温室得到进一步推广。由于设施结构设计更加科学合理，使设施内的光、温、水、气环境得以优化，有利作物生长发育，为高产、优质奠定了基础。

⑤在农业现代化高潮中，全国各地建立了一批农业高科技示范园区，示范内容多为设施园艺生产，如上海孙桥现代农业联合发展有限公司，北京的朝来农艺园、锦绣大地、中以示范农场等，都是利用现代化温室生产蔬菜、花卉，展示农业高科技美好前景，将设施园艺与观光旅游结合，拓展了设施园艺的功能。通过对国外高科技设施园艺技术的引进、消化、吸收，也全面提高了我国设施园艺的学科水平。

与发达国家相比，我国设施园艺的研究水平仍有一定差距。

我国设施园艺面积虽居世界第一位，但是以简易类型为主，设施结构简陋，缺乏综合配套设备，整体性能有待提高，设施环境可控程度与水平低，抗御自然灾害能力差，遇灾害性天气生产没有保障，农民遭受损失，市场供应出现波动。

设施园艺工程科技含量较低，对温室环境及作物栽培生产管理仍然停留在粗放的经验式管理水平上，缺乏量化指标和成套技术，不符合农业现代化的要求，与发达国家已形成独立的产业体系相比差距很大，尤其是作物的产量水平，尽管我国也有高产典型，但很不普遍，大面积平均单产与发达国家相距甚远。而且产品基本为初级产品。

机械化程度低，缺乏适于温室内作业的小型机具，生产作业仍以人力为主。

栽培作物单一，专用品种缺乏，产量低，质量不高，经济效益差。作为设施栽培的对象以蔬菜、西（甜）瓜和水果、花卉为主，且专用品种很少，所栽品种多为露地品种。不少地方引进欧美温室品系，不仅成本高，而且在消费习惯上有差异。同时栽培种类单一，由此引起一系列问题如病虫害防治、轮作倒茬、盐分积累等难以解决，亟须选育适于设施栽培的耐寡光、耐低温、耐湿、耐病、耐热、单性结实良好的专用品种。

关键技术和基础性研究不够，配套工程设施方面的研究和开发不足，产业化水平低，标准化程度差。配套技术滞后，单产水平、优质品比率、产品质量及产后加工技术与国外比有较大差距。某些引进的国外现代温室设施投资大、运作成本高、管理不善、低产高耗，存在“水土不服”问题。

我国设施园艺的生产经营方式以个体农户为主，劳动生产率很低，只相当于发达国家的1/10，甚至1%。规模化、产业化的水平更低，小农经济的生产和经营与日益发展的市场经济矛盾越来越突出，更难以走出国门与国际市场接轨。

2. 我国设施园艺的发展趋势　随着社会的进步，科学的发展，设施园艺产业化的进程必定会大大加快，设施园艺将逐步向设施先进、技术领先、品种优良、管理规范方向发展，向规模化经营、产业化生产的现代化农业方向发展。

针对我国设施园艺发展现状，今后一段时间我国设施园艺发展趋势概括如下：

①设施与设施园艺产品生产向标准化发展。包括制订温室及配套设施的性能、结构、设计、安装、建设、使用标准；设施栽培工艺与生产技术规程标准；产品质量与监测技术标准等。

②加强采后加工处理技术的研究开发。包括采后清洗、分级、预冷、加工、包装、储藏、运输等过程的工艺技术及配套设施、装备等，提高产品附加值和国际市场竞争力。

③与自动控制技术结合，实现光、温、水、肥、气等因子的自动监控和作业机械的自动化控制。研究开发具有我国自主知识产权的用于环境调控的各种设备装置及探测头，真正实现自动化、机械化和智能化管理，达到作物高产、高效、优质的目的。

④与生物技术结合，开发具有抗逆性强、抗虫害、耐储藏和高产的温室作物新品种，利用生物制剂、生物农药、生物肥料等专用生产资料，向精准农业方向发展，为社会提供更加丰富的无污染、安全、优质的绿色健康食品。

⑤研究开发温室冬季生产节能技术、增温保温技术、太阳光热资源利用技术；强化工厂化农业生态环保意识、无公害绿色食品生产意识，在设施生产中建立绿色产品生产技术保障体系。

⑥对具有我国自主知识产权的高效节能型日光温室，应组织专门力量进行深入研究开发，加速其设施设备现代化，作业机械化、自动化和智能化的进程，提高土地利用率、劳动生产率和单位面积优质农产品产出率。

⑦进行植物工厂的研究开发。该设施是在全封闭的设施内周年生产园艺作物的高度自动化控制生产体系，植物工厂内以采用营养液栽培和自动化综合环境调控为重要标志，能免受外界不良环境的影响，实现高技术密集型省力化作业。

⑧适宜于不同地区、不同生态类型的新型系列温室的研究开发，提高我国自主创新能力和设

施环境的调控能力。

⑨设施配套技术与装备的研究开发，包括温室用新材料、小型农机具和温室传动机构、环境监测等关键配套产品，提高机械化作业水平和劳动生产率。

第三节 设施园艺的主要内容与特点

一、设施园艺的主要内容

设施园艺是一门多学科交叉的科学，涉及3个主要学科，即生物科学、环境科学和工程科学，是3个学科的交叉与有机结合。生物学科主要包含生产对象即蔬菜、花卉和果树。而这3大类园艺作物又各自包含了许多种类和品种。例如，蔬菜按农业生物学可分为白菜类、直根类、茄果类、瓜类、豆类、葱蒜类、绿叶菜类、薯芋类、水生蔬菜和多年生蔬菜10大类；花卉分为一二年生花卉、球根花卉、宿根花卉、多浆及仙人掌类、室内观叶植物、兰科花卉、水生花卉和木本花卉8大类；果树按农业生物学分类可分为落叶果树、常绿果树两大类，落叶果树包括仁果类、核果类、坚果类、浆果类、柿枣类，常绿果树包含柑果类、浆果类、荔枝类、核果类、坚果类、荚果类、聚复果类、草本类和藤本类9种。充分反映了设施园艺生物学科内容之丰富。

设施环境包括光照、温度、湿度、气体、土壤等方面。首先，应了解每个环境因子对园艺作物生长发育的影响及生理机制；其次，要掌握设施内各环境因子的特点，与露地栽培有什么不同；最后也是最重要的，就是根据栽培作物的生物学特性，如何进行环境调节控制。既要了解作物与环境间的定性、定量关系，还要掌握各种调控手段、调控设备的运用，以及现代化的自动控制技术，计算机管理等等。使作物与环境达到最理想、最完美、和谐的统一，以实现高产、优质、高效的生产目的。工程学科则是建造出能够满足作物对光、温、湿、气、土等环境因子需要的设施类型，为作物提供最优的生育空间。这就需要有科学合理的总体规划设计，设施选型和结构优化设计及环境调控设计（如采暖、保温、降温、加湿与降湿，灌溉与施肥，通风换气，二氧化碳气体施肥等），建筑材料的选择和计算，建造施工技术要有机地结合与统一。

二、设施园艺的特点

设施园艺是指应用不同设施、设备和采用各种措施对园艺植物进行保护而生产。使用的设备种类、类型繁多，栽培措施各异，并在不同季节内栽培，因此与露地栽培相比具有以下特点：

1. 选用适宜的设施类型 我国现今使用的园艺设施大体可分为3种类型：大型设施，如塑料薄膜大棚、单栋和连栋温室等；中小型设施，如中小棚、改良阳畦；简易设施，如风障、阳畦、冷床、温床、简易覆盖、地膜覆盖等。各种设施在生产中都能发挥特定的作用，但因其性能不同，各自的作用又有不同，在选用时应根据当地的自然条件、市场需要、栽培季节和栽培目的选择适用的设施进行生产，不要贪大求洋、好高骛远，因为大型设备的投资要比中小型及简易设备高出几倍到几十倍。除考虑市场需要以外，也应注意资金、劳力、物料及技术力量等问题，并要按照经济规律和自然规律确定发展的重点。

为了充分发挥保护设施的作用，调节资金、物料和劳力的使用，发展保护设施需要考虑多种设施配套，大中小型结合，按比例发展。生产者需要根据各自的条件，根据需要和可能，加以选择。

2. 充分发挥园艺设施的效应　设施园艺生产除需要设备投资外，还需加大生产投资，特点是高投入、高产出。因此，必须在单位面积上获得最高的产量，最优质的产品，提早或延长（延后）供应期，提高生产率，增加收益，否则对生产不利，影响发展。

3. 人工创造小气候条件　园艺作物设施栽培，是在不适宜作物生育季节进行生产，因此设施中的环境条件，如温度、光照、湿度、营养、水分及气体条件等，要靠人工进行创造、调节或控制，以满足园艺作物生长发育的需要。环境调节控制的设备和水平，直接影响园艺产品产量和品质，也就影响着经济效益。

4. 要求较高的管理技术　设施栽培较之露地生产要求严格的和复杂的技术，首先必须了解不同园艺作物在不同的生育阶段对外界环境条件的要求，并掌握保护设施的性能及其变化规律，协调好两者间的关系，创造适宜作物生育的环境条件。设施园艺涉及多学科知识，要求生产者素质高，知识全面；不但懂得生产技术，还要善于经营管理，有市场意识。

5. 设施园艺地域性强，应因地制宜，充分利用当地自然资源　如发展日光温室，一定要选择冬季晴天多、光照充足的地区，避免盲目性。有些地区有地热（温泉）资源、工业余热等，可以用于温室加温，应充分利用，降低能源成本。

6. 有利实行生产专业化、规模化和产业化　大型设施园艺一经建成必须进行周年生产，提高设施利用率，而生产专业化、规模化和产业化，才能不断提高生产技术水平和管理水平，从而获得高产、优质、高效。

三、如何学好设施园艺

学好设施园艺，必须要在学习园艺作物露地栽培的基础上，才能进一步掌握设施栽培的技术原理。同时还要了解环境条件的调控原理，园艺设施结构、性能变化规律，掌握一般的设计原理及施工要求。因此，还要在学习植物学、植物生理及生化、农业气象、土壤及农业化学、植物保护、园艺机械、电子计算机应用等课程的基础上，进一步学习研究园艺植物的形态特征和生物学特性等。要学会将园艺植物这些特性与园艺设施环境特征有机地结合，充分发挥有利的环境因素，改善或消除不利环境因素。设施栽培是反季节栽培，作物经常会遭遇逆境，如低温、寡照或高温、高湿等，所以，除掌握一般的植物生理学知识外，对逆境生理的有关理论，应特别注意学习掌握，使环境调控做到有的放矢，有条件的还应学习了解现代化园艺设施环境控制系统工作原理及操作技术。

设施园艺是一门实践性很强的应用学科，学习者应经常深入生产实践，理论联系实际，一些看起来复杂的知识，通过实际观察和操作，就比较容易掌握。

【思 考 题】

1. 设施园艺的概念。
2. 设施园艺在国民经济中的作用。
3. 国内外设施园艺技术上的差异点是什么？
4. 我国设施园艺亟待解决的问题是什么？
5. 设施园艺的主要内容和特点。

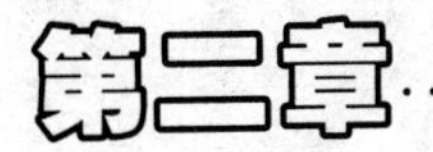

园艺设施的类型与结构

【知识目标】了解简易园艺设施的类型、设置原理及性能；掌握其结构及在设施园艺生产中的应用；了解塑料薄膜拱棚、日光温室、夏季保护设施的类型，掌握其结构特点、性能及在生产中的应用；了解常用地膜的种类，掌握其覆盖的方式及在生产中的应用。

【技能目标】具备能正确选择地膜并计算其用量，并熟练地完成地膜覆盖的能力；具备合理铺设电热线，正确连接控温仪及电源的能力，并能熟练掌握电热线的正确使用方法及注意事项；具备识别、区分常用的塑料棚膜，能计算棚膜用量并剪裁及焊接棚膜的能力；具备对温室的各主要部分测量，对其做出综合评价，并能因地制宜地做出选择的能力。

第一节　简易保护设施

简易保护设施主要包括风障、阳畦、温床以及简易覆盖等类型，这些园艺设施虽然大多比较原始，但由于它们具有取材容易、覆盖简单、价格低廉、建造容易、相对效益较高等优点，目前仍在许多地区应用。

一、风障畦

风障是在冬春季节设置在栽培畦北侧用以阻挡寒风的屏障，分大风障和小风障，在风障保护下的栽培畦为风障畦。

(一) 风障的结构

小风障结构简单，篱笆由较矮的作物秸秆如稻草、谷草，并以竹竿或芦苇夹设而成，高1～1.5m，它的防风效果较小，在春季每排风障只能保护相当于风障高度 2～3 倍的栽培畦面积。

大风障又有完全风障和简易风障之分。完全风障由篱笆、披风和土背 3 部分构成，高1.5～2.5m，篱笆由玉米秸、高粱秸、芦苇或竹竿等夹设而成；披风由稻草、谷草、草包片、苇席或旧塑料薄膜等围于篱笆的中下部，基部用土培成 30cm 高的土背，防风增温效果明显优于小风障。简易风障，又称迎风风障，只设置一排高度为 1.5～2.0m 的篱笆，不设披风，篱笆密度也较稀，前后可以透视，防风增温效果较完全风障差。风障结构见图 2-1。

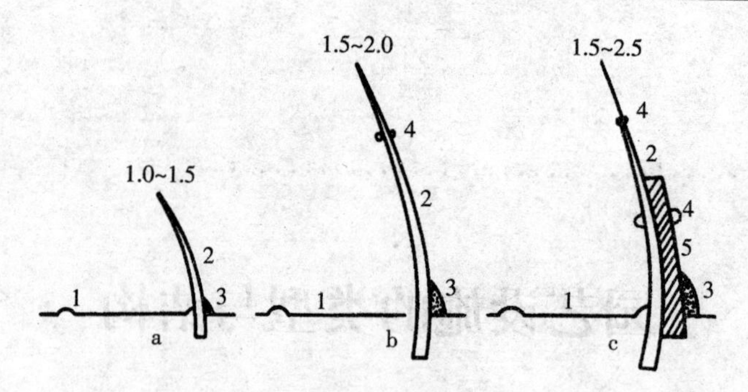

图 2-1　风障畦示意图（单位：m）

a. 小风障畦　b. 简易风障畦　c. 完全风障畦

1. 栽培畦（示并--畦）　2. 篱笆　3. 土背　4. 横腰　5. 披风

（二）风障性能

风障是依靠其挡风作用来减弱风速，稳定障前气流，充分利用太阳光热提高气温和地温，降低蒸发量和空气相对湿度，创造适宜的小气候环境。

1. 防风　风障的主要作用是防风，一般可使风速减弱 10%～50%，有效防风距离为风障高度的 5～8 倍，最有效的防风范围是 1.5～2 倍，其防风效果主要受风障类型、风障与季风气流的角度、设置的风障排数等因素有关。

2. 增温　风障的增温能力主要取决于其防风能力和风障面对太阳辐射的反射作用，风障的防风能力越强，障面的反射作用也越强，增温效果就越明显，一般增温效果以有风晴天最显著，无风阴天不显著，距离风障越近增温效果越好。华北地区冬季使用风障可使气温升高 2～5℃，地表温度升高 8～14℃。

（三）风障畦的设置

1. 风障的方位和角度　风障设置方向与当地的季候风方向垂直时防风效果最好。华北地区冬春季以西北季风为多，北风占 50%，故风障方向以东西延长，正南北或偏东南 5°为好。

风障夹设的角度，冬、春季以 70°～75°为好，入夏后为防止遮荫，以 90°（垂直）为好。即冬季角度小，增强受光、保温。夏季角度大，避免遮荫。简易风障多采用垂直设立。

2. 风障的距离　应根据风障的类型、生产季节而定。一般完全风障主要在冬春季使用，每排风障的距离为 5～7m；简易风障主要用于春季及初夏，每排之间距离为 8～14m；小风障的距离为 1.5～3.3m。大、小风障可配合使用。

3. 风障的长度和排数　设置时应根据防风效果和地块的实际情况而定，一般长排风障较短排风障防风效果好，多排风障较少排风障防风效果好。

（四）风障畦的应用

风障畦主要在秋冬季用于耐寒蔬菜的越冬栽培，如菠菜、小葱、韭菜等根茬栽培。在早春用于蔬菜的提早播种和定植以及温室盆栽花卉出室时的临时防风。

二、阳 畦

阳畦，又称冷床，由风障畦演变而成，即由风障畦的畦埂加高增厚成为畦框，并在畦面上增加采光和保温覆盖物，是一种白天利用太阳光增温，夜间利用风障、畦框、覆盖物保温防寒的园艺设施。改良阳畦是在阳畦的基础上发展而成，畦框改为土墙（后墙和山墙）并增加后屋面，以提高其防寒保温效果。

（一）阳畦的结构

阳畦是由风障、畦框、透明覆盖物和不透明覆盖物等组成。

1. 风障 大多采用完全风障，但又有直立风障（用于槽子畦）和倾斜风障（用于抢阳畦）两种形式，其结构与完全风障基本相同。

2. 畦框 用土或砖砌成，分为南北两框及东西两侧框，其尺寸规格根据阳畦的类型不同而有所区别。

3. 透明覆盖物 主要有玻璃窗和塑料薄膜等，玻璃窗的长度与畦的宽度相等，窗宽60～100cm，玻璃镶入木制窗框内，或用木条做支架覆盖散玻璃片。现在生产中多采用竹竿在畦面上做支架，而后覆盖塑料薄膜的形式，又称为“薄膜阳畦”。

4. 不透明覆盖物 阳畦的防寒保温材料，大多采用草苫或蒲席覆盖。

（二）阳畦的类型

1. 普通阳畦 由畦框、风障、玻璃（薄膜）窗、覆盖物（蒲席、草苫）等组成。由于各地的气候条件、材料资源、技术水平及栽培方式不同，而产生了槽子畦和抢阳畦等类型。

（1）槽子畦 南北两框接近等高，四框做成后近似槽形，故名槽子畦。一般框高30～50cm，框宽35～40cm，畦面宽1.7m，畦长6～10m（图2-2a）。

（2）抢阳畦 北框高于南框，东西两框成坡形，四框做成后向南成坡面，故名抢阳畦。一般北框高40～60cm，南框高20～40cm，畦框呈梯形，底宽40cm，顶宽30cm，畦面下宽1.66m，上宽1.82m，畦长6～10m（图2-2b）。

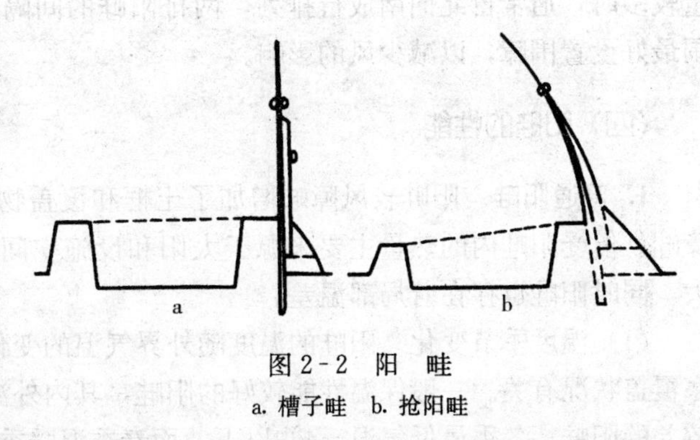

图2-2 阳 畦

a. 槽子畦 b. 抢阳畦

2. 改良阳畦 又称小暖窖、立壕子等，是在阳畦的基础上提高北畦框高度或砌成土墙，加大覆盖面斜角，形成拱圆状小暖窖，较阳畦具有较大的空间和比较良好的采光及保温性能。

改良阳畦按屋面形状可以分为一面坡式改良阳畦和拱圆式改良阳畦两种；按有无后屋面可以分为有后屋顶的改良阳畦和无后屋顶的改良阳畦两种（图2-3）。

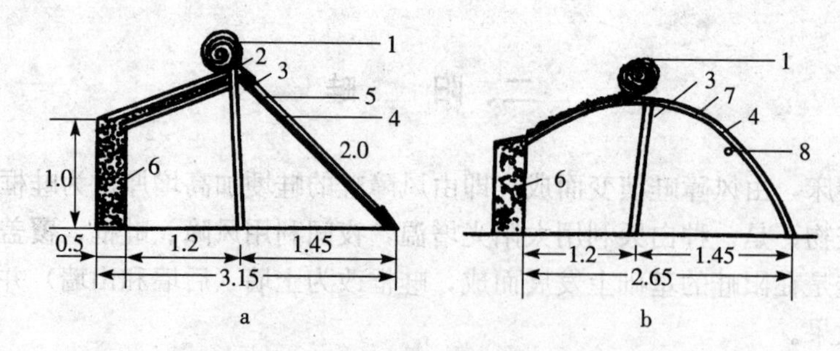

图 2-3 改良阳畦（单位：m）

a. 玻璃改良阳畦 b. 薄膜改良阳畦

1. 草苫 2. 土顶 3. 柁、檩、柱 4. 薄膜 5. 窗框

6. 土墙 7. 拱杆 8. 横杆

改良阳畦一般后墙高 0.9～1.0m，墙厚 40～50cm，立柱高 1.5～1.7m，后屋顶宽 1.0～1.5m，前屋面宽 2.0～2.5m，畦面宽 2.7～3.0m，每 3～4m 长为 1 间，每间设 1 立柱，立柱上加柁，上铺两根檩（檐檩、二檩），总长度以地块大小而定，一般长 20～30m。一面坡式改良阳畦的前屋面与地面的夹角为 40°～45°，拱圆式改良阳畦接地处夹角为 60°～70°。

（三）阳畦的设置

1. 设置时间 每年秋末开始施工，最晚土壤封冻以前完工，翌年夏季拆除。

2. 场地选择 选择地势高燥、背风向阳、土壤质地好、水源充足的地方，并且要求周围无高大建筑物等遮荫。

3. 田间布局 阳畦的方位以东西向延长为好。畦数少、面积小时，可以建在温室前，这样既有利于防风，也便于与温室配合使用；庭院建造阳畦可利用正房南窗外空地，但面积较大，数量较多时，通常自北向南成行排列，两排阳畦的间隔以 5～7m 为宜，避免前后遮荫。阳畦群周围最好设置围障，以减少风的影响。

（四）阳畦的性能

1. 普通阳畦 阳畦较风障畦增加了土框和覆盖物，因此阳畦的增温和保温效果明显优于风障畦。但受阳畦内的热量主要来源于太阳和设施空间小的局限性，因而受季节和天气的影响很大，同时阳畦也存在着局部温差。

（1）温度季节变化 阳畦的温度随外界气温的变化而变化，也与其保温能力的高低及外部防寒覆盖状况有关。一般保温性能较好的阳畦，其内外温差可达 13.0～15.5℃（表 2-1）。但保温较差的阳畦，冬季最低气温－4℃以下，而春季温暖季节白天最高气温又可达 30℃以上，因此利用阳畦进行生产既要防止霜冻，又要防止高温危害。

（2）畦温受天气影响 晴天畦内温度较高；阴雪天气，畦内温度较低。

（3）昼夜温、湿度的变化 阳畦白天以阳光为热源，提高畦内气温，并在土壤中储热。夜间以土壤为热源，以长波辐射形式向空间散热。一般畦内昼夜温差可达 10～20℃。随着温度变化，阳畦内的空气湿度变化也很大，一般白天最低空气相对湿度为30％～40％，夜间封闭后畦内湿

表 2-1　北京地区阳畦与露地温度的季节变化（℃）

月旬		热盖阳畦				冷盖阳畦				露地	
		平均地表温度		平均地中温度		平均地表温度		平均地中温度		平均地表温度	
		最高	最低	5cm	15cm	最高	最低	5cm	15cm	最高	最低
12	中	22.2	5.8	11.8	9.6	16.9	3.8	15.3	7.6	6.3	−5.1
	下	15.5	3.1	12.1	8.6	10.4	1.5	7.3	6.6	6.2	−10.0
1	上	18.2	3.5	11.6	7.4	8.4	−1.2	4.6	4.0	7.7	−12.5
	中	19.5	3.5	11.6	7.5	13.2	0.7	5.5	4.3	10.5	−12.8
	下	18.1	2.1	10.9	7.7	13.1	0.4	8.7	3.8	11.5	−12.3
2	上	21.7	2.7	13.9	9.7	21.4	2.6	10.2	6.6	18.0	−11.7
	中	19.5	0.7	9.1	7.3	21.0	0.7	10.6	6.2	13.8	−14.0
	下	20.2	—	7.5	6.0	23.5	—	10.3	6.3	—	−10.4
3	上	15.6	2.2	10.3	6.8	22.5	0.5	16.0	7.0	13.7	−12.4
	中	16.6	3.0	10.5	8.2	24.5	2.0	14.3	9.2	22.2	−7.0

度可达 80%～100%，畦内空气相对湿度差异可达 40%～60%。

（4）畦内温度分布不均匀　阳畦内各部位由于接受光量不匀，形成局部温差。通常由于南框遮荫，东西侧框早晚遮荫，造成畦内南半部和东西部温度较低，北半部由于无遮荫，且有北框反射光热叠加，形成畦内北半部温度较高。阳畦内的温度分布不均衡，常造成植物生长不整齐。

2. 改良阳畦　改良阳畦是由阳畦改良而来，同时具有日光温室的基本结构，其采光和保温性能明显优于阳畦，但又远不及日光温室，同阳畦相比较其性能有以下特点：

（1）季节性温度变化　冬春季改良阳畦的地温和气温均高于阳畦，而且改良阳畦内低温持续时间较短，高温持续时间较长（表 2-2）。

表 2-2　改良阳畦气温的季节变化

节气	气温（℃）			高低气温持续时间（h）			
	最高	最低	昼夜温差	<5℃	>10℃	>15℃	>20℃
小寒前后	24.5	2.6	18～24	10.2	5.4	4.0	—
大寒前后	21.8	2.3	16～26	10.6	6.9	4.7	—
雨水前后	29.8	3.9	17～31	5.7	8.6	5.7	—
惊蛰前后	25.7	5.5	14～27	1.0	8.6	5.4	
春分前后	21.8	5.8	13～19	—	12.3	6.9	2.5
清明前后	29.9	12.1	13～25	—	22.7	14.2	7.8

（2）气温日变化　一般冬季晴天揭开草苫后，1h 内气温可以升高 7～10℃。13：00～14：00 畦温最高，之后逐渐下降，16：00 左右覆盖草苫，因畦内空间大，储存热量多，并且防寒保温效果好，气温下降缓慢，5：00～7：00 揭开草苫前温度最低。改良阳畦昼夜温差较阳畦小。阴天时畦温变化也较小，仍可保持较高温度。

（3）局部温差　改良阳畦内不同空间的温差较阳畦小，植物生长层空间温度变化比较稳定。一般水平方向白天南部温度较高，夜间北半部温度较高，相差 1～3℃；垂直方向下层温度比上层低 2～4℃。

（4）光照强度　由于改良阳畦采光角度加大，阳光入射角变小，光照反射率降低，入射率增加，使畦内光照强度较阳畦明显提高。

（五）阳畦的应用

①蔬菜、花卉冬春季节育苗。
②蔬菜春季提早栽培或假植栽培。
③芹菜、韭菜等耐寒蔬菜越冬栽培。

三、温　床

温床是一种在阳畦基础上发展而成的园艺设施，与阳畦相比，除利用太阳能增温外，还可利用酿热、火热（火道）、水热（水暖）、地热（温泉）和电热等进行加温。

我国各地利用的温床种类很多，根据增温方式的不同，可分为酿热温床、火道温床、电热温床等；根据窗框位置不同，可分为地下式温床（南框全在地表以下）、地上式温床（南框全在地表以上）和半地下式温床等。温床结构与阳畦基本相同，只是在阳畦基础上增加了加温设施。

（一）酿热温床

1. 结构　酿热温床是在阳畦的基础上，在床下铺设酿热物来提高床内温度。温床的畦框结构和覆盖物与阳畦一样，温床的大小和深度根据其用途而定，一般床长10～15m、宽1.5～2m，并且在床底部挖成鱼脊形（图2-4），以求温度均匀。

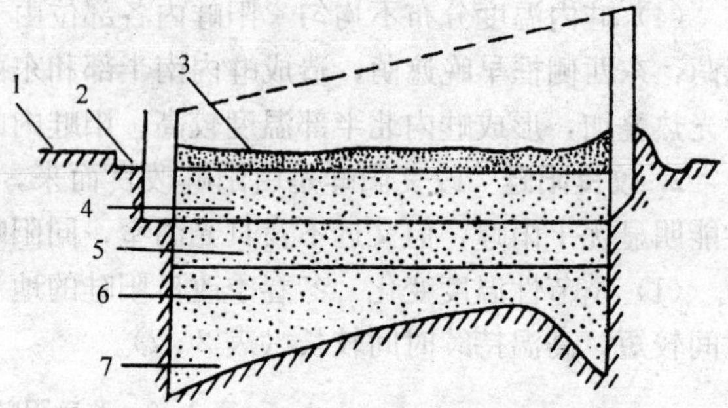

图2-4　酿热温床的结构
1. 地平面　2. 排水沟　3. 床土　4. 第3层酿热物　5. 第2层酿热物　6. 第1层酿热物　7. 干草层

2. 酿热原理　酿热温床是在床底铺设酿热物，利用微生物分解酿热物时释放的热量进行加温。

酿热物的酿热原理如下：

$$碳水化合物+氧气\xrightarrow{微生物}二氧化碳+水+热量\uparrow$$

用于酿热的材料称为酿热物。通常酿热物中含有多种细菌、真菌、放线菌等微生物，其中对发热起主要作用的是好气性细菌。酿热物发热的快慢、温度的高低和持续时间的长短，主要取决于好气性细菌的繁殖活动情况。好气性细菌繁殖越快，酿热物发热越快、温度越高、持续时间越短；反之，则相反。而好气性细菌繁殖活动的快慢又与酿热物中的碳、氮、氧气及水分含量有密切关系，因为碳（C）是微生物分解活动的能源，氮（N）是微生物繁殖活动的营养，氧气是好气性微生物活动的必备条件，水分多少主要是对通气起调节作用。一般当酿热物中的碳氮比（C/N）为20～30：1，含水量为70%左右，并且通气适度和温度在10℃以上时，好气性微生物的繁殖活动旺盛，发热正常且持久；若C/N大于30：1，则发热温度低而持久；如果C/N小于

20∶1，则发热温度高，不能持久。因此，可以根据酿热原理，通过C/N、含水量及通气来调节发热的高低和持续时间。

酿热物根据其分解发热情况不同，分为高热酿热物和低热酿热物。高热酿热物有新鲜的马粪、新鲜厩肥、各种饼肥等；低热酿热物有牛粪、猪粪以及作物的秸秆等。各种酿热物的配比、数量及厚度，应根据天气寒冷程度、应用时间的长短及蔬菜的种类而定。播种床的酿热物厚度应大于30cm，移植床一般可为15～20cm。各种有机物碳氮含量见表2-3。

表2-3　各种酿热物的碳氮含量及碳氮比

种　类	C%	N%	C/N	种　类	C%	N%	C/N
稻草	42.0	0.60	70.0	米糠	37.0	1.70	21.8
大麦秆	47.0	0.60	78.3	纺织屑	59.2	2.32	25.5
小麦秆	46.5	0.65	71.5	大豆饼	50.0	9.00	5.6
玉米秆	43.3	1.67	25.9	棉子饼	16.0	5.00	3.2
新鲜厩肥	75.6	2.80	27.0	牛粪	18.0	0.84	21.4
速成堆肥	56.0	2.60	21.5	马粪	22.3	1.15	19.4
松落叶	42.0	1.42	29.6	猪粪	34.3	2.12	16.2
栎落叶	49.0	2.00	24.5	羊粪	28.9	2.34	12.4

3. 设置　温床填入酿热物的数量、厚度应根据酿热物的种类、利用的地区和时间而定。填充前先将温床床底挖成中部高、四框周围低的凸形，这样可以避免平铺酿热物造成的床温分布不均匀。酿热物一般分层铺入，每铺入1层，稍微踩实并适量洒入热水。铺设厚度为20～30cm，最低不少于10cm，最厚不多于60cm。铺入酿热物后，将温床用玻璃窗或塑料薄膜密封，夜间加盖覆盖物保温。待床温上升到40～50℃时，将配好的营养土铺入温床，厚度为8～10cm，踩实耙平后浇水，即可用于园艺作物的育苗或栽培。

4. 性能　一般酿热物发热分两个阶段：一是迅速大量放热阶段，二是缓慢放出热量并逐渐减少阶段。以新鲜马粪为酿热材料为例，开始8～13d迅速大量放热，温度可达50～70℃，从第15天以后，放出的热量基本稳定，温度稳定在15～20℃稳定，酿热物经过40d以后，发出的热量已很少，对床温影响不大。

酿热温床虽具有发热容易、操作简单等优点，但是发热时间短，热量有限，温度前期高后期低，而且不宜调节，不能满足要求，其使用正在减少。

5. 应用　酿热物温床主要用在早春果菜类蔬菜育苗，也可用做花卉扦插或播种，或秋播草花或盆花的越冬。也可在日光温室冬季育苗中用以提高地温。

（二）电热温床

1. 结构　电热温床是在阳畦、小拱棚以及大棚和温室中小拱棚内的栽培床上，做成育苗用的平畦，然后在育苗床内铺设电加温线而成（图2-5），电加温线埋入土层深度一般为10cm左右，但如果用育苗钵或营养土块育苗，则以埋入土中1～2cm为宜。铺线拐弯处，用短竹棍隔开，不成死角弯。

2. 电热线加温原理与电热加温设备　电热线加温是利用电流通过电阻大的导体，将电能转变成热能而使床土增温，一般1kW/h的电能可产生3.6×10^6J热量。电热温床由于用土壤电热

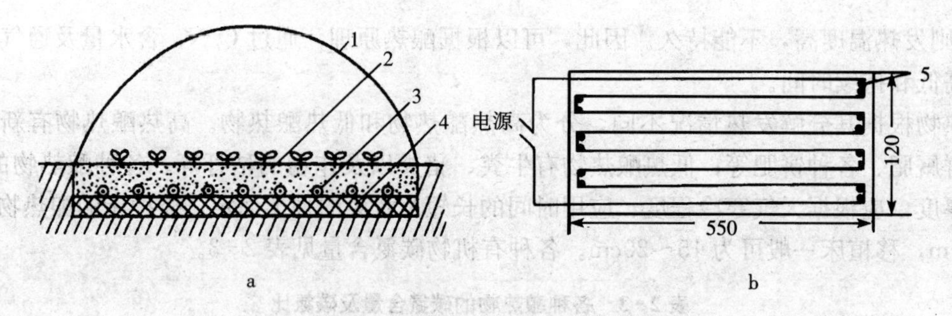

图 2-5 电热加温温床断面及布线示意图（单位：cm）

a. 剖面图 b. 平面图

1. 塑料薄膜 2. 床土 3. 电加温线 4. 隔热层 5. 短竹棍

线加温，因而具有升温快、地温高、温度均匀等特点，并通过控温仪实现床温的自动控制。

电热加温的设备主要有电热加温线、控温仪、继电器、电闸盒、配电盘等。其中，电热加温线和控温仪是主要设备。当前生产电热加温线（表 2-4）和控温仪（表 2-5）的厂家很多，型号各异，可根据需要选用。

表 2-4 电加温线的主要技术参数（电压：220V）

种类	生产厂家	型号	功率（W）	长度（m）
土壤电加温线	辽宁省营口市农业机械化研究所	DR208	800	100
	上海市农业机械研究所	DV20406	400	60
		DV20410	400	100
		DV20608	600	80
		DV20810	800	100
		DV21012	1 000	120
	浙江省鄞县大嵩地热线厂	DP22530	250	30
		DP20810	800	100
		DP21012	1 000	120
空气加热线	上海市农业机械研究所	KDV	1 000	60
	浙江省鄞县大嵩地热线厂	F421022	1 000	22

表 2-5 控温仪的型号及参数

型号	控温范围（℃）	负载电流（A）	负载功率（kW）	供电形式
BKW-5	10～50	5×2	2	单相
BKW	10～50	40×3	26	三相四线制
KWD	10～50	10	2	单相
WKQ-1	10～50	5×2	2	单相
WKQ-2	10～40	40×3	26	三相四线制
WK-1	0～50	5	1	单相
WK-2	0～50	5×2	2	单相
WK-10	0～50	15×3	10	三相四线制

一般电热线和控温仪均由专业厂家生产。上海农业机械研究所生产的电热线和 WKQ-1 型控温仪，目前应用较多。

3. 电热温床的铺设

（1）确定电热温床的功率密度 电热温床的功率密度是指温床单位面积在规定时间内（7～

8h）达到所需温度时的电热功率，用 W/m^2 表示。具体选择参见表 2-6。基础地温指在铺设电热温床时未加温时 5cm 土层的地温。设定地温指在电热温床通电（不设隔热层，日通电 8～10h）时达到的地温。我国华北地区冬春季阳畦育苗，电加温功率密度以 90～120W/m^2 为宜，温室内育苗时以 70～90W/m^2 为宜；东北地区冬季室内育苗时 100～130W/m^2 为宜。

表 2-6 电热温床功率密度选用参考值（W/m^2）

设定地温（℃）	基础地温（℃）			
	9～11	12～14	15～16	17～18
18～19	110	95	80	—
20～21	120	105	90	80
22～23	130	115	100	90
24～25	140	125	110	100

（2）根据温床面积计算温床所需电热总功率

电热总功率＝温床面积×功率密度

（3）根据电热总功率和每根电热线的额定功率计算电热线条数

电热线根数＝总功率÷单根电热线功率

由于电热线不能剪断，因此计算出来的电热线条数必须取整数。

（4）布线道数 根据电热线长度和苗床的长、宽，计算电热线在苗床上往返道数。

电热线往返道数＝（电热线长－床宽）÷（床长－0.1m）（取偶数）

（5）布线间距 功率密度选定后，根据不同型号的电加温线，查表 2-7 确定布线间距，也可以用计算的方法求得。

布线平均间距＝床宽÷（电热线道数－1）

表 2-7 不同电热线规格和设定功率的平均布线间距（cm）

设定功率（W/m^2）	电热线规格			
	每条长 60m 400W	每条长 80m 600W	每条长 100m 800W	每条长 120m 1 000W
70	9.5	10.7	11.4	11.9
80	8.3	9.4	10.0	10.4
90	7.4	8.3	8.9	9.3
100	6.7	7.5	8.0	8.3
110	6.1	6.8	7.3	7.6
120	5.6	6.3	6.7	6.9
130	5.1	5.8	6.2	6.4
140	4.8	5.4	5.7	6.0

（6）布线方法 如图 2-5a 所示，在苗床床底铺好隔热层，压少量细土，用木板刮平，就可以铺设电加温线。布线时，先按所需的总功率的电热线总长，计算出或参照表 2-7 找出布线的平均间距，按照间距在床的两端距床边 10cm 处插上短竹棍（靠床南侧及北侧的几根竹棍可比平均间距密些，中间的可稍稀些），然后按图 2-5b，把电加温线贴地面绕好，电加温线两端的导线（即普通的电线）部分从床内伸出来，以备和电源及控温仪等连接。布线完毕，立即在上面铺好床土。电加温线不可相互交叉、重叠、打结；布线的行数最好为偶数，以便电热线的引线能在

一侧，便于连接。若所用电加温线超过两根以上时，必须并联使用，不能串联。

(7) 电源及控温仪的连接

控温仪可按仪器说明接通电源，并把感温插头插在温床的适当位置。接线时，功率＜2 000W（10A 以下）可采用单相接法；功率＞2 000W 时，可采用单相加接触器（继电器）和控温仪的接法；功率电压较大时可采用 380V 电源，并选用与负载电压相同的交流接触器（图 2-6）。

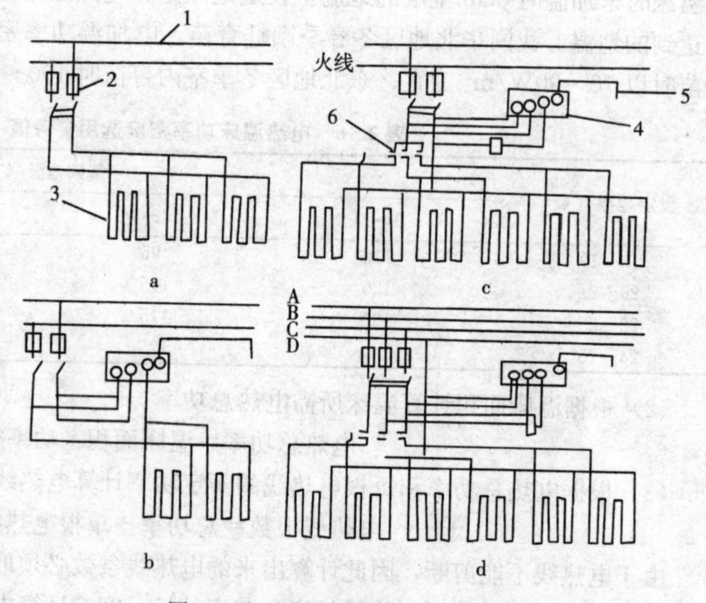

图 2-6 电热线及控温仪的连接方法

1. 电源线 2. 电闸 3. 电加温线
4. 控温仪 5. 感温头（插入土中） 6. 交流接触器

图 2-6a 为单相直接供电，即将电热线与电源通过开关直接连接。这种接法电源的启闭全靠人工控制，因此很难准确地控制温度，同时也费工，目前很少应用。

图 2-6b 为单相加控温仪法。当电热线的总功率小于或等于控温仪最大允许负载时，可采取这种方法。此法可以实现床温的自动控制。

图 2-6c 为单相加控温仪和继电器连接法。当电热线的总功率大于控温仪最大允许负载时，可采用这种方法。否则，如果不加继电器，则会把控温仪烧坏。

图 2-6d 为三相四线制线路加控温仪和继电器连接法。如果苗床面积大，铺设的电热线容量太大，单相电源容量难以满足时，需要用三相四线制供电方法。在连接时应注意 3 根火线与电热线均匀匹配。

4. 应用 电热温床主要用于冬春季园艺作物的育苗和扦插繁殖，以果菜类蔬菜育苗应用较多。由于其具有增温性能好、温度可精确控制和管理方便等优点，现在生产上已广泛推广应用。

四、地面简易覆盖

地面简易覆盖是设施栽培中的一种简单覆盖栽培方式，即在植株或栽培畦面上，用各种防护材料进行覆盖生产。传统的覆盖方式有东北地区的畦面覆草、树叶、马粪等，保护越冬菜（如韭菜等）安全越冬和促进春季提早萌发；我国西北干旱地区利用粗沙或鹅卵石、大小不等的沙石分层覆盖土壤表面，种植白兰瓜、西瓜、甜瓜等瓜类作物，达到保墒、升温、保水、保肥，防杂草的作用，称为“沙田栽培”；夏季对浅播的小粒种子，如芹菜，用稻草或秸秆覆盖，促进幼苗出土和生长等，都是传统的简易覆盖方法。现代简易覆盖主要指地膜覆盖和无纺布浮面覆盖。

(一) 地膜覆盖

地膜覆盖是利用很薄的塑料薄膜覆盖于地面或近地面的一种简易栽培方式，是现代农业生产中既简单又有效的增产措施之一。

1. 地膜的种类　地膜的种类很多，性能各不相同，具体的种类特性及使用效果见表 2-8。

表 2-8　地膜的种类特性与使用效果

（李式军，2002）

种　类	促进地温升高	抑制地温升高	防除杂草	保墒	防止病虫害发生	果实着色	耐候性
透明膜	优	无	无	优	弱	无	弱
黑膜	中	良	优	优	弱	无	良
除莠膜	优	无	优	优	弱	无	弱
着色膜	良	弱	良	优	弱	无	弱
黑白双色膜	良	弱	弱	优	弱	无	弱
有孔膜	良，弱	良	良	良	弱	无	弱
光分解膜	良	无	弱	弱	弱	无	无
银灰膜	无	优	优	优	良	良	无
PVC 膜	优	无	无	优	弱	无	优
EVA 膜	优	无	无	优	弱	无	良

2. 地膜覆盖方式　地膜的覆盖方式很多，大致可分为地表覆盖、近地面覆盖和地面双覆盖等类型。

(1) 地表覆盖　将地膜紧贴垄面或畦面覆盖，主要有以下几种形式：

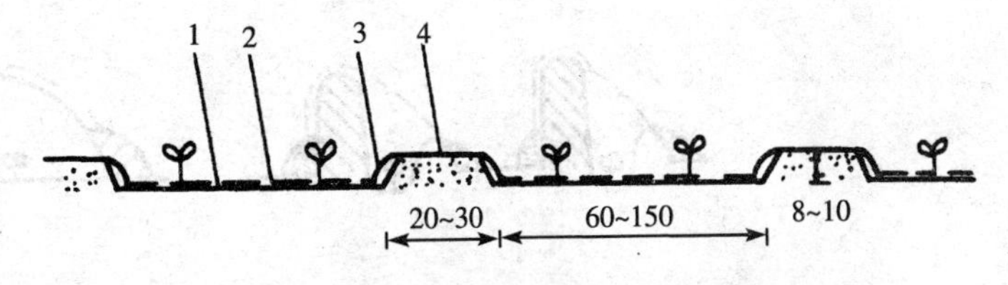

图 2-7　平畦地膜覆盖栽培横剖面示意图（单位：cm）

1. 畦面　2. 地膜　3. 压膜土　4. 畦埂

①平畦覆盖：利用地膜在平畦畦面上覆盖。可以是临时性覆盖，于出苗时将薄膜揭除，也可以是全生育期的覆盖，直到栽培结束。平畦的畦宽为 1.2～1.65m，一般为单畦覆盖，也可以联畦覆盖（图 2-7）。平畦覆盖便于灌水，初期增温效果较好，但后期由于灌水带入的泥土盖在薄膜上，影响阳光射入畦面，降低增温效果。

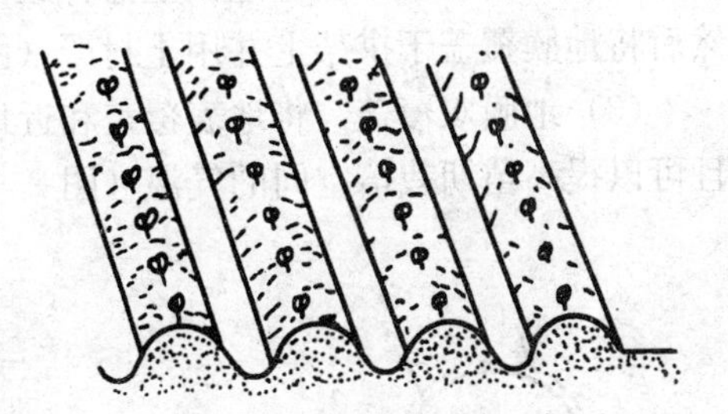

图 2-8　高垄覆盖

②高垄覆盖：栽培田经施肥平整后，进行起垄。一般垄宽 45～60cm、高 10cm 左右，垄面上覆盖地膜，每垄栽培 1～2 行作物。其增温效果一般比平畦高 1～2℃（图 2-8）。

③高畦覆盖：高畦覆盖是在菜田整地施肥后，将其做成底宽 1.0～1.1m、高 10～12cm、畦宽 65～75cm、灌水沟宽 30cm 以上的高畦，然后每畦上覆盖地膜（图 2-9）。

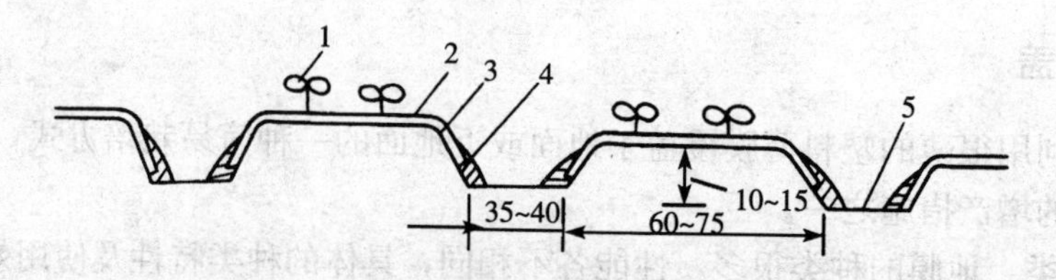

图 2-9　高畦地膜覆盖示意图（单位：cm）

1. 幼苗　2. 地膜　3. 畦面　4. 压膜土　5. 灌水沟

（张振武，1995）

（2）地面覆盖　将塑料地膜覆盖于地表之上，形成一定的栽培空间，主要有以下几种形式：

①沟畦覆盖：栽培畦的畦面做成沟状，将栽培作物播种或定植于沟内，然后覆盖地膜，幼苗在地膜下生长，待接触地膜时，将地膜及时揭除，或在膜上开孔，将苗引出膜外，并将膜落为地面覆盖。主要有宽沟畦、窄沟畦和朝阳沟畦等覆盖形式（图 2-10）。

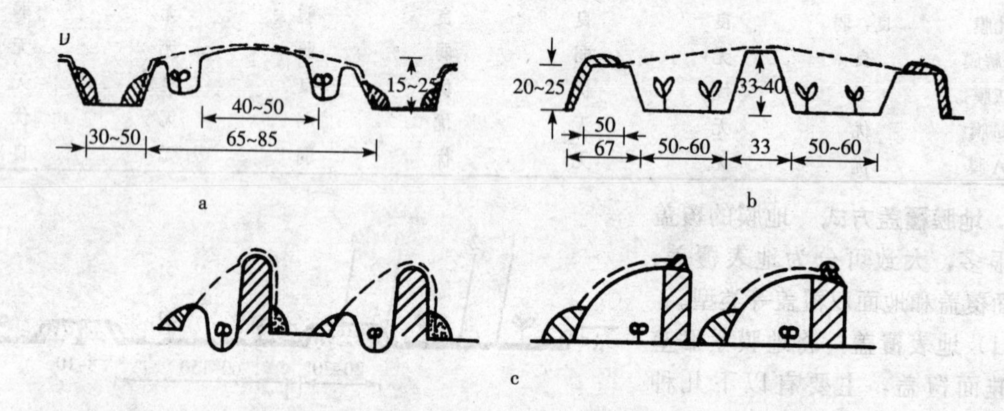

图 2-10　沟畦覆盖示意图（单位：cm）

a. 窄沟畦　b. 宽沟畦　c. 朝阳沟畦

②拱架覆盖：在高畦畦面上播种或定植后，用细枝条、细竹片等做成高 30～40cm 的拱架，然后将地膜覆盖于拱架上并用土封严（图 2-11）。

（3）地膜双覆盖　将地表覆盖和近地面覆盖相结合的地膜覆盖方式，不仅可以提高地温，而且可以提高苗期栽培空间的气温（图 2-12）。

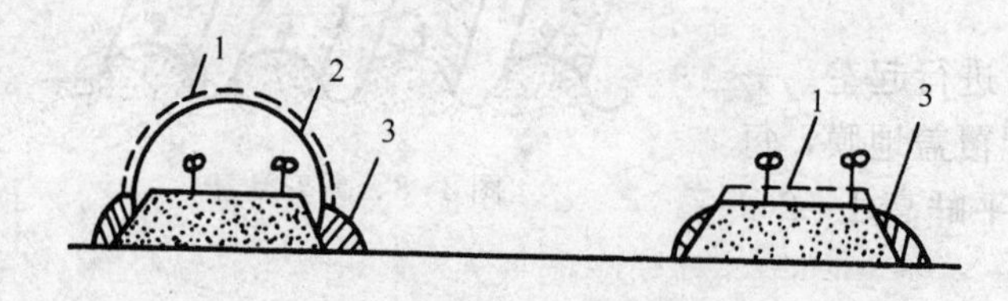

图 2-11　拱架覆盖

1. 地膜　2. 竹片　3. 压膜土

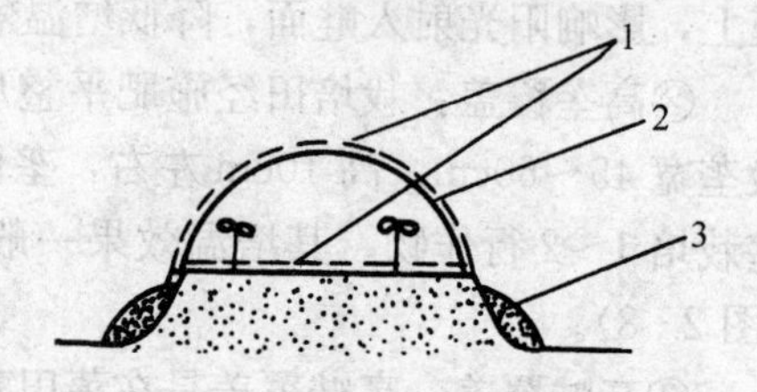

图 2-12　地膜双覆盖断面示意图

1. 地膜　2. 竹片　3. 压膜土

3. 地膜覆盖的效应

(1) 对环境条件的影响

①提高地温：地膜覆盖后的增温效应，春季低温期1～10cm土层中可增温2～6℃；进入夏季高温期后，如无遮荫，膜下地温可高达50℃，但在有作物遮荫或膜表面淤积泥土后，只比露地提高1～5℃，土壤潮湿时，甚至比露地低0.5～1.0℃。从不同覆盖形式看，高垄（15cm）覆盖比平畦覆盖的5cm、10cm、20cm深土壤增加温度分别为1.0℃、1.5℃、0.2℃（山西省农业科学院，1980）；宽型高垄比窄型高垄土温高1.6～2.6℃（天津市农业科学院蔬菜研究所）。不同垄型、不同时刻，地温的分布也不同。此外，东西延长的高垄比南北延长的增温效果好，晴天比阴天的增温效果好，无色透明膜比其他有色膜的增温效果好。

②提高土壤保水能力：地膜覆盖后，阻碍了土壤水分蒸发，使土壤含水量比较稳定，可以长时间保持湿润，减少灌水次数，节约用水；在温室和大棚内，地膜覆盖可降低空气相对湿度。

③提高土壤养分含量：地膜覆盖一是减少雨水冲淋和不合理的灌溉所造成的土壤中肥料流失；二是由于膜下土壤中温、湿度适宜，微生物活动旺盛，可加速土壤中有机物质的分解转化，因而增加了土壤中速效性氮、磷、钾的含量。

④改善土壤理化性状：地膜覆盖后能避免因土壤表面风吹、风淋的冲击，减少中耕、除草、施肥、灌溉等人工和机械操作，因而能防止土壤板结，保持土壤疏松，通气性能良好，促进植株根系的生长发育。据测定，盖膜后土壤孔隙度增加4%～10%，容重减少，根系的呼吸强度明显增加。

⑤减轻盐碱危害：由于盖膜后大大减少土壤水分的蒸发量，从而抑制了随水分带到土壤表面的盐分，降低土壤表层盐分含量，减轻盐碱对作物的危害。

⑥增加近地面的光照：地膜具有反光作用，增加植株下部叶片的光照强度，使下部叶片的衰老期推迟，促进干物质积累，提高产量。

⑦防除杂草：地膜覆盖对膜下土壤杂草的滋生有一定的抑制作用。尤其是在透明地膜覆盖得非常密闭或者采用黑、绿色膜的情况下，防除杂草的效果更为突出。平畦覆盖对杂草的抑制作用不如高垄，黑色膜对杂草有全面的防治作用。

(2) 对园艺作物生长发育的影响　由于地膜覆盖改善了环境条件，尤其是土壤根系环境，根系发达，吸收能力加大，促进作物生长，为作物早熟、增产奠定了基础。

4. 地膜覆盖的技术要求　地膜覆盖的整地、施肥、做畦、盖膜应连续作业，不失时机，以保持土壤水分，提高地温。

(1) 整地做畦　在整地时，应深翻细耙，打碎土块；畦面应平整细碎，以便地膜能紧贴畦面，不漏风，四周压土充分而牢固，保证盖膜质量。

(2) 施肥特点　做畦时应施足有机肥和必要的化肥，增施磷、钾肥，以防因氮肥过多造成果菜类蔬菜徒长。同时，后期要适当追肥，以防后期作物缺肥早衰。

(3) 灌水特点　灌水沟不可过窄，以利灌水。在膜下软管滴灌或微喷灌条件下，畦面可稍宽、稍高；若采用沟灌，则灌水沟应稍宽。地膜覆盖虽然比露地减少灌水约1/3，但每次灌水量应充足，不宜小水勤灌

(4) 后期破膜　正常情况下，地膜自覆盖后直到拉秧，但在后期高温或土壤干旱时，地膜会

产生破坏作用，影响植株生长，在此情况下应及时将地膜揭开，然后进行灌水、追肥。

（5）清除旧膜　连年进行地膜覆盖，残存的旧膜会造成污染。因此应及时清除旧膜。

露地覆膜应选无风或微风天气，在稍有风天顺着风的方向覆膜。先在畦或垄的一端外侧挖沟，将膜的起始端埋住、踩实，然后向畦或垄的另一端放膜。边放膜、边展膜、拉平压紧，使之紧贴地面，然后在地膜两个侧边的下面取土挖成小沟，再把两个侧边压入小沟内踩实。达到畦或垄的另一端时，同压膜的起始端一样将地膜的另一端用土压住、踩实。

设施内的覆膜技术与露地基本相同，只是在设施内不考虑风的影响，对地膜两边压膜的要求不那么严格。

5. 地膜覆盖的应用

（1）露地栽培　地膜覆盖可用于果菜类、叶菜类、瓜菜类、草莓或果树等的春早熟栽培。

（2）设施栽培　地膜覆盖还用于大棚、温室果菜类蔬菜、花卉和果树栽培，以提高地温和降低空气湿度。一般在秋、冬、春栽培中应用较多。

（3）园艺作物播种育苗　地膜覆盖也可用于各种园艺作物的播种育苗，以提高播种后的土壤温度和保持土壤湿度。

（二）浮面覆盖

浮面覆盖是指不用任何骨架材料作支撑，将覆盖物直接覆盖在作物表面的一种保护性栽培方法。由于覆盖物可以随作物生长而浮动，因此又称浮动覆盖。浮面覆盖的覆盖材料主要有无纺布、遮阳网，要求其有一定的透光性和透气性，质量轻。

浮面覆盖具有保温、保墒和遮阳的作用，常在冬春季节露地或大棚、日光温室内覆盖保温，可使温度提高1～3℃；也可于夏秋季节覆盖用于遮光保墒，特别是在育苗阶段应用较多。

第二节　塑料薄膜拱棚

塑料薄膜拱棚是指将塑料薄膜覆盖于拱形支架之上而形成的设施栽培空间，根据其结构形式和占地面积，可分为塑料小棚、塑料中棚、塑料大棚等。

一、塑料小棚

（一）结构和类型

塑料小棚的规格一般高为1～1.5m，跨度为1.5～3m，长度10～30m，单棚面积15～45m^2。拱架多用轻型材料建成，如细竹竿、毛竹片、荆（树）条，直径6～8mm钢筋等，拱杆间距30～50cm，上覆盖0.05～0.10mm厚聚氯乙烯或聚乙烯薄膜，外用压杆或压膜线等固定薄膜而成，它具有结构简单、体型较小、负载轻、取材方便等特点。根据其覆盖的形式不同可分为7种类型（图2-13）。

1. 拱圆形小棚　生产中应用最多的类型，多用于北方。高1m左右，宽1.5～2.5m，长度依地而定。因小棚多用于冬春生产，宜建成东西延长，为加强防寒保温，可在北侧加设网障，而成为网障拱棚，棚面上也可在夜间加盖草苫保温。

2. 半拱圆小棚　棚架为拱圆形小棚的一半，北面筑高 1m 左右的土墙或砖墙，南面成一面坡形覆盖或为半拱圆棚架，一般无立柱，跨度大时加设 1～2 排立柱，以支撑棚面及保温覆盖物。棚的方向以东西延长为好。

3. 双斜面小棚　屋面成屋脊形或三角形。棚向东西或南北延长均可，一般中央设 1 排立柱，柱顶拉紧一道 8 号铁丝，两边覆盖薄膜即成。适用于风少雨多的南方地区，因为双斜面不易积雨水。

4. 单斜面小棚　结构简单、取材方便、容易建造，又由于薄膜可塑性强，用架材弯曲成一定形状的拱架即可覆盖成型，因此在生产中的应用形式多种多样。无论何种形式，其基本原则应是坚固抗风，具有一定空间和面积，适宜栽培。

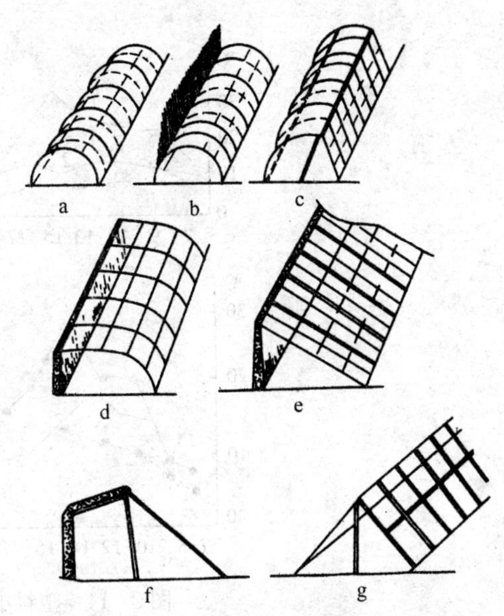

图 2-13　塑料小棚的覆盖类型

a. 拱圆棚　b. 拱圆加风障　c. 半拱圆棚　d. 土墙半拱圆　e. 单斜面棚　f. 薄膜改良阳畦　g. 双斜面三角棚

（二）性能

1. 温度

（1）气温　一般条件下，小拱棚的气温增温速度较快，晴天最大增温能力为 15～20℃，在高温季节容易造成高温危害；降温速度也快，有草苫覆盖的半拱圆形小棚的保温能力仅有 6～12℃（表 2-9），特别是在阴天、低温或夜间没有草苫保温覆盖时，棚内外温差仅为 1～3℃，遇有寒潮易发生冻害。

小棚内的热源来自太阳能，小棚空间小，缓冲能力差，容易受外界温度变化的影响。从季节变化来看，1 月上旬至 3 月上旬是冬季气温最低时期，棚内的最低温度有时降至 0℃以下，春季逐渐升高。如外界气温出现－18.1℃时，棚内最低温度为－0.2℃，内外相差 17.9℃（表 2-9）。

表 2-9　半拱圆形小拱棚内外气温比较（℃）

日期	最　高					最　低				
	棚内平均	棚外平均	内外相差	棚外极值	棚内极值	棚内平均	棚外平均	内外相差	棚外极值	棚内极值
1月11日至30日	16.2	0.9	15.3	5.7	27.1	3.5	－8.7	12.5	－18.1	－0.2
2月	22.7	2.0	20.7	9.5	30.5	4.6	－6.3	10.9	－13.0	1.3
3月	29.7	12.5	17.2	21.8	46.0	8.9	0.7	8.2	－3.5	0.0
4月	32.2	20.9	11.3	27.8	44.5	14.4	8.4	6.0	－0.6	9.8
5月1日至7日	29.0	23.7	5.3	26.9	36.6	12.4	11	1.4	6.5	8.8

从日变化看，小拱棚温度的日变化与外界基本相同，只是昼夜温差比露地大（图 2-14）。

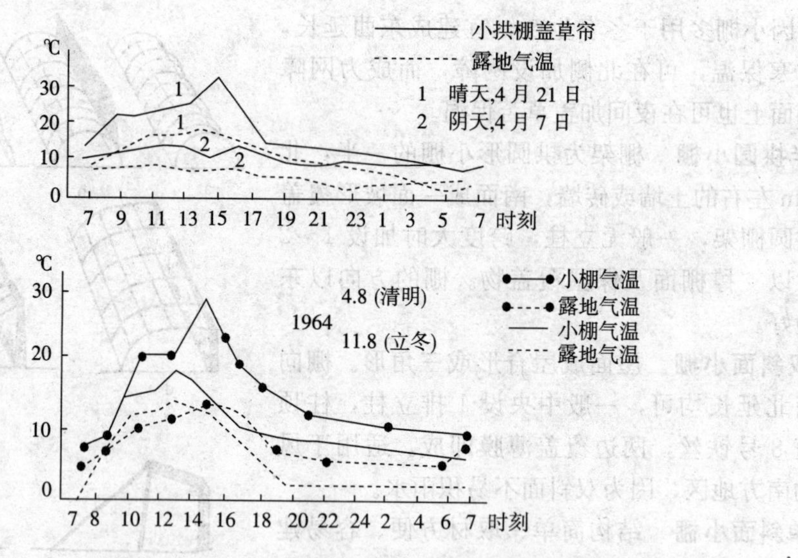

图 2-14 塑料小棚不同天气、季节温度比较

此外，小拱棚内气温分布很不均匀，据安志信等人测定，在密闭的情况下，棚内中心部位的地表附近温度较高，两侧温度较低，水平温差可达 7～8℃（图 2-15）；而从棚的顶部放风后，棚内各部位的温差逐渐减小。

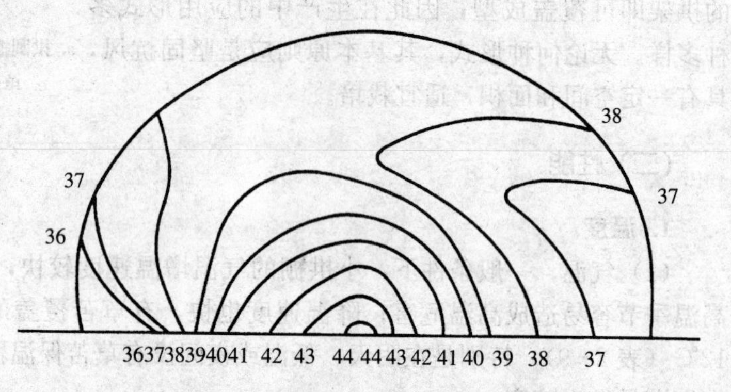

图 2-15 塑料小棚内的温度分布（单位:℃）

（2）地温 小拱棚内地温变化与气温变化相似，但不如气温剧烈。从日变化看，晴天大于阴（雨）天，土壤表层大于深层，一般棚内地温比露地高 5～6℃。从季节变化看，据北京地区测定，1～2 月份 10cm 日平均地温为 4～5℃，3 月份为 10～11℃，3 月下旬达到 14～18℃，秋季地温有时高于气温。

2. 湿度 小拱棚覆盖薄膜后，因土壤蒸发、植株蒸腾造成棚内高湿，一般棚内空气相对湿度可达 70%～100%；白天通风时，棚内相对湿度可保持在 40%～60%；夜间密闭时可达到 90%以上。为避免通风造成温度变化剧烈，应在白天温度较高时段进行扒缝放风。

棚内相对湿度的变化是随着外界天气的变化而变化，晴天湿度低，阴雪天湿度升高；白天湿度低，夜间湿度高。

3. 光照 光照差异较小，一般上层的光强比下层为高，距地面 10～40cm 处差异比较明显，近地面处差异不大。水平方向的受光，南面大于北面，相差 7%左右。小棚内的受光状况，决定于薄膜的质量和新旧程度，也和薄膜吸尘、结露有关，新薄膜的透光率可达 80%以上。使用几个月以后，由于各种原因使透光率减少到 40%～50%。污染严重时透光量还要少。

（三）应用

塑料小棚在我国北方及中南部地区广泛应用，由于塑料小棚可以采用草苫覆盖防寒，因此，在早春，其栽培期可早于塑料大棚，主要用于耐寒性蔬菜的早春生产及喜温蔬菜的提早定植，也可用于花卉植物的提早种植。

二、塑料中棚

塑料中棚的面积和空间比塑料小棚大，是塑料小棚和塑料大棚的中间类型。常用的塑料中棚主要为拱圆形结构。

（一）结构和类型

1. 拱圆形　一般跨度为3～6m。在跨度6m时，以高度2.0～2.3m、肩高1.1～1.5m为宜；在跨度4.5m时，以高度1.7～1.8m、肩高1.0m为宜；在跨度3m时，以高度1.5m、肩高0.8m为宜；长度可根据需要及地块长度确定。另外，根据中棚跨度的大小和拱架材料的强度，确定是否设立立柱。以竹木或钢筋做骨架时，需设立柱；而用钢管做拱架则不需设立柱。按材料的不同，拱架可分为竹片结构、钢架结构及竹片与钢架混合结构。

2. 半拱圆形　棚向为东西方向延长，北面筑1.5m左右高的土墙或砖墙，南面设立拱架，拱架的一端插入地中，另一端搭设在墙上，形成半拱圆形拱架，上面覆盖塑料薄膜。

（二）性能与应用

塑料中棚可加盖草苫防寒。由于塑料中棚较塑料小棚的空间大，其性能也优于塑料小棚。

塑料中棚主要用于果菜类蔬菜及草莓和瓜果的春早熟和秋延后栽培，也可用于花卉植物的提早种植。

三、塑料大棚

塑料大棚是用塑料薄膜覆盖的一种大型拱棚。通常把不用砖石结构围护，以竹、木、水泥柱或钢材等做骨架，上覆塑料薄膜的大型保护地栽培设施称为塑料大棚。它和温室相比，具有结构简单、建造和拆装方便、一次性投资较少等优点；与塑料中、小棚相比，又具有坚固耐用、使用寿命长、棚体空间大、作业方便及有利作物生长、便于环境调控等优点。

（一）塑料大棚的类型和结构

1. 塑料大棚的类型　目前生产中应用的塑料大棚，按棚顶形状可以分为拱圆形和屋脊形，我国绝大多数为拱圆形。按骨架材料则可分为竹木结构、钢架混凝土柱结构、钢架结构、钢竹混合结构等。按连接方式又可分为单栋大棚、双连栋大棚和多连栋大棚（图2-16）。

（1）竹木结构大棚　大棚初期的一种类型，目前在我国北方仍广为应用。一般跨度为8～

12m，长度 40～60m，中脊高 2.4～2.6m，两侧肩高 1.1～1.3m。有 4～6 排立柱，横向柱间距2～3m，柱顶用竹竿连成拱架；纵向间距为 1～1.2m。其优点是取材方便，造价较低，且容易建造；缺点是棚内立柱多，遮光严重，作业不方便，立柱基部易朽，抗风雪能力较差等。为减少棚内立柱，建造了悬梁吊柱式竹木结构大棚，即在拉杆上设置小吊柱，用小吊柱代替部分立柱。小吊柱用长 20cm、粗 4cm 的木杆，两端钻孔，穿过细铁丝，下端拧在拉杆上，上端支撑拱杆。

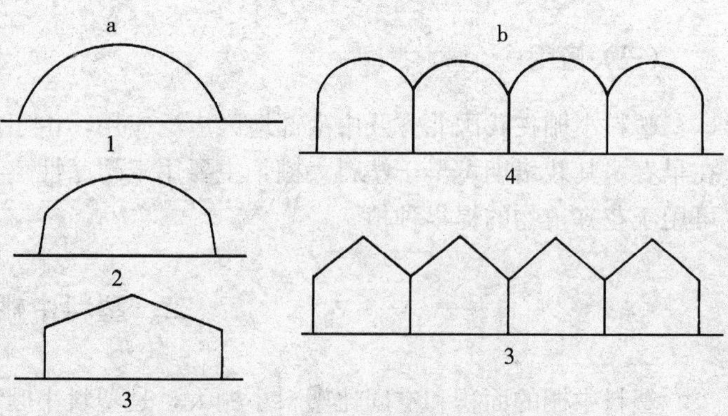

图 2-16　塑料大棚的类型

a. 单栋大棚　b. 连栋大棚

1. 落地拱　2. 柱支拱　3. 尾脊形　4. 拱圆形

（2）混合结构大棚　棚型与竹木结构大棚相同，使用的材料有竹木、钢材、水泥构件等多种。一般拱杆和拉杆多采用竹木材料，而立柱采用水泥柱。混合结构大棚较竹木结构大棚坚固、耐久、抗风雪能力强，在生产中应用也较多。

（3）钢架结构大棚　一般跨度为 10～15m，高 2.5～3.0m，长 30～60m。拱架是用钢筋、钢管或两者结合焊接而成的弦形平面桁架。平面桁架上弦用 16mm 钢筋或 25mm 的钢管制成，下弦用 12mm 钢筋，腹杆用 6～9mm 钢筋，两弦间距 25cm。制作时先按设计在平台上做成模具，然后在平台上将上、下弦按模具弯成所需的拱形，然后焊接中间的腹杆。拱架上覆盖塑料薄膜，拉紧后用压膜线固定。这种大棚造价较高，但无立柱或少立柱，室内宽敞，透光好，作业方便。北方已在生产中广泛推广应用（图 2-17）。

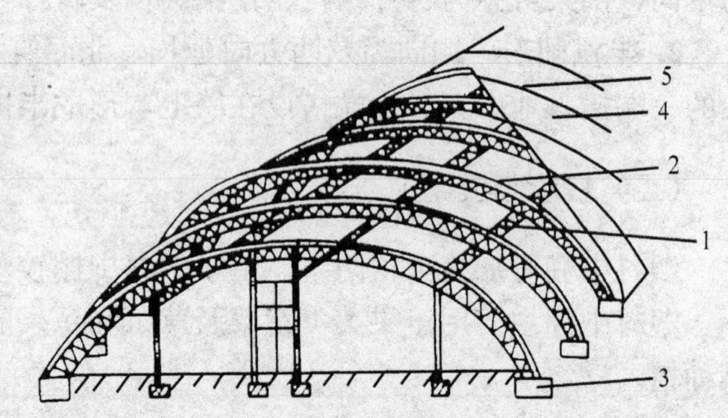

图 2-17　钢架结构大棚图

1. 纵梁　2. 钢筋桁架拱梁　3. 水泥基座

4. 塑料薄膜　5. 压膜线

（4）装配式钢管结构大棚　由工厂按照标准规格生产的组装式大棚，材料多采用薄壁镀锌钢管。一般大棚跨度 6～10m，高度 2.5～3.0m，长 20～60m。拱架和拉杆都采用薄壁镀锌钢管连接而成，拱架间距 50～60cm，所有部件用承插、螺钉、卡槽或弹簧卡具连接。用镀锌卡槽和钢丝弹簧压固棚膜，用手摇式卷膜器卷膜通风。这种大棚优点和钢架结构大棚相同（图 2-18）。

2. 塑料大棚的结构　塑料大棚的结构分为骨架和棚膜。骨架由立柱、拱杆（拱架）、拉杆（纵梁）、压杆（压膜线）等部件组成，俗称“三杆一柱”（图 2-19），这是塑料大棚最基本的骨架构成，其他形式都是在此基础上演化而来的。另外，为便于出入，通常在棚的一端或两端设立棚门。

（1）立柱　塑料大棚的主要支柱，承受棚架、棚膜的重量以及雨、雪负荷和风压，因此立柱应垂直，或倾向于引力。立柱可采用竹竿、木柱、钢筋水泥混凝土柱等，使用的立柱不必太粗，

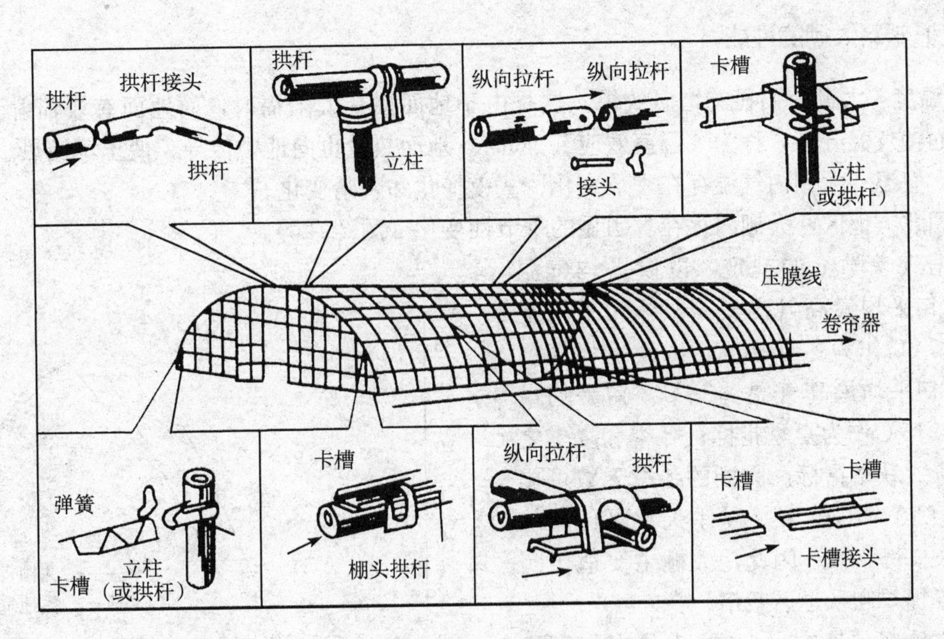

图 2-18　装配式钢管结构大棚

但立柱的基部应设柱脚石，以防大棚下沉或被拔起。立柱埋置的深度应在 40～50cm。

（2）拱杆（拱架）　支撑棚膜的部分，横向固定在立柱上，两端插入地下，呈自然拱形，是大棚的骨架，决定大棚的形状和空间形成。拱杆的间距为 1.0～1.2m。由竹片、竹竿或钢材、钢管等材料焊接而成。

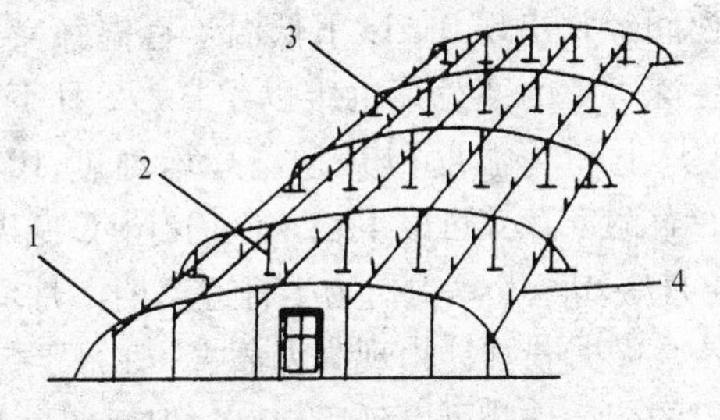

图 2-19　塑料大棚骨架结构
1. 拱杆　2. 立柱　3. 拉杆　4. 吊柱

（3）拉杆　纵向连接拱杆和立柱，固定压杆，使大棚骨架成为一个整体。用较粗的竹竿、木杆或钢材作为拉杆，距立柱顶端 30～40cm，紧密固定在立柱上，拉杆长度与棚体长度一致。

（4）压膜线　扣上棚膜后，于两根拱杆之间压 1 根压膜线，使棚膜绷平压紧，压膜线的两端，固定在大棚两侧设的“地锚”上。

（5）棚膜　覆盖在棚架上的塑料薄膜。棚膜可采用 0.1～0.12mm 厚的聚氯乙烯（PVC）或聚乙烯（PE）薄膜以及 0.08～0.1mm 的醋酸乙烯（EVA）薄膜，这些专用于覆盖塑料薄膜大棚的棚膜，其耐候性及其他性能均与非棚膜有一定差别。除了普通聚氯乙烯和聚乙烯薄膜外，目前生产中多使用无滴膜、长寿膜、耐低温防老化膜等多功能膜作为覆盖材料。

（6）门窗　门设在大棚的两端，作为出路口，门的大小应考虑作业方便，太小不利进出，太大不利保温。大棚顶部可设天窗，两侧设进气侧窗，作为通风口。

（7）连接卡具　大棚骨架的不同构件之间均需连接，除竹木大棚需线绳和铁丝连接外，装配式大棚均用专门预制的卡具连接，包括套管、卡槽、卡子、承插螺钉、接头、弹簧等。

（二）塑料大棚的性能

1. 温度 大棚有明显的增温效果，这是由于地面接受太阳辐射，而地面有效辐射受到覆盖物阻隔而使气温升高，称为“温室效应”。同时，地面热量也向地中传导，使土壤储热。

（1）气温 大棚内气温存在季节变化、昼夜变化和阴晴变化。

我国北方地区，大棚内存在着明显的季节性变化（图 2-20）。

根据气象学上的规定，以候平均气温≤10℃，旬平均最高气温≤17℃，旬平均最低气温≤4℃作为冬季指标；以候平均气温≥22℃，旬平均最高气温≥28℃，旬平均最低气温≥15℃作为夏季指标；冬季和夏季之间作为春、秋季指标。大棚的冬季天数可比露地缩短 30～40d，春、秋季天数可比露地分别延长 15～20d。因此，大棚主要适于园艺作物春提早和秋延后栽培。

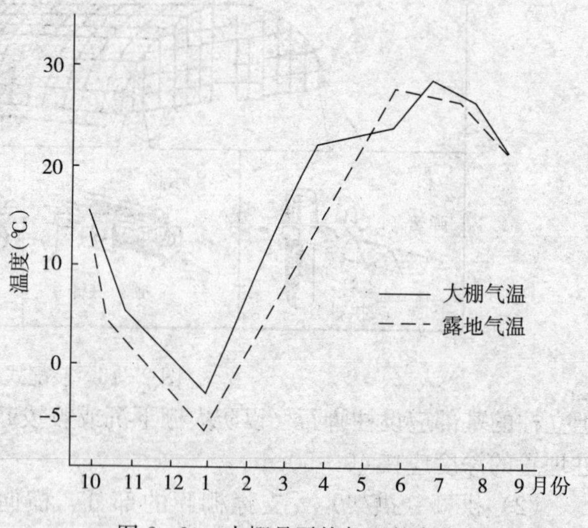

图 2-20 大棚月平均气温的变化

北方地区一年中大棚在 11 月中旬至翌年 2 月中旬处于低温期，月均温度 5℃以下，夜间经常出现 0℃以下低温，喜温蔬菜可发生冻害，耐寒蔬菜也难以生长；2 月下旬至 4 月上旬为温度回升期，月均温度 10℃左右，耐寒蔬菜可以生长，但仍有 0℃低温，因此果菜类蔬菜多在 3 月中下旬至 4 月初开始定植；4 月中旬至 9 月中旬为生育适温期，月均温在 20℃以上，是喜温的花、菜、果的生育适期，但应注意 7 月份可能出现高温危害；9 月下旬至 11 月上旬为逐渐降温期，月均温度在 10℃左右，喜温的园艺作物可以延后栽培，但后期最低温度常出现 0℃以下，因此应注意避免发生冻害。

塑料大棚内气温的日变化规律与外界基本相同，即白天气温高，夜间气温低。日出后 1～2h 棚温迅速升高，7：00～10：00 气温回升最快，在不通风的情况下平均每小时升温 5～8℃，每日最高温出现在 12：00～13：00。15：00 前后棚温开始下降，平均每小时下降 5℃左右。夜间气温下降缓慢，平均每小时降温 1℃左右。早春低温时期，通常棚温只比露地高 3～6℃，阴天时的增温值仅 2℃左右。

塑料大棚在 3～10 月夜间有时会出现棚温低于外界温度的“逆温现象”，即棚内气温低于露地。逆温现象是由于大气的“温室效应”所致。大气逆辐射使近地面的空气层增温，而大棚内由于塑料薄膜的阻隔，使大气逆辐射热无法进入棚内，而棚内热量却大量向外界散失，造成了棚温稍低于外界温度的逆温现象。这种现象多发生在晴天的夜晚，天上有薄云覆盖，薄膜外面凝聚少量的水珠。

塑料大棚内不同部位的温度有差异，每天上午日出后，大棚东侧首先接受太阳光的辐射，棚东侧的温度较西侧高。中午太阳由棚顶部入射，高温区在棚的上部和南端；下午主要是棚的西侧受光，高温区又出现在棚的西部。大棚内垂直方向上的温度分布也不相同，白天棚顶部的温度高于底部3～4℃，夜间正相反，棚下部的温度高于上部1～2℃。大棚四周接近棚边缘位置的温度，在一天之内均比中央部分低。

(2) 地温 大棚内的地温虽然也存在明显的日变化和季节变化，但与气温相比，地温比较稳定，且地温的变化滞后于气温。从地温的日变化看，晴天上午太阳出来后，地表温度迅速升高，14：00左右达到最高值，15：00后温度开始下降。随着土层深度的增加，日最高地温出现的时间逐渐延后，一般距地表5cm深处的日最高地温出现在15：00左右，距地表10cm深处的日最高地温出现在17：00左右，距地表20cm深处的日最高地温出现在18：00左右，距地表20cm以下深层土壤温度的日变化很小。阴天大棚内地温的日变化较小，且日最高温度出现的时间较早。从地温的分布看，大棚周边的地温低于中部地温，而且地表的温度变化大于地中温度变化，随着土层深度的增加，地温的变化越来越小。从大棚内地温的季节变化看，4月中下旬的增温效果最大，可比露地高3～8℃，最高达10℃以上；夏、秋季因有作物遮光，棚内外地温基本相等或棚内温度稍低于露地1～3℃。秋、冬季节则棚内地温又略高于露地2～3℃。10月份土壤增温效果减小，仍可维持10～20℃的地温。11月上旬棚内浅层地温一般维持在3～5℃。1月上旬至2月中旬是棚内土壤冻结时期，最冷时地温为－7～－3℃。

2. 湿度 在密闭的情况下，塑料大棚内空气相对湿度的一般变化规律是：棚温升高，相对湿度降低；棚温降低，相对湿度升高；晴天、风天时相对湿度降低，阴天、雨（雪）天时相对湿度增大。大棚内空气相对湿度也存在着季节变化和日变化，早晨日出前棚内相对湿度高达100%，随着日出后棚内温度的升高，空气相对湿度逐渐下降，12：00～13：00为空气相对湿度最低时刻，在密闭大棚内达70%～80%，在通风条件下，可降到50%～60%；午后随着气温逐渐降低，空气相对湿度又逐渐增加，午夜可达到100%。从大棚湿度季节性变化看，一年中大棚内空气相对湿度以早春和晚秋最高，夏季由于温度高和通风换气，相对湿度较低。

3. 光照 大棚内光照状况与天气、季节及昼夜变化、方位、结构、建筑材料、覆盖方式、薄膜洁净和老化程度等因素有关。

(1) 光照的季节变化 不同季节太阳高度不同，大棚内的光照强度和透光率也有所不同。一般南北延长的大棚，其光照强度由冬→春→夏的变化是不断加强，透光率也不断提高，而随着季节由夏→秋→冬，其棚内光照则不断减弱，透光率也降低。

(2) 棚内的光照分布 大棚内光照存在垂直变化和水平变化。从垂直方向看，越接近地面，光照度越弱；越接近棚面，光照度越强。据测定，距棚顶30cm处的光照度为露地的61%，中部距地面1.5m处为34.7%，近地面为24.5%。从水平方向看，南北延长的大棚棚内的水平照度比较均匀，水平光差一般只有1%左右。但是东西向延长的大棚，不如南北向延长的大棚光照均匀。

(3) 影响光照因素 大棚方位不同，太阳直射光线的入射角也不同，因此透光率不同。一般东西延长的大棚比南北延长的大棚的透光率高，但在光照分布方面南北延长的大棚比东西延长的大棚均匀。

大棚的结构不同，其骨架材料的截面积不同，因此形成阴影的遮光程度也不同，一般大棚骨架的遮荫率可达5%～8%。从大棚内光照来考虑，应尽量采用坚固而截面积小的材料做骨架，以尽可能减少遮光。

透明覆盖材料对大棚光照的影响。不同的透明覆盖材料其透光率也不同，而且由于不同透明覆盖材料的耐老化性、无滴性、防尘性等不同，使用后的透光率也有很大差异。目前生产中应用的聚氯乙烯、聚乙烯、醋酸乙烯等薄膜，无水滴并清洁时的可见透光率 90%左右，但使用后透光率就会大大降低，尤其是聚氯乙烯薄膜，由于防尘性差，下降较为严重。

（三）塑料大棚的应用

在蔬菜上主要是春季进行果菜类早熟栽培，秋季延后栽培，或春季为露地培育茄果类、瓜类、豆类蔬菜的幼苗；秋冬进行耐寒性蔬菜的加茬栽培，如莴苣、菠菜、油菜（南方小白菜）、青蒜等。

在花卉上，可在棚内栽培菊花、观叶植物及盆栽花卉，或进行大面积草花播种和落叶花木的冬季扦插以及菊花等一些花卉的延后栽培。在南方则可用来生产切花，或供亚热带花卉越冬使用。

在果树上，可用于草莓、葡萄、桃、樱桃、无花果等的春季提早栽培和秋季延后栽培，同时可用于多种果树的育苗。

第三节 温 室

温室是结构比较完善的园艺设施，具有良好的采光、增温和保温性能。利用温室可以在寒冷季节进行蔬菜、果品和花卉的生产，对于园艺产品的淡季供应和周年生产具有重要意义。

我国温室生产的历史悠久，但其类型和生产的发展则是近百年的事，尤其是 20 世纪 80 年代以来，随着改革开放和农村产业结构的调整，以日光温室为主的温室生产得到了迅猛发展。此外，我国还引进了国外的大型现代化温室，并在消化吸收的基础上，初步研究开发出了我国自行设计制造的大型温室，促进了我国现代化设施园艺的发展。

一、温室类型

我国温室结构和类型的发展与近代科学技术和材料工业的进展密切相关，经历了由低级、初级到高级，由小型、中型到大型，由简易到完善，由单栋温室到占地几公顷的连栋温室。结构形式多样，温室类型繁多。

1. 按覆盖材料分类 可分为硬质覆盖材料温室和软质覆盖材料温室。硬质覆盖材料温室最常见的为玻璃温室，近年出现有聚碳酸树脂（PC 板）温室；软质覆盖材料温室主要为各种塑料薄膜覆盖温室。

2. 按屋面类型和连接方式分类 可分为单屋面、双屋面和拱圆形；又可分为单栋和连栋类型。

3. 按主体结构材料分类 可分为金属结构温室，包括钢结构、铝合金结构；非金属结构温室包括竹木结构、混凝土结构等。

4. 按有无加温分类 分为加温温室和不加温温室，其中日光温室是我国特有的不加温或少加温温室。我国常见温室类型见表 2-10。

表 2-10　按照温室透明屋面的形式划分的温室类型和型式

（章镇，2003）

类型	型式	代表型	主要用途
单层面	一面坡	鞍山日光温室	园艺作物栽培、育苗
	立窗式	瓦房店日光温室	园艺作物栽培、育苗
	二折式	北京改良温室	园艺作物栽培、育苗
	三折式	天津无柱温室	园艺作物栽培、育苗
	半拱圆式	鞍Ⅱ型日光温室	园艺作物栽培、育苗
双屋面	等屋面	大型玻璃温室	园艺作物栽培、科研
	不等屋面	3/4 式温室	园艺作物栽培、育苗
	马鞍屋面	试验用温室	科研
	拱圆式	塑料加温大棚	园艺作物栽培、育苗
连接屋面	等屋面	荷兰温室	园艺作物栽培、育苗
	不等屋面	坡地温室	园艺作物栽培、育苗
	拱圆屋面	华北型温室	园艺作物栽培、育苗
多角屋面	四角形屋面	各地植物园或公园	观赏植物展示
	六角形屋面	各地植物园或公园	观赏植物展示
	八角形屋面	各地植物园或公园	观赏植物展示

二、日光温室

日光温室是我国特有的园艺设施，已成为我国温室的主要类型，大多以塑料薄膜为覆盖材料，以太阳辐射为热源，靠采光屋面最大限度采光和加厚的墙体及后屋面、防寒沟、纸被、草苫等最大限度保温，充分利用光热资源，创造植物生长适宜环境，日光温室又称不加温温室。

（一）日光温室的基本结构

1. 前屋面（前坡，采光屋面）　前屋面是由支撑拱架和透明覆盖物组成的，主要起采光作用，为了加强夜间保温，在傍晚至第二天早晨用保温覆盖物如草苫覆盖。前屋面的大小、角度、方位直接影响采光效果。

2. 后屋面（保温屋面）　后屋面位于温室后部顶端，采用不透光的保温蓄热材料做成，主要起保温和蓄热的作用，同时也有一定的支撑作用。在纬度较低的温暖地区，日光温室也可不设后屋面。

3. 后墙和山墙　后墙位于温室后部，起保温、蓄热和支撑作用。山墙位于温室两侧，作用与后墙相同。通常在一侧山墙的外侧连接建造一个小房间作为出入温室的缓冲间，兼做工作室和储藏间。

上述 3 部分为日光温室的基本组成部分，除此之外，根据不同地区的气候特点和建筑材料的不同，日光温室还包括立柱、防寒土、防寒沟等。立柱是在温室内起支撑作用的柱子，竹木温室因骨架结构强度低，必须设立柱；钢架结构因强度高，可视情况少设或不设立柱。防寒沟是在北部寒冷地区为减少地中传热而在温室四周挖掘的土沟，内填稻壳、树叶等隔热材料以加强保温效果。防寒土是指日光温室后墙和两侧山墙外堆砌的土坡，以减少散热，增强保温效果。

（二）日光温室的主要类型

根据结构和保温性能的不同，日光温室可分为两类：一类冬季只能进行耐寒性园艺作物的生产，称为普通日光温室或春用型日光温室；另一类是在北纬 40°以南地区冬季不加温可生产喜温蔬菜，北纬 40°以北地区冬季可生产耐寒的叶菜类蔬菜。生产喜温蔬菜虽然仍需要加温但是比加温温室可节省较多的燃料，这类温室称为优型日光温室，又称为节能型日光温室或冬暖型日光温室。优型和普通型日光温室结构的主要区别见表 2-11。

表 2-11 优型和普通型日光温室的主要结构比较

温室类型	前屋面角度	脊高（m）	后屋面厚度（cm）	后屋面斜角	最大宽高比	墙体厚度（m）	草苫厚度（cm）
优型	>20°	>2.5	>30	>40°	>2.8	>1	>4
普通型	<20°	<2.5	<30	<40°	<2.8	<1	<4

1. 长后屋面矮后墙日光温室 这是一种早期的日光温室，后墙较矮，只有 1m 左右，后屋面较长，可达 2m 以上，保温效果较好，但栽培面积小，现已较少使用。代表类型如辽宁海城感王式日光温室、永年 2/3 式全柱日光温室、海城新Ⅰ型日光温室和海城新Ⅱ型日光温室。

温室后屋面仰角大，冬季光照充足，保温性能好，不加温可在冬季进行蔬菜生产。当外界气温降至−25℃时，室内可保持 5℃以上。但是 3 月份以后，后部弱光区不能利用，适于北纬38°～41°地区冬季不加温生产喜温蔬菜（图 2-21）。

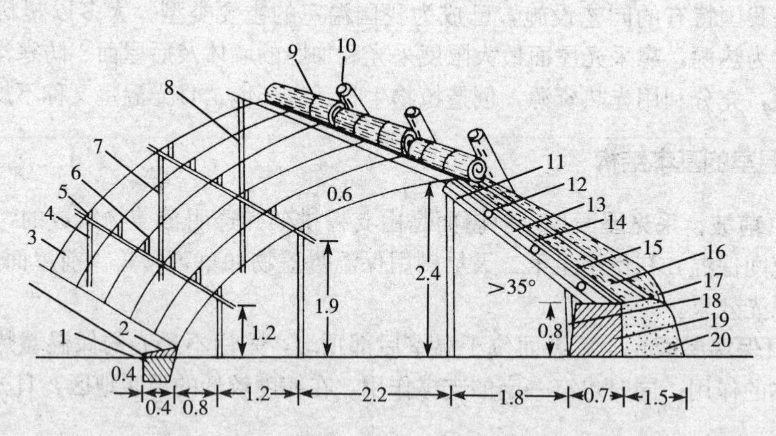

图 2-21 长后屋面矮后墙日光温室（单位：m）

1. 防寒沟 2. 黏土层 3. 竹拱杆 4. 前柱 5. 横梁 6. 吊柱 7. 腰柱 8. 中柱 9. 草苫 10. 纸被 11. 柁 12. 檩 13. 箔 14. 扬脚泥 15. 碎草 16. 草 17. 整捆秫秸或稻草 18. 后柱 19. 后墙 20. 防寒土

（张振武，1999）

2. 短后屋面高后墙日光温室 这种温室跨度 5～7m，后屋面长 1～1.5m，后墙高 1.5～1.7m，作业方便，光照充足，保温性能较好。典型温室有冀优Ⅱ型日光温室（图 2-22）、潍坊改良型日光温室

(图 2-23)、冀优改进型日光温室等。

这种温室加大了前屋面采光屋面，缩短了后屋面，提高了中屋脊，透光率、土地利用率明显提高，操作更加方便，是目前各地重点推广的改良型日光温室。

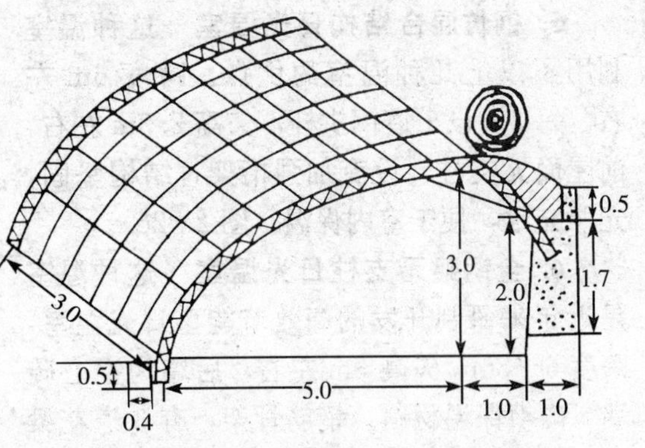

图 2-22　冀优Ⅱ型日光温室（单位：m）

3. 无后屋面日光温室　该类温室不设后屋面，其后墙和山墙一般为砖砌，也有用泥筑的。有些地区则借用已有的围墙或堤岸作后墙，建造无后屋面的温室。该温室骨架多用竹木结构、竹木水泥预制结构或钢架结构作拱架。由于不设后屋面，温室造价较低，但是该温室对温度的缓冲性较差，只能用于冬季生产耐寒叶菜，或用于早春晚秋，属于典型的春用型日光温室（图 2-24）。

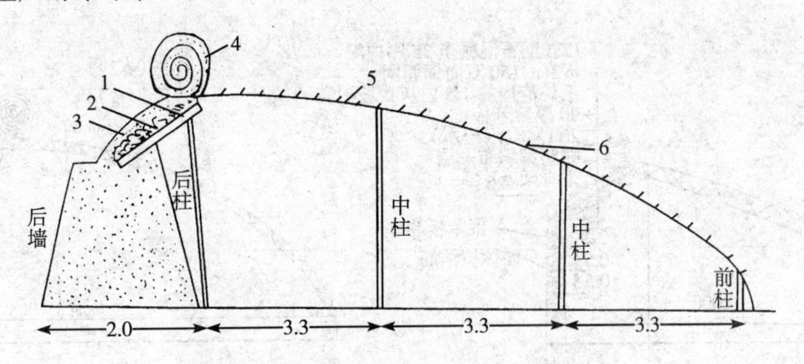

图 2-23　潍坊改良型日光温室（单位：m）

1. 水泥柱　2. 秸秆层　3. 草泥　4. 草苫　5. 拱架　6. 钢丝

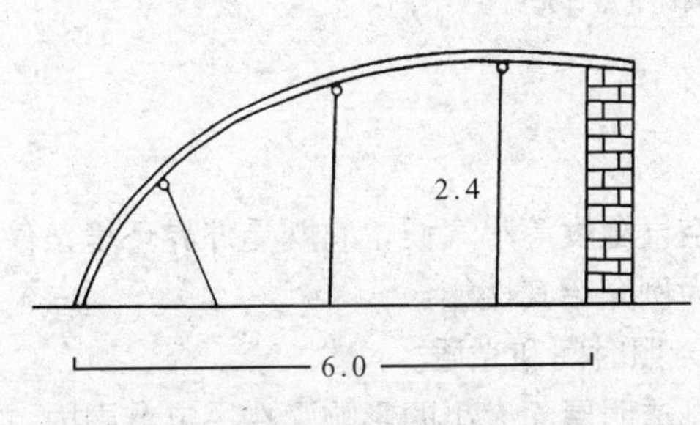

图 2-24　无后屋面日光温室（单位：m）

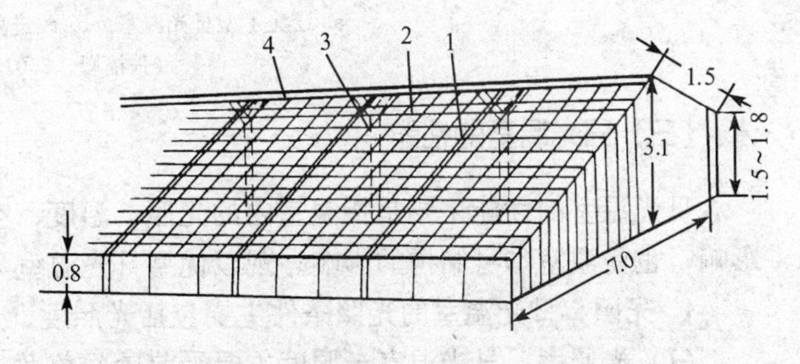

图 2-25　琴弦式日光温室（单位：m）

1. 钢管桁架　2. 8 号铅丝　3. 中柱　4. 草苫

（张振武，1999）

4. 琴弦式日光温室　这种温室跨度 7m，后墙高 1.8～2m，后屋面长 1.2～1.5m，每隔 3m 设一道钢管桁架，在桁架上按 40cm 间距横拉 8 号铅丝固定于东西山墙；在铅丝上每隔 60cm 设 1 道细竹竿做骨架，上面盖薄膜，在薄膜上面压细竹竿，并与骨架细竹竿用铁丝固定。该温室采光好，空间大，作业方便，起源于辽宁省瓦房店市（图 2-25）。

5. 钢竹混合结构日光温室 这种温室利用了以上几种温室的优点。跨度6m左右，每3m设1道钢拱杆，矢高2.3m左右，前屋面无支柱，设有加强桁架，结构坚固，光照充足，便于室内保温（图2-26）。

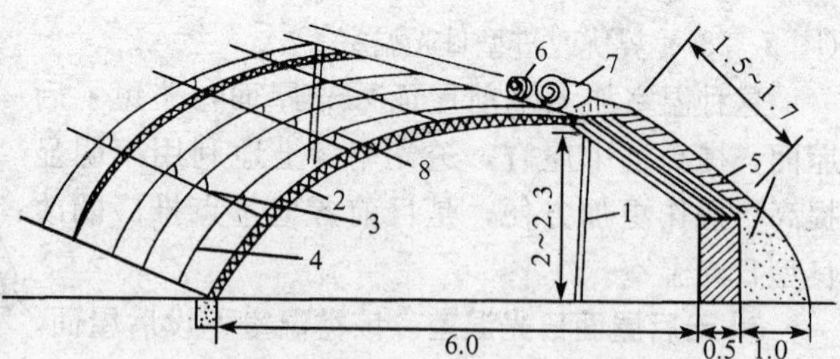

图2-26 钢竹混合结构日光温室（单位：m）
1. 中柱 2. 钢架 3. 横向拉杆 4. 拱杆
5. 后墙后屋面 6. 纸被 7. 草苫 8. 吊柱
（张振武，1989）

6. 全钢架无支柱日光温室 这种温室是近年来研制开发的高效节能型日光温室，跨度6～8m，矢高3m左右，后墙为空心砖墙，内填保温材料。钢筋骨架，有3道花梁横向接，拱架间距80～100cm。温室结构坚固耐用，采光好，通风方便，有利于内保温和室内作业，属于高效节能日光温室，代表类型有辽沈Ⅰ型、改进冀优Ⅱ型日光温室（图2-27）。

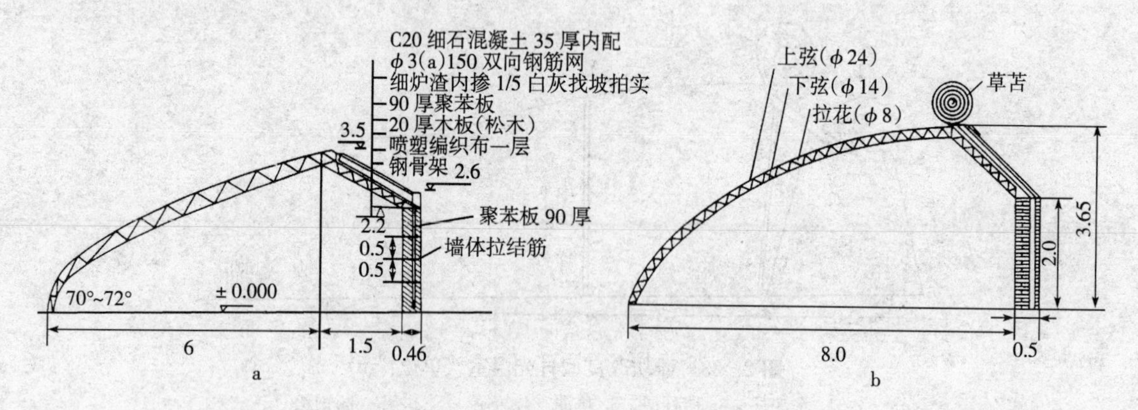

图2-27 全钢架无支柱日光温室（单位：m）
a. 辽沈Ⅰ型日光温室 b. 改进冀优Ⅱ型日光温室
（张福墁，2001）

（三）日光温室的性能

日光温室的性能主要是指温室内的光照、温度、空气湿度等小气候，它既受外界环境条件的影响，也受温室本身结构的影响。现以优型日光温室为例介绍其性能：

1. 光照 日光温室的光照条件主要包括光照度、光照时间和光质。

（1）光照度 日光温室光照度主要受前屋面角度、透明屋面大小的影响。在一定范围内，前屋面角度越大，透明屋面与太阳光线所成的入射角越小，透光率越高，光照越强。因此，冬季太阳高度角低，光照减弱。春季太阳高度角升高，光照加强。

日光温室内的光照度分布具有明显的水平差异和垂直差异（图2-28）。室内中柱以南为强光区，以北为弱光区。在强光区，光照度在南北水平方向上差异不大；在东西水平方向上主要是早晚受东西两山墙的遮荫影响；在垂直方向上，光照度自上向下递减较明显。室内光照度的分布还受种植作物影响。一般南排和作物群体的中上部光照度明显高于北排和作物群体的下部。

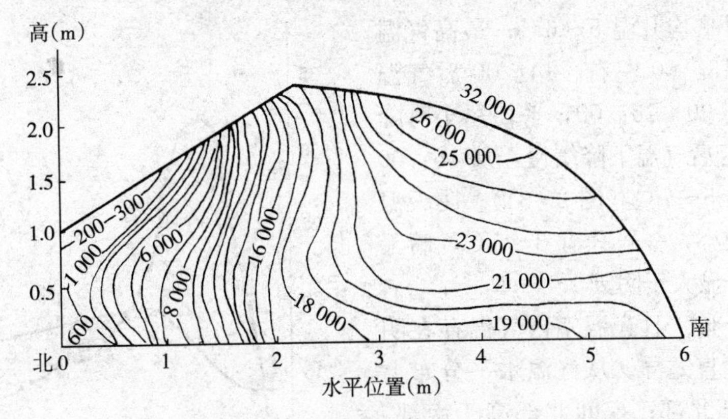

图 2-28　日光温室内光照度的分布状况（单位：lx）

（凌云昕，1988）

日光温室内光照度的日变化有一定的规律。温室内光照度的变化与室外自然光日变化相一致。从早晨揭苫后，随外界自然光强的增加而增加，11：00 前后达到最大，此后逐渐下降，至盖苫时最低。一般晴天温室内光强日变化明显，阴天则因云层厚薄而不同（图 2-29，图 2-30）。

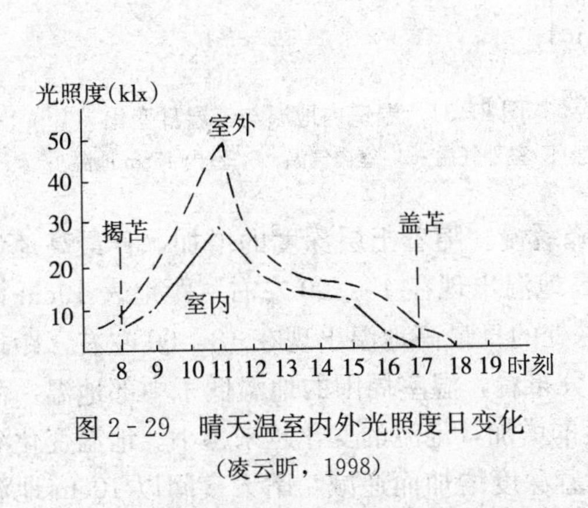

图 2-29　晴天温室内外光照度日变化

（凌云昕，1998）

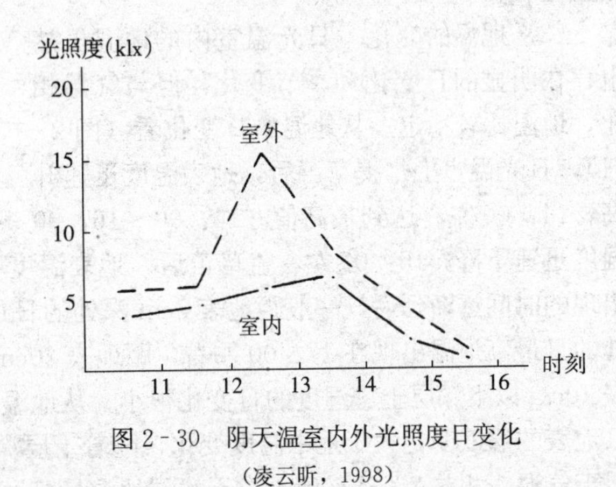

图 2-30　阴天温室内外光照度日变化

（凌云昕，1998）

（2）光照时间　严寒季节，因保温需要，保温覆盖物晚揭早盖，缩短了日光温室内的光照时数；连阴雨雪天气或大风天气，不能揭开草苫也大大缩短了光照时数。进入春季后，光照时数逐渐增加。在辽宁南部的冬季，12 月份每天光照时数约 6.5h，1 月份 6～7h，2 月份 9h，3 月份 10h，4 月份 13.5h。

（3）光质　塑料薄膜对紫外线的透过率比较高，有利于植株健壮生长，也促进花青素和维生素 C 合成，因此园艺作物产品维生素 C 含量及含糖量高。果实花朵颜色鲜艳，外观品质好。但不同种类的薄膜光质有差异，PE 薄膜的紫外线透过率高于 PVC 薄膜。

2. 温度

（1）气温的日变化　日光温室内气温的日变化与外界基本相同，白天气温高，夜间气温低。通常在早春、晚秋及冬季的日光温室内，晴天最低气温出现在揭苫后 0.5h 左右，此后温度开始上升，上午每小时平均升温 5～6℃；最高气温通常出现在晴天 13：00 左右。14：00 后气温开始下降，从 14：00～16：00，平均每小时降温 4～5℃，盖草苫后气温下降缓慢，从 16：00 到次日 8：00 降温 5～7℃（图 2-31）。阴天温室内的昼夜温差较小，一般只有 3～5℃，晴天温室内昼夜温差明显大于阴天。

（2）气温的分布　日光温室内气温存在明显的水平差异和垂直差异。从气温水平分布上看，白天南部高于北部；夜间北部高于南部。夜间东西两山墙根部和近门口处，前底角处气温最低。从气温垂直分布来看，在密闭不通风情况下，气温随室内高度增加而增加。中柱前距地面 1m 处，向前至前屋面薄膜，向前约 1.5m 区域为高温区。一般水平温差为 3～4℃，垂直温差为2～3℃。

（3）地温的变化　日光温室内的地温虽然也存在明显的日变化和季节变化，但与气温相比，地温比较稳定。从地温的日变化看（图 2-31），日光温室上午揭草苫后，地表温度迅速升高，14：00 左右达到最高值。14：00～16：00 温度迅速下降，16：00 左右盖草苫后，地表温度下降缓慢。随着土层深度的增加，日最高地温出现的时间逐渐延后，一般距地表 5cm 深处的日最高地温出现在 15：00 左右，距地表 10cm 深处的日最高地温出现在 17：00 左右，距地表 20cm 深处的日最高地温出现在 18：00 左右，距地表 20cm 以下深层土壤温度的日变化很小。从地温的分布看，温室周围的地温低于中部地温，而且地表的温度变化大于地中温度变化，随着土层深度的增加，地温的变化越来越小。地温变化滞后于气温，相差 2～3h。晴天白天浅层地温最高，随着深度增加而递减，晴天夜间以 10cm 地温最高，由此向上向下递减；阴天时，深层土壤热量向上传导，深层地温高于浅层地温。

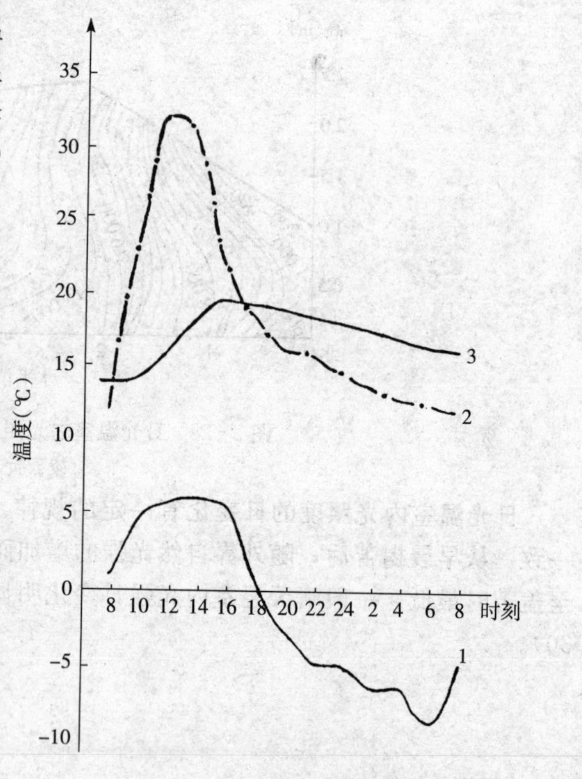

图 2-31　温室内地温与气温日变化

1. 室外气温　2. 室内气温　3. 室内 15cm 地温

3. 湿度　湿度条件包括空气湿度和土壤湿度两个方面。

（1）空气湿度

①空气湿度大，日变化剧烈：为加强保温效果，日光温室常处于密闭状态，气体交换不足，加上白天土壤蒸发和植物蒸腾，使空气湿度过高。白天室内温度高，空气相对湿度通常为60%～70%，夜间温度下降，相对湿度升高，可达到 100%。阴天因气温低，空气相对湿度经常接近饱和或处于饱和结露状态。

②局部差异大：日光温室局部差异大于露地，这与温室容积有关。容积越大湿差越小，日变化也越小；容积越小，湿差越大，日变化也越大。

③作物易沾湿：由于空气相对湿度高，温室内不同部位空气温度也不同，导致作物表面发生

结露，覆盖物及骨架结构凝水，室内产生雾霭，造成作物沾湿，容易引发多种病害。

（2）土壤湿度　温室内土壤湿度在每次浇水后升高到最大值，之后因地表蒸发和植物蒸腾作用，土壤湿度逐渐下降。至下次浇水之前土壤湿度至最低值。由于日光温室土壤靠人工灌溉，不受降雨影响，因此土壤湿度变化相对较小。

4. 气体条件　日光温室内气体条件变化与塑料大棚相似，表现在密闭条件下二氧化碳浓度过低造成作物二氧化碳饥饿，同时也存在氨气、二氧化氮、二氧化硫、甲烷等有害气体积累。因此，需要经常通风换气，一方面补充二氧化碳，另一方面排放积累的有毒有害气体，必要时可进行人工增施二氧化碳气肥。

5. 土壤环境　由于有覆盖物存在，加上高效栽培造成的施肥量过高，栽培季节长，连作栽培茬次多等特点，日光温室内的土壤与露地土壤有较大差别。

①土壤养分转化和有机质分解速度快。温室内温度和湿度较露地高，土壤中微生物活动旺盛，使土壤养分和有机质分解加快。

②肥料利用率高。温室土壤由于被覆盖而免受雨水淋洗和冲刷，肥料损失小，便于作物充分利用。

③连作障碍严重。日光温室、塑料大棚等设施条件下的土壤栽培均可出现连作障碍，主要表现在盐分浓度过高引起土壤理化性状变差、土壤有害微生物积累造成的病害发生严重以及栽培作物的自毒作用。设施条件下的连作障碍主要表现在有害微生物的积累和土壤盐类的积聚。

（四）日光温室的应用

日光温室由于其独特的保温效果，可以在冬季寒冷季节不需加温就能进行蔬菜等园艺作物的生产。但由于仅以太阳光能为热源并强调保温性能，因此，其使用也受到地域限制。如在光照充足，空气湿度较低，晴天多，阴雨雪天气少的北方地区应用普遍，而在长江流域及以南地区则不适宜使用，应用的地域范围在北纬 32°～43°。

1. 园艺作物育苗　可以利用日光温室为塑料大棚、塑料小棚和露地果菜类蔬菜栽培培育幼苗，还可以培育草莓、葡萄、桃、樱桃等果树幼苗和各种花卉苗。

2. 蔬菜周年生产　目前利用日光温室栽培蔬菜已有几十种，其中包括瓜类、茄果类、绿叶菜类、葱蒜类、豆类、甘蓝类、食用菌类、芽菜类等蔬菜的春茬、冬春茬、秋茬、秋冬茬栽培。各地还根据当地的特点，创造出许多高产、高效益的栽培茬口安排，如 1 年 1 大茬、1 年 2 茬、1 年多茬等。日光温室蔬菜生产，已成为我国北方地区蔬菜周年均衡供应的重要途径。

3. 花卉栽培　日光温室花卉生产也得到了快速发展，除了生产盆花外，还生产各种切花，如月季、菊花、百合、香石竹、唐菖蒲、小苍兰、非洲菊等。

4. 果树栽培　近年来，日光温室果树生产也不断发展，如日光温室草莓、葡萄、桃、樱桃等，都取得了很好的经济效益。

三、现代化温室

现代化温室是目前园艺设施的最高级类型，又称连栋温室、智能温室，其内部环境实现了自动化调控，基本不受自然条件的影响，能全天候进行园艺作物生产。

（一）主要类型

1. 芬洛型玻璃温室 芬洛（Venlo）型温室是我国引进玻璃温室的主要形式，是荷兰研究开发后流行全世界的一种多脊连栋小屋面玻璃温室。温室单间跨度一般为 3.2m 的倍数，如 6.4m、9.6m、12.8m，近年也有 8m 跨度类型；开间距 3m、4m 或 4.5m，檐高 3.5～5.0m。每跨由 2 个或 3 个双屋面的小屋脊直接支撑在桁架上，小屋脊跨度 3.2m，矢高 0.8m。根据桁架的支撑能力，可组合成 6.4m、9.6m、12.8m 的多脊连栋型大跨度温室。覆盖材料采用 4mm 厚的园艺专用玻璃，透光率大于 92%。开窗设置以屋脊为分界线，左右交错开窗，每窗长度 1.5m，一个开间（4m）设两扇窗，中间 1m 不设窗，屋面开窗面积与地面积比率（通风比）为 19%。若窗宽从传统的 0.8m 加大到 1.0m，可使通风比增加到 23.43%，但由于窗的开启度仅 0.34～0.45m，实际通风比仅为 8.5% 和 10.5%（图 2-32）。

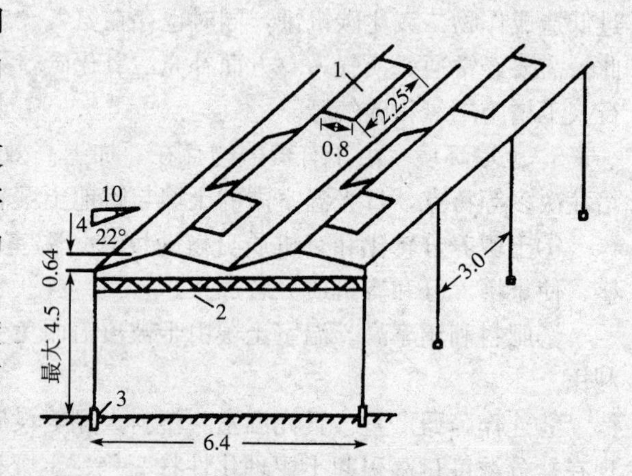

图 2-32 Venlo 型玻璃温室结构示意图（单位：m）
1. 天窗 2. 桁架 3. 基础
（佐濑，1995）

芬洛型温室在我国尤其是我国南方应用的最大缺点是通风面积过小。由于其没有侧通风，且顶通风比仅为 8.5%或 10.5%，在我国南方地区往往通风量不足，夏季热蓄积严重，降温困难。近年来，我国针对亚热带地区气候特点对其结构参数加以改进、优化，加大了温室高度，檐高从传统的 2.5m 增高到 3.3m，甚至 4.5m、5m，小屋面跨度从 3.2m 增加到 4m，间柱的距离从 4m 增加到 4.5m、5m，并加强顶侧通风，设置外遮阳和湿帘降温系统，提高了在亚热带地区的应用效果。

2. 里歇尔型温室 法国瑞奇温室公司研究开发的一种流行的塑料薄膜温室，在我国引进温室中所占比重最大。一般单栋跨度为 6.4m、8m，檐高 3.0～4.0m，开间距 3.0～4.0m，其特点是固定于屋脊部的天窗能实现半边屋面（50%屋面）开启通风换气，也可以设侧窗卷膜通风。该温室的通风效果较好，且采用双层充气膜覆盖，可节能 30%～40%。构件比玻璃温室少，空间大，遮阳面少，根据不同地区风力强度大小和积雪厚度，可选择相应类型结构。但双层充气膜在南方冬季多阴雨雪的天气情况下，透光性受到影响。

3. 卷膜式全开放型塑料温室 一种拱圆形连栋塑料温室，这种温室除山墙外，顶侧屋面均可通过手动或电动卷膜机将覆盖薄膜由下而上卷起，达到通风透气的效果。可将侧墙和 1、2 屋面或全屋面的覆盖薄膜全部卷起成为与露地相似的状态，以利夏季高温季节栽培作物。由于通风口全部覆盖防虫网而有防虫效果，我国国产塑料温室多采用这种形式。其特点是成本低，夏季接受雨水淋溶可防止土壤盐类积聚，简易、节能，利于夏季通风降温，例如上海市农机所研制的 GSW7430 型连栋温室和 GLZRW7.5 智能型温室等，均是一种顶高 5m、檐高 3.5m、冬夏两用、通气性能良好的开放型温室。塑料薄膜连栋温室如图 2-33 所示。

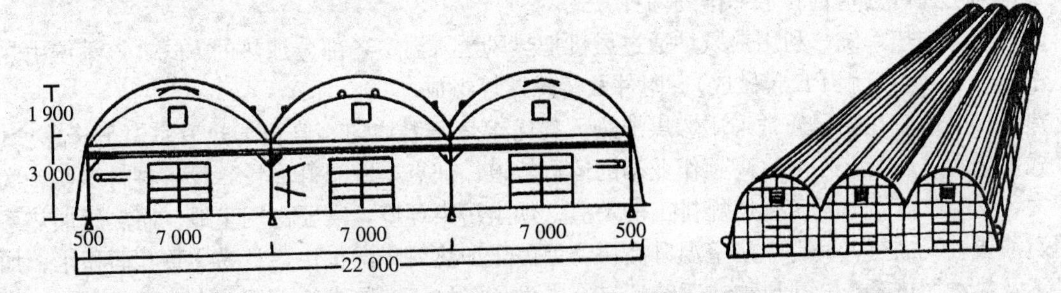

图 2-33　韩国双层薄膜覆盖三连栋温室示意图（单位：mm）
（章镇，2003）

4. 屋顶全开启型温室　最早是由意大利 Serre 公司研制的全开放型玻璃温室，近年在亚热带地区逐渐兴起。其特点是以天沟檐部为支点，可以从屋脊部打开天窗，开启度可达到垂直程度，即整个屋面的开启度可从完全封闭直到全部开放状态。侧窗则用上下推拉方式开启，全开后达 1.5m 宽。全开时可使温室内外温度保持一致，中午温室内光强可超过温室外，也便于夏季接受雨水淋洗，防止土壤盐类积聚。其基本结构与 Venlo 型相似。

此外，一种适合南方暖地、自然通风效果优于一般塑料温室的锯齿型温室在推广应用中。

（二）配套设备与应用

现代温室除主体骨架外，还可根据情况配置各种配套设备以满足不同要求。

1. 自然通风系统　依靠自然通风系统是温室通风换气、调节室温的主要方式，一般分为顶窗通风、侧窗通风和顶侧窗通风等 3 种方式。侧窗通风有转动式、卷帘式和移动式 3 种类型，玻璃温室多采用转动式和移动式，薄膜温室多采用卷帘式。屋顶通风，其天窗的设置方式多种多样，如图 2-34 所示。

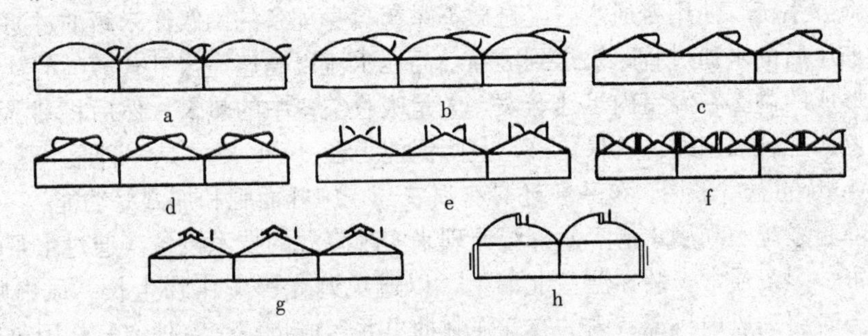

图 2-34　温室天窗位置设置的种类
a. 谷肩开启　b. 半拱开启　c. 顶部单侧开启　d. 顶部双侧开启
e. 顶部竖开式　f. 顶部全开式　g. 顶部推开式　h. 充气膜叠层垂幕式开启

2. 加热系统　目前冬季加热多采用集中供热、分区控制方式，主要有热水管道加热和热风加热两种系统。

（1）热水管道加热系统　由锅炉、锅炉房、调节组、连接附件及传感器、进水及回水主管，温室内的散热管等组成。温室散热管道有圆翼型和光滑型两种，设置方式有升降式和固定式之分，按排列位置可分垂直和水平排列两种方式。

（2）热风加热系统　利用热风炉通过风机把热风送入温室各部分加热的方式。该系统由热风炉、送气管道（一般用 PE 膜做成）、附件及传感器等组成。

热水加热系统在我国通常采用燃煤加热，其优点是室温均匀，停止加热后室温下降速度慢，水平式加热管道还可兼作温室高架作业车的运行轨道；缺点是室温升高慢，设备材料多，一次性投资大，安装维修费时费工，燃煤排出的炉渣、烟尘污染环境，需要占用土地。而热风加热系统采用燃油或燃气加热，其特点是室温升高快，但停止加热后降温也快，且易导致叶面积水，加热效果不及热水加热系统。热风加热系统还有节省设备资材，安装维修方便，占地面积少，一次性投资小等优点，适于面积小、加温周期短、局部或临时加热需求大的温室选用。温室面积规模大的，应采用燃煤锅炉热水供暖方式。

此外，温室的加温还可利用工厂余热、太阳能集热加温器、地下热交换等节能技术。

3. 帘幕系统　帘幕依安装位置的不同可分为内遮阳保温幕和外遮阳幕两种。

（1）内遮阳保温幕　内遮阳保温幕是采用铝箔条或镀铝膜与聚酯线条相间经特殊工艺编织而成的缀铝膜。按保温和遮阳不同要求，嵌入不同比例的铝箔条，具有保温节能、遮阳降温、防水滴、减少土壤蒸发和作物蒸腾从而节约灌溉用水的功效。著名产品为瑞典劳德维森公司 XLS 系列内遮阳保温幕。

（2）外遮阳幕　外遮阳幕利用遮光率为 70％或 50％的透气黑色网幕或缀铝膜（铝箔条比例较少）覆盖于离温室屋顶以上 30～50cm 处，比不覆盖的可降低室温 4～7℃，最多时可降 10℃，同时也可防止作物日灼伤，提高产品质量。

帘幕的开闭驱动系统有钢丝绳牵引式驱动系统和齿轮—齿条驱动系统两种。前者传动速度快，成本低；后者传动平稳，可靠性强，但造价略高，两种都可自动控制或手动控制。

4. 降温系统　常见的降温系统有：

（1）微雾降温系统　使用普通水，经过微雾系统自身配备的两级微米级的过滤系统过滤后进入高压泵，经加压后的水通过管路输送到雾嘴，高压水流以高速撞击针式雾嘴的针，从而形成微米级的雾粒。形成的微雾在温室内迅速蒸发，大量吸收空气中的热量，然后将潮湿空气排出室外达到降温目的，如配合强制通风效果更好。其降温能力在 3～10℃，是一种最新降温技术，一般适于长度超过 40m 的温室采用。该系统还具有喷农药、施叶面肥和加湿等功能。

（2）湿帘降温系统　利用水的蒸发降温原理来实现降温的技术设备。通过水泵将水打至温室特制的疏水湿帘，湿帘通常安装在温室北墙上，以避免遮光影响作物生长。风扇则安装在南墙上，当需要降温时启动风扇将温室内的空气强制抽出并形成负压。室外空气在因负压被吸入室内的过程中以一定速度从湿帘缝隙穿过，与潮湿介质表面的水汽进行热交换，导致水分蒸发冷却，冷空气流经温室吸热后再经风扇排出达到降温目的。在炎夏晴天，尤其是中午温度高、相对湿度低时，降温效果最好，是一种简易有效的降温系统。

此外，降温还可以通过幕帘遮阳、顶屋面外侧喷水、强制通风等方式。

5. 补光系统　补光系统成本高，目前仅在效益高的工厂化育苗温室中使用，主要是弥补冬季或阴雨天光照的不足，提高育苗质量。采用的光源灯具要求有防潮专业设计、使用寿命长、发光效率高、光输出量比普通钠灯高10%以上。人工补光一般用白炽灯、日光灯、高压水银灯以及钠光灯等（表2-12）。

表2-12　常见灯源的能量输出

灯型	输入功率（W）		输出功率（W）			
	标注功率	总计	400～500nm	500～600nm	600～700nm	总计
白炽灯	100	100	0.8	2.2	3.9	6.9
40W荧光灯CW	40	50	2.7	4.5	1.9	9.1
荧光灯CW（1.5A）	215	235	13.5	22.5	9.5	45.5
汞磷灯	400	425	11.6	28.4	18.3	58.3
金属卤灯	400	425	26.6	50.3	12.1	89
高压钠灯	400	425	10.3	55.3	39.6	105.2

6. 补气系统　补气系统包括两部分：

（1）二氧化碳施肥系统　二氧化碳气源可直接使用储气罐或储液罐的工业用二氧化碳，也可利用二氧化碳发生器将煤油或石油气等碳氢化合物通过充分燃烧而释放二氧化碳，我国普通温室多使用强酸与碳酸盐反应释放二氧化碳。

（2）环流风机　封闭的温室内，二氧化碳通过管道分布到室内，均匀性较差，启动环流风机可提高二氧化碳浓度分布的均匀性，此外通过风机还可以促进温室内温度、相对湿度分布均匀，从而保证温室内作物生长的一致性，改善品质，并能将湿热空气排出，实现降温效果。

7. 灌溉和施肥系统　灌溉和施肥系统包括水源、储水池及供给设施、水处理设施、灌溉和施肥设施、田间管道系统、灌水器（如喷头、滴头）等。进行基质栽培时，可采用肥水回收装置，将多余的肥水收集起来，重复利用或排放到温室外面；在作物栽培时，应在作物根区土层下铺设暗管，以利排水。水源与水质直接影响滴头或喷头的堵塞程度，除符合饮用水水质标准的水源外，其他水源都应经各种过滤器进行处理。现代温室采用雨水回收设施，可将降落到温室屋面的雨水全部回收，是一种理想的水源。整个灌溉施肥系统中，灌溉首部配置是保证系统功能完善程度和运行可靠性的一个重要部分（图2-35）。

常见的灌溉系统有适于土壤栽培的滴灌系统，适于基质袋培和盆栽的滴灌系统，适于温室矮生地栽作物喷嘴向上的喷灌系统或向下的倒悬式喷灌系统，以及适于工厂化育苗的悬挂式可往复移动的喷灌机（行走式洒水车）。

在灌溉施肥系统中，将肥料与水均匀混合十分重要，目前多采用混合罐方式，即在灌溉水和肥料施到田间前，按系统的设定范围，首先在混合罐中将水和肥料均匀混合，同时进行检测，当EC值和pH未达设定标准值时，至田间网络的阀门关闭，水肥重新回到罐中进行混合，同时为防止不同化学成分混合时发生沉

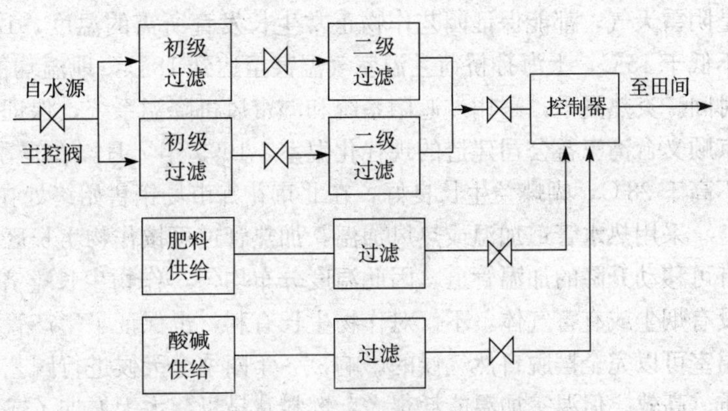

图2-35　灌溉设施首部的典型布置图

淀，设 A、B、C 罐与酸碱液罐。在混合前有 2 次过滤，以防堵塞。在首部肥料泵是非常重要的部分，依其工作原理分为文丘里式注肥器、水力驱动式肥料泵、无排液式水力驱动肥料泵和电驱动肥料泵等不同种类。

8. 计算机自动控制系统　自动控制是现代温室环境控制的核心技术，可自动测量温室的气候和土壤参数，并对温室内配置的所有设备都能实现优化运行和自动控制，如开窗、加温、降温、加湿、光照和补充二氧化碳、灌溉施肥和环流通气等。该系统是基于专家系统的智能控制，完整的自动控制系统包括气象监测站、主控器、温湿度传感器、控制软件、微机、打印机等。

9. 温室内常用作业机具

（1）土壤和基质消毒机　温室长年使用，作物连作较多，土壤中有害生物容易积累，影响作物生长，甚至使作物发生严重病虫害。无土栽培的基质在生产和加工过程中也常会携带各种病菌，因此采用土壤消毒方法，消除土壤中的有害生物十分必要。土壤和基质的消毒方法主要有物理和化学两种：

物理方法包括高温蒸汽消毒、热风消毒、太阳能消毒、微波消毒等，其中高温蒸汽消毒较为普遍。采用土壤和基质蒸汽消毒机消毒，在土壤或基质消毒之前，需将待消毒深度的土壤或基质疏松好，用帆布或耐高温的厚塑料薄膜覆盖在待消毒的土壤或基质表面，四周密封，并将高温蒸汽输送管放置到覆盖物之下，每次消毒的面积跟消毒机锅炉的能力有关，要达到较好的消毒效果，每立方米土壤每小时需要 50kg 高温蒸汽。

采用化学方法消毒时，土壤消毒机可使液体药剂直接注入土壤到达一定深度，并使其汽化和扩散。

（2）喷雾机械　在大型温室中，使用人力喷雾难以满足规模化生产需要，故需采用喷雾机械防治病虫害。荷兰温室多采用 Enbar LVM 型低容量喷雾机，可定时或全自动控制，无需人员在场，安全省力。每小时用药液量为 2.5L，每台机具 1 次可喷洒面积达 3 000～4 000m^2，运行时间约 45min。为便于药剂弥散均匀，需在每 1 000m^2 的区域内安装 1 台空气循环风扇。

（三）现代化温室的性能

1. 温度调节　现代化温室有热效率高的加温系统，在最寒冷的冬春季节，不论晴好天气还是阴雪天气，都能保证园艺作物正常生长发育所需的温度，12 月份至翌年 1 月份，夜间最低温不低于 15℃，上海孙桥荷兰温室气温甚至达到 18℃，地温均能达到作物要求的适温范围和持续时间。炎热夏季，采用外遮阳系统和湿帘风机降温系统，保证温室内达到作物对温度的要求。北京顺义台湾三益公司建造的现代化温室，1999 年 7 月，在夏季室外温度高达 38℃时，室内温度不高于 28℃，蝴蝶兰生长良好，在北京花卉市场销售始终处在领先地位。

采用热水管道加温或热风加温，加热管道可按作物生长区域合理布局，除固定的管道外，还有可移动升降的加温管道，因此温度分布均匀，作物生长整齐一致。此种加温方式清洁、安全、没有烟尘或有害气体，不仅对作物生长有利，也保证了生产管理人员的身体健康。因此，现代化温室可以完全摆脱自然气候的影响，一年四季全天候进行园艺作物生产，反季节栽培，高产、优质、高效。但温室加温能耗很大，燃料费昂贵，大大增加了成本。双层充气薄膜温室夜间保温能力优于玻璃温室，中空玻璃或中空聚碳酸酯板材（阳光板）导热系数最小，故保温能力最优，但价格也最高（表2-13）。

表2-13　不同温室覆盖材料性能比较

（张福墁，2001）

覆盖材料	普通农膜 0.08mm厚	多功能膜 0.15mm厚	多功能膜 双层	玻璃 4mm厚	中空玻璃 3mm+6mm(空气层)+3mm	聚碳酸酯 中空板
导热系数 [kJ/（m²·℃·h）]	29 307.6～33 494.4	16 747.2～18 840.6	14 653.8～16 747.2	23 027.4～25 120.8	12 562.4～13 397.8	10 467～12 562.4
透光率（%）	85～90	85～90	75～80	90～95	80～85	85～90

2. 光照调节　现代化温室全部由塑料薄膜、玻璃或塑料板材（PC板）透明覆盖物构成，全面进光采光好，透光率高，光照时间长，而且光照分布比较均匀。所以这种全光型的大型温室，即便在最冷的日照时间最短的冬季，仍然能正常生产喜温瓜果、蔬菜和鲜花，且能获得很高的产量。

双层充气薄膜温室由于采用双层充气膜，因此透光率较低，北方地区冬季室内光照较弱，对喜光的园艺作物生长不利。在温室内配备人工补光设备，可在光照不足时进行人工光源补光，使园艺作物高产。

3. 湿度调节　连栋温室空间高大，作物生长势强，代谢旺盛，作物叶面积指数高，通过蒸腾作用释放出大量水汽进入温室空间，在密闭情况下，水蒸气经常达到饱和。但现代化温室有完善的加温系统，加温可有效降低空气湿度，比日光温室因高湿环境给园艺作物生育带来的负面影响小。

夏季炎热高温时，现代化温室内有湿帘风机降温系统，使温室内温度降低，而且还能保持适宜的空气湿度，为园艺作物尤其是一些高档名贵花卉，创造了良好的生态环境。

4. 气体调节　现代化温室的二氧化碳浓度明显低于露地，不能满足园艺作物生长发育的需要，白天光合作用强时常发生二氧化碳亏缺的现象。据上海测定，引进的荷兰温室中，10：00～16：00二氧化碳浓度仅有0.024%，不同种植区有所差别，但总的趋势一致，所以需补充二氧化碳。进行二氧化碳施肥，可显著地提高作物产量，改善产品品质。

5. 土壤调节　国内外现代化温室为解决温室土壤的连作障碍、土壤酸化、土传病害等一系列问题，越来越普遍地采用无土栽培技术，尤其是花卉生产，已少有土壤栽培。果菜类蔬菜和鲜切花生产多用基质栽培，水培主要生产叶菜，以叶用莴苣面积最大。无土栽培克服了土壤栽培的许多弊端，同时通过计算机自动控制，可以为不同作物，在不同生育阶段，以及不同天气状况下，准确地提供园艺作物所需的大量营养元素及微量元素，为园艺作物根系创造良好的土壤营养及水分环境。国内外现代化温室的蔬菜或花卉高产样板，几乎均采用无土栽培技术。

现代化温室是最先进、最完善、最高级的园艺设施，机械化、自动化程度很高，劳动生产率很高，它是用工业化的生产方式进行园艺生产，也被称为工厂化农业。

（四）现代化温室的应用

目前，现代化温室主要应用于科研和高附加值的园艺作物生产中，如喜温果类蔬菜、切花、盆栽观赏植物、果树、园林中的观赏树木的栽培及育苗等。其中具有设施园艺王国之称的荷兰，其现代化温室的60%用于花卉生产，40%用于蔬菜生产，而且蔬菜生产中又以生产番茄、黄瓜和青椒为主。在生产方式上，荷兰温室基本上实现了环境控制自动化，作物栽培无土化，生产工艺程序化和标准化，生产管理机械化、集约化。

我国引进和自行建造的现代化温室除少数用于培育林业上的苗木以外，绝大部分用于园艺作物育苗和栽培，而且以种植花卉、瓜果和蔬菜为主。一些温室已实现了温室园艺作物生产的工业化，并且运用生物技术、工程技术和信息管理技术，以程序化、机械化、标准化、集约化的生产方式，采用流水线生产工艺，充分利用温室的空间，加快蔬菜的生长速度，使蔬菜产量比一般温室提高10～20倍，充分显示了现代化设施园艺的先进性和优越性。

第四节　夏季保护设施

夏季保护设施是指在夏秋季节使用，以遮阳、降温、防虫、避雨为主要目的的一类保护设施，包括遮阳网、防虫网、防雨棚等。

一、遮阳网

遮阳网又称遮荫网、凉爽纱，是以聚乙烯、聚丙烯等为原料，经加工制作编织而成的一种网状的新型农用塑料覆盖材料，该材料具有重量轻、高强度、耐老化、柔软、易铺卷的特点。利用它覆盖作物具有一定的遮光、防暑、降温、防台风暴雨、防旱保墒和忌避病虫等功能，利用它替代芦帘、秸秆等农家传统覆盖材料，进行夏秋高温季节园艺作物的栽培或育苗，已成为我国南方地区克服蔬菜夏秋淡季的一种简易实用、低成本、高效益的蔬菜覆盖新技术，它使我国的蔬菜设施栽培从冬季拓展到夏季。

（一）种类

根据遮阳网纬编的一个密区（25mm）中用编丝8、10、12、14或16根，将产品分为SZW-8、SZW-10、SZW-12、SZW-14、SZW-16五种型号。遮光率和纬向拉伸强度与每25mm的编丝根数呈正相关，编丝根数越多，遮光率越高，纬向拉伸强度越强。经向的拉伸强度差别不大（表2-14）。遮阳网有黑、银灰、白、果绿、蓝、黄、黑与银灰相交等颜色。生产上应用较多的为SZW-12和SZW-14两种，颜色以黑、银灰为主，每平方米重（45±3）g、（49±3）g，使用寿命一般为3～5年。

表2-14　遮阳网规格

型号	遮光率（%）	机械强度经向含一个密区	50mm宽度拉伸强度纬向含一个密区
SZW-8	20～25		≥250
SZW-10	25～45		≥300
SZW-12	35～55	≥250	≥350
SZW-14	45～65		≥450
SZW-16	55～75		≥500

（二）性能

1. 降低光照度　我国许多地区夏季晴天中午光照强度可达15万lx以上，光照过强会使作物呼吸作用加剧，水分不足，生理失调，影响生长发育。一般蔬菜光饱和点为3万～4万lx，即使遮光50%～70%，也能满足作物的光合需求，有利于园艺作物夏季生长，提高产品品质。

2. 降低温度　遮阳网覆盖降温最显著的部位是地表温度和地下、地上各20cm范围的土温、气温和叶温，从而优化了作物的根际环境，提高了作物地上部的抗逆性。不同颜色的遮阳网降温效果不同，黑色降温效果最明显。

3. 抑制蒸发、保墒　在高温强光下，土壤水分的蒸发量和蒸腾量都比较大，覆盖遮阳后蒸发慢，蒸发量减少一半以上，保持土壤水分的稳定，减少浇水次数及浇水量。

4. 防暴雨、雹灾的危害　遮阳网的机械强度较高，可避免暴雨、冰雹对作物或地面造成的直接冲击，亦可减轻或避免对园艺作物的损伤，防止土壤板结和灾后倒苗。

5. 减弱台风袭击　将通风性好的遮阳网在台风预报前浮面覆盖作物上并固定好，网下风速可减弱2/3左右，显著降低植株受损害程度。

6. 避虫防病　覆盖遮阳网可以阻碍害虫进入，减少虫口密度，银灰色遮阳网还能驱避蚜虫，既能减轻蚜虫的直接危害，也可以减轻或避免由于蚜虫传播而引起的病毒病的发生，同时还可以防止日灼的发生。此外晚秋、早春寒流侵袭时，也可将不用的遮阳网替代稻草，覆盖在作物上防冻防寒，减轻霜冻危害。

（三）应用

1. 夏季覆盖育苗　遮阳网最常见的利用方式。南方的秋冬季蔬菜，如甘蓝类蔬菜、芹菜、大白菜、莴苣等都在夏季高湿期育苗，为减轻高温、暴雨危害，用遮阳网替代传统芦帘遮阳育苗，可以有效地培育优质苗，保证秋冬菜的稳产、高产。通常利用镀锌钢管塑料大棚的骨架，顶上只保留天幕薄膜，围裙幕全部拆除，在天幕上再盖遮阳网，称一网一膜法覆盖，实际上就是防

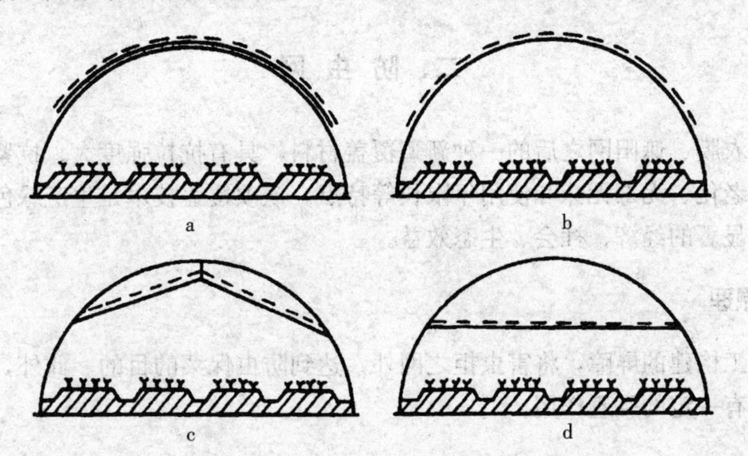

图2-36　大棚遮阳网覆盖方式

a. 一网一膜外覆盖　b. 单层遮阳网覆盖　c. 二重幕架上覆盖　d. 大棚内利用腰杆平棚覆盖

雨棚上覆盖一张遮阳网，在其下进行常规或穴盘育苗或移苗假植（图 2 - 36）。

2. 夏秋季节遮阳栽培　在南方地区夏秋季节采用遮阳网覆盖栽培喜凉怕热或喜阴的蔬菜、花卉，典型的如夏季栽培小白菜、大白菜、芫荽、伏芹菜以及非洲菊、百合等。遮阳方式有浮面覆盖（图 2 - 37）、矮平棚覆盖、小拱棚（图 2 - 38）或大棚覆盖（图 2 - 36）。

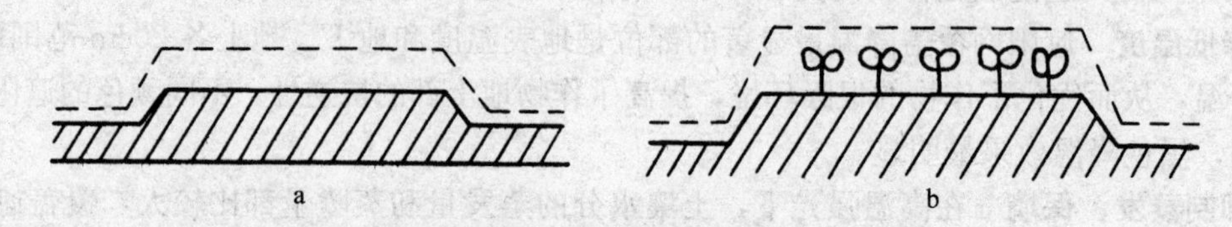

图 2 - 37　浮面覆盖示意图

a. 播种后至出苗前　b. 定植后至活棵前

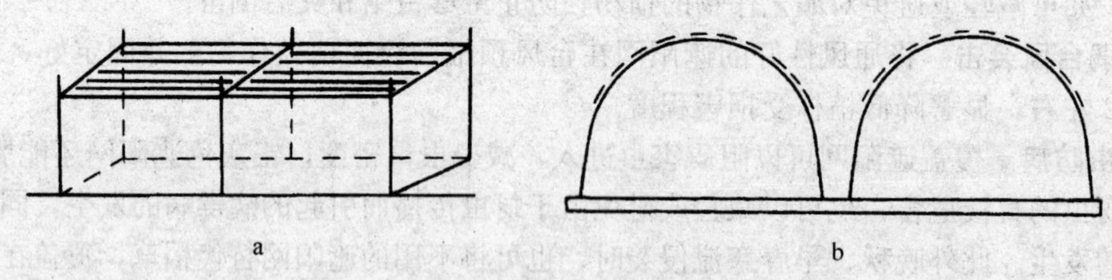

图 2 - 38　矮平棚、小拱棚覆盖示意图

a. 矮平棚　b. 小拱棚

3. 秋菜覆盖保苗　秋播蔬菜如甘蓝类、白菜类、根菜类、芹菜、菠菜和番茄、秋黄瓜、秋菜豆等在早秋播种和定植时，恰逢高温季节，播后不易出苗，定植后易死苗。如果播后进行浮面覆盖，可提前播种，也易齐苗、早苗，提高出苗率；而早秋定植的甘蓝、花椰菜、莴苣、芹菜等，定植后活棵前进行浮面覆盖或矮平棚覆盖，可显著提高成苗率，促进生长，增加产量。此外，遮阳网还可用来延长辣椒杂交制种期，夏季栽培食用菌如草菇、平菇等。

二、防 虫 网

防虫网是继农膜、遮阳网之后的一种新型覆盖材料，具有抗拉强度大、抗紫外线、抗热、耐水、耐腐蚀、耐老化、无毒无味和使用年限长等特点。该项覆盖技术是生产绿色无公害园艺产品的新技术，具有显著的经济、社会、生态效益。

（一）防虫原理

防虫网以人工构建的屏障，将害虫拒之网外，达到防虫保菜的目的。此外，防虫网反射、折射的光对害虫也有一定的驱避作用。

（二）种类

防虫网多以聚乙烯为原料，添加防老化、抗紫外线等助剂后经拉丝编制而成，也可用不锈钢线或铜线、有机玻璃纤维、尼龙等材料编织。通常为白色、银灰色。具有抗拉强度大、抗紫外线、抗热、耐水、耐腐蚀、耐老化、无毒无味和使用年限长（使用寿命3～5年）等特点，在我国无公害生产中发挥越来越重要的作用。目前我国生产的防虫网幅宽有1m、1.2m、1.5m、1.8m等不同规格，生产目数为20目、24目、30目、40目等，设施栽培中一般防害虫选择20～24目规格的防虫网，蔬菜生产防虫网的目数一般为20～30目。

网目表示标准筛筛孔尺寸的大小。在泰勒标准筛中，所谓网目就是2.54cm长度中的筛孔数目，并简称为目。

（三）覆盖方式

1. 大棚覆盖　目前最普遍的覆盖方式，由数幅网缝合后覆盖在单栋或连栋大棚上。防虫网可以采用完全覆盖和局部覆盖两种方式（图2-39）。完全覆盖是将防虫网完全封闭地覆盖于栽培作物的表面或拱棚的棚架上。局部覆盖是只在大棚和日光温室的通风口、通风窗、门等部位覆盖防虫网。全封闭式覆盖内装微喷灌水装置。

a

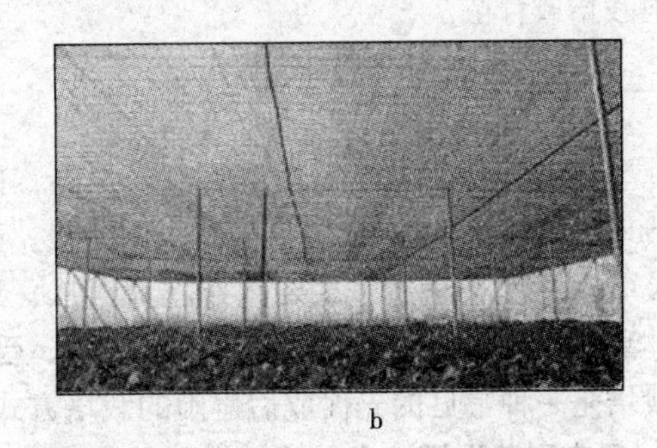

b

图2-39　防虫网覆盖方式

a. 局部覆盖　b. 完全覆盖

2. 立柱式隔离网状覆盖　用高约2m的水泥柱（葡萄架用）或钢管，做成隔离网室，农民俗称帐子。在里面种植小白菜等叶菜，夏天既舒适又安全，面积为500～1 000m^2。

（四）性能

①根据害虫大小选择合适目数的防虫网，对于蚜虫、小菜蛾等害虫使用20～24目遮阳网即可阻隔其成虫进入网内。

②防暴雨、冰雹冲刷土壤，以免造成高温死苗。

③结合防雨棚、遮阳网进行夏、秋蔬菜的抗高温育苗或栽培，可防止病毒病发生。

（五）应用

防虫网可用于叶菜类小拱棚、大中棚、温室防虫覆盖栽培；茄果类、豆类、瓜类大中棚、日光温室防虫网覆盖栽培；特别适用于夏秋季节病毒病的防治，切断毒源；还可用于夏季蔬菜和花卉等的育苗，与遮阳网配合使用，效果更好。

（六）注意事项

①覆盖前土壤应翻耕、晒垡、消毒，杀死土壤害虫和土传病害，切断传播途径。

②施足基肥，夏小白菜一般不再追肥，但宜喷水降温。

③选用适宜网目，注意空间高度，结合遮阳网覆盖，防止网内土温、气温高于网外，造成热害死苗。

④气温较高时，网内气温、地温较网外高，会给蔬菜生产带来一定影响。因此，在7～8月的高温季节，可增加浇水次数，以降温增湿。

三、防 雨 棚

防雨棚是在多雨的夏、秋季，利用塑料薄膜等覆盖材料，扣在大棚或小棚的顶部，任其四周通风，不扣膜或防虫网，使作物免受雨水直接淋洗的保护设施。利用防雨棚进行夏季蔬菜和果品的避雨栽培或育苗。

（一）类型

1. 大棚型防雨棚 大棚顶上天幕不揭除，四周围裙幕揭除，以利通风，可用于各种蔬菜的夏季栽培。也可挂上20～22目的防虫网防虫，夏季高温还可加盖遮阳网。

2. 小拱棚型防雨棚 主要用作露地西瓜、甜瓜早熟栽培。小拱棚顶部扣膜，两侧通风，使西瓜、甜瓜开雌花部位不受雨淋，以利授粉、受精，也可用来育苗。前期两侧膜封闭，实行促成早熟栽培是一种常见的先促成后避雨的栽培方式。

3. 温室型防雨棚 多台风、暴雨的南方地区，建立玻璃温室状的防雨棚，顶部设太子窗通风，四周玻璃可开启，顶部为玻璃屋面，用作夏菜育苗。

（二）性能

①防止暴风雨直接冲击土壤，避免水、肥、土的流失和土壤板结，促进根系和植株的正常生长，防止作物倒伏。

②与遮阳网相结合，可有效改善设施内的小气候条件，有效降低气温和地温，避免暴雨过后因土壤水分和空气湿度过大造成病害的发生和流行。

（三）应用

热带、亚热带地区年均降雨量达1 500～2 000mm，其中60%～70%集中在6～9月，多数蔬菜在这种多雨、潮湿、高温、强光条件下病虫多发，很难正常生长，采用防雨棚栽培可以有效克服这些缺点。

生产中防雨棚常用于夏秋季节瓜类、茄果类蔬菜，葡萄、油桃等果树以及高档切花、盆花的栽培。

第五节 软化设施

软化设施包括软化室、窖、阳畦及栽培床等。这些设施是在具备温暖潮湿、遮光密闭、黑暗或半黑暗的条件下进行软化栽培。在栽培中使蔬菜植株或部分组织生长软化，以获得黄色或白色的柔嫩产品，如青韭、韭黄、蒜黄、黄葱、白梗芹菜、豌豆苗等。

一、软化设施类型

软化设施分为地上式和地下式两种。

(一) 地上式软化设施

蔬菜生长的前期是在正常的栽培条件下，培育健壮的植株和营养器官，或在鳞茎、根部储藏大量的养分。到生长后期，植株大都在原栽培畦中，利用扣瓦盆或培土垄、马粪垄、稻草垄的方式进行遮光软化栽培。或在软化窖中利用已长成的鳞茎、根部等器官进行遮光软化栽培。

(二) 地下式软化设施

在露地培养成健壮的植株、营养器官或鳞茎、根株等，连根掘起，经过整理，然后紧密地囤积在土温室、地下室、地窖、井窖或窑洞内保持温度（或补充加温)，在黑暗条件下进行软化栽培。

1. 土温室 又名暖窖、土洞子，是我国最古老的温室（图 2-40)。当前这种温室主要用于软化栽培，其产品有青韭、韭黄、蒜黄等，土温室的东西北 3 面是墙（土或砖墙），南面为直立或一面坡形的纸窗或薄膜窗，灰土屋顶。温室内用无烟道的明火加温。这种土温室的特点是宽而矮、保温严密，又是半地下式，明火加温，室温稳定，空气潮湿，室内光照弱，有利软化。在北京地区冬季温室内可保持 25℃左右，相对湿度 75%～85%。进行韭菜软化栽培（囤韭根)，每 20d 左右可收割 1 次青韭或韭黄。

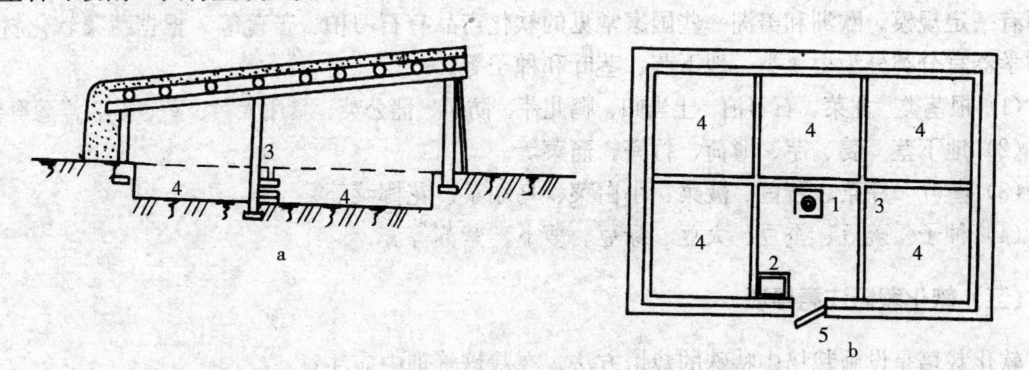

图 2-40 土温室

a. 断面 b. 平面

1. 火炉 2. 洗菜台 3. 水渠 4. 栽培池 5. 门

2. 窑洞 在黄土丘陵地带的断崖下，利用深厚的（黄土）母质柱状结构，挖成拱圆形的窑洞（图 2-41）。在山西、陕西等市郊区窑洞韭菜、蒜黄栽培已有悠久历史，并可进行全年栽培。一般窑洞选择向阳背风，朝南之处，挖成宽 3.3m、高 2m、长 11～33m 的窑洞，洞口用砖泥封闭，不使窑内见光，仅留一个小门出入。这种构造窑内温度稳定，气温、地温保持在 15℃左右。栽培韭菜时，每 15d 收割 1 次，1 茬韭根可收割 3 次。

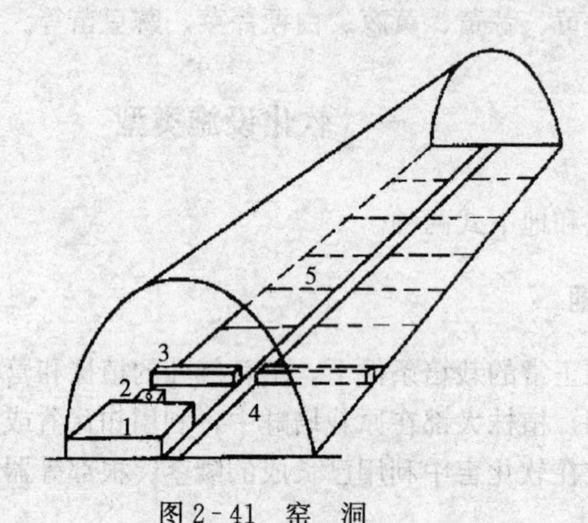

图 2-41 窑 洞

1. 火炕 2. 炉灶 3. 矮墙 4. 走道 5. 栽培床

二、软化设施的应用及注意事项

（一）软化设施的应用

适宜作软化栽培的蔬菜种类很多，中国软化栽培主要是葱蒜类蔬菜，某次是叶菜类。葱蒜类蔬菜耐寒性强，在冬、春季不需很高的温度就能生产，其软化产品有韭黄和蒜黄，色泽金黄，质地脆嫩，味道变得较清淡而又不失葱蒜类特有的辛香味。日本在葱蒜类和叶菜类蔬菜的软化栽培方面有一定规模。欧洲和美洲一些国家常见的软化产品有石刁柏、苦苣等。根据蔬菜软化材料的植物学器官分类分为根茎类、地下茎、茎叶和种子等。

(1) 根茎类 韭菜、石刁柏、土当归、鸭儿芹、防风、蒲公英、食用大黄、葱、蒜、洋葱等。

(2) 地下茎 姜、芋、薄荷、竹笋、蒲菜等。

(3) 茎叶 芹菜、苦苣、菠菜、小白菜、乌塌菜、花椰菜等。

(4) 种子 豌豆、蚕豆、大豆、绿豆、萝卜、紫苏等。

（二）软化栽培注意事项

软化栽培是设施栽培中特殊的栽培方法。在栽培管理中应注意：

①预先培养健壮植株，或具有丰富营养的储藏器官，以供软化生长中对养分的需要。

②不必有较大的昼夜温差，以求快速生长，但在不同生长阶段要求的温度不同，温度过高，则产量低而质量差。

③既要有较高的空气湿度和土壤湿度，又要注意适当通风，管理不善易发生腐烂现象。

④根据商品质量要求分期培土，调节光照，以得到不同颜色的软化产品。

⑤适时适量追肥，以促进生长。

【思考题】

1. 我国园艺设施主要有哪几种类型？构型有何特点？各有哪些主要用途？
2. 冷床和温床在结构和性能上有何区别？
3. 试述电热温床的铺设方法及注意事项。
4. 塑料地膜覆盖的方式有哪些？在性能上有何区别？
5. 试述塑料大棚的结构及建造方法。
6. 试述节能日光温室的设计与建造方法。
7. 我国现代化连栋温室发展现状及前景如何？

【技能训练】

技能训练一　地膜覆盖技术

一、技能训练内容分析

了解地膜的种类及规格，正确选择地膜，确定地膜使用和覆盖地膜方法。

二、核心技能分析

根据地膜覆盖面积正确计算地膜使用量；掌握地膜覆盖技术。

三、训练内容

（一）材料与场地

1. 材料　各种类型的地膜，整地工具。

2. 场地　充分耕翻的耕地人均 $50m^2$ 以上。

（二）内容与方法

1. 识别地膜　观察各种类型地膜的幅宽、颜色、透光程度；用手触摸，感觉其质地，拉伸了解其强度；阅读说明书，详细了解其生产原料、生产工艺、产品规格、主要特点、使用方法及寿命等相关信息。并对以上内容进行认真记录。

2. 选择地膜　根据国家标准，农用地膜的最低厚度标准不得低于0.008mm，目的主要是保证聚乙烯地膜达到一定的厚度，以保证使用强度，便于揭膜、回收。以免土壤中日积月累的残膜逐渐形成阻隔层，影响作物根系的生长发育和对水肥的吸收，使农作物减产。

3. 地膜用量的确定　计算地膜用量的经验公式是：

地膜用量（kg）＝地膜的密度×覆盖田面积×地膜厚度×理论覆盖度

公式中地膜的密度指的是制造地膜所使用的原料的密度，即聚乙烯树脂的密度，单位是 g/cm^3。高压低密度聚乙烯的密度一般为 $0.922g/cm^3$，低压高密度聚乙烯的密度为 $0.950g/cm^3$，线性低密度聚乙烯密度为0.920g/cm^3。覆盖田面积的单位为m^2，地膜厚度的单位为mm。理论覆盖度就是单位面积上所使用地膜的总面积与土地面积的比值。

4. 地膜覆盖技术

（1）施肥、整地、做畦　施足底肥，精细整地和做畦。要做到，地面整平，不留坷垃、杂草以及残枝、枯蔓等，以利于地膜紧贴地面，并避免刺破、刮坏地膜。并保证底墒。

（2）喷除草剂　除了除草地膜外的地膜都不含有除草剂，特别是覆膜质量较差时，易造成草荒，而且覆盖地膜后除草难，因此，在覆膜前可以根据需要喷除草剂。使用时按作物的种类不同选择除草剂。除草剂的用量应少于露地的使用量，否则易造成药害。如土壤含水量过高，应先凉墒，待湿度适宜时再覆盖。

（3）覆盖方法　喷除草剂后应立即覆膜，人工覆膜时最少应3人1组，将地膜的一端先在垄或畦的一起始端埋好踩实后，一人铺展地膜，两人分别在畦两侧培土将地膜边缘压上，地膜应拉紧、铺正，并与垄面紧密接触，将边缘压紧封严。覆盖面积，即透明部分的宽度，应占垄（畦）面的3/5，留出垄沟用于田间作业和灌水。

目前农机市场上有许多型号的覆膜农机具，地膜覆盖技能训练时也可以进行机械操作，提高效率。

四、作业与思考题

1. 技能训练报告（每位同学根据技能训练过程完成一份报告）。

2. 简述地膜覆盖方法及注意事项。

技能训练二　电热温床的铺设技术

一、技能训练内容分析

电热温床是利用电热线把电能转变成热能，可自动调节温度，且能保持温度均匀。通过技能训练进一步掌握电热线，控温仪的性能及正确的使用方法，能按要求铺设电热线，满足生产需要。

二、核心技能分析

根据生产实际确定合理的功率密度、总功率、所需电热线的根数及布线道数，因地制宜地建造电热温床，合理布线，正确连接。

三、训练内容

（一）材料及场地

1. 材料　电热加温线、控温仪、电闸、交流接触器、漏电保护器、配电盘及绝缘胶布等；接电热线及连接电源的工具；劳动工具，如锹、耙等；做隔热层的材料，如马粪、炉渣等。

2. 场地　在阳畦、大棚、温室内均可，每班面积应在50m^2以上。

（二）内容与方法

1. 电热线、控温仪与交流接触器的选择与使用　识别、熟悉电热加温设备，参照说明书了解电加温设备的主要技术参数及正确使用方法。

（1）选择适宜型号的电加温线　电加温线可分为给空气加温的气热线和给土壤加温的地热线

两类，两者不可混用。电加温线采用低电阻系数的合金材料，400W 以上的电加温线都用多股电热丝。气热线绝缘层选用耐高温聚乙烯或聚氯乙烯，地热线采用聚氯乙烯或聚乙烯注塑，厚度 0.7～0.95mm，比普通导线厚 2～3 倍。电加温线和导线的接头采用高频热压工艺，不漏水、不漏电。目前市场出售的电加温线的型号及主要参数见表 2-4。

(2) 控温仪的选择　目前用于电热温床的控温仪基本上是农用控温仪，它以热敏电阻做测温，以继电器的触点做输出，仪器本身电源是 220V，控温范围为 10～40℃，控温的灵敏度为 ±0.2℃。目前生产控温仪的厂家及控温仪的型号见表 2-5。

(3) 交流接触器的选择　如果电加温线总功率大于控温仪允许负载时，必须外加交流接触器，否则控温仪易被烧毁。交流接触器的线圈电压有 220V 和 380V 两种，220V 较常用。目前 CJ10 系列的交流接触器较常用（表 2-15）。

表 2-15　CJ10 系列交流接触器技术参数（220V）

型号	CJ10-5	CJ10-10	CJ10-20	CJ10-40	CJ10-60	CJ10-100	CJ10-150
额定电流（A）	5	10	20	40	60	100	150
最大负载（kW）	1.2	2.2	5.5	11	17	30	43

2. 确定功率密度　根据当地气候条件、育苗季节、设施的环境条件及作物种类，确定合理的功率密度。一般其功率密度可取 80～120W/m²。

3. 计算　按育苗的面积，计算出总功率，所需电加温线的根数，布线道数及布线间距。

(1) 总功率　功率密度确定之后，根据苗床总面积计算总功率：

总功率＝功率密度×总面积

(2) 所需电加温线根数　根据总功率和单根电加温线的额定功率，计算所需电加温线的根数：

电加温线根数＝总功率÷单根电加温线功率

(3) 布线道数和间距　根据电加温线长度和苗床的长、宽，计算电加温线在苗床上往返道数，并用床宽和电加温线的道数计算布线间距：

电加温线往返道数＝（电加温线长－床宽）÷（床长－0.1m）

布线平均间距＝床宽÷（电加温线道数－1）

在实际布线时，为方便接线应使电加温线的两个接线头在床的一端，故布线道数取偶数。另外，利用电加温线增温时，为使苗床温度均匀一致，应适当缩小苗床两侧的线间距，增大苗床中间线间距。

4. 挖床坑　在整好的育苗阳畦基础上，将畦中表土挖出 15cm，堆放畦外一侧，整平床底。在底部铺 1 层废旧塑料膜隔潮，其上铺设约 10cm 厚的马粪或碎草、秸秆、细炉渣等，以阻止热量向下层传递，利于保持土壤温度的稳定。铺平后用脚踩实再铺散热层。散热层一般为 5cm 左右的床土或细沙，内设电加温线。沙的导热性较好，可使电加温线放出的热量均匀地向上层土壤传导，同时起到固定电加温线的作用。铺细沙时，应先铺约 3cm 厚整平踩实，等布完线后再铺余下的 2cm。

5. 电加温线铺设方法　首先准备好长 20～25cm 的固定桩，可选类似筷子形状的竹签、木棍等。从距床边 1/2 线距（约 5cm）处钉第一桩，桩上部留 5cm 左右挂线，然后按计算好的线距向前排桩。

为了弥补温床边缘的温度外传损失，特别在冷床内，可以把边行电加温线的线距适当缩小，床中部的线距适当加大，但平均线间距保持不变。布线时应在靠近固定桩处的线稍用力向下压，边铺边拉紧，以防电加温线脱出。最后对两边固定桩的位置进行调整，以保证电加温线两头的位置适当。布完线后覆土约2cm，踩实后将固定桩拔出。拔固定桩时，应用脚踩住固定桩两侧的地面，以防止将电加温线及隔热层等带出。

6. 铺床土　根据用途铺上相应厚度的床土。采用播种箱播种或利用营养钵育苗则不用铺床土，可将播种箱或育苗营养钵直接放在散热层上。

7. 接控温仪和电源　按照说明书，在教师的指导下连接控温仪和电源。应充分考虑所使用电加温线的总功率。

一定要注意，当电加温线的总功率小于2 000W（电流为10A以下）时，可不用交流接触器，而将电加温线直接连接到控温仪上。当电加温线的总功率大于2 000W（电流为10 A以上）时，应将电加温线连接到交流接触器上，由交流接触器与控温仪相连。如果使用高压电源，也必须用交流接触器。

电加温线与导线相连接的部分，一定要留在床土上，不要埋在土里。

将电路接好后，要待指导教师检查合格后方可通电使用。

四、作业与思考题

1. 绘制电热温床结构及布线方法示意图。

2. 简述电热温床的铺设方法及注意事项。

技能训练三　棚膜剪裁与焊接技术

一、技能训练内容与分析

使学生掌握棚膜剪裁与焊接技术，正确确定棚膜用量并熟练掌握。

二、核心技能分析

根据园艺设施的各项参数，准确计算棚膜用量，并根据棚面结构正确完成棚膜的焊接操作。

三、训练内容

（一）材料及场地

1. 材料　聚氯乙烯棚膜，皮尺或测绳、钢卷尺，木架，电熨斗，导线，插座，硫酸纸、牛皮纸、挂历纸或报纸。

2. 场地　寒冷地区在温度较低的季节应在室内，较温暖的地区及温暖季节可在室外。

（二）内容与方法

1. 棚膜用量计算

（1）棚架的测量　在计算棚膜的用量前，应对大棚骨架进行测量，测量的内容主要有：

①长度：大棚架纵向相距最远两点的水平距离。

②跨度：大棚拱架两个底角间的水平距离。

③棚高：拱架中部最高点到地面的垂直距离。

④拱杆长：拱杆露在地面以上部分的曲线总长度。

⑤大棚表面纵长：从大棚一端的正中底角开始纵向经过大棚上方中线到另一端正中底角的曲线总长度。

（2）计算所需棚膜的长和宽　根据前面所测量出的大棚骨架的长度和宽度，计算出能够完全覆盖大棚表面所需棚膜的长和宽，再将扣大棚时四周埋入土中的部分算在内，计算出实际应需棚膜的长和宽。根据所使用塑料膜单位面积的质量，计算出所要扣的大棚应需多少棚膜。

测量与计算结果和经验算法对照，来验证经验算法的准确性。

经验算法：所需棚膜的宽度等于跨度加两个棚高，长度等于大棚长度加两个棚高再加2m。

2. 棚膜的剪裁

①根据前面的测量与计算，确定应裁棚膜的长度。考虑热胀冷缩的因素，早春及冬季等寒冷季节扣棚，应适当比计算结果长些。还要考虑不同薄膜的延展性，如果选用延展性好的棚膜，宜用聚氯乙烯膜，剪裁时可以与计算结果相同，或略短一点，但如果选用延展性差的棚膜，如聚乙烯膜，则不能短，最好长出0.5～1m。

②根据前面的测量与计算确定所需棚膜的宽度，以及根据选用薄膜的宽度来确定应剪裁几幅等长的薄膜进行焊接。

③根据前面所决定的尺寸，在准确测量的基础上，剪裁薄膜。

3. 棚膜的焊接

（1）棚膜的焊接　目前广泛采用热粘法。所需的用具有：

①木架：选择厚度均匀、干燥、平直及不易发生变形的木板，宽约20cm，厚4～5cm，长度根据实际情况确定，一般2～3m。木板表面要刨光，其上沿要平。在架子上也可以钉上细铁窗纱，以提高棚膜的焊接效果。

②铺垫用纸：可以用硫酸纸、牛皮纸、旧挂历（较厚的纸，不能带有塑料压膜）、报纸，其中最好的是硫酸纸，最差的是旧报纸，如果用报纸需要铺两层。纸条要裁成比木架立板厚度略宽的纸条，一般8～10cm，长度越长越好，不够长则一条一条搭在一起，重合的部分2～3cm。

③电熨斗：用金属外壳的普通电熨斗，功率300W以上，最高温度可以达到150℃为宜。

（2）焊接方法　把电熨斗通电加热，一般聚乙烯薄膜不低于110℃，聚氯乙烯薄膜不低于130℃。然后将要粘在一起的两块薄膜的两个边重叠置于木架上，重叠的宽度比木架立板的厚度略宽，应以薄膜上下两层的边分别在木架板的两侧露出0.5cm为准。相接触的两个面应清洁，不能有灰尘或水滴。将事先准备好的纸条铺在重合的薄膜上，手持加热好的电熨斗平稳、匀速地在铺好的纸条上，从木架一端移向另一端。熨烫后，将纸条揭起，如果焊的部分略有变色，而且气泡分布均匀，说明焊接好了。如此一段接一段地重复同样操作，就将两幅薄膜焊接到了一起。

（3）操作注意事项

①在焊接之前，最好先用电熨斗在木架上空走一遍，使木架充分预热。

②电熨斗应持平，不能左右偏斜，而且要匀速，否则易将薄膜烫破。

③电熨斗只能从一端向另一端单向移动，不能在上面来回重复熨烫。如果电熨斗移动得太快

而没有焊接好，可以铺上纸再走一遍。

④操作时，凭经验灵活掌握电熨斗温度和运行速度，温度高时可以适当快些，温度低时则可以适当慢些。

⑤如果在焊接过程中，把薄膜的某处烫破了，可以剪一块新薄膜，铺在破洞处，再铺上纸如同前面焊接方法一样将其补上。

⑥无滴膜有正反面，在焊接时注意各幅要一致，不要颠倒。

一个大棚膜完全焊接结束后，纵向理顺，每间隔一段用布条或较宽聚丙烯绳等捆扎好，有次序地叠放好。

四、作业与思考题

技能训练报告（每位同学根据技能训练过程完成一份报告）。

技能训练四　塑料大棚结构、性能观察

一、技能训练内容分析

了解当地塑料大棚的主要类型，掌握其性能结构特点，完成对塑料大棚主要结构参数的测量。

二、核心技能分析

根据塑料大棚的结构、性能，因地制宜地选择适合当地生产实际的塑料大棚。

三、训练内容

（一）材料与场地

1. 材料　当地各类塑料大棚、皮尺、钢卷尺、记录本等。

2. 场地　校内外生产基地。

（二）内容与方法

1. 塑料大棚结构的观察　通过参观、访问等方式，观察了解当地各种类型塑料大棚，所用建筑材料，所在地的环境、整体规划等情况。

2. 塑料大棚性能的观察　通过访问、实地测量等方式，了解当地塑料大棚的性能及在当地生产中的应用情况。

3. 塑料大棚的测量　对当地主要塑料大棚进行结构参数的实地测量并记录。

四、作业与思考题

1. 技能训练报告。

2. 绘制所观察大棚的结构图。

3. 对所观察的塑料大棚作出综合评价。

技能训练五　日光温室结构、性能观察

一、技能训练内容分析

了解当地日光温室的主要类型，掌握其性能结构特点，完成对日光温室主要结构参数的测量。

二、核心技能分析

根据日光温室的结构、性能，因地制宜地选择适合当地生产实际的日光温室。

三、训练内容

（一）材料与场地

1. 材料　当地各类日光温室、皮尺、钢卷尺、记录本等。

2. 场地　校内外生产基地。

（二）内容与方法

1. 日光温室结构的观察　通过参观、访问等方式，观察了解当地各种类型日光温室，所用建筑材料，所在地的环境、整体规划等情况。

2. 日光温室性能的观察　通过访问、实地测量等方式，了解当地日光温室的性能及在当地生产中的应用情况。

3. 日光温室的测量　对当地主要日光温室进行结构参数的实地测量并记录。

四、作业与思考题

1. 技能训练报告。

2. 绘制所观察日光温室的结构示意图。

3. 对所观察的日光温室作出综合评价。

技能训练六　现代化温室结构、性能观察

一、技能训练内容分析

了解当地现代化温室的主要类型,掌握其性能结构特点,完成对现代化温室主要结构参数的测量。

二、核心技能分析

根据现代化温室的结构、性能，因地制宜地选择适合当地生产实际的现代化温室。

三、训练内容

(一) 材料与场地

1. 材料　当地现代化温室、皮尺、钢卷尺、记录本等。

2. 场地　校内外生产基地。

（二）内容与方法

1. 现代化温室结构的观察　通过参观、访问等方式，观察了解当地各种类型现代化温室，所用建筑材料，所在地的环境、整体规划等情况。

2. 现代化温室性能的观察　通过访问、实地测量等方式，了解当地现代化温室的性能及在当地生产中的应用情况。

3. 现代化温室的测量　对当地主要现代化温室进行结构参数的实地测量并记录。

四、作业与思考题

1. 技能训练报告。

2. 绘制所观察现代化温室结构示意图。

3. 对所观察的现代化温室作出综合评价。

第三章

园艺设施的规划与建造

【知识目标】掌握园艺设施的总体设计及结构设计的基本知识，了解建筑施工的方法与步骤。

【技能目标】能独立完成日光温室、大棚的设计，并指导其建筑施工，掌握现代化园艺设施验收基本知识。

第一节　园艺设施的总体规划与设计

一、园艺设施的建筑特点与要求

园艺设施是作物生长的场所，设施、作物、环境3方面必须完美结合才能获得最高经济效益，它与一般工业及民用建筑不同，有以下特点与要求。

1. 必须适于作物的生长和发育　园艺设施是栽培蔬菜、花卉、果树等作物的场所，作物的生长和发育各有一定的规律性，必须创造满足其生长发育需要的温度、湿度、光照、气体、土壤营养、生物因素条件。

2. 严格调控环境　为取得高产、优质的产品，应随着作物的生育和天气的变化，不断地调控设施内小气候。要求结构上保证白天能充分利用太阳能，获得大量光和热，高温时应有通风换气等降温设备；夜间应有密闭度高、保温性能好的结构和设备，有的设施还应有采暖设备，并应有性能良好的排灌设备、理化性质良好的土壤，现代化温室还应安装自动化调控系统以及二氧化碳追肥设施等。

3. 良好的生产条件　设施环境不仅要适于作物生育，也应适于劳动作业和保护劳动者的身体健康。如采暖、灌水等管道配置不合理或立柱过多时，会影响耕地等作业；结构过于高大时，会影响放风扣膜作业，而且也不安全；而且因病虫害多，经常施农药，直接影响作业者的健康，其残毒会影响消费者的健康。

4. 坚固的结构　为了使设施屋面能充分透过太阳光，减少遮光，要求结构简单、轻质、建材截面积小，以减少阴影遮光面积。但从强度上又要求坚固，能抗积雪、暴风、冰雹等自然灾害。

5. 良好的透明覆盖材料　为了使温室和大棚充分透过太阳光，应使用透光率高的透明覆盖物，要求结构简单，材料细小，体轻，强度坚固，能耐积雪、暴风冰雹等自然灾害，屋面要求有一定坡度，能使水滴顺利流下。

6. 建造成本不宜太高　园艺设施生产的产品是农产品，价格低，所以要求尽量降低建筑费和管理费，这与坚固的结构、灵敏度高的环境调控设备等要求，引起费用增加的事实是互相矛盾的。因此，应根据经济情况考虑建筑规模和设计标准，一般应根据当地的气候条件选择适用的园艺设施类型。

二、场地的选择与布局

（一）场地的选择

园艺设施建筑场地的选择与设施结构性能、环境调控、作物生长、经营管理等方面关系很大，在建造前场地的选择应考虑以下几方面。

1. 光照　光照不但影响光合作用，也是热能的主要来源，为了充分采光应选择南面开阔、高燥向阳、无高大建筑物和树木遮荫的平坦矩形地块。向南或东南有<10°的缓坡地较好，有利春季升温和设置排灌系统。

2. 风　微风可使空气流通，但大风会降低温度，损坏保护设备，为了减少放热和风压对结构的影响，要选择避风向阳地带，冬季有季候风的地方，最好选在迎风面有丘陵、山地、防风林或高大建筑物等挡风的地方，在城市或农村宜将温室建在城市南面或村南、村东，不宜与住宅区混建。还要注意避开河谷、山川等造成风道、雷区、雹线等灾害地段。

3. 土壤　为适宜作物的生长发育，应选择土壤肥沃疏松，有机质含量高，无盐渍化和其他污染源的地块。一般要求壤土或沙壤土，最好3～5年未种过瓜果、茄果类蔬菜，前作以大田作物为主的地块，以减少病虫害发生。为使基础牢固，应选择地基土质坚实的地方，否则修建在地基土质松软（如新填土的地方或沙丘）地带，基础容易下沉，避免因加大基础或加固地基而提高造价。

4. 水　园艺设施主要是利用人工灌水，应选择靠近水源、水源丰富，水质好，pH中性或微酸性，无有害元素污染，冬季水温高（最好是深井水）的地方。为保证地温，有利地温回升，要求地下水位低，排水良好。设施浇灌最好建造水塔，设置自动上水装置，保证浇灌方便。

5. 交通与电力　为了便于运输、销售，应选离公路、市场、村庄、电源等较近的地方。既便于管理、运输，又方便组织人员对各种灾害性天气采取措施。

温室规划中应充分考虑电力总负荷充足，以确保温室用电的可靠性和安全性，大型温室基地，一般要求有双路供电系统。

温室群最好靠近有大量有机肥供应的场所，如工厂化养鸡场、养牛场等。为了节约能源，降低生产开支，有条件时应该尽量选择有工厂余热或地热的地区建造温室、大棚。

6. 无污染　温室区位置应避免建在有污染源的下风向，如果土壤、水源、空气受到污染，会给生产带来很大危害。

（二）场地调查与地质勘探

1. 场地调查　对场地的地形、大小和有无障碍物等进行调查，特别要注意与邻地和道路的关系。先看场地是否能满足需要，其次要看场地需要平整的程度，以及有无地下管道等障碍、前作、土质。此外，还要调查供水、供电、交通、市场、劳动力等情况。

2. 地基调查 地基的情况与建筑物基础有密切关系，地基的调查应在施工前进行，一般在场地的某点，挖进基础宽的2倍深，用场地挖出的土壤样本，分析地基土壤构成和下沉情况以及承载力等。一般园艺设施地基的承载力在 $50t/m^2$ 以上；黏质土地基较软，约为 $20t/m^2$。

（三）园艺设施园区布局

园艺设施类型较多，因其结构、性能不一，用途亦不相同。为了充分发挥各自的作用和便于组织生产管理，各种设施应相对集中，统一规划，合理设置。

大型连栋温室、日光温室、大棚应各自成群，数量多时每群再规划为若干个小区，每个小区成一个独立体系。

规模大的还要考虑锅炉房、堆煤场、变电所、作业场地、水源、仓库、车库、农机具库等附属建筑物和办公室、休息室等非生产用房的布局。

人和物之间的联系活动在建筑计划中叫做动线计划，从动线计划中容易看出布局计划的好坏。计划时动作多、频率高的支线及搬运重物的动线应该短，应该将和每个园艺设施都发生联系的作业室、锅炉房、变电所等共用附属建筑物放在中心部位，将园艺设施生产场地分布在周围（图3-1）。

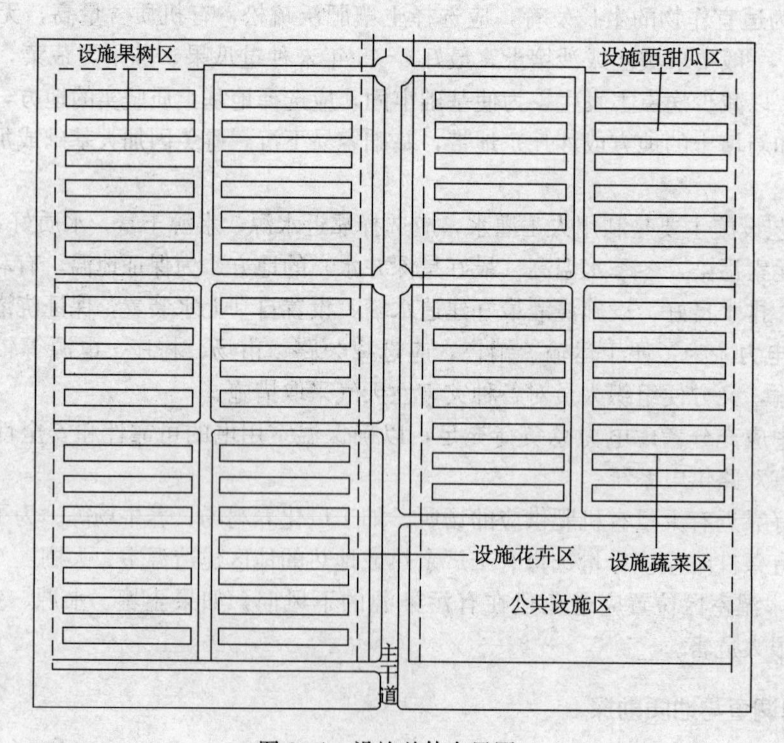

图3-1 设施总体布局图

三、园艺设施建筑计划的制定

1. 方位与间距 园艺设施场地应为东西延长的长方形，一般将温室、连栋温室放在最北面，向南依次为塑料大棚、阳畦、小拱棚等，连栋温室、塑料大棚和小拱棚一般采用南北延长，温室阳畦一般采用东西延长。

间距以每栋不互相遮光和不影响通风为宜，塑料大棚前后排之间的距离应在5m左右，即棚高的1.5～2倍。各地纬度不同，其距离应有所变化。大棚左右的距离，最好是等于棚的宽度，也可1～2m，以不遮光为宜。一般东西延长的温室前后排距离为温室高度的2～3倍，即6～7m；南北延长的前后排距离为温室高度的0.8～1.3倍。

2. 排列方式 设施排列方式主要有对称式和交错式两种（图3-2）。

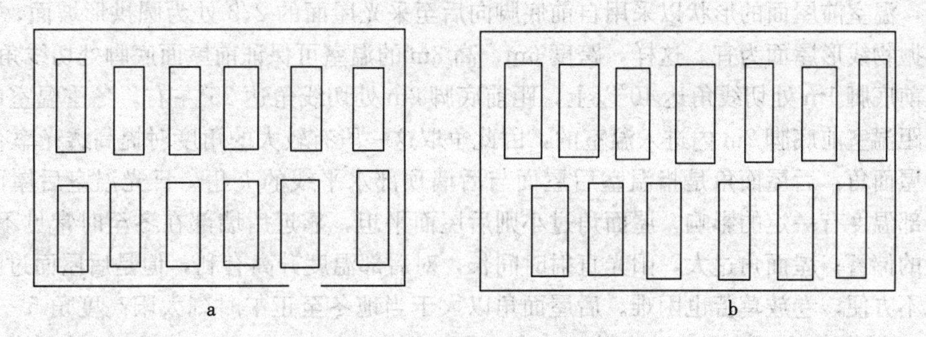

图3-2 园艺设施排列方式
a. 对称式 b. 交错式

对称式排列的设施内通风性较好，高温期有利于降温，但低温期的保温效果较差，需加围障、腰障等。交错式排列的设施群内无风的通道，挡风、保温性能好，低温期有利于保温和早熟，但高温期的通风降温效果不佳。

3. 道路 场内道路应该便于产品的运输和机械通行，主干道路宽6m，允许两辆汽车并行或对开，设施间支路宽宜3m左右，每个小区之间的交通道路应有机结合。主路面根据具体条件选用沥青或水泥路面，保证雨雪季节畅通。同时应注意道路与灌水、排水渠的设置。

四、园艺设施建筑设计基本知识

(一) 日光温室的设计

日光温室主要作为冬季春季生产应用，建一次少则使用3～5年，多则8～10年，所以在规划、设计、建造时，都应在可靠、牢固的基础上实施。日光温室由后墙、后屋面、前屋面和两侧山墙组成，各部分的长宽、大小、厚薄和用材决定了它的采光和保温性能，其合理结构的参数具体可归纳为五度、四比、三材。

1. 五度 即角度、高度、跨度、长度和厚度，主要指各个部位的大小尺寸。

（1）角度　包括前屋面角、后屋面角及方位角。

①前屋面角：前屋面（又称前坡）角指温室前屋面底部与地平面的夹角，屋面角决定了温室采光性能，屋面角的大小决定太阳光线照到温室透光面的入射角（图 3-3），而入射角又决定太阳光线进入温室的透光率。入射角愈大，透光率就愈小。

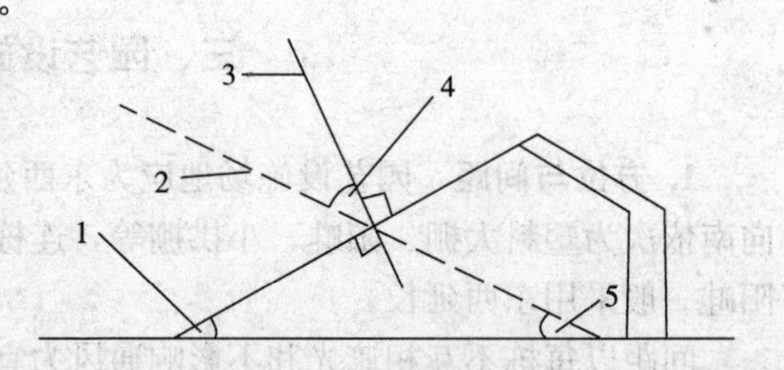

图 3-3　入射角与屋面角

1. 屋面角　2. 入射线　3. 法线
4. 入射角　5. 太阳高度角

对于北纬 32°～43°地区而言，要保证“冬至”（太阳高度角最小日）日光温室内有较大的透光率，其温室前屋面角（屋脊至透明屋面与地面交角处的连线）应确保 20.5°～31.5°以上。所以，日光温室前屋面角地面处的切线角度应在60°～68°。

此外，温室前屋面的形状以采用自前底脚向后至采光屋面的 2/3 处为圆拱形坡面，后部 1/3 部分采用抛物线形屋面为宜。这样，跨度 6m、高 3m 的温室可保证前屋面底脚处切线角达到 65°以上，距前底脚 1m 处切线角达 40°以上，距前底脚 2m 处切线角达 25°左右。冬季温室内大部分光线是靠距温室前底脚 2m 内进入温室的，因此争取这一段有较大的角度对提高透光率有利。

②后屋面角：后屋面角是指温室后屋面与后墙顶部水平线的夹角。日光温室后屋面角的大小，对后部温度有一定的影响，屋面角过小则后屋面平坦，靠近后墙部在冬至时常见不到阳光，影响热量的储蓄；屋面角过大，阳光直射时间长，对后部温度升高有利，但是后屋面过陡，不但铺箔抹泥不方便，卷放草苫也困难。后屋面角以大于当地冬至正午时刻太阳高度角 5°～8°为宜。例如北纬 40°地区，冬至太阳高度角为 26.5°，后屋面仰角应为 31.5°～33.5°。温室屋脊与后墙顶部高度差应在 80～100cm，以保证寒冷季节有更多的直射光照射到后墙及后屋面上，增加墙体及后屋面蓄热和夜间保温。

③方位角：方位角指一个温室的方向定位，确定方位角应以太阳光线最大限度地射入温室为原则，以面向正南为宜。温室方位角向东或向西偏斜 1°，太阳光线直射温室的时间出现的早晚相差约 4min，偏东 5°则提早 20min 左右，偏西 5°则延迟 20min 左右。

作物上午光合作用最强，采取南偏东方位角是有利的，但是，在严寒冬季揭开草帘过早，温室内室温容易下降，下午过早的光照减弱对保温不利，所以南偏东方位角只宜在北纬 39°以南地区采用，北纬 40°地区可采用正南方位角。北纬 41°以北地区应采用南偏西方位角。

一般而言，温室坐北朝南、东西向排列，向东或向西偏斜的角度不应大于 7°。

全光连栋温室或塑料棚方位多为屋脊南北延长，屋面东西朝向。倾角一般为 25°～30°。

（2）高度　包括脊高和后墙高度，脊高是指温室屋脊到地面的垂直高度。温室高度直接影响前屋面的角度和温室空间大小。跨度相等的温室，降低高度会减小前屋面角和温室空间，不利于采光和作物生育；增加高度会增加前屋面角和温室空间，有利于温室采光和作物生育，但温室过高，不仅会增加温室建造成本，而且还会影响保温。因此，一般认为：跨度 6～7m 的日光温室，在北纬 40°以北地区，若生产喜温作物，高度以 2.8～3.0m 为宜；北纬 40°以南，高度以 3.0～3.2m 为宜。若跨度大于 7m，高度也相应增加。后墙的高度为保证作业方便，以 1.8m 左右为宜，过低影响作业，过高后屋面缩短，保温效果下降。

(3) 跨度　日光温室的跨度是指从温室北墙内侧到南向透明屋面前底脚间的距离。温室跨度的大小，对于温室的采光、保温、作物的生育以及人工作业等都有很大影响。在温室高度及后屋面长度不变的情况下，加大温室跨度，会导致温室前屋面角和温室相对空间的减小，从而不利于采光、保温、作物生育及人工作业。

目前认为日光温室的跨度以6～8m为宜，若生产喜温的园艺作物，北纬40°～41°以北地区以采用跨度6～7m最为适宜，北纬40°以南地区可适当加宽。

(4) 长度　指温室东西山墙间的距离，以50～60m为宜，一栋温室净栽培面积为350m²左右。如果太短，不仅单位面积造价提高，而且东西两山墙遮阳面积与温室面积的比例增大，影响产量，一般温室长度大于30m。温室过长温度不易控制，并且每天揭盖草苫占时较长，不能保证室内有充足的日照指数；在连阴天过后，也不易迅速回苫；所以，温室最长不宜超过100m。作业时跑空的距离增加也给管理带来不便。

(5) 厚度　包括3方面内容，即后墙、后屋面和草苫的厚度，厚度的大小主要决定保温性能。后墙的厚度根据地区和用材不同而有不同要求。单质土墙厚度比当地冻土层厚度增加30cm左右为宜。在黄淮地区土墙应达到80cm以上，东北地区应达到1.5m以上，有时以推土机建墙，轧道机压实的，下部厚达2m以上，砖结构的空心异质材料墙体厚度应达到50～80cm，才能起到吸热、储热、防寒的作用。后屋面为草坡的厚度，应达到40～50cm，对预制混凝土后屋面，应在内侧或外侧加25～30cm厚的保温层。草苫的厚度应达到6～8cm，即长9m、宽1.1m的稻草苫应有35kg以上，宽1.5m的蒲草苫应达到40kg以上。

2. 四比　指各部位的比例，包括前后屋面比、高跨比、保温比和遮阳比。

(1) 前后屋面比　指前坡和后屋面垂直投影宽度的比例。在日光温室中前坡和后屋面有着不同的功能。温室的后屋面较厚，起到储热和保温作用；而前坡面覆盖透明覆盖物，白天起着采光的作用，但夜间覆盖较薄，散失热量也较多，所以，它们的比例直接影响采光和保温效果。从保温、采光、方便操作及扩大栽培面积等方面考虑，前后屋面投影比例以4.5∶1左右为宜，即一个跨度为6～7m的温室，前屋面投影占5～5.5m，后屋面投影占1.2～1.5m。

(2) 高跨比　指日光温室的高度与跨度的比例，二者比例的大小决定屋面角的大小，要达到合理的屋面角，高跨比以1∶2.2为宜。即跨度为6m的温室，高度应达到2.6m以上；跨度为7m的温室，高度应为3m以上。

(3) 保温比　指日光温室内的储热面积与放热面积的比例。在日光温室中，虽然各围护组织都能向外散热，但由于后墙和后屋面较厚，不仅向外散热，而且可以储热，所以在此不作为散热面和储热面来考虑。温室内的储热面为温室内的地面，散热面为前屋面，故保温比就等于土地面积与前屋面面积之比。

日光温室保温比（R）＝日光温室内土地面积（S）/日光温室前屋面面积（W）

保温比的大小说明日光温室保温性能的大小，保温比越大，保温性能越强，所以要提高保温比，就应尽量扩大土地面积，而减少前屋面的面积，但前屋面又起着采光的作用，还应该保持在一定的水平。根据近年来日光温室开发的实践及保温原理，以保温比等于1为宜，即土地面积与散热面积相等较为合理，也就是跨度为7m的温室，前屋面拱杆的长度以7m为宜。

(4) 遮阳比　指在建造多栋温室或在高大建筑物北侧建造时，前面地物对建造温室的遮阳影响。为了不让南面地物、地貌及前排温室对建造温室产生遮阳影响，应确定适当的无阴影距离。如在图 3-4 △*ABC* 中，∠*BAC* 为当地冬至正午的太阳高度角 (*A*)，直线 *BC* 为温室前面地貌的高度 (*d*)，则后排温室与前排温室屋脊垂点的距离应不小于 *b*（图 3-4）。

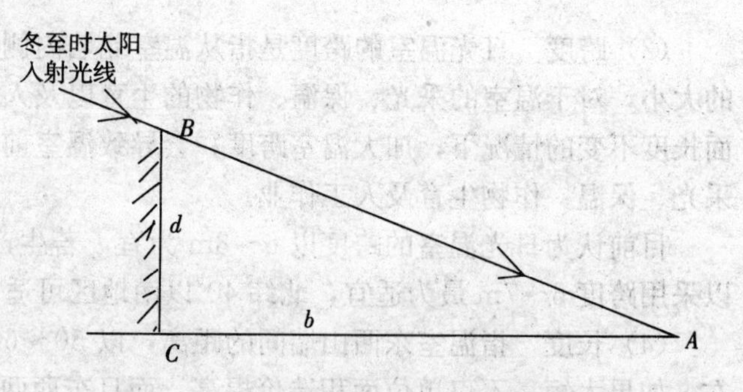

图 3-4 温室无遮荫最小距离示意图

3. 三材 指建造温室所用的建筑材料、透光材料及保温材料。

（1）建筑材料 主要视投资大小而定，投资大时可选用耐久性的钢结构、水泥结构等，投资小时可采用竹木结构。不论采用何种建材，都要考虑有一定的牢固度和保温性（表 3-1，表 3-2）。

表 3-1 几种建筑用砖的技术性能

名称	尺寸（mm）	容重（kg/m³）	砖标号	导热系数（λ）[kJ/（cm²·h·℃）]	耐水性	耐久性
普通黏土砖	240×115×53	1 800	75～150	2.93	好	好
灰沙砖	240×115×53	1 900～2 000	100	3.14	较差	较差
矿渣砖	240×115×53	2 000	100	2.72	较好	较差
粉煤灰砖	240×115×53	1 500～1 700	75～100	1.67～2.60	较差	较差
空心砖	240×115×53	1 000～1 500		1.67～2.30	好	好

表 3-2 常用温室建筑墙材料的热工参考指标

材料名称	容重（*r*）（kg/m³）	导热系数（λ）[kJ/（cm²·h·℃）]	比热（*C*）[kJ/（kg·℃）]	蓄热系数（*S*）（*Z*=24h）[kJ/（cm²·h·℃）]
夯实草泥或黏土墙	200	3.35	0.84	38.09
草泥	1 000	1.25	1.05	18.59
土坯墙	1 600	2.51	1.05	33.07
重砂浆黏土砖砌体	1 800	2.93	0.88	34.74
轻砂浆黏土砖砌体	1 700	2.72	0.88	32.44
石块容量为 2 800 的石砌体	2 680	11.51	0.92	86.23
石块容量为 2 000 的石砌体	1 969	4.06	0.92	43.53

（2）透光材料 指前屋面采用的塑料薄膜，主要有聚乙烯和聚氯乙烯两种。近年来又开发出了乙烯—醋酸乙烯共聚膜，具有较好的透光和保温性能，且质量轻，耐老化，无滴性能好。

（3）保温材料 指各种围护组织所用的保温材料，包括墙体保温、后屋面保温和前屋面保温。墙体除用土墙外，在利用砖石结构时，内部应填充保温材料（表 3-3），如煤渣、锯末等。对于前屋面的保温，主要是采用草苫加纸被进行保温，也可进行室内覆盖。对冬春多雨的黄淮地区，可用防水无纺布代替纸被（表 3-4），用 300g/m² 的无纺布两层也可达到草苫的覆盖效果，对于替代草苫的材料有些厂家已生产了 PE 高发泡软片，专门用于外覆盖，有条件时可使用保温被，不同覆盖材料保温效果不同（表 3-5，表 3-6），常用覆盖材料规格及用量见表 3-7。

表 3-3　不同填充材料夹心墙蓄热保温比较

处　理	内墙表面温度大于室温的时段	墙体夜间平均放热量（W/m^2）	室内最低气温（℃）
中　空	15：00～次日 4：00	2.9	6.2
煤　渣	15：00～次日 8：00	13.8	7.8
锯　末	15：00～次日 8：00	7.6	7.6
珍珠岩	15：00～次日 8：00	37.9	8.6

表 3-4　几种无纺布的导热率

规格（g/m^2）	导热率［kJ/（cm^2·h·℃）］
40	1.01
100	0.89
200	0.44
350	0.37

表 3-5　日光温室覆盖草苫纸被的保温效果

保温条件	4：00 温度（℃）	室内外温差（℃）	加草苫增温（℃）	加纸被增温（℃）
室　外	−18.0			
不盖草苫纸被温室	−10.5	7.5		
加盖草苫温室	−0.5	17.5	10.0	
加盖草苫纸被温室	6.3	24.5		6.8

表 3-6　日光温室内各种覆盖形式保温效果

覆盖形式	保温效果（℃）
单层膜日光温室	+4～6
双层膜日光温室	+8～10
内扣小拱棚	+3～5
内扣小拱棚加草苫	+8～10
内加保温幕	+3～5

表 3-7　常用外覆盖材料规格用量

名　称	规　格			$667m^2$ 用量（条）	备　注
	长度（m）	宽度（m）	重量（kg）		
稻草苫	8～10	1.0～1.2	40	100	
蒲草苫	8～10	1.4～1.6	50	70～80	
纸　被	8～10	1.0～1.1		100	4 层牛皮纸
棉　被	5～8	2～4	10	30～40	
无纺布	10	1.1	100g/m^2	100	代替纸被
无纺布	10	1.1	300kg/m^2	200	代替草苫

（二）塑料大棚设计（单栋）

1. 方向　大棚的方向应根据当地纬度和太阳高度角确定。一般来说，东西向南北延长的大棚光照分布是上午东部受光好，下午西部受光好。棚内光照是午前与午后相反，但就日平均来说受光基本相同。棚内受光量东西相差约为 4.3%，南北相差 2.1%，植株表现受光均匀，不受“死阴影”的影响，棚内局部温差较小。确定棚向方位虽受地形和地块大小等条件的限制，需要因地制宜加以确定，但应考虑主要生产季节，选择正向方位，不宜斜向建棚。

我国北方地区主要在春、秋两季利用大棚生产，所以应东西向为宽，南北向延长。这样棚内光照均匀，植物生长比较一致，南方地区冬季使用的大棚，东西方向的大棚进光量大，但光照和温度不均匀现象难以避免。

2. 长度和宽度（跨度） 一般情况下，大棚覆盖空间大保温能力强，温度比较稳定，受低温影响少。但覆盖面积过大，会造成通风不良，热量和湿空气排不出去，栽培作物易感病或造成植株早衰，所以一般认为，在北方地区，大棚面积以667m^{2}左右为宜，宽度8～12m，长度40～60m。在面积和其他条件相同的情况下，大棚的跨度越大，拱杆负荷的重量越强，抗风能力越弱。棚顶越宽、扣棚也越困难，薄膜不易绷紧。反之，棚的跨度越小，拱杆越密，抗风能力越强。

3. 高度 竹木结构大棚中脊高多为1.8～2.5m，侧高1.0～1.2m。钢架大棚中脊高多在2.8～3.0m，侧高1.5～1.8m。大棚越高承受的风速压越大，因此在多风地区不宜过高，设计大棚的高度，以满足园艺作物生长需要和便于管理为原则，尽可能矮一些以减少风害。

大棚的高度与宽度也应有一定比例，棚的跨度越大，高度应相应增加，一般宽、高以10∶1.2～1.5为宜，最高不宜超过10∶2，最低不宜小于10∶1。竹木结构有柱大棚各排立柱的高差为20～30cm，使拱杆保持较大弧度，有利排水和加强拱杆的支承力。

4. 棚面坡度 目前大棚的棚面以拱圆形为主，只要高度和宽度设计合理，屋面成自然拱形，其坡度角没有严格要求。

5. 棚头、棚边与门 大棚屋脊部延长线方向的两端称为“棚头”，棚头形状有拱圆形（拱圆棚头、弧棚头、圆棚头）和平面垂直形（齐棚头、直棚头、平棚头）两种。

拱形棚头成自然弧形，竹木结构大棚棚头第一行立柱要用两根斜柱支撑，使其稳定，棚头部位每隔1m插1根竹竿，上端固定在第一根拱杆上，使之弯成弓形，即成拱形棚头。钢架大棚为定型产品，购买时自由选型。此种棚头为流线型，抗风能力较强，但建造较费工、费料。拱形棚头的门凹入棚头安装。

垂直平面棚头只需将第一根拱杆用立柱垂直支撑，并用横杆固定成架，不再起拱。此种棚头建造省工、省料，但抗风能力不如拱形棚头。门设在棚头中部、两端都有。

6. 棚膜安装 竹木大棚用8号铅丝或压膜线固定棚膜，钢管大棚用卡槽与蛇形钢丝固定棚膜，同时加压膜绳。

7. 通风 大棚宽度（跨度）小于10m，只需在两侧设通风带，若大于10m，棚顶正中部应设通风带，均采用“扒缝”方式通风。

8. 面积 单栋大棚面积多为333～667m^2，太小不利于操作、保温性差，太大不利于通风、灌溉及其他操作管理。

（三）附属设施设计

生产性建筑规模较大时，必需附属建筑物，如锅炉房、水井（水泵室）、变电所、作业室、仓库、煤场、集中控制室等的建筑面积，应根据园艺设施的栽培面积及各种机械设备的容量而定。在规划时，安装机械的房屋面积要宽松些以便操作和维修保养；有时还需要建筑办公室、田间实验室、接待室、会议室、休息室、更衣室、值班室、浴室、厨房、厕所等，这些房子可以单独修建，也可一室多用。

（四）总体规模

建设规模较大的设施园艺生产基地，总体规模也应因地制宜加以考虑。总体规模的确定，一方面与生产用地的面积有关，也和经济实力、技术力量、经营管理能力有关。更重要的是要做充分的市场调查，以合理确定产品的定位（内销、外销、出口）。如果市场需求好、产品定位较高、回报率也高，能在短期内获得较高的经济效益，自身经济实力强，能保证一次性投资费用和后续资金，企业或单位人才技术也有保证，则可较大规模地规划设计。如果不具备以上条件，则以逐步运作、滚动发展为宜。

第二节　园艺设施的建造与施工

一、园艺设施建造计划的制定

园艺设施的生产季节性强，产品收获时间早晚，与经济效益关系极为密切，因而建筑与施工计划的制定应根据用途和生产茬次不同确定建筑与施工日期，做到建筑施工与生产两不误。

种植冬春茬作物的温室一般在10～11月份投入使用，为了便于使用和减少土壤蓄热的损失，温室宜在当地日平均气温不低于16～14℃前竣工。种植秋冬茬喜温果菜的温室，一般是在8～9月份定植，为了防止修建温室时对已栽到温室地段里作物的践踏，宜在定植前把温室墙体和前后屋面骨架修筑架设起来。当地日平均气温16～18℃时扣膜。扣膜前再把后屋面铺设覆盖好。还要求必须在土壤上冻前15～20d修建完成，这样有利于墙体在扣膜前基本干透。

其他种植情况下温室的修建应晚中求早，以早为好。因为修建过晚温室不仅墙体不易干透，扣膜后会增加室内湿度，土筑墙还会因冻融剥离而受到损伤。而且，这种晚建的温室由于土壤蓄积热散发过多，扣膜后1个月左右才可恢复到适期扣膜日光温室的温度水平，所以对室内生产也不利。

二、大棚的建造

（一）竹木结构大棚

竹木结构大棚每667m^{2}用料数：各种杂木杆720～750根，竹竿750根，8号铁丝40kg。建造施工的程序步骤如下：

1. 埋立柱　立柱多选用直径5～6cm的木杆或竹竿做柱材用。一般每排由4～6根组成，分为中柱、腰柱和边柱，各种立柱的高度由棚架的高度决定，实际高度应比大棚各部位的高度多30～40cm。埋柱前先把柱上端锯成U形豁口，以便固定拱杆，豁口的深度以能卡住拱杆为宜。在豁口下方5cm处钻眼以备穿铁丝绑住拱杆。立柱下端成十字形钉两个横木，以固定立柱防风拔起，埋入土中部分涂上沥青，以防腐烂。立柱应在土壤封冻前埋好。施工时，先按设计要求在地面上确定埋柱位置，然后挖深35～40cm的坑，坑底应设基石。先埋中柱，再埋腰柱和边柱。腰柱和边柱依次降低20cm，以保持棚面成拱形。边柱距棚边1m，并向外倾斜70°角，以增强大棚的支撑力。为减少立柱的数量，在两排立柱间利用小支柱连接拉杆和拱杆。小立柱一般用直径5～7cm，长20cm的短木柱，其上下两端在互相垂直的方向，开一个U形缺口，在缺口下方3～5cm处，各钻一个与上端缺口垂直方向的穿孔，下端固定在拉杆上，上端固定拱杆（图3-5）。

2. 绑拉杆 纵拉杆一般采用直径5～6cm，长2～3cm的竹竿或木杆，绑在距立柱顶端20～30cm处。

3. 上拱杆 多用直径5～8cm的竹竿弯成拱形或接成拱形。放入立柱或小立柱顶端的缺刻里，用铁丝穿过豁口下的孔眼固定好，拱杆两端埋入土中30～40cm。在覆盖薄膜前，所有用铁丝绑接的地方，都要用草绳或薄膜缠好，以免磨损薄膜。

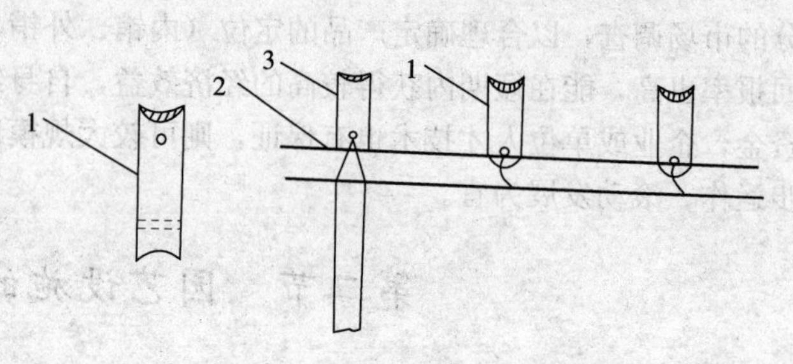

图3-5 小支柱的处理及安装方法

1. 小支柱 2. 拉杆 3. 立柱

4. 扣膜 薄膜幅宽不足时，可用熨斗加热粘接。为了以后放风方便也可将棚膜分成三四大块，相互搭接在一起（重叠处宽≥20cm，每块棚膜边缘烙成筒状，内可穿绳），以后从接缝处扒开缝隙放风。接缝位置通常是在棚顶部及两侧距地面约1m处。若大棚宽度小于10m，顶部可不留通风口；若大棚宽度大于10m，难以靠侧风口对流通风，就需在棚顶设通风口。扣膜时选4级风以下的晴暖天气一次扣完。薄膜要拉紧、拉正，不出皱褶。棚四周塑料薄膜埋入土中30cm左右并踩实。

5. 上压膜线 扣膜后，用专用压膜线或8号铁丝于两排拱架间压紧棚膜，两端固定在地锚上。地锚用砖、石块做成，上面绑一根8号铁线，埋在距离大棚两侧0.5cm处，埋深40cm。

6. 安门 棚的两头应各设1个门，一般高1.8～2.0m，宽0.6～0.9m。

（二）水泥柱钢筋梁竹拱大棚

建此大棚需用水泥1.5t，钢筋0.75t，其他同竹木大棚。这种大棚立柱全部用内含钢筋的水泥预制柱代替，但拱杆仍是竹竿，骨架比纯竹木大棚坚固、耐久、抗风雪能力强，一般可用5年以上。一般棚长40m以上，宽12～16m，棚高2.2m左右。水泥预制立柱，柱体断面为10cm×8cm，顶端制成凹形，以便支承拱杆。立柱对称或不对称排列；两排柱间距离3m，中柱总长2.6m，腰柱2.2m，边柱1.7m，分别埋入土中40cm。钢筋焊成的单片花梁，上弦用直径8mm钢筋，下弦及中间的拉花用直径6mm圆钢，中间拉花焊成直角三角形。花梁上部每隔1m焊接1个用钢筋弯成的马鞍形拱杆支架，高15cm（相当于竹木结构大棚的小支柱）。

（三）钢架无柱大棚

钢架无柱大棚坚固耐久，抗风雪能力强，一般可用10年以上，应用钢材量大，每667m²需用各种钢材3～4t。

1. 拱架 拱架用钢筋焊成的弦形平面桁架。桁架由上弦杆、下弦杆及连接上下弦的腹杆（拉花）焊成。上弦杆用直径14～16mm的钢筋、下弦杆用直径12～14mm的钢筋、其间用直径8～10mm的钢筋作腹杆连接。上、下弦之间的距离在最高点的脊部为25～30cm，两个拱脚处逐渐缩小为15cm左右，上、下弦中间焊成直角形的拉杆。这种平面拱架，垂直立面为稳定的坚固结构，但跨度大时容易发生扭曲变形。因此，为提高大棚牢固性，一般在大棚的棚端和中间，每隔5～6m配置1个三角形拱架。三角形拱架是由1根上弦、2根下弦焊成，3面为3个平面桁架，结构坚固。

2. 纵梁（拉杆） 是平面杆架，上弦为直径8mm、下弦为直径6mm的钢筋焊成，上、下弦距离为20cm。纵梁焊在每个拱架上，使棚架连成一体。

3. 地基 为固定拱架用。可用水泥制成高30cm、上端15cm×15cm、下端25cm×25cm的水泥预制件，上面留出钢筋，以便与棚架焊接。

（四）钢管装配式大棚

安装时先在现场按图放线，沿棚边内侧挖0.5m深沟。先安装南北棚头，立第一道拱杆和埋立柱。拱杆与立柱顶部用圆形卡联结，使两者在一条直线上。接着上卡膜槽，安好门，在拱杆上标出纵梁位置。每6m立起一条拱架，安好全部纵梁，再安1根0.5m上好全间拱杆，拱杆安好后，要使全棚高低一致，弧度一致。棚体安装完毕，再装棚体纵向卡膜槽及横向卡膜槽。最后安装天窗并扣膜，也可安装侧面卷膜机及内部2层防寒幕。

三、日光温室的建造

（一）材料准备

目前，我国节能型日光温室多为采用竹木或竹木与钢筋混凝土预制件建筑的简易温室，所以这里重点介绍竹木材料和钢筋混凝土预制件的准备。至于钢架结构塑料日光温室的建材准备，一般都是由定型骨架生产厂家负责。

1. 竹木材料的准备 竹木结构日光温室的主要骨架材料是木头和竹竿（片），现以辽宁省海城市竹木结构温室各种用料为例来计算各种用料（表3-8）。

表3-8　海城竹木结构日光温室用料表

（张福墁，2000）

名　称	规　格	单　位	数　量
柁	长4m，粗0.12m	根	34
中柱	长2.5m，粗0.1m	根	34
檩子	长3.3m，粗0.1m	根	132
柁支柱	长1.1m，粗0.1m	根	34
前支柱	长1～1.5m，粗0.08m	根	68
竹片子	长5m，宽0.06m	片	120
塑料薄膜	厚0.1～0.12mm	kg	75～90
秫秸		捆	1 980
纸被	6m×1.8m	床	66
草苫	6m×1.5m	块	80

2. 钢筋混凝土预制件的准备 中柱、柁和檩也可用钢筋混凝土预制件。中柱断面为12cm×12cm，柁的断面应达到18cm×12cm（立屋架时要求立放到中柱和后墙上），檩的断面应达到14cm×12cm（要求立放在柁上）。在钢筋配组上，柁的受力筋（后墙至中柱之间的底筋和中柱到柁尖端的顶筋）用ϕ12钢筋，顶筋用1根ϕ8钢筋，箍筋（套子）用ϕ4的冷拔钢丝，2个箍筋间距20cm。檩的2根底筋用ϕ8钢筋，1个顶筋为ϕ6钢筋。中柱为4根ϕ6钢筋。预制各种构件时，可用225～425号混凝土浇注，其配比可参照表3-9。

表3-9 混凝土配合比

（张福墁，2000）

混凝土标号	混凝土材料用量（kg/m^3）				坍落度（cm）	水灰比	含沙率（%）
	水泥	水	沙	石子			
225	240	160	628	1 432	0.5	0.67	30.5
325	360	172	545	1 403	1.0	0.48	28.0
425	460	184	460	1 376	1.0	0.40	25.0

注：沙为粗沙；石子为卵石，直径0.5～3.2cm。

（二）日光温室的建造

修建日光温室多在雨季过后进行，根据设计要求选定场地和备料，然后按下列顺序施工：

1. 修筑墙体

（1）确定方位 雨季过后开始修筑墙体。首先确定墙基的走向，在准备修筑墙基的位置垂直立1根木杆，12：00木杆阴影所指的方向为正南正北，以此为准做偏西5°的基础线。

（2）钉桩放线 确定温室方位后，先整平土地再钉桩放线。确定出后墙和山墙的位置，关键是将4个屋角做成直角。钉桩时可用勾股定理验证：从后墙基线一端定点用绳子量8m长，再拉向山墙基线一侧量6m长，然后量这两点的斜线，若长度为10m即为直角，否则调整山墙基线位置，调整好后钉桩放线，确定出后墙和山墙的位置。

（3）筑墙基 墙基深60～80cm，宽度应稍大于墙体的宽度。挖平夯实后先铺10～20cm厚的沙子或炉渣隔潮，再用石头或砖砌成高60cm的墙基。墙基的宽度应稍大于墙体的宽度以使墙体稳固。

（4）筑墙体 分砖墙和土墙两种。

资金充足多用砖墙，为提高保温性能，砖墙砌成空心墙，里墙砌筑二四墙，外侧砌筑十二墙。两道墙的距离因地区纬度而定，如北纬40°地区墙体总厚度1m，则里外墙距离为64cm。为了便于春夏季通风，后墙每3m设1通风口，通风口距地1m，高宽各40cm或50cm，提前做成特制的预制板装入通风口中。砖墙外侧勾缝，内侧抹灰，内外墙间填干炉灰渣、锯末、珍珠岩等保温材料，墙顶预制板封严，防止漏进雨水。在预制板上沿外墙筑高50～60cm的女

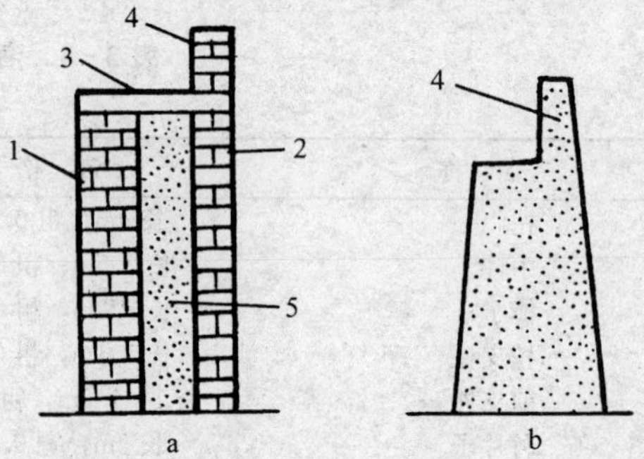

图3-6 温室后墙

a. 砖墙 b. 土墙

1. 内墙 2. 外墙 3. 预制板 4. 女儿墙 5. 保温材料

儿墙（图 3－6）。山墙按屋面形状砌筑，填炉渣后也要用预制板封顶。

目前，塑料日光温室多数为土筑墙，分为夯土墙和草泥垛墙两种方法。夯土墙是用 5cm 的木板夹在墙体两侧，向两木板间填土，边填边夯，不断把木板抬高，直到夯到规定高度为止。另一种是把麦秸铡成 15～20cm，掺入黏土和好后，用钢叉垛墙，每次垛墙高度 1m 左右，分 2 次垛成。不论夯土墙或草泥垛墙，后墙顶部外侧都要高于内侧 40cm，使后墙与后屋面连接处严密。墙体最好做成下宽上窄的梯形。温室后墙和山墙应有地基，地基深度和当地冻土层相等，宽度比墙略宽。

2. 立屋架　土木结构温室，后屋面骨架由立柱、柁、檩构成（图 3－7）。前屋面由立柱、横梁、竹片或竹竿（拱杆）构成。一般每 3m 设 1 立柱，立柱深入土中 50cm，向北倾斜 85°，下端设砖石柱基，为防止埋入土中部分腐烂，最好用沥青涂抹。在立柱上安柁，柁头伸出中柱前 20cm，柁尾担在后墙顶的中部。柁面找平后上脊檩、中檩和后檩。利用高粱秸、玉米秸或芦苇以及板皮作箔，扎成捆摆在檩木上，上端探出脊檩外 10～15cm，下端触到墙头上，秸秆颠倒摆放挤紧，上面压 3 道横筋绑缚在檩木上，然后用麦秸、乱草等将空隙填平，抹厚 2cm 的草泥。上冻前再抹第二遍草泥，草泥将干时铺 1 层乱草，再盖玉米秸。

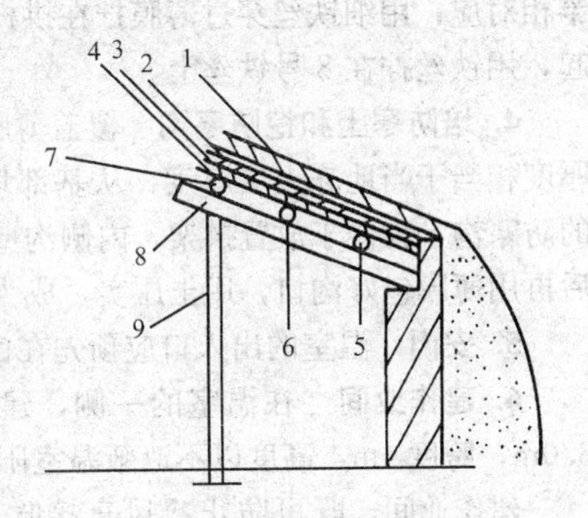

图 3－7　温室后屋面结构

1. 玉米秸　2. 乱草　3. 草泥　4. 箔　5. 前檩　6. 中檩　7. 后檩　8. 柁　9. 立柱

前屋面为拱圆式设两道横梁，前面的 1 道横梁设在距前底脚 1m 处，后 1 道横梁设在前柱和中柱之间，横梁下每 3m 设 1 支柱，与中柱在一条线上。横梁上按 75～80cm 间距设置小吊柱，用竹片做拱杆，上端固定在脊檩上，下端固定在前底脚横杆上，中部由两排 20cm 长的小吊柱支撑。

前屋面为斜面式的琴弦式温室，在前底脚每 3m 钉 1 木桩，上边设 1 道方木或圆木横梁，横梁中间再用 2 根立柱支撑，构成高 80cm 前立窗，每 3m 设 1 木杆或竹竿的加强梁，梁上端固定在脊檩上，下端固定在前立窗上。在骨架上按间距 30cm 东西向拉 8 号铁丝，铁丝两端固定在东西山墙外地锚上，用紧线钳拉紧铁丝。在铁丝上按间距 75～80cm 铺直径 2.5cm 的竹竿，用 14 号铁丝拧在 8 号铁丝上。

3. 覆盖棚膜　选无风的晴天覆盖薄膜。

（1）棚膜的准备　棚膜宽度应比其实际坡长出 1.5m。以便埋入土中和固定在脊檩以上的后屋顶处，并留出放风口的重叠部分。膜长比温室长出 2m（包括山墙），以便将棚膜固定在墙外侧（包卷木条）。薄膜一般截成 3 幅，各幅幅宽分别为：上幅宽 1.2m、下幅宽 1.8m，中幅宽为实际棚膜宽度减去上下幅宽之和。各放风口处都要粘入 1 条细绳，便于经常拉动放风，并防止膜边磨损漏风。

（2）压膜材料的准备　拱圆形温室宜用聚丙烯压膜线或用 8 号铁丝外缠塑料做压膜线。用 10 号铁丝按温室长度加 1m 作为公用地锚线。先在每间温室埋设 1 个地锚，地锚露出地上部分拧成 1 个圈，将公用地锚线穿过各间的地锚后在东西两侧固定。顶部将压膜线拴在固定于后屋面处的公用10号铁丝上，铁丝两端固定在东西山墙外侧的木桩上。

(3) 覆膜 从下部开始，带线绳的膜边向上，下部预留30cm，对直拉紧，而后在东西端各卷入1根细竹竿，在山墙外固定。依次往上扣中段和上段棚膜，在上段棚膜与脊檩结合处用草泥封好，压在后屋面前沿上，将底角膜下端埋入土中。再于每2根拱杆间拴1根压膜线，压膜线上端固定在后屋面上事先准备好的固定压膜线上端的木秤或铁丝上，下端固定在前底脚预埋的地锚上，压膜线必须压紧，才能保证大风天薄膜不受损坏。

斜面式温室覆盖薄膜不用压膜线，在薄膜上用直径1.5cm的细竹竿作压杆，同薄膜下的竹竿相对应，用细铁丝穿过薄膜拧在拱杆上，屋顶和前底脚处的薄膜埋入土中，东西墙外用木条卷起，用铁丝拧在8号铁丝上。

4. 培防寒土和挖防寒沟 覆盖薄膜以后，在北纬40℃以北地区，需要在后墙外培土，培土厚度相当于当地冻土层厚度，从基部培到墙顶以上。在前底脚外挖宽30～40cm、深50～60cm的防寒沟，为便于放置拱架，内侧沟壁最好砌1砖，然后用旧薄膜衬垫内壁填充隔热材料，踏实后再用薄膜包好沟口，用土压实，成为向南倾斜的缓坡，便于排出积水，防止隔热物受潮失效。

5. 安门 温室的出入口应预先在山墙处留出高1.5～1.7m、宽70cm的门，装上门框和门。

6. 建作业间 在温室的一侧，建1工作间，其高度不应超过温室脊高。作业间宽2.5～3.0m，跨度4m，高度以不遮蔽温室阳光为原则。

建作业间，既可防止冷风直接吹入温室内，又可供人员休息，还可放置工具和部分生产资料。

7. 防寒覆盖物 高效节能型日光温室冬季必须用草苫覆盖。稻草苫的保温效果好于蒲席，一般厚度约7cm，覆盖时应互相压茬20cm，顺序由东向西覆盖，可防止西北风透入膜内。

8. 安装辅助设备

(1) 灌溉系统 日光温室的灌溉以冬季早春寒冷季节为重点，不宜利用明水灌溉，最好采用管道灌溉或滴灌。在每栋温室内安装自来水管，直接进行灌水或安装滴灌设备。地下水位比较浅的地区，可在温室内打小水井，安装小水泵抽水灌溉。不论采取哪种灌溉系统，都应在规划时确定，并在建造温室施工前建成。

(2) 卷帘机 利用卷帘机揭盖草苫，可以在很短时间内完成草苫的揭盖工作。卷帘机分为人工卷帘和电动卷帘两种。使用卷帘机的温室长度以50～60m为宜。

(3) 反光幕 节能日光温室栽培畦的北侧或靠后墙部位张挂反光幕，可利用反光，改善后部弱光区的光照，有较好的增温补光作用。

(4) 蓄水池 节能日光温室冬季灌溉由于水温低，灌水后常使地温下降，影响作物根系正常发育。在日光温室中建蓄水池用于蓄水灌溉，避免了用地下水灌溉引起的不良后果（用明水灌溉的地区尤为重要）。采用宽1m，长4～5m，深1m的半地下式蓄水池，内用防水水泥砂浆抹平，防止渗漏，池口白天揭开晒水，夜间盖上，既可提高水温又防水分蒸发。

四、现代化大型温室的设计与施工

现代化温室是个系统工程，涉及多门学科，不同于一般的温室或塑料大棚，因此其设计、建造和施工比较复杂，应由专门的温室工程公司承担。生产单位引进或建筑现代化温室，可根据生产目的、栽培作物种类、品种的生物学特性、对环境条件的要求（光、温、湿、气、肥），向温室公司提出要求，最好写成书面材料（发包书），向社会公开招标，并请业内专家参与评标，全面加以比较选择，评出符合要求的最理想的温室工程公司进行建设。

现将某农业高科技园区的发包书举例如下：

发包单位：北京××科技发展有限责任公司

接包单位：

发包时间：2001 年 3 月 11 日

收包时间：2001 年 3 月 17 日

北京××科技发展有限责任公司，在××基地计划建设 1 栋 5 000m² 现代化连栋温室，要求温室各项功能齐全，环境控制能力强，现将基地基本情况及对温室厂家建设要求介绍如下：

（一）基地基本情况（略）

（二）温室要求

该温室用于高档蔬菜、花卉苗木周年培育和生产，要求温室功能齐全，环控能力强，光照好，升温快，保温、降温效果好，并能在温室结构设计和使用性能上突出特性。

1. 技术指标要求　占地面积 5 000m² 左右，外观和谐美观，坚固耐用，能灵敏调节温室内温、湿度、水肥、二氧化碳。要求抗风能力≥12 级（约 60m/s），抗震 8 级，抗雪压≥35kg/m²；室外≥38℃时温室内≤28℃，室外－15℃时温室内≥12℃，冬季白天温室内温度不低于 20～25℃。

2. 主体框架　长、宽、高比例合理，侧高（檐高）3.5m 左右。钢骨架热镀锌，寿命＞15 年，要求不生锈、不变形。要求 5 000m² 温室分为两个区域，一大一小面积分别为 4 000m² 和 1 000m²，小区域内设 1 间 20m² 缓冲间，整个温室设 2～3 个门与外界相通。

3. 室内隔断　采用玻璃隔断，将温室分为两个不同温度区域，各区域具有独立的环控能力。

4. 覆盖材料　屋顶及侧立面全部采用 10mm SPS 中空板（PC 板），各部覆盖材料之间连接合理、密闭，屋顶采用芬洛（Venlo）温室结构。

5. 降温系统　采用风机水帘降温，进口风机。水帘高度≥1.8m，铝合金外框，水帘外设 10mm 中空板外墙，并具齿轮调控，侧窗开闭自动控制，设防虫网。屋顶不设开窗机构。温室内部设内循环风扇。

6. 增温系统　要求水暖加温，按温度要求设计散热器，要求散热器排布合理，达到均匀散热且节能的目的。

7. 遮荫系统　采用内外双重遮荫，全部自动化控制，选用进口材料。

8. 苗床系统　采用可移动苗床，总面积 3 000m²。

9. 灌溉系统　采用移动喷灌车或悬挂固定式喷灌系统。

10. 施肥系统　采用营养液施肥，要求具有营养液元素调配及施加系统。

11. 控制系统　采用单板机控制，两个区域分别控制。

12. 光照系统　温室内设置普通照明系统，另有 200m² 人工补光照明系统（苗期补光）。

13. 道路　温室内道路尽量少占面积，采用水泥方砖铺设。

14. 土建　要求能承担发包方要求达到的抗震、风压和雪载要求。建设的配套附属设施外观造型、颜色与主体生产温室协调、美观、具现代特色，造价合理。

（三）其他

1. 接包单位需在投标书上申明的内容：①贵单位的优势与特点；②分项报价及总报价；③质量承诺；④维修保养期限及优惠政策。

2. 发包方申明的内容：①各投标方在本次招标中如未能中标，发包方不承担任何投标费用；②投标方必须按发包方要求的时间 2001 年 3 月 17 日 9：00 整，将投标书准时送达规定地点，过时不受理；③确定中标单位后，自签订合同书之日起全部工期 4 个月（含土建）；④验收合格期为 1 年；⑤付款方式：自合作协议签订之日起 3d 内，发包方一次拨给中标方工程总额的 30%，工程完成后拨给中标方达到总额的 85%，最后 15%在验收合格期满后的 3d 内结清。

××公司工程部

××年××月××日（公章）

第三节　园艺设施基地建设的投资估算与经济分析

园艺设施基地建设一次性投资大，因此必须在建设前进行投资估算和经济分析。投资估算包括固定资产投入、固定资产投入的不可预见费、勘察设计费和银行流动资金贷款。然后计算生产运行成本，包括直接生产成本、间接生产成本和生产不可预见费等，根据投资估算和生产运行成本进行经济分析，经济分析的关键是产值利润率、投资回收期。若产值利润率小于 15 %、投资回收期大于 5 年，经济效益就比较差，对于这种情况，应该扩大或缩小经营规模，降低设施结构标准和设备标准或调整种植结构。

投资估算和生产运行成本的估算应根据当地建筑业材料、取费标准、生产资料价格标准和劳力市场、销售市场而定。下面以建立高效蔬菜生产基地为例说明投资估算与经济分析。

一、投资估算

1. 固定资产投入

①种子包衣车间、播种车间、催芽车间、仓库、车库、办公室、会议室、实验室等土建费。

②自动化播种、催芽设备等设备费。

a. 自动化播种机。

b. 催芽穴盘。

③温室和塑料大棚的造价。

④供水管道。

⑤水泵及水泵房。

⑥购运输车 1 辆。

2. 不可预见费　以上固定资产投入6项之和的10%。

3. 勘察设计费　以上固定资产投入6项之和的1%。

4. 年流动资金

二、生产运行成本

1. 直接生产运行成本

①无滴膜。

②种苗、农药、肥料、微肥、水费等。

③架材费。

④采暖费（温室）。

⑤基质。

⑥种子。

⑦包衣剂。

2. 间接生产成本

①固定资产折旧费（使用年限10年）。

②人工及福利费。

③土地租赁。

④流动资金贷款还息（占用1年）。

⑤固定资产投资贷款还息。

⑥年办公费。

3. 生产不可预见费

三、经济效益分析

1. 年产值

①温室大棚蔬菜年产值。

②露地蔬菜年产值。

③育苗中心菜苗年产值（包括自用）。

2. 年利润＝年产值－年成本

3. 投资回收期＝固定资产投入/（年利润＋折旧）

4. 产值利润率＝年利润/年总产值

5. 全员劳动生产率＝年产值/从业人员数

6. 人均利润＝年利润/从业人员数

【思 考 题】

1. 园艺设施的建筑有何特点?
2. 如何进行园艺设施场地的选择与布局?
3. 如何进行日光温室结构设计与建造?
4. 如何进行塑料大棚结构设计与建造?
5. 如何进行园艺设施基地建设的投资估算?

【技能训练】

技能训练一　园艺生产基地总体规划和布局

一、技能训练内容分析

本内容是园艺设施设计首先遇到的，只有在理解了基本知识后才能合理规划布局，为了充分发挥各种设施的作用和便于组织生产管理，各种设施应相对集中，统一规划，合理设置。

二、核心技能分析

能够画出总体规划布局平面图，使工程建筑施工单位能通过示意图和文字说明了解生产单位的意图和要求。

三、训练内容

(一) 用具

比例尺、直尺、量角器、铅笔、橡皮等，专用绘图用具和纸张。

(二) 设计条件与要求

①园区总面积约 10hm^2，东西长 500m、南北宽 200m，为一矩形地块，北高南低，坡度$<10°$。

②设计冬春两用果菜类及叶菜类蔬菜生产温室及生产、育苗兼用温室若干栋，每栋温室规模 333m^2 左右，用材自选。温室数量，根据生产需要，自行确定。

(三) 设计步骤

根据园区面积、自然条件，先进行总体规划，除考虑温室布局外，还要考虑道路、附属用房及相关设施、温室间距等合理安排，不要顾此失彼。

四、作业与思考题

画出园区总体规划平面示意图。

技能训练二　日光温室的设计和规划

一、技能训练内容分析

日光温室是最基本的园艺设施，必须掌握其设计和建筑的方法及步骤才可为大型温室设计打下一定的基础。

二、核心技能分析

学会进行日光温室设计的方法和步骤；能够画出单栋日光温室的断面图、平面图等（均为示意图），使工程建筑施工单位能通过示意图和文字说明了解生产单位的意图和要求。

三、训练内容

（一）用具

比例尺、直尺、量角器、铅笔、橡皮等，专用绘图用具和纸张，计算机及辅助设计软件。

（二）设计条件与要求

①基地位于北纬40°，年平均最低温－14℃，极端最低温－22.9℃，极端最高温40.6℃。太阳高度角冬至日为26.5°（10：00为20.61°），春分为49.9°（10：00为42°）；冬至日（晴天）日照时数9h，春分日（晴天）日照时数12h；冬季主风向为西北风，春季多西南风，全年无霜期180d。

②设计冬春两用果菜类及叶菜类蔬菜生产温室，及生产育苗兼用温室若干栋，每栋温室规模333m^{2}左右，用材自选。温室数量，根据生产需要，自行确定。

③温室结构要求保温、透光好。生产面积利用率高，节约能源，坚固耐用，成本低，操作方便。

（三）设计步骤

①选择适宜的类型和确定温室大小（长、宽、高）。

②温室的保温条件与温室容积大小、墙厚度、覆盖物种类及温室严密程度有关。光照条件优劣除受外界阴、晴、雨及雪条件变化影响外，还与透明屋面与地面交角的大小、后屋面角、前后屋面比例、阴影的面积及温室方位等有关。温室内利用率大小受温室空间大小、保温程度和作物搭配等影响，根据修建温室场地、生产要求、经济和自然条件，选择适宜的类型和确定温室大小（长、宽、高）。

③在坐标纸上按一定比例画出温室的宽度，再按生产目的和前后比例定出中柱的位置和高度；钢骨架温室没有中柱，也需确定屋脊到地面垂直高度及后屋面投影长度。结合冬春太阳高度的变化确定透明屋面的角度，从便于操作管理及保温需要，确定后墙高度和厚度。温室的构架基本完成后，进一步做全面修改到合理为止。

④确定通风面积、拱杆（或钢架）的间距和通风窗的大小及位置。

⑤基础深度及温室用材。

⑥平面设计要画出墙的厚度、柱子的位置（钢架温室可以无柱）、工作间的大小及附属设备、门的规格及位置等。

⑦写出建筑材料、透明覆盖材料及外保温覆盖材料的种类、规格和数量，配套设施设备（卷帘机、卷膜器等）的类型和配置方式，工作间的大小，门的规格及位置。

四、作业与思考题

1. 认真绘出所设计温室的断面图、平面图、立体图，并写出设计说明和使用说明。

2. 写出所设计的一栋温室用材种类、规格和数量，经费概算。

第四章

园艺设施的覆盖材料

【知识目标】了解透明覆盖材料的种类；掌握不同透明覆盖材料的特性及在设施园艺生产中的应用；了解常用半透明和不透明覆盖材料的种类；掌握不同半透明和不透明覆盖材料的特性及在生产中的应用；了解地膜及新型覆盖材料的种类；掌握其特性及在生产中的应用。

【技能目标】具备正确识别和选择地膜的能力；具备识别常用的塑料薄膜，硬塑料膜、硬质塑料板材与玻璃的能力；具备为不同的园艺设施选择透明、半透明及不透明覆盖材料的能力。

第一节 概 述

覆盖材料是进行设施园艺生产的基础。随着我国设施园艺的快速发展，覆盖材料的种类繁多，性能各异。设施栽培的园艺植物种类不同，对覆盖材料的特性要求存在一定的差异，因此，只有合理选用覆盖材料，提高园艺设施的性能，才能满足园艺植物生长发育的需要。

一、覆盖材料分类

我国设施园艺近年来发展速度非常迅速，覆盖材料也由传统的玻璃发展为各种塑料薄膜、无纺布、遮阳网、防虫网等。同时覆盖材料的功能也由单一的保温功能发展为减少病虫害、提高作物产品品质等方面。

覆盖材料的种类很多，可以按原料材质、种类及功能特性等分类（表 4-1）。

表 4-1 覆盖材料分类

分类依据	覆盖材料种类
原料材质	玻璃、薄膜、硬质塑料片、硬质塑料板、无纺布、遮阳网、防虫网等
原料种类	聚氯乙烯膜（PVC）、聚乙烯膜（PE）、乙烯一醋酸乙烯共聚物（EVA）、PO 系膜、氟素膜（ETFE）、聚碳酸酯板（PC）、聚丙烯板（MMA）、玻璃纤维强化聚丙烯板（FRA）、玻璃纤维强化聚酯板（FRP），还有用不同原料制成的无纺布、遮阳网等
功能特性	透光性相关联的有透明膜、半透明膜、梨纹（地）麻面膜、反光膜（网）、遮光膜（网）、阻隔紫外光膜、光选择性透过膜、转光膜等；与薄膜热、湿效应相关联的有保温膜、有滴膜、流滴膜、防雾膜等；与生产密切相关的耐老化（耐候性长寿）膜、降解性薄膜等

二、覆盖材料的特性

不同栽培方式与用途的园艺设施要求不同的覆盖材料，因此，正确使用覆盖材料，必须了解其基本特性。玻璃、薄膜等透明覆盖材料的特性主要有光学特性、热特性、湿度特性及耐候性。一般用透光性、选择性透光率、遮光性等描述其光学特性；用保温性、隔热性、通气性描述其热特性；防滴性、防雾性等是湿度特性的相关术语，机械特性常用展张性、开闭性、强度等来描述。

覆盖材料对太阳辐射中紫外线、可见光、红外线的透过比率是决定其光学特性的重要因素之一。一般透明覆盖材料对可见光的透过率越高越好；合理使用去除紫外线膜，可以减少病虫害及促进植物生长；而覆盖材料的保温性及隔热性主要与红外线的透过率有关。

覆盖材料的热透过性能一方面影响非加温温室的保温性能，另一方面影响加温温室的能耗，进而影响设施的夜间温度。生产中除了通过外覆盖保温材料提高设施内的温度外，还可以覆盖内覆盖材料减少设施热耗散。

园艺设施内的湿度既影响植物的光合作用，又影响病害的发生，因此在覆盖材料的原料中添加防雾滴剂或在其表面涂布防雾滴剂，可以降低设施中的湿度，促进植株生长及减少农药用量。

耐候性是覆盖材料经年累月之后表现不易老化的性能。耐候性不同的覆盖材料，使用寿命不同，因此，它也是影响覆盖材料性能的因素之一。

第二节 透明覆盖材料

透明覆盖材料一般应具有良好的采光性，较高的密闭性和保温性，较强的韧性和耐候性以及较低的成本等。透明覆盖材料的原料不同，种类较多（表 4 - 2）。

表 4 - 2 透明覆盖材料的种类及原料

透明覆盖材料种类	主要原料
玻璃	SiO_2 等
塑料薄膜	PE、PVC、EVA、农用 PO 系膜
硬质农膜	PETP、ETTFE 等
硬质塑料板	PC、FRP、ERA、MMA 等

一、塑料薄膜

塑料薄膜是我国目前设施园艺中使用面积最大的覆盖材料。主要用于塑料温室、塑料大棚、中小棚的外覆盖及内覆盖。作为内覆盖材料又可进行固定式覆盖与移动式覆盖。塑料薄膜按其母料可分为聚氯乙烯（PVC）薄膜、聚乙烯（PE）薄膜和乙烯—醋酸乙烯（EVA）多功能复合薄膜 3 类。

(一) 聚氯乙烯薄膜

在聚氯乙烯树脂中加入增塑剂、稳定剂、润滑剂、功能性助剂和加工助剂，经压延成膜。

基本特性：透光性好，阻隔远红外线；保温性强；柔软易造型，易粘接，易修补；耐候性好；对酸、碱、盐抗性强，喷上农药、化肥不易变质。

使用注意事项：密度大（为 1.3g/cm^3），使用成本高 [一定质量的该种膜覆盖面积较聚乙烯膜（PE）减少约 1/3]；低温下变硬脆化，高温下又易软化松弛；由于加入了增塑剂，使用一段时间后，助剂析出后膜面容易吸附尘土，影响透光，透光率衰减很快，会缩短其使用年限；残膜燃烧会有氯气产生因而不能燃烧处理。

应用：目前在我国东北用于覆盖大棚进行早熟栽培，在华北、辽东半岛、黄淮平原主要用于高效节能型日光温室冬春茬果菜类覆盖栽培。

1. 普通聚氯乙烯薄膜 不加耐老化助剂，新膜透光性好，夜间保温性好，耐高温日晒，弹性好。使用后，随着时间的推移，增塑剂溢出，吸尘严重且不易清洗，透光率锐减，寿命短，可连续使用 1 年左右，生产 1 季作物。适用于夜间保温性要求较高的地区和作物的温室及拱棚栽培。

2. 聚氯乙烯防老化膜（聚氯乙烯长寿膜） 在原料中加入耐老化助剂经压延成膜。有效使用期达 8～10 个月，有良好的透光性、保温性和耐老化性。

3. 聚氯乙烯防老化无滴膜 该膜同时具有防老化和流滴的特性，透光、保温性好，无滴性可持续 4～6 个月，耐老化寿命 12～18 个月，应用较为广泛。

4. 聚氯乙烯耐候无滴防尘膜 该膜除具有耐老化、无滴性外，经处理的薄膜外表面，助剂析出减少，吸尘较轻，提高了透光率，对日光温室冬春茬生产更为有利。

(二) 聚乙烯薄膜

聚乙烯薄膜是聚乙烯树脂经吹塑成膜。

基本特性：质地轻，柔软，易造型；透光性好；无毒，耐酸，耐碱，耐盐，而且喷上农药、化肥不易引起变质。

使用注意事项：耐候性差，保温性差，撕裂后不易粘接；如做生产用大棚薄膜必须加入耐老化剂、无滴剂、保温剂等添加剂改性，才能适合生产的要求。

应用：适于作各种棚膜、地膜，是我国当前主要的农膜品种。

目前 PE 的主要原料是高压聚乙烯（LDPE）和线性低密度聚乙烯（L-LDPE）等。主要有以下种类：

1. 普通聚乙烯薄膜 不加耐老化助剂等功能性助剂生产的“白膜”，透光性好，吸尘性弱，耐低温，但夜间保温性能差，雾滴性重，耐候性差。目前在大棚和中小拱棚上应用仍占有较大比例，一般在春秋季扣棚，使用期 4～6 个月，仅可种植 1 茬作物，目前已逐步被淘汰。

2. 聚乙烯防老化膜 在聚乙烯树脂中加入防老化助剂，经吹塑成膜。厚度 0.1～0.12mm，用量为 100～120kg/hm^2。可连续使用 2 年以上，可用于 2～3 茬作物栽培，不仅可以降低成本，节省能源，而且使作物产量、产值大幅度增加，是目前设施栽培中重点推广的农膜品种。

3. 聚乙烯耐老化无滴膜（双防农膜）　在PE树脂中加入防老化剂和防雾滴助剂等功能助剂的农膜。具有流滴性、耐候性、透光性、增温性等特性。防雾滴效果可保持2～4个月，耐老化寿命达12～18个月，用量为100～130kg/hm^2，是目前性能安全、适应性较广的农膜品种，适用于大中小棚和节能型日光温室早春栽培。

4. 聚乙烯多功能复合膜　在聚乙烯树脂中加入耐老化剂、保温剂、无滴剂等多种功能性助剂，通过吹塑成膜或三层共挤加工生产的多功能复合膜。具有无滴、保温、耐候等多种功能，流滴持效期3～4个月，使用期可达12～18个月。厚度0.08～0.12mm，用量为60～100kg/hm^2，适合大中小棚、温室外覆盖和作为二道幕使用。

（三）乙烯－醋酸乙烯多功能复合薄膜

以乙烯—醋酸乙烯（EVA）共聚物树脂为主体的3层复合功能性薄膜。密度为0.94g/cm^3，厚度为0.1～0.12mm。EVA中VA的含量多少对农膜质量有很大影响，一般VA含量高，透光性、折射率和“温室效应”强，该农膜的VA含量12%～14%最好。

基本特性：透光性好，阻隔远红外线；保温性强；耐候性好，冬季不变硬，夏季不粘连；耐冲击；易粘接，易修补；对农药抗性强、喷上农药、化肥不易变质。无滴持效期8个月以上。

应用：适于高寒地区做温室、大棚覆盖材料。

（四）聚氯乙烯薄膜、聚乙烯薄膜及乙烯－醋酸乙烯多功能复合薄膜特性比较

聚氯乙烯薄膜、聚乙烯薄膜和乙烯－醋酸乙烯多功能复合薄膜由于材质不同，具有不同的特性（表4-3），它们的透光性、耐候性、保温性等存在一定的差异。因此，不同用途的园艺设施往往会选用不同的塑料薄膜。

表4-3　PE、PVC、EVA特性比较

比较项目	聚乙烯薄膜（PE）	聚氯乙烯薄膜（PVC）	乙烯－醋酸乙烯薄膜（EVA）	备　注
对红外线的阻隔性	差	优	中	PVC>EVA>PE
初始透光性	良	优	优	EVA>PVC>PE
后期透光性	中	差	良	EVA>PE>PVC
保温性	中	优	良	PVC>EVA>PE
耐候性	良	差	优	EVA>PE>PVC
防尘性	良	差	良	EVA>PE>PVC
粘接性	中	优	优	EVA>PVC>PE
防流滴性	中	良	良	EVA>PVC>PE
耐低温性	优	差	优	EVA>PE>PVC
耐穿刺性	良	优	优	EVA>PVC>PE

二、硬塑料膜

硬塑料膜指增塑剂在15%以上的塑料薄膜。包括不含可塑剂的硬质聚氯乙烯膜和硬质聚酯

膜两种。这类膜厚度为0.1～0.2mm，在可见光段透光性好，有流滴性，抗张力强，不易断裂，耐折强度高，但价格较贵。燃烧时有毒气释放，回收后需由厂家进行专业处理。使用年限3～5年。生产中多用于塑料温室大棚外覆盖。

三、硬质塑料板材

硬质塑料板材厚度大多为0.8mm左右，具有耐久性强、透光性好、机械强度高（作为覆盖材料可以降低支架的投资费用）、保温性好等特点。有平板、波纹板及复层板。在园艺设施中使用的硬质塑料板材有4种类型：

1. 玻璃纤维强化聚酯树脂板（FRP板） 聚酯树脂与玻璃纤维所制成的复合材料，厚度为0.7～0.8mm。FRP板主要透过380～2 000nm光谱，紫外线透过少，近红外线透过多。表面有涂层或覆膜保护，可以明显抑制纤维剥蚀脱落，缝隙内滋生微生物及积尘，导致透光率迅速衰减，使用寿命10年以上。

2. 丙烯树脂板（MMA板） 以丙烯酸树脂为母料制成。具有优良的耐候性、透光性，长期使用性能也很稳定。透明度高，光线透过率大。它可透过300nm以下的紫外线，但耐热性差。

3. 玻璃纤维强化丙烯树脂板（FRA板） 聚丙烯酸树脂与玻璃纤维所制成的复合材料，厚度为0.7～0.8mm。它与FRP板具有同等的机械性能、物理特性，而且耐老化。采光性能比FRP板更好，FRA比FRP板透光范围更广，为280～5 000nm。FRA板有32条波纹板和平板两种，厚度为0.7～1mm。使用寿命可达15年。

4. 聚碳酸酯树脂板（PC板） 耐冲击强度高；温度适应范围110～40℃，耐热耐寒性好；能承受冰雹、强风、雪灾；透光性好，可透过380～1 700nm光线；保温性是玻璃的2倍；但防尘性差，价格昂贵。使用寿命15年以上。设施园艺常用PC板有波纹板、平板和复层板等，波纹板厚度为0.7、0.8、1.0、1.2、1.5mm；平板厚度为0.4、0.45、0.7mm，复层板厚度为3～10mm。

硬质塑料板不仅具有较长的使用寿命，而且对可见光也具有较长的通透性，一般可达90%以上，但对紫外线的通透性因种类而异，其中PC板几乎可完全阻止紫外线的透过，因此，不适合用于需要昆虫来促进授粉受精和那些含较多花青素的作物。目前，由于硬质塑料板的价格较高，使用面积有限。

四、玻　　璃

作为设施园艺覆盖材料使用的玻璃大多数是3～4mm厚的平板玻璃和5mm厚的钢化玻璃。所有的覆盖材料中平板玻璃的耐候性最强，耐腐蚀性最好，而且防尘、保温、阻燃、透光性好，并且透光率很少随时间变化，使用寿命达40年。普通平板玻璃透过紫外线能力低，对可见光、近红外光的透过率高，可以增温保温，除寒冷季节外，一般尚能满足作物对光照的要求。但平板玻璃重量重，要求支架粗大，平板玻璃抗拉力强度较差、易碎。

钢化玻璃是平板玻璃到近软化点温度时，均匀冷却而成，它的抗弯强度和冲击韧性均为普通玻璃的6倍，抗拉强度大大改善。钢化玻璃不耐高温，炎热夏季有自爆现象，易老化，透光率衰减快，造价高，适用于屋脊形连栋大温室。

第三节　半透明和不透明覆盖材料

一、半透明覆盖材料

半透明覆盖材料主要包括遮阳网、防虫网、无纺布等。我国于20世纪80年代中后期研制成功遮阳网，1990年全国农业技术推广总站将其作为一项农业新技术积极组织推广，成为长江中下游及以南地区夏秋蔬菜栽培的重要覆盖形式。防虫网是20世纪90年代开发应用的覆盖材料，无纺布及其栽培技术我国于1982年引进。

（一）半透明覆盖材料的种类及特性

1. 遮阳网　见第二章第四节相关内容。

2. 防虫网　见第二章第四节相关内容。

3. 无纺布　又称为不织布，是由聚乙烯、聚丙烯、锦纶纤维等经熔融纺丝，堆积布网，不经纺织，而是通过热压黏合，干燥定型成棉布状的一种轻型覆盖材料，使用寿命一般为3～4年。目前国内外应用的无纺布主要有5种（表4-4）。

表4-4　无纺布的种类、性能及应用

种　类	性　能				应　用
	厚度	透水率	遮光率	通气度	
20g/m^2 无纺布	0.09mm	98%	27%	500ml/（cm^2・s）	蔬菜地面或浮动覆盖；遮光及防虫栽培；温室保温幕
30g/m^2 无纺布	0.12mm	98%	30%	320ml/（cm^2・s）	露地小棚、温室、大棚内保温幕；覆盖栽培或遮荫栽培
40g/m^2 无纺布	0.13mm	30%	35%	800ml/（cm^2・s）	温室、大棚内保温幕；夏秋遮荫育苗和栽培
50g/m^2 无纺布	0.17mm	10%	50%	145ml/（cm^2・s）	温室、大棚内保温幕；遮荫栽培效果好
100g/m^2 无纺布					主要用作外覆盖材料，替代草苫等

（二）半透明覆盖材料的覆盖效应

1. 温度调节　半透明覆盖材料可显著改善环境中的温度条件。在低温期覆盖无纺布等半透明覆盖材料后，不仅可以提高气温，还可显著提高覆盖下的土壤温度；在高温期覆盖遮阳网等，可以降低温度，促进植株生长。

2. 减轻冷害和冻害　保持半透明覆盖材料同植株之间一定的距离，同时使用对长波辐射透过率低的覆盖材料提高增温效果，可以减轻冷害和冻害。

3. 遮阳防热　我国南方在夏季存在不同程度的高温酷暑、暴雨和台风危害，严重地制约了农业生产。合理使用遮阳网等覆盖材料可以降低温度和减少光强，有效地调节环境因子，缓解不良环境对作物生长所造成的影响。

4. 虫害防治 覆盖防虫网、遮阳网和无纺布后，植株同外界环境隔离，可有效地防治蚜虫等虫害的发生。

5. 减轻台风危害 为了减轻台风的危害，大多数叶菜可以结合防虫，在播种后进行覆盖；其他多数果菜，一般在台风来临之前进行覆盖。

二、不透明覆盖材料

设施栽培中，为了提高夜间及寒冷季节防寒保温效果，需要覆盖草帘、草苫、纸被、棉被等不透明的外覆盖保温材料。

（一）不透明覆盖材料的种类及特性

1. 草帘和草苫 我国在设施栽培中很久以前已开始用草帘或草苫进行覆盖保温，近年来由于设施栽培的飞速发展，面积急剧扩大，草帘或草苫作为外覆盖材料，是中小拱棚和日光温室或改良阳畦覆盖保温的首选材料，需求量很大。草苫一般可使用3年左右。

南方多用草帘，保温效果为1～2℃。北方多用草苫，保温效果达5～6℃。草帘和草苫是用稻草、谷草或蒲草等编成，取材方便，制作简单。制作时要求致密，捆扎紧实牢固。稻草苫一般宽为1.5～1.7m，长度为采光屋面长再加上1.5～2.0m，厚度为4～6cm。薄草苫常用宽度为2.2～2.5m。

2. 纸被 纸被是一种防寒保温覆盖材料。在寒冷地区和季节，为进一步提高设施的防寒保温效果，在草苫下边增盖纸被，可使棚内气温提高4.0～6.0℃。纸被系由4～6层牛皮纸缝制成的与草苫相同长宽的覆盖材料。纸被质轻、保温性好，但冬、春季多雨雪地区，易受雨淋而损坏，在其外部罩一层薄膜可以达到防雨延寿的目的。

3. 棉被 多用旧棉絮及包装布缝制而成。其特点是质轻、蓄热保温性好，保温效果强于草苫和纸被，在高寒地区保温效果最高可达10℃，但成本较高，应注意保管，如保管得好，可使用6～7年。由于雨雪侵蚀，棉被易腐烂污染，在冬季多雨雪地区不适宜大面积应用。

4. 化纤保温毯 由锦纶丝、腈纶棉等化纤下脚料编织而成的。厚度为1.0～1.3cm。具有保温效果好，轻便，经久耐用，便于机械化操作等特点。国外设施栽培中，在冬春季节对小棚、中棚进行外覆盖。

5. 化纤保温被 我国开发了日光温室的化纤保温被，由外层、中间层和内层3层缝制而成。外层用耐候防水的尼龙布，中间是腈纶棉等化纤保温材料，内层是阻隔红外线的保温材料。具有质轻、保温、耐候、防雨、易保管、使用简洁、便于电动操作等特点，可使用6～7年。用于温室、节能型日光温室外覆盖，是代替草苫的新型防寒保温材料。

（二）不透明覆盖材料的使用与管理

草苫、纸被、棉被等覆盖材料的揭盖是调节日光温室温度的重要手段，尤其是对夜间温度高低至关重要。应提前10～15d将草苫等购置好，如果是旧的，则应修补和晾晒。当日光温室夜间最低气温低于栽培园艺植物生长发育所需的适宜温度时，应及时将准备好的草苫等安放于温室上，安放时应互相重叠。草苫等覆盖材料的揭盖时间，应根据天气条件、栽培作物种类、栽培季节等灵活掌握。

晴天，只要揭开草苫等棚温不降低，即应早揭晚盖（日出揭日落盖），尽量延长设施的光照时间。阴天，只要温度在0℃以上就应按时揭盖。连续雨雪天气，应间歇性揭盖或揭盖前缘处。大风天，为防止大风刮坏棚，可采取间隔揭盖的办法。

喜温园艺植物如黄瓜、西葫芦等冬季生产时，早晨适当晚揭，下午早盖有利于提高日光温室夜间温度，而早揭晚盖则会降低夜间温度。如遇连续阴天，温室长期处于低温状态，尤其是地温偏低时，突然放晴后应采取白天间隔拉起草苫或中午回苫的做法，可以有效地避免植物过度失水萎蔫，待地温回升后再正常揭盖。

覆盖草苫等的初期或随着外界气温的升高，为了降低夜间温度，应适当晚盖早揭。在栽培植物刚定植或刚分苗（扦插）时，白天局部覆盖草苫等进行适度遮阳，可以减少过度蒸腾对植物的伤害，促进早日生根。

为了延长草苫、纸被、棉被等的使用寿命，遇到雨雪天气时，用废旧塑料薄膜覆盖草苫等，可以防止草苫等因潮湿霉烂。揭盖草苫等应轻拉轻放。不用时，应将草苫、纸被、棉被等晒干，加防鼠药剂，用塑料布封严存放。

草苫、纸被、棉被、保温被等不透明的外覆盖保温材料，人工卷铺费时、费力。日光温室卷帘机是随着设施的发展而不断发展和完善起来的，目的是解决人工卷铺草苫等存在的费时、费力问题。利用机械卷帘可在短时间内一次完成草苫等外覆盖材料的卷铺工作，大大提高劳动效率，节约工时。采用机械卷帘机卷铺，每天可延长温室光照时间2h左右，设施内的地温和气温明显提高。并且由于卷帘机卷轴的存在，草苫、保温被等不易被大风吹掀，可延长其使用寿命。

第四节　其他覆盖材料

一、地　　膜

地膜的种类很多，性质各不相同，从1979年地膜试制成功后，接着又试制成功多种有色和线型低密度聚乙烯超薄地膜。20世纪80年代中期以后又开始生产降解地膜，地膜品种比较齐全，不仅有普通地膜、有色地膜，还有功能性地膜和降解地膜。

（一）普通地膜

普通地膜是无色透明地膜。这种地膜透光性好，覆盖后在不遮荫的情况下，一般可使土壤表层温度提高2～4℃，不仅适用于我国北方寒冷低温地区，也适用于我国南方地区作物栽培，广泛地应用在各类农作物的早熟栽培中。可以分为高压低密度聚乙烯（LDPE）地膜、低压高密度聚乙烯（HDPE）地膜、线型低密度聚乙烯（LLDPE）地膜3种（表4-5）。除此之外，还有低压高密度聚乙烯与线型低密度聚乙烯混合地膜。

表 4-5 普通地膜的种类及特性

特　　性	高压低密度聚乙烯（LDPE）地膜	低压高密度聚乙烯（HDPE）地膜	线型低密度聚乙烯（LLDPE）地膜
原料及工艺	高压低密度聚乙烯树脂经吹塑制成	低压高密度聚乙烯树脂经吹塑制成	线型低密度聚乙烯树脂经吹塑制成
厚度（mm）	0.014±0.003	0.006～0.008	0.005～0.009
用量（kg/hm²）	120～150	60～75	60～75
特性	透光性好，地温高，容易与土壤黏着	强度高、耐老化、残膜易清除。但质地硬滑，柔软性差，不易黏着，遇风易抖动	具有优良的机械性能、耐候性、透明性、易粘连；耐冲击强度、穿刺强度、撕裂强度均较高
其他	适于北方地区，主要用于蔬菜、瓜类、棉花及其他多种作物	单位质量地膜所覆盖的面积大。不适于沙土地使用	拉伸强度比（LDPE）地膜提高了50%～75%，伸长率提高了50%以上

（二）有色地膜

在聚乙烯树脂中加入有色物质，可制成不同颜色的地膜，如黑色地膜、绿色地膜、银灰色地膜等（表 4-6）。

表 4-6 有色地膜的种类及特性

特　　性	黑色地膜	绿色地膜	银灰色地膜
厚度（mm）	0.01～0.03	0.015	0.015～0.02
透光率	10%		25.5%
应用	夏季设施内地面覆盖，覆盖在不易进行除草操作的地方，杀草效果好	一般仅限于在蔬菜、草莓、瓜类等经济价值较高的作物上应用	适用于春季或夏、秋季节的防病抗热栽培

1. 黑色地膜 黑色地膜除掉各种杂草的效果良好，其透光率仅为10%，使膜下杂草无法正常进行光合作用而死亡。黑色地膜对土壤的增温效果差，一般仅使土壤表层温度提高2.0℃左右。由于黑色地膜较厚，其灭草和保湿效果稳定可靠，夏季在设施内进行地面覆盖，可以降低空气湿度，防止杂草滋生，降低土壤温度。覆盖在不易进行除草操作的地方如水沟、水田的田埂及斜坡上等，能收到很好的杀草效果。

2. 绿色地膜 绿色地膜能够阻止光合有效辐射的透过量，从而造成地膜下的杂草因营养不良而死亡，抑制杂草和灭草的效果比较好。绿色地膜对土壤的增温作用不如透明地膜，但优于黑色地膜，对茄子、番茄和辣椒等果菜，具有明显的促进生长作用，并且果实着色好，色泽鲜艳。由于绿色染料价格高，绿色地膜价格贵，而且绿色地膜的使用寿命比较短，一般仅限于在蔬菜、草莓、瓜类等经济价值较高的作物上应用。

3. 银灰色地膜 又称防蚜膜。该地膜对紫外线的反射率较高，因而具有驱避蚜虫、黄条跳甲、象甲和黄守瓜等害虫和减轻作物病毒病的作用。银灰色地膜对光的反射能力比较强，透光率仅为25.5%，故土壤增温效果不明显，但抑制杂草生长和增加近地面光照的效果比较好，也具有与其他有色地膜相同的保湿性能，适用于春季或夏、秋季节的防病抗热栽培。用以覆盖栽培黄瓜、番茄、西瓜、甜椒、芹菜及结球莴苣等，均可获得良好效果。为了节省成本，在透明或黑色地膜栽培部位纵向均匀地印刷6～8条宽2cm的银灰色条带，同样具有避蚜、防病毒的作用。

不同颜色的地膜增温、防病虫害、抑草除草、保水效应不同。与无色地膜相比，有色地膜对土壤的增温效果较差，但抑草、除草作用明显优于普通无色地膜。无色透明地膜透光率高，土壤增温效果最好；而黑色地膜透光率最低，土壤增温效果最差；银灰色地膜反光性能好，可改善作物近地面的光照条件，且对紫外线反射较强，可用于避蚜防病。黑色地膜和绿色地膜透光性差，有一定的降温作用，适用于夏季栽培，还有利于防除杂草。黑色、银灰色地膜保持水分的能力较无色透明地膜强。

（三）具有特殊功能的地膜

1. 耐老化长寿地膜　厚度为0.015mm左右，用量为120～150kg/hm²。该膜强度高，使用寿命较普通地膜长45d以上。非常适用于“一膜多用”的栽培方式，而且还便于旧地膜的回收、加工和再利用，不易使地膜残留在土壤中。但该地膜价格稍高。

2. 除草地膜　除草地膜覆盖土壤后，其中的除草剂会迁移析出，并溶于地膜内表面的水珠之中，溶有药剂的水珠增大后，便会落入土壤中发挥作用而杀死杂草。除草地膜不仅降低了除草的成本投入，而且因为地膜的保护，除草剂挥发不出去，药效持续时间长，除草效果好。不同的除草剂适用于不同的杂草，所以使用除草地膜时要注意各种除草地膜的适用范围，以免除草不成反而对作物造成药害。

3. 有孔地膜　这种地膜在生产加工时，按照一定的间隔距离，在地膜上打出一定大小的播种用或定植用的孔洞。播种孔洞的孔径一般为3.5～4.5cm，定植孔洞的孔径多为8～10cm和10～15cm。根据栽培作物的种类不同，在地膜上按不同的间隔距离进行单行或多行打孔。有孔地膜为专用膜，用于各种穴播和按穴定植的作物。使用这种地膜可确保株行距及孔径整齐一致，省工并保护地膜不被撕裂，便于实现地膜覆盖栽培的规范化。

4. 黑白双面地膜　两层复合地膜一层呈乳白色，另一层黑色，厚度约为0.02mm，用量为150kg/hm²左右。该膜有反光、降温、除草等作用。使用时，乳白色的一面朝上，黑色的一面朝下。向上的乳白色膜能将透过作物间隙照射到地面的光再反射到作物的群体中，改善作物中下部的光照条件，而且能降低近地表面温度1～2℃。向下的黑色膜能够抑制杂草的生长。该膜主要用于夏、秋季节蔬菜的抗热降温栽培。

5. 可控性降解地膜　地膜使用所造成的白色污染，不仅影响植物根系的生长，破坏土壤结构，影响耕作，而且对整个生态环境也造成严重污染。针对这种现状，人们研制了可控性降解地膜。可控性降解地膜分为光降解地膜、生物降解地膜和光、生可控双降解地膜3种（表4-7）。目前我国生产的可控性降解地膜在覆盖前期，其增温、保墒、改善田间光照和增产效果等方面和普通地膜基本相同。

表4-7　可控性降解地膜比较表

比较点	光降解地膜	生物降解地膜	光、生可控双降解地膜
原料	聚乙烯树脂中添加光敏剂	聚乙烯树脂中添加高分子有机物（如淀粉、纤维素和甲壳素或乳酸脂等）	聚乙烯树脂中既添加了光敏剂，又添加了高分子有机物

（续）

比较点	光降解地膜	生物降解地膜	光、生可控双降解地膜
降解原理	自然光的照射下，加速降解，最后老化崩裂	借助于土壤中的微生物（细菌、真菌、放线菌）将地膜彻底分解，重新进入生物圈	由于自然光的照射，薄膜自然崩裂成为小碎片，而这些残膜可为微生物吸收利用
特性	具备普通地膜的功能，只有在光照条件下才有降解作用，而土壤之中的地膜降解缓慢	耐水性差，强度低，虽然能成膜但不具备普通地膜的功能	具备普通地膜的功能，对土壤、作物均无不良影响

值得注意的是，可控性降解地膜在实际使用时，能暴露在土壤表面的只占覆盖面积的20%～30%，只有这部分能按照降解膜本身的寿命崩裂，其余埋在土壤中的大部分则到暴露的部分崩裂时，仍有一定的强度和韧性，所以目前的降解地膜难以达到当季无害化的程度。因此，不能误认为有了降解地膜，地膜覆盖带来的环境污染问题就都迎刃而解了，地膜能回收的还应尽量回收。

二、新型覆盖材料

随着设施园艺的发展，一些新型的覆盖材料不断在生产中得到应用，既提高了园艺设施的性能，又可实现增产增效。

（一）氟素农膜

氟素农膜是以乙烯与氟素乙烯聚合物为基质制成的新型覆盖材料。1988 年面市，与聚乙烯膜相比，具有超耐候、超透光、超防尘、不变色等一般特性（图 4-1），使用期可达 10 年以上。主要产品有透明膜、梨纹麻面膜、紫外光阻隔性膜及防滴性处理膜等，厚度有 0.06mm、0.10mm 和

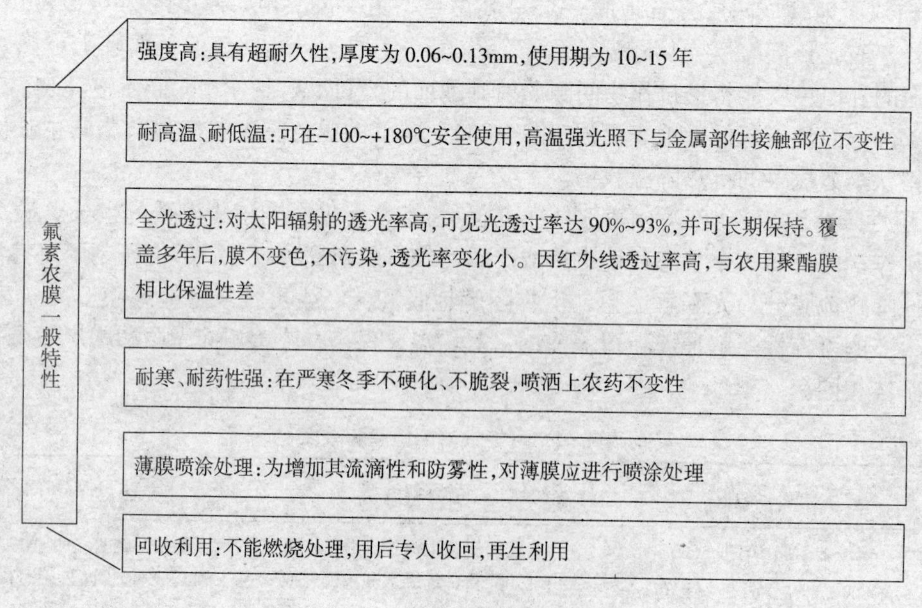

图 4-1 氟素农膜的一般特性

0.13mm 3 种，幅宽 1.1～1.6m，目前生产中应用的有 4 种不同特性的氟素农膜（表 4-8）。

表 4-8　氟素农膜的种类及特性

种　类	特性及应用
自然光透过型氟素膜	能进行正常光合作用，作物不徒长，通过棚（室）内蜜蜂正常活动完成传粉，湿度低可抑制病害
紫外光阻隔型氟素膜	紫外光被阻隔，红色产品变鲜艳。用于棚室内部覆盖，寿命长，使用期可达 10～15 年
散射光型氟素膜	光线透过量与自然光透过型相同，但散射光量增加，实现生产均衡化
管架棚专用氟素膜	经宽幅加工，可容易、方便地用于管架棚覆盖，用特殊的固定方法固定。使用期为 10～15 年

（二）新型铝箔反光遮阳保温材料

由瑞典劳德维森公司研制开发的 LS 缀铝反光遮阳保温膜和长寿强化外覆盖膜，产品性能多样，达 50 余种，使用期长达 10 年。

LS 缀铝反光遮阳保温材料具有反光、遮阳、降温、保温节能、控制湿度、防雨、防强光、调控光照时间等多种功能，多用于温室内遮阳及温室外遮光。

用于温室内遮阳时，通过遮阳光，使短日照作物在长日照下生长良好。同时可作为温室内夏季反光遮光降温覆盖及冬春季节保温节能覆盖，还可用于温室、大棚外部反光降温遮阳覆盖以及作为遮阳棚的外覆盖材料。

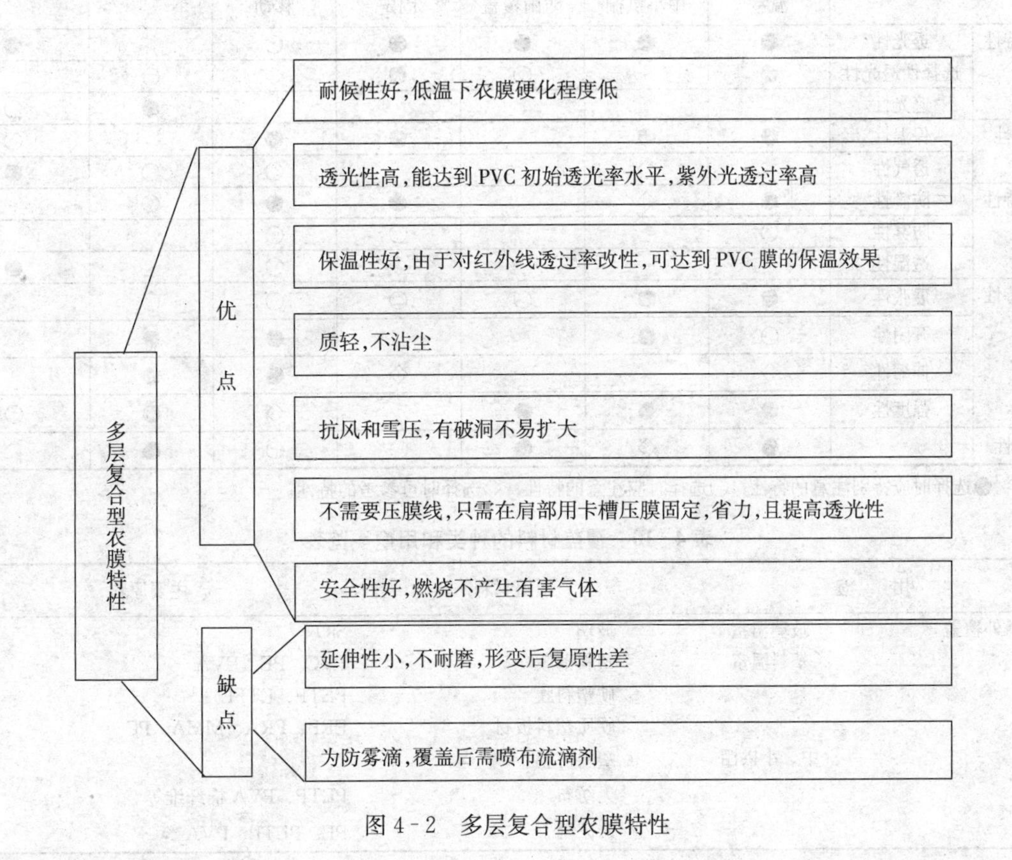

图 4-2　多层复合型农膜特性

（三）多层复合型农膜（PO系特殊农膜）

以PE、EVA优良树脂为基础原料，加入保温强化剂、防雾剂、光稳定剂、抗老化剂、爽滑剂等一系列高质量适宜助剂，通过2～3层共挤工艺生产的多层复合功能膜。PO系特殊农膜具有多种特性（图4-2），使用寿命3～5年。主要用于大棚、中小拱棚、温室的外覆盖及棚室内的保温幕。欧美国家所用的农膜多为复合功能膜，西班牙、法国、韩国、日本等都在生产销售，这是当今世界新型覆盖材料发展的趋势。

第五节　覆盖材料的选用

不同的园艺设施对覆盖材料的光学特性、热特性、湿度特性及耐候性要求不同（表4-9），因此了解不同类型的设施对覆盖材料的要求十分必要。覆盖材料的种类不同，特性不同，用途各异（表4-10），生产中应根据不同的设施与用途选择合适的覆盖材料。

表4-9　不同设施与用途对覆盖材料特性要求

（李式军，2002）

特性		外覆盖			内覆盖		遮光	浮面覆盖
		温室	中小拱棚	防雨覆盖	固定	移动		
光学特性	透光性	●	●	●	●	○		●
	选择性透光性	●		○	●	◇	○	
	遮光性						●	○
热特性	保温性	●	●		●	●		○
	透气性		◇			○	○	●
湿度特性	防滴性	●	◇		●	●	○	
	防雾性	○			○	○		
	透湿性				◇	○		●
机械特性	展张性	●	●	○	○	○	○	
	开闭性	○	●			●	●	
	伸缩性	◇			◇	●	●	
	强度性	●	●	●		◇	●	○
耐候性		●	◇	●	○	○	●	

注：●选择时应特别注意的特性；○选择时应注意的特性；◇选择时可参考的特性。

表4-10　覆盖材料的种类和用途一览表

用途		覆盖材料	主要原料
外覆盖	玻璃温室	玻璃	SiO_2
	塑料温室	塑料薄膜	PVC、PE、EVA
		硬塑料膜	PETP、ETFE
		硬质塑料板材	ERP、FRA、MMA、PC
	中、小拱棚	塑料薄膜	
		无纺布	PETP、PVA棉纤维等
		遮阳网	PE、PETP、PVA等

（续）

用　途		覆盖材料	主要原料
内覆盖	固定式	塑料薄膜	
		硬塑料膜	
	移动式	塑料薄膜	
		无纺布等	
		反射膜等	
遮光（含光周期处理）		遮阳网、防虫网	PE、PETP、PVA等
		无纺布	
		塑料薄膜	
		苇帘	
保温（外覆盖）		无纺布	
		化纤保温被	
		化纤保温毯	锦纶丝、腈纶棉等
		塑料薄膜	
		草苫	稻草、谷草或蒲草等
		纸被	旧水泥袋纸或牛皮纸
补光		反射膜	
防虫、防鸟		遮阳网	
		反射膜	
		防虫网	聚乙烯、有机玻璃纤维、尼龙及不锈钢等
防风、防霜		遮阳网等	

【思 考 题】

1. 覆盖材料有几种？适合于温室应用的有哪几种？
2. 塑料薄膜的种类与特性是什么？它们存在哪些方面的差异？
3. 适合于大棚应用的覆盖材料有哪几种？
4. 试述不透明覆盖保温材料的种类及特性。
5. 遮阳网、防虫网的特性是什么？
6. 新型覆盖材料有哪些？其特性是什么？

【技能训练】

技能训练一　透明覆盖材料的种类、性能观察

一、技能训练内容分析

不同类型设施、不同用途要求的透明覆盖材料的特性存在一定差异，正确选用玻璃、塑料薄膜等透明覆盖材料是进行设施园艺生产的基础。训练学生熟悉不同种类的透明覆盖材料的性能，进而能够正确选用透明覆盖材料。

二、核心技能分析

通过对透明覆盖材料的光学特性、热特性、湿度特性、耐候性等的观察，熟悉不同种类的透明覆盖材料的特性。

三、训练内容

（一）材料与用具

玻璃温室、塑料温室、中小棚等。

（二）场地

校内、校外基地，设施园艺生产基地。

（三）内容与方法

通过参观、访问等形式，尽可能了解各种类型的温室、中小棚所用的透明覆盖材料；对当地常用的透明覆盖材料进行观察及调查，并完成表 4-11；对不同工艺、不同用途的塑料薄膜进行识别。

观察各种塑料薄膜的颜色，透光程度，防滴性等特性；用手触摸，感觉其质地；通过拉伸，了解其强度；阅读使用说明书，详细了解其生产工艺、产品规格、主要特点、使用方法及使用寿命等信息，并对以上内容认真记录（表 4-12）。

1. 聚氯乙烯膜与聚乙烯膜的区分　新聚氯乙烯膜和聚乙烯膜各取 1 块，观察它们的颜色有何不同，用手触摸感觉质地，用手拉伸，观察其延展性。找 2 块用过一定时间的旧棚膜，通过观察其所附着灰尘的多少来判断静电的强弱。

区别聚氯乙烯和聚乙烯的方法：取 1 片膜点燃后，聚氯乙烯燃烧放出刺鼻的氯化氢气味，而聚乙烯燃烧时有熔融蜡状物滴下；将两种膜放于水中，聚氯乙烯的密度为 $1.3g/cm^3$，沉于水中，聚乙烯为 $0.9g/cm^3$，浮于水上。

2. 普通膜与长寿膜的区分　观察新的同一种高分子材料的普通膜与长寿膜，以及旧的同一种高分子材料的普通膜与长寿膜，看它们之间有何区别。

3. 有滴膜与无滴膜的区分　分别观察有滴膜和无滴膜的大棚，观察水珠或形成的水膜；测一下这两个环境的湿度，看有无区别；观察这两种膜的颜色、用手触摸感觉质地，看有何区别。

4. 了解、认识特种膜　观察乙烯—醋酸乙烯共聚酯（EVA）、PO 系膜（多层复合高效功能膜）、氟素膜（ETFE）等。

表 4-11　透明覆盖材料观察记录表

性能及规格	透明覆盖材料种类			
	玻璃	塑料薄膜	硬塑料膜	硬质塑料板材
透光率				
防滴性				
强度				
颜色				
保温性				
产品规格				
使用寿命（年限）				
使用注意事项				

表 4-12　塑料薄膜特性观察记录表

塑料薄膜种类	特　性						
	透光率	防滴性	颜色	强度	保温性	黏结性	使用注意事项

四、作业与思考题

1. 不同类型的园艺设施选择覆盖材料时应特别注意的特性有哪些?

2. 当地塑料温室常用的覆盖材料的种类及主要特性是什么?

3. 当地园艺设施选用的外覆盖材料和内覆盖材料有哪些?

技能训练二　不透明覆盖材料的种类、性能观察

一、技能训练内容分析

设施园艺生产中，为了提高园艺设施的夜间防寒保温效果，还要覆盖草帘、草苫、纸被、棉被等不透明覆盖材料。不同种类的不透明覆盖材料性能各异，防寒保温效果存在一定的差异，本次训练的目的是使学生了解和掌握其性能及应用。

二、核心技能分析

通过对不透明覆盖材料的性能观察，熟悉并掌握各种不透明覆盖材料的特性，能够正确选用及应用。

三、训练内容

(一) 材料与用具

温室、塑料大棚、中小棚等。

(二) 场地

校内、校外基地，设施园艺生产基地。

(三) 内容与方法

①通过参观、访问等形式，尽可能了解各种类型的不透明覆盖材料。

②对当地常用的不透明覆盖材料进行观察及调查，并完成表 4-13。

表 4-13′　不透明覆盖材料观察记录表

特性及规格	种　类						
	Ⅰ	Ⅱ	Ⅲ	Ⅳ	Ⅴ	Ⅵ	Ⅶ
生产原料							
产品规格							
开闭性							

（续）

特性及规格	种类						
	Ⅰ	Ⅱ	Ⅲ	Ⅳ	Ⅴ	Ⅵ	Ⅶ
伸缩性							
保温性							
展张性							
强度							
成本							
使用注意事项							

四、作业与思考题

1. 比较不同类型的不透明覆盖材料的特性。

2. 当地常用的不透明覆盖材料的种类及主要特性是什么？

技能训练三　半透明覆盖材料的种类、性能观察

一、技能训练内容分析

设施园艺发展过程中，覆盖材料的功能由单一的保温功能发展为减少病虫害、提高品质等多种功能。遮阳网、无纺布、防虫网等半透明覆盖材料具有遮光降温、防雨抗雹、防旱保墒、防虫防病等多种作用。本次训练要求学生通过对其性能的观察，掌握半透明覆盖材料的性能及其在生产中的应用。

二、核心技能分析

掌握半透明覆盖材料的性能，了解其在生产中的应用，进而能够正确选用半透明覆盖材料。

三、训练内容

（一）材料与用具

温室、大棚、中小棚等。

（二）场地

校内、校外基地，设施园艺生产基地。

（三）内容与方法

①通过参观、访问等形式，尽可能了解各种类型的温室、大中小棚所用的半透明覆盖材料。

②对当地常用的半透明覆盖材料进行特性观察及调查，并完成表4-14。

观察各种半透明覆盖材料的颜色，透光程度等特性；用手触摸，感觉其质地；通过拉伸，了解其强度；阅读使用说明书，详细了解其生产工艺、产品规格、主要特点、使用方法及使用寿命等信息，并将以上内容认真记录在表4-14中。

表4-14　半透明覆盖材料观察记录表

特性及规格	种类						
	Ⅰ	Ⅱ	Ⅲ	Ⅳ	Ⅴ	Ⅵ	Ⅶ
生产原料							
产品规格							
透光率							
覆盖方式							
作用							
强度							
展张性							
使用寿命							
使用成本							
使用注意事项							

四、作业与思考题

1. 比较不同类型的半透明覆盖材料的特性。
2. 当地温室常用的不透明覆盖材料的种类及主要特性是什么？

第五章

园艺设施环境特点及其调控技术

【知识目标】掌握设施内温度、光照、湿度和二氧化碳的变化规律及调控技术，设施内湿度、有害气体和连作障碍的产生原因及调控技术；了解综合化、定量化环境控制指标及调节措施，为学生掌握切实可行的环境调控手段和改革传统技术经验提供理论知识。

【技能目标】掌握园艺设施内环境观测与调控的一般方法，熟悉小气候观测仪器的使用方法；掌握园艺设施内二氧化碳施肥技术。

第一节　光照环境及其调控技术

光照环境对设施作物的生长发育产生光效应、热效应和形态效应，直接影响其光合作用、光周期反应和器官形态的建成，在设施园艺作物的生产中，尤其是对喜光园艺作物的优质高产栽培，具有决定性的影响。

一、园艺设施的光照环境特征

设施内的光照条件受建筑方位、设施结构，透光屋面大小、形状，覆盖材料特性、干洁程度等多种因素的影响。设施内的光照环境主要包括光照强度、光照分布、光照时间与光质 4 个方面。其中，对设施生产影响较大的是光照强度、光照分布和光照时间，光质主要受覆盖材料特性的影响，变化比较简单。

（一）光照强度

园艺设施内的光合有效辐射能量、光量和太阳辐射量受透明覆盖材料的种类、老化程度、洁净度的影响，仅为室外的 50%～80%，这种现象在冬季往往成为喜光果菜类作物生产的主要限制因子。

（二）光照时数

园艺设施内的光照时数是指受光时间的长短，因设施类型而异。大型连栋温室因全面透光，无外覆盖，设施内的光照时数与露地基本相同。但单屋面温室内的光照时数一般比露地短，因为在寒冷季节为了防寒保温，覆盖的蒲席、草苫揭盖时间直接影响设施内受光时数。在寒冷的冬季或早春，一般在日出后才揭苫，而在日落前或刚刚日落就需盖上，一天内作物受光时间一般7～8h，在高纬度地区冬季甚至低于6h，远远不能满足园艺作物对日照时数的需求。北方冬季生产用的塑料拱棚或改良阳畦，夜间也有防寒覆盖物保温，同样存在光照时数不足的问题。

（三）光分布

设施内直射光透光率，在设施的不同部位、不同方位、不同时间和季节，分布极不均匀。例如，单屋面温室的后屋面及东、西、北3面有墙，都是不透光部分，在其附近或下部往往会有遮荫。朝南的透明屋面下，光照明显优于北部。据测定，温室栽培床的前、中、后排黄瓜产量有很大差异，前排光照条件好，产量最高，中排次之，后排最低，反映了光照分布不均匀。单屋面温室后屋面的仰角大小不同，对透光率的影响也不同。

（四）光质

园艺设施内光组成（光质）主要与透明覆盖材料的性质有关。我国主要的园艺设施多以塑料薄膜为覆盖材料，透过的光质与薄膜的成分、颜色等有直接关系。玻璃温室与硬质塑料板材的特性，也影响设施内的光质。由于透光覆盖材料对光辐射不同波长的透过率不同，一般紫外光的透过率低。但当太阳短波辐射进入设施内并被作物和土壤等吸收后，又以长波的形式向外辐射时，多被覆盖的玻璃或薄膜所阻隔，很少透过覆盖物，从而使整个设施内的红外光长波辐射增多，这也是设施具有保温作用的重要原因。

二、影响园艺设施光环境的主要因素

（一）光照强度

设施内的光照强度主要受设施的透光率和气候变化的影响。

1. 设施的透光率　设施的透光率是指设施内的光照强度与外界自然光照的强度比。透光率的高低反映了设施的采光能力好坏，透光率越高，说明设施的采光能力越强，设施内的光照条件也越好。设施透光率受到许多因素的影响，主要有覆盖材料的透光特性、设施结构等。

(1) 覆盖材料的透光特性对透光率的影响　包括材料对光的吸收率、透射率和反射率。当阳光照射到覆盖物的表面上时，一部分太阳辐射能量被材料吸收，一部分被反射回空中，剩下的部分才透过覆盖材料进入设施内。3部分的关系表示为：

$$吸收率+透射率+反射率=1$$

透光特性与覆盖物的种类、状态有关。不同覆盖材料以及不同状态下的透光特性见表5-1。

表5-1　不同覆盖物种类、状态下的透光特性

名称	透光量（klx）	透光率（%）	吸收及反射率（%）	露地光照（klx）	产地
透明新膜-1	14.9	93.1	6.9	16.0	上海
透明新膜-2	14.4	90.0	10.0	16.0	天津
稍污旧膜					

（续）

名称	透光量（klx）	透光率（%）	吸收及反射率（%）	露地光照（klx）	产地
（使用1年后）	14.1	88.1	11.9	16.0	天津
沾尘新膜	13.3	83.1	16.9	16.0	天津
半透明膜	12.7	79.4	20.6	16.0	天津
有滴新膜	7.5	73.5	26.5	10.2	天津
洁净玻璃	14.5	90.6	19.4	16.0	
沾尘玻璃	13.0	81.3	18.7	16.0	

从表5-1中可以看到，落尘和附着水滴均能够降低透明覆盖物的透光率。落尘一般可降低透光率15%～20%。附着水滴除了对太阳红外光部分有强烈的吸收作用外，还能增加反射光量，水滴越大，对覆盖物透光率的影响越明显（表5-2）。一般由于附着水滴可使覆盖物的透光率下降20%～30%。两者合计可使覆盖物的透光率下降50%左右。

表5-2　水滴大小对太阳辐射透光率的影响

薄膜类型	露地	无滴膜	普通薄膜（水滴大小）	
			1～2mm	2～3mm
透光率（%）	100	90	62	57

覆盖材料老化也会降低透光率，一般薄膜老化可使透光率下降10%～30%。

(2) 设施结构对透光率的影响　主要指设施的屋面角度、类型、方位等对设施透光率的影响。

①屋面角度：屋面角度主要影响太阳直射光在屋面上的入射角（与屋面垂线的交角）大小，一般设施的透光量随着太阳光线入射角的增大而减少（图5-1）。

由图5-1可知，当入射角为0°时，透射率达到90%；入射角在0°～40°（或45°），透射率变化不大；入射角大于40°（或45°）后，透射率明显减小，大于60°后，透射率急剧减小。

透光量最大时的屋面角度（α）应该是与太阳高度角成直角，计算公式为：

$$\alpha=\varphi-\delta$$

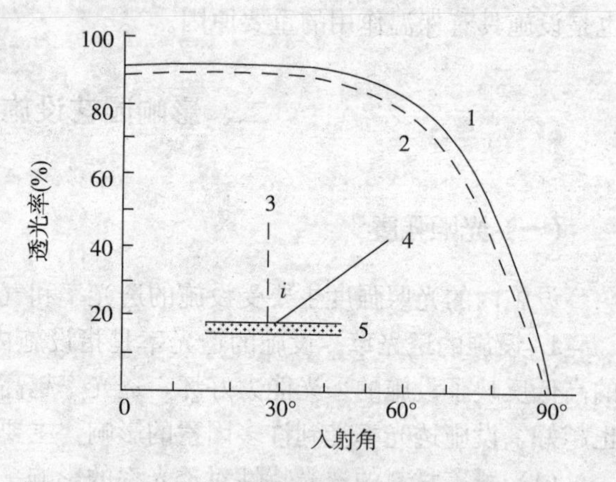

图5-1　玻璃与塑料薄膜的透光率与入射角的关系
1. 玻璃　2. 透明聚氯乙烯薄膜　3. 覆盖物表面垂线　4. 入射光线　5. 透明覆盖物　i：入射角

式中，φ为纬度（北纬为正）；δ为赤纬，随季节而变化，表5-3为主要季节的赤纬。

表5-3　季节与纬度

季节（月/日）	夏至（6/21）	立夏（5/5）	立秋（8/7）	春分（3/20）	秋分（9/23）	立春（2/5）	立冬（11/7）	冬至（12/22）
赤纬	+23°27′	+16°20′		0°		−16°20′		−23°27′

按公式计算出的屋面角度一般偏大，无法建造，即使建造出来也不适用。由于太阳入射角在

0°～45°时，直射光的透过率差异不大，所以从有利于生产和管理角度出发，一般实际角度为理论角度减去40°～45°。以北京地区为例，冬至时的适宜屋面角度应为：

$$\alpha=\varphi-\delta-40^\circ\sim45^\circ=39^\circ54'-(-23^\circ27')-40^\circ\sim45^\circ=63^\circ21'-40^\circ\sim45^\circ=23^\circ21'\sim18^\circ21'$$

②设施类型：设施的透明覆盖层次越多，透光量越低，双层薄膜大棚的透光量一般较单层大棚减少50%左右。单栋温室和大棚的骨架遮荫面积较连栋温室和大棚的小，透光率比连栋温室和大棚的高；竹木结构温室和大棚的骨架材料用量大并且材料的规格也比较大，遮荫面大，透光量少，钢架结构温室和大棚的骨架材料规格小，用量也少，遮荫面积小，透光量一般较竹木结构的增加10%左右。不同设施类型的透光性能比较见表5-4。

表5-4　不同设施类型的透光性能比较

大棚类型	透光量（klx）	与对照的差值	透光率（%）	与对照的差值
单栋竹拱结构大棚	66.5	−3.99	62.5	−37.5
单栋钢拱结构大棚	76.7	−2.97	72.0	−28.0
单栋硬质塑料结构	76.5	−2.99	71.9	−28.1
连栋钢材结构大棚	59.9	−4.65	56.3	−43.7
对照（露地）	106.4		100.0	

③设施方位：设施的方位不同，其一日中的采光量也不相同。图5-2表示冬至时北纬30°的单栋和连栋温室内床面日平均透光率与设施方位的关系。由图5-2可知，冬至时节温室的透光率随着方位偏离正南而减低。

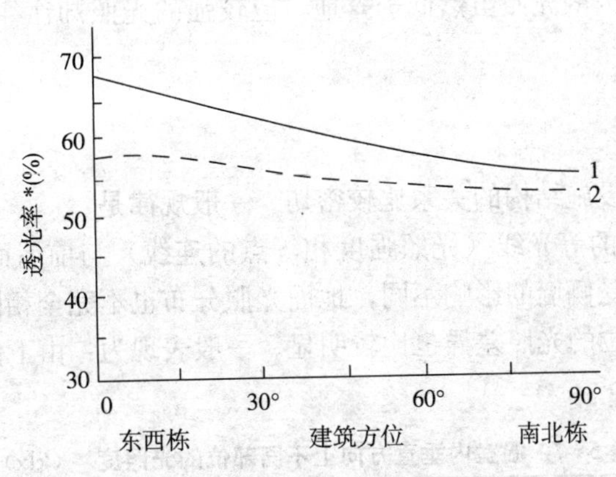

图5-2　温室方位与床面日平均透光率的关系

＊直射光日总量床面平均透光率

1. 单栋温室　2. 连栋温室

东西栋与南北栋的直射光透过率，纬度越高差异越大（表5-5）。

表5-5　不同纬度、不同方位温室透光率差值比较

（中国蔬菜栽培学，1987）

纬度（北纬）	地点	东西栋最佳屋面坡度	东西栋与南北栋透光率之差（%）
30°12′	上海	35°	5.48
36°01′	兰州	30°	6.79

（续）

纬度（北纬）	地点	东西栋最佳屋面坡度	东西栋与南北栋透光率之差（%）
39°57′	北京	26°34′	7.40
45°45′	哈尔滨	20°	9.71
50°12′	漠河	16°	11.1

不同方位塑料大棚的采光量也不相同，表 5-6 所示为不同方位塑料大棚四季的采光量比较。

表 5-6 不同方位塑料大棚内的照度比较（%）

方位	清明	谷雨	立夏	小满	芒种	夏至
东西延长	53.14	49.81	60.17	61.37	60.50	48.86
南北延长	49.94	46.64	52.48	59.34	59.33	43.76
比较值	+3.20	+3.17	+7.69	+2.03	+1.17	+5.1

④相邻温室或塑料棚的间距以及设施内作物畦向：相邻温室之间的距离大小，主要应考虑温室的脊高加上草帘卷起来的高度，相邻间距应不小于上述两者高度的 2～2.5 倍，应保证在太阳高度最低的冬至节前后，温室内也有充足的光照。南北延长温室，相邻间距要求为脊高的 1 倍左右。设施内栽培作物通常南北畦向受光均匀且日平均透射总量大于东西畦向。

2. 气候变化 因受气候变化的影响，设施内的光照具有明显的季节性变化。总体来讲，低温期大多数时间内，设施内的光照不能满足作物生长的需要，特别是保温覆盖物比较多的温室、阳畦等，其内的光照时间与光照量更为不足；春秋两季设施内的光照条件有所改善，基本上能够满足栽培需要；夏季设施内的光照虽然低于露地，但较强的光照却往往导致设施内的温度过高，产生高温危害。

（二）光照分布

设施内的光照分布与设施结构的关系比较密切。一般规律是：

1. 温室 单屋面温室的等光线（光照强度相等点的连线）与前屋面平行。由于温室内不同部位的屋面角度大小以及受侧墙的影响不同，地面光照分布也不完全相同（图 5-3，图 5-4）。

垂直方向上，不同部位的光照差异也比较明显。一般表现为：由下向上，光照逐渐增强（表 5-7）。

表 5-7 温室内垂直方向上不同部位的光照度*（klx）

调查部位	西葫芦区		黄瓜区			露地
	地面	上部**	地面	架中部	架上部	
南部	15.0	26.0	8.6	23.2	23.5	47.0
中部	13.0	26.0	4.7	19.0	22.5	
北部	10.5	26.0	4.2	15.3	21.0	

* 1995 年 3 月 30 日观察于山东省昌潍农业学校实习基地。

** 薄膜下 50cm 处。

由表 5-7 看到，随着温室高度的增加，由南向北，地面光照逐渐减弱，故为保持北部地面一定的光照，温室的高度不宜过高。

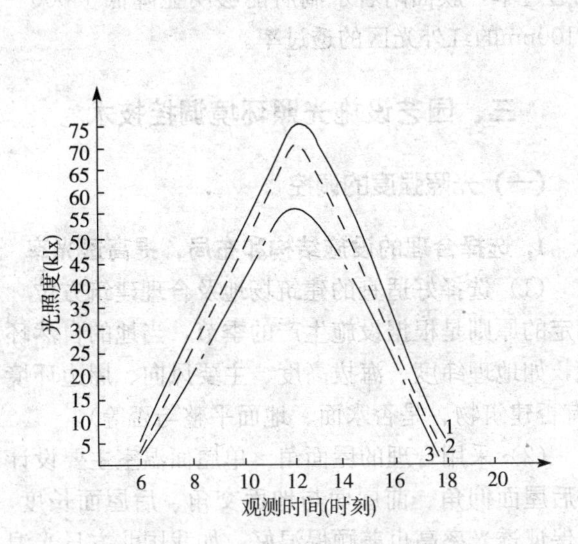

图 5-3　温室内南北方向上各部位的光照变化
1. 南部光照　2. 中部光照　3. 北部光照
（韩世栋，2001）

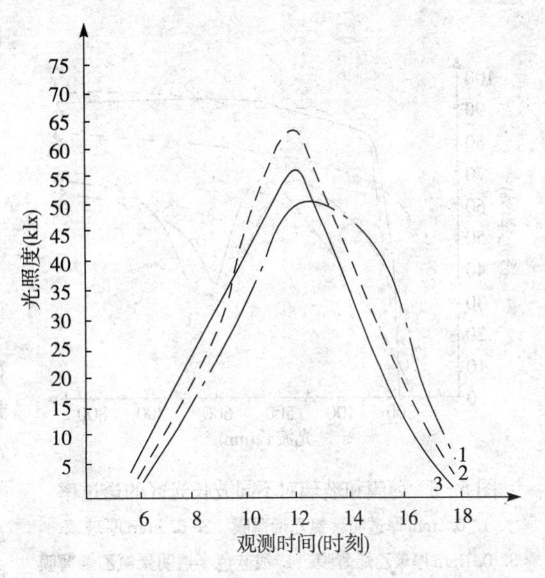

图 5-4　温室内东西方向上各部位的光照变化
1. 东部光照（距侧墙 1m 处）　2. 中部光照
3. 西部光照（距侧墙 1m 处）
（韩世栋，2001）

由表 5-7 中还可看出，蔬菜种类对温室内光照分布的影响也很大。高架黄瓜对中下部的遮光比较严重，地面光照较弱，仅为爬地西葫芦区的 40%左右，故冬季栽培高架蔬菜进行合理密植对保持植株中下部一定的光照强度十分重要。

2. 塑料大棚　大棚的南侧接受直射光多，光照最强，北侧接受的散射光比较多，光照也比较强。棚中部远离棚膜，获得的直射光和散射光均较少，故离棚中部愈近光照愈弱，大棚的跨度和高度越大，棚中部光照越弱。

3. 遮荫　遮荫就是太阳光线照射到建材或植物上后所形成的阴影。遮荫随着太阳位置的变化而不断移动。一般冬至时的太阳高度低，阴影透射较远，立柱等垂直投影的长度能达立柱长的几倍，东西长的檩、梁等的投影宽度能增加 1 倍多。遮荫是导致地面光照分布不均匀的主要原因之一，一般仅温室的窗框遮荫对地面光照分布的影响作用就达 20%～30%，超过屋面角的影响。

（三）光质

光质主要受覆盖材料的种类、状态等的影响。

1. 覆盖材料的种类　塑料薄膜的可见光透过率一般为 80%～85%，红外光为 45%，紫外光为 50%，聚乙烯和聚氯乙烯薄膜的总透光率相近。但聚乙烯薄膜的红、紫外光部分的透过率稍高于聚氯乙烯薄膜，散热快，因而保温性较差。玻璃透过的可见光为露地的 85%～90%，红外光为 12%，紫外光几乎不透过，因此玻璃的保温性优于薄膜。有色薄膜能改变透过太阳光的成分，例如，浅蓝色膜能透过 70%左右可见的蓝绿光部分和 35%左右 600nm 波长的光，绿色膜能透过 70%左右可见光的橙红区和微弱透过 600～650nm 波长的光。薄膜和玻璃对不同波长光区的透过率见图 5-5。

2. 覆盖材料的状态　膜面落尘能够降低红外光区的透过率，老化的薄膜主要降低紫外光区

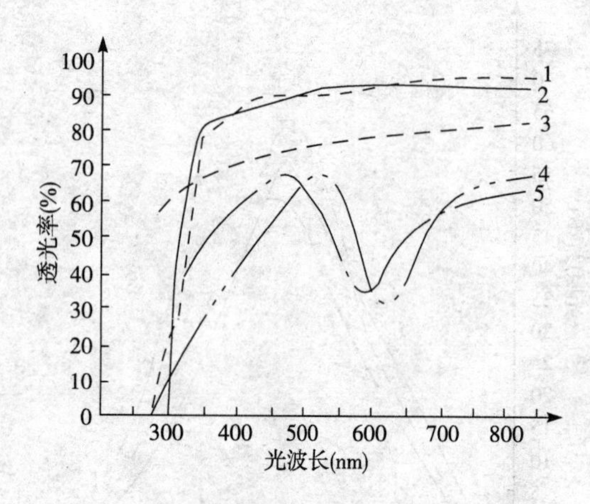

图 5-5 薄膜和玻璃对不同波长光区的透过率
1. 0.1mm 厚透明聚氯乙烯薄膜 2. 3.0mm 厚玻璃
3. 0.1mm 厚聚乙烯薄膜 4. 浅蓝色半透明聚氯乙烯薄膜
5. 绿色半透明聚氯乙烯薄膜
(旅大塑料所)

的透过率，膜面附着水滴后能够明显降低 1 000～1 100nm的红外光区的透过率。

三、园艺设施光照环境调控技术

(一) 光照强度的调控

1. 选择合理的设施结构和布局，提高透光率

(1) 选择好适宜的建筑场地及合理建筑方位 确定的原则是根据设施生产的季节，当地的自然环境，如地理纬度、海拔高度、主要风向、周边环境(有否建筑物、是否水面、地面平整与否等)。

(2) 采用合理的屋面角 单屋面温室主要设计好后屋面仰角、前屋面与地面交角、后屋面长度，既保证透光率高也兼顾保温好。如我国北方日光温室南屋面角在北纬 32°～34°区域内应达到 25°～35°。

(3) 注意建造方位 北方日光温室宜选东西向，依当地风向及温度等情况，采用南偏西或偏东 5°～10°为宜，并保持邻栋温室之间的一定距离。大型现代温室则以南北方向为宜，因光分布均匀，并应注意温室侧面长度、连栋数等对透射光的影响。

(4) 合理的透明屋面形状 从生产实践证明，拱圆形屋面采光效果好。

(5) 骨架材料 在保证温室结构强度的前提下尽量用细材，以减少骨架遮荫，梁柱等材料也应尽可能少用，如果是钢材骨架，可取消立柱，对改善光环境很有利。

(6) 选用透光率高且透光保持率高的透明覆盖材料 我国以塑料薄膜为主，应选用防雾滴且持效期长、耐候性强、耐老化性强的优质多功能薄膜、漫反射节能膜、防尘膜、光转换膜。大型连栋温室有条件的可选用 PC 板材。

2. 保持透明覆盖物良好的透光性

(1) 覆盖透光率比较高的新薄膜 一般新薄膜的透光率可达 90%以上，使用 1 年后的旧薄膜，视薄膜的种类不同，透光率一般下降到 50%～60%，覆盖效果比较差。

(2) 保持覆盖物表面清洁 应定期清除覆盖物表面的灰尘、积雪等，保持膜面光亮。

(3) 及时消除薄膜内面上的水膜 常用方法一是拍打薄膜，使水珠下落；二是定期向膜面喷洒除滴剂或消雾剂，每 15d 喷洒 1 次，专用消雾剂应按照说明使用。有条件的地方，应尽量覆盖无滴膜。

(4) 保持膜面平紧 棚膜变松、起皱时，反射光量增大，透光率降低，应及时拉平、拉紧。

(5) 早揭晚盖覆盖物 在保持室温适宜的前提下，设施的不透明内外覆盖物(保温幕、草苫等)尽量早揭晚盖，以延长光照时间，提高透光率。

3. 利用反射光 一是在地面上铺盖反光地膜；二是在设施的内墙面或风障南面等张挂反光

薄膜，可使北部光照增加50%左右；三是将温室的内墙面及立柱表面涂成白色。

4. 注意作物的合理密植　注意行向（一般南北向为好），扩大行距，缩小株距，增加群体光透过率。

5. 人工补充光照　主要目的有两个：一是调节光周期，抑制或促进花芽分化，调节开花期和成熟期，在菊花、草莓等冬季栽培中广为应用，通常称为电照栽培，一般要求光强较低。另一目的是促进光合作用，补充自然光的不足。连阴天以及冬季温室采光时间不足时，应进行人工补光。一般于上午卷苫前和下午放苫后各补光2～3h，使每天的自然光照和人工补光时间相加保持在12h左右。

人工补光一般用电灯，主要有白炽灯、日光灯、高压水银灯以及钠光灯等。几种电灯的参考照度为：40W日光灯3根合在一起，可使离灯45cm远处的光照达到3 000～3 500lx；100W高压水银灯可使离灯80cm远处的光照保持在800～1 000lx。

为使补充的光能够模拟太阳光谱，应将发出连续光谱的白炽灯和发出间断光谱的日光灯搭配使用。按每3.3$m^2$120W左右的用量确定灯泡的数量。灯泡应距离植株及棚膜各50cm左右，避免烤伤植株、烤化薄膜。

6. 减弱设施内光照的措施　主要是人工遮光。遮光方法主要有：覆盖遮阳物（遮阳网、防虫网、无纺布、苇帘、草苫等），一般可遮光50%～55%，降温3.5～5.0℃，目前在生产中应用最广泛；另外，塑料大棚和温室还可以采取薄膜表面涂白灰水或泥浆等措施进行遮光，一般薄膜表面涂白面积30%～50%时，可减弱光照20%～30%；玻璃面流水法，可遮光25%，降低温度4℃。

（二）光照长度的调控

1. 短日照处理　短日照处理采用遮光率为100%的遮光幕覆盖，如菊花遮光处理，可促进提早开花。

2. 长日照处理　长日照处理采用补光处理，如菊花电照处理可延长秋菊开花期至冬季三大节日期间开花，实现反季节栽培，增加淡季菊花供应，提高效益。

（三）光质的调控

常见的光质调控薄膜有：①红外光吸收膜，该薄膜主要用于防止幼苗徒长，培育健壮幼苗；②红光吸收膜，它主要用于增加植株高度或侧枝长度，如鲜切花生产等特殊目的栽培；③热线吸收膜，多用于夏季栽培，也有控制植株高度的效用。

第二节　温度环境及其调控技术

在园艺设施环境中，温度对作物生育影响最显著。温度条件特别是气温条件的好坏，往往关系到栽培的成败。

一、设施内的热状况

(一) 热量来源

设施内的热量主要来自太阳辐射能和加温。

1. 太阳辐射 白天，当太阳光线照射到透明覆盖物表面上后，一部分光线透过覆盖物进入设施内，照射到地面及植株上，地面和植株获得太阳辐射热量，地温和植株体温升高，同时地面和植株也放出长波辐射，使气温升高。由于设施的封闭或半封闭，设施内外的冷热空气交流微弱，以及由于透明覆盖物对长波辐射透过率较低原因，使大部分长波辐射保留在设施内，从而使设施内的气温升高。设施的这种利用自身的封闭空气交流和透明覆盖物阻止设施内的长波辐射特性而使内部的气温高于外界的现象，称为设施的"温室效应"。据介绍，在"温室效应"形成的两个因素中，前一个因素的作用占72%，后一个因素的作用占28%。

太阳辐射能增温的效果受到许多因素的影响，主要有：

(1) 天气 晴天的太阳辐射较强，设施的增温幅度也比较高。

(2) 设施类型 不同设施由于结构的差异，辐射增温能力不完全相同。据观测，改良型日光温室的晴天增温能力一般为30℃左右，即温室内白天的最高温度比室外高30℃左右，塑料大棚只有15℃左右。一般大型设施的内部空间大，蓄热能力强，升温缓慢；空间小的设施蓄热量少，升温比较快，温度高。

(3) 透明覆盖物种类 不同透明覆盖物间，由于透光率和红外光的透过率高低等不同，增温情况也不一致。一般规律是，覆盖透光率高的透明覆盖物增温快，覆盖红外光透过率低的覆盖物增温也快。

(4) 设施方位 设施方位主要是通过影响设施的采光量对增温幅度产生影响。例如东西延长塑料大棚较南北延长塑料大棚的日采光量大，升温幅度也高。

2. 加温 加温的升温幅度除了受加温设备的加温能力影响外，设施的空间大小对其影响也很大。据试验，温室的高度每增加1m，温度升高1℃所需的能量相应增加20%～40%。

(二) 热量支出

设施内的热量支出途径主要有：①通过地面、覆盖物、作物表面的有效辐射失热；②通过覆盖物的贯流放热；③通过设施内的土壤表面水蒸发、作物蒸腾，覆盖物表面蒸发，以潜热的形式失热；④通过保护地内通风换气将显热（由温差引起的热量传递）和潜热（由水的相变引起的热量传递）排出；⑤通过土壤传导放热等。

1. 辐射放热 辐射放热主要是在夜间，以有效辐射的方式向外放热。在夜间几种放热的方式中，辐射放热占的比例很大。辐射放热受设施内外的温差大小、设施表面积以及地面面积大小等的影响比较大。

不加温时，设施的辐射放热量计算公式为：

$$Q = Fc(S + D)/2$$

式中，Q为整个设施的辐射放热量；Fc为放热比，计算公式为S/D，最大值为1；S为设施的表面积（m^2）；D为设施内的地表面积（m^2）。

2. 贯流放热　即设施内的热量以传导的方式，通过覆盖材料或围护材料向外散放。贯流放热的快慢受到覆盖材料或围护材料的种类、状态（如干湿）、厚度、设施内外的温度差、设施外的风速等因素影响。材料的贯流放热能力大小一般用热贯流率来表示。热贯流率是指材料的两面温度差为1℃时，单位时间内、单位表面积上通过的热量，表示为kJ/（m^2·h·℃）。

材料的热贯流率越大，贯流放热量越大，保温性能越差。不同材料的热贯流率值见表5-8。

表5-8　几种材料的热贯流率［kJ/（m^2·h·℃）］

（张福墁，2001）

材料种类	规格（mm）	热贯流率	材料种类	规格（cm）	热贯流率
玻璃	2.5	20.9	木条	厚5	4.6
玻璃	3～3.5	20.1	木条	厚8	3.8
玻璃	4～5	18.8	砖墙（面抹灰）	厚38	5.8
聚氯乙烯	单层	23.0	土墙	—	41.8～53.9
聚氯乙烯	双层	12.5	草苫	厚50	4.2
聚乙烯	单层	24.2	钢筋混凝土	—	12.5
合成树脂板	FRP、FRA、MMA	20.9		5	18.4
合成树脂板	双层	14.6		10	15.9

设施外的风速大小对贯流放热的影响也很大，风速越大，贯流放热越快。如导热率为2.84kJ/（m·h·℃）的玻璃，当风速为1m/s时，热贯流率为33.44kJ/（m^2·h·℃），风速7m/s时，热贯流率为100.32kJ/（m^2·h·℃）。所以，低温期多风地区应加强设施的防风措施。

3. 通风换气放热　包括设施的自然通风或强制通风、建筑材料裂缝、覆盖物破损、门窗缝隙等渠道进行的热量散放。分为显热失热和潜热失热两部分，主要为显热失热，潜热失热量较小，一般忽略不计。

换气散失热量的计算公式为：

$$Q=R\cdot V\cdot F(t_r-t_o)$$

式中，Q为整个设施单位时间内的换气热量损失量；R为换气率，即每小时的换气次数（表5-9）；V为设施的体积（m^3）；F为空气比热，F=1.29kJ/（m^3·℃）；t_r-t_o为设施内外的温度差值。

表5-9　几种设施密闭状态下的换气率（次/h）

设施类型	覆盖形式	换气率
玻璃温室	单层	1.5
玻璃温室	双层	1.0
塑料大棚	单层	2.0
塑料大棚	双层	1.1

风速对换气放热的影响很大，风速增大时，换气散热量增大。

4. 土壤传导失热　包括土壤上下层之间以及土壤的横向热传递，对设施温度影响大的是水平方向的热传递。据报道，土壤横向传热失热量占温室总失热量的5%～10%。

土壤传导失热受土壤的质地、成分、湿度以及设施内外地温的差值大小等因素的影响。

(三) 设施保温比

保温比是指设施内的土地面积（S）与保护设施覆盖及围护材料表面积（W）之比，即保护设施越大，保温比越小，保温越差；反之保温比越大，保温越好。

设施的形状以及大小等对保温比的影响较大。一般单栋温室的保温比为0.5～0.6，连栋温室的保温比为0.7～0.8。相同土地面积的大棚，拱圆棚的保温比最小，平顶棚的保温比最大。保温比大的设施，白天增温缓慢，夜间降温也比较缓慢，日较差小，保温比小的设施的日较差则相对较大。

(四) 地—气热交换

白天，当太阳辐射透过透明覆盖物进入设施内后，照到地面上，一部分被土壤吸收，地温增高，另一部分反射回设施内。由于透明覆盖物的阻挡作用，大部分辐射被保留于设施内，使气温升高。与此同时，地面放出的热辐射也被透明覆盖物阻挡，留于设施内，加速气温提高。由于白天设施内的气温高于地温，土壤在接受太阳光能的同时，也从空气中吸收热量，加速地温上升。据调查（昌潍农校，1992），白天改良型日光温室内的气温平均每升高4℃，15cm地温约上升1℃，大量的热能储存于土壤内。

夜间在不进行加温情况下，由于辐射放热、贯流放热、换气放热等原因，设施内的气温逐渐下降，只有依靠土壤、墙体等储存的热量辐射来保持温度，故夜间设施内的地温高于气温。据调查（昌潍农校，1992），改良型日光温室内夜间气温每下降4℃，15cm地温平均下降1℃。

二、设施内温度的一般变化规律

(一) 气温

1. 日变化规律 一日中，设施内的最高温度一般出现在13：00～14：00，最低温度出现在上午日出前或保温覆盖物揭起前。

设施内的日较差大小因设施的大小、保温措施、气候等不同而异。

一般大型设施的温度变化比较缓慢，日较差较小，小型设施的空间小，热缓冲能力比较弱，温度变化剧烈、日较差也比较大。据调查，在密闭情况下，小拱棚春天的最高气温可达50℃，大棚只有40℃左右；在外界温度10℃时，大棚的日较差约为30℃，小拱棚却高达40℃。

小型设施由于温度变化剧烈、夜间温度下降较快等原因，有时夜间设施内的气温甚至低于露地气温，即出现棚温逆转现象。该现象多发生于阴天后，有微风、晴朗的夜间。这是因为在晴朗的夜间，地面和棚的有效辐射较大（地面有效辐射＝地面辐射－大气逆辐射），而棚内土壤由于白天积蓄的热量小，气温下降后，得不到足够的热量补充，温度下降迅速；露地由于有微风从其他地方带来热量补充，温度下降相对缓慢，从而出现棚内温度低于棚外的温度逆转现象。用保温性能差的聚乙烯薄膜覆盖时更容易发生此现象。

夜间对设施加盖保温覆盖后，设施的日较差变小。晴天的日较差较阴天的大。

2. 季节性变化规律　设施内温度受外界温度的季节性变化影响很大。低温期在不加温情况下，温度往往偏低，一般当外界温度下降到－3℃左右时，塑料大棚内就不能栽培喜温性蔬菜，当温度下降到－15℃以下时，日光温室也难以正常栽培喜温性蔬菜。晚春、早秋和夏季，设施内的温度往往偏高，需要采取降温措施，防高温。

（二）地温

1. 日变化规律　一日内，设施内的地温随着气温的变化而发生变化（图5-6）。

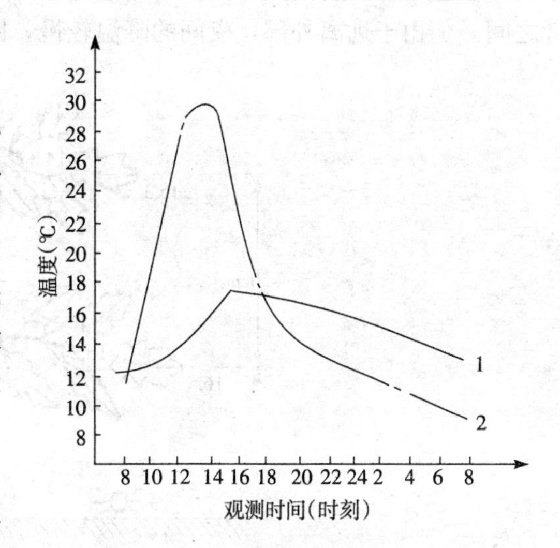

图5-6　温室内地温与气温的日变化
1. 地温　2. 气温

可以看到，一日中，最高地温一般比最高气温晚出现2h左右，最低地温较最低气温也晚出现2h左右。一日中，地温的变化幅度比较小，特别是夜间的地温下降幅度比较小。

2. 季节性变化规律　冬季设施内的温度偏低，地温也较低。以改良型日光温室为例，一般冬季晴天温室内10cm地温为10～23℃，连阴天时的最低温度可低于8℃。春季以后，气温升高，地温也随着升高。

3. 地温与气温的关系　设施内的气温与地温表现为"互利关系"，即气温升高时，土壤从空气中吸收热量，地温升高；当气温下降时，土壤则向空气中放热来保持气温。低温期提高地温，能够弥补气温偏低的不足，一般地温提高1℃，对作物生长的促进作用，相当于提高2～3℃气温的效果。

三、园艺设施内温度的分布

设施内由于受空间大小、接受的太阳辐射量和其他热辐射量大小以及受外界低温影响程度等的不同，温度分布也不相同。

在保温条件下，垂直方向上，白天一般由下向上，气温逐渐升高，夜间温度分布正好相反，温差可达4～6℃。图5-7显示了连栋温室内温度垂直分布的差异，引起番茄叶片叶温的差异。

水平方向上，白天一般南部接受光照较多，地面温度最高；夜间不加温设施内一般中部温度高于四周，加温设施内的温度分布是热源附近高于四周。图5-8是改良型日光温室内不同部位的近地面温度日变化。

从图5-8中可以看到，12：00～13：00，南部的地面上20cm处的气温比其他部位平均高出4℃左右。然而夜间，由于南部的容热量小，加上靠近外部，降温较快，日最低气温较其他部位平均低2℃左右。一日内，温室南部的温度日变化幅度较大，温差也较大，这对培育壮苗、防止徒长十分有利，但是在高温、强光照时期，如果通风不良、降温不及时，中午前后也容易因温度偏高而对作物造成高温危害；冬季如果保温措施跟不上，也容易因温度偏低使作物遭受冻害。因此，在温室的温度管理上，应特别注意对南部温度的管理。温室北部的空间最大，容热量也大，再加上北部屋面的坡度小，白天透光量少，因此白天升温缓慢，温度最低。但夜间由于有后墙的保温，再加上容热量大等原因，温度下降较慢，降温幅度较小，温度较高。一日内，北部的温度日变化幅度较小，昼夜温差也较小，一般不会发生温度障碍，但作物生长不健壮，易形成弱苗和早衰。温室中部的空间大小及白天的透光量介于南部和北部之间，所以白天的升温幅度也介于两者之间，但由于远离外部，夜间的降温较慢，因此夜温最高。

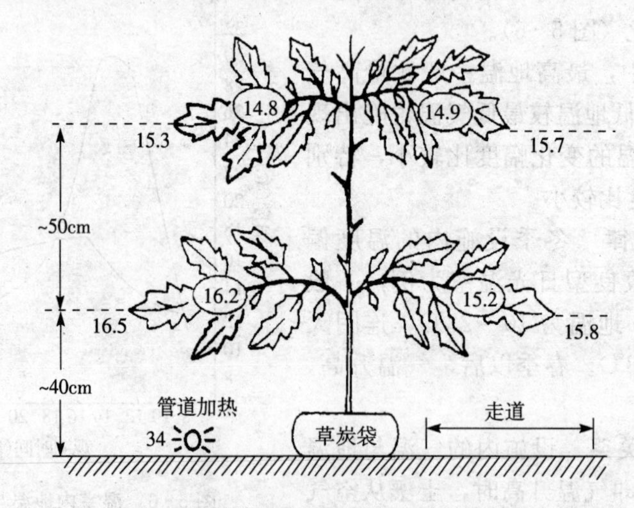

图 5-7　温室内番茄叶温与周围气温的差异（单位：℃）

（张福墁，2001）

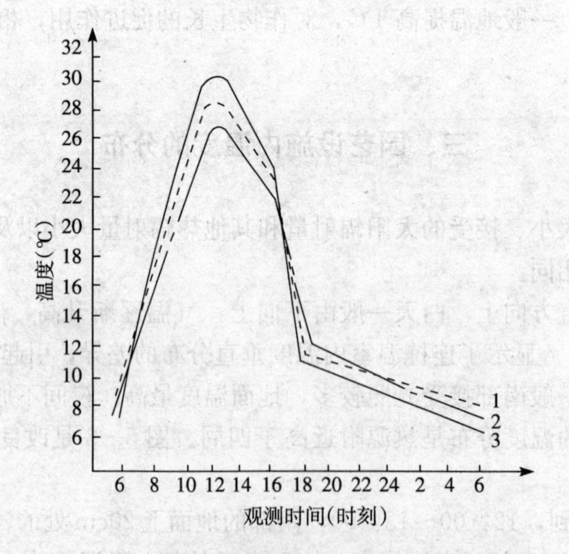

图 5-8　改良型日光温室内南北方向各部位的温度日变化规律

1. 中部光照　2. 北部光照　3. 南部光照

四、园艺设施内温度环境的调控技术

园艺设施内温度的调节和控制包括保温、加温、降温等方面。

（一）保温

根据热收支状况分析，保温措施主要考虑减少贯流放热、换气放热和地中热传导，增大保温比和地表热流量。

1. 采用多层覆盖，减少贯流放热量

（1）常见的多层保温覆盖的方式　如图 5-9 所示。

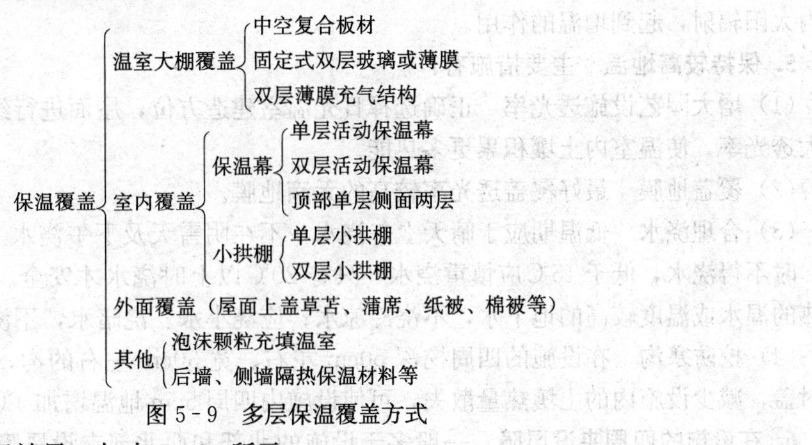

图 5-9　多层保温覆盖方式

（2）多层覆盖的保温效果　如表 5-10 所示。

表 5-10　不加温温室多层覆盖温室内外温差

（李辉，2002）

温　差	单层覆盖	双层覆盖	3 层覆盖		4 层覆盖
			无小棚	一重为小棚	
平均（℃）	+2.3	+4.8	+6.3	+9	+9.0
标准差	±1.1	±1.4	±1.4	±0.7	±0.7
最小（℃）	−1.7	+1.7	+4.1		+8.0
最大（℃）	+4.5	+7.0	7.6		+9.0
备注					大部分一层为小棚膜

注：单层为一重固定膜；双层为一重固定、一层保温幕；3 层为一重固定加两层保温幕或二重固定膜，再加一层保温幕（含一重小拱棚膜）；4 层为一重固定加两层保温幕，再加小棚膜或二重固定膜、二层保温幕。

（3）多层覆盖材料　主要有塑料薄膜、草苫、纸被、无纺布等。

①塑料薄膜：主要用于临时覆盖。覆盖形式主要有地面覆盖、小拱棚、保温幕以及覆盖在棚膜或草苫上的浮膜等。一般覆盖一层薄膜可提高温度 2～3℃。

②草苫：覆盖一层草苫通常能提高温度 5～6℃。生产中多覆盖单层草苫，较少覆盖双层草苫，必须增加草苫时，多采取加厚草苫法来代替双层草苫。不覆盖双层草苫的主要原因是便于草苫管理。草苫数量越多，管理越不方便，特别是不利于自动卷放草苫。

③纸被：多用作临时保温覆盖或辅助覆盖，覆盖在棚膜上或草苫下。一般覆盖一层纸被能提高温度3～5℃。

④无纺布：主要用作保温幕或直接覆盖在棚膜上或草苫下。

2. 减少覆盖面的漏风而引起的换气传热 设施密封应严实，薄膜破孔以及墙体的裂缝等应及时粘补和堵塞严实。通风口和门关闭应严，门的内、外两侧应张挂保温帘。

3. 用保温性能优良的材料覆盖保温 如覆盖保温性能好的塑料薄膜，覆盖草把密、干燥、疏松并且厚度适中的草苫等。

4. 增大保温比 保护设施越大，保温比越小，保温越差；反之保温比越大，保温越好。但日光温室由于后墙和后屋面较厚（类似土地），因此增加日光温室的高度对保温比的影响较小。而且，在一定范围内，适当增加日光温室的高度，反而有利于调整屋面角度，改善透光，增加温室内太阳辐射，起到增温的作用。

5. 保持较高地温 主要措施有：

（1）增大园艺设施透光率 正确选择日光温室建造方位，屋面进行经常性洁净，尽量争取获得大透光率，使温室内土壤积累更多热能。

（2）覆盖地膜 最好覆盖透光率较高的无滴地膜。

（3）合理浇水 低温期应于晴天上午浇水，不在阴雪天及下午浇水。一般当10cm地温低于10℃时不得浇水，低于15℃应慎重浇水，只有20℃以上时浇水才安全。另外，低温期应尽量浇预热的温水或温度较高的地下水，不浇冷凉水；应浇小水、浇暗水，不浇大水和明水。

（4）挖防寒沟 在设施的四周挖深50cm左右、宽30cm左右的沟，内填干草，上用塑料薄膜封盖，减少设施内的土壤热量散失，可使设施内四周5cm地温增加4℃左右。

6. 在设施的四周夹设风障 一般多于设施的北部和西北部夹设风障，以多风地区夹设风障的保温效果较为明显。

（二）加温

我国传统的单屋面温室，大多采用炉灶煤火加温，近年来也有采用锅炉水暖加温或地热水暖加温的。大型连栋温室和花卉温室，多采用集中供暖方式的水暖加温，也有部分采用热水或蒸汽转换成热风的采暖方式。塑料大棚大多没有加温设备。

常见的加温方式有：

1. 火炉加温 用炉筒或烟道散热，将烟排出设施外。该法多见于简易温室及小型加温温室。

2. 暖水加温 用散热片散发热量，加温均匀性好，但费用较高，主要用于玻璃温室以及其他大型温室和连栋塑料大棚中。

3. 热风炉加温 用带孔的送风管道将热风送入设施内，加温快，也比较均匀，主要用于连栋温室或连栋塑料大棚中。

4. 明火加温 在设施内直接点燃干木材、树枝等易于燃烧且生烟少的燃料，进行加温。加温成本低，升温也比较快，但容易发生烟害。该方法对燃烧材料以及燃烧时间的要求比较严格，主要作为临时应急加温措施，用于日光温室以及普通大棚中。

5. 火盆加温 用火盆盛放烧透了的木炭、煤炭等，将火盆均匀排入设施内或来回移动火盆进行加温。方法简单，容易操作，并且生烟少，不易发生烟害，但加温能力有限，主要用于育苗床以及小型温室或大棚的临时性加温。

6. 电加温 主要使用电炉、电暖器以及电热线等，利用电能对设施进行加温，具有加温快、无污染且温度易于控制等优点，但也存在加温成本高、受电源限制较大以及漏电等一系列问题，主要用于小型设施的临时性加温。

7. 辐射加温 用液化石油气红外燃烧对设施进行加温。使用方便，有二氧化碳使用效果，但耗气多，大量使用不经济。主要用于玻璃温室以及其他大型温室和连栋塑料大棚临时辅助加温。

目前，国内加温棚室的面积占我国温室、大棚总面积还不到2%，绝大部分都是利用自然太阳光能的不加温日光温室和塑料大棚。但在高档花卉、蔬菜栽培、工厂化育苗和娱乐型园艺生产中，现代加温温室的面积正在逐年增长。

（三）降温

园艺设施内的降温最简单的途径是通风，但在温度过高，依靠自然通风不能满足园艺作物生育要求时，必须进行人工降温。主要措施：

1. 遮阳降温法 分外遮阳与内遮阳。

(1) 外遮阳 在距温室大棚屋脊40cm高处张挂透气性黑色或银灰色遮阳网，遮光60%左右时，室温可降低4～6℃，降温效果显著。

(2) 内遮阳 温室内在顶部通风条件下张挂遮阳保温幕，夏季内遮阳降温，冬季则有保温之效。温室内用的白色无纺布保温幕透光率70%左右，也可兼用遮光幕，可降低温室温度2～3℃。

另外，也可在屋顶表面及立面玻璃上喷涂白色遮光物，但遮光、降温效果略差。在温室内挂遮光幕，降温效果比挂在温室外差。

2. 屋面流水降温法 流水层可吸收投射到屋面的太阳辐射8%左右，并能用水吸热冷却屋面，室温可降低3～4℃。此法成本低，方法简便，但易生藻类，应清除屋面水垢污染，硬水区水质经软化处理后再使用为宜。

3. 蒸发冷却法 使空气先经过水的蒸发冷却降温后再送入温室内，达到降温目的。

(1) 湿帘降温法 在温室进风口内设10cm厚的纸垫窗或棕毛垫窗，不断用水将其淋湿，温室另一端用排风扇抽风，使进入温室内空气先通过湿垫窗被冷却再进入温室内。一般可使温室内温度降到湿球温度。但冷风通过温室距离过长时，室温分布常常不均匀，而且外界湿度大时降温效果差。

(2) 细雾喷散法 在温室内高处喷以直径小于0.05mm的浮游性细雾，用强制通风气流使细雾蒸发达到全室降温，喷雾适当时温室内可均匀降温。

4. 通风换气降温 通风包括自然通风和强制通风（启动排风扇排气）。自然通风与通风窗面积、位置、结构形式等有关，通常温室均设有天窗和侧窗，日光温室和大棚都在落地处设1m左右的地裙，然后在其上部扒缝放风。日光温室顶部常采用扒缝放风，个别在后墙设有通风窗。大棚也常用卷幕器在侧部、顶部行卷膜放风，这些都是简易有效的通风降温方法，但在室外气温超过30℃时，单纯的自然通风或强制通风不能满足生产要求。

大型连栋温室因其容积大，需强制通风降温。

第三节　湿度环境及其调控技术

园艺设施内湿度的主要特点是空气湿度大、土壤湿度容易偏高。设施内湿度的调控包括对设施内的水分状况和土壤水分状况进行合理有效调节和控制，它们的表征指标分别是空气相对湿度和土壤湿度。

一、设施栽培作物对湿度环境的基本要求

（一）湿度与设施作物的生长发育

作物进行光合作用要求有适宜的空气相对湿度和土壤湿度。大多数花卉适宜的相对空气湿度为60%～90%。多数蔬菜作物光合作用的适宜空气湿度为60%～85%，低于40%或高于90%时，光合作用会受到障碍，从而使生长发育受到不良影响。蔬菜作物光合作用对土壤相对含水量的要求，一般为田间最大持水量的70%～95%，过干或过湿对光合作用都不利。水分严重不足易引起萎蔫和叶片枯焦等现象。水分长期不足，植株表现为叶小、机械组织形成较多、果实膨大速度慢、品质不良、产量降低。开花期水分不足则引起落花落果。水分过多时，因土壤缺氧而造成根系窒息，变色而腐烂，地上部会因此而变得茎叶发黄，严重时整株死亡。

（二）湿度与病虫害的发生

当设施环境处于高湿状态时（90%以上）常导致病害严重发生。尤其在高湿低温条件下，水汽发生结露，会加剧病害发生和传播。但有些蔬菜病害易在干燥的条件下发生，如病毒病、白粉病等，虫害中如红蜘蛛、瓜蚜等。而蝼蛄则在土壤潮湿的条件下易于发生。几种主要蔬菜作物病虫害发生与湿度的关系见表5-11。

表5-11　几种蔬菜主要病虫害与湿度的关系

蔬菜种类	病虫害种类	要求相对湿度（%）
黄　瓜	炭疽病、疫病、细菌性病害等	>95
	枯萎病、黑星病、灰霉病、细菌性角斑病等	>90
	霜霉病	>85
	白粉病	25～85
	花叶病（病毒病）	干燥
	瓜蚜	干燥
茄　子	褐纹病	>80
	黄萎病、枯萎病	土壤潮湿
	红蜘蛛	干燥
番　茄	叶霉病	>80
	早疫病	>60
	枯萎病	土壤潮湿

（续）

蔬菜种类	病虫害种类	要求相对湿度（%）
番　茄	花叶病（TMR）	干燥
	蕨叶病（CMV）	干燥
	绵疫病、软腐病等	>95
	炭疽病、灰霉病等	>90
	晚疫病	>85
辣　椒	疫病、炭疽病	>95
	细菌性疮痂病	>95
	病毒病	干燥

二、设施内空气湿度环境及其调控技术

（一）设施内空气湿度的形成

设施内的空气湿度是由土壤水分的蒸发和植物体内水分的蒸腾，而在设施密闭情况下形成的（图5-10）。设施内作物由于生长势强，代谢旺盛，作物叶面积指数高，通过蒸腾作用释放出大量水蒸气，在密闭情况下会使棚室内水蒸气很快达到饱和，空气相对湿度比露地栽培高得多。

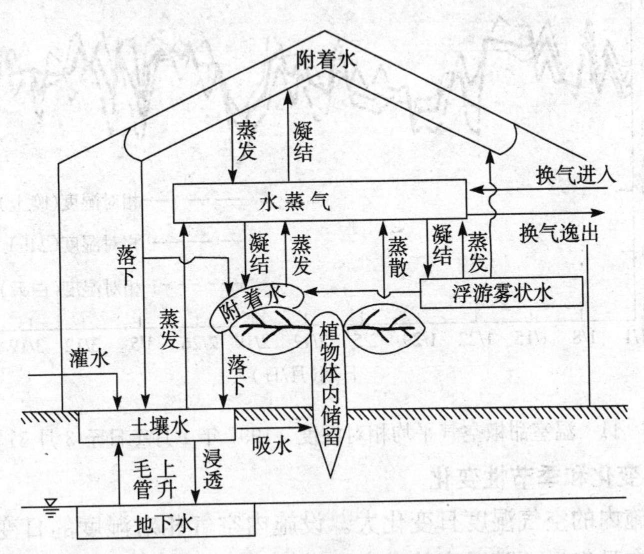

图5-10　温室内水分运移模式

在白天通风换气时，水分移动的主要途径是土壤→作物→室内空气→外界空气。早晨或傍晚温室密闭时，外界气温低，引起室内空气骤冷而发生“雾”。作物蒸腾速度比吸水速度快；如果作物体内缺水，气孔开度缩小，使蒸腾速度下降。白天通风换气时，室内空气饱和差可达1 333～2 666Pa，作物容易发生暂时缺水；如果不进行通风换气，则室内蓄积蒸腾的水蒸气，空气饱和差降为133.3～666.5Pa，作物不致缺水。因此，温室内湿度条件与作物蒸腾，床面及温室内壁面的蒸发强度有密切关系。

（二）设施内空气湿度环境的特点

空气湿度常用相对湿度或绝对湿度来表示。绝对湿度是指空气中水蒸气的密度，用 $1m^3$ 空气中含有水蒸气的量（kg）来表示。水蒸气含量多，空气的绝对湿度高。空气中的含水量是有一定限度的，达到最大容量时称为饱和水蒸气含量。当空气的温度升高时，它的饱和水蒸气含量也相应增加；温度降低，则空气的饱和水蒸气含量也相应降低。因此冷空气的绝对湿度比热空气低，因而秧苗或植株遭受冷空气时容易失水而干瘪。

相对湿度是指空气中水蒸气的含量与同一温度下饱和水蒸气含量的比值，用百分比表示。空气的相对湿度决定于空气的含水量和温度，在空气含水量不变的情况下，随着温度的增加，空气的相对湿度降低。当温度降低时，空气的相对湿度增加。在设施内夜间蒸发量下降，但空气湿度反而增高，主要是由于温度降低的原因。

设施内空气湿度特点表现在以下 3 个方面：

1. 空气湿度大 温室大棚内相对湿度和绝对湿度均高于露地，相对湿度平均在 90%左右，经常出现 100%的饱和状态。图 5-11 为上海地区 1～3 月份甜椒温室日、夜和全天平均相对湿度情况。

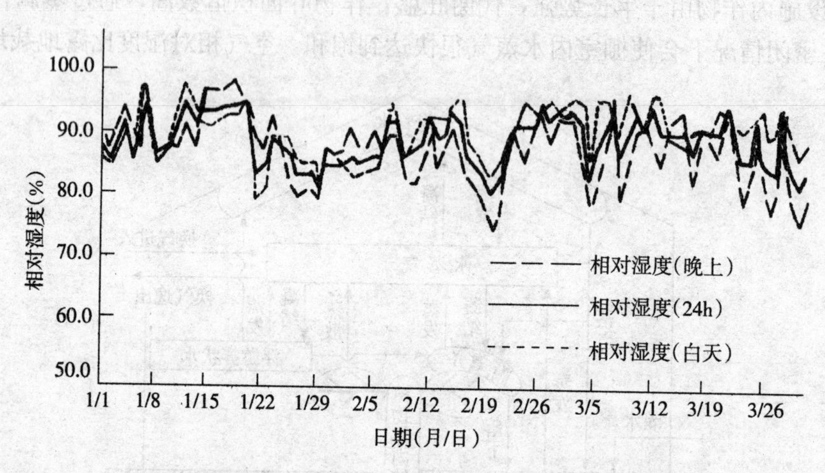

图 5-11 温室甜椒空气平均相对湿度（1997 年 1 月 1 日至 3 月 31 日）

2. 具有明显的日变化和季节性变化

（1）日变化 设施内的空气湿度日变化大。设施内空气相对湿度的日变化规律与温度相反，即白天低，夜间高。在日出后，随温度的升高，设施内的空气相对湿度呈下降趋势；下午，特别是气温开始下降后，空气相对湿度逐渐上升；夜间随着气温的下降相对湿度逐渐增大，往往能达到饱和状态。绝对湿度的日变化与温度的日变化趋势一致。图 5-12 是晴天时观测到的温室内外的空气湿度日变化曲线。

园艺设施内空气湿度变化还与设施大小有关。设施空间越小，日变化越大。空气湿度的急剧变化对园艺作物的生育是不利的，容易引起凋萎或土壤干燥。

（2）季节性变化 一般是低温季节相对湿度高，高温季节相对湿度低。如在长江中下游地区，冬季（1～2 月）各旬平均空气相对湿度都在 90%以上，比露地高 20%左右；春季（3～5 月）则由于温度的上升，设施内空气相对湿度有所下降，一般在 80%左右，仅比露地高 10%左右。

（3）随天气情况发生变化　一般晴天白天设施内的空气相对湿度较低，为 70%～80%；阴天，特别是雨天设施内空气相对湿度较高，可达 80%～90%，甚至 100%。

3. 湿度分布不均匀　由于设施内温度分布存在差异，其相对湿度分布差异非常大。温度较低的部位，相对湿度较高，而且经常导致局部低温部位产生结露现象，对设施环境及植物生长发育造成不利影响。有以下几种情况：

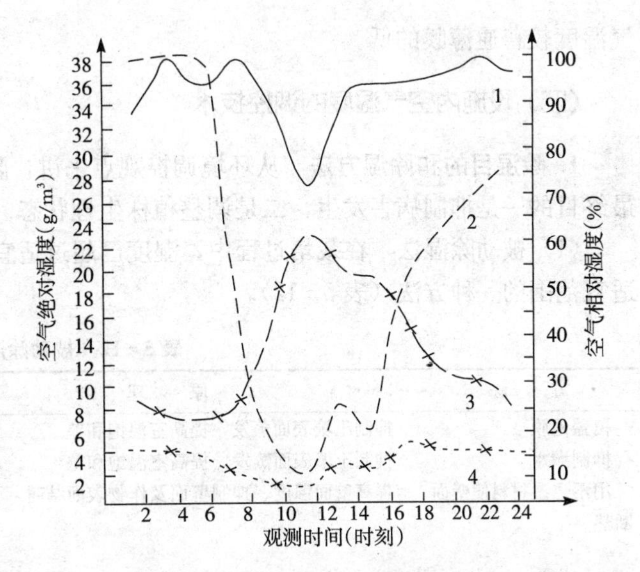

图 5-12　温室内外的空气湿度日变化

1. 温室内的空气相对湿度　2. 露地的空气相对湿度
3. 温室内的空气绝对湿度　4. 露地的空气绝对湿度

（1）温室内较冷区域的植株表面结露　当局部区域温度低于露点温度就会发生。因此，设施内温度的均匀性至关重要，通常 3～4℃的差异，就会在较冷区域出现结露。

（2）高秆作物植株顶端结露　在晴朗的夜晚，温室的屋顶将会散发出大量的热量，这会导致高秆作物顶端的温度下降。当植株顶端的温度低于露点温度时，作物顶端就会结露。

（3）植物果实和花芽的结露　植物果实和花芽的结露常出现在日出前后，这是因为太阳出来后，棚室温度和植株的蒸腾速率均提高，使棚室内的温度和绝对湿度提高。但是植物果实和花芽的温度提高比棚室的温度提高滞后，从而导致温室内空气中的水蒸气在这些温度较低的部位凝结。

结露现象在露地极少发生，因为大气经常流动，会将植物表面的水分吹干，难以形成结露。

（三）设施内空气湿度的影响因素

设施内空气湿度的变化除了受温度变化影响外，还受到以下因素的影响：

1. 土壤湿度　当土壤湿度增高时，地面以及作物向空中散放的水蒸气也增多，故空气湿度变大。一般以浇水后的第 1～3 天内的空气湿度增大较为明显，主要表现为薄膜和蔬菜表面上的露珠增多，温室内的水雾也较浓。

2. 植株高度　由于植株表面积随着植株的增高而增大，因此空气湿度也因植株散放水量的增多而增大。此外，植株增高时，设施内的通风排湿效果变差，也造成其内部的空气湿度增大。

3. 薄膜表面水滴　薄膜表面水滴增多时，上午设施升温时水滴汽化向空中散放的水蒸气量也增多，白天的空气绝对湿度值增大。

4. 设施大小　大型设施内的空间较大，湿度变化相对平缓，空气湿度一般较小型设施的低。

5. 薄膜类型　有色膜覆盖设施内的空气湿度一般较无色膜的偏低，无滴膜覆盖设施内的空气湿度较普通薄膜的低。

(四) 设施内空气湿度的调控技术

1. 除湿目的和除湿方法 从环境调控观点来讲，除湿主要是防止作物沾湿和降低空气湿度，最终目的一是抑制病害发生，二是调整植株生理状态。除湿方法有被动除湿法和主动除湿法。

(1) 被动除湿法 在栽培过程中，湿度已超过适宜范围后，通过人为的措施，使湿度保持在适宜范围的一种方法（表5-12)。

表5-12 被动除湿法

方法	原理	特征
覆盖地膜	抑制土壤表面蒸发，提高室温饱和差	抑制土壤表面蒸发
抑制灌水	抑制土壤表面蒸发，提高室温饱和差	使土壤表面蒸发和作物蒸腾都受到抑制
用不透湿材料使壁面断热	提高壁面温度、抑制壁面及作物表面结露	壁面结露受到抑制，同时相对湿度上升与饱和差减少。白天，随着室温上升，可以加大通风
用透湿性、吸湿性好的保温幕材料	在保温幕材料里面促进潜热移动，抑制显热移动	防止在保温幕里面结露，落在作物上，换气使绝对湿度下降
增大透光量	室温上升（饱和差上升）	由于室温上升，采取通风换气，达到绝对湿度下降的目的
除去覆盖材料的结露	使覆盖材料里面的露水排除室外	绝对湿度下降、促进蒸发蒸腾
覆盖材料的界面活性加大	促进向覆盖材料结露、抑制雾的发生	根据覆盖材料的种类，室内覆盖材料的界面活性发生难易尚不清楚
自然吸湿	用固体自燃吸附水蒸气或雾	稻草、麦草、吸水性保温幕以放出吸附水

(2) 主动除湿法 在湿度尚未达到更大之前，通过农业措施或应用技术将湿度控制在适宜范围的方法（表5-13)。

表5-13 主动除湿法

方法	原理	特征
通风换气	强制排除室内水蒸气，使显热、潜热都减少损失	一般可使绝对湿度下降，如果在换气的同时室温下降，则相对湿度上升或饱和差减少
热交换型除湿换气	强制排除室内水蒸气，放出潜热	一般可使绝对湿度下降，防止早晨作物体表结露
暖气加温	室温上升	一般可使相对湿度下降。但由于饱和差加大，促进蒸发蒸腾而使绝对湿度上升。绝对湿度或露点温度上升而使壁面结露加大
强制空气流动	促进水蒸气扩散	防止作物沾湿，在一般情况下，空气湿度加大
冷却除湿	使室内水蒸气结露，再强排除。由潜热转化为显热	一般可使绝对湿度下降，但不能大幅度下降，在绝对湿度下降的同时室温不下降
强制吸湿	将水蒸气液化后强制吸收，或用固体强制吸收	相对饱和差不会大幅度下降，吸收或吸附的水分可以排除，吸湿物质，有氯化钠或稻草、活性白土、活性矾土、氧化硅胶等

2. 加湿 作物的正常生长发育需要一定的水分，水分过高对作物不利，但过低同样不利。所以，当设施湿度过低时，应补充水分。另外，在秧苗假植或定植后3～5d，由于其根系尚未恢

复生长，对水分的吸收能力弱，而叶片仍然进行蒸腾而消耗水分，这时需要保持一定的湿度。园艺设施在进行周年生产时，到了高温季节还会遇到高温、干燥、空气湿度不够的问题，当栽培要求空气湿度高的作物，如黄瓜和某些花卉，还需要提高空气湿度。提高空气湿度有3种方法：

(1) 喷雾加湿　喷雾器种类较多，如103型三相电动喷雾加湿器、空气洗涤器、离心式喷雾器、超声波喷雾器等，可根据设施面积选择合适的喷雾器。此法效果明显，常与降温结合使用。

(2) 湿帘加湿　主要是用来降温，同时也可达到增加温室内湿度的目的。

(3) 温室内顶部安装喷雾系统　降温的同时可加湿。

三、设施内土壤湿度环境及其调控技术

(一) 土壤湿度的特点

1. 比较稳定，变化幅度较小　冬春季节设施栽培大多采用地膜覆盖，土壤蒸发量不大，所以，设施内土壤湿度主要受蔬菜作物蒸发量、浇水量以及设施外面水分内渗的影响。

2. 土壤湿度容易偏高　园艺设施是一个半封闭的系统，其内部的空气湿度较大，土壤水分蒸发和作物蒸腾量均较自然界小，使土壤湿度经常保持在一个较高的水平。

3. 分布不均匀　设施周围的水分有时容易经过土壤的渗透进入设施内，特别是设施两边的畦内；同时设施两边由于温度较低，植株生长对水分的吸收相对较少。所以，设施内水分的分布一般是中间低、两边高。

4. 有季节性变化和日变化　冬季温度低，水分消耗少，浇水后土壤湿度大，且持续时间长。秋末、春末和夏初气温高，光照好，作物生长旺盛，地面蒸发和作物蒸腾量大，加上防风量大且时间长，水分散失多。白天水分消耗大于夜间，晴天大于阴天。

(二) 土壤湿度的调控

土壤湿度的主要调控措施是灌水，而灌水又存在着如何确定灌水期、灌水量和灌水方法等问题。

1. 灌水适期的确定　一般用pF表示土壤水分的含量。当土壤水分张力下降到某一数值时，农作物因缺水而丧失膨压以致萎蔫，即使在蒸腾最小的夜间也不能恢复，这时的土壤含水量称为“萎蔫系数”或“凋萎点”。凋萎点用水分张力表示时约为pF4.2。一般灌水都是在凋萎点以前，这时的土壤含水量为生育阻滞点。排水良好的露地土壤生育阻滞点约为pF3.0。但该点在设施内pF1.5～2.0，也就是设施内开始灌水的土壤含水量较高，因为设施内作物根系分布范围受到一定限制，需要在土壤中保持较多的水分。

几种主要蔬菜的灌水期参考数据如下。

(1) 番茄　生育前期pF2.0～2.5，使其在稍干的土壤中生育；在生育后期pF1.5～1.7，应在土壤水分较充足的状况下生育良好。

(2) 黄瓜　生育前期pF2.0～2.5，生育后期pF1.5～1.7。

(3) 茄子　在pF1.5～2.0范围内开始灌水。

(4) 甜椒 pF1.5～1.7，比茄子的土壤含水量稍高为宜。

(5) 芹菜 生育前期 pF1.5～2.0，生育后期 pF2.5，但在排水良好的土壤，土壤含水量可高些。

目前，灌水适期的判断多凭经验进行，靠栽培者的观察、感觉确定灌水适期。随着现代控制技术和机械化、自动化灌溉设施的采用，根据作物各生育期需水量和土壤 pF 进行科学合理的土壤水分调控技术已应用于现代设施园艺中。

2. 灌水量 设施内的灌水量，随园艺作物种类而不同，通常在栽培作物上部叶片部位，安装 1 个小型蒸发器，由水面蒸发量来推算水分消耗量，将此次灌水到下次需要灌水时的水分消耗量作为 1 次灌水量。有条件的地方还可以将蒸发计与电磁阀连接起来作为自动灌水装置。

灌水量与作物种类、气象条件、土壤状况等有关。作物间的差异如表 5-14 所示，在低温寒冷季节，应一次多灌，间隔时间要长，以免频繁灌水降低地温。

表 5-14 温室内主要蔬菜的灌水量和间隔日数

蔬菜种类	灌水量（mm）						间隔日数		
	1 次			1 天					
	最小	平均	最大	最小	平均	最大	最小	平均	最大
番茄	2.7	17.5	44.4	1.1	3.8	9.0	1.3	3.8	7.1
黄瓜	4.4	24.0	42.0	2.5	6.1	15.0	0.7	3.9	8.0
辣椒	10.0	25.2	35.0	3.9	7.2	10.0	2.6	3.4	4.3
茄子	4.8	—	19.4	3.0	—	6.0	1.6	—	2.9
芹菜	4.5	7.3	12.5	1.15	3.0	7.0	1.0	2.4	4.5

3. 灌水技术

(1) 沟灌 此种方法是将井水通过水渠或水管灌入垄沟中。目前，冬春寒冷季节在日光温室和塑料棚栽培作物生产中，为避免空气湿度过大，通常以膜下沟灌为宜。该法简单、省力、速度快、成本低，但浪费土地浪费水，且易使土壤板结，故在缺水或土壤黏重地区不宜采用。

(2) 喷壶洒水 传统方法，简单易行，便于掌握与控制。但只能在短时间、小面积内起到调节作用，不能根本解决作物生育需水问题，而且费时、费力，均匀性差。

(3) 微喷灌 采用微喷头的喷灌设备，用 2.94×10^5Pa 以上的压强喷雾。4.90×10^5Pa 的压力雾化效果更好，安装在温室或大棚顶部 2.0～2.5m 高处。也有的采用地面喷灌，即在水管上钻有小孔，在小孔处安装小喷嘴，使水能平行地喷洒到植物上方。

(4) 滴灌 即采用塑料薄膜滴灌带，成本较低，可以在每个畦上固定 1 条，每条上面每隔 20～40cm 有 1 对 0.6mm 的小孔，用低水压也能使 20～30m 长的畦灌水均匀。也可放在地膜下面，降低温室内湿度。

(5) 地下灌溉 用带小孔的水管埋在地下 10cm 处，直接将水浇到根系内，一般用塑料管，耕地时再取出。或选用直径 8cm 的瓦管埋入地中深处，靠毛细管作用经常供给水分。此方法投资较大，花费劳力，但对土壤保湿及防止板结、降低土壤及空气湿度、防止病害效果比较明显。

4. 灌水应注意的问题及灌水后管理

(1) 灌水时间 灌水时间关系到对地温和空气湿度的影响。冬季和早春灌水一般应选择晴暖天气的上午，此时水温与地温差距小，同时还有充裕的时间恢复地温和放风排湿。阴雨天、晚上浇水或浇后遭遇连阴天，不仅地温不易恢复，而且因不能及时放风排湿，病害会乘机大发生。在冬春茬生育后期，为了降低地温，强调傍晚灌水，可以降低夜间温度。无论哪种情况，都不宜在晴天温度最高时浇水，因为此时植物体蒸腾和生命活动旺盛，灌水后地温骤降，根系受到伤害或影响而使吸收能力降低，影响植株地上部分的生命活动。

(2) 灌水时的水温　冬季灌水后地温会下降。据测定，灌水后地温一般下降2～3℃。如果灌水后遇连阴天，地温下降5～8℃甚至更低，这是设施生产中的大忌。冬春茬在定植时宜用20～30℃的温水来浇灌。平时浇水则要求水温与当时温室内地温基本一致，最好不低于2～3℃。

(3) 灌水量不宜过大　栽培畦地面有积水会对大多数作物有害，特别是不耐涝作物，同时还会导致低温沤根。因而温室浇水量应比露地小。

(4) 灌水后的管理　灌水当天，为了尽快恢复地温，一般应封闭温室，迅速提高温度，以气温促地温，地温缓解后应及时放风排湿。在苗期浇水后，采取中耕松土的方法增温保墒。

第四节 气体环境及其调控技术

园艺设施气体环境的突出特点：与光合作用密切相关的二氧化碳浓度的变化规律与露地有明显的区别；由于肥料分解或其他原因造成的有害气体中毒现象时常发生。

一、二氧化碳环境及其调控技术

二氧化碳是绿色植物制造碳水化合物的重要原料。自然界中二氧化碳的含量为330～350ml/m³，这个浓度不能满足园艺作物进行光合作用的需要，若能增加空气中二氧化碳的浓度，将会大大促进光合作用，从而大幅度提高产量，称为“气体施肥”。据测定，正常光强下，大多数园艺作物生长发育所需要的二氧化碳补偿点为30～90ml/m³，饱和点为1 000～1 500ml/m³，适宜浓度为800～1 200ml/m³。在适宜的浓度范围内，浓度越高，作物光合作用越旺盛，越有利于作物的生长和发育。

由于设施栽培空间有限，可以形成封闭状态，为进行二氧化碳气体施肥提供了有利条件。

(一) 设施内二氧化碳浓度的特点

1. 二氧化碳浓度的日变化规律　设施中二氧化碳来源除了空气固有的二氧化碳之外，还有作物呼吸作用、土壤微生物活动以及有机物分解发酵、煤炭柴草燃烧等放出二氧化碳。二氧化碳浓度的日变化为：夜间是保护设施内二氧化碳的积累过程，黎明揭苫前，二氧化碳浓度达到高峰。揭苫后光合作用逐渐增强，二氧化碳浓度开始下降；中午因日光强温度高作物光合作用旺盛，通风前二氧化碳浓度降至一日中最低值。通风后，外界二氧化碳进入室内，浓度有所上升；下午，随着光照减弱和温度降低，植物光合作用减弱，二氧化碳浓度开始回升。图5-13是一日光温室内二氧化碳浓度的日变化曲线。

由图5-13可见，温室白天二氧化碳浓度显著降低，严重影响光合产量及品质，因而调节二氧化碳浓度十分必要。

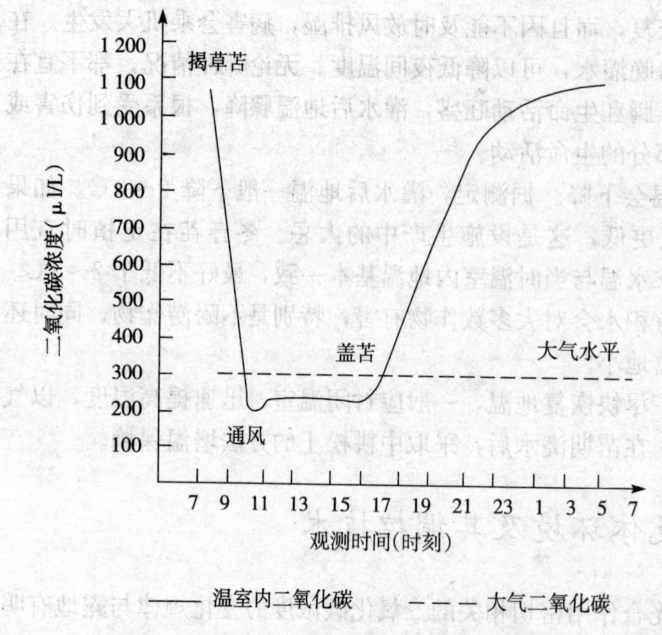

图 5-13 温室内二氧化碳浓度的日变化规律

2. 二氧化碳浓度的分布 设施内各部位的二氧化碳浓度分布不均匀。一般园艺作物冠层上部最高，下部次之，而中部分布的主要是功能叶，光合作用最旺盛，二氧化碳浓度最低，因此中午前进行二氧化碳施肥十分必要。

以温室为例，晴天当温室内天窗和一侧侧窗打开，作物生育层内部二氧化碳浓度降低到 135～150ml/m^3，比生育层的上层低 50～65ml/m^3，仅为大气二氧化碳标准浓度的 50%左右。但在傍晚阴雨天则相反，生育层内二氧化碳浓度高，上层浓度低。

设施内二氧化碳浓度分布不均匀，会造成作物光合强度的差异，从而使各部位的产量和质量不一致。

（二）设施内二氧化碳浓度的调控

1. 设施内二氧化碳浓度的调控

（1）通风换气 当设施内二氧化碳浓度低于外界大气水平时，采用强制或自然通风可迅速补充设施内二氧化碳。此法简单易行，但二氧化碳浓度升高有限，且寒冷季节通风少，难以应用。

（2）增施土壤有机肥 增施有机肥不仅提供作物生长必需的营养，改善土壤理化性状，而且可释放大量二氧化碳。目前，国内日光温室的二氧化碳补给，主要立足于大量增施农家肥。

但是，有机肥释放二氧化碳持续时间短，产气速度受外界环境和微生物活动影响大，不易调控，而且未腐熟的有机肥在分解过程中还可能产生氨气等有害气体。

（3）人工释放二氧化碳 目前人工二氧化碳施肥的方法有：

①燃烧含碳物质法：这种方法又分为 3 种碳源。一是燃烧煤或焦炭，二是燃烧天然气（液化石油气），三是燃烧纯净煤油。由于成本较高，我国目前难以在生产中推广。

②释放纯二氧化碳：一是施放干冰。干冰是固体二氧化碳，便于定量施放，所得气体纯净，但干冰成本高，储藏和运输都不便。二是施放液态二氧化碳。液态二氧化碳可从制酒行业得到。它的纯度高，不存在有害气体，施用浓度便于掌握，但需要高压钢瓶作为储运和施放工具。

③化学反应法：采用强酸（硫酸、盐酸）与碳酸盐（碳酸钙、碳酸氢铵）反应产生二氧化碳，我国目前应用此方法最多。反应方程式：$NH_4HCO_3 + H_2SO_4 \rightarrow (NH_4)_2SO_4 + H_2O + CO_2\uparrow$，硫酸的浓度以 96%为宜。

近几年，山东、辽宁等地相继开发出多种二氧化碳施肥装置，主要结构包括储酸罐、反应罐、提酸手柄、过滤罐、输酸管、排气管等部分，工作时将提酸手柄提起，并顺时针旋转 90°使其锁定，硫酸通过输酸管微滴于反应罐内，与预先装入反应罐内的碳酸氢铵进行化学反应，生成二氧化碳气体。二氧化碳经过滤罐（内装清水）过滤，氨气溶于水，二氧化碳气体被均匀送至温室供作物吸收。通过硫酸供给量控制二氧化碳生成量，二氧化碳发生迅速，产气量大，操作简便、安全，应用效果好。

因温室的面积不同，各种作物的二氧化碳饱和点不同，所以每次施用的硫酸和碳酸氢铵的量不同（表 5-15）。

表 5-15　硫酸与碳酸氢铵反应法施放二氧化碳投料表

（凌云昕，2002）

设定浓度（mg/kg）	需要二氧化碳		反应物投放量（kg）	
	质量（kg）	体积（m^3）	96%硫酸	碳酸氢铵
500	0.392 9	0.2	0.455 4	0.705 4
800	0.982 1	0.5	1.138 4	1.763 4
1 000	1.375 1	0.7	1.593 8	2.468 8
1 200	1.707 9	0.9	2.049 1	3.174 1
1 500	2.257 1	1.2	2.732 1	4.232 1
2 000	3.339 3	1.7	3.870 5	5.995 5
2 500	4.321 4	2.2	5.008 9	7.758 9
3 000	5.303 6	2.7	6.147 3	9.522 3

注：原有二氧化碳基础浓度以 300mg/kg 计。如果设定浓度为 500mg/kg，则需新增浓度 200mg/kg。

2. 二氧化碳的施用时期和浓度

（1）施用时期　从理论上讲，二氧化碳施肥应在作物一生中光合作用最旺盛的时期和一天中光温条件最好的时间进行。一般施放二氧化碳在早春及严冬季节蔬菜生育初期效果较好，果菜苗期以 2 片真叶展开到移植前效果较好，定植的蔬菜从缓苗后开始，连续放 30d 以上效果明显。韭菜、芹菜、蒜苗、菠菜等叶菜类，在收获前 20d 开始，需连续施放到收获。黄瓜等果菜类蔬菜在结果初期至采收初期施放，可促进果实肥大，施用过早容易引起茎叶徒长。施放时间，一般温室在揭苫后 30～50min 内施放，放风前 30min 停止。大棚在日出后 30～50min 内施放，放风前停止，下午一般不施用。阴、雨、雪天不宜施放。

（2）施用浓度　从光合作用的角度，接近饱和点的二氧化碳浓度为最适施肥浓度。但是，二氧化碳饱和点受作物、环境等多因素制约，生产中较难把握；而且施用饱和点浓度的二氧化碳也未必经济合算。很多研究表明，二氧化碳浓度超过 900μl/L 后，进一步增加施肥浓度收益增加很少，而且浓度过高易造成作物伤害和增加渗漏损失，因此，800～1 500μl/L 可作为多数作物的推荐施肥浓度，具体依作物种类、生育阶段、光照及温度条件而定，如晴天和春秋季节光照较强时施肥浓度宜高，阴天和冬季低温弱光季节施肥浓度宜低。

3. 二氧化碳施肥的注意事项

①采用化学反应法施用二氧化碳时，由于强酸有腐蚀作用，不要滴到操作者的衣服和皮肤上，也不要滴到作物上。一旦滴上应及时涂小苏打和碳酸氢铵或用水清洗。

②施放二氧化碳要有连续性，才能达到增产效果，禁止突然停止施用，否则，黄瓜等果菜类会提前老化，产量显著下降。若需停用时，应提前计划，逐渐降低二氧化碳浓度，缩短施放时间，以适应环境条件变化。

③施放二氧化碳的作物生长量大，发育快，需增加追肥和灌水次数。

④二氧化碳发生器应当遮盖，以防太阳直射而老化，影响密封性和使用寿命。发生器的密封反应罐最好用塑料薄膜绕扣缠一圈再拧紧，以免漏气。

⑤阴、雨、雪天不宜施放二氧化碳。

4. 设施黄瓜、番茄二氧化碳施肥技术规程 如表5-16所示。

表5-16 设施黄瓜、番茄二氧化碳施肥技术标准

（李式军，2002）

时期	越冬茬于保温期开始后，促成栽培在定植后30d开始，均在结果后施，育苗期不使用
时间	日出后30min开始，至换气前的2～3h，不换气场合施放3～4h结束
浓度	晴天1 000～1 500mg/kg，阴天500～1 000mg/kg，雨天不施用
温度条件	日温：与不施的情况一样，达28～30℃时就应换气
	夜温：变温管理时，设有转流时间带（4～5h）
	晴天：黄瓜15℃，番茄13℃
	阴天：比温度低些
	抑制呼吸温度：黄瓜10℃，番茄8℃
湿度条件	为了施二氧化碳，密闭时间长，应注意避免高湿
施肥条件	不必特别多施肥料
浇水条件	适当控水，防止茎叶过于繁茂
备注	堆肥多施，土壤会产生大量二氧化碳，影响施用效果，所以应预先测定温室内浓度

二、有害气体

（一）有害气体种类及其危害

在密闭的设施内，由于施肥、采暖、塑料薄膜等技术或材料的应用，往往会产生一些有害气体，如氨气、二氧化氮、一氧化碳、二氧化硫、乙烯、氯气等，若不及时将这些气体排出就会对园艺作物造成危害。主要有害气体及其危害症状见表5-17。

表5-17 主要有害气体及危害特征

有害气体	主要来源	产生危害的浓度（mg/L）	危害症状
氨气（NH_3）	施肥	5.0	由下向上，叶片先呈水浸状，后失绿变褐色干枯。危害轻时一般仅叶缘干枯
二氧化氮（NO_2）	施肥	2.0	中部叶片受害最重。先是叶面气孔部分变白，后除叶脉外，整个叶面被漂白、干枯
二氧化硫（SO_2）和三氧化硫（SO_3）	燃料或未经腐熟的有机肥	SO_2：0.2～1 SO_3：5	中部叶片受害最重。轻时叶片背面气孔部分失绿变白，严重时叶片正反面均变白枯干
乙烯	燃料、塑料制品	0.05～0.1	植株矮化、茎节粗短，叶片下垂、皱缩，失绿转黄脱落；落花落果，果实畸形等
氯气（Cl_2）	塑料制品	0.1	核果类树叶会出现穿洞眼的特殊症状。受害园艺作物壮叶、幼叶和嫩枝都有白斑，而且特别明显
磷酸二甲酸二乙丁酯	塑料制品	0.1	叶片边缘及叶脉间叶肉部分变黄，后漂白枯死

（二）预防措施

预防有害气体中毒，应采取以下措施：

（1）合理施肥　有机肥应充分腐熟后施肥，并且要深施肥；不用或少用挥发性强的氮素化肥；深施基肥，不地面追肥；施肥后及时浇水等。

（2）覆盖地膜　用地膜覆盖垄沟或施肥沟，阻止土壤中的有害气体挥发。

（3）正确选用与保管塑料薄膜与塑料制品　应选用无毒的农用塑料薄膜和塑料制品，不在设施内堆放塑料薄膜或制品。

（4）正确选择燃料、防止烟害　应选用含硫低的燃料加温，并且加温时，炉膛和排烟道要密封严实，严禁漏烟。有风天加温时，还要预防倒烟。

（5）勤通风　特别是当发觉设施内有特殊气味时，应立即通风换气。

第五节　土壤环境及其调控技术

设施栽培，由于设施内缺少酷暑严寒、雨淋、暴晒等自然因素的影响，加上栽培时间长、施肥多、浇水少、连作严重等，土壤的性状较易发生变化。通常，温室连续栽种3～5年后，土壤性状就会不同程度地发生改变，其中变化较大、对作物生长影响也较大的主要有土壤酸化、土壤盐渍化、连作障碍及养分供应不平衡。

一、园艺作物对土壤环境的要求

1. 要求土壤水肥充足　园艺作物的产品器官鲜嫩多汁、个体硕大，喜肥喜水。设施栽培作物复种指数高、单位面积的产量也高，也必须要有水肥保证。一些设施栽培发达的国家，十分重视培肥土壤，温室内土壤的有机质含量高达8%～10%，而我国只有1%～3%，相差悬殊。

2. 要求土层深厚，有较好的保水、保肥和供氧能力　果树和观赏树木要求土层80～120cm以上，蔬菜和一年生花卉要求土层30cm以上。而且地下水位不能太高，因为设施栽培多在冬、春寒冷季节进行，地下水位高地温不易上升，要求至少在100cm以下为好。土壤质地以壤土最好，通透性适中，保水保肥力好，而且有机质含量和温度状况较稳定。

3. 要求土壤的酸碱度适中　不同园艺作物对土壤酸碱度适应性不同，大多数园艺植物喜中性土壤，不同作物适宜的土壤pH如表5-18所示。

表5-18　一些园艺植物最适宜的土壤酸碱度

（张福墁，2001）

观赏植物	pH	蔬菜植物	pH	果树植物	pH
雏菊	5.5～7.0	莴苣	6.0～7.0	柑橘	6.0～6.5
百合	5.0～6.0	菜豆	6.5～7.0	芒果	5.5～7.0
仙客来	5.5～6.5	黄瓜	6.3～7.0	桃	5.5～7.0
香豌豆	6.5～7.5	茄子	6.5～7.3	苹果	5.4～8.0

（续）

观赏植物	pH	蔬菜植物	pH	果树植物	pH
郁金香	6.5～7.5	冬瓜	6.0～7.5	梨	5.5～8.5
风信子	6.5～7.5	番茄	6.0～7.5	葡萄	7.5～8.5
石竹	7.0～8.0	萝卜	6.5～7.0	柿	6.5～7.5
兰科植物	4.5～5.0	芹菜	6.0～7.5	樱桃	6.0～7.5

4. 要求土壤卫生 无病虫寄生，无污染性物质积累。

二、土壤环境及其调控技术

（一）土壤酸化及其调控技术

1. 土壤酸化对作物的影响 土壤酸化是指土壤的 pH 明显低于 7，土壤呈酸性反应的现象。土壤酸化对作物的影响很大（图 5 - 14），主要表现在以下几个方面：①直接破坏根的生理机能，导致根系死亡；②降低土壤中磷、钙、镁等元素的有效性，间接降低这些元素的吸收率，诱发缺素症状；③土壤微生物活动，肥料的分解、转化缓慢，肥效低，易发生脱肥。

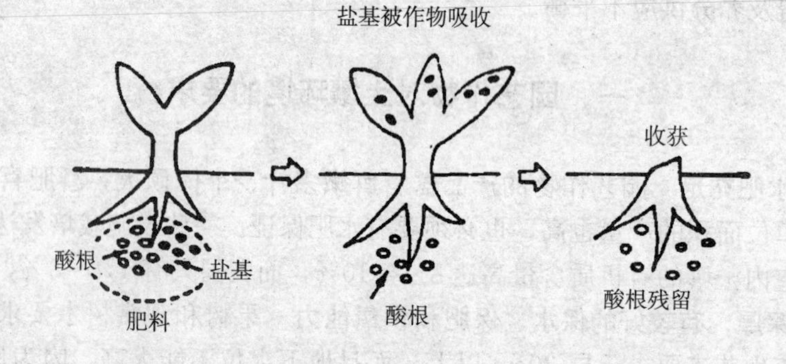

图 5 - 14 土壤酸化示意图

2. 产生的原因 引起土壤酸化的原因比较多，其中施肥不当是主要原因。大量施用氮肥导致土壤中积累较多的硝酸是引起土壤酸化最重要的原因。此外，过多地施用硫酸铵、氯化铵、硫酸钾、氯化钾等生理酸性肥料也能导致土壤酸化。

3. 防治措施 预防土壤酸化的措施主要有：

（1）合理施肥 氮素化肥和高含氮有机肥的一次施肥量要适中，应采取“少量多次”的方法施肥。

（2）施肥后连续浇水 一般施肥后连浇 2 次水，稀释、降低酸的浓度。

（3）加强土壤管理 如进行中耕松土，促根系生长，提高根的吸收能力。

（4）土壤酸化的处理措施 对已发生酸化的土壤应采取淹水洗酸法或撒施生石灰中和的方法提高土壤的 pH，并且不得再施用生理酸性肥料。

（二）土壤盐渍化及其调控技术

1. 土壤盐渍化对作物的影响　土壤盐渍化是指土壤溶液中可溶性盐的浓度明显过高现象。土壤盐类积累后，造成土壤溶液浓度增加使土壤的渗透势加大，作物种子的发芽、根系的吸水吸肥均不能正常进行，而且由于土壤溶液浓度过高，元素之间的颉颃作用常影响到作物对某些元素的吸收，从而出现缺素症状，最终使生育受阻，产量及品质下降。同时，随着盐浓度的升高，土壤微生物活动受到抑制，铵态氮向硝态氮的转化速度下降，导致作物被迫吸收铵态氮，叶色变深，甚至卷叶，生育不良。

土壤盐渍化往往发生大规模危害，不仅影响当季生产，而且过多的盐分不易清洗，残留在土壤中，对以后作物的生长也会产生影响。

2. 产生的原因　土壤盐渍化主要是由于施肥不当造成的。其中氮肥用量过大，土壤中剩余的游离态氮素过多，是造成土壤盐渍化的最主要原因。此外，由于土壤缺少自然降水的淋洗，剩余的盐类不能被淋失。大量施用硫酸盐（如硫酸铵、硫酸钾等）和盐酸盐（如氯化铵、氯化钾等），也能增加土壤中游离的硫酸根和盐酸根浓度，发生盐害（图 5－15）。

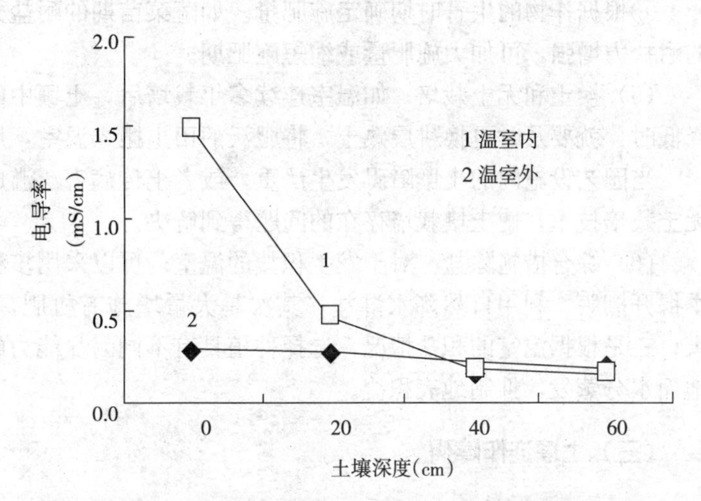

图 5－15　温室内外不同深度土壤的总离子浓度

（喻景权，2000）

3. 防治措施

（1）土壤休闲，合理灌溉　夏季休闲期，在温室地块种植苏丹草或玉米等吸肥能力较强的作物，从土壤中吸收大量的游离氮素，而后再压青作绿肥，利用绿体分解过程中大量繁殖微生物再进一步消耗土壤当中的游离氮。

土壤水分的上升运动和通过表层蒸发是使土壤盐积聚在土壤表层的主要原因。灌溉的方式和质量是影响土壤水分蒸发的主要原因。漫灌和沟灌都将加速土壤水分的蒸发，易使土壤盐分向表层积聚。滴灌和渗灌是最经济的灌溉方式，同时又可防止土壤下层盐分向表层积聚，是较好的灌溉措施。近几年，有的地区采用膜下滴灌的办法代替漫灌和沟灌，对防治土壤次生盐渍起到了很好的作用。

（2）地面覆盖，改变土壤水移动方向　地面覆盖地膜，减少地面水分蒸发，抑制地表积盐。

（3）改良土壤　深翻，晒垡，提高土壤缓冲性。

（4）合理施肥　根据作物的种类、生育时期、肥料的种类、施肥时期以及土壤中的可溶性盐含量、土壤类型等情况确定施肥量。

①施肥前先取样测量土壤的有效盐含量，并以此作为施肥依据，确定施肥量。如果土壤中的含盐量较高，减少施肥量（尤其氮肥），反之则增加施肥量。

②根据肥料的种类确定施肥量。有机肥肥效缓慢，不易引起土壤盐渍化，可增加用量。速效化肥的肥效快，施肥后能迅速提高土壤中盐的浓度，施肥量要少；含硫和氯的化肥，施肥后土壤中残留的盐酸根和硫酸根较多，不宜施用过多。

③根据施肥时期确定施肥量。高温期肥料分解、转化快，施肥量要少；低温期肥效慢，要增加施肥量。

④根据土壤类型确定施肥量。黏性土的吸盐力强，不易发生盐害，可加大施肥量；沙性土的吸肥力较弱，易发生盐害，施肥量要减少。

⑤根据作物的种类确定施肥量。耐盐力强的作物（如茄子、番茄和西瓜等）的一次施肥量可加大，以减少施肥次数；耐盐力差的作物（如黄瓜、菜豆、辣椒等）则要采取“少量多次”法施肥。

⑥根据作物的生育时期确定施肥量。如蔬菜苗期的耐盐力较弱，应减少施肥量；成株期根系的耐盐力增强，可加大施肥量或缩短施肥期。

（5）换土和无土栽培　如温室连续多年栽培后，土壤中的含盐量较高，仅靠淹水等措施难以降低时，就要及时更换耕层熟土，将肥沃的田土搬入温室，用于栽培。

当园艺设施内的土壤障碍发生严重，或者土传病害泛滥成灾、常规方法难以解决时，可采用无土栽培技术，使土壤栽培存在的问题得到解决。

（6）综合措施除盐　对于发生积盐的温室，可以采用多种措施克服土壤积盐危害。首先是夏季揭开棚膜，利用自然降水淋盐；其次是大量增施有机肥，增加土壤的缓冲能力，降低积盐危害；三是根据温室的积盐情况，选择种植具有不同耐盐能力的作物；四是在地面覆盖地膜，减少地面水分蒸发，抑制地表积盐。

（三）土壤连作障碍

1. 土壤连作障碍　设施内作物栽培的种类比较单一，为了获得较高的经济效益，往往连续种植产值高的作物，而不注意轮作换茬。久而久之，使土壤中的养分失去平衡，某些营养元素严重亏缺，而某些营养元素却因过剩而大量残留于土壤中，产生连作障碍（图 5-16）。

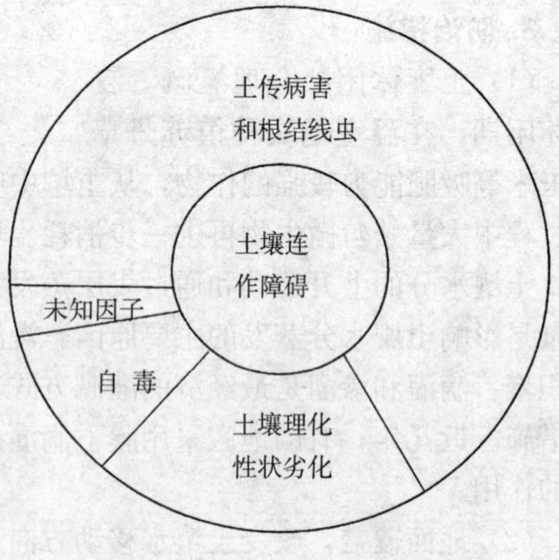

图 5-16　土壤连作障碍的产生因素
（Komada H.，1988）

土壤连作障碍主要表现在以下 4 个方面：

（1）土传病原菌积累　病残体不断遗留在土壤中，使土传病害病原菌在土壤中逐年积累，土传病害就会逐年加重，例如瓜类枯萎病、茄子黄萎病等。另外，根结线虫在一些地方泛滥成灾也与连作有关。

（2）土壤微生物群落异化　正常情况下的土壤微生物处于动态平衡中，由于连作，相对固定的根系分泌物可能对一些土壤微生物有利，对另一些则无利。这样就可能使某些微生物得以发展，某些微生物萎缩或消亡，从而使土壤微生物群落异化，失去平衡，土传病害加剧，土壤老化。

(3) 自害物质积累　多数植物的分泌物对自身是有害的，称自害物质。在连作的情况下，由于自害物质在土壤中不断积累，到达一定程度后，就会对该作物的生育发生不利影响。

(4) 微量元素缺乏　同一作物可能对某些微量元素表现出特殊的嗜好，由于其根系分布在一个相对固定的土层内，在连年种植的时候，这些微量元素就会逐渐被消耗掉。在目前人们还不习惯施用微肥的情况下，土壤中缺乏的微量元素不能及时得到补充时，栽培作物就会出现缺素症。

2. 连作障碍的预防和克服措施

(1) 轮作　采用不同科的作物进行一定年限的轮作，最好是“辣茬”轮作。其作用在于：调节地力；改变土壤病原菌的寄主；改变微生物群落。

(2) 嫁接　目前使用和推广的黄瓜、茄子、番茄等嫁接栽培技术，都是克服连作障碍的有效措施。但是嫁接换根也不能从根本上解决连作障碍，因为砧木也会有连作障碍的问题。

(3) 土壤消毒　有药剂消毒和蒸汽消毒 2 种方法。可用于土壤消毒的化学药剂有氯化苦、溴甲烷、硫黄粉和福尔马林等。由于氯化苦和溴甲烷的残毒会造成污染，已停止使用。

福尔马林用于床土或土壤消毒时，是将 50～100 倍液均匀地喷洒到地面，用量为 667m^2 用配制好的药液 100kg。喷后随即翻土 1 次，搂平，用塑料薄膜覆严地面，坚持 5～7d。撤除薄膜后，再翻土 1～2 次，使土壤中残留的药物散发干净，而后才可播种或定植。

硫黄粉消毒多用于播种或定植前 2～3d 进行熏蒸，消灭床土或保护设施内的白粉病、红蜘蛛等。具体方法是每 100m^2 设施内用硫黄粉 20～30g，敌敌畏 50～60g 和锯末 500g，放在几个花盆内分散放置，封闭门窗，然后点燃成烟雾状，熏蒸一昼夜即可。

另外，还可以用甲霜灵、福美双、多菌灵等每 667m^2 4～5kg 进行土壤药剂消毒。

蒸汽消毒是设施土壤消毒中最有效的方法，它可以杀死土壤中的有害生物，无药剂毒害，不用移动土壤，消毒时间短，因通气能形成团粒结构，提高土壤通气性和保水保肥性，促进有机物的分解。①普通蒸汽消毒法：锅炉发生的蒸汽通过管道输送到消毒场地进行土壤消毒，以蒸汽的高温杀死土壤中的病菌和虫卵。②混合空气消毒法：普通蒸汽消毒法既可杀死有害生物，也可杀死有益生物，同时还会使铵态氮增多，酸性土壤中的锰、铝析出量增加，易使园艺作物产生生理障碍。为此可在 60℃的蒸汽中混入 1∶7 的空气进行土壤消毒 30min。这样既可杀死病菌虫卵，又能使有益微生物有一定的残存量，还会使土壤中的可溶性锰、铝的析出物减少。

(4) 增施有机肥和特种矿物肥　增施有机肥和特种矿物肥（如富硒特种矿物肥），提高土壤的吸附和缓冲能力，延缓连作障碍的发生，减轻连作障碍的危害。

(5) 无土栽培　解决土壤连作障碍的根本措施。但是在我国，由于无土栽培成本高，有些作物的高产栽培技术尚未能很好解决，配制廉价营养液也还有困难等原因，目前大面积推广还不现实。

(6) 起土换土　同克服土壤积盐一样，温室易地搬家，或将原土起出，换用新土，也是有效的方法。

(7) 土壤淹水，高温处理　在温室夏季休闲期，对温室土壤进行消毒处理，既可杀死土壤中土传病的病原菌，又可消灭根结线虫，还有一定的除盐效果。高温淹水处理土壤是一种不会对环境和栽培作物产生污染的无害化技术，应大力提倡。

淹水高温处理的程序是：①清除地面植株残体；②667m² 施用生石灰 100kg，调节土壤呈碱性；再撒施碎稻草或麦糠 500～1 000kg；③深翻 45～60cm，然后一条挨一条地挖出深 30cm 的沟；④在沟内灌大水，使沟内有明水，呈淹水状；⑤用塑料薄膜覆严地面，同时密闭温室。在这种状态下，膜下地表温度可达 70℃；20cm 处的地温经常维持在 50℃左右，坚持 15～20d。高温处理结束后，再按每 667m² 撒 50%多菌灵可湿性粉剂 2～3kg，或 50%多菌灵可湿性粉剂与 50%福美双可湿性粉剂等量混合剂 3～4kg，翻入土中搂平。

第六节 综合环境调控技术

一、综合环境调控的目的和意义

设施内的环境条件对作物生长发育的影响是各因子综合作用的最终结果。环境控制要有全局观念。一个栽培措施是否行之有效，不仅要看是否可以达到预期目标，还要看它所造成的连带反应。

综合环境调节是以实现作物的增产、稳产为目标，将关系到作物生长的多种环境要素都维持在适于作物生长发育的水平，而且要求使用最少的环境调节装置、省工节能、便于操作的一种环境控制方法。

进行设施内的综合环境调控要从经营的总体出发，遵循效益分析原则。如对温室进行综合环境调节时，不仅考虑温室内、外各种环境因素和作物的生长及产量状况，而且要从温室经营的总体出发，考虑各种生产资料的投入成本、产出产品的市场价格化、劳力和栽培管理作业、资金等的相互关系，根据效益分析进行环境控制，并对各种装置的运行状况进行监测、记录和分析，以及对异常情况进行检查处理等。从设施园艺经营角度看，要实现正确的综合环境管理，必须考虑上述各种因素之间的复杂关系。

二、综合环境管理的方式

综合环境管理初级阶段可以靠人的分析判断与操作，高级阶段则要使用计算机实行自动化管理。

（一）依靠人进行的综合环境管理

依靠人进行的综合环境管理是根据人的感官或简单的仪器获取环境数据，完全依靠生产经验，进行综合判断后人工采取措施。其特点：①人员素质要求高，相关知识丰富、勤于观察、善于分析、集思广益、操作准确；②控制精度低，效果差；③有获得高产的成功例子，但重现性差。

依靠人进行综合环境管理，可以取得很好的生产成绩。例如，20 世纪 70 年代北京郊区一些生产能手就善于把多种环境要素综合考虑，进行温室大棚的环境调节和栽培管理，创造出日光温室和塑料大棚冬春黄瓜 667m² 产出 10 000～15 000kg 的水平。

（二）采用计算机进行的综合环境管理

1. 计算机在设施园艺综合环境管理中的应用现状　将计算机用于环境控制技术始于20世纪60年代，随着70年代微型计算机的问世，设施环境调控技术得到了迅速发展。1978年日本东京大学的学者首先研制出微型计算机温室综合环境控制系统，该系统包括传感器、输入输出接口、机械传动装置、变温管理软件等。80年代中期，用于温室中的计算机，日本1 000多台，荷兰5 000多台。目前日本、荷兰、以色列、美国等发达国家可以根据温室作物的要求和特点，对温室内光、温、湿、气、肥等诸多因子进行自动调控。美国和荷兰还利用差温管理技术，实现对花卉、果蔬等产品的开花和成熟期进行控制，以满足市场的需要。

我国在20世纪80年代初期，开始将计算机应用于温室的管理和控制领域。90年代开始，中国农业科学院气象研究所、江苏大学、同济大学等开始了计算机在温室环境管理中应用的软硬件研究与开发，随着21世纪我国大型现代温室的日益发展，计算机在温室综合环境管理中的应用，将日益发展和深化。当前以单板机的简单监测和控制为主，没有达到高水平综合环境控制。该方面的研究正在加紧进行。

2. 计算机在温室设施管理与控制中的应用　现代化温室生产过程是一个十分复杂的系统，除了受到包括生物和环境等众多因子的制约外，还与市场状况和生产决策紧密相关。各个子系统间的运行与协调，环境的控制与管理，依赖人工操作或是传统机械控制，几乎难以完成，只有通过计算机系统才能达到复杂控制和优化管理的目标。在温室生产过程中，通常计算机在以下几方面可发挥巨大作用：实时监测生物和环境特征；模拟生物发育过程；自动利用知识与推理系统进行决策分析；对环境要素和温室辅助设备的自动控制，如通风与加温等操作；制定环境控制策略，如制定以市场时效为目标的控制方案，以节能为目标的控制方案等；实现灵活多样的控制方案，如机器人和智能机械的果实采收与分类应用；制定面向市场的长期性生产目标等。

（1）环境控制　目前对温室环境控制主要采用2种方式：单因子控制和多因子综合控制。单因子控制是相对简单的控制技术，在控制过程中只对某一要素进行控制，不考虑其他要素的影响和变化。例如，在控制温度时，控制过程只调节温度本身，而不理会其他要素的变化和影响，其局限性是非常明显的。实际上影响作物生长的众多环境要素之间是相互制约、相互配合的，当某一要素发生变化时，相关的其他因素也要相应改变，才能达到环境要素的优化组合。多因子综合控制也称复合控制，可不同程度地弥补单因子控制的缺陷。

（2）数据采集　数据采集是整个控制与管理系统的重要组成部分，要达到对环境和设备进行控制，必须对环境和设备的状态进行监测，经过分析决策，然后实施控制行为。数据采集的重要性：①环境要素的变化（如温、湿度等）并非能准确直观感觉到；②环境要素处于时刻变化之中，必须进行连续快速监测；③在实际应用中要素的平均值更有意义，但平均值来自于大量的瞬时值；④在控制与管理过程中，要进行要素的分析计算和优化配置；⑤需要对植物产量与成本消费的平衡进行分析计算；⑥需要对历史资料进行显示和查询；⑦数据图表和图像显示更直观可用等。上述这些要求和特点，如果不使用计算机几乎是不可能实现的。

（3）其他应用

①图像分析和处理：在设施园艺生产与管理过程中，许多过程依赖于操作者通过获取可视化

信息进行决策。例如，产品色泽、尺寸大小等大量信息属于不确定性的模糊信息，果实收获时间的确定和产品的分类，作物生长形态特征和病害特征的识别鉴定等。人工智能技术的发展和应用，是未来图像处理系统的关键性技术，通过图像系统采集的可视性信息，仅是第一步，只有通过人工智能技术的推理与判别，才能提供有用的信息。智能系统不仅可以利用过去的知识（通常是已建立的知识），也可通过操作者输入新的知识对当前的处理目标进行决策，推理过程通过计算机推理机自动实现。可以预计，在未来设施园艺生产中，人工智能技术将得到广泛的应用，在处理难以定量化的问题时尤其如此。

②作物模拟模型：如何实现设施环境的优化控制与管理，通常需要解决两类问题：一是研究作物本身对环境变化的反应，并建立其相应的定量关系；二是通过定量的数学关系，提供设施环境最有效的控制管理策略或方案。为了达到这一目标，在研究领域大体上可归纳为 4 个方面。a. 传统方法：通过试验研究，确定控制预定值的适宜范围。b. 专家系统方法：向有经验的种植者或管理专家请教，总结归纳出控制管理规则。c. 知识学习方法（模式差别法）：通过对温室及其环境状态、种植管理专家行为的跟踪和监测，自动形成控制与管理规则。d. 系统模型方法：利用系统模型生成控制规则或管理方案。尽管上述方法均有其不同的优缺点，但由于温室系统的主体是作物，所以在控制系统中应用作物模型，是衡量该控制系统综合性能的重要标准。所谓作物模型实际上就是利用数学方法描述作物生长发育过程，并模拟作物的生长发育，该领域近年来取得了很大的进展。通过计算机对作物冠层截获的太阳辐射量、光利用率、干物质传输与积累等进行动态模拟，预测发育期和产量，是计算机综合环境控制系统中十分重要的组成部分。

3. 设施园艺计算机综合环境管理系统 计算机综合环境管理系统由于系统配置所用的观测仪器及控制机械的数量不同，管理程序的编制水平和用户要求不同，不同机种所能管理的项目差异较大。以北京市蔬菜研究中心引进的日本现代化温室的计算机管理系统为例加以介绍。

（1）环境调节微机系统 一般都采用通用型的程序结构，能适用多种使用情况。程序中一般只规定控制的方法（如比例控制、差值控制、时间控制等），即根据几个环境要素的相互关系规定一些计算的关系式，以及根据计算结果对各种机器进行控制的逻辑。各种具体环境要素的设定值，由用户根据要求事先输入计算机中，并根据现场情况及时变更。例如，该系统对室温的调节是通过天窗和两层保温幕的开关，以及水暖供热管道的开关来实现。

（2）紧急处理 当室温超出用户设定的最高温度和最低温度时，系统自动报警在现场亮指示灯，并在中心管理室的主机监视器屏幕上提示故障内容或显示红色符号；停电时对数据的保护等。

（3）采集处理 该系统能随时以图表方式，用彩色打印机打出温室内外环境要素值及环境控制设备的运行状态，输入的设定值等。计算机综合环境管理系统的作用发挥的好坏，取决于栽培者对数据分析处理的能力。

（4）软件开发 该系统中，下位机的程序是用汇编语言编写，固化在一个只读存储器芯片中，上位机的管理程序则用 BASIC 语言编写。在积累了一定的经验后，用户自己也可以修改管理程序，提高管理的成效。

（5）硬件的结构 该系统是一个两层结构：下层是温室现场，每栋温室设置 1 台下位计算机综合环境控制器。控制器有单板机、数据通信板、程序芯片、模拟量和数字量输出、输入装置，各种手动、自动开关和面板组成。面板上有图像化的各种设定值按键、指示灯及数据显示窗。外围设备由各种传感器，包括室外日射量和温度、室内干湿球温度和二氧化碳浓度传感器，以及天窗开关装置、保温幕开关装置、水暖管道电磁阀开关及二氧化碳发生器等机器组成。上层是中心管理室，上位机采用 NEC9801 型 16 位通用微机，外围有通信接口、彩色监视器和彩色打印机，上下层之间用同轴电缆串行连接。图 5－17 是上海孙桥现代农业联合发展有限公司，于 1996 年引进的荷兰连栋温室计算机测量和控制系统，可供参考。

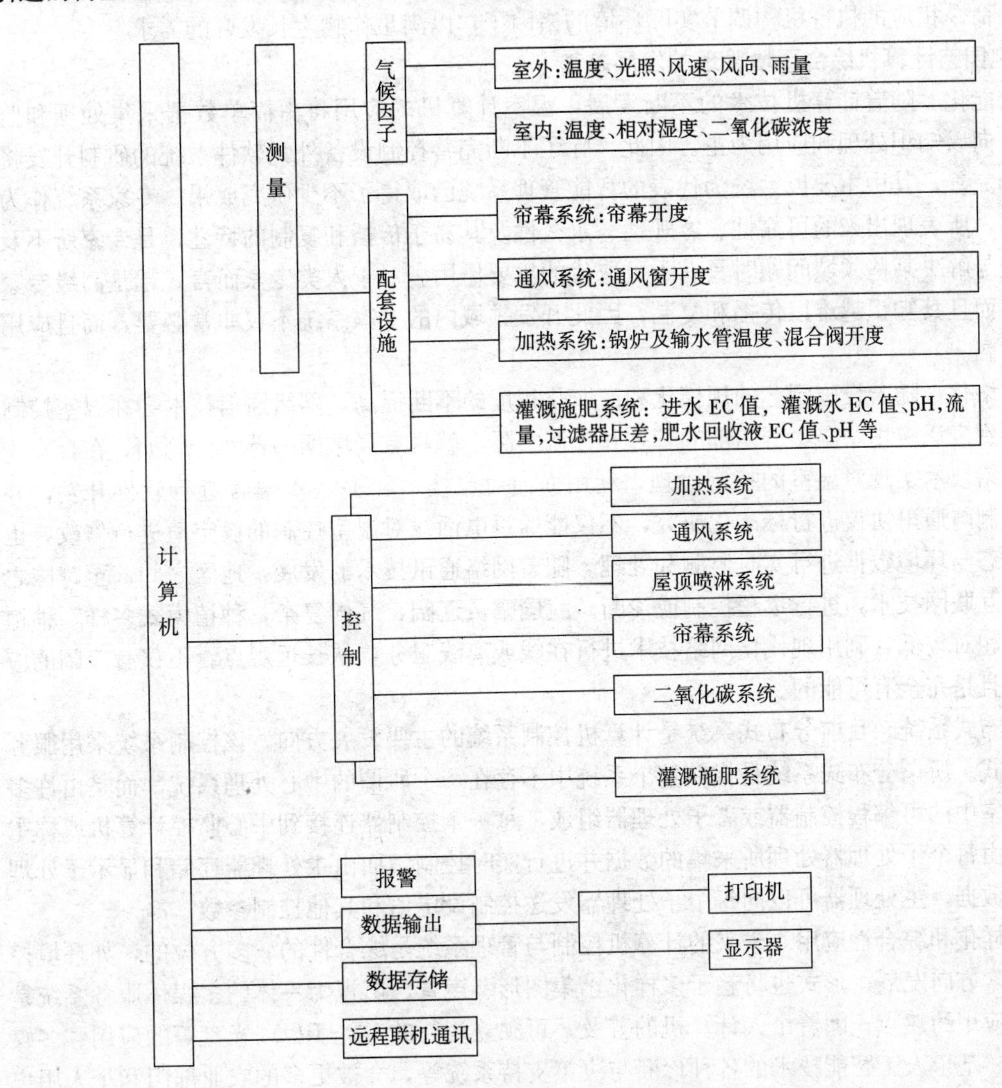

图 5－17　计算机测量和控制系统
（上海孙桥现代化农业联合发展公司现代温室）

4. 计算机综合环境控制系统控制方案　温室综合调控系统从控制方案上可分为两大类：一类是根据作物最适的生长发育环境条件控制温室内各个环境因子（如温度、湿度、光照、二氧化碳浓度等）。农作物的光合作用与吸收二氧化碳的速度密切相关，而温度、湿度、光照、二氧化碳浓度又对农作物的光合作用起决定影响，光合作用的强弱又影响着作物的生长发育。因此，可以把光合作用或农作物吸收二氧化碳的速度作为最优化目标（Q），温度（T）、湿度（R）、光照（L）以及二氧化碳浓度（CO_2）等便是该目标的变量，即 $Q=f$（T、R、L、CO_2 等）。这样可以在微机的帮助下逐步地变更 T、R、L 和 CO_2，获得最大的 Q 值（最优值），这是自动寻优调控系统。另一类是事先把农作物生长发育各阶段所需的最适环境因子（T、R、L、CO_2）作为“文件”储存起来，在运行时把各种检测传感器提供的环境因子的实际信息与设定值比较，得出相应的偏差值，命令相应的执行机构调节实际环境的诸因子，以满足作物生长发育的需求。

5. 设施园艺计算机综合环境管理的发展趋势

（1）智能化　随着计算机技术的不断发展，温室计算机的应用将由简单数据采集处理和监测，逐步转向以知识处理和应用为主。因此，除了不断完善控制设备外，软件系统的研制开发将不断深入和完善，其中主要以系统为代表的智能管理系统已取得了不少研究成果。专家系统作为一种知识体，所表现出来的可靠性、客观性、永久性及其易于传播和复制的特性，是专家所不及的，在处理与解决某些领域问题时具有不可取代的重要作用。对于人类专家而言，越是高级专家数量越少，而且其知识越难以传播和复制，因此开发领域内的专家系统不仅非常必要，而且应用前景非常广阔。

（2）网络化　随着设施园艺的规模化和产业化程度的不断提高，网络通信技术会在温室控制与管理中得到广泛应用，温室群内部的管理和控制实际上就具有局域网的特性。例如，在日本为了能应用网络技术实现对温室的控制管理，利用面向对象技术和 JAVA 语言进行软件开发，并对计算机控制与通讯协议进行标准化研究，不仅能通过电话线对温室控制的设定值进行修改，也能对温室状态与环境数据进行实时监测和处理。随着网络通讯技术的发展，地区之间甚至跨国之间可以通过互联网技术，进行远程控制或诊断。我国幅员辽阔，气候复杂，种植模式多样，种植者总体素质相对较低，利用现代化网络技术进行在线或离线服务，从长远观点看不仅有广阔的应用前景，而且是完全有可能的。

（3）分布式系统　目前分布式系统是计算机控制系统的主要发展方向，该控制系统采用服务器—客户模式。所谓分布式系统是指在整个系统中不存在一个所谓的中心处理系统，而是由许多分布在各温室中的可编程控制器或者子处理器组成，每一个控制器连接到中心监控计算机或称主处理器上。由每个子处理器处理所采集的数据并进行实时控制，而由主处理器存储和显示子处理器传送来的数据，主处理器可以向每个子处理器发送控制设定值和其他控制参数。

（4）多样化和综合性应用　未来的计算机控制与管理系统是综合性的、多方位的，如环境控制将朝多因素方向发展。形式也将趋于多样化，集图形、声音、影视为一体的多媒体服务系统是未来计算机应用的热点；随着个人计算机的普及，可独立运行的 CD-ROM 光盘等的应用、多媒体技术服务、基于人工智能技术的各种诊断与决策支持系统等，会被更多的农业部门和个人用户所利用。

计算机用于设施园艺环境的综合管理，多用于现代化温室，大型温室环境控制是所有室内环境控制中最困难的。一般建筑物的环境控制几乎可完全不受阳光的影响，温室则不然，温室外的环境状况对温室环境控制有着决定性的影响。一般的环境控制大多只针对气温及湿度等，温室环境控制则还需兼顾光量、光质、光照时间、气流、植物保护、二氧化碳浓度、水量、水温、EC

值、pH、溶氧等。温室环境控制的对象种类繁多，不同种类、不同品种的作物对环境条件需求大不一样；即使是同一品种，在不同生长阶段的需求也不同。而且受能源、资金、劳动力、生产资料等资源的限制及市场与天气变化的影响，因此，温室环境控制必须在极有效率的状态下进行。这一切，使得建立一个好的温室计算机环境控制系统，被视为一个无止境的挑战。

【思考题】

1. 影响设施透光率的因素有哪些？
2. 设施屋面角与太阳直射光的透射率大小有何关系？
3. 影响设施内光照均匀分布的因素有哪些？
4. 如何调节园艺设施内的光照？
5. 设施内地温和气温有什么关系？
6. 园艺设施内温度有何变化？如何调节？
7. 园艺设施内湿度有何变化？如何调节？
8. 园艺设施内二氧化碳如何变化？如何调节？
9. 如何进行设施内土壤环境的调节与控制？
10. 如何防止设施内有害气体危害？
11. 简述计算机在温室设施管理与控制中的应用。

【技能训练】

技能训练一 设施内小气候观测与调控

一、技能训练内容分析

园艺设施内各种环境条件对作物生育的影响和综合化、定量化环境控制指标及调节措施，是设施园艺的重要内容，本训练的目的是掌握园艺设施环境观测与调控的一般方法，熟悉小气候观测仪器的使用方法，了解园艺设施内的小气候环境特征，并为进行环境调控奠定基础。

二、核心技能分析

1. 熟悉小气候观测仪器的使用方法
2. 掌握园艺设施环境观测与调控的一般方法

三、训练内容

（一）材料与用具

通风干湿球温度表、最高温度表、最低温度表、套管地温表、照度计、光量子仪、便携式红外二氧化碳分析仪、小气候观测支架等。

（二）步骤与方法

1. 设施内环境的观测

(1) 观测点的布置　温室或大棚内的水平测点，根据设施的面积大小而定，如一个面积为

300～600m^2 的日光温室可布置9个测点（图5-18)。其中点5位于设施的中央，称为中央测点。其余各测点以中央测点为中心均匀分布。

1×	2×	3×
4×	5×	6×
7×	8×	9×

图5-18　设施内环境观测水平测点分布图

测点高度以设施高度、作物状况、设施内气象要素垂直分布状况而定，在无作物时，可设0.2、0.5和1.5m 3个高度；有作物时可设作物冠层上方0.2m，作物层内1～3个高度；土壤中温度观测应包括地面和地中根系活动层若干深度，如0.1、0.2、0.3和0.4m等4个深度。一般来说，在人力、物力允许时光照度测定、二氧化碳浓度测定、空气温湿度测定和土壤温度测定可按上述测点布置。如条件不允许，可适当减少测点，但中央测点必须保留。

(2) 观测时间　选择典型的晴天（或阴天）进行观测，以晴天为好。最好观测各个位点光照度，二氧化碳浓度，空气温、湿度及土壤温度的日变化。间隔2h观测1次，一般在20：00、22：00、0：00、2：00、4：00、6：00、8：00、12：00、14：00、16：00和18：00共测11次。最好从温室揭草帘时间开始观测，直至盖草帘观测停止。总辐射、光合有效辐射和光照度，则在揭帘、盖帘时段内每隔1h 1次。总辐射和光合有效辐射要在正午时再加测1次。

(3) 观测方法与顺序　在某一点上按光照→空气温、湿度→二氧化碳浓度→土壤温度的顺序进行观测，在同一点上取自上而下，再自下而上进行往返2次观测，取2次观测的平均值。

2. 设施内环境的调控

(1) 温度、湿度的调控　自然状态下，在某一时刻，观测完设施内各位点的温度、湿度后，可以通过通风口的开启和关闭或通过设置多层覆盖等措施来实现对温、湿度的调节。让学生观测并记录通风（或关闭风口）后不同时间如10min、30min、1h等（不同季节时间长短不同)，各观测点温、湿度的变化。

(2) 光照环境的调控　观测完设施内各位点的光照强度后，可以通过擦拭棚膜等透明覆盖物、温室后墙张挂反光膜、温室内设置二层保温幕、温室外（内）设置遮阳网（苇帘、竹帘）等任何一种措施实现对光照的调节。让学生用照度计测定并记录各测点光照度在采取措施前后的变化情况。

3. 注意事项

①观测内容和测点视人力、物力而定。

②仪器使用前必须进行校准，然后再进行安装，每次观测前及时检查各测点仪器是否完好，发现问题及时更正；每次观测后必须及时检查数据是否合理，如发现不合理者必须查明原因并及时更正。

③观测前必须设计好记录数据的表格，要填写观测者、记录校对者、数据处理者的名字。

④观测数据一律用HB铅笔填写，如发现错误记录，应用铅笔画去再在右上角写上正确数据，严禁用橡皮涂擦。

⑤仪器的使用必须按气象观测要求进行，如测温、湿度仪器必须有防辐射罩，测光照仪器(照度计等）必须保持水平等。

四、作业与思考题

1. 根据观测数据，绘出温室（或大棚）内等温线图、光照分布图、温度和湿度的日变化曲线图。

2. 总结设施内环境调控的措施及其效果。

3. 对设施的结构和管理提出意见和建议。

技能训练二　二氧化碳施肥技术

一、技能训练内容分析

二氧化碳施肥是设施气体环境调控的重要内容。训练学生深刻理解园艺设施内二氧化碳施肥的意义与作用，并掌握设施内常用的二氧化碳的施肥方法和技术。

二、核心技能分析

增施二氧化碳的途径；二氧化碳的施用浓度和时期；增施二氧化碳需增加追肥和灌水的次数。

三、训练内容

（一）材料与用具

二氧化碳发生器、碳酸盐（碳酸钙、碳酸氢铵、碳酸铵）、强酸（硫酸或盐酸）。

（二）步骤与方法

1. 二氧化碳的来源与施用　二氧化碳的肥源及其生产成本，是决定在设施生产中能否推广和应用二氧化碳施肥技术的关键。解决肥源有以下几种途径：

（1）通风换气法　在密闭的设施内，由于作物的光合作用，中午前后二氧化碳浓度会降至很低，甚至达到150μl/L，最快、最简单补充二氧化碳浓度的方法就是通风换气（在外界气温高于10℃时），这是最常采用的方法。通风换气有强制通风和自然通风两种。强制通风是利用人工动力如鼓风机等进行的通风，自然通风就是利用风和温差所引起的压力差进行的。但这种方法有局限性，表现在设施内的二氧化碳浓度只能增加到与外界二氧化碳浓度相同的水平，浓度再增高受到限制；另外，在外界气温低于10℃时，直接通风有困难，会影响温室内气温。

（2）土壤中增施有机质法　土壤中增施有机质，在微生物的作用下，会不断地被分解为二氧化碳，同时，土壤中有机质增多，也会使土壤中生物增加，进而增加了土壤中生物呼吸所放出的二氧化碳。在不同的有机质种类中腐熟的稻草放出的二氧化碳量最高，稻壳和稻草堆肥次之，腐叶土、泥炭、稻壳熏碳等相对较差。

（3）人工施用　目前，国内外采用的二氧化碳发生源主要有燃烧含碳物质、施放纯净二氧化碳法、化学反应法。

①燃烧含碳物质法：这种方法又分为3种碳源。一是燃烧煤或焦炭，1kg煤或焦炭完全燃烧大约可发生3kg二氧化碳，这种方法原料容易得到，成本低，在广大农村发展潜力较大，并可在一定条件下实现温室供暖与二氧化碳施肥的统一。但是如果煤中含有硫化物或燃烧不完全，就会产生二氧化硫和一氧化碳等有毒气体，而且产生的二氧化碳浓度不容易控制。因此，在采用此法时，应选择无硫燃煤，并注意燃烧充分，避免烟道漏烟。二是燃烧天然气（液化石油气），这

种方法产生的二氧化碳气体较纯净，而且可以通过管道输入到设施内，其反应式为：$C_3H_8+5O_2 \rightarrow 3CO_2+4H_2O$，但成本较高。三是燃烧纯净煤油，每升完全燃烧可产生 2.5kg（1.27m^3）的二氧化碳，其反应式为 $2C_{10}H_{22}+31O_2 \rightarrow 20CO_2+22H_2O$，这种方法易燃烧完全，产生的二氧化碳气体纯净，但成本高，难以推广应用。

②施放纯净二氧化碳法：这种方法又分为两种，一是施放固态二氧化碳（干冰），可将其放在容器内，任其自由扩散，而且便于定量施放，所得气体纯净，施肥效果良好。但成本高，而且干冰储运不便，施放后易造成干冰吸热降温，所以只适于小面积试验用。二是施放液态二氧化碳，液态二氧化碳可以从制酒行业中获得，可直接在设施内释放，容易控制用量，肥源较多。液态二氧化碳经压缩装在钢瓶内，先选用直径 1cm 的塑料管通入设施内。因为二氧化碳的比重大于空气，所以必须把塑料管架离地面，并每隔 1～2m 在塑料管上扎 1 小孔，然后把塑料管接到钢瓶出口，出口压强保持在（9.8～11.8）$\times 10^4$Pa，每天根据情况放气即可，使用成本适中，在近郊菜区便于推广。

③化学反应法：利用强酸（硫酸、盐酸）与碳酸盐（碳酸钙、碳酸铵、碳酸氢铵）反应释放二氧化碳，反应式为 $CaCO_3+2HCl \rightarrow CaCl_2+CO_2+H_2O$ 或 $NH_4HCO_3+HCl \rightarrow NH_4Cl+CO_2+H_2O$。

此外，二氧化碳的固体颗粒气肥以碳酸钙为基料，有机酸作调理剂，无机酸作载体，在高温高压下挤压而成，施入土壤后可缓慢释放二氧化碳。据报道，每 667m^2 1 次施用量 40～50kg，可持续产气 40d 左右，并且一日中释放二氧化碳的速度与光温变化同步。该类肥源的优点是使用方便，省时省力，室内二氧化碳浓度空间分布较均匀。但是颗粒气肥对储藏条件要求严格，释放二氧化碳的速度慢，产气量少，且受温度、水分的影响，难以人为控制。

2. 二氧化碳的施用浓度和时期　参见第四节气体环境及其调控技术。

3. 二氧化碳施肥的注意事项　参加第四节气体环境及其调控技术。

四、作业与思考题

1. 增加设施内二氧化碳浓度的方法和途径有哪些？以哪种方法最具推广应用前景？

2. 针对某一特定作物（蔬菜、果树、花卉任选其一）的设施栽培，制定其二氧化碳施肥计划，包括二氧化碳的施肥方法、施肥浓度及施肥时期、时间。

3. 如何提高设施内二氧化碳的施肥效果？

无土栽培技术

【知识目标】了解无土栽培定义与特点，无土栽培的分类，掌握营养液配制与管理技术，掌握基质的理化性质、无机基质栽培技术、水培技术及有机生态型无土栽培技术。

【技能目标】掌握营养液的配制与管理技术；掌握岩棉栽培、基质袋栽培、有机生态型无土栽培，掌握NFT、DFT、FCH等各种装置的特点、安装方法及田间管理技术。

第一节　概　　述

一、无土栽培的定义与特点

无土栽培是用营养液或者固体基质代替天然土壤进行作物栽培的方法。无土栽培以人工创造的作物根系环境取代了土壤环境，可以有效解决传统土壤栽培中难以解决的水分、空气和养分供应的矛盾，使作物根系处于最适宜的环境条件下，从而充分发挥作物的增产潜力，达到提高单位面积产量、提高产品商品率、增加生产茬次的目的，能为市场提供无污染、高质量的园艺产品。目前，无土栽培已在世界各地广泛应用，并已成为设施农业和太空农业的主要组成部分。

1. 无土栽培的优点　和传统的农业栽培方式相比，无土栽培具有以下显著优点：

(1) 避免了土壤连作障碍，有效降低了病虫害的传播　由于无土栽培不使用土壤，切断了土传病害的传播途径，彻底避免了土壤连作障碍，生产场地清洁卫生，有效降低了农药的施用，一般可以节省农药费用50%～80%，对于实现蔬菜无公害生产具有重要意义。

(2) 提高产量和品质　荷兰的温室黄瓜和番茄每年产量分别达到72kg/m^{2}和54kg/m^2，是露地产量的5～10倍，加拿大采用“深池浮板”技术生产的叶用莴苣，每年每平方米产量可以达到500棵，是露地生产效率的15倍以上，产品商品性提高，品质优良。花卉无土栽培商品质量较露地栽培亦有大幅度提高。

(3) 节约肥水　无土栽培下可根据作物不同种类、不同生育期按需定量施肥灌水，营养液可以回收再利用，无土栽培中多采用滴灌方式供应肥水，减少了肥水的用量。

(4) 节省劳力，工作环境比较舒适　生产的机械化、自动化程度高，减轻了劳动强度，由于生产多在环境调控能力强的现代化温室进行，工作环境舒适，有别于传统农业的生产环境，日本就将无土栽培作为吸引年轻人从事蔬菜生产的重要手段。

(5) 栽培不受地点限制，可以扩大农业生产空间　由于栽培不需土壤，摆脱了土壤对农业的束缚，可在沙漠、盐碱地严重地区和海岛荒滩上实施，亦可利用楼顶、阳台进行蔬菜、花卉的种植。

2. 无土栽培的应用 尽管无土栽培具有上述优点，但必须看到，无土栽培需要一定的生产设施，投入较高；栽培的技术含量亦较高，生产人员必须经过专门培训。无土栽培应当考虑当地的经济发展状况和生产技术条件，做到因地制宜，量力而行。无土栽培目前主要应用在以下方面：

(1) 蔬菜作物生产 无土栽培的基质栽培系统多用于栽培果菜类蔬菜，如番茄、黄瓜、厚皮甜瓜、西瓜、茄子、辣椒等，水培系统多用于栽培绿叶蔬菜如叶用莴苣、菠菜、芹菜、蕹菜等。

(2) 花卉植物生产 多用于栽培切花、盆花用的草本或木本花卉，主栽作物有月季、菊花、香石竹、郁金香、唐菖蒲及观叶植物等。

(3) 试管苗的繁殖生产 无土栽培用于试管苗繁殖后的生产，具有成苗快、易管理的优点，如马蹄莲、蝴蝶兰的生产。

(4) 药用植物栽培 主要用于草本药用植物的栽培，具有提高产量、促进生育进程的作用，如石斛、薄荷等药用植物的生产。

(5) 航天农业 为了保障太空中人类食物的供给，美国宇航中心采用无土栽培技术，生产人类在太空中生活必需的食物，已获得成功。

二、无土栽培分类

无土栽培的方式很多，分类方法也不相同，但基本上可分为两类：一类是需要用固体基质来固定根部的有基质栽培，简称基质培；另一类是不用固体基质固定根部的无基质栽培，简称营养液栽培或水培。每一类栽培形式又有不同类型，图 6-1 列出了目前无土栽培的主要类型。

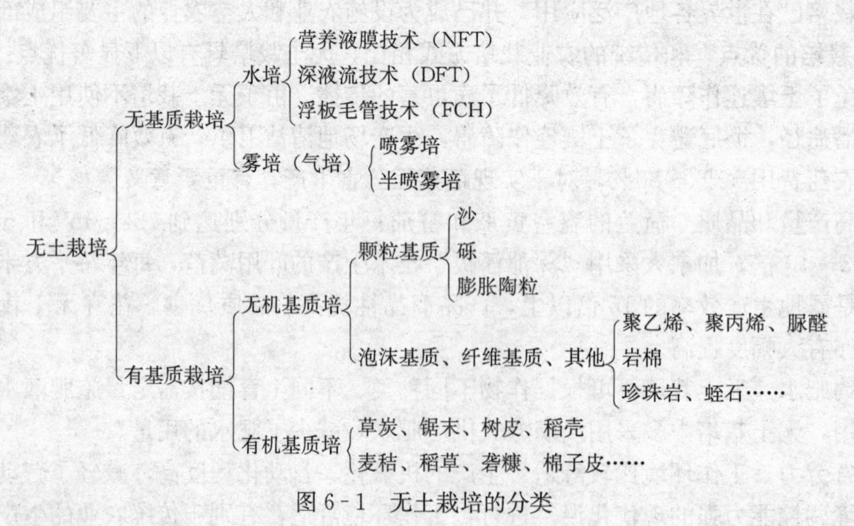

图 6-1 无土栽培的分类

1. 无基质栽培 包括水培和雾培两类。

(1) 水培 定植后营养液直接和根系接触，此类方法很多，我国常用的有营养液膜技术、深液流技术、浮板毛管技术等。

(2) 雾培　将作物根系悬挂于容器中，把营养液以雾状喷施在根部的方法。

2. 基质栽培　基质栽培是采用不同的基质来固定作物的根系，并通过基质吸收营养的方法。它又可分为有机基质和无机基质两大类。

(1) 有机基质　利用菇渣、树皮、草炭、锯末、稻壳、酒糟及作物秸秆等有机物作基质，经过充分发酵、消毒，合理配比后再进行无土栽培的方法。

(2) 无机基质　利用沙、陶粒、炉渣、风化煤、蛭石、珍珠岩以及岩棉等无机物作基质进行栽培的方法。岩棉在欧洲各国以及美国使用较多，而在我国生产中常见的有沙、炉渣等，育苗时多采用蛭石与珍珠岩。

在基质栽培中，无机物和有机物可以单独使用，也可配合作基质。经过多年试验证明，混合基质理化性质好，增产明显，优于单独基质使用。

三、无土栽培的发展概况

(一) 无土栽培发展现状

科学的无土栽培始于1859—1865年德国科学家Juliusvon Sachs和W. Knop的水培试验。1925年以前，营养液只用于植物营养试验研究，并确定了许多营养液配方。1925年，温室工业开始利用营养液栽培取代传统的土壤栽培。1929年美国Gericke教授水培番茄取得成功。无土栽培真正的发展要到1970年丹麦Grodan公司开发的岩棉栽培技术和1973年英国温室作物研究所Cooper开发的营养液膜栽培技术，并以欧洲为中心得到了迅速普及与推广。目前世界上应用无土栽培技术的国家和地区已达100多个，栽培技术已相当成熟，并且进入了普及应用阶段，栽培作物的种类和栽培面积也正在不断增加，实现了集约化经营、工厂化生产，达到了优质、高产、高效、低耗的栽培目的。

我国无土栽培始于1941年，由浙江农业大学陈子元院士在上海的华侨农场进行。20世纪70年代后期，山东农业大学率先进行西瓜无土栽培取得成功。1978年以来，中国农业科学院蔬菜花卉研究所、中国农业大学园艺学院、南京农业大学、华南农业大学、上海农业科学院、北京蔬菜研究中心、江苏农业科学院、浙江省农业科学院等许多单位，都开展了有关无土栽培的研究与开发工作，并加以推广应用，取得了一批有价值的研究成果。1985年成立了我国第一个学术组织“中国农业工程学会无土栽培学组”，积极推动了我国无土栽培技术的发展。1994年在浙江省杭州市，中国首次召开了国际无土栽培学术会议，影响很大。到20世纪90年代中期，随着国外现代化温室引进和国内节能型日光温室和大棚的迅速发展，我国无土栽培开始步入推广阶段。“九五”期间，我国无土栽培面积由1996年的100hm^2扩大到200hm^2以上，5年增加了1倍。我国是一个水资源紧缺的国家，因此，采用无土栽培技术，节约水资源，是保持农业生产持续稳定发展的重要措施之一。

我国无土栽培的主要形式有营养液膜技术（NFT）、深液流技术（DFT）、浮板毛管技术（FCH）、岩棉培、袋培、鲁SC无土栽培、有机生态型无土栽培等。利用无土栽培生产的蔬菜主要有番茄、黄瓜、甜椒、甜瓜、草莓、叶用莴苣、芹菜等；花卉主要有香石竹、蝴蝶兰、金鱼草、山茶花、菊花、仙客来、兰花、月季、满天星等。就其栽培方法而言，我国北方主要是以基质栽培为主；南方主要是以水培为主；国外引进的大型玻璃温室，主要以岩棉培为主。

（二）无土栽培的发展前景

随着现代科技的发展，我国综合国力的不断提升，生产专业化、管理智能化和资源节约化的无土栽培生产技术将会被越来越多的生产者所采纳。优质高产的产品、清洁卫生的生产环境也是众多生产者的追求。节省资源、提高资源的有效利用率，是保持国民经济持续健康发展的必然要求。因此，无土栽培在我国有着广阔的发展前景，表现为：

①随着我国城市发展的不断推进，耕地面积迅速减少。在地少人多的矛盾中，要解决好农产品问题，无论是从农产品的产量和产品的安全性来说，发展无土栽培技术应该是首选之一。

②在经济较为发达的沿海大城市，观光农业、休闲农业、设施农业和都市农业等正在蓬勃兴起，为了提高农业生产的可观赏性，展示农业科技水平等，无土栽培是其重要的组成部分之一。

③工矿区、石油开发区、海岛、沙漠等土壤条件恶劣的地区，将是无土栽培发展的重点地区，也将成为这些地区农产品的主要供给方式之一。

④由于无土栽培更有利于生产的工厂化、集约化，更有利于新技术、新设施在农业生产中的推广运用，因此能加快农业生产技术的升级、生产的规模化和服务社会化的进程。此外，由于无土栽培技术克服了土壤连作障碍、土壤病害的发生和蔓延，更有效地降低农药的使用，使农产品更加卫生、安全。

第二节　营 养 液

营养液是将含有各种植物必需营养元素的化合物溶解于水中配制而成的溶液。营养液的配制与管理是无土栽培技术的核心，要真正掌握无土栽培技术，必须了解营养液的组成、配制及使用过程中的变化规律与调控技术。

一、营养液的原料及其要求

（一）对水质的要求

自然界中存在的水，因来源和存在的区域、形式不同，内含物的种类及多少亦有很大差异（不包括人为污染）。营养液对水质有以下要求：水的硬度（指水中含有的钙、镁盐的浓度高低，以每升水中 CaO 的量表示，每升水含 CaO 10mg 为 1 度）应在 10 度以下；pH 在 6.5～8.5，使用前水中的溶解氧应接近饱和；NaCl 含量小于 2mmol/L；自来水中液氯含量应低于 0.3μl/L，一般自来水放入栽培槽后放置半天使其中的氯散逸；无有害微生物（病原菌），重金属等有害元素低于容许限量（表 6-1）。

表 6-1 水中重金属及有害元素的容许限量

元素种类	容许含量 (mg/L)	元素种类	容许含量 (mg/L)
汞 (Hg)	0.005	铬 (Cr)	0.05
镉 (Cd)	0.01	铜 (Cu)	0.10
砷 (As)	0.01	锌 (Zn)	0.20
硒 (Se)	0.01	铁 (Fe)	0.50
铅 (Pb)	0.05	氟 (F)	1.00

(二) 营养元素化合物的选用

植物生长所必需的营养元素共有 16 种，其中，碳、氢、氧、氮、磷、钾、钙、镁、硫需要量大称为大量元素，铁、锰、锌、铜、硼、钼、氯需要量少称为微量元素。它们被植物吸收的形态以及在植物体内的含量如表 6-2。其中碳和氧主要来自大气中的二氧化碳和氧气，而氢和部分氧来自配制营养液的水。微量元素氯由于其容许存在范围较宽，生产中一般用水都含有足够植物生长需要的氯存在，且往往因其过多而造成毒害，故在配制营养液中不予考虑。所以，在选用配制营养液的化合物原料中必须含有植物生长所必需的除碳、氢、氧、氯之外的 12 种元素，常用含有这些元素的化合物（表 6-3，表 6-4）来配制营养液，以满足植物生长的要求。

表 6-2 植物的必需营养元素及其在植物体内的含量

(Epstein，1972)

营养元素		植物可吸收的形态	在干组织中的含量	
			mg/kg	%
大量营养元素	碳 (C)	CO_2	450 000	45
	氧 (O)	O_2、H_2O	450 000	45
	氢 (H)	H_2O	60 000	6
	氮 (N)	NO_3^-、NH_4^+	15 000	1.5
	钾 (K)	K^+	10 000	1.0
	钙 (Ca)	Ca^{2+}	5000	0.5
	镁 (Mg)	Mg^{2+}	2 000	0.2
	磷 (P)	$H_2PO_4^-$、HPO_4^{2-}	2 000	0.2
	硫 (S)	SO_4^{2-}	1 000	0.1
微量营养元素	氯 (Cl)	Cl^-	100	0.01
	铁 (Fe)	Fe^{2+}、Fe^{3+}	100	0.01
	锰 (Mn)	Mn^{2+}	50	0.005
	硼 (B)	BO_3^{3-}、$B_4O_7^{2-}$	20	0.002
	锌 (Zn)	Zn^{2+}	20	0.002
	铜 (Cu)	Cu^{2+}、Cu^+	6	0.000 6
	钼 (Mo)	Mo^{2-}	0.1	0.000 01

表 6-3　植物营养大量元素化合物的性质与要求

名　称	分子式	色泽	形状	溶解度①	生理酸碱性	纯度要求（%）②
四水硝酸钙	$Ca(NO_3)_2 \cdot 4H_2O$	白色	小晶	129.3	碱性	农用 90
硝酸钾	KNO_3	白色	小晶	31.6	弱碱性	农用 98
硝酸铵	NH_4NO_3	白色	小晶	192.0	酸性	农用 98.5
硫酸铵	$(NH_4)_2SO_4$	白色	小晶	75.4	强酸性	农用 98
尿素	$CO(NH_2)_2$	白色	小晶	37.2	酸性	农用 98.5
磷酸二氢钾	KH_2PO_4	白色	小晶	22.6	不明显	农用 96
磷酸氢二钾	K_2HPO_4	白色	小晶	167.0	不明显	工业用 98
磷酸二氢钠	$NaH_2PO_4 \cdot 2H_2O$	白色	小晶	85.2	不明显	工业用 98
硫酸钾	K_2SO_4	白色	小晶	11.1	强酸性	农用 95
硫酸钙	$CaSO_4 \cdot 2H_2O$	白色	粉末	0.204	酸性	工业用 98
硫酸镁	$MgSO_4 \cdot 7H_2O$	白色	小晶	35.5	酸性	工业用 98

注：①在 20℃时，100g 水中最多溶解的克数（以无水化合物计）。

②每 100g 固体物质中含有本物质的克数，即质量分数。

表 6-4　植物营养液中常用微量元素化合物的性质与要求

名　称	分子式	色泽	形状	溶解度①	酸碱性	纯度要求（%）②
硫酸亚铁	$FeSO_4 \cdot 7H_2O$	浅青	小晶	26.5	水解酸性	工业用 98
Na_2-EDTA	$Na_2C_{10}H_{14}O_8N_2 \cdot 2H_2O$	白色	小晶	11.1（22℃）	微碱	化学纯 99
Na_2Fe-EDTA	$Na_2FeC_{10}H_{12}O_8N_2$	黄色	小晶	易溶	微碱	化学纯 99
硼酸	H_3BO_3	白色	小晶	5.0	微酸	化学纯 99
硫酸锰	$MnSO_4 \cdot 4H_2O$	粉红	小晶	62.9	水解酸性	化学纯 99
硫酸锌	$ZnSO_4 \cdot 7H_2O$	白色	小晶	54.4	水解酸性	化学纯 99
硫酸铜	$CuSO_4 \cdot 5H_2O$	蓝色	小晶	20.7	水解酸性	化学纯 99
钼酸铵	$(NH_4)_6Mo_7O_{24} \cdot 4H_2O$	浅黄色	晶块	易溶		化学纯 99

注：①20℃时，100g 水中最多溶解的克数（以无水化合物计），括号内数字为另一温度。

②每 100g 固体物质中含有本物质的克数，即质量分数。

（三）营养液的组成

1. 营养液组成的原则　无土栽培营养液的配制必须遵守以下 6 项基本原则：

①营养液中必须含有植物生长所必需的全部营养元素。现已明确高等植物必需的 16 种营养元素中，除碳、氢和氧这 3 种营养元素是由空气和水提供之外，其余的氮、磷、钾、钙、镁、硫、铁、锰、铜、锌、硼、钼、氯这 13 种营养元素属矿物营养，是由营养液来提供。

②含有各种营养元素的化合物必须是根系可吸收的状态。即这些化合物在水中应有较好的溶

解性，呈离子状态，能够被植物有效地吸收利用。一般选用的化合物通常都是一些水溶性的无机盐类，也有一些有机螯合物。

③营养液中各种营养元素的数量比例应是符合作物生长发育要求的、均衡的，可保证各种营养元素有效性的充分发挥和植物吸收的平衡。

④营养液中各种化合物组成的总盐分浓度及其酸碱反应是适合植物生长要求的。不能由于总盐分浓度太低而使植物生长缺肥，也不能由于总盐分浓度太高而对植物产生盐害。

⑤组成营养液的各种化合物在作物生长过程中，能够在较长时间内保持其有效状态。不会由于营养液的温度变化、根系的吸收以及离子间的相互作用等使其有效性降低。

⑥组成营养液的各种化合物的总体，在被吸收过程中造成的生理酸碱反应是比较平稳的。

2. 营养液的浓度和酸碱度　营养液浓度和酸碱度是营养液的重要指标，它直接影响到作物的生长发育状况。营养液浓度的直接表示法有每升水含溶质的毫克数（mg/L）和每升水含溶质的摩尔数或毫摩尔数（mol/L 或 mmol/L）；间接表示法有溶液的电导率（EC，单位为 mS/cm)和溶液的渗透压（单位为 Pa）。在无土栽培中，植物对营养液的浓度要求范围见表 6 -5。

表 6-5　营养液总浓度范围

浓　度	最　低	适　中	最　高
正负离子合计数（mmol/L，20℃理论值）	12	37	62
电导率（mS/cm）	0.83	2.5	4.2
总盐分含量（g/L）	0.83	2.5	4.2
渗透压（Pa）	30 397.5	91 192.5	151 987.5

浓度范围是对大多数作物来讲的，根据作物耐盐特性的强弱和作物的不同生育期可在一定范围内变动。

大多数植物的根系在 pH5.5～6.5 的弱酸性范围内生长最好，因此无土栽培的营养液酸碱度也应该在这个范围内。氢离子浓度过低，会导致铁、锰、铜、锌等微量元素沉淀，腐蚀循环系统中的金属元件，而且使植株过量吸收某些元素而中毒，植株的反应是根尖发黄和坏死，叶片失绿。

二、营养液配方

在一定体积的营养液中，规定含有各种必需营养元素盐类的数量称为营养液配方。在无土栽培发展过程中，通过很多专家和学者的研究，研制出很多营养液配方，迄今已发表了 200 多种营养液配方，其中以美国植物营养学家霍格兰氏等研究的营养液配方最为有名，以该配方为基础，稍加调整演变形成了许多营养液配方，正被世界各地广泛使用。另外，日本学者研制的山崎配方、园试均衡营养液配方也被广泛采用。我国无土栽培学者也在吸收国外配方的基础上研制了一些新配方，在一些地区推广，在无土栽培实践中，有许多实用可行的配方可供选用（表 6 - 6，表 6 - 7）。

表 6-6　营养液

营养液配方名称及适用对象	每升水中含化合物毫克数（mg/L）								
	$Ca(NO_3)_2 \cdot 4H_2O$	KNO_3	NH_4NO_3	KH_2PO_4	K_2HPO_4	$NH_4H_2PO_4$	$(NH_4)_2SO_4$	K_2SO_4	$MgSO_4 \cdot 7H_2O$
Hoagland 和 Snyder（霍格兰和施奈德，1938），通用	1 180	506		136					693
Hoagland 和 Arnon（霍格兰和阿农，1938），通用	945	607				115			493
RothamstedcpH6.2（英国洛桑试验站，1952），通用		1 000		300	270				500
法国国家农业研究所普及 NFT 之用（1977），通用于好中性作物	732	384	160	109	52				185
荷兰温室作物研究所，岩棉滴灌用	886	303		204			33	218	247
荷兰温室作物研究所，岩棉滴灌用	660	378	64	204					148
日本园试配方（堀，1966），通用	945	809				153			493
日本山崎配方（1978），甜瓜	826	607				153			370
日本山崎配方（1978），番茄	354	404				77			246
山东农业大学（1978），西瓜	1 000	300		250				120	250
华南农业大学（1990），果菜 pH6.4～7	472	404		100					246

注：本表所列为大量营养元素用量，微量营养元素用量各配方通用（表 6-7）。

配方精选

$CaSO_4 \cdot 2H_2O$	NaCl	盐类总计 (g/L)	每升含元素毫摩尔数（mmol/L）							备　注
			N		P	K	Ca	Mg	S	
			NH_4^+ —N	NO_3^- —N						
		2.515		15.0	1.0	6.0	5.0	2.0	2.0	世界著名配方，1/2剂量较妥
		2.160	1.0	14.0	1.0	6.0	4.0	2.0	2.0	
500		2.570		9.89	3.75	15.2	2.9	2.03	2.03	历史悠久的试验站，用1/2剂量较妥
	12	1.634	2.0	12.0	1.1	5.2	3.1	0.75	0.75	法国代表配方
		1.891	0.5	10.5	1.5	7.0	3.75	1.0	2.5	以番茄为主，可通用
		1.394	0.8	8.94	1.5	5.24	2.2	0.6	0.6	以非洲菊为主，可通用
		2.400	1.33	16.0	1.33	8.0	4.0	2.0	2.0	日本著名配方，用1/2剂量较妥
		1.956	1.33	13.0	1.33	6.0	3.5	1.5	1.5	按作物吸肥水规律制定的配方，稳定性好
		1.081	0.67	7.00	0.67	4.0	1.5	1.0	1.0	
		1.920		11.5	1.84	6.19	4.24	1.02	1.71	在山东使用
		1.222		8.0	0.74	4.74	2.0	1.0	1.0	广东大面积使用

表 6-7 营养液微量营养元素用量（各配方通用）

化合物名称	每升水含化合物毫克数 (mg/L)	每升水含元素毫克数 (mg/L)
Na_2Fe-EDTA（含铁 14.0%）*	20～40	2.8～5.6**
[或用 $FeSO_4 \cdot 7H_2O$ + Na_2-EDTA 代替]	[13.9 + 18.6 — 27.8 + 37.2]	(2.8～5.6)
H_3BO_3	2.86	0.5
$MnSO_4 \cdot 4H_2O$	2.13	0.5
$ZnSO_4 \cdot 7H_2O$	0.22	0.05
$CuSO_4 \cdot 5H_2O$	0.08	0.02
$(NH_4)_6Mo_7O_{24} \cdot 4H_2O$	0.02	0.01

* 如购不到螯合铁 Na_2Fe-EDTA，可用 $FeSO_4 \cdot 7H_2O$ 和 Na_2-EDTA 两种物质自制以代之。

** 易出现缺铁症的作物选用高用量。

三、营养液配制

（一）营养液配制的原则

营养液配制总的原则是确保在配制后存放和使用营养液时不会产生难溶性化合物的沉淀。根据合理的平衡营养液配方配制的营养液是不会产生难溶性物质沉淀的。

（二）营养液的配制方法

生产中配制营养液一般分为浓缩储备液（也叫母液）的配制和工作营养液（也叫栽培营养液）的配制两个步骤，前者是为方便后者的配制而设。如果有大容量的存放容器或用量较少时也可以直接配制工作营养液。

1. 浓缩储备液的配制 配制浓缩储备液时，不能将所有盐类化合物溶解在一起，因为在较高浓度时，有些阴、阳离子间会形成难溶性电解质引起沉淀，为此，配方中的各种化合物一般分为 3 类，配制成的浓缩液分别称为 A 母液、B 母液和 C 母液。

①A 母液以钙盐为中心，凡不与钙作用而产生沉淀的盐都可溶于其中，如 $Ca(NO_3)_2 \cdot 4H_2O$ 和 KNO_3 就可以溶解在一起。

②B 母液以磷酸盐为中心，凡不与磷酸根形成沉淀的盐都可溶于其中，如 $NH_4H_2PO_4$ 和 $MgSO_4 \cdot 7H_2O$ 就可以溶解在一起。

③C 母液为微量元素，由铁（如 Na_2Fe-EDTA）和各微量元素合在一起配制而成。因其用量小可浓缩为 1 000 倍。

母液的倍数根据营养液配方规定的用量和各种盐类化合物在水中的溶解度来确定，以不致过饱和而析出为限。一般大量元素 A、B 母液可浓缩为 200 倍，微量元素 C 母液，因其用量小可浓缩为 1 000 倍。母液在长时间储存时，可用 HNO_3 酸化至 pH 3～4，以防沉淀的产生。母液应储存于黑暗容器中。

2. 工作营养液的配制　工作营养液一般用浓缩储备液来配制，在加入各种母液的过程中，也要防止局部的沉淀出现。配制步骤：首先在储液池内放入相当于要配制营养液体积40%的水量，将A母液应加入量倒入其中，开动水泵使其流动扩散均匀。然后再将应加入的B母液慢慢注入水泵口的水源中，让水源冲稀B母液后带入储液池中参与流动扩散，此过程所加的水量以达到总液量的80%为宜。最后，将C母液的应加入量也随水冲稀带入储液池中参与流动扩散，然后加足水量，继续流动搅拌一段时间使其达到均匀，即完成工作营养液的配制。

在生产中，如果一次需要的工作营养液量很大，则大量营养元素可以采用直接称量配制法，而微量元素可先配制成母液再稀释为工作营养液。

也有一些国家如荷兰、日本，现代化温室进行无土栽培生产时，一般采用A、B两母液罐，A罐中主要含硝酸钙、硝酸钾、硝酸铵和螯合铁，B罐中主要含硫酸钾、磷酸二氢钾、硫酸镁、硫酸锰、硫酸铜、硫酸锌、硼砂和钼酸钠，通常制成100倍的母液。使用时，采用计算机控制调节，稀释，混合形成灌溉营养液。

四、营养液管理

在无土栽培中，作物根系不断从营养液中吸收水分、养分和氧气，加之环境条件对营养液的影响，常引起营养液中离子间的不平衡，离子浓度、pH、液温、溶存氧等都发生变化。同时，根系也分泌有机物、衰老的残根脱落于营养液中，微生物也会在其中繁殖。为了保证作物的正常生长，应对营养液的浓度、酸碱度、溶存氧、液温等进行合理的调节管理，必要时对营养液进行全面更新。营养液配成后到供给作物的流程图见图6-2，全过程每一步都要精心管理。

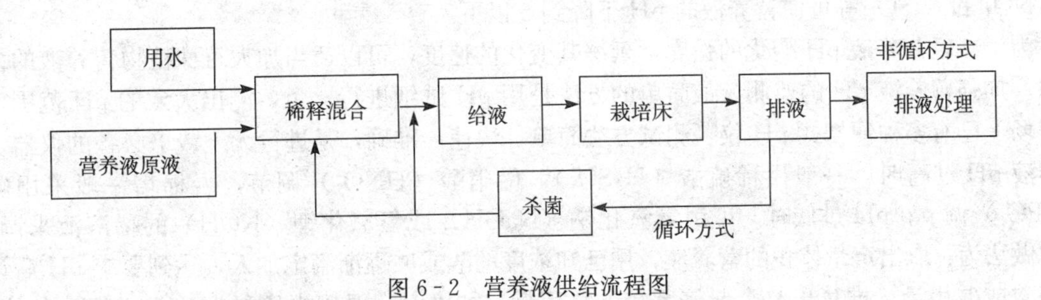

图6-2　营养液供给流程图

(一) 营养液配方的管理

作物的种类不同，营养液配方也不同。即使同一种作物，不同生育期、不同栽培季节，营养液配方也应略有不同。作物对无机元素的吸收量因作物种类和生育阶段不同而不同，应根据作物的种类、品种、生育阶段、栽培季节进行营养液配方调整。

(二) 营养液浓度的调整

作为营养液浓度管理的指标通常用电导率即EC值来表示，EC值代表营养液离子的总浓度。在育苗时，EC值一般为标准浓度的1/3～1/2，叶菜类蔬菜无土栽培的EC值为1.0～2.0mS/

cm，果菜类蔬菜 EC 值为 2.0～4.0mS/cm。EC 值可用电导仪简便准确地测定出来，当营养液浓度低时，可加入母液加以调整，当营养液浓度高时，应加入清水加以稀释。生产中常用的做法是：在储液池内画上加水刻度，定时关闭水泵，让营养液全部回到储液池中，如其水位已下降到加水的刻度线，即加水恢复到原来的水位线，用电导仪测定其浓度，依据浓度的下降程度加入母液。当营养液浓度调整后，虽然 EC 值达到要求，但作物仍然生长不良时，应考虑更换全部营养液（表 6-8）。

表 6-8 几种常见蔬菜营养液浓度（EC）管理指标

蔬菜种类	营养液浓度（EC）（生育前期）	营养液浓度（EC）（生育后期）
叶用莴苣	2.0	2.0～2.5
油菜	2.0	2.0
菜心	2.0	2.0
芥蓝	2.0～2.5	2.5～3.0
番茄	2.0	2.5
黄瓜	2.0	2.5～3.0

（三）营养液酸碱度的调节

营养液的酸碱度直接影响养分的溶解度和根系养分吸收情况，从而影响植物的生长。大多数作物根系在 pH5.5～6.5 的酸性环境下生长良好。营养液的 pH 变化主要受营养液配方中生理酸性盐和生理碱性盐的用量和比例、栽培植物种类、每株植物所占有营养液体积的多少、营养液的更换频率等多种因素影响，其中以氮源和钾源的盐类作用最大。如 $(NH_4)_2SO_4$、NH_4Cl、NH_4NO_3 和 K_2SO_4 等可使营养液的 pH 下降到 3 以下。

为了减轻营养液 pH 变化的强度，延缓其变化的速度，可以适当加大每株植物营养液的占有体积。加强营养液 pH 的监测，最简单的方法是用 pH 试纸进行比色，测出大致的 pH 范围，现在市场上已有多种便携式 pH 仪，测试方法简单、快速、准确，是进行无土栽培必备的仪器。当营养液 pH 过高时，一般用稀硫酸（H_2SO_4）、稀硝酸（HNO_3）调节，岩棉培一般采用磷酸（H_3PO_4）调节；pH 过低时，可用氢氧化钠（NaOH）或氢氧化钾（KOH）的稀溶液来调节。具体做法为：取出定量体积的营养液，用已知浓度的酸或碱逐渐滴定加入，达到要求 pH 后计算出其酸或碱用量，推算出整个栽培系统的总用量。加入时，要用水稀释为 1～2mol/L 的浓度，然后缓缓注入储液池中，随注随拌。注意不要造成局部过浓而产生 $CaSO_4$ 或 $Mg(OH)_2$、$Ca(OH)_2$等的沉淀。另外，一般一次调整 pH 的范围以不超过 0.5 为宜，以免对作物生长产生影响。

经中和调节后的营养液经一段时间的种植，其 pH 仍会发生变化，因而要经常进行测定和调节。

（四）营养液增氧技术

生长在营养液中的根系，其呼吸所需的氧来源于营养液中的氧和从植株地上部输送到根系的氧。人工增氧是水培技术中的一项重要措施，常用的增氧方法有：

1. 搅拌　效果较好，但种植槽内有很多根系，操作困难，容易伤根。

2. 压缩空气　用压缩空气通过起泡器向营养液内扩散微细气泡，效果较好。在大规模生产中遍布大量起泡器困难较大，一般不采用。主要用在小盆、钵、箱水培上。

3. 反应氧　用化学试剂加入营养液中产生氧气，效果尚好，但价格昂贵，生产中不可能使用。

4. 循环流动　效果很好，是生产中普遍采用的方法。

5. 落差　营养液进入储液池时，人为造成一定的落差，使溅泼面分散，效果较好，普遍采用。

6. 喷射（雾）　增加一定压力形成射流或雾化，效果较好，经常采用。

7. 增氧器　在进水口安装增氧器，提高营养液中溶存氧，已在较先进的水培设施中普遍采用。

8. 间歇供液　如夏季每小时供液15min，停液45min，也可使番茄等作物根系得到充足的氧气供应。

9. 滴灌法　采用基质袋培等无土栽培方式时，通过控制滴灌流量及时间，也可保证根系得到充足的氧气。

10. 间混作　与根系泌氧作物间混作。

为了提高溶存氧浓度，人工增氧的多种方法结合起来配合使用，效果更好，如营养液循环流动的同时，在入水口安装增氧器、营养液喷射入槽、回流液形成落差泼溅入池等。

（五）营养液的更换

营养液循环使用一段时间后，虽然电导率经调整后能达到要求，但作物仍然生长不良。这可能是由于营养液配方中所带来的非营养成分（如钠、氯等）、调节pH中和生理酸碱性所产生的盐分、使用硬水作水源时所带的盐分、根系的分泌物和脱落物以及由此而引起的微生物分解产物等非营养成分的积累所致，从而出现电导率虽高，但实际的营养成分很低的状况，此时不能用电导率来反映营养成分的高低。一般营养液中的肥料盐在被正常生长的作物吸收后必然是降低的，但如经多次补充养分后，作物虽然仍能正常生长，其电导率却居高不降，就有可能在营养液中积累了较多的非营养盐分。若有条件，最好是同时测定营养液中主要元素如氮、磷、钾的含量，若它们的含量很低，而电导率却很高，即表明其中盐分多属非营养盐，需要更换全部营养液。如无分析仪器，长季节栽培5～6个月的果菜，可在生长中期（3个月时）更换1次；短期叶菜，1茬仅20～30d，则可种3～4茬更换1次。

（六）液温的管理

营养液的液温直接影响植物根系的养分吸收及呼吸代谢，从而对植物的生育影响很大。一般夏季的液温应保持在28℃以下，冬季的液温应保持在15℃以上。为此，冬季种植槽可选用泡沫塑料板块等保温性能好的材料，增强保温性，对营养液进行加温时可降低成本；夏季可选用反光膜等隔热性能较好的材料，或加大每株的储液量，储液池深埋地下等方式适当降低液温。

（七）供液方法与次数

无土栽培的供液有连续供液和间歇供液两种形式，一般生产中常采用间歇供液，可节省成本。采取人工供液、机械供液、自动供液等方法。一般对于有固体基质的无土栽培形式，最好采用间歇供液方式，每天2～4次即可。供液时间主要集中在白天进行，夜间不供或少供；晴天供应多些，阴雨天少些；温度高、光照强多些，温度低、光照弱少些。

第三节　固体基质

无土栽培基质主要是固定和缓冲作物，给作物根系提供水分和空气，但有些基质也含有营养成分，可供作物生长之需要。由于无土栽培设置形式的不同，所采用的基质及基质在栽培中的作用也不尽相同。

一、固体基质的分类及其主要特性

（一）固体基质的分类

按基质的性质和组成分为无机基质和有机基质两类。无机基质如沙、石砾、珍珠岩、蛭石、岩棉等都是由无机物组成；有机基质如草炭（泥炭）、芦苇末、锯末、炭化稻壳、腐化秸秆、棉子壳、树皮等是由植物有机残体组成。

（二）常用固体基质及其主要特性

1. 无机基质

（1）岩棉　无土栽培用的岩棉是由60%辉绿石、20%石灰石和20%焦炭混合，在1 500～2 000℃的高温炉中熔化后，将熔融物喷成直径为0.005mm的细丝，再将其压成容重为80～100kg/m^3的片块状，然后再冷却至200℃左右时，加入一种酚醛树脂以减少表面张力，使其能够吸持水分。因岩棉制造过程是在高温条件下进行的，因此，它是进行过完全消毒的，不含病菌和其他有机物。经压制成形的岩棉块在种植作物的整个生长过程中不会产生形态的变化。岩棉具有良好的物理性，质地轻、孔隙度大、通气良好，但持水能力较差，pH一般在7.0以上，是广泛使用的栽培基质。

岩棉缺点是本身的缓冲性能低，对灌溉水要求较高，如果灌溉水中含有毒物质或过量元素，都会对作物造成伤害，在自然界中岩棉不能降解，易造成环境污染。

（2）蛭石　蛭石是由云母类矿物加热到800～1 000℃时形成的。经高温膨胀后的蛭石其体积约是原来矿物的16倍，孔隙度大，容重变小，具有良好的通透性和保水性，使用时不必消毒，pH呈中性或碱性，蛭石还含有钙、钾、镁、铁等矿质元素，是无土栽培的良好基质。

蛭石缺点是长期使用，易破碎，空隙变小，通透性降低。一般用于无土育苗或栽培，常与其他基质混合使用。

(3) 珍珠岩　珍珠岩是由一种含铝硅酸盐的火山岩颗粒加热至700～1 000℃时，膨胀而形成的直径为1.5～3.0mm疏松颗粒体。它是一种封闭的轻质团聚体，容重小，孔隙度大。优点是易排水，通透性好。使用前应特别注意其氧化钠的含量，如超过5%时，不宜作园艺作物栽培基质。一般用于无土育苗或栽培，常与其他基质混合使用。

珍珠岩质量轻、易破碎，在使用前最好先用水喷湿，以免粉尘纷飞。珍珠岩单纯使用或与其他基质混合使用，淋水较多时会浮起，应多加注意。

(4) 沙　沙一般含二氧化硅50%以上，没有离子代换量，容重为1.5～1.8g/cm^3。使用时选用粒径为0.5～3mm的沙为宜。作无土栽培的沙应确保不含有毒物质。如海沙含有较多的氯化钠，使用前应用清水冲洗。一般用于有机基质培或仙人掌类盆栽。

(5) 石砾　一般选用的石砾以非石灰性的为好，如花岗岩。如选用石灰质石砾，应进行磷酸钙溶液方法处理。石砾的粒径应选用1.6～20mm的为好，其中占总体积一半的石砾直径为13mm左右。石砾应坚硬，不易破碎。选用的石砾最好为棱角不太锋利的。

(6) 炉渣　炉渣是煤燃烧后的残渣，来源广泛，容重为0.78g/cm^3。通透性好，炉渣不宜单独用作基质，混合基质中比例一般不超过60%。使用前应进行过筛，选择适宜的颗粒。

(7) 陶粒　一种陶瓷质地的人造颗粒，呈大小均匀的团粒状，内部为蜂窝状的空隙构造，透气性好。陶粒在蔬菜无土栽培中使用较少，在无土栽培花卉、盆栽花卉中应用较多。现在全国各地有许多生产厂家，容易采购。

(8) 聚苯乙烯珠粒　塑料包装材料下脚料。容重小，不吸水，抗压强度大，是优良的无土栽培下部排水层材料。多用于屋顶绿化以及作物生产底层排水材料。

2. 有机基质

(1) 草炭（泥炭）　草炭被许多国家公认为是最好的园艺作物栽培基质，现代工厂化育苗均采用以草炭为主的混合基质。草炭在世界上几乎各个国家都有分布，但分布极不均匀。我国主要以北方为多，而且质量好，南方只是在一些山谷的低洼地表土下有零星分布。草炭可分为低位、中位和高位3大类。

①低位草炭：分布于低洼积水的沼泽地带，以苔草、芦苇等植物为主。其分解程度高，氮和灰分元素含量较多，酸性不强，但容重较大，吸水、通气性较差。

②高位草炭：分布于草炭形成地形的高处，以水藓植物为主。分解程度低，氮和灰分元素含量较少，酸性较强（pH 4～5），不宜作肥料直接施用。容重较小，吸水、通气性较好。

③中位草炭：介于高位与低位之间的过渡性草炭，其性状介于两者之间。

草炭不宜直接作无土栽培基质，一般与碱性的蛭石、煤渣、珍珠岩等按不同比例混合使用，以增加容量，改善结构。

(2) 炭化稻壳　稻壳是稻米加工的副产品，在无土栽培中使用的稻壳通常需经过炭化，称为炭化稻壳。炭化稻壳容重为0.15g/cm^3，总孔隙度为82.5%，含氮0.54%、速效磷66mg/kg、速效钾0.66%，pH为6.5。炭化稻壳因经高温炭化，如不受外来污染，则不带病菌。炭化稻壳含营养元素丰富，价格低廉，通透性良好，但持水孔隙度小，持水能力差，使用时需经常浇水。

(3) 芦苇末　利用造纸厂废弃下脚料——芦苇末，添加一定比例的鸡粪等辅料经微生物发酵而成，已广泛应用于无土栽培和育苗。容重0.20～0.40g/cm^3，总孔隙度80%～90%，大小孔隙比 0.5～1.0，电导率 1.20～1.70mS/cm，pH 7.0～8.0，有较强的酸碱缓冲能力，含有较多矿质元素，基本性状接近泥炭。

（4）锯木屑　锯木屑是木材加工的下脚料，各种树木的锯木屑成分差异很大。适于无土栽培的锯木屑以阔叶木、黄杉等树种原料为好，有些树种的锯木屑中树脂、单宁和松节油等有害物含量较高，不宜作无土栽培基质。锯木屑作为无土栽培基质，在使用过程中结构良好，一般可连续使用 2～6 茬，每茬使用后应消毒。作基质的锯木屑不应太细，小于 3mm 的锯木屑所占比例不应超过 10%；一般 3.0～7.0mm 大小的锯木屑应占 80%左右。多与其他基质混合使用。

（5）菇渣　菇渣是种植草菇、平菇等食用菌后废弃的培养基质。用于无土栽培，需将菇渣加水至含水量为 70%左右，堆成一堆，盖上塑料薄膜，堆沤 3～4 个月，取出风干，然后打碎，过 5mm 筛。菇渣的容重为 0.41g/cm^3，持水量为 60.8%，含氮 1.83%，含磷 0.84%，含钾 1.77%，pH 为 6.9。因为菇渣易产生杂菌，使用前必须消毒。

（6）刨花　刨花与锯末在组成成分上类似，体积较锯末大，通气性良好，碳氮比高，但持水量和阳离子交换量较低。可与其他基质混合使用，一般比例在 50%。

（7）树皮　近年来，随着木材工业的发展，树皮的开发应用已在世界各国引起重视，利用树皮作无土栽培基质已被许多国家采用。树皮的容重接近草炭，与草炭相比，阳离子交换量和持水量比较低，但碳氮比较高（阔叶树皮较针叶树皮碳氮比高），是一种很好的园艺作物栽培基质。缺点是新鲜树皮的分解速度快。在使用时，注意松树皮中氯化物不应超过 0.25%，锰的含量不得高于 200mg/kg，超过这个标准，不宜作基质。

（8）秸秆　农作物的秸秆均是较好的基质材料，如玉米秸秆、葵花秆、小麦秆等粉碎腐熟后与其他基质混合使用。特点是取材广泛，价格低廉，可对大量废弃秸秆进行再利用。

（9）蔗渣　即甘蔗渣，在南方产甘蔗地区可采用此种基质，它具有较强的持水量。缺点是碳氮比高，所以在使用时应额外增加氮，以供植物和微生物活动需要。

二、基质的理化性质

在进行无土栽培时，只有了解不同基质的理化性质，才能更好地选择基质和进行基质配比。

（一）基质的物理性质

1. 容重　指单位体积基质的重量，用 kg/L 或 g/cm^3 表示。基质的容重反映了基质的疏松、紧实程度，与基质粒径、总孔隙度有关。容重过大，则基质过于紧实，总孔隙度小，透水、透气较差，对作物生长不利；容重过小，则基质过于疏松，总孔隙度大，透气性好，有利于作物根系的伸展，但支持作用差。一般认为，基质容重 0.1～0.8g/cm^3 效果较好，所以生产中常采用两种或两种以上的基质混合使用。

2. 总孔隙度　指基质中持水孔隙与通气孔隙的总和，用相当于基质体积的百分数来表示。总孔隙度大的基质较轻、疏松，空气和水的容纳空间大，较有利于作物根系生长（如岩棉、蛭石的孔隙度均在 95%以上），但支持固定作用效果较差，易倒伏；反之，优缺点正好相反。一般基质总孔隙度在 54%～96%均可。生产中，为了克服单一基质总孔隙度过大或过小所产生的弊病，常将颗粒大小不同的基质混合使用，以改善基质的物理性能。

3. 气水比　指基质通气孔隙与持水孔隙的比值。通气孔隙是指基质中空气所能占据的空间，一般孔隙直径在1mm以上，供液以后因重力作用而使水很快流失，因此这部分孔隙的主要作用是储气。

持水孔隙指基质中水分所能占据的空间，一般孔隙直径在0.001～0.1mm，水分在这些孔隙中因毛管作用而被吸持，所以持水孔隙也称毛管孔隙，这部分孔隙的主要作用是储水，称为毛管水。

气水比反映基质的水、气之间的状况，与总孔隙度一起更能全面说明基质的水、气关系。一般气水比越小，基质持水力越强越不易干燥；气水比越大，基质气容量越大，通透性越好。一般认为气水比在1：1.5～4为宜。作物生长良好，管理方便。

4. 粒径　指基质颗粒的大小和粗细，用颗粒直径表示，单位mm。按照粒径大小可分为0.5～1、1～5、10～20和20～30mm，可以根据栽培作物种类、根系生长特点、当地资源状况加以选择。

同一种基质，粒径越大，容重越大，总孔隙度越小，气水比越大；反之，粒径越小容重越小，总孔隙度越大，气水比越小。现将几种常见基质的物理性质列于表6-9。

表6-9　常见基质的物理性质

基质名称	容重（g/cm^3）	总孔隙度（%）	通气孔隙（%）	持水孔隙（%）	气水比	pH
沙子	1.49	30.5	29.5	1.0	29.5	6.5
煤渣	0.70	54.7	21.7	33.0	0.66	6.8
蛭石	0.25	95.0	30.0	65.0	0.46	6.5
珍珠岩	0.16	60.3	29.5	30.75	0.96	6.3
岩棉	0.11	84.4	7.1	77.3	0.09	6.3
草炭	—	—	—	—	—	6.9
棉子饼	0.1	74.9	73.3	26.69	2.75	6.4
锯末	0.05～0.2	78.3	34.5	43.75	0.79	6.2
炭化稻壳	0.24	82.5	57.5	25.0	2.30	6.5
蔗渣	0.19	90.8	44.5	46.3	0.96	—

对于蔬菜作物，比较理想的基质的物理性状为：粒径0.5～10mm，总孔隙度>55%，容重为0.1～0.8g/cm^3，空气容积为25%～30%，基质的水气比为1：2～4。

（二）基质的化学性质

基质的化学性质主要包括酸碱度、电导度、缓冲能力、盐基交换量和其他化学成分。基质应具有稳定的化学性状，本身不含有害成分，不使营养液发生变化。

1. 酸碱度　表示基质的酸碱程度。它会影响营养液的pH及成分变化，基质的酸碱度（pH）应当呈稳定状态，pH为6～7最好。一般在使用初期pH会上升，但上升值或变动值不宜过大，否则会影响营养液中某些成分的有效性，不利于作物生长，导致生理障碍。

2. 电导度　电导度（EC）或叫电导率，反映已经电离的盐类溶液浓度，直接影响营养液的成分和作物根系对各种元素的吸收，代表基质中总离子浓度，一般用mS/cm表示。

各种基质在使用前有必要测定盐分含量，特别是对于一种新的基质或配置的复合基质更应如此，以便确定该基质是否会产生肥害。基质的盐分含量可用电导率仪测定电导率来测得。

3. 盐基交换量 pH 7 时测定的可替换的阳离子含量。一般有机基质如树皮、锯末、草炭等可代换的物质多；无机基质中蛭石可代换的物质较多，而其他惰性基质可代换的物质很少。

4. 缓冲能力 基质对肥料迅速改变酸碱度的缓冲能力，要求缓冲能力越强越好。一般基质的盐基交换量越大则缓冲能力也越大。依基质缓冲能力的大小排序，则为：有机基质>无机基质>惰性基质>营养液。

三、基质的配制与消毒

（一）基质的配比

基质的种类很多，有些可以单独使用，有些则需要与其他基质按一定的配比混合使用。在作物育苗或栽培中，理想基质的要求是：质地轻，具有一定的保水保肥能力，排水透气性好，富含一定的营养元素，适用于多种作物栽培。基质的混合使用，以 2～3 种为宜。目前针对不同的作物所开展的有针对性的基质配比研究较多，以下提供一些作为生产运用时参考：草炭、蛭石按 1∶1 混合；草炭、炉渣按 1∶1 混合；草炭、沙按 3∶1 混合；草炭、蛭石、珍珠岩按 2∶1∶1 混合；草炭、玉米秸、炉渣按 2∶6∶2 混合；玉米秸、葵花秆、锯末、炉渣按 5∶2∶1∶2 混合；油菜秸、锯末、炉渣按 5∶3∶2 混合；菇渣、玉米秸、蛭石、粗沙按 3∶5∶1∶1 混合；玉米秸、蛭石、菇渣按 3∶3∶4 混合；等等。

以上这些栽培基质适用范围较广，能适合大多数温室主要蔬菜作物和一些切花生产。

锯末、棉子皮、炉渣按 1∶1∶1 混合，可作为草莓无土栽培混合基质；锯末、碳化稻壳、河沙按 8∶1∶1 配制成大棚黄瓜混合基质；煤渣、珍珠岩、菌渣按 1∶1∶4 可配制成较理想的栽培基质种植茎用莴苣；炭化稻壳、锯末屑、有机肥料按 3∶6∶1 配制可种植樱桃番茄等。

（二）基质的消毒

基质使用时间长了，会聚积病菌和虫卵，特别是在连作的情况下，更容易发生病害。基质使用 1 茬之后，应该进行消毒，避免有毒物质在基质中的积累和病虫害发生。对一些连作障碍较轻的园艺植物，可在使用两茬之后再消毒。常用的消毒方法有蒸汽消毒、化学药剂消毒和太阳能消毒。

1. 蒸汽消毒 凡在温室栽培条件下以蒸汽进行加热的，均可进行蒸汽消毒。具体方法是：将基质装入柜内或箱内（体积 1～2m^3），用通气管通入蒸汽进行密闭消毒。一般温度在 70～90℃条件下持续进行 15～30min 即可。

2. 化学药品消毒 所用的化学药品主要有甲醛、甲基溴（溴甲烷）、威百亩、漂白剂等。

（1）40%甲醛 又称福尔马林，是一种良好的杀菌剂，但对害虫效果较差。使用时一般用水稀释成 40～50 倍液，然后用喷壶按 20～40L/m^2 喷洒基质，将基质均匀喷湿，喷洒完毕后用塑料薄膜覆盖 24h 以上。使用前揭去薄膜让基质风干 2 周左右，以消除残留药物危害。

（2）氯化苦 氯化苦能有效地防治线虫、昆虫、一些杂草种子和具有抗性的真菌等。具体使用方法是：先将基质整齐堆放30cm厚度，然后每隔20～30cm向基质内15cm深度处注入氯化苦药液3～5ml，并立即将注射孔堵塞。用同样方法处理基质2～3层后用塑料薄膜覆盖，使基质在15～20℃条件下熏蒸7～10d。基质要有7～8d的风干时间，以防止直接使用时对作物造成伤害。氯化苦对人体有毒，使用时要注意安全。

（3）溴甲烷　该药剂能有效地杀死线虫、昆虫、杂草种子和一些真菌。使用时将基质起堆，然后用塑料薄膜管将药液喷注到基质上并混匀，用量一般为每立方米基质用药液100～200g。混匀后用薄膜覆盖密封2～5d，使用前晾晒2～3d。溴甲烷对人体有毒，使用时注意安全。

另外，威百亩、漂白剂等化学药剂对基质消毒也有一定的效果。

3. 太阳能消毒　太阳能消毒是目前我国日光温室采用的一种安全、廉价的消毒方法，同样也适用于无土栽培的基质消毒。方法是：在夏季温室或大棚休闲季节，将基质堆成20～25cm高，长度视情况而定。在堆放基质的同时，用水将基质喷湿，使含水量超过80%，然后用塑料薄膜覆盖起来。密闭温室或大棚，曝晒10～15d，消毒效果良好。

第四节　无土栽培的主要形式及管理技术

一、营养液栽培（水培）

（一）营养液膜技术

营养液膜技术（nutrient film technique，简称NFT栽培），是指将植物种植在浅层流动的营养液中的水培方法。营养液在栽培床的底面做薄层循环流动，既能使根系不断地吸收养分和水分，又保证有充足的氧气供应。该技术以其造价低廉、易于实现生产管理自动化等特点，在世界各地推广。主要应用于叶用莴苣、菠菜、蕹菜等速生蔬菜和茄果类蔬菜栽培。

1. NFT的基本特征

（1）优点　①结构简易，只要选用适当的薄膜和供液装置，即可自行设计安装；②投资小，成本低；③营养液呈薄膜状液流循环供液，较好地解决了根系的供氧问题，使根系的养分、水分和氧气供应得到协调，有利于作物的生长发育；④营养液的供应量小，且容易更换；⑤设备的清理与消毒较方便。

（2）缺点　①栽培床的坡降要求严格，如果栽培床面不平，营养液形成乱流，供液不匀；②由于营养液的流量小，其营养成分、浓度及pH易发生变化；③因无基质和深水层的缓冲作用，根际的温度变化大；④要求循环供液，每日供液次数多，耗能大，如遇停电停水，尤其是作物生育盛期和高温季节，营养液的管理比较困难；⑤因循环供液，一旦染上土传病害，有全军覆没的危险。

2. NFT设施的结构　主要由种植槽、储液池、营养液循环流动装置和一些辅助设施组成（图6-3）。

（1）种植槽　大株型作物用的种植槽是0.1～0.2mm厚的面白里黑的聚乙烯薄膜临时围起来的薄膜三角形槽，槽长10～25m，槽底宽25～30cm，槽高20cm（图6-3），为了改善作物的

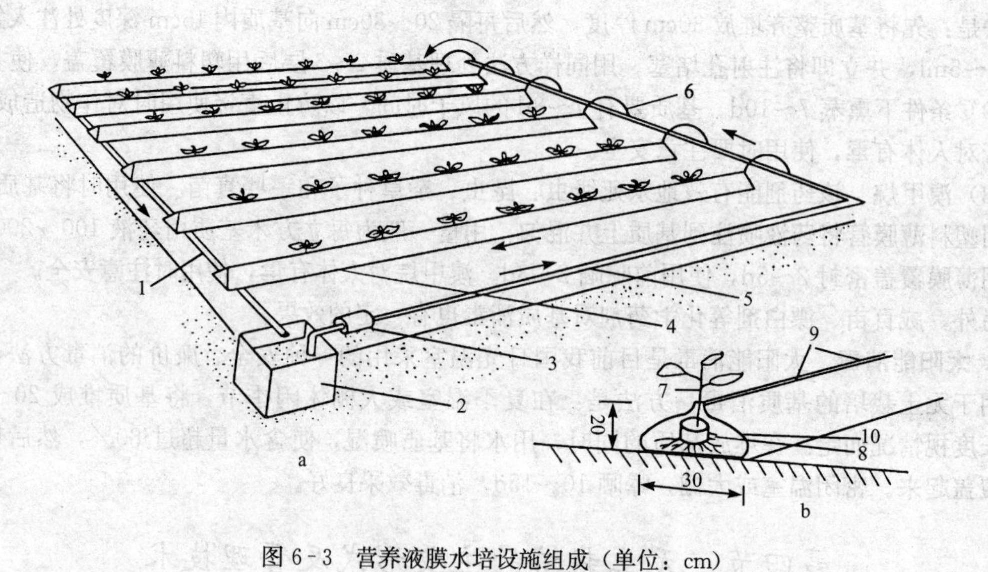

图 6-3 营养液膜水培设施组成（单位：cm）

a. NFT 系统示意图 b. 种植槽示意图

1. 回流管 2. 储液池 3. 泵 4. 种植槽 5. 供液主管 6. 供液支管

7. 苗 8. 育苗钵 9. 夹子 10. 黑白双面塑料薄膜

吸水和通气状况，可在槽内底部铺垫 1 层无纺布。小株型作物的种植槽可采用多行并排的密植种植槽，玻璃钢制成的波纹瓦或水泥制成的波纹瓦做槽底，波纹瓦的谷身 2.5～5.0cm，峰距 13～18cm，宽度 100～120cm，可栽植 6～8 行，槽长 20m 左右，坡降 1∶70～100。一般波纹瓦种植槽都架设在木架或金属架上，槽上加一块厚 2cm 左右的有定植孔的硬泡沫塑料板做槽盖，使其不透光（图 6-4）。

（2）储液池 储液池设于地平面以下，可用砖头、水泥砌成，里外涂以防水物质，也可用塑料制品、水缸等容器，其容量大株型作物以每株 3～5L、小株型作物以每株 1～1.5L 为宜。加大

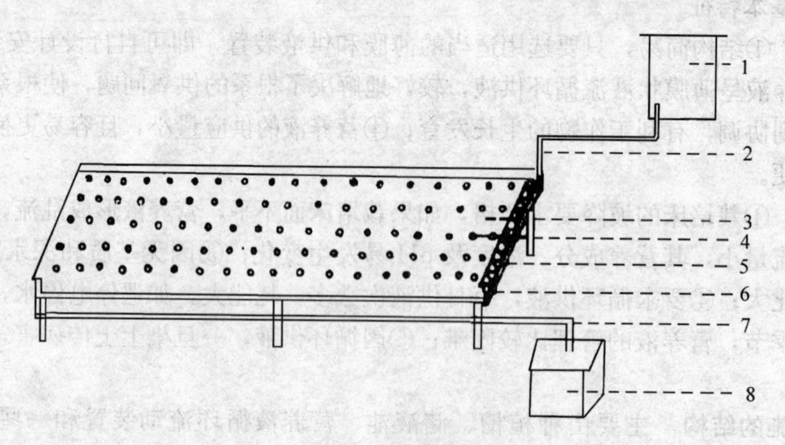

图 6-4 叶菜架式 NFT 装置

1. 供液箱 2. 供液管 3. 栽培床 4. 定植孔

5. 栽培支架 6. 栽培槽 7. 回水管 8. 储液箱

储液池、增大容量有利于营养液的稳定，但建设投资同时增加。

（3）营养液循环流动装置　由水泵、管道及流量调节阀门等组成。将经水泵提取的营养液分流再返回储液池中，以供再次使用。

（4）辅助设施　包括供液定时器、电导率的自控装置、pH 自控装置、营养液的温度控制装置等设施。主要控制营养液的供应时间、流量、电导度、pH 和液温等。

3. NFT 栽培技术要点

（1）种植槽的准备　新制作的栽培槽要求槽底平展、无渗漏；换茬后重新使用的栽培槽，同样在使用前要检查有无破损、渗漏，并注意消毒，在土壤上做床，土壤要注意杀灭地下害虫；为使栽培床内的营养液能循环动供液，必须使栽培床保持适宜的坡降。坡降的大小，以栽培作物后水流不发生障碍为宜，一般认为 1∶80～100 为好，即长 10m 的栽培床，两头高差 10cm 左右。但应注意，栽培床不能太长，床底应平整呈缓坡状，防止营养液在床内弯曲流动。

（2）作物的种类与品种的选择。利用 NFT 栽培的作物很多，如番茄、黄瓜、甜瓜、草莓等果菜，以及叶用莴苣、鸭儿芹、菠菜、葱、茼蒿、小白菜等叶菜。但在实际生产中，既要考虑栽培的难易，更应考虑经济效益，一般可以栽培经济效益高的番茄、甜瓜、黄瓜，以及速生的叶菜如叶用莴苣等。品种一般应选择抗病、高产具有增产优势的品种。番茄、黄瓜等作物，应要求其结果性好的品种。我国北方生长期长的果菜如番茄、黄瓜等，可进行一大季栽培，能获高产，但一般以进行两季栽培为好。

（3）育苗与定植　NTF 栽培大株型作物时，因营养液层很浅，定植时作物的根系都置于槽底，故定植的苗需要带有固体基质或有多孔的塑料钵以锚定植株。育苗时就应用固体基质制成育苗块（一般用岩棉块）或用多孔塑料钵育苗，定植时连苗带固体基质或多孔塑料钵（块）一起置于槽底。另外，大株型作物的苗应有足够的高度（25cm 以上）才能定植，以使苗的茎叶能伸出槽外。

小株型作物用海绵块或带孔育苗钵育苗，也可用无纺布卷成或岩棉切成方条块育苗。密集育成 2～3 叶的苗，然后移入板盖的定植孔中，定植后使育苗条块触及槽底而幼叶伸出板面之上。

（4）营养液的管理

①营养液的供应要及时：NFT 培营养液的供应量少，根系又无基质的缓冲作用。因此，要做到及时，并经常补充，使其维持在规定的浓度范围内。依据槽长、栽培密度等的不同，NFT 的供液方法有连续供液法和间歇供液法两种。连续供液是定植后在整个生长期内以 2～4L/min 流速向栽培槽连续供给营养液，在栽培槽长超过 30m、栽培密度较大时，根垫未形成前采用连续供液，根垫形成后采取间歇供液的方法供液，具体供液与停液时间要结合作物生长季节和当地实际去测试。如在槽底垫有无纺布的条件下种植番茄，夏季可采取供液 15min、停供 45min，冬季供液 15min、停供 105min，如此反复日夜供液。

②注意根际温度的稳定：营养液温度的管理以夏季 28℃以下、冬季 15℃以上为宜。由于 NTF 种植槽简易，隔热性能差，再加上营养液层薄、量少，因此液温的稳定性较差，槽头与槽尾产生温差。在管理上 NTF 系统应配置营养液的加温降温设备，在种植槽上使用一些泡沫塑料等增强槽的稳温性能，将管道尽可能埋于地下，储液池应建于室内等，在气温变化剧烈的季节，

应在容许的范围内尽可能增大供液量。

③注意 pH 的调整：在作物生长过程中，常引起营养液的 pH 发生变化，从而破坏营养液的养分平衡和可溶性，影响根系的吸收，引起作物的营养失调，应及时检测并予以调整。

（二）深液流技术

深液流技术（deep flow technique，简称 DFT）。1929 年由美国加利福尼亚州农业试验站的格里克首先应用于商业生产，后在日本普遍使用，我国也有一定的栽培面积，主要集中在华南及华东地区。深液流技术现已成为一种管理方便、性能稳定、设施耐用、高效的无土栽培类型。

1. 深液流技术的特征

（1）深　指所用营养液的液层较深，营养液的浓度、温度以及水分存量都不易发生急剧变化，pH 较稳定，为根系提供了一个较稳定的生长环境。

（2）悬　就是植株悬挂于营养液的水平面上，使植株的根颈离开液面，部分裸露于空气中，部分浸没于营养液中。

（3）流　是指营养液循环流动，增加溶氧量，消除根系有害代谢产物的积累，提高营养利用率。

2. 设施的结构　DFT 的设施主要包括种植槽、固定植株的定植板块、地下储液池、营养液自动循环系统等 4 部分（图 6-5）。

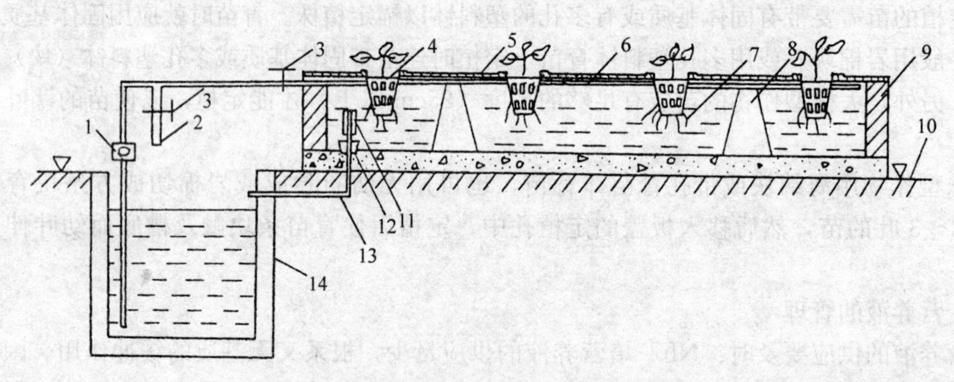

图 6-5　深液流水培设施组成纵切面示意图

1. 水泵　2. 充氧支管　3. 流量调节阀　4. 定植杯　5. 定植板　6. 供液管　7. 营养液　8. 支承墩　9. 种植槽　10. 地面　11. 液层控制管　12. 橡皮塞　13. 回流管　14. 储液池

DFT 与 NFT 水培装置的不同点是：流动的营养液层深度 5～10cm，植物的根系大部分可浸入营养液中，吸收营养和氧气，同时装置可向营养液中补充氧气。该系统能较好地解决 NFT 装置在停电和水泵出现故障时造成的被动局面，营养液层较深可维持水耕栽培正常进行。

（1）种植槽　可用水泥预制板或砖结构加塑料薄膜构成，一般宽度为 40～90cm，槽内深度为 12～15cm，槽长度为 10～20m。

（2）定植板　定植板用聚苯乙烯泡沫板制成，厚 2～3cm，宽度与栽培槽外沿宽度一致，以便架在栽培槽壁上。定植板面上按株行距要求开直径5～6cm的定植孔，定植孔内嵌一只定植杯，杯由塑料制成，高7.5～8.0cm，杯口的直径与定植孔相同，杯口外沿有一宽约5mm的唇，以卡在定植孔上，杯的下半部及底部开有许多孔，孔径约3mm。定植板一块接一块地将整条种植槽盖住，使营养液处于黑暗之中，这样就构成了悬杯定植板。悬杯定植板植株的重量由定植板和槽壁承担，若定植板中部向下弯曲时，则需在槽的中间位置架设水泥墩等制成的支撑物以支持植株、定植杯和定植板的重量。

（3）地下储液池　池的容积可按每个植株适宜的占液量来计算，一般大株型作物（如番茄、黄瓜等）每株需15～20L，小株型作物（如叶用莴苣等）每株需3L左右，算出总液量后，按1/2存于种植槽中，1/2存于地下储液池，一般1 000m^2的温室需设20～30m^3的地下储液池，建筑材料应选用耐酸抗腐蚀型的水泥为原料，池壁砌砖，池底为水泥混凝土结构，池面应有盖，保持池内黑暗以防藻类滋生。

（4）营养液循环供回液系统　由管道、水泵及定时控制器等组成，所有管道均应用硬质塑料管制成，每1 000m^2温室应用1台50mm、22kW的自吸泵，并配以定时控制器，以按需控制水泵的工作时间。

3. DFT栽培技术要点

（1）种植槽的处理　新建成的水泥结构种植槽和储液池，要用稀硫酸或磷酸浸渍中和碱性浸出物。换茬栽培时，使用过的定植板、定植杯、石砾、种植槽、储液池及循环管道等要进行清洗和消毒处理，消毒液用含0.3%～0.5%有效氯的次氯酸钠或次氯酸钙溶液，石砾和定植杯用消毒液浸泡1d，定植板、种植槽、储液池、循环管道、池盖板等用消毒液湿润，并保持30min以上，消毒结束后用清水冲洗待用。

（2）栽培管理　幼苗定植初期，根系未伸展出杯外，提高液面使其浸杯底1～2cm，但与定植板底面仍有3～4cm空隙，既可保证吸水吸肥，又有良好的通气环境。当根系扩展伸出杯底进入营养液后，应降低液面，使植株根颈露出液面，以便解决通气问题。液面升高后，液面不可升高至已降液面，否则会影响已形成的根毛。

（三）浮板毛管水培技术

浮板毛管水培（floating capillary hydroponic，简称FCH），是浙江省农业科学院东南沿海地区蔬菜无土栽培研究中心与南京农业大学合作，吸收日本NFT设施的优点，结合我国的国情及南方气候的特点设计的，它克服了NFT的缺点，减少了液温变化，增加了供氧量，使根系环境条件稳定，避免了停电、停泵对根系造成的不良影响。在番茄、辣椒、芹菜、叶用莴苣等多种蔬菜栽培上应用取得良好效果。

该装置主要由储液池、种植槽、循环系统和供液系统4部分组成（图6-6）。

除种植槽以外，其他3部分设施基本与DFT相同，种植槽（图6-7）由聚苯乙烯板做成长1m、宽40～50cm、高10cm的凹形槽，然后连接成长15～20m的长槽，槽内铺厚0.8mm无破损的聚乙烯薄膜，营养液深度为3～6cm，液面漂浮厚1.25cm、宽10～20cm的聚苯乙烯泡沫板，板上覆盖一层亲水性无纺布（密度50g/m^2），两侧延伸入营养液内。通过毛细管作用，使浮板始终保持湿润。秧苗栽入定植杯内，然后悬挂在定植板的定植孔中，正好把槽内的浮板夹在中间，

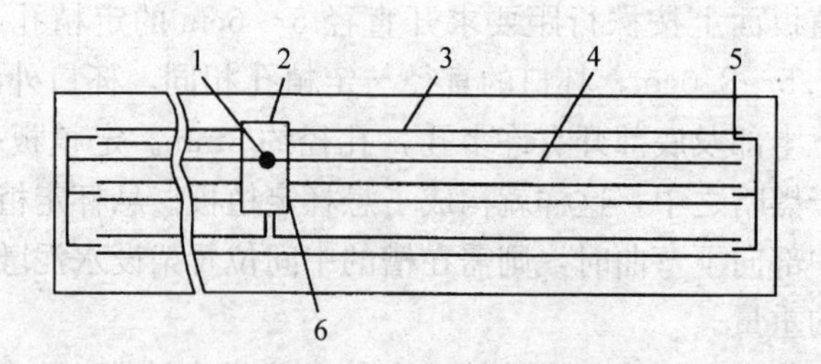

图 6-6 浮板毛管水培平面结构

1. 水泵 2. 水池 3. 种植槽

4. 管道 5. 空气混合器 6. 排水口

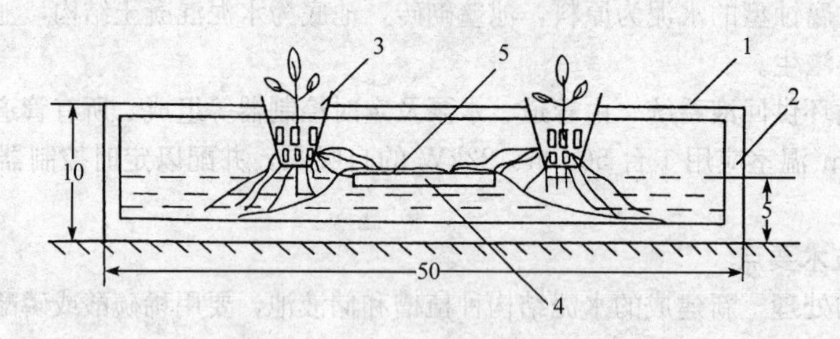

图 6-7 浮板毛管水培种植槽横切面示意图（单位：cm）

1. 定植板 2. 种植槽 3. 定植杯 4. 浮板 5. 无纺布

根系从定植杯的孔中伸出后，一部分根爬伸生长到浮板上，产生根毛吸收氧气，一部分根伸到营养液内吸收水分和营养。定植板用厚 2.5cm、宽 40～50cm 的聚苯乙烯泡沫板，覆盖于种植槽上，定植板上开两排定植孔，孔径与育苗杯外径一致，孔间距为 40cm×20cm。种植槽上端安装进水管，下端安装排液装置，进水管处同时安装空气混入器，增加营养液的溶氧量。排液管道与储液池相通，种植槽内营养液的深度通过垫板或液层控制装置来调节。一般在秧苗刚定植时，种植槽内营养液的深度保持 6cm 左右，定植杯的下半部浸入营养液内，以后随着植株生长，逐渐下降到 3cm。此种方法简单易行，设备造价低廉，适合我国目前的生产水平，宜大面积推广。

（四）雾培技术

雾培是利用喷雾装置将营养液雾化喷到在黑暗条件下生长的作物根系上，使作物正常生长的一种栽培方法。一般将先打好定植孔的聚苯乙烯泡沫塑料板斜竖成“A”字状，即形成了三角体形栽培定植槽，将喷雾装置设置在栽培定植槽内；按一定间隔设喷头，喷头由定时器调控，定时喷雾，整个栽培系统呈封闭式（图 6-8）。

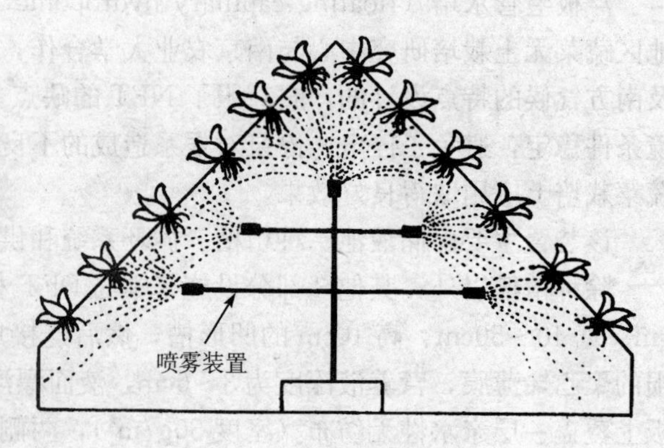

图 6-8 喷雾栽培示意图

二、固体基质栽培

(一) 岩棉培技术

1968年丹麦的Grodan公司最早开发出岩棉培（RF），1970年荷兰试验利用岩棉作基质种植作物获得成功。目前，许多国家都在试验与应用，其中以荷兰的应用面积最大，已达约2 500hm^2。我国的岩棉原料资源极其丰富，岩棉生产线几乎遍及全国。随着岩棉生产技术的不断更新，岩棉的生产成本还可下降。因此，试验与推广应用岩棉培技术，对发展我国的无土栽培有着积极意义。

岩棉培分为开放式和循环式两种。开放式岩棉培的特点是供给作物的营养液不循环使用。它的优点是：①设施简单，只需加液设备，造价低。②不会因营养液循环使用而增加病害传播的危险。缺点是营养液消耗较多，且排出的营养液会造成环境污染。

循环式岩棉培的优点是：①营养液循环使用，不会造成环境污染。②30％的水和50％的肥料可被再利用，减少了营养液的消耗。但循环式岩棉培的设施较复杂，不仅有加液设备，还需回液、储液设备。为防止营养液循环导致的病害传播，荷兰的循环式岩棉培还安装了营养液过滤和消毒装置。

1. 岩棉培的装置　岩棉培的装置包括栽培床、供液装置和排液装置。若采取循环供液，排液装置可省去。

栽培床是用厚7.5cm、宽20～30cm、长100cm的岩棉垫连接而成，上面定植带岩棉块的幼苗，外面用一层厚0.05mm的黑色或黑白双面聚乙烯塑料薄膜包裹。每条栽培床的长度，以不超过15m为宜。一般采用滴灌装置供应营养液，利用水泵将供液池中的营养液，通过主管、支管和毛管滴入岩棉床中。营养液有循环和不循环两种。为防止病害的传播，可采用岩棉袋培的方式，栽培床用聚乙烯塑料薄膜袋，装入适量的粒状棉或一定大小的岩棉垫连接而成。每个袋上分别打孔定植作物（图6-9）。

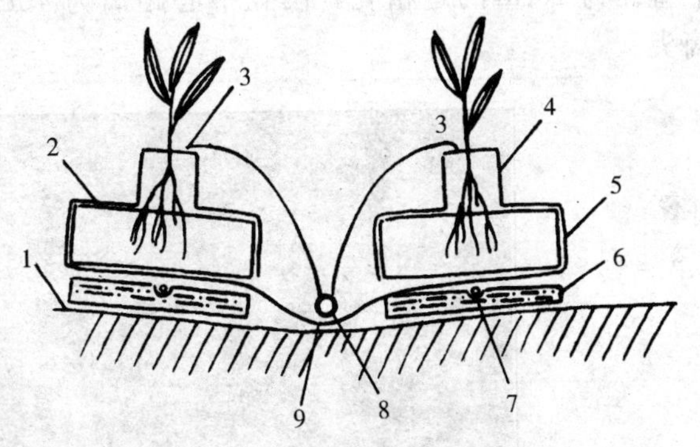

图6-9　岩棉种植垫横切面

1. 畦面塑料膜　2. 岩棉种植垫　3. 滴灌管　4. 岩棉育苗块　5. 黑白塑料膜　6. 泡沫塑料块　7. 加温管　8. 滴灌支管　9. 塑料膜沟

2. 岩棉栽培管理技术要点　放置岩棉垫时，要稍向一面倾斜，并在倾斜方向把包岩棉的塑料袋钻2～3个排水孔，以便将多余的营养液排除，防止沤根（图6-10）。

在栽培作物之前，用滴灌的方法把营养液滴入岩棉垫中，使之浸透。一切准备工作就绪以后，即可定植作物。岩棉栽培的主要作物是番茄、甜椒和黄瓜，每块岩棉垫上定植2株。定植后即把滴灌管固定到岩棉块上，让营养液从岩棉块上往下滴，保持岩棉块湿润，以促使根系在岩棉块中迅速生长，这个过程需7～10d。当作物根系扎入岩棉垫后，可以将滴灌滴头插到岩棉垫上，以保持根茎基部干燥，减少病害。

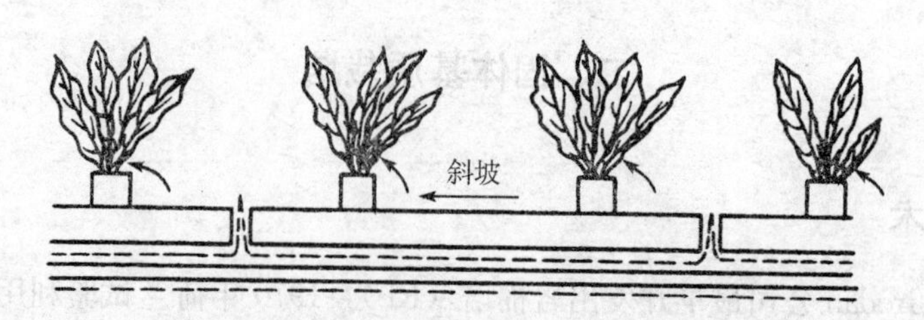

图 6-10　岩棉栽培示意图（纵断面）

（二）袋培技术

袋培用尼龙袋、塑料袋等装上基质，按一定距离在袋上打孔，作物栽培在孔内，以滴灌的形式供应营养液，这种方法称有机基质袋培。这是美洲及西欧国家比较普通的一种形式。袋内的基质可以就地取材，如蛭石、珍珠岩、锯末、树皮、聚丙烯泡沫、泥炭等及其混合物均可。

袋培又可分为筒式袋培和枕头式袋培（图 6-11，图 6-12）两种形式，在袋的下部或两侧打有小孔，以便排出多余的营养液。筒式袋培是将基质装入直径 30～35cm、高 35cm 的塑料袋内，栽植 1 株大型作物，每袋基质为 10～15L。枕头式袋培是在长 70cm、直径 30～35cm 的塑料袋内装入 20～30L 基质，两端封严，依次按行距要求摆放到栽培温室中，在袋上开 2 个直径为 10cm 的定植孔，两孔中心距离为 40cm，种植 2 株大型作物，每株分别设 1～2 个滴头。

图 6-11　基质袋培装置

在温室中排放栽培袋之前，整个地面铺上乳白色或白色朝外的黑白双面塑料薄膜，将栽培袋

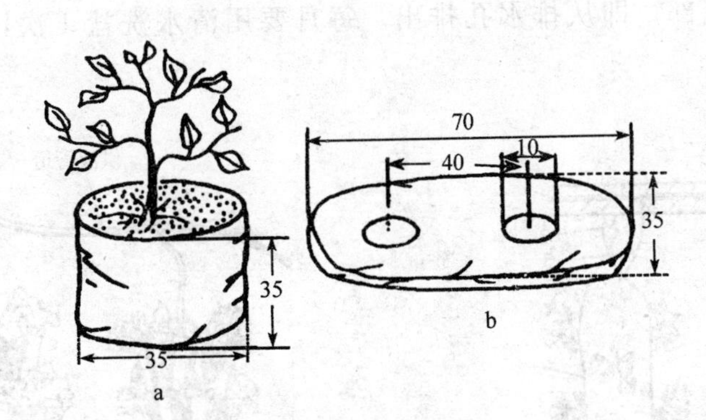

图 6-12　袋培示意图（单位：cm）

a. 筒式袋培　b. 枕头式袋培

与土壤隔离，防止土壤中病虫侵袭，同时有助于增加室内的光照度。定植结束后立即布设滴灌管，每株设 1 个滴头。无论是筒式栽培或枕头式栽培，袋的底部或两侧都应开 2～3 个直径为 0.5～1.0cm 的小孔，以便多余的营养液从孔中流出，防止积液沤根。

（三）立体栽培技术

1. 立体栽培的类型　立体栽培可以提高土地利用率 3～5 倍，提高单位面积产量 2～3 倍。立体栽培法有多种方式，我国常见的立体栽培有柱状栽培、长袋状栽培和盆钵式立体栽培 3 种方式，主要用于种植叶用莴苣、草莓等园艺作物。

（1）柱状栽培　栽培柱采用硬质塑料管或石棉水泥管制成，在管的四周按螺旋位置开孔，植株种植在孔中的基质中。也可采用专用的无土栽培柱，栽培柱由若干个短的模型管构成，在每个模型管中有几个突出的杯状物，用于种植园艺植物（图 6-13）。

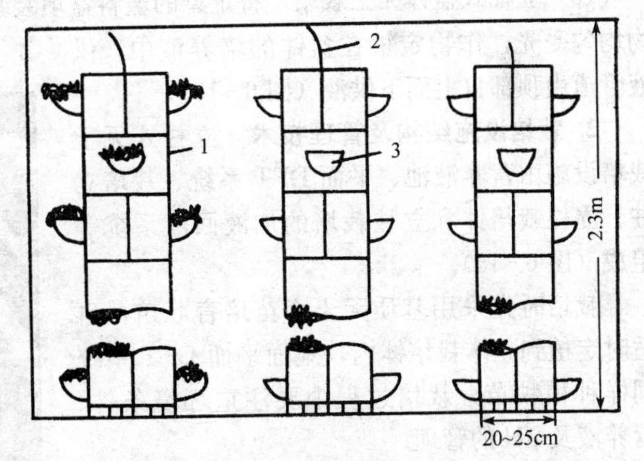

图 6-13　柱状栽培示意图

1. 水泥管　2. 滴灌管线　3. 种植孔

（2）长袋状栽培　长袋状栽培是柱状栽培的简化，与柱状栽培的不同之处在于采用聚乙烯塑料薄膜袋取代硬管，栽培袋的直径为 15cm，厚度为 0.15mm，长度为 1～2m，内装栽培基质，底端结紧以防基质落下，从上端装入基质成为香肠形，上端结扎，然后悬挂在温室中，袋周围开一些 2.5～5cm 的孔，用以种植植物（图 6-14）。上端配置供液管，下端设置排液管。

无论是柱状栽培还是长袋状栽培，栽培柱或栽培袋均是挂在温室的上部结构上，在行内彼此间的距离约为 80cm，行间距离为 1.2m。水和养分供应，是用安装在每个柱或袋顶部的滴灌系统进行的，营养液从顶部灌入，通过整个栽培袋向下渗透。营养液不循环利用，从顶端渗透到袋的底部，即从排水孔排出。每月要用清水洗盐 1 次，以清除可能集结的盐分。

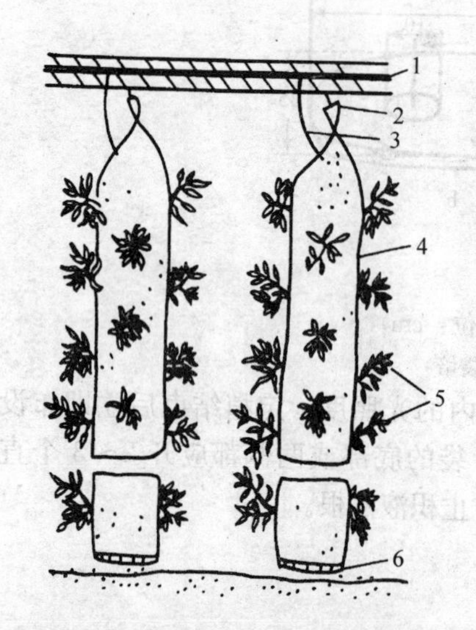

图 6-14 长袋状栽培示意图

1. 养分管道 2. 挂钩 3. 滴灌管 4. 塑料袋 5. 孔中生长的植物 6. 排水孔

图 6-15 立柱式盆钵无土栽培

(3) 立柱式盆钵无土栽培 将定型的塑料盆填装基质后上下叠放，栽培孔交错排列，保证作物均匀受光，作物定植在盆钵的培养液中，供液管道由顶部自上而下供液（图 6-15）。

2. 栽培设施结构及管理技术 立柱式无土栽培设施由营养液池、平面 DFT 系统、栽培立柱、立柱栽培钵和立柱栽培的加液回液系统等组成（图 6-15）。

栽培时先采用基质无土育苗培育壮苗，再适时定植到立体栽培钵内，地面平面 DFT 系统同样种植秧苗，栽培过程中要注重环境条件、营养液及 pH 的管理。

(四) 槽培技术

槽培就是将基质装入一定容积的栽培槽中以种植作物。目前生产中应用较为广泛的是在温室地面上直接用红砖垒成栽培槽。为了防止渗漏并使基质与土壤隔离，通常在槽的基部铺 1～2 层塑料薄膜（图 6-16）。

图 6-16 槽培栽培设施

三、有机生态型无土栽培

（一）有机生态型无土栽培的特点

有机生态型无土栽培是指采用基质代替天然土壤，采用有机固态肥料和直接清水灌溉取代传统营养液灌溉作物的一种无土栽培技术。由中国农业科学院蔬菜花卉研究所开发研制，作为无土栽培及设施园艺栽培领域中的新技术，已在全国推广面积达 $150hm^2$。有机生态型无土栽培除具有一般无土栽培的特点外，还具有以下特点：①具有克服设施栽培中连作障碍最实用、最有效的作用；②操作管理简单；③一次性运转成本低；④基质及肥料以有机物质为主，不会出现有害的无机盐类，特别避免了硝酸盐的积累；⑤植株生长健壮，病虫害发生少，减少了化学农药的污染，产品洁净卫生、品质好。

（二）设施装置

有机生态型无土栽培一般采用槽式栽培（图 6－17）。栽培槽可用砖、水泥、混凝土、泡沫板、硬质塑料板、竹竿或木板条等材料制作。建槽的基本要求为槽与土壤隔绝，在作物栽培过程中能把基质拦在栽培槽内。槽可用永久性的水泥槽，还可制成移动式的泡沫板槽等。为了降低成本，各地可就地取材制作各种形式的栽培槽。为了防止渗漏并使基质与土壤隔离，应在槽的底部铺 1～2 层塑料薄膜。槽的大小和形状因作物而异，甜瓜、迷你番茄、迷你西瓜、西洋南瓜、普通番茄、黄瓜等大株型作物，槽宽一般内径为 40cm，每槽种植 2 行，槽深 15cm。叶用莴苣、西芹等矮生或小株型作物可设置较宽的栽培槽，以栽培管理及采收方便为度，一般 70～95cm，进行多行种植，槽深 12～15cm，小株型作物也可进行立体式栽培，提高土地利用率，便于田间管

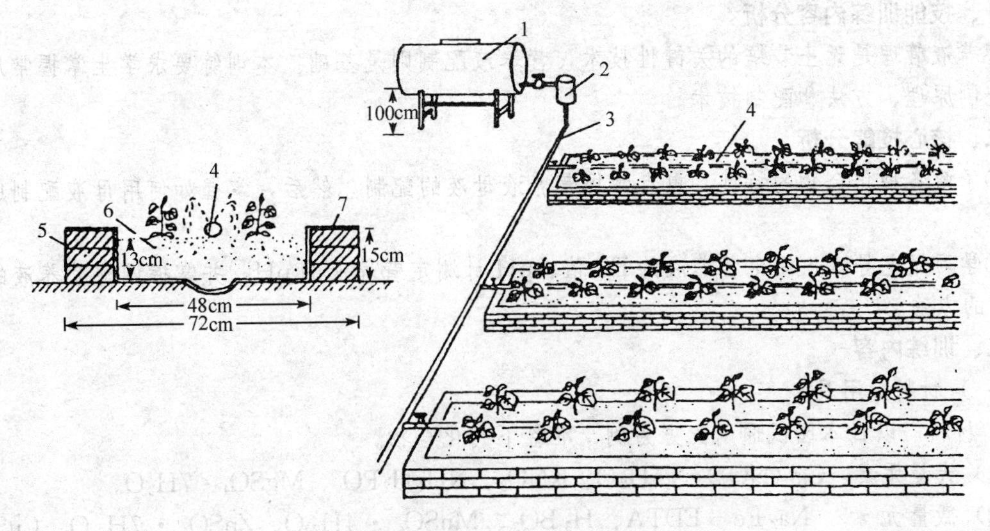

图 6－17　有机生态型无土栽培

1. 储液罐　2. 过滤器　3. 供液管　4. 滴灌带　5. 砖　6. 有机基质　7. 塑料薄膜

理。槽的长度可视灌溉条件、设施结构及所需走道等因素来决定。槽坡降应不小于1∶250，还可在槽的底部铺设粗炉渣等基质或一根多孔的排水管，有利于排水，增加通气性。

有机生态型无土栽培系统的灌溉一般采用膜下滴灌装置，在设施内设置储液（水）池或储液（水）罐。储液池为地下式，通过水泵向植株供液或供水；储液罐为地上式，距地面约1m，靠重力作用向植株供液或供水。滴灌一般采用多孔的软壁管，40cm宽的槽铺设1根，70～95cm宽的栽培槽铺设2根。滴灌带上盖一层薄膜，既可防止水分喷射到槽外，又可使基质保湿、保温，也可以降低设施内空气湿度。滴灌系统的水或营养液，要经过一个装有100目纱网的过滤器过滤，以防杂质堵塞滴头。

【思 考 题】

1. 无土栽培有哪些优缺点？包括哪几种类型？
2. 营养液如何配制与管理？
3. 何谓有机生态型无土栽培？如何设置栽培设施？
4. 固体基质培采用的基质种类有哪些？各自有何特点？
5. 简述各种水培形式的特征。
6. 设计一种无土栽培装置，并注明各部分名称。

【技能训练】

技能训练一　无土栽培营养液的配制技术

一、技能训练内容分析

营养液管理是无土栽培的关键性技术，营养液配制则是基础。本训练要求学生掌握常用营养液的配制原理、方法和配制技术。

二、核心技能分析

①了解各种化合物的特性，重点掌握营养液母液的配制，然后，掌握如何用母液配制成工作营养液。

②学习用电导率仪测定营养液的EC值、pH计测定营养液的pH，并掌握调整营养液的浓度和pH的方法。

三、训练内容

（一）材料与用具

1. 材料　以日本园试通用配方为例，准备下列化合物。

（1）大量元素　$Ca(NO_3)\cdot 4H_2O$、KNO_3、$NH_4H_2PO_4$、$MgSO_4\cdot 7H_2O$。

（2）微量元素　$Na_2Fe-EDTA$、H_3BO_3、$MnSO_4\cdot 4H_2O$、$ZnSO_4\cdot 7H_2O$、$CuSO_4\cdot 5H_2O$、$(NH_4)_6Mo_7O_{24}\cdot 4H_2O$。

2. 用具　千分之一电子天平、电导率仪、pH计、烧杯（100ml、200ml各1个）、容量瓶

(1 000ml)、玻璃棒、储液瓶（3个1 000ml棕色瓶），记号笔、标签纸、储液桶等。

（二）方法与步骤

1. 母液（浓缩液）配制　分成A、B、C 3个母液，A液包括Ca（NO_3）·$4H_2O$和KNO_3，浓缩200倍；B液包括$NH_4H_2PO_4$和$MgSO_4 \cdot 7H_2O$，浓缩200倍；C液包括Na_2Fe-EDTA和各微量元素，浓缩1 000倍。

2. 按园试配方要求计算各母液化合物用量　按上述浓度要求配制1 000ml母液，计算各化合物用量为：

(1) A液　$Ca(NO_3)_2 \cdot 4H_2O$ 189.00g；KNO_3 161.80g。

(2) B液　$NH_4H_2PO_4$ 30.60g；$MgSO_4 \cdot 7H_2O$ 98.60g。

(3) C液　Na_2Fe-EDTA 20.0g；H_3BO_3 2.86g；$MnSO_4 \cdot 4H_2O$ 2.13g；$ZnSO_4 \cdot 7H_2O$ 0.22g；$CuSO_4 \cdot 5H_2O$ 0.08g；$(NH_4)_6Mo_7O_{24} \cdot 4H_2O$ 0.02g。

3. 母液的配制　按上述计算结果，准确称取各化合物用量，按A、B、C种类分别溶解于3个容器中，并注意逐种物质加入，前一种溶解后加入下一种。全部溶解后，定容至1 000ml,然后装入棕色瓶、并贴上标签，注明A、B、C母液。

4. 工作营养液的配制　用上述母液配制50L工作营养液。分别量取A母液和B母液各0.25L、C母液0.05L，在加入各母液的过程中，务必防止出现沉淀。方法如下：

①在储液桶内先放入相当于预配工作营养液体积50%的水量，即25L水，再将量好的A母液倒入其中。

②将量好的B母液慢慢倒入其中，并不断加水稀释，至达到总水量的80%为止；将C母液按量加入其中，然后加足水量并不断搅拌。

四、作业与思考题

1. 详细记录营养液配制过程。

2. 营养液配制过程中，如果用铵态氮代替一半的硝态氮，应如何进行替换？

第七章

设施育苗技术

【知识目标】了解设施蔬菜、花卉和果树育苗的方法和基本技术原理；了解工厂化育苗的技术原理及措施；为学生掌握切实可行的设施育苗技术，改革传统技术经验提供理论知识。

【技能目标】熟练掌握园艺植物各种自根苗、嫁接育苗、扦插育苗的操作及管理技术；掌握工厂化育苗（穴盘育苗）的管理技术。

第一节　蔬菜育苗

育苗是蔬菜栽培的主要特色之一。优点是能育壮苗，节约用种，争取农时，提高土地利用率。栽培的茄果类、瓜类、叶菜类和部分葱蒜类、水生蔬菜、豆类蔬菜等常采用育苗法。蔬菜育苗方式分为保护地育苗和露地育苗 2 种；育苗方法有床土育苗、无土育苗、嫁接育苗、扦插育苗、试管育苗和穴盘育苗等。此部分内容主要以蔬菜设施育苗基本技术和嫁接育苗技术为主介绍。

一、育苗基本技术

（一）营养土的配制与床土消毒

1. 营养土的配制　营养土是人工按一定比例配成的适合于幼苗生长的土壤。营养土是供给幼苗生长发育所需要的水分、营养和空气的基础，秧苗生长发育好坏与床土质量有密切关系。配制营养土常用的主要原料有有机肥和菜园田土 2 类。比较理想的有机肥原料为草炭、马粪等，也可用有机肥含量较高、充分腐熟的其他厩肥、堆肥等。有机肥用于床土配制前必须充分腐熟。园田土要求取自非重茬且较肥沃的壤土，最好使用葱蒜类茬口的园田土。

营养土的具体配方根据不同蔬菜和育苗时期不同，一般播种床要求肥力较高，土质疏松，因而有机肥的比例较高，有机肥和园田土按（6～7）：（3～4）配制；分苗床要求土壤具有一定的黏结性，以免定植时散坨伤根，其肥、土比为（3～5）：（5～7）。通常，每立方米床土可加入尿素 0.25kg、过磷酸钙 2～2.5kg，加入后混匀过筛。下面介绍一些较好的配方，供选用。

（1）播种床营养土配方（按体积计算）

配方 1：2/3 园土、1/3 马粪。

配方 2：1/3 园土、1/3 细炉渣、1/3 马粪。

配方 3：40%园土、20%河泥、30%腐熟圈粪、10%草木灰。

(2) 分苗床营养土配方（按体积计算）

配方 1：2/3 园土、1/3 马粪（通用）。

配方 2：1/3 园土、1/3 马粪、1/3 稻壳（黄瓜、辣椒）。

配方 3：2/3 园土、1/3 稻壳（番茄）。

配方 4：腐熟草炭和肥沃园土各 1/2（结球甘蓝）。

2. 床土消毒　常用的消毒方法有药剂消毒和物理消毒。药剂消毒常用福尔马林、井冈霉素、氯化苦、溴甲烷等。用 0.5%福尔马林喷洒床土，喷后拌匀后密封堆置 5～7d，然后揭开薄膜待药味挥发后使用，可防治猝倒病和菌核病；用井冈霉素溶液（5%井冈霉素 12ml，加水 50kg），在播种前浇底水后喷在床面上，对苗期病害有一定防效。物理方法有蒸汽消毒、太阳能消毒等。欧美等国家常用蒸汽进行床土消毒，对防治猝倒病、立枯病、菌核病等都有良好效果。

（二）播种前的种子处理

种子处理的方法很多，其中以种子消毒和浸种催芽最普遍；为提高幼苗的抗寒力，变温处理也是一种值得推广应用的方法。

1. 种子药剂消毒　凡种子带有传染性病原物的，在播种前均应进行药剂处理。目前，药剂处理种子常用的方法是药粉拌种和药剂水溶液浸种 2 种。

(1) 药粉拌种　常用五氯硝基苯、克菌丹、多菌灵等杀菌剂和敌百虫等杀虫剂拌种消毒，用药量为种子重量的 0.2%～0.3%。方法简易，最好是干拌，即药剂和种子都是干的，种子沾药均匀，不易产生药害。

(2) 药液浸种　必须严格掌握药液浓度和浸种时间，否则易产生药害。药液浸种前，先用清水浸种 3～4h，然后浸入药液中，按规定时间捞出种子，再用清水反复冲洗至无药味为止。常用福尔马林（40%甲醛）100 倍水溶液浸种 10～15min，捞出冲洗（防止番茄早疫病，茄子褐纹病，黄瓜炭疽病、枯萎病等）；或用 1%硫酸铜水溶液浸种 5min，捞出冲洗（防治辣椒、甜椒炭疽病和细菌性斑点病）；10%磷酸三钠或 2%氢氧化钠水溶液，浸种 20min，捞出冲洗（钝化番茄花叶病毒）。

2. 温汤浸种　将种子浸入 55℃温水中，边浸边搅动，并随时补充温水，保持 55℃水温，10～15min 之后，再倒入少许冷水使水温下降（或处理完毕倒出热水，用温水调节水温）；耐寒性蔬菜降至 20℃左右，喜温蔬菜降至 20～30℃，进行浸种。必须指出，温汤消毒时，温度高低和处理时间长短，必须准确掌握，在所要求范围内保证恒温是关键，否则达不到杀菌作用。

3. 催芽　浸种催芽是在温汤浸种消毒处理种子后，用 20～30℃温水进行浸种，时间依不同蔬菜而异，浸种后将种子搓洗干净，特别是茄子要洗净种皮外黏状物，然后取出使种子呈微散落状态，用湿纱布包裹置于容器内，上盖湿布放适温下进行催芽（表 7-1）。

催芽过程主要是满足种子萌发所需要的温度、湿度和通气条件。生产中多采用多层潮湿的纱布、毛巾等包裹种子，催芽期间经常检查和翻动种子，并用清水淘洗。对催芽温度的掌握，初期可以给以较高温度，有利于萌动，胚根突破种皮后降温 3～5℃，使胚根生长粗壮。待大部分种子（60%～70%）露白时，停止催芽，即可播种。

表 7-1 几种蔬菜种子温汤浸种、催芽适温和时间

蔬菜种类	种子消毒		浸种		催芽		备注
	温度（℃）	时间（min）	温度（℃）	时间（h）	温度（℃）	时间（d）	
黄瓜	50～55	15	20～30	4～6	25～28	1～2	洗净去种皮黏膜
番茄	50～55	15	20～30	8～12	25～30	2～3	洗净去绒毛
茄子	60～65	15	25～30	24	25～30	6～7	洗净去黏膜
辣椒	60～65	15	20～30	24	25～30	5～6	洗净去辣味
芹菜	30～40	自然降温	20	48	18～20	8～10	洗净
甘蓝			20	3～4	20～22	1d左右	
西葫芦	50～55	15	20～30	4～6	25～28	2	
冬瓜	50～55	15	20～30	24	28～30	4～6	

4. 胚芽锻炼 在种子露白时，给1～2d以上0℃以下低温称为"胚芽锻炼"，也叫"变温锻炼"。其方法是把刚露白的种子连同布包或容器先放在－1～5℃的环境下12～18h（耐寒蔬菜的温度取低限，喜温蔬菜取高限），再放到18～22℃下12～16h，反复1～10d。胚芽锻炼能提高抗寒能力，加快发育速度，有明显的早熟高产效果。试验证明，黄瓜变温锻炼1～4d，茄果类、喜凉蔬菜1～10d较宜。

（三）适期播种

1. 播种期和苗龄的确定 蔬菜育苗适宜的播种期应根据生产计划、蔬菜种类、栽培方式、设施条件、苗龄大小、育苗技术等具体情况确定。

（1）播种期 播种期是由定植期减去育苗天数确定的。蔬菜定植期因蔬菜种类、栽培方式不同而异。耐寒、半耐寒蔬菜（如结球甘蓝、花椰菜等），要求在10cm地温稳定在5℃时定植，大棚定植期为终霜期前2个月，普通日光温室和高效节能日光温室可实现周年生产。茄果类、瓜类等喜温性蔬菜，要求10cm地温必须稳定在12～14℃时定植，大棚定植为终霜期前1个月，普通日光温室为终霜期前2～3个月，高效节能日光温室定植期基本不受霜期的限制，一般应避免在最冷的季节定植。

（2）苗龄 苗龄的表示方法通常有两种：一种是生理苗龄，常用叶片数、现蕾、开花等表示，能较准确地反映秧苗的实际生育阶段，但不能反映当时已育苗的日数；另一种日历苗龄，是从播种到定植所经历的育苗日数，日历苗龄不能正确反映秧苗所处的生育阶段。不同种类作物苗龄不同，同一种作物苗龄因育苗设施、环境条件不同也有变化。因此，用温室或温床育苗播期可迟些，用冷床或大小棚育苗则应早些。同一地区采用多层覆盖栽培用苗的播种期应迟些，反之则应早。例如，用温床育苗，若温度适宜，黄瓜苗龄为30～35d，番茄45～50d，辣椒、茄子则为75～80d；而用阳畦冷床育苗时，黄瓜一般为40～45d，番茄60～70d，辣椒、茄子则为90～100d。

2. 播种量与育苗面积的确定

（1）播种量的确定 播种前根据667m² 用苗数、单位重量种子的粒数、种子用价和安全系数来确定。

667m² 实际播种量（g）＝（667m² 需苗数/每克种子粒数×种子用价）×安全系数（1.5～2）

种子用价（%）＝纯度（%）×发芽率（%）

主要育苗蔬菜每 667m² 定植面积用种量见表 7-2。

表 7-2　育苗蔬菜 667m² 用种量

蔬菜种类	用种量（g）	出苗期间的地温
番茄	20～30	适宜
	30～60	地温低
辣椒	80～110	适宜
	130～220	地温低
茄子	20～35	适宜
	40～65	地温低
黄瓜	100～150	适宜
	200～250	地温低
西葫芦	250～400	适宜
结球甘蓝	25～50	适宜
花椰菜	20～30	适宜
芹菜	150～250	适宜
茎用莴苣	15～25	适宜

（2）育苗面积的确定　生产中常以每平方米的播种量表示播种密度。以破心时分苗为例，每平方米苗床播种量见表 7-3。

表 7-3　每平方米苗床播种量

蔬菜种类	分苗时间	播种量（g）
番茄	吐真叶时	30～40
辣椒	吐真叶时	50～60
茄子	吐真叶时	40～50
黄瓜	吐真叶时	80～100
西葫芦	吐真叶时	100～130
冬瓜	吐真叶时	80～90
甘蓝类蔬菜	吐真叶时	15～25
白菜类蔬菜	吐真叶时	10～20
芹菜	吐真叶时，或一次成苗	10～20
韭菜	不分苗，或一次成苗	10～15
洋葱	不分苗，或一次成苗	12～18
大葱	不分苗，或一次成苗	6～8

根据 667m² 定植田所需的播种量（表 7-2）和播种密度，可以算出 667m² 定植面积所需播种床面积。如确定番茄在真叶破心时分苗，667m² 定植田需 20～35g 播种量，每平方米播种量 30～40g，则 667m² 番茄需 0.67～2.0m² 播种床。

根据各种蔬菜在分苗床的适宜密度，如仅进行一次分苗时，苗距分别为：番茄、茄子 10cm×10cm，辣椒 8cm×8cm，黄瓜 8～12cm×8～12cm。两次分苗时，第一次的苗距为 5cm×5cm，第二次的苗距为番茄、茄子 10cm×10cm，辣椒 8cm×8cm，计算所需分苗床面积，其计算公式如下：

分苗床面积（m^2）＝分苗总数×秧苗营养面积（cm^2）/10 000

3. 播种技术 苗床播种的主要技术环节按做床、浇底水、播种、盖土和盖覆盖物的顺序进行。播种方法常用撒播和点播2种。

（1）做床 目前苗床播种普通以地床居多。其做法：在温室内做畦，畦宽1～1.5m，装入床土，充分曝晒、搂平后，稍镇压。为提高地温，也可做成高畦。用纸筒、营养钵等点播者，把装好床土的筒、钵摆在苗床上。

（2）浇底水 播种前在育苗床内先灌水，灌水量要求床土8～10cm的土层，含水量达到饱和。灌水量少，易"吊干芽子"。浇底水后，在床面上撒一层床土或药土。

（3）播种和盖土 茄子、番茄、辣椒、甘蓝、花椰菜、白菜、洋葱等小粒种子的蔬菜，多采用撒播，瓜类常采用点播。无论采用哪种方式播种，均匀是共同的要求。撒播时通常向种子中掺些细沙或细土，使种子松散。播种后立即覆土，目的是保护种子幼芽，使其周围有充足的水分、空气、适宜的温度，并有助于脱壳出苗。盖土厚度为种子厚度的3～5倍，即1～1.5cm不等。若盖药土，宜先撒药土，后盖床土。

（4）覆盖塑料薄膜 盖土后应当立即用地膜覆盖床面，保温保湿，当膜下滴水多时，取下薄膜抖掉水滴后再覆盖，直至拱土时撤掉薄膜。

（四）苗期管理

1. 播种到出苗期间的管理 播种后至出苗前的管理主要是保温保湿。一般喜温性蔬菜，如番茄、茄子、黄瓜、西葫芦等，苗床适宜温度应为25～30℃；而结球甘蓝、莴苣、芹菜等喜冷凉蔬菜，苗床温度以20～25℃为宜。采用阳畦育苗，应将塑料薄膜封严，并适当早盖、晚揭覆盖物；采用温床育苗时，傍晚或夜间应视温度状况点火或通电升温，并适时加盖覆盖物保温。

2. 出苗到分苗期间的管理 出苗到分苗期间的管理，主要是指控制温度、增强光照、调节湿度、间苗、防病等。

（1）子苗期的管理 出苗至第1片真叶展开前为子苗期。该期幼苗易徒长，其主要原因是夜间气温高，光照不足，加上勤浇水，所以子苗期管理应当以"控"为主。出苗后，夜间气温喜温果菜类10～15℃，耐寒蔬菜9～10℃；白天喜温果菜类25～30℃，耐寒蔬菜20℃左右较合适。子苗期一般不浇水，但用育苗盘、育苗钵育苗易干旱，应酌情喷水。播种过密，子苗拥挤，受光不良也易徒长，适当间苗和勤擦温室玻璃和薄膜，以改善子苗受光状况。

（2）小苗期管理 第一片真叶破心至第2～3片真叶展开为小苗期。该期主要是根系和叶面积同时扩展。苗床管理的原则是促控结合，保证小苗在适温、不控水和阳光充足的条件下生长。喜温果菜类白天气温25～28℃、夜间15～17℃，耐寒蔬菜白天20～22℃、夜间10～12℃。对易徒长的甘蓝、番茄、黄瓜等，应当在干旱时浇透水，随后浅中耕保墒，尽量减少浇水次数。茄子、辣椒等不易徒长，不必严格控制浇水。经常擦温室玻璃和薄膜，覆盖物早揭晚盖，增加秧苗见光时间以利于光合产物的积累。分苗前3～5d，加大苗床通风量，降低温度提高秧苗的适应性，以利分苗后缓苗生长。

（3）分苗 分苗是蔬菜育苗管理的重要技术之一，主要目的在于扩大营养面积，增加根群，培育壮苗。

①分苗时间的确定：分苗时间与分苗次数有密切关系，一般以分苗1～2次为宜。如果分苗两次，应在真叶破心前后分完第1次，第3～4片叶时分完第2次。若分苗1次，应在第2～3片真叶期分完。瓜类蔬菜，应当在子叶展平、充分变绿时分苗。

各种蔬菜幼苗的根系再生能力不同，对“分苗”的反应也不同。如茄子、番茄、白菜、甘蓝等蔬菜幼苗根系再生能力强，耐移植，可在小苗期分苗；不太耐移植的蔬菜，如瓜类、菜豆适于子叶期分苗；萝卜等根菜，不易移植，移植后的肉质根易分叉，影响产量和品质。

②分苗的株行距：主要根据育苗蔬菜的种类、苗龄、分苗次数、设施面积等加以确定。保护地定植的秧苗，如果一次分苗，以8～10cm见方较宜；如果二次苗，第1次分苗2～3cm见方，第2次分苗的营养面积与一次分苗育成苗的营养面积相同。

③分苗方法：分苗前一天，把第二天欲分苗的苗床浇透水，目的是起苗容易伤根少。分苗多采用水稳苗法，即在分苗畦内按所定行距开沟，再按一定株距将苗贴在沟边，待水渗后覆土将苗栽好。注意边分苗边随之将塑料薄膜覆盖严密，以保持苗床内温度及湿度，并加盖草苫遮花荫，防止日晒使幼苗萎蔫。

④缓苗期的管理：分苗后1周内，一般不需通风，苗床内以保温保湿为主，目的在于恢复根系，促进缓苗。苗床温度，喜温果菜类地温不低于18～20℃，白天气温25～28℃，夜间不低于15℃；耐寒性蔬菜，如甘蓝、花椰菜等，相应比喜温果类低3～5℃。待秧苗中心的幼叶开始生长时，表明秧苗已经发生新根，此时应开始通风降温，以防止秧苗徒长。

3. 分苗到定植前的管理　分苗到定植前，床内温度变化剧烈，夜间温度较低，稍一疏忽易造成冻害。在晴朗的中午，苗床温度时常过高，可达35～40℃，如不及时通风降温，会发生灼伤或引起秧苗徒长。所以，该期苗床温度管理很重要，应尽量使其处在适宜的温度（表7-4）。

表7-4　部分蔬菜幼苗生长期对温度的要求

蔬菜种类	白天温度（℃）	夜间温度（℃）
番茄	22～25	10～15
茄子	30	20
甜椒	25～30	17～20
黄瓜	25	15～18
西瓜	25～30	20
叶用莴苣	18～22	10～12
甘蓝	18～22	10～12
花椰菜	18～22	10～12
芹菜	20～25	15～20

在这一阶段，秧苗对光的要求越来越高，应通过早揭晚盖覆盖物延长秧苗受光时间。

4. 定植前秧苗锻炼　定植前对秧苗进行适度的低温、控水处理，称为秧苗锻炼。目的是改变幼苗植物体内物质积累的方向与其生长发育的关系，增强对不良环境的适应能力，且有利于瓜果类蔬菜的花芽分化。秧苗锻炼的方法如下：

（1）低温锻炼　为适应定植后的温度环境，定植前必须进行低温锻炼。白天床温可降到20℃左右；夜间温度，对于茄果类、瓜果秧苗可降低到10℃左右，在秧苗不受寒害的限度内，应尽量降低夜间温度。

（2）囤苗　是采取人工措施挪动幼苗，使根系受到一定损伤，以控制茎叶生长。用营养钵或其他容器育苗，定植前搬动几次，即可达到囤苗目的。如采用切块囤苗，在定植前7～10d，苗床浇水，水渗完前用长刀在秧苗的株、行间把床土切成方土块，切土深10cm左右。切块后6～7d土块干硬，即可起苗定植于大田。

（3）使用植物生长延缓剂防止徒长　当发现幼苗徒长时，可喷2000mg/L矮壮素，对促进幼苗叶色转浓绿、节间短粗、有明显效果。

（五）护根的技术措施

蔬菜秧苗定植后，缓苗情况除与外界环境条件及苗龄有关外，还与秧苗根系的保护情况有关。护根的措施包括：

1. 育苗筒　由塑料或纸制成。规格以直径7～8cm为主。筒一般不宜低于8.5cm，以11～13cm为宜。

2. 塑料钵　我国目前以单个圆形塑料钵应用较普遍。一般钵的上口直径6～10cm、高8～12cm，生产中根据秧苗大小，选用相应口径的塑料钵。目前早熟栽培的果菜秧苗，由于秧苗体积大，以选用上口直径8cm、筒高10cm以上的塑料钵为宜。

3. 营养土块　将营养土块压制成块型用于育苗。营养土块配制成分主要是有机质，制成的土块要求松紧适度，不硬不散。营养土块大小，因育苗蔬菜种类和育苗要求而不同，早熟栽培的茄果类、瓜类蔬菜育苗，一般用8cm×8cm×6cm或10cm×10cm×8cm的土块。制作营养土块主要有手工切割、方格压制或浇注和机械制作3种方法。

4. 育苗盘　蔬菜育苗的主要容器之一，用塑料制成。育苗盘规格一般为72孔/盘、128孔/盘、288孔/盘，盘底部设有排水小孔。

二、嫁接育苗

嫁接育苗的主要作用是避免土壤传染病害的危害。此外，选择适宜的砧木，还有增强蔬菜抗逆性和水肥吸收功能，促进蔬菜生长发育、提早收获、提高产量的作用。目前，设施栽培黄瓜、西瓜嫁接已较普遍，对甜瓜和其他瓜类蔬菜以及茄果类蔬菜嫁接栽培的研究和应用正逐步推广。

（一）砧木的选择

首先，良好的砧木必须与接穗有较好的嫁接亲和力；其次，根据不同的嫁接目的选择砧木，如选用黑子南瓜作黄瓜的砧木，除增强黄瓜对枯萎病的抗性外，还增强对低温的适应能力。目前蔬菜嫁接常用的砧木种类及用途见表7-5。

表7-5　蔬菜嫁接的砧木种类及其特点

蔬菜	砧木种类	主要特点	适于栽培类型
黄瓜	黑子南瓜	抗枯萎病，根系发达，耐低温、高温	冬春保护地栽培
	南砧1号	抗病、丰产	冬春保护地栽培
	土佐系南瓜	耐高温	春夏栽培

（续）

蔬菜	砧木种类	主要特点	适于栽培类型
西瓜	瓠瓜	抗枯萎病、根结线虫、黄守瓜	早春栽培
	南瓜	高抗枯萎病	早熟栽培
	冬瓜	中抗枯萎病	露地夏季栽培
	共砧	抗病性不太强，长势中等	
番茄	兴津 101	抗枯萎病、青枯病	
	Ls-89	抗枯萎病、青枯病	
	影武者	抗 Mi、TMV、根腐病	
茄子	赤茄	抗枯萎病，中抗黄萎病，耐寒、抗热	多种类型栽培
	托鲁巴姆	高抗黄萎病、枯萎病、青枯病、线虫病、耐高温，耐干旱，耐湿	多种类型栽培
	CRP	高抗黄萎病、枯萎病、青枯病、线虫病、耐高温，耐干旱，耐湿，耐涝	多种类型栽培

（二）嫁接方法

嫁接方法已有几十种，但归纳起来主要分为 3 类。根据不同种类蔬菜，选用相应的嫁接方法。

1. 人工嫁接方法

（1）靠接法　适用于黄瓜、甜瓜、西瓜、西葫芦、苦瓜等蔬菜，尤其适用于胚轴较细的砧木嫁接。嫁接适期为：砧木子叶全展，第一片真叶显露；接穗第一片真叶始露至半展。嫁接过早，幼苗太小操作不方便；嫁接过晚，成活率低。砧木和接穗下胚轴长 5～6cm 利于操作。

通常，黄瓜较南瓜早播 2～3d，黄瓜播种后 10～12d 嫁接；西瓜比瓠瓜早播 3～7d，比新土佐早播 5～6d，前者出土后播种后者；甜瓜比南瓜早播 5～7d，若采用甜瓜共砧需同时播种。幼苗生长过程中保持较高的苗床温湿度有利于下胚轴伸长。

嫁接时，分别将接穗与砧木带根取出，注意保湿。用刀片削去砧木上的生长点和真叶，在其子叶下 0.5～1.0cm 处呈 20°～30°自上而下用刀片斜切 1 刀，深度达胚轴直径 1/2，切口长 0.6～0.8cm；再用刀片在接穗子叶以下 1～1.5cm 的胚轴处呈15°～20°自下而上斜切 1 刀，深度达胚轴直径 3/5～2/3，切口长 0.6～0.8cm。最后将接穗与砧木的切口相互套插在一起并加以固定，栽于容器或苗床中，保持二者根茎距离 1～2cm，以利于成活后断茎去根（图 7-1）。

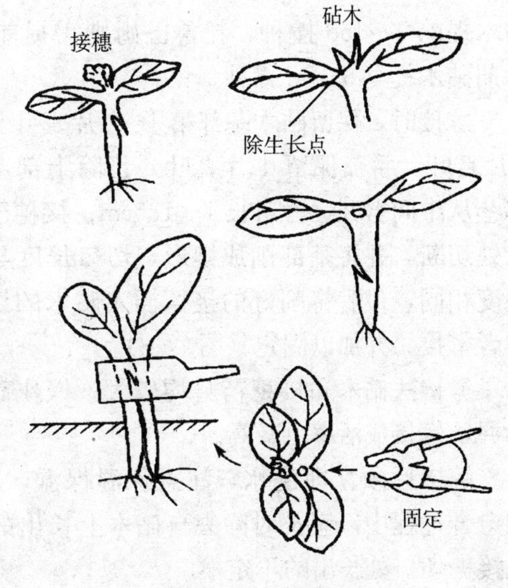

图 7-1　靠接法

（2）插接法　适用于西瓜、黄瓜、甜瓜等蔬菜嫁接，尤其适用于胚轴较粗的砧木种类。嫁接适期：接穗子叶全展，砧木子叶展平、第一片真叶显露至初展。

通常，南瓜砧木比黄瓜早播2～5d，黄瓜播种后7～8d嫁接；瓠瓜比西瓜早播5～10d，即瓠瓜出苗后播种西瓜；南瓜比西瓜早播2～5d，西瓜播后7～8d嫁接；共砧同时播种。育苗过程中根据砧穗生长状况调节苗床温、湿度，促使幼茎粗壮，砧、穗同时达到嫁接适期。砧木胚轴过细时可提前2～3d摘除生长点，促其增粗。

嫁接时除去砧木的生长点，用宽度不超过砧木胚轴直径的带尖扁竹签，从砧木心叶处向下插入0.5cm左右，勿使胚轴裂开，将接穗从子叶下1cm的胚轴处切断，并从两则斜切成楔形，将竹签从砧木中拨出后立即将接穗插入，外皮层相互对齐，用塑料条轻轻扎牢，使接穗与砧木子叶紧密交叉呈十字形（图7-2)。

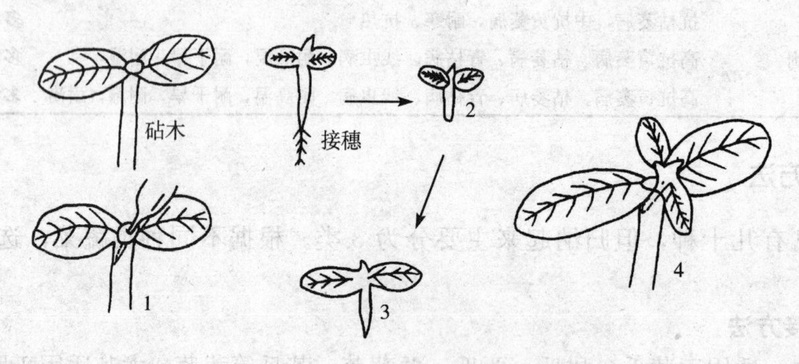

图7-2　插接法

此法使用的育苗面积较小，操作方便。但对嫁接操作熟练程度、嫁接苗龄、成活期管理水平要求严格，技术不熟练时嫁接成活率低，后期生长不良。

(3) 劈接法　主要用在茄子和番茄上。嫁接适期：砧木具5～6片真叶，接穗具3～5片真叶。茄子嫁接砧木提前7～15d播种，托鲁巴姆则需提前25～35d；番茄砧木提早5～7d播种。

嫁接时，保留砧木基部第1～2片真叶（茄子保留2片真叶，番茄保留1片真叶）切除上部茎，用刀片将茎从中间劈开，劈口长1～1.5cm；接穗于第2片真叶处切断，并将基部削成楔形，切口长度与砧木切缝深度相同，最后将削好的接穗插入砧木的切口中，使两者密接，并加以固定（图7-3)。

劈接法砧木和接穗苗龄均较大，操作简便，容易掌握，嫁接成活率也较高。

嫁接后须立即浇水，注意保温保湿，适当遮荫。在愈合过程中，应及时除去自砧木上长出的不定芽和从接穗切口处长出的不定根。

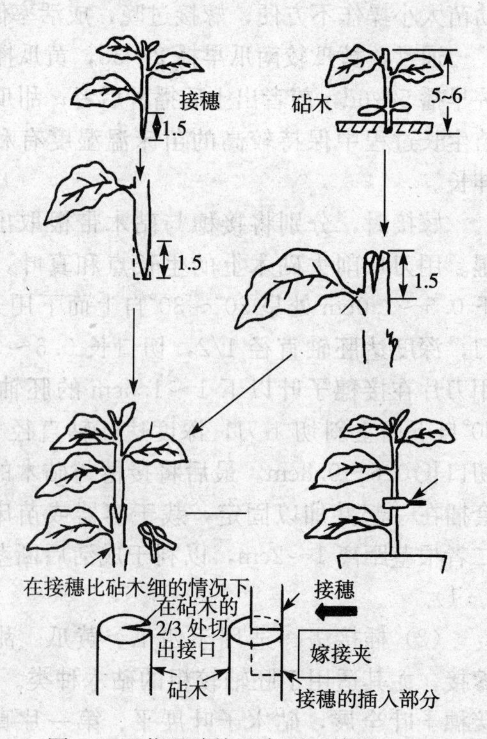

图7-3　茄子劈接示意图（单位：cm）

2. 适于机械化作业的嫁接方法　机械化嫁接过程

中，要解决的重要问题是胚轴或茎的切断、砧木生长点的去除和砧、穗的把持固定方法。根据机械的嫁接原理不同，砧、穗的把持固定可采用套管、嫁接夹或瞬间接合剂等方法。

(1) 套管式嫁接　此法适用于黄瓜、西瓜、番茄、茄子等蔬菜。

嫁接适期：砧木、接穗子叶刚刚展开，下胚轴长 4～5cm。砧木、接穗过大成活率降低；接穗过小，虽不影响成活率，但生育迟缓，嫁接操作困难。茄果类幼苗嫁接，砧木、接穗幼苗茎粗不相吻合时，可适当调节嫁接切口处位置，使嫁接切口处的茎粗基本相一致。

嫁接时首先将砧木的胚轴（瓜类）或茎（茄果类在子叶或第 1 片真叶上方）沿其伸长方向 25°～30°斜向切断，在切断处套上嫁接专用支持套管，套管上端倾斜面与砧木斜面方向一致。瓜类上端倾斜面与砧木斜面方向一致。然后，瓜类在接穗下胚轴上部、茄果类在子叶（或第 1 片真叶）上方，按照上述角度斜着切断，沿着与套管倾斜面一致的方向把接穗插入支持套管，尽量使砧木与接穗的切面很好地压附靠近在一起（图 7-4）。

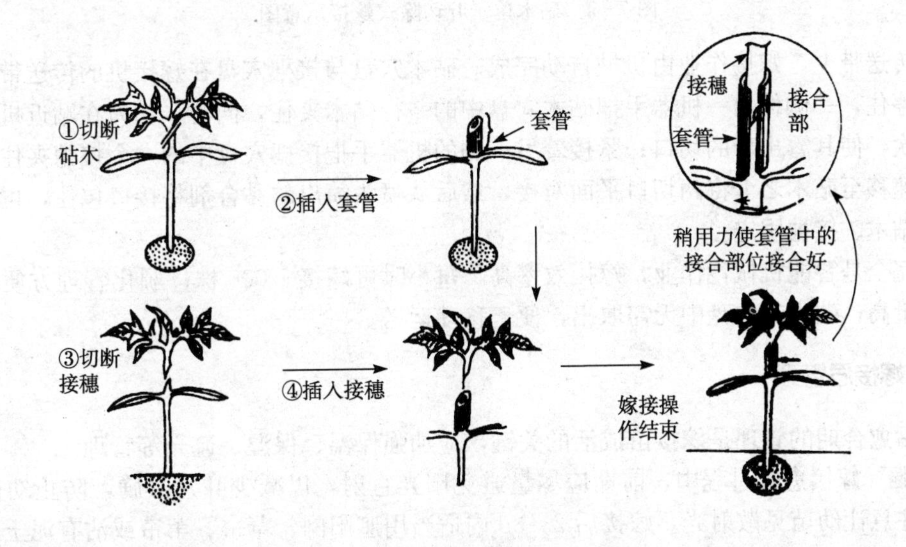

图 7-4　番茄套管式嫁接示意图

此法操作简单，嫁接效率高，驯化管理方便，成活率及幼苗质量高，适于机械化作业。砧木可直接播于营养钵或穴盘中，无需取出，便于运送。

(2) 单子叶切除式嫁接　适用于瓜类蔬菜嫁接。将南瓜砧木的子叶保留 1 片，将另 1 片和生长点一起斜切掉，再与在胚轴处斜切的黄瓜接穗相接合的嫁接方法。南瓜子叶和生长点位置非常一致，所以把子叶基部支起就能确保把生长点和一片子叶切断。此法适于机械化作业，亦可用手工操作，3 人同时作业，每小时可嫁接幼苗 550～800 株，比手工嫁接提高工效 8～10 倍（图 7-5）。

(3) 平面嫁接　适于子叶展开的黄瓜、西瓜和 1～2 片真叶的番茄、茄子。

平面嫁接是由日本研制成功的全自动式智能嫁接机完成的嫁接方法。该嫁接机要求砧木、接穗的穴盘均为 128 穴。嫁接时，首先，有 1 台砧木预切机，将用穴盘培育的砧木在穴盘行进中从子叶以下把上部茎叶切除。然后，将切除了砧木上部的穴盘与接穗的穴盘同时放在全自动式智能

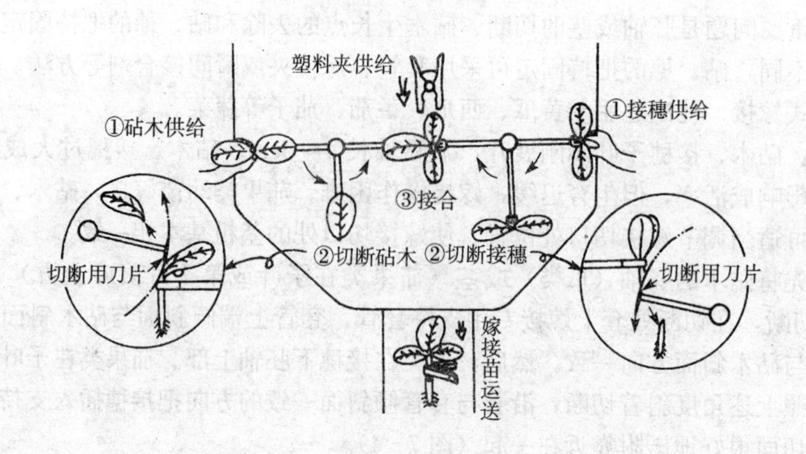

图7-5　砧木单子叶切除式嫁接示意图

嫁接机的传送带上，嫁接作业由机械自动完成。砧木穴盘与接穗穴盘在嫁接机的传送带上同速行至作业处停住，一侧伸出一机器手把砧木穴盘中的一行砧木夹住，同时，切刀在贴近机器手面处重新切1次，使其露出新的切口；紧接着另一侧的机器手把接穗穴盘中的一个接穗夹住从下面切下，并迅速移至砧木之上将两切口平面对接，然后从喷头喷出的黏合剂将接口包住，再喷上一层硬化剂把砧木、接穗固定。

此法完全是智能机械化作业，嫁接效率高，每小时可嫁接1 000株；驯化管理方便，成活率及幼苗质量高；砧木在穴盘中无需取出，便于移动运送。

（三）嫁接后管理

嫁接后愈合期的管理是嫁接苗成活的关键，应加强保温、保湿、遮光等管理。

1. 光强　嫁接愈合过程中，前期应尽量避免阳光直射，以减少叶片蒸腾，防止幼苗失水萎蔫，但要注意让幼苗见散射光。嫁接后2～3d内适当用遮阳网、草帘、苇帘或沾有泥土的废旧薄膜遮阳，光照度4 000～5 0001x为宜；3d后早晚不再遮阳，只在中午光照较强时间临时遮阳；7～8d后去除遮阳物，全日见光。

2. 温度　一般嫁接后4～5d，苗床内应保持较高温度。黄瓜刚完成嫁接后提高地温到22℃以上，气温白天25～30℃，夜间18～20℃，高于30℃时适当遮光降温；西瓜和甜瓜气温白天25～30℃，夜间23℃，地温25℃左右；番茄白天23～28℃，夜间18～20℃；茄子白天25～26℃，夜间20～22℃。嫁接后3～7d，随通风量的增加降低温度2～3℃。1周后叶片恢复生长，说明接口已经愈合，开始进入正常温度管理。

3. 湿度　嫁接后基质立即浇透水，随嫁接随将幼苗放入已充分浇湿的小拱棚中，用薄膜覆盖保湿。前3d空气相对湿度应保持在95%以上或接近饱和状态，每日上、下午各喷雾1～2次，保持高湿状态，薄膜上布满露滴为宜。4～6d内相对湿度降至85%～90%为宜，一般只在中午前后喷雾。嫁接1周后转入正常管理。

嫁接8～9d后接穗已明显生长时，可开始通风、降温、降湿；10～12d除去固定物，进入苗床的正常管理。育苗期间，应随时抹去砧木侧芽，以利于接穗的正常生长。采用靠接等方法嫁接的幼苗，嫁接苗成活后及时断根，在靠近接口部位下方将接穗胚轴或茎剪断，一般下午进行较好。

三、遮荫育苗

遮荫育苗是用遮荫设备遮住部分或全部直射太阳光，降低温度，增加湿度，创造适合蔬菜秧苗生长环境条件的一种育苗方法。遮荫育苗主要用于夏季育苗，可显著提高秧苗质量和成苗率，如秋甘蓝、秋花椰菜、秋青花菜、秋芹菜、秋番茄、芥蓝等蔬菜夏季育苗。遮荫育苗技术要点：

①遮荫骨架应结实，遮阳网固定要牢固，以选用黑色网覆盖为宜。如苗床设在温室或大棚内，可将遮阳网直接放在玻璃或棚骨架上，使苗床形成“花荫”。

②夏季选通风干燥、排水良好地块建苗床，保持较大的营养面积并切实改善营养条件。

③在盛夏高温季节有条件的可在园艺设施的顶部喷井水，使其形成水膜，既可以降低温度，又可提高空气湿度。

苗期管理同其他育苗方法一样。一般在定植前3～4d，进行变光变温炼苗，将遮阳网全部撤去，并浇1次大水，使秧苗适应露地环境。

第二节　花卉育苗

适合于园艺设施栽培的花卉种类比较多，其繁殖育苗的方法不尽相同。

主要繁殖育苗方法有播种繁殖和营养繁殖两种。播种繁殖是指用种子进行繁殖；营养繁殖是指利用花卉的营养器官（根、茎、叶）进行繁殖，进而获得新植株的方法，通常包括分生、扦插、嫁接、压条等。

一、播种育苗

播种繁殖法即播种种子繁殖花卉苗木。它有许多优点如生长势强、根系发达、寿命较长等。在花卉繁殖中，以播种繁殖方式繁殖的种类比较多，如绝大多数一二年生草本盆花、部分多年生草本花卉和木本花卉。

（一）播种前种子处理

播种前应对种子实行常规的种子检验，主要检验项目是净度、千粒重和发芽率，以便确定合适的播种量。为促进种子萌发，播种前应对一些不易发芽的种子进行适当处理。处理方法常用的有以下几种：

（1）不易发芽的种子　如种皮坚硬、不易吸水萌发的种子，可采用刻伤种皮和强酸腐蚀等方法。

（2）容易发芽的种子　可在播种前以温水（40～50℃）浸种，使种皮变软或种子吸涨后播种。

(3) 具有休眠期的种子　可用低温或变温处理的方法，也可用激素（如赤霉素）处理打破休眠。

（二）播种期

花卉在园艺设施条件下栽培，温室中常年都可以播种，但仍多在春季和秋季进行。木本花卉、宿根花卉、春植球根花卉、1年生花卉多行春播；2年生花卉、秋植球根花卉多行秋播。但在温室花卉生产中，为保证周年供应或多季供应或满足节日和其他特殊的需要，可以根据用花时间，调节播种期。如瓜叶菊，其生育期120～150d，若元旦至春节期间用花，则可在8月下旬播种；若“五一”用花，则可以在12月初播种。

（三）播种方法

1. 床播　为了充分地利用园艺设施，有些设施花卉可在露地播种，应选用地势高燥、土壤肥沃、排灌方便的地块进行播种。我国北方地区一般做平床，宽1.0～1.2m，长7～10m，床埂宽30cm、高10cm左右；南方降水多，可做高床，床面宽80cm左右。施入基肥，翻松、镇压、耙平；充分灌水，待水渗下后，根据种粒大小，选择撒播、点播或条播。大、中粒种子多点播，播后应灌水，覆土厚度为种子直径的2～3倍；小粒种子，可不覆土，或覆土以不见种子为度；镇压床面，使种子与土壤密接。播种后至出苗前最好不再浇水，必要时，可用喷灌的方式浇水，或用喷壶洒水。幼苗出土，即逐步撤去覆盖物。

2. 盆播　种子数量少，或较难得的珍贵种子多用盆播。选用直径约30cm，高约7cm的浅盆。用泥炭土3份加1份沙或用腐叶土5份、河沙3份和园土2份配成播种用土。盆中装上8分满的土，刮平压实并浸水使盆土湿透待用。一般温室花卉种粒较小，多用撒播法；大粒种子，多行点播。

3. 培养皿或试管播种　有的花卉种子极细小，如兰花种子呈粉末状，常规播种难以成苗，可以用培养皿或试管以组织培养的方式育苗。

二、扦插育苗

扦插育苗是将植物的叶、茎、根等部分剪下，插入可发根的基质中，使其生根成为新株。这种方法培育的植株比播种苗生长快，短时间内可以培育成大苗，尤其是一些不易开花的植物，对观花植物而言，可以提早开花；但扦插苗无主根，根系较播种苗弱。

（一）扦插基质

用于扦插的基质很多，主要有土壤、沙、珍珠岩、蛭石以及水。水插是比较卫生又简便易行的方法，但应注意经常换水，保持水的洁净度，以凉开水为好。适宜水插的花卉有变叶木、天南星科（万年青、龟背竹、绿萝等）、温室凤仙、秋海棠科（四季海棠、银星海棠等）、榕属（橡皮树、榕树等）、豆瓣绿、富贵竹、冷水花、旱伞草、鸭跖草、铁线莲等。

（二）扦插的种类及方法

根据选取营养器官的不同，可以分为3种：叶插、茎插和根插。

1. 叶插　主要指以植物的叶为插穗，使之生根长叶，从而成为一个完整的植株。一般这些叶都具有粗壮的叶柄、叶脉或肥厚的叶片。所选择的必须是生长充实的叶（图7-6）。

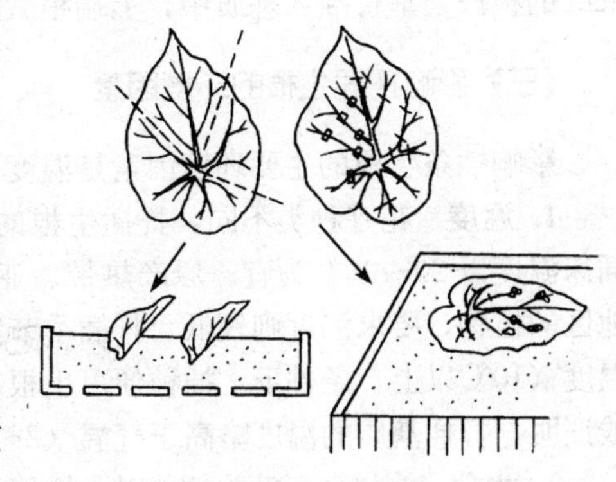
图7-6　叶插法

（1）全叶插　以完整的叶片为插穗。可以将叶片平置在基质上，但要保证叶片紧贴在基质上，因此可以用铁钉、竹签或基质固定叶片，如景天科的植物（落地生根等）、秋海棠科（秋海棠、蟆叶秋海棠等）；也可以将叶柄插于基质中，而叶片平铺或直立在基质上，这种方法适于能自叶柄基部产生不定芽的植物，如大岩桐、非洲紫罗兰、豆瓣绿等。

（2）片叶插　将一片完整的叶片分切成若干块分别扦插，每块叶片上都能形成不定芽。如虎尾兰、大岩桐、椒草及秋海棠科的植物等。

2. 茎插　以茎段为插穗进行扦插（图7-7）。根据扦插季节不同又可以分为嫩枝扦插、硬枝扦插。

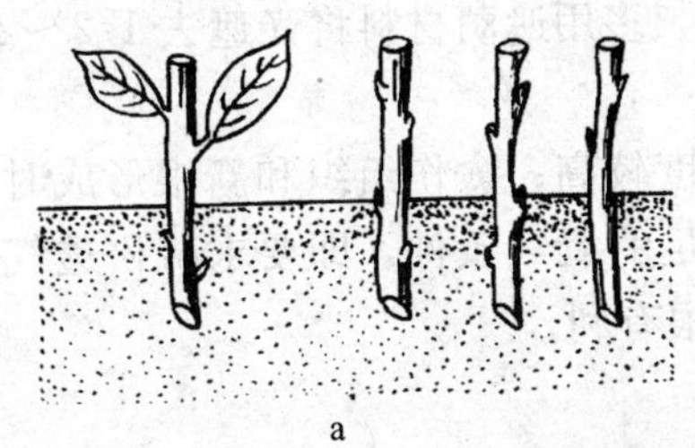

图7-7　茎插法
a. 茎段插　b. 茎尖插

（1）嫩枝扦插　在生长季节进行，插穗为未完全木质化的枝条。适于草本、针叶和阔叶花木植物。以锋利刀切取5～8cm茎尖嫩梢，下切口平切或斜切，去掉基部1/3以下叶片，以便茎尖插入基质。嫩枝扦插在花卉繁殖中应用较多。

（2）硬枝扦插　在休眠期或生长初末期进行，以完全木质化的枝条为插穗。取生长健壮的一年生枝条，剪成长10cm左右、带2～3个芽的插穗，上剪口在芽上0.5cm左右，下剪口在芽附近。插入基质深度为插穗长度的1/2～1/3。这种繁殖方法常用于木本植物和多年生草本植物。

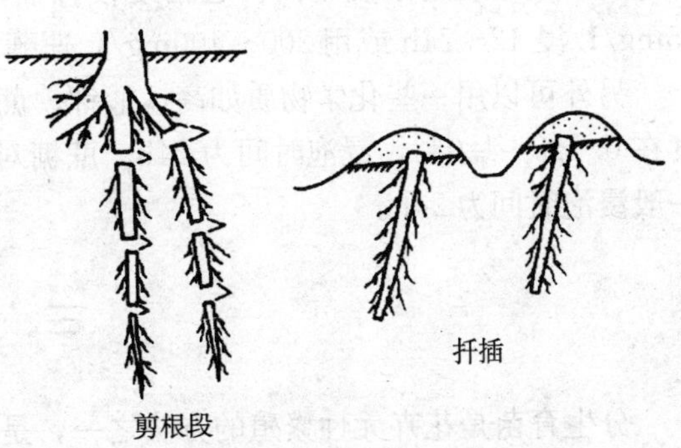

图7-8　根　插

3. 根插　利用根上能形成不定芽的能力扦

插繁殖。用于根插易于生芽而茎插不易生根的花卉种类。用于扦插的根一般较粗壮，有的甚至略带肉质，如宿根福禄考、芍药等。一般在休眠期挖取粗0.5～2.0cm的根，剪成长5～10cm的根段，可平埋基质中，待长出不定芽后，便可上盆或温室地栽。补血草、宿根霞草等可剪成3～8cm的根段，垂直插入基质中，上端稍微露出，待生出不定芽即可分栽（图7-8）。

（三）影响扦插生根的环境因素

影响插条生根的主要环境因素是温度、水分、光照和空气。

1. 温度 花卉种类不同，扦插生根的适宜温度也不同。一般而论，草本花卉和嫩枝扦插的插床温度以20～25℃为宜。原产热带、亚热带地区的植物，要求较高的温度，原产温带和寒带地区的植物，要求温度则较低。扦插季节不同，对温度的要求也不同，春季硬枝扦插，在较低的温度（10℃以上）条件下，插穗便可生根；夏季嫩枝扦插，则要求较高的温度（20～25℃）。实践证明，扦插基质的温度略高于气温（2～4℃），对插穗生根有利。

2. 水分 当以茎、叶为插穗时，插穗没有根，不具备吸水器官，为了维持细胞的膨压和正常的新陈代谢，需保证正常的水分供应和尽量减少不必要的水分消耗。因此，保持空气相对湿度90%以上，土壤含水量在最大田间持水量60%以上，对插穗生根非常重要。近年采用的间歇喷雾装置，能够提高和保持插穗周围空气和扦插基质的湿度，对插穗扦插生根具有良好的促进作用。

3. 光照 光是植物制造营养物质的能量来源，但在扦插生根前，不宜强光照射，因它会使温度升高，湿度下降，对插穗生根不利，尤其对夏季嫩枝扦插，影响更大（能充分供水，保持环境湿度者除外，如全光间歇喷雾扦插装置），所以，多用遮荫材料将光遮去1/2～2/3，待插穗生根后，逐步恢复正常光照。

4. 空气 插条在插床上进行呼吸，尤其在温度较高、愈伤组织和新根形成时，呼吸作用旺盛，消耗氧气较多。因此，要求扦插介质具备充足的氧气条件，即要求疏松透气性好。实践表明，扦插基质中氧的浓度15%以上时，对插穗生根有利。

（四）促进扦插生根的方法

为了使插穗尽早生根，可以采取一些方法，如药剂处理法、激素处理是很常见的手段。常用的激素有吲哚丁酸（IBA）、吲哚乙酸（IAA）、萘乙酸（NAA）、ABT生根粉和2，4-D等。植物种类不同，使用浓度不同。通常硬枝扦插，使用500mg/L浸12～24h；嫩枝扦插，使用5～25mg/L浸12～24h或用200～400mg/L速蘸5s。

另外可以用一些化学物质如高锰酸钾、蔗糖等。高锰酸钾对多数木本植物效果较好，一般浓度在0.1%～1.0%，浸泡时间为24h。蔗糖对木本和草本植物均有效，处理浓度为2%～10%，一般浸泡时间为24h。

三、分生育苗

分生育苗是花卉无性繁殖的方法之一，是指将植物体上生长出的幼小的植物体分离出来，或将植物体营养器官的一部分与母株分离，另行栽植而形成独立植株的繁殖方法。新植株能保持母本的遗传性状，方法简便，易于成活，成苗较快。常应用于多年生草本花卉及某些木本花卉。依植株营养体的变异类型和来源不同分为分株繁殖和分球繁殖两种。

（一）分株繁殖

分株繁殖是将植物带根的株丛分割成多株的繁殖方法。多在休眠期或结合换盆进行，操作方法简便可靠，新株因具有自己的根、茎、叶，分栽后成活率高，成苗快，缺点是繁殖系数低，适于易从基部产生丛生枝的花卉植物。多用于多年生宿根花卉如兰花、芍药、菊花、萱草属、玉簪属、蜘蛛抱蛋属等及木本花卉如牡丹、木瓜、蜡梅、紫荆和棕竹等的繁殖。

分株繁殖依萌发枝的来源不同可分为以下几类。

1. 分根蘖　由根上不定芽产生萌生枝，如凤梨、红杉和刺槐等。凤梨虽也是用蘖枝繁殖，生产中常称为根蘖或根出条。

2. 分短匍匐茎　短匍匐茎是侧枝或枝条的一种特殊变态，如竹类、天门冬属、吉祥草、沿阶草、麦冬、万年青、蜘蛛抱蛋属、水塔花属和棕竹等均常用短匍匐茎分株繁殖。

3. 分根颈　由茎与根接处产生分枝，草本植物的根颈是植物每年生长新条的部分，如八仙花、荷兰菊、玉簪、紫萼和萱草等，单子叶植物更为常见。木本植物的根颈产生于根与茎的过渡处，如樱桃、蜡梅、木绣球、夹竹桃、紫荆、结香、棣棠、麻叶绣球等。此外，根颈分枝常有一段很短的匍匐茎，故有时很难与短匍匐茎区分。

4. 分珠芽　这是某些植物所具有的特殊形式的芽，生于叶腋间或花序中，如百合科的某些种，卷丹、观赏葱等。

5. 分走茎　为地上茎的变态，从叶丛中抽生出的节间较长茎，并且在节上着生叶、花、不定根，同时能产生幼小植株，这些小植株另行栽植即可形成新的植株，这样的茎叫走茎，用走茎繁殖的花卉有虎耳草、吊兰、狗牙根、野牛草等。

（二）分球繁殖

分球繁殖是指用利用具有储藏作用的地下变态器官（或特化器官）进行繁殖的一种方法。地下变态器官种类很多，依变异来源和形状不同，分为鳞茎、球茎、块茎、块根和根茎等。

1. 鳞茎　指一些花卉的地下茎短缩肥厚近乎球形，底部具有扁盘状的鳞茎盘，鳞叶着生于鳞茎盘上。鳞茎中储藏着丰富的有机物质和水分，其顶芽常抽生真叶和花序，鳞叶之间可发生腋芽，每年可从腋芽中形成一至数个子鳞茎并从老鳞茎旁分离，因此可以通过分栽子鳞茎来扩大系数，如百合、郁金香、风信子、水仙等。鳞茎、小鳞茎、鳞片都可作为繁殖材料，郁金香、水仙和球根鸢尾常用长大的小鳞茎繁殖。

2. 球茎　球茎为茎轴基部膨大的地下变态茎，短缩肥厚呈球形，为植物的储藏营养器官。球茎上有节、退化叶片和侧芽。老球茎萌发后在基部形成新球，新球旁再形成子球。新球、子球和老球都可作为繁殖体另行种植，也可代芽切割繁殖，如唐菖蒲、小苍兰、慈姑、番红花、大花酢浆草等。

3. 块茎　茎变态肥大而成，呈球状或不规则的块状，实心，表面具螺旋状排列的芽眼。一些块茎花卉的块茎能分生小块茎，可用以繁殖，如马蹄莲等；而另一些块茎花卉，因不能自然分生块茎，其块茎不能分生小块茎，多以播种方法繁殖，如仙客来、大岩桐等。

4. 根茎 一些花卉的地下茎肥大，外形粗而长，与根相似，这样的地下茎叫根状茎，根状茎储藏着丰富的营养物质，它与地上茎相似，具有节、节间、退化的鳞叶、顶芽和腋芽，节上常产生不定根，并由此处发生侧芽且能分枝进而形成株丛，可将株丛分离形成独立的植株，如美人蕉、鸢尾、紫菀等。

其他还有块根繁殖，如大丽花，其地下变粗的组织是真正的根，没有节与节间，芽仅存在于根颈或茎端。繁殖时要带根颈部分繁殖。

四、嫁接育苗

此法多用于扦插难以生根或难以得到种子的花木。同实生苗相比，嫁接得到的花木可以提早开花，并能保持接穗的优良品质。可用嫁接法繁殖的花木很多，如桂花、菊花、仙人掌科植物等。

（一）砧木和接穗的选择

1. 砧木的选择 首先，要求生活力强，能很好地适应当地的环境条件，与接穗有较强的亲和力，能保持接穗的优良性状；其次，要求种源丰富，易获得大量幼苗。

2. 接穗的选择 其一，要求品种纯正，具有该品种的典型性状；其二，应选用生长健壮、发育正常的营养枝。

（二）嫁接时期和方法

嫁接时期取决于植物种类和所用的嫁接方法。

1. 枝接 将带有数芽或1芽的枝条接到砧木上称枝接。嫁接时期多在春季或秋季休眠期进行，而早春接穗的芽开始萌动时为最适期。主要方法有：

(1) 靠接 一种比较原始的嫁接方法，成活率高，但接穗用量大，嫁接效率低。常用于其他方法繁殖比较困难的花卉。具体方法：用盆栽的办法，使砧木和供做接穗的植株放在一起，调整至适宜的高度。选双方粗细相近和枝干平滑的侧面，各削去枝粗的1/3～1/2，削面长5～7cm。将双方切口的形成层密接，用塑料条捆好。待二者接口愈合后，剪断接口下端的接穗母株枝条，剪去砧木的上部，即成为一株新独立苗木（图7-9）。

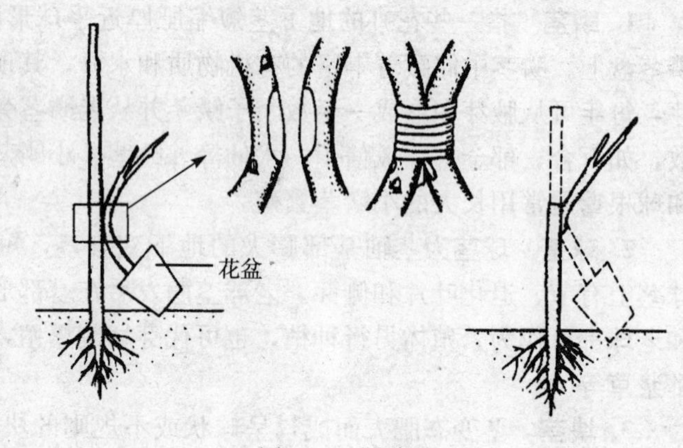

图7-9 搭靠接

(2) 切接 枝接中最常用的一种方法。选粗1cm左右的砧木，在距土面3～5cm处剪断，选光滑的一侧，略带木质部垂直下切，深度为2～3cm；接穗长5～

10cm，带2～3芽，在接穗下部自上向下削一长度与砧木切口相当的切口，深度达木质部，再在切口对侧基部削一斜面；将接穗插入砧木切口内，使二者至少有一侧的形成层密接；捆缚，并埋土或套塑料袋（图7-10）。

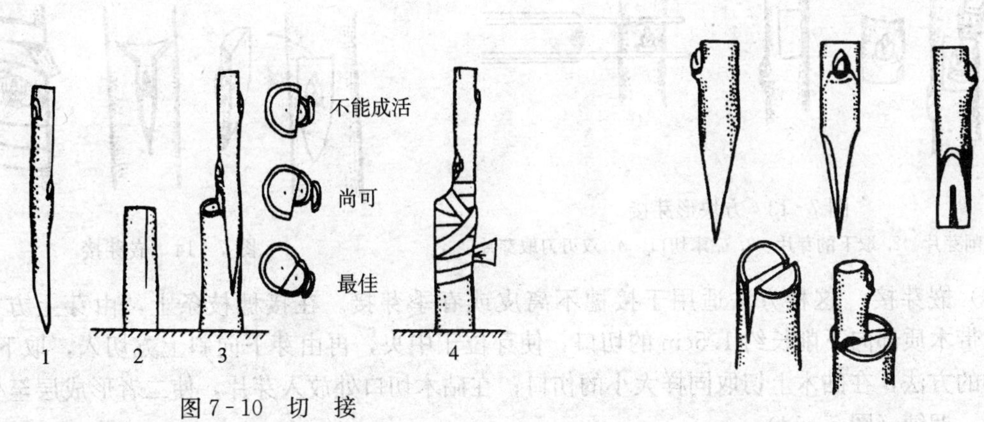

图7-10　切　接

1. 削接穗　2. 劈砧木　3. 形成层对齐　4. 包扎

图7-11　劈　接

（3）劈接　将砧木在距土面5cm左右处剪断，由中间垂直向下切，深2～3cm；接穗基部由两侧削成楔形，切口长度与砧木的切口相当；将接穗插入砧木切口内，使二者外侧的形成层密接，捆缚，埋土（图7-11）。

（4）绿枝嫁接　一般多在春梢停止生长且已半木质化后的6～7月进行，通常采用劈接法，接穗可带2～3片叶，接后套塑料袋，置阴凉处。此法成活率较高。

2. 芽接　可在春、夏、秋3季进行，一般以夏秋为主。

芽接是以1个芽为接穗的嫁接方法。优点是操作方法简便，嫁接速度快，砧木与接穗利用经济，成活率高，适于大量繁殖苗木适宜芽接的时期长，且嫁接当时不剪断砧木，一次接不活，还可进行补接。接穗选自发育成熟腋芽饱满的枝条，随采随用，剪取的枝条要立即去掉叶片，保留叶柄，以减少蒸腾；将枝条下部浸入水中，或用湿毛巾包裹短期储存于冷凉的地方备用。砧木多选用1～2年生实生苗。北方嫁接多在7～8月生长季进行。近年来，春季以带木质部的芽为接穗进行芽接，接后套塑料袋，也取得了良好效果。常用的芽接方法有：

（1）"T"形芽接　这是一种应用最普遍的方法。先在砧木北侧，选距地面3～5cm的光滑处横切1刀，长1cm左右，深达木质部，再在切口中间向下划1刀，使成"T"形；在接穗的枝条上，用"三刀法"（图7-12）或"二刀法"切取宽0.8cm、长1.5cm左右的盾形芽片；将芽片放入砧木切口内，使二者上切口对齐，捆缚。

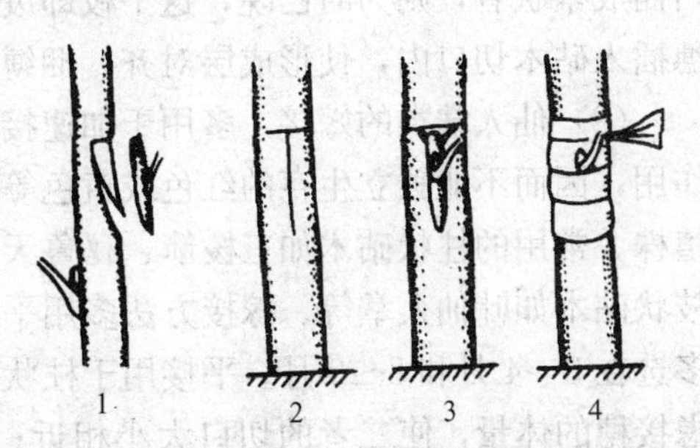

图7-12　"T"形芽接

1. 取芽　2. 切砧　3. 装芽片　4. 包扎

（2）方块形芽接　这种方法适用于皮层较厚的植物。选取的接穗为边长1.5cm左右的方形芽片，在砧木的嫁接位置做1个印痕，取下相同大小的一块树皮，再将接穗放入，捆缚（图 7-13）。

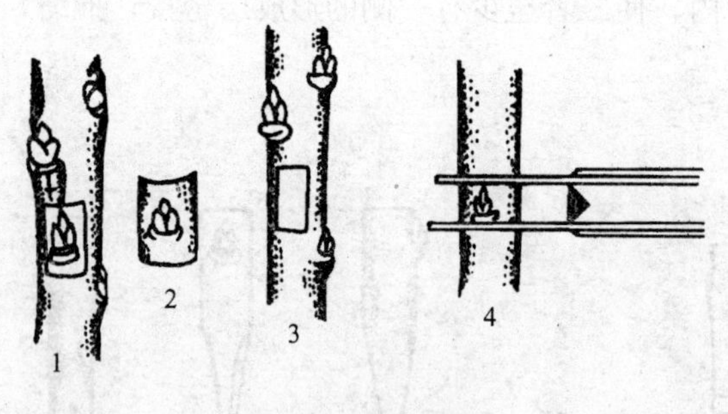

图 7-13　方块形芽接

1. 削芽片　2. 取下的芽片　3. 砧木切口　4. 双刃刀取芽片

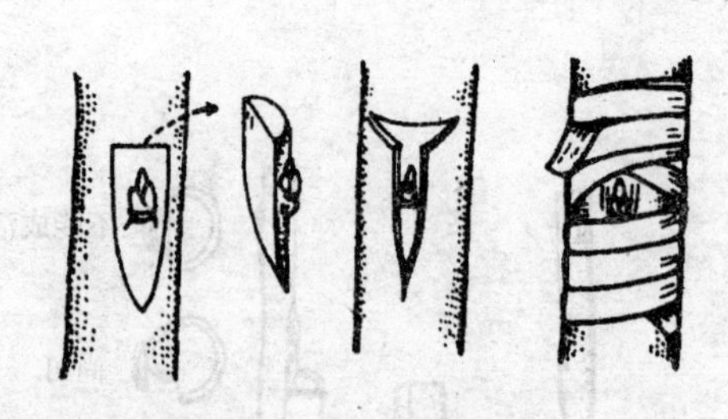

图 7-14　嵌芽接

（3）嵌芽接　这种方法适用于接穗不离皮或春季芽接。在接穗枝条上，由芽上方 0.5～0.8cm 带木质部向下削长约 1.5cm 的切口，使芽位于中央，再由芽下向斜上方切入，取下芽片；以同样的方法，在砧木上切取同样大小的伤口；在砧木切口处放入芽片，使二者形成层至少有一侧密接，捆缚（图 7-14）。

枝接 20d 左右、芽接 7d 以后，检查是否成活。枝接者接穗新鲜饱满，甚至芽已萌动者，表示已经成活；芽接者芽片新鲜、叶柄一触即落，表示已经成活，再过 15d 后，可以松绑。

枝接苗成活后，接穗上的两个芽可同时萌发生长，待长至 5～10cm 高时，选留其中 1 个健壮者进行培养。芽接苗成活后，于翌年早春芽萌动前，将砧木自接芽上方 1cm 处剪断。所有的嫁接苗，要随时除去由砧木萌生的蘖芽，为接穗生长创造良好的环境。

3. 草本花卉的嫁接　常用嫁接法繁殖的草本花卉主要有菊花和仙人掌科植物。

（1）菊花嫁接　嫁接的菊花，一株可开出多色花或多种花型的花，而且生长健壮、着花多、开花早，最适于培养大立菊、塔菊等。砧木可选用黄蒿、青蒿、白蒿等。早春选取健壮的幼苗上盆培养，施足基肥，精心管理，促其多生分枝。北京地区嫁接时间在 6 月前后（温室内嫁接可适当提前），多采用劈接法。接穗选带顶芽的梢部，长 5～8cm，上部可保留 2～3 片叶或再将叶剪成半叶，下部的叶片全部去掉；从两侧各削 1 刀，使成楔形，切口长 1.5cm；砧木切断处，以髓心微发白、茎皮黄绿色为适期。若切口全为绿色，则组织过于幼嫩，为时尚早；若切口髓心部全白而成絮状者，则为时已晚，这个枝即废掉不能再接。自切口向下纵切 1.5～2.0cm，立即将接穗插入砧木切口内，使形成层对齐，捆缚。接后置阴处，7～10d 即可成活，然后进行正常管理。

（2）仙人掌类的嫁接　多用于加速接穗生长、提高观赏效果；或用来嫁接由于不能进行光合作用，因而不能独立生存的红色或黄色等的栽培品种；或用来嫁接因管理不善，引起局部腐烂的植株。常用的柱状砧木如三棱箭、秘鲁天轮柱等，球状砧木如仙人球等，掌状砧木如仙人掌等，枝状砧木如叶仙人掌等。嫁接方法多用平接（对口接）和劈接，整个生长季均可进行。北京地区多选在 3～4 月和 8～9 月。平接用于柱状或球形种，将砧木在选择的高度横切，切口的大小要考虑接穗的体量，使二者的切口大小相近；接穗也水平横切，切口要平滑，将接穗放在砧木切口上，二者维管束要有部分密接。然后用细线纵向捆缚，每次要绕过盆底，往复缠绕，相邻两条线间距离要相等，用力要均匀，使砧穗密接，但亦不可用力过大，损伤砧、穗组织（图 7-15）。

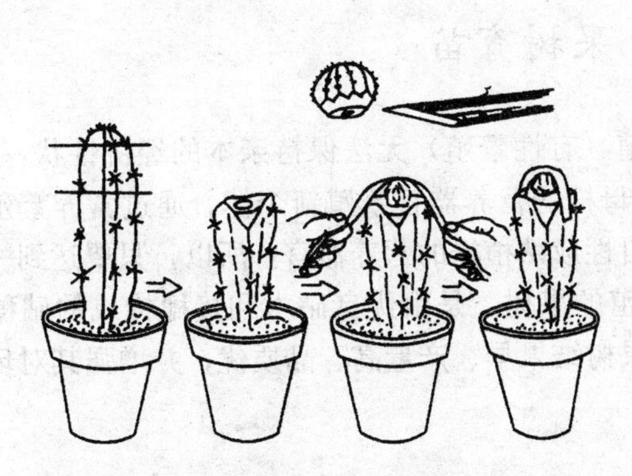

图 7-15　平接（以三棱箭为砧木）

图 7-16　蟹爪兰的劈接

嫁接蟹爪兰、仙人指等多用劈接法，砧木可选用三棱箭、仙人掌或叶仙人掌，接穗选生长健壮的植株，可含 1～3 个茎节，将下面的 1 个茎节，两侧各削 1 刀，切口长约 1cm；在砧木顶端垂直下切或在砧木的一侧向斜下切，深约 1cm，然后将接穗插入切口内，接穗可用仙人掌的硬刺固定，一般不必捆缚（图 7-16）。

五、压条育苗

将接近地面的枝条，在其基部堆土或将其下部埋入土中，而对于较高的枝条则以湿润的土壤或青苔包被切伤部分，待枝条生根后重新栽植使其成为独立植株的方法。此法用于那些其他方法不易繁殖的种类，能保持原有品种的特性。温室花卉中的变叶木、白兰花、山茶花、叶子花、朱蕉等采用此法。压条一般在早春进行，生根迅速者也可在生长季前半期进行。当母株枝条较长时，采用波状压条法（图 7-17）；母株枝条距地面（盆面）较高时，采用高压法（图 7-18）。

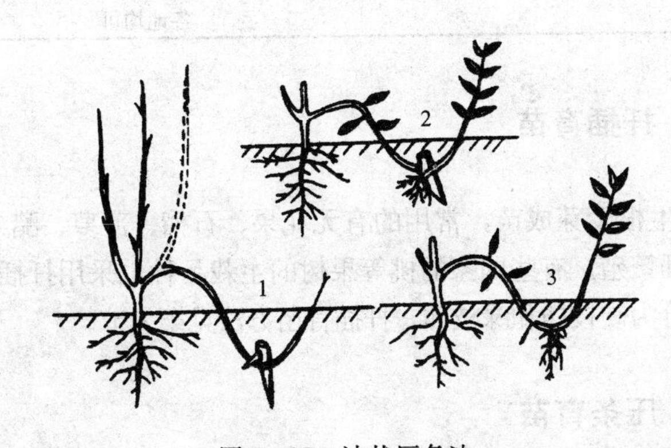

图 7-17　波状压条法

1. 刻伤曲枝　2. 压条　3. 分株

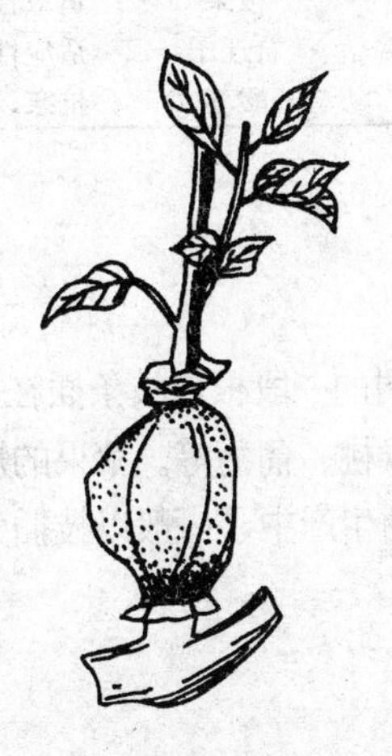

图 7-18　高压法

第三节 果树育苗

果树在遗传性状上高度杂合，通过种子繁殖（有性繁殖）无法保持亲本的经济性状，因此，生产中主要采用营养繁殖（无性繁殖），即利用母株的营养器官繁殖新个体。通过营养繁殖不仅可以保持母株的品种特性，而且由于新个体来自性成熟植株的营养器官，所以，只要达到一定的营养面积即可开花结果。尤其那些利用嫁接繁殖的果树，是由优良砧木和接穗构成的砧穗共生体，因此有可能综合了接穗和砧木的优点，使果树结果早、产量高、品质优，并增强其对环境的适应能力。下面介绍几种果树育苗法：

一、嫁接育苗

将果树的枝、芽等一部分器官移接到另一植株的适当部位上，使它愈合成一新植株。这种方法适用于大量育苗，且成苗快，结果早，又能保持母株性状，是较为先进和常用的育苗方法。嫁接育苗方法见第二节。表 7－6 为一些果树常用的砧木类型。

表 7－6 果树嫁接的砧木种类及其特点

蔬菜	砧木种类	主要特点	适于栽培类型
苹果	山定子	极抗寒，较耐瘠薄，不耐盐碱，不抗旱	寒地栽培
	海棠果	抗旱、抗涝、抗寒、耐盐碱	华北等地栽培
	花红	耐潮湿，具有一定矮化提早结果作用	南方栽培
	M_9	矮化砧，提早结果效应好，但根系浅，抗性差	矮化栽培
梨	杜梨	耐旱，耐湿，抗盐碱，结果早，丰产	北方栽培
	豆梨	耐热，抗涝，抗腐烂病，抗寒力弱	南方栽培
桃	毛桃	抗旱，耐瘠薄	南方栽培
	山桃	抗旱，抗寒，耐瘠薄	北方栽培
葡萄	山葡萄	极抗寒	寒地栽培
板栗	板栗	适应性强，耐瘠薄，结果早	各地均可
柿	君迁子	适应性强，耐瘠薄，较抗寒，结果早	各地均可
枣	酸枣	抗寒，耐瘠薄，抗旱	各地均可

二、扦插育苗

将果树的一段根或枝条插在苗床上，使其生根发芽成苗，常用的有无花果、石榴、菠萝、醋栗、越橘、猕猴桃、葡萄等。苹果的矮化砧通常扦插繁殖。有些国家的桃等果树的主栽品种也采用扦插繁殖。在果树生产中，一般以枝插为主。枝插又分为硬枝插和绿枝插。扦插育苗方法见第二节。

三、压条育苗

将果树的枝或根进行刻伤或环状剥皮，使其产生愈伤组织，并使枝条本身叶片产生的光合作用产物——营养物质和植物生长激素积聚在环状剥皮上一截口而逐渐发根。当它所生的根相当发达后，再将它与母株分离即自成一苗，它分为空中压条和地表压条两种。一般适用于实生变异性大，结果迟，扦插发枝难，嫁接不易成活的果树（如荔枝、龙眼、杨桃等）进行育苗。

四、实生繁殖育苗

取成熟果内的种子进行播种育苗。这是最古老育苗方法，也是一切育苗的基础。其方法简单，育苗快，且能大量育苗。但实生苗结果迟，变异性大。木瓜、番石榴、番荔枝、黄皮等变异性较小而结果早的果树，通常仍以实生育苗为主。

五、分株育苗

将果树的芽与母株分离而成苗，如菠萝、香蕉等果树即以此法育苗为主，但单株不易用此法大量育苗。

第四节　园艺作物的工厂化育苗

工厂化育苗是指在人工控制的最佳环境条件下，充分、合理地利用自然资源及社会资源，采用科学化、标准化的生产工艺和技术措施，运用机械化、自动化的生产手段，以先进的现代组织经营管理方式，规模化、高效率、高效益地生产优质秧苗。这种现代化的生产方式具有效率高、规模大、周期短、受季节限制少、生产的秧苗质量及规格化程度高等特点。工厂化育苗的生产过程，要求具有完善的育苗设施、设备和仪器，以及现代化水平的测控技术和科学的管理。

一、工厂化育苗的场地

工厂化育苗的场地由播种车间、催芽室、育苗温室和包装车间及附属用房等组成。

（一）播种车间

播种车间主要放置精量播种流水线和一部分基质、肥料、育苗车、育苗盘等，由于基质混合搅拌机、装盘装钵机一般是与播种流程机械（长 8.3m）相连在一起，所以播种车间要求有足够的空间，至少要有 14～18m×6～8m 的作业面积。在本车间内完成基质搅拌、填盘装钵至播种后覆土、洒水等全过程。要求车间内的水、电、暖设备完备，设施通风良好。

播种生产线设备应调整精确，使每穴基质填充量、充实程度、冲穴的深浅、播种的粒数、覆土的厚度、浇水的量基本一致，这样生产出来的穴盘苗才能达到整齐一致。

（二）催芽室

催芽室是种子播种后至发芽出苗的场所，分固定与移动两种，里面安置多层育苗盘架。催芽室设有加热、增湿和空气交换等自动控制和显示系统，室内温度在20～35℃，相对湿度保持在85%～90%，催芽室内外、上下温湿度分布均匀。催芽室大小以育苗规模而定，1个60m³的催芽室一次能码放3 000个穴盘，催芽时间视作物而异。

（三）育苗温室

一般为自控现代化温室。温室是育苗中心的主要设施，建立一座育苗中心50%以上的支出是温室及温室设施的建造和购置费。

二、工厂化育苗的主要设备

工厂化育苗的主要设备包括育苗容器、精量播种设备、育苗床、运苗车、环境自控设备等。

（一）育苗容器

育苗容器主要为塑料钵，为了便于搬运，国际上通用的塑料穴盘规格为宽27.9cm，长54.4cm，高3.5～5.5cm；孔穴数有50孔、72孔、98孔、128孔、200孔、288孔、392孔、512孔等多种规格。孔穴的形状分为圆锥体和方锥体，孔穴的大小和形状直接影响着成苗的速度和质量。我国常用于蔬菜育苗的多为50孔、72孔、128孔、288孔和392孔的方锥体穴盘。育苗盘一般可以连续使用2～3年。

近几年，在蔬菜育苗和花卉育苗时，常用一种压缩成小块状的营养钵，有的称为育苗碟、压缩饼，使用时吸水膨胀成钵，不必再加入营养土或基质。我国用苔藓、草炭、木屑（pH5.5左右）压缩成饼状，直径4.6cm，高5～7mm，加水吸胀后可以增高到4.5～5cm。

（二）精量播种设备

自动精播生产线装置是工厂化育苗的一组核心设备，它是有育苗穴盘（钵）摆放机、送料及基质装盘（钵）机、压穴及精播机、覆土及喷淋机等5部分组成。精量播种机是该系统的核心部分。

（三）运苗车和育苗床架

运苗车包括穴盘转移车和成苗转移车。育苗床架可选用固定床架和育苗筐组合机构或移动式育苗床架。

（四）育苗环境自动控制系统

主要指育苗过程中的温度、湿度、光照等的环境控制系统。主要包括：

1. 加温系统　育苗温室内的温度控制要求冬季白天温度晴天达25℃，阴雪天达20℃，夜间温度保持14～16℃，以配备若干台15万kJ/h燃油热风炉为宜。育苗床架内埋设电热加热线，可以保证秧苗根部温度在10～30℃，以满足在同一温室内培育不同园艺作物秧苗的需要。

2. 保温系统　温室内设置遮荫保温帘，四周有侧卷帘，入冬前四周加装薄膜保温。

3. 降温排湿系统　育苗温室上部可设置外遮阳网，在夏季有效地阻挡部分直射光的照射，在基本满足秧苗光合作用的前提下，通过遮光降低温室内的温度。温室一侧配置大功率排风扇，高温季节育苗时可显著降低温室内的温、湿度。通过温室的天窗和侧墙的开启或关闭，也能实现对温、湿度的有效调节。在夏季高温干燥地区，还可通过湿帘风机设备降温加湿。

4. 补光系统　苗床上部配置光照度1.6万lx、光谱波长550～600nm的高压钠灯，在自然光照不足时，开启补光系统可增加光照强度，满足各种园艺作物幼苗健壮生长的要求。

5. 控制系统　工厂化育苗的控制系统对环境的温度、光照、空气湿度和水分、营养液灌溉实行有效的监控和调节。由传感器、计算机、电源、监视和控制软件等组成，对加温、保温、降温排湿、补光和微灌系统实施准确而有效地控制。

6. 喷灌设备　工厂化育苗温室或大棚内的喷灌设备一般采用行走式喷淋装置，既可喷水又能兼顾营养液的补充和喷施农药。

三、工厂化育苗的工艺流程

工厂化育苗的工艺流程包括准备、播种、催芽、育苗、出室包装等（图7-19）。

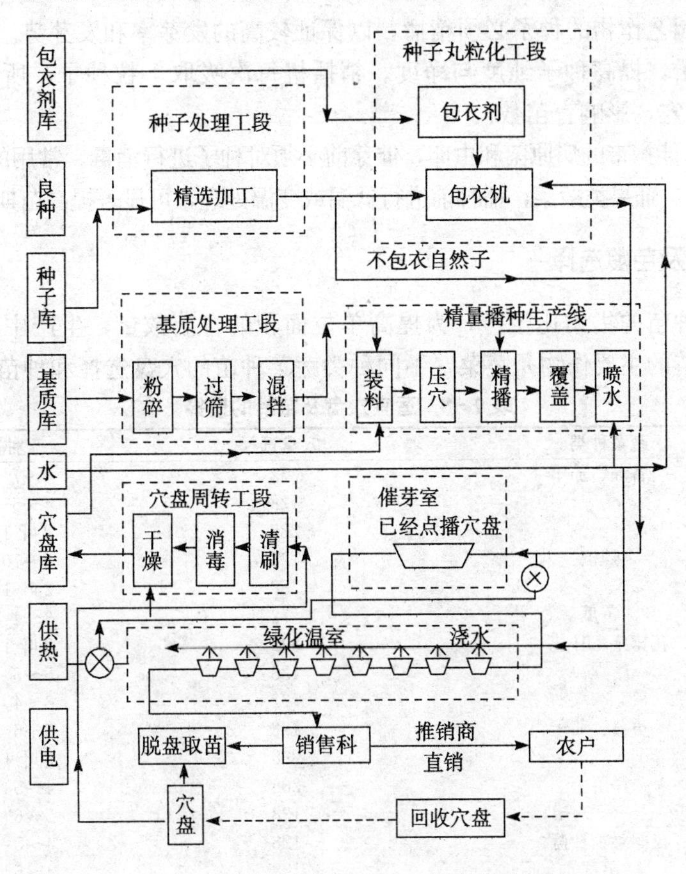

图7-19　工厂化育苗生产工艺流程示意图

四、工厂化育苗的管理技术

（一）适于工厂化育苗的园艺作物种类及种子处理

目前，适于工厂化育苗的园艺作物种类很多，主要的蔬菜和花卉种类见表7-7。

表7-7 工厂化育苗的主要蔬菜和花卉种类

种类		植物名称
蔬菜	茄果类	番茄、茄子、辣椒
	瓜类	黄瓜、南瓜、冬瓜、丝瓜、苦瓜、西瓜、甜瓜、金瓜、瓠瓜
	豆类	菜豆、豇豆、豌豆
	甘蓝类	甘蓝、花椰菜、羽衣甘蓝
	叶菜类	芹菜、大白菜、落葵、叶用莴苣、洋葱、蕹菜
	其他蔬菜	芦笋、甜玉米、香椿、茎用莴苣
花卉		切花菊、非洲菊、万寿菊、银叶菊、黄晶菊、翠菊、白晶菊、蛇鞭菊、香石竹、丝石竹、郁金香、观赏南瓜、羽衣甘蓝、红豆杉、古代稀、鸡冠花、一串红、百日草、矮牵牛、三色堇、紫薇、天竺葵、丁香、鼠尾草、孔雀草、紫罗兰、荷包花

工厂化育苗的园艺作物的种子必须精播，以保证较高的发芽率和发芽势。种子精选可以剔除瘪子、破碎子和杂子，提高种子纯度与净度。精播机每次吸取1粒种子，所播种子发芽率小于100%时，会造成空穴，影响育苗数。

为了杀灭种子可能携带的病原菌和虫卵，催芽前必须对种子进行消毒，常用的消毒方法有温汤浸种和药剂处理。瓜类、茄果类蔬菜，播种前进行低温或变温处理，可显著提高苗期的耐寒性。

（二）适宜穴盘及苗龄选择

工厂化育苗是种苗的集约化生产，为提高单位面积的育苗数量，生产中以培育中小秧苗为主。我国工厂化育苗的主要作物是蔬菜，不同种类蔬菜种苗的穴盘选择和种苗的大小见表7-8。

表7-8 适宜穴盘及苗龄的选择

季节	蔬菜种类	穴盘选择	种苗大小（叶数）
冬、春季	番茄、茄子	72	6～7
		128	4～5
		288	2叶1心
	辣椒	128	8～10
		288	2叶1心
	黄瓜	72	3～4
	花椰菜、甘蓝	392	2叶1心
		128	5～6
		72	3～4
夏、秋季	番茄、茄子	128	5～6
		288	3叶1心
	芹菜	288	4～5
		128	5～6
	花椰菜、甘蓝	128	4～5
	莴苣	128	4～5
	黄瓜	128	2叶1心

(三) 基质配方的选择

育苗基质的选择是工厂化育苗成功的关键之一。适合穴盘苗根系生长的栽培介质应具备以下特点：保肥能力强，能供给根系发育所需养分，并避免养分流失。保水能力好，避免根系水分快速蒸发干燥。透气性佳，使根部呼出的二氧化碳容易与大气中的氧气交换，减少根部缺氧情况发生。不易分解，利于根系穿透，能支撑植物。介质过于疏松，则植株容易倒伏，介质及养分容易分解流失。根据这些特点，穴盘育苗主要采用轻型基质，如草炭、蛭石、珍珠岩等。草炭的持水性和透气性好，富含有机质，而且具有较强的离子吸附性能，在基质中可持水、透气、保肥。蛭石的持水性特别出色，可以起到保水作用，珍珠岩吸水性差，主要起透气作用。把上述 3 种基质进行适当配比，可以达到理想的育苗效果。

国际上育苗基质主要原料常用草炭和蛭石如表 7-9 所示，其性能见表 7-10。目前我国用于穴盘工厂化育苗的基质材料除了草炭、蛭石、珍珠岩外，菌糠、腐叶土、处理后的醋糟、锯末、玉米芯等均可作为基质材料。基质应用前应进行消毒处理。常见穴盘育苗蔬菜的基质及配料比见表7-11。

表 7-9　各国常用穴盘苗用基质原料组成

(李式军，2002)

国名	原料组成
英国	50%草炭、50%细沙
美国	75%草炭、25%细沙
荷兰	50%草炭、50%蛭石
德国、芬兰	100%草炭
丹麦	50%黑泥炭、25%秸秆堆肥、25%玻璃纤维

表 7-10　草炭、蛭石等育苗基质的养分状况

(陈殿奎，1993)

种类	有机质 (%)	全氮 (%)	全磷 (%)	全钾 (%)	速效氮 (mg/kg)	速效磷 (mg/kg)	速效钾 (mg/kg)	Fe (mg/kg)	Cu (mg/kg)	Mo (mg/kg)	Zn (mg/kg)	B (mg/kg)	Mn (mg/kg)
舒兰草炭	3.70	1.54	0.15	0.47	293.0	40.3	1 176	659.8	4.7	6.2	4.1	0.28	43.5
灵寿蛭石	0.92	0	0.03	3.6	17.8	364	93.6	40	3.5	0.7	0.3	0.04	2.5

表 7-11　几种主要穴盘育苗蔬菜基质及养分配比

作物	穴盘规格	基质配比	基质中加入的肥料量 (g/盘)		
		草炭：蛭石	尿素	磷酸二氢钾	脱味鸡粪
番茄	72 孔盘	3：1	5.0	6.0	20.0
茄子	72 孔盘	3：1	6.0	8.0	40.0
辣椒	128 孔盘	3：1	4.0	5.0	30.0
甘蓝	128 孔盘	3：1	5.0	3.0	15.0
芹菜	200 孔盘	3：1	2.0	2.0	10.0

此外，可以根据不同地区的特点，调整草炭、蛭石、珍珠岩 3 种基质配比的比例，如南方高湿多雨地区可适当增加珍珠岩的比例，西北干燥地区可适当增加蛭石的比例。一般草炭、蛭石、

珍珠岩的配比为3∶1∶1。

(四)营养液配方与管理

育苗过程中营养液的添加决定于基质成分和育苗时间，采用以草炭、生物有机肥料和复合肥合成的专用基质，育苗期间以浇水为主，适当补充一些大量元素即可。采用草炭、蛭石、珍珠岩作为育苗基质，营养液配方和施肥量是决定种苗质量的重要因素。

1. 营养液的配方 园艺作物无土育苗的营养液配方很多，一般在育苗过程中营养液配方以大量元素为主，微量元素由育苗基质提供。

表7-12 几种常用育苗营养液配方

(李式军，2002)

(g/m^3)

肥料种类	配方1	配方2	配方3	配方4
Ca (NO_3)$_2$・4H_2O	500	450		
CO (NO_2)$_2$	250			340
NH_4NO_3		250	200	
$NH_4H_2PO_4$	500			
KNO_3	500	400	200	
KH_2PO_4	100			465
Ca (H_2PO_4)$_2$		250	150	
$MgSO_4$・7H_2O	500	250		

表7-12中配方1、2、3为无土轻基质育苗用配方，根据不同作物种类及不同生育期稀释、加浓使用。配方4限含有营养土的基质育苗中使用。

2. 营养液的管理 蔬菜、花卉工厂化育苗的营养液管理包括营养液的浓度、EC、pH以及供液的时间、次数等。一般情况下，育苗期的营养液浓度相当于成株期浓度的50%～70%，EC值为0.8～1.3mS/cm，配制时应注意当地的水质条件、温度以及幼苗的大小。灌溉水的EC值过高会影响离子的溶解度；温度较高时降低营养液浓度，较低时可考虑营养液浓度的上限；子叶期和真叶发生期以浇水为主或取营养液浓度的低限，随着幼苗的生长逐渐增加营养液的浓度；营养液的pH随园艺作物种类不同而稍有变化，苗期的适应范围在5.5～7.0，适宜值为6.0～6.5。营养液的使用时间及次数决定于基质的理化性质、天气状况以及幼苗的生长状态，原则上掌握晴天多用，阴雨天少用或不用；气温高多用，气温低少用；大苗多用，小苗少用。

(五)精量播种

精量播种机有真空吸附式和机械转动式两种。真空吸附式播种机对种子形状和粒径大小没有严格要求，播种之前无需对种子进行丸粒化处理，但播种速度较慢，通常200～400盘/h；而机械转动式播种机对种子粒径大小和形状要求比较严格，播种效率高，达800～1 000盘/h。目前在精量播种设备尚未实现国产化之前，可选用美国布莱克默和汉密顿公司生产的真空吸附式播种机，播种速度为120～180盘/h。

(六)催芽

播种后的穴盘运入催芽室催芽，保持适宜的温度和湿度条件，注意通风换气。一般室温25～

30℃，相对湿度95%以上，根据不同的品种略有不同。催芽时间3～5d，当50%以上种子萌芽出土时，及时转入育苗温室见光育苗。

（七）苗期管理

1. 温度 适宜的温度、充足的水分和氧气是种子萌发的3个要素。催芽室要求相对湿度90%和适宜的催芽温度，育苗室要求幼苗生长期温度适宜（表7-13）。

表7-13 催芽室和育苗室温度调控

种类	催芽室		育苗室适温	
	适温（℃）	时间（d）	白天（℃）	夜间（℃）
番茄	25～28	4	22～25	13～15
茄子	28～30	5	25～28	15～18
辣椒	28～30	4	25～28	15～18
黄瓜	28～30	2	22～25	13～16
甜瓜	28～30	2	23～26	15～18
西瓜	28～30	2	23～26	15～18
莴苣	20～22	3	18～22	10～12
甘蓝	22～25	2	18～22	10～12
花椰菜	20～22	3	18～22	10～12
芹菜	15～20	7～10	20～25	15～20
鸡冠花	24～26	4～5	18～21	
彩叶草	22～24	4～5	20～22	
天竺葵	21～24	3～5	18～21	
叶牡丹	18～21	3～4	17～18	
三色堇	17～20	4～7	15～17	
百日草	24～27	4～6	20～22	
樱花	17～20	7～10	15～17	
四季海棠	25～27	6～7	21～24	
矮牵牛	24～26	3～5	17～20	
金盏菊	24～27	2～3	17～18	
瓜叶菊	20～22	3～4	18～21	

2. 光照 冬春季自然光照弱，特别是在园艺设施内，设施本身的光照损失不可避免，阴天时温室内光照强度更弱。在没有条件进行人工补光的设施情况下，要及时揭开草帘，选用防尘无滴膜覆盖材料，定期刷去膜上灰尘，以保证秧苗对光照的需要。夏季育苗，自然光照的强度超过了蔬菜光饱和点，而且易形成过高的温度。因此，需要用遮阳网遮荫，达到避光、降温防病的效果。

3. 施肥 由于穴盘育苗时的单株营养面积小，基质量少，如果营养不足就会影响幼苗的正常生长，但施入过多的肥料，会使基质中的养分浓度加大，导致肥害。采用浇营养液的方式进行叶面追肥，冬春季会造成温室内湿度过大，病害易发生；夏季遇雨季或连阴天会造成烂苗。所以基质育苗在施肥方法上采用在基质中加肥的施肥方法较适宜，但加肥量有所不同（表7-14）。

表 7-14　穴盘育苗基质中适宜的肥料添加量

蔬菜种类	氮磷钾复合肥（15－15－15）	尿素＋磷酸二氢钾
冬春茄子	3.4	1.5＋1.5
冬春甜（辣）椒	2.7	1.3＋1.5
冬春番茄	2.5	1.2＋1.2
春黄瓜	2.4	1.0＋1.0
夏播番茄	2.0	0.8＋0.8
夏播芹菜	1.2	0.5＋0.5
叶用莴苣	1.2	0.5＋0.7
甘蓝	3.1	1.5＋0.8

4. 水分　由于穴盘育苗基质量少，所以要求播后一定要浇透水。蔬菜不同生育阶段基质水分含量见表 7-15。

表 7-15　不同生育阶段基质水分含量（相当最大持水量的百分数，%）

蔬菜种类	播种至出苗	子叶展开至 2 叶 1 心	3 叶 1 心至成苗
茄子	85～90	70～75	65～70
甜（辣）椒	85～90	70～75	65～70
番茄	75～85	65～70	60～65
黄瓜	85～90	75～80	75
芹菜	85～90	75～80	70～75
叶用莴苣	85～90	75～80	70～75
甘蓝	75～85	70～75	55～60

浇水最好在晴天上午进行，浇水要透，以利根下扎，形成根坨。成苗后起苗的前一天或起苗的当天要浇 1 次透水，使苗坨容易脱出，长距离运输时不萎蔫死苗。

5. 苗期病害防治　园艺作物幼苗期易感染的病害主要有猝倒病、立枯病、灰霉病、病毒病、霜霉病、菌核病、疫病等；由于环境因素引起的生理病害有沤根、寒害、冻害、热害、烧苗、旱害、涝害、盐害等以及有害气体毒害、药害。以上各种病理性和生理性病害应以预防为主，及时调整并杜绝各种传染途径，做好穴盘、器具、基质、种子和温室环境的消毒工作，发现病害症状及时进行适当的化学药剂防治。育苗期间常用的化学农药有 75%百菌清粉剂 600～800 倍液，可防治猝倒病、立枯病、霜霉病、白粉病；50%多菌灵 800 倍液可防治猝倒病、立枯病、炭疽病、灰霉病等；以及 72.2%普力克 600～800 倍液、64%杀毒矾可湿性粉剂 600～800 倍液、15%恶霉灵 500 倍液、25%瑞毒霉 1 000～1 200 倍液、70%甲基托布津 1 000 倍液等对园艺作物的苗期病害都有较好的防治效果。对于环境因素引起的病害，应加强温、湿、光、水、肥的管理，严格检查，以防为主，保证各项管理措施到位。

6. 定植前炼苗　出温室前 5～7d 要降温、通风，减少肥水供应次数进行炼苗，但出温室前 2～3d 要施 1 次肥水，喷 1 次杀菌、杀虫剂，带肥带药出温室。

【思 考 题】

1. 设施蔬菜、花卉、果树育苗的主要方法有哪些？

2. 影响嫁接成活率和扦插生根的因素有哪些？

3. 试述嫁接苗管理的关键技术。

4. 简述工厂化育苗的主要设备和管理技术。

【技能训练】

技能训练一　园艺植物播种育苗技术

一、技能训练内容分析

了解园艺植物育苗的整个过程和方法。

二、核心技能分析

育苗的主要技术环节包括种子处理、播种和苗期管理3个方面。

三、训练内容

（一）材料与用具

园艺植物种子、园土、育苗盘、育苗钵等。

（二）步骤与方法

1. 种子处理

（1）层积处理　大多数落叶果树的种子采下后都有一段休眠时间，必须在湿沙中低温储藏以完成后熟过程，打破种子休眠，才能发芽。具体方法：将干净的河沙加水，湿度以手捏成团不出水为宜，再将种子与河沙按大粒种子1∶5～10，小粒种子1∶3～5的比例混匀，放入沙坑或瓦盆中，上面再覆上一定厚度的土，放于2～7℃下层积。一般时间短的如海棠40～45d，时间长的山楂要200～300d才能播种。

（2）变温处理　对已萌动的种子，给予1d到几天的高低温反复交替处理。

（3）机械处理　对于种皮厚而坚硬的种子如坚果类种子，用挫伤、机械磨损的方法使种皮开裂以利萌发。

（4）浸种　将种子泡在水中一段时间。大部分园艺植物种子用温水浸种，水温55～60℃。将种子放入后不断搅拌，直至水温降到30℃时，再继续浸泡，黄瓜4～6h，番茄6～8h，茄子24h；对于种皮较厚、难以吸水的种子可用热水浸种，水温80℃左右并不断搅拌，以免烫伤，如西瓜和冬瓜的种子；比较容易吸水的种子用常温水浸种即可。

（5）催芽　将浸种后的种子放在其最适的发芽温度下，使种子迅速出芽。耐寒种类的种子一般在25℃左右，喜温植物种类在30℃左右。催芽时间因种类不同而异，黄瓜1～1.5d，番茄2～4d，白菜1.5d，菜豆2～3d，冬瓜6～8d。

2. 播种

（1）播种期　根据生产计划、当地气候条件、苗床设施、育苗技术、园艺作物种类和品种特征等具体情况确定。一般由定植期减去秧苗的苗龄，推算出的日子即是适宜的播种期，即如果苗龄为10d，定植期在3月10日，则播种期宜定在3月1日。花卉的播种期还应考虑准备摆设或出售的时间，并结合播种的环境灵活掌握。

（2）播种量　播种量是由种子的净度、发芽率、成苗率及定植时秧苗的大小决定，通常用如下公式计算：

$$播种量=\frac{每平方米株数}{每克种子粒数\times发芽率\times净度\times成苗率}$$

（3）播种

①制备营养土：将过筛后的腐熟畜禽粪1份、过筛园土1份和蛭石1份，混匀备用。

②苗床准备：将苗床整平后上铺10cm厚的营养土，或将营养土装入育苗钵中，浇足底水，待水渗下后播种。

③播种：小粒种子一般采用撒播，如甘蓝、番茄、辣椒等，播后上覆0.5～1cm厚的细土；大粒种子采用点播，如黄瓜、南瓜、西瓜等，一般按8～10cm的株行距点播，上覆1.5～2cm厚的土；果树在田间育苗时常采用开沟条播的方法，然后覆土镇压。

3. 播种后管理

①覆土：为防止有些种子戴帽出土，当幼苗拱土时，再向苗床上撒1～2次0.5cm厚的细土，以增加压力。

②分苗：撒播育苗时，当幼苗第一片真叶展开时立即分苗。方法是准备好分苗床，同样铺上营养土。将原苗床于前一天浇水，然后用花铲将苗带土铲起，再按一定的株行距栽到分苗床里，分完畦立即浇水。也可分到营养钵中。

③浇水：苗期短的，如播种时浇足底水，整个苗期可不用再浇水；采用分苗的一般分苗后浇一次水，直到定植不再浇水；苗期较长时，中间可适当浇1～2次水。

④中耕：中耕的作用是松土和保墒，促进幼苗根系生长。一般在浇水后或土壤板结时进行，深度以达到幼苗根系为度。

⑤间苗、定苗：条播或点播时播种量较大，为避免相互拥挤，出苗后就要陆续间除一些小苗和弱苗，保留壮苗。到定植大小时，按株行距每穴留1株，其余的全部拔除。

4. 苗期管理　以蔬菜苗期管理为例。

①播种到出苗：这一阶段要求充足的水分、较高的温度和良好的通气条件。寒冷季节在温室中育苗要注意增温、保温。夏季高温季节育苗时，需搭凉棚进行降温育苗。当幼苗开始顶土时，适当降低床温，防止长成高脚苗。

②出苗到分苗：这期间主要是把床温控制在幼苗生长的适宜范围内，同时增强光照，调节湿度，适时间苗，并防止病虫危害。分苗前2～3d，适当降低苗床温度，一般降温3～5℃，分苗前一天傍晚，将播种床浇透水，以利起苗。移栽时浇足稳苗水。分苗时尽量少伤根，随挖随栽，适当选苗，将小苗栽到条件最好的地方。

③分苗到定植：分苗后适当提高土温，促进发根。缓苗后做好通风和保温工作，并适时追肥、浇水、中耕，促进幼苗生长。

定植前5～7d开始对幼苗进行低温锻炼，逐渐加大通风量和通风时间，增强秧苗适应性。

四、作业与思考题

1. 按操作程序，每人学会1～2种园艺植物的播种方法。

2. 简述温汤浸种技术要点。

3. 蔬菜分苗有何作用？中耕的作用是什么？

技能训练二 园艺植物的嫁接技术

一、技能训练内容分析

熟练掌握嫁接苗的繁殖技术。

二、核心技能分析

园艺植物几种主要嫁接方法，如劈接、“T”形芽接、嵌芽接、瓜类的靠接和插接及仙人掌的置接。

三、训练内容

（一）材料与用具

嫁接刀、塑料薄膜（剪成条）、园艺植物的枝条或幼苗。

（二）步骤与方法

1. 芽接 芽接方法很多，有“T”形芽接、方块形芽接、“I”形芽接、套芽接、槽形芽接、带木质部芽接和嵌芽接等，其中最常用的是“T”形芽接。

(1)“T”形芽接

①砧木处理：要求砧木离皮。首先在砧木适当部位切一“T”形切口，深度以切断韧皮部为宜。

②接穗削取：在芽上方0.5cm处横切1刀，再在芽下方1.0cm处向上斜削1刀，削到与芽上面的切口相遇，用右手扣取芽片。

③接合：将盾形芽片插入“T”形切口，将芽片上端与“T”形切口的上端对齐，然后用塑料条捆绑好。

(2) 嵌芽接 对于枝梢带棱角或沟纹的树种，如板栗和枣等，或砧木和接穗材料均不离皮时，一般采用嵌芽接法。

①接穗削取：用刀在接穗芽的下方约1.0cm处以45°角斜切入木质部，在芽上方1.2cm处向下斜削1刀，至第一切口。取下盾形芽片。

②砧木处理：砧木的削法与接穗相同。应注意的是砧木切口大小一定要与接穗芽片大体相近，或稍长于芽片为好。

③嵌合：将芽片嵌入砧木切口，形成层对齐。芽片与芽接位顶端及两侧保持0.5～1.0mm的空隙，这样有利于愈伤组织的形成。

2. 枝接 枝接方法很多，有劈接、切接、腹接、舌接和插皮接等，其中最常用的是劈接、切接。劈接的具体操作方法：

①砧木处理：剪断砧木后，削平截面，在中心纵劈1刀，劈口深约2cm。

②接穗削法：将接穗的下端削成楔形，有两个对称的马耳形削面，削面一定要平，削后的接穗外侧应稍厚于内侧。

③接合：撬开砧木劈口，将接穗插入砧木，使接穗厚的一侧在外，薄的一面在里，并使接穗的削面略露出砧木的截面，然后使砧木和接穗的形成层对齐，再用塑料条缠严、绑好。

3. 瓜类的嫁接

(1) 靠接　主要用于嫁接不易成活的种类，如草本植物蔬菜和花卉等。因其嫁接后先不断根，相对比较容易成活。具体操作方法：

①播种育苗：将黄瓜种子浸种催芽后播于育苗盘中，做接穗。南瓜种子晚3～5d播种，做砧木。当砧木和接穗的苗长到子叶展平、真叶吐露时进行嫁接。

②砧木处理：在上胚轴上距子叶1cm的地方，用刀片以40°角向下斜切1刀，至胚轴直径的1/2处。

③接穗处理：在其上胚轴处距子叶1cm的地方，用刀片以30°角向上斜切1刀，深至胚轴直径的2/3处。

④接合：将砧木和接穗插在一起即可，然后用专用嫁接夹夹好或用塑料条绑好。

⑤接后管理：将嫁接后的苗放在适当的温度下，保持空气相对湿度100%，并适当遮光。3d后适当减小湿度，恢复自然光照。10d后将已嫁接成活的苗，去掉砧木的上部，断掉接穗的根部。

(2) 插接

①播种育苗：砧木南瓜提早2～3d播种，然后播种接穗黄瓜。黄瓜播种7～8d后，两片子叶时即可嫁接。

②砧木处理：用刀片或竹签除去砧木苗的真叶和生长点，以及叶腋的侧芽等。然后用削好的竹签从右边子叶基部中脉处与子叶呈45°～60°角向左侧子叶下方穿刺，注意不要刺破左侧子叶下部胚轴的外表皮。

③接穗处理：用刀片在黄瓜苗子叶下3cm处去掉下胚轴及根部，然后在子叶下方1～1.5cm处向下削成一个斜面（斜面要与子叶展开方向平衡），斜面长0.3～0.5cm。

④插接：把接穗斜面朝下插入砧木孔中，并使砧木和接穗的斜面吻合，再用夹子夹住两个吻合面。

4. 置接　置接为仙人掌类的独特嫁接方法。步骤如下：

①横切三棱箭，切面要平滑，然后将边缘的棱斜削。

②将接穗基部横切平面，放置在砧木切口上，使砧木和接穗切口的维管束完全吻合，并用线绑扎好。接后需遮光保湿，1周后可视成活情况解除绑线。

四、作业与思考题

1. 根据个人嫁接操作体会以及嫁接成活情况，总结每种嫁接方法的优缺点。

2. 每种嫁接方法各交一接好的实物，注明嫁接方法、步骤。

技能训练三　园艺植物的扦插育苗

一、技能训练内容分析

了解园艺植物扦插育苗的原理，掌握扦插育苗的基本方法、步骤。

二、核心技能分析

扦插育苗主要是利用植物的再生能力，将植物的一部分如根、茎、叶等插入基质中，在适当的环境条件下，使其生根成活，成为新的个体。扦插的主要方法有叶插、茎插和根插。适宜叶插和根插的植物种类较少，生产中常用的是茎插（包括茎尖插和叶芽插等）。茎插中又分为绿（嫩）枝扦插和硬枝扦插。

三、训练内容

（一）材料与用具

育苗钵、育苗盘或苗床，扦插基质，扦插材料（月季、菊花、葡萄等）；弥雾装置或保湿设备。

（二）步骤与方法

1. 绿枝扦插　①选取比较容易成活的园艺植物，取其5～10cm的茎尖或茎段，带2～4片叶。将其下端用刀片削一单面楔形即可。②在扦插容器中放入扦插基质，浇足水分。③将插条在配好的生根粉中或生长素溶液中蘸几秒钟，然后迅速插入基质中，深度以插条的1/3～1/2为宜。④插后适当遮光，并保持空气相对湿度100%。因为绿枝扦插是在生长季节中，温度适宜，约15d后生根成活。

2. 硬枝扦插

①插床准备：硬枝扦插一般在冬春季进行，插床最好有加温设备，如在酿热温床或电热温床中进行。同样将插床铺好基质，浇足水后备用。

②插条处理：硬枝扦插多采用冬季修剪下来的枝条，也可专取插条。然后将其截成15～20cm长的段，注意极性，将其下端削成两面楔形，削面长约2cm。对于成活较难的树种，还可用刀在其下端纵刻几刀，以增加生根几率。

③扦插：将插条同样蘸一下生根粉或生长素类溶液，然后插入插床中，直插、斜插均可，深度为插条的1/3～1/2。

④插后管理：硬枝扦插的插后管理比绿枝扦插严格一些。因为此时插条没有根系，不能吸收水分，因此应尽量给予较高的地温，较低的气温，以促使其早生根、晚发芽。同时，保持较高的空气湿度，并保持插床湿润，约20d后生根。

四、作业与思考题

1. 每人扦插1～2种植物，并观察其成活情况，写出实验报告，详细记录操作过程，定期调查生根、发芽情况，计算扦插发芽率、生根率和成活率。

2. 影响扦插生根的环境因素有哪些？怎样调节？

技能训练四　穴盘育苗技术

一、技能训练内容分析

通过进行蔬菜或花卉的穴盘育苗操作，掌握穴盘育苗技术的工艺流程，了解穴盘育苗所必需的设施。

二、核心技能分析

穴盘育苗是采用轻型基质和穴盘进行育苗的现代育苗方式。穴盘育苗涉及营养供应、基质选配和育苗环境控制等环节。

三、训练内容

（一）材料与用具

育苗穴盘、育苗基质、肥料、标签、育苗苗床、移动式喷灌机、蔬菜或花卉种子。

（二）步骤与方法

1. 穴盘和育苗基质的认识　比较各种规格穴盘在结构上的差异，比较各种育苗基质和土壤的差异，讲解穴盘育苗的优点、基本工艺流程和所需要的育苗设施，比较其与传统育苗方法的区别。

2. 育苗基质的混配　蔬菜育苗将泥炭、蛭石按照2∶1（体积比）、花卉育苗将泥炭、蛭石和珍珠岩按照1∶1∶1的比例进行配制，每立方米基质添加3kg复合肥，将育苗基质和肥料混合后装盘，刷去多余的育苗基质。

3. 播种　在育苗穴盘中均匀打孔，对于茄果类蔬菜要求打孔深度1cm，对于甘蓝类蔬菜打孔深度0.5cm，打孔后播种，每个穴播种1粒种子，种子可以采用干种子，也可预先进行催芽，播种后表面覆盖厚0.5～1cm的蛭石。

4. 喷水　播种覆盖后贴好标签，将育苗盘放在苗床上，开启移动式喷灌机进行喷水，在喷水的同时讲解机械喷水的优点。

5. 育苗管理　育苗后组织同学定期进行浇水，注意育苗温室内的温度和湿度控制。

（三）注意事项

每位同学应独立进行穴盘育苗操作，并挂上标签牌。

（四）结果处理

育苗期间加强管理，育苗后3周进行现场考核，统计出苗率和成活率等指标，撰写实验报告书。

四、作业与思考题

不同作物进行穴盘育苗时如何选取适宜的穴盘？穴盘育苗的质量主要受哪些因素影响？

技能训练五　水培育苗技术

一、技能训练内容分析

通过进行蔬菜的水培育苗操作，掌握水培育苗技术的工艺流程，了解水培育苗所必需的设施。

二、核心技能分析

水培育苗是不同于穴盘育苗的新育苗技术，育苗过程中以营养液代替基质，幼苗生长所需的营养通过营养液进行调节。

三、训练内容

（一）材料与用具

水培槽、泡沫板、空气泵、定时器、蔬菜种子、肥料、平底穴盘、塑料薄膜、水培育苗泡沫块、标签、镊子。

（二）步骤与方法

1. 水培育苗的认识　在无土栽培温室内讲解水培育苗的基本设施，比较水培育苗与穴盘育苗的异同，讲解水培需要的基本工艺流程。

2. 水培育苗的播种　将海绵块浸泡在水中，充分吸收水分后放入铺有塑料薄膜的平底穴盘中，将种子播入海绵块中，添加水分使育苗海绵块充分吸收水分。

3. 营养液的配制　将无土栽培肥料按照有关配方配制水培育苗所需要的营养液，将配制好的营养液倒入水培槽中，将泡沫板进行打孔后放入水培槽中。

4. 水培育苗的分苗　为了扩大营养面积，待蔬菜子叶平展后将海绵块移入水培槽的定植板上，开启空气泵和定时器，定时对营养液补充氧气。

（三）注意事项

每位同学应独立进行穴盘育苗操作，并挂上标签牌。

（四）结果处理

育苗期间加强管理，育苗后 2 周进行现场考核，统计出苗率和成活率等指标，撰写实验报告书。

四、作业与思考题

哪些蔬菜适合于水培育苗？在生产中哪种情况下采用水培育苗？

第八章

蔬菜设施栽培

【知识目标】了解蔬菜设施栽培的基本技术原理；掌握主要蔬菜设施生产的关键技术。

【技能目标】能够熟练掌握蔬菜设施内环境因子的调控技术；能独立进行主要设施蔬菜的周年管理。

第一节　概　　述

一、蔬菜设施栽培概况

目前世界上发达国家的蔬菜设施栽培技术日趋成熟，例如，荷兰是世界上温室生产技术最发达的国家，现代化玻璃温室生产蔬菜和花卉的面积已达到12 000hm²，温室种植每平方米平均年产番茄60kg，甜椒24kg，黄瓜81kg，果菜大多为1年1茬基质栽培。

自20世纪80年代中期开始，我国的设施园艺以前所未有的速度发展，至今已呈现喜人的局面。设施蔬菜发展尤为迅速，到2006年，全国各类设施蔬菜面积已达250万hm²，比1980年增长约350倍。人均拥有设施面积达19.4m²，设施生产的蔬菜人均占有量已突破80kg，比1980年增长近400倍。但与发达国家相比，人均占有保护地面积，日本是我国的12.5倍，荷兰是我国的13倍，每平方米效益是我国的几倍，发达国家产品的商品率100%，优等率90%以上。这些数据从侧面反映了我国设施蔬菜栽培远落后于发达国家，具有非常大的潜在市场需求。

随着科学技术的进步和发展，在蔬菜设施栽培过程中，夏季遮荫降温技术设备的改善，设施环境和肥水调控技术的不断优化和改善，有机生态型无土栽培技术，人工授粉技术的应用，病虫害预测、预报及防治等综合农业高新技术的应用等，将使蔬菜设施栽培的经济效益和社会效益不断提高。

二、设施栽培蔬菜的主要种类

用于蔬菜设施栽培的设施类型多种多样，适合设施栽培的蔬菜种类也很多，主要有茄果类、瓜类、豆类、葱蒜类、绿叶蔬菜、芽菜类和食用菌类等。

1. 茄果类　茄果类蔬菜主要有番茄、茄子、辣椒等，同属茄科，产量高，供应期长，南北各地普遍栽培。在设施栽培条件下，这类蔬菜在我国的大部分地区能实现多季节生产和周年供应，其中栽培面积最大的是番茄。

2. 瓜类　设施栽培的瓜类蔬菜主要是黄瓜，面积居瓜类之首。此外，西葫芦、西瓜、甜瓜、苦瓜、丝瓜等也可设施栽培，但面积均小于黄瓜。

3. 豆类　适于设施栽培的豆类蔬菜主要有菜豆、豌豆。在蔬菜的夏季供应中有重要作用，特别是在冬季早春露地不能生产的季节，更受人们的欢迎，近年棚室栽培有了较大发展。

4. 白菜类　大白菜、普通白菜、菜心等。

5. 甘蓝类　甘蓝、花椰菜、青花菜、芥蓝等。

6. 绿叶菜类　设施栽培的绿叶蔬菜有西芹、莴苣、油菜、小白菜、菠菜、蕹菜、苋菜、茼蒿、芫荽、冬寒菜、落葵、紫背天葵、荠菜、豆瓣菜等。绿叶菜类，一般植株矮小，生育期短，适应性广，在设施栽培中既可单作还可间作套种。北方单作面积较大的绿叶菜为西芹、结球莴苣，油菜、茼蒿、菠菜、芫荽、苋菜、蕹菜、荠菜等在间作套种中利用较多。

7. 葱蒜类　韭菜、大蒜、葱等。

8. 芽菜类　豌豆、香椿、萝卜、荞菜、苜蓿、荞麦等种子遮光发芽培育成黄化嫩苗或在弱光条件下培育成绿色芽苗，作为蔬菜食用称为芽菜类。芽菜含丰富的维生素、氨基酸，质地脆嫩容易消化，在设施栽培条件下适于工厂化生产，是提高设施利用率、补充淡季的重要蔬菜。

9. 食用菌类　大部分的食用菌类需要设施栽培，其中大面积栽培的食用菌种类有双孢蘑菇、香菇、平菇、金针菇、草菇等，特种食用菌鸡腿菇、灰树花、木耳、银耳、猴头、茯苓、口蘑、竹荪等近年来设施栽培面积也不断扩大，双孢蘑菇、金针菇、灰树花、杏鲍菇等工厂化生产技术发展很快。

此外，萝卜、草莓、茭白等也有一定的栽培面积。

三、设施栽培方式及茬口类型

（一）设施栽培方式

按栽培时间和季节划分，主要有以下 4 种方式：

1. 越冬栽培　又称冬春茬长季节栽培，是指利用温室等设施进行越冬长季节栽培蔬菜的方式。如节能型日光温室和一些大型连栋温室内进行的果菜类长季节栽培。播种期一般在 8～11 月，始收期一般在 12 月至翌年 2 月。

2. 春早熟栽培　又称春提前栽培，指早春利用设施栽培条件提早定植蔬菜，生育前期在设施内生长，而生育后期改为在露地条件继续生长或采收的栽培方式。如我国北方番茄、辣椒、茄子等于冬季 11 月至翌年 1 月用电热线加温，于日光温室或塑料大棚内育苗，2～3 月定植于日光温室或塑料棚内，采收期较露地栽培能提早 1～2 个月。

3. 秋延迟栽培　指一些喜温性蔬菜如黄瓜、番茄等，秋季前期在未覆盖的棚室或在露地生长，晚秋早霜到来之前覆盖薄膜生产，使之在保护设施内继续生长，延长采收时间，它比露地栽培延迟供应期 1～2 个月。

4. 越夏遮阳栽培　指夏季利用大棚温室骨架上覆盖遮阳网，以遮荫降温、防暴雨和台风为主的设施蔬菜栽培方式。这种设施栽培方式很好地解决了南方夏季一些喜凉叶菜、茎菜的夏季安全生产问题和北方一些地区果菜的安全越夏问题。

（二）设施栽培的茬口类型

我国地域辽阔，各地气候条件各异，因此不同地区的设施栽培茬口差异较大。由北向南可划分为 4 个气候区，不同气候区设施栽培茬口大致如下：

1. 东北、蒙新北温带气候区 本区无霜期仅 3～5 个月，一年内只能在露地栽培一茬喜温或喜凉蔬菜，喜温蔬菜设施栽培主要茬口类型为：

（1）日光温室秋冬茬 主要解决喜温果菜深秋初冬淡季问题。一般在 7 月下旬至 8 月上旬播种育种，9 月初定植，10 月中旬至 11 月上旬开始收获，春节前后拉秧。

（2）日光温室早春茬 目的在于早春提早上市，解决早春淡季问题。喜温果菜一般 12 月中旬至翌年 1 月中旬在日光温室内利用电热温床播种育苗，2 月中旬至 3 月上旬定植，一直到 7 月中下旬拉秧。

（3）塑料大棚春夏秋一大茬栽培 该茬口 2 月上旬至 3 月中旬在日光温室或加温温室内播种育苗，4 月上旬至 5 月上旬大棚内定植，6 月上旬开始采收上市的茬口类型。夏季顶膜一般不揭，只去掉四周裙膜，防止植株早衰，秋末早霜来临前将棚膜全部盖好保温，使采收期后延 30d 左右。

2. 华北暖温带气候区 本区全年无霜期 200～240d，冬季晴日多，主要设施类型为日光温室和塑料拱棚（大棚和中棚），对应的设施栽培主要茬口有日光温室或现代温室早春茬、秋冬茬、冬春茬和塑料拱棚（大棚、中棚）春提前、秋延迟栽培。

（1）日光温室早春茬 一般是初冬播种育苗，1～2 月上中旬定植，3 月开始采收。早春茬是目前日光温室生产采用较多的茬口，几乎各类蔬菜均可生产。

（2）日光温室秋冬茬 一般是夏末秋初播种育苗、中秋定植、秋末到初冬开始收获，直到 1 月结束。栽培的蔬菜作物主要有番茄、黄瓜、西芹等。

（3）日光温室冬春茬 冬春茬是越冬一大茬生产，一般是夏末到中秋育苗，初冬定植于温室，冬季开始上市，直到第 2 年夏季，连续采收上市，其收获期一般为 120～160d。目前有冬春茬黄瓜、冬春茬番茄、冬春茬茄子、冬春茬辣椒、冬春茬西葫芦等。这是本地区目前日光温室蔬菜生产应用较多、效益也较高的一种茬口类型。

（4）塑料拱棚春提前栽培 一般于温室内育苗，苗龄依据不同蔬菜种类 30～90d 不等，据此合理安排播种期。在 3 月中旬定植，4 月中下旬开始供应市场，一般比露地栽培可提早 30d 以上收获。目前许多喜温果菜如黄瓜、番茄、豆类蔬菜及耐热的西瓜、甜瓜等均有此栽培茬口。

（5）塑料拱棚秋延迟栽培 一般于 7 月上中旬至 8 月上旬播种，7 月下旬至 8 月下旬定植，9 月上中旬以后开始供应市场，12 月至翌年 1 月结束。一般可比露地延后采收 30d 左右，大部分喜温果菜和部分叶菜均有此栽培茬口。

3. 长江流域亚热带气候区 本区无霜期 240～340d，年降雨量 1 000～1 500mm 且夏季雨量最多。本区适宜蔬菜生长的季节很长，一年内可在露地栽培主要蔬菜 3 茬，即春茬、秋茬、越冬茬。这一地区设施栽培方式冬季多以大棚为主，夏季则以遮阳网、防虫网覆盖为主，还有现代加温温室。其喜温性果菜设施栽培茬口主要有：

(1) 大棚春提前栽培　一般为初冬播种育苗，翌年2月中下旬至3月上旬定植，4月中下旬开始采收，6月下旬至7月上旬拉秧。栽培的主要蔬菜种类有黄瓜、甜瓜、西瓜、番茄、辣椒等。

(2) 大棚秋延迟栽培　此茬口类型一般采用遮阳网加防雨棚育苗，定植前期进行防雨遮阳栽培，采收期延迟到12月至翌年1月。后期通过多层覆盖保温及保鲜措施可使番茄、辣椒等的采收期延迟至元旦前后。

(3) 大棚多层覆盖越冬栽培　此茬口多用于茄果类蔬菜，一般在9月下旬至10月上旬播种育苗，12月上旬定植，翌年2月下旬至3月上旬开始上市，持续到4～5月结束。

(4) 遮阳网、防雨棚越夏栽培　此茬口是南方夏季主要设施栽培类型。一般在大棚果菜类春早熟栽培结束后，将大棚裙膜去除以利通风，保留顶膜，上盖黑色遮阳网（遮光率60%以上），进行喜凉叶菜的防雨降温栽培。

4. 华南热带气候区　本区1月月均温12℃以上，全年无霜，由于生长季节长，同一蔬菜可在一年内栽培多次，喜温的茄果类、豆类，甚至西瓜、甜瓜，均可在冬季栽培，但夏季高温，多台风暴雨，形成蔬菜生产与供应的夏淡季。这一地区设施栽培主要以防雨、防虫、降温为主，故遮阳网、防雨棚和防虫网栽培面积较大。

此外，在上述4个蔬菜栽培区域均可利用大型连栋温室进行果菜1年1大茬生产。一般均于7月下旬至8月上旬播种育苗，8月下旬至9月上旬定植，10月上旬至12月中旬开始采收，翌年6月底拉秧。但要充分考虑冬季加温和夏季降温的能耗成本，在温室选型、温室结构及栽培作物类型上均应选择，以求得高投入、高产出。

第二节　茄果类蔬菜设施栽培

一、番　茄

番茄，又名西红柿，起源于北美洲。番茄是全世界栽培最为普遍的果菜之一，在欧美国家、中国和日本有大面积的设施栽培。

(一) 生长发育对环境条件的要求

1. 温度　番茄属喜温蔬菜，生育最适宜温度为20～25℃，根系生长最适地温为20～22℃。不同生育期对温度要求不同，种子发芽的适宜温度为28～30℃，最低发芽温度为12℃左右，幼苗期白天适宜温度为20～25℃，夜间13～15℃；开花期对温度反应比较敏感，尤其在开花前5～9d和开花当天及以后2～3d内更为严格，白天适宜温度为20～30℃，夜间为15～20℃，15℃以下低温或35℃以上高温，都不利于花器的正常发育及开花结果。结果期光合作用最适宜温度为22～26℃，30℃以上光合作用明显下降，35℃生长停滞，引起落花落蕾。地温以18～23℃为宜。

2. 光照　番茄为喜光作物，光饱和点为70klx，光补偿点为3klx。光照充足，光合作用旺盛，光照弱，茎叶细长，叶片变薄，叶色浅，花质变劣，容易造成落花落果。在设施栽培中，一般应保证30～35klx以上的光照度。番茄对光周期要求不严格，但以每天光照时数14～16h

较好。

3. 水分 番茄要求较低的空气湿度和较高的土壤湿度，空气相对湿度为50%～60%较为适宜。对土壤湿度的适应能力，因生长发育阶段的不同而有很大差异。幼苗期要求65%左右，结果初期要求80%，结果盛期要求85%。空气和土壤湿度过大，容易导致病害发生。

4. 土壤营养 番茄对土壤要求不严格，但以土层深厚肥沃、疏松透气、排灌方便的壤土栽培较好，pH 6～7为宜，对土壤EC值要求在0.4～0.7mS/cm。

番茄生长期长，需要吸收大量有机养分和各种无机营养元素，才能获得高产优质的果实。据分析，生产1 000kg果实需从土壤中吸收氮2.7～3.2kg、磷0.6～1.0kg、钾4.9～5.1kg。此外，缺少微量元素会引起各种生理病害。

（二）茬口安排

全国各地设施番茄栽培的茬口主要有以下几种：

1. 温室冬春茬 多在9月中下旬至10月上旬育苗，11月上中旬定植，翌年1～6月采收。为我国现代温室和北方日光温室主要茬口类型。

2. 日光温室早春茬 华北地区一般于10月下旬至11月上中旬育苗，东北地区于1月育苗，苗龄60～70d；定植期华北一般在翌年1月下旬至2月上中旬（东北多在2月），3月中下旬至6月份上市。

3. 日光温室秋冬茬 主要供应冬季和春节市场，北方一般在7月下旬到8月上旬播种育苗，8月下旬到9月上旬定植，11月下旬到翌年2月初采收。

4. 大棚多重覆盖特早熟栽培 长江流域在10月中下旬育苗，11月下旬定植，仅利用2～3穗果摘心，密植于大棚内，多重覆盖保温，2月下旬至4月采收供应，类似北方日光温室的冬春茬。

5. 大棚春季早熟栽培 北方一般1月中下旬播种育苗，3月下旬定植，5月上中旬至6月下旬采收；南方播种期在11月上旬至12月上旬，翌年2～3月定植，4月下旬至6月供应上市。

6. 大棚秋延后栽培 北方常在7月上中旬播种育苗，8月定植（高纬度地区宜适当提早），9月下旬开始采收，留3穗果摘心，大棚内出现霜冻后结束；长江流域一般在6月中下旬到7月中旬播种，8月中旬定植，10～12月供应上市。

（三）品种选择

番茄的种类很多，目前栽培最多的为普通番茄，樱桃番茄在一些大、中城市有少量栽培。

番茄冬春季设施栽培应选择早熟、抗病、耐低温、丰产性好的早熟或中早熟品种。粉红果品种有‘L402’、‘毛粉802’、‘佳粉15号’、‘双抗2号’、‘中蔬6号’、‘中蔬7号’、‘冀番2号’、‘中杂9号’等；大红果品种主要有‘早丰’、‘早魁’、‘特罗皮克’、‘宁红1号’、‘青海大红’、‘晋番茄1号’、‘美国大红’、‘中杂8号’等。秋季设施栽培应选择耐热、抗病毒病、生长势强的无限生长型中晚熟品种。

现代温室长季节栽培主要品种有荷兰的‘Caruso’、‘Trust’、‘Apollo’，以色列的‘Daniela’、‘Graziella’等。

(四) 播种育苗

冬春季育苗需在日光温室内采用电热温床育苗，667m² 栽培田用种量为 30～50g。番茄种子经温汤浸种和催芽后，播种于电热温床，覆土厚度 1cm 左右。2～3 片真叶时分苗 1 次，分苗密度 10cm×10cm。日历苗龄 60～80d，生理苗龄以幼苗 8～9 叶、株高 25～28cm、现大花蕾为宜。

苗期管理，播种后出苗前白天温度控制在 25～28℃，夜间 18～20℃，以促进快速整齐出苗；出苗后白天降至 15～17℃，夜间 10～12℃，以防止幼苗徒长，促进根系发育；第 1 片真叶出现后再把温度提高，白天 25～28℃，夜间 16～18℃，促进幼苗健壮生长。定植前 5～7d 进行秧苗锻炼，白天温度保持在 18～20℃，夜间 8～10℃，以增强番茄对环境的适应性。

夏秋季育苗需搭遮荫棚。北方地区一般在 7 月上中旬播种，长江流域一般在 6 月中下旬到 7 月中旬播种比较适宜。日历苗龄以 25～30d 为宜。生理苗龄以株高为 15～20d、有 5～6 真叶为宜。苗期防治蚜虫，喷施植病灵或病毒 A，预防病毒病。

(五) 整地施基肥

在定植前应做到早翻耕、早施肥。要求耕作层深 20～25cm，做成宽 1.2～1.5m (连沟)、高 15～20cm 的畦，畦面应平整无大泥块，使地膜覆盖时能紧贴上面。

番茄生育期长，需肥量大，尤其对钾肥需要量大。施肥原则是前期重施氮、磷肥，中后期增施钾肥和微量元素，三要素的配合比例应为 1∶1∶2。施肥方法为 667m² 施腐熟有机肥 4 000～5 000kg、过磷酸钙 20～25 kg、碳酸氢铵 50kg 或尿素 20kg、硝酸钾 30kg (或用三元复合肥 50～60 kg)。北方日光温室冬春茬栽培时间长，667m² 需施有机肥约 15t，其他茬口可施有机肥 5～6t。

(六) 定植

定植前 15～20d 扣膜烤畦，提高地温。早春当设施内 10cm 深土层温度稳定 8℃以上即可定植。定植时，在高畦上按株距破膜开穴点水定植。种植密度一般每畦两行，株距 30～40cm，667m² 3 000 株左右。长季节栽培番茄以大行 1m，小行 0.8m，株距 0.5m，667m² 1 600 株左右为宜。

(七) 定植后的管理

1. 温光管理

(1) 日光温室冬春茬番茄　定植后进入冬季，日照时数逐渐缩短，光照强度不断减弱，温度也不断下降，要经历一段全年中温度最低、光照条件最差的时期，对番茄的生育也是最不利时期，在管理上以加强保温、增强光照为主。定植后提高温度，在高温高湿下促进缓苗，缓苗期间温度不超过 32℃不需要放风，有时温度过高，可从顶部放风。缓苗后晴天白天保持 20～25℃，夜间 10～15℃，超过 25℃放风，降到 20℃闭风，午后气温降到 15℃放下草苫。进入结果期以后，温室内保持白天 25℃，前半夜 15℃，后半夜 10℃，凌晨 7～8℃。11 月下旬以后在温室后墙处张挂反光幕，每天揭开草苫后清洁薄膜，以增强室内光照。

(2) 早春茬和大中棚春茬番茄　缓苗期控制高温，温度不超过35℃不放风。缓苗后白天尽量延长25℃的时间，前半夜13～15℃，后半夜8～10℃，凌晨7℃左右。因为定植后日照时数逐渐增加，光照强度不断提高，光照已经不成问题，只要调节好温度就会正常生长发育。

(3) 秋冬茬和秋茬番茄　定植初期处在温度高、光照强、昼夜温差小的环境条件下，需要遮光降温，温室卷起前底脚围裙，大、中棚揭开底脚薄膜，昼夜放风。最好覆盖遮阳网，进入9月份以后，随着光照减弱，外界温度下降，再撤下遮阳网。温度调控参照春茬番茄进行，前期尽量加大昼夜温差。当外界最低温度降到10℃左右时，改为白天放风。日光温室夜间密闭条件下，气温不能保证7℃以上时，夜间覆盖草苫。大、中棚后期夜间密闭保温，白天温度超过27℃放风，午后低于25℃闭风，尽量延长高温时间，缩短低温时间，延长采收期。

(4) 小拱棚短期覆盖番茄　因为空间小，热容量少，白天尽量保持较高温度，当气温超过25℃时放风，先揭开两端薄膜放风，随着外界温度升高，再从两侧放风，选择无风晴天把薄膜揭开大放风，结合用激素处理防止落花落果。经过放风锻炼，在外界温度条件完全适合番茄生育要求时，早晨、傍晚或阴雨天，撤下小拱棚，转为露地栽培。

2. 肥水管理　冬春茬和早春茬番茄定植水应浇足，缓苗后到开花前不要轻易浇水，也不宜追肥，以防止植株徒长。控制水分可使根系充分发育，促进花芽分化和花器发育，为开花结果打好基础，只有干旱时才可少量浇水。从第1花序开花到第3花序开花前，严格控制浇水，只有中午生长点表现萎蔫时才可少量浇水。第3花序开花，正值第1果穗果实开始膨大，这时开始浇水对果实的发育有促进作用。浇水量应渗透土层深15cm。第1次浇水时可结合追肥，应根据植株长势、生产季节和施基肥的情况进行。冬春茬番茄，基肥充足一般不需追肥，早春茬和春茬可追施磷酸二铵，667m^2施肥量20kg，如果叶色较淡，长势不强，可追尿素，667m^2施肥量15～20kg。追肥和浇水应在暗沟进行，将化肥溶化在盆中，随灌水灌入暗沟中。

冬春茬番茄进入12月中旬以后，地温较低，光照弱，一天中见光时间较短，植株生长和果实发育都比较缓慢，需水量较少，立春以后天气转暖，放风量增加，地温也开始升高，应选晴天上午灌水，春季10～15d浇1次水，但应在果实正在膨大时进行。追肥应以磷、钾肥为主，每穗果正在膨大时进行，每次追磷酸二铵15～20kg，或硫酸钾10～15kg，交替进行。

早春茬和春茬番茄，因生育期间温光条件较好，生育期比较短，从第1穗果实开始膨大时进行浇水，结合追肥，以后参照冬春茬番茄春季肥水管理进行。

大、中棚秋番茄和日光温室秋冬茬番茄，定植初期昼夜放风，土壤蒸发量大，不宜过分控制水分，在育苗期用矮壮素进行处理，可防止徒长。应保持适宜的土壤水分，但每次浇水量不要过多，以见干见湿为原则，浇水应在早晨或傍晚进行。第1穗果实开始膨大时追肥浇水，每2次水追1次肥，每穗果膨大时都应追1次肥。后期温度下降，放风量小，浇水间隔日数增加，前期和结果盛期10d左右浇1次水，后期15d左右1次水。小拱棚短期覆盖番茄按露地栽培管理，不完全靠人工灌溉，有时降雨，所以浇水要根据长势和土壤情况而定，避免降雨前浇水。

设施内的二氧化碳追肥具有显著的增产效果。可在第1果穗开花至采收期间，在日出或揭除不透明覆盖物后0.5～1.0h开始，持续施用2～3h。施用浓度为800～1 000μl/L（阴天减半）。

3. 植株调整

(1) 插架或吊蔓　竹木结构温室和大、中棚需要用竹竿插架。为了有利于通风透光，最好插直立架，为了防止架竿倾斜，每排架的顶部用一道竹竿连成一体，再把南北两端的架顶用竹竿横向连成一体。大、中棚和小拱棚番茄用竹竿插成“人”字架。钢架温室可用尼龙绳吊蔓，绳的上端绑在温室骨架上，下端拴在植株基部，绑蔓时用塑料绳绑在吊绳上。

(2) 整枝　冬春茬番茄生育期长，一般留 9～12 穗果摘心。整枝方式有以下几种：

①单干整枝：各叶腋发生的侧枝全部摘除，留 12 穗果摘心。在最上部的花序上留两叶，叶腋中发生的侧枝不再摘除。

②基部或中部换头整枝：单干整枝第 6 花序现蕾后，在上面留 2 片叶摘心，当第 6 穗果实膨大后，从植株的基部或中部选留 1 侧枝进行培养，当主干果实采收完毕后，在主干上从距选留侧枝上部 10cm 处将主干截断，使侧枝代替主干继续生长，留 6 穗果摘心。

③上部换头整枝：单干整枝，在第 3 穗果上留 2 片叶摘心，其余侧枝全部打掉，以免影响通风透光。待第 1 穗果开收采收前，把第 3 穗果上发出的侧枝留 1 个作为结果枝，仍采用单干整枝，也留 3 穗果摘心，再发出的侧枝仍选留 1 个作为结果枝，每株结 9 穗果。

日光温室早春茬，大、中棚春茬，日光温室秋冬茬，大、中棚秋茬，小拱棚短期覆盖栽培，普遍进行单干整枝，留 3～4 穗果摘心。摘心应在最上层花序刚开花时进行，必须在花序上留 2 片叶，叶腋萌发的侧枝不再摘除，才能保持下部叶片不卷曲。

此外，中、小棚番茄也有采取高度密植、留 1 穗果的整枝方法。栽培无限生长型品种，定植密度为 667m^2 8 000 株，掐掉第 1 花穗，在第 2 花序上留 2 片叶摘心，再发出侧枝保留。这种栽培方法 667m^2 产量可超过 5 000kg，1 周可采收完，把产品上市期安排在市场畅销、销售价格较好时期，提早倒地进行其他蔬菜生产，不但效益较好，还可提高设施利用率，只是增加 1 倍秧苗。

4. 保花、保果和疏果　冬春茬和早春茬番茄，开花坐果期温、光条件较差，影响正常授粉受精，第 1～2 花序容易出现落花、落果现象；秋茬和秋冬茬番茄前期高温也影响授粉受精，不但容易落花、落果，即使坐果，畸形果率也较高。设施番茄保花、保果需要以下综合配套管理技术：

①培育适龄壮苗：保花保果的基础。只有健壮的秧苗，定植后才能早缓快发，形成正常的花序和花朵，徒长苗和老弱苗，即使坐果，也发育不良。

②激素处理：2，4-D 使用浓度为 10～20μl/L，以涂果柄为宜；防落素为 20～40μl/L，涂、蘸、喷花均可。使用时注意在温度低时用高浓度，温度高时用低浓度，并避免溅到生长点或嫩茎叶上产生药害。

③授粉：现代温室放置熊蜂授粉或在 10：00～15：00 用电动授粉器授粉，较使用生长调节剂省工、省力又卫生。

有时每个花序的结果数过多，导致果实偏小。在生产中应适当疏果，大果型品种每个花序保留 2～3 个果实，中果型品种可保留 3～4 个果实。

5. 采收与催熟

(1) 采收　设施栽培的番茄由于温度较低，果实转色较慢，一般在开花后 45～50d 方能采收。短途外运可在变色期采收，长途外运或储藏则在白果期采收。

（2）催熟　为使果实尽早转红，提前上市，生产中普遍采用药剂催熟，常用药剂为40%乙烯利，催熟时期在白果期；使用浓度与催熟方法有关。

①秧上催熟：用500mg/kg乙烯利溶液涂果，果实可以提前3～5d成熟。这种方法处理的果实品质好、鲜艳、产量高。

②秧下催熟：于白果期采收果实，用浓度为2 000～4 000mg/kg的乙烯利溶液蘸果，取出后放在22～25℃处，用薄膜封严催熟，可提早6～8d转红。这种方法处理的果实，外观显黄，色泽不鲜艳，品质差。

③整秧催熟：将要拉秧的番茄，为使秧上小果提早成熟，可用800～1 000倍乙烯利溶液整秧喷施。

6. 病虫害防治　番茄设施栽培主要病害有病毒病、叶霉病、晚疫病、灰霉病、早疫病、斑枯病等。防治病毒病应选用抗病品种，早期防蚜，加强管理，控制好设施的环境，用1 000倍脱脂奶粉在幼苗期喷雾，能预防病毒病发生。叶霉病、晚疫病、灰霉病、早疫病、斑枯病，药剂防治可使用50%多菌灵可湿性粉剂500～1 000倍液、70%百菌清可湿性粉剂500～800倍液、50%甲基托布津可湿性粉剂500倍液或1∶1∶200～250波尔多液喷施，药剂交替使用。

番茄设施栽培主要虫害有蚜虫和白粉虱。药剂防治可用40%氧化乐果乳油1 000倍液、50%马拉硫磷乳油1 000～2 000倍液交替喷施。保护地内用敌敌畏熏蒸，具有良好的效果。

二、辣　椒

辣椒在我国普遍种植，随着日光温室和大棚等栽培设施的发展，辣椒的设施栽培面积不断扩大，栽培季节也发生了较大变化。

（一）生长发育对环境条件的要求

1. 温度　辣椒原产热带地区，性喜温暖，不耐霜冻，但也不耐高温。生长发育的适宜温度为白天25～30℃，夜间18～20℃，适宜地温为20～25℃。温度低于15℃或高于35℃会造成授粉受精不良而大量落花、落蕾，温度低于10℃则不开花。

2. 湿度　辣椒既不耐旱，又不耐涝，对水分要求比较严格。适宜土壤相对湿度为60%～70%，适宜空气相对湿度为70%～80%。

3. 光照　甜椒喜光但比较耐阴，适合设施早熟栽培。光饱和点为30～40klx，光补偿点为1.5～2.0klx。低于补偿点，则落花、落果或果实畸形，冬春季节栽培，应设法增加设施内的光照强度。

4. 土壤营养　对于土壤的适应性较强，但以地势高燥、排水良好、土层深厚、肥沃、富含有机质的壤土或沙壤土较为适宜，尤其在早熟栽培中，宜选择土温容易升高的沙质壤土。辣椒适宜的土壤pH为6.2～8.5。甜椒根系多分布于20～30cm的浅层表土，喜肥耐肥，但有机肥过多或腐熟不充分又易烧根，根系损伤后不易发新根。辣椒对氮、磷、钾肥料三要素均有较高的要求，幼苗期需适当的磷、钾肥，花芽分化期受施肥水平的影响极为显著，适当多用磷、钾肥，可促进开花。辣椒不能偏施氮肥，尤其在初花期若氮肥过多会造成落花、落果严重。

（二）茬口安排

辣椒设施栽培分塑料拱棚和日光温室栽培2种。

华北地区塑料大、中棚春茬可实行越夏连秋栽培，一般于12月下旬至翌年1月上旬播种育苗，3月下旬定植，4月下旬开始采收，一直可采收到9月上中旬，重新覆膜后，可延续采收到11月中下旬；小拱棚短期覆盖栽培，一般在当地终霜前20d左右定植。日光温室冬春茬辣椒栽培，一般于9月上旬播种育苗，11月上中旬定植，12月下旬到翌年1月上旬开始采收，6月下旬采收结束；日光温室早春茬栽培，一般在11月下旬至12月上旬播种育苗，翌年2月下旬至3月上旬定植，4月中旬开始采收上市，6月下旬采收结束，若管理得好，也可以实行连秋栽培；日光温室秋延后栽培，6月中下旬播种，7月下旬定植，10月初开始采收，11月中下旬采收结束。

（三）品种选择

目前普遍栽培的辣椒按果形主要是长角椒类和灯笼椒类的品种；按果实辣味可分为甜类型、半（微）辣类型和辛辣类型3大类；根据成熟期的差异可分为早熟、中熟、晚熟品种。

1. 甜椒类型　属于灯笼椒类，植株粗壮高大，叶片肥厚，卵圆形，果实大，呈现扁圆、椭圆、柿子形或灯笼形，顶端凹陷，果皮浓绿，老熟后果皮呈红色、黄色或其他多种颜色，肉厚，味甜。

2. 半（微）辣类型　多属于长角椒类或灯笼椒类，植株中等，稍开张，果多下垂，为长圆锥形至长角形，先端凹陷或尖，肉厚，味辣或微辣。

3. 辛辣类型　植株较矮，枝条多，叶狭长，果实朝天簇生或斜生，细长呈羊角形或圆锥形，先端尖，果皮薄，种子多，嫩果绿色，老果红色或黄色，辣味浓。

栽培中选用辣椒品种时，主要应考虑品种特性、市场的消费习惯及栽培目的，同时，栽培设施及栽培季节也影响品种的选择。冬春茬设施栽培要求早熟、耐低温、抗病、丰产的品种；秋延后栽培宜选择耐热、抗病毒病、丰产性品种。

目前我国设施栽培的辣椒品种较多，常见适于设施栽培的辛辣型和微辣型的品种有‘湘椒1号’、‘湘研4号’、‘汴椒1号’、‘江蔬2号’、‘苏椒5号’；甜椒型的品种有‘双丰’、‘中椒2号’、‘茄门椒’、‘台湾丽妃星’、‘巨星’及荷兰的‘Mazurka’、‘Polka’、‘Sirtaki’等。

（四）播种育苗

冬春季育苗，多在日光温室内采用电热温床育苗，667m² 栽培面积需播种床6～7m²，播种量为120～150g。秋季采用露地育苗方式，应注意遮荫防雨，以防止病毒病的发生。辣椒移植时有一个容器移双株，也有移单株的。双株容器与番茄、茄子容器相同，单株容器直径6cm。在设施环境中定植辣椒，幼苗应具有9～10片真叶、株高20cm左右、茎粗约0.3cm，并开始发生分枝，带数个花蕾为宜。

辣椒种子千粒重5～7g。长辣椒类型栽培密度较大，667m² 栽培面积需播种量150g；灯笼椒类型667m² 栽培面积需播种量120g。

（五）定植

1. 整地做畦 在定植前15d整地。整地要求深翻1～2次，深度需达30cm。畦宽连沟一般1.2～1.4m，畦面要做成龟背形。施基肥与整地做畦相结合，667m^{2}施用量为腐熟堆肥3 000～4 000kg，过磷酸钙和饼肥分别为100kg和50kg，或复合肥50kg，一般采用沟施法。大棚农膜应在定植前10～15d覆盖。

2. 定植密度 为改善植株的通风透光条件，宜采取宽行密植，一般单行双干整枝方式栽培，在宽1.2～1.4m（连沟）的畦面上栽2行，株距25～30cm，每穴栽1株；或株距30～40cm，每穴栽2株。长季节甜椒畦宽（连沟）1.5m，株距40～50cm。定植时强调浅栽，以根颈部与畦面相平或稍高为宜。

辣椒的根与番茄、茄子不同，侧根向两侧发生，定植时使侧根与垄帮垂直，有利于根系发育，植株长势好，可增加产量。据试验，随意栽苗、侧根顺沟栽、侧根与垄帮垂直栽产量有差异，顺沟栽的产量最低，与垄帮垂直栽的最高，随意栽的居中。侧根发生的方向与子叶平行，定植时观察子叶可辨别方向。

（六）定植后的管理

1. 日光温室冬春茬辣椒管理

（1）温度管理 定植后为了促进缓苗，应保持高温高湿环境，白天一般不超过35℃不放风，超过35℃时从温室顶部放风，尽量延长高温时间。7d左右长出新叶，表明新根大量发生，标志已经缓苗，白天保持25～30℃气温，接近30℃的气温不超过3h，如果高温时间过长，将会对坐果和果实发育产生不良影响。

日光温室冬春茬辣椒，在12月至翌年1月历时2个月的低温弱光阶段，应尽量保持中午前后的高温，适当晚揭早盖草苫，不超过30℃不放风，放风后降到25℃以下就要闭风。立春以后，随着天气转暖，光照强度增加，日照时间延长，适当早揭晚盖草苫。注意放风，午后室内气温降到15℃左右时再盖草苫。室内气温不低于15℃时可不盖草苫，当外界最低气温高于15℃时，揭开底脚围裙昼夜放风。

（2）光照调节 每天揭开草苫后清洁前屋面薄膜，增加透光率，在后墙处张挂反光幕，提高后部的光照强度。

（3）水肥管理 浇足定植水，在地膜覆盖下，坐果前不需要浇水，第一次浇水应在门椒开始膨大时，在膜下暗沟灌水。以后根据天气情况、植株长势和土壤湿度进行浇水。前期暗沟浇水，天气转暖后放风量大，可采用明沟浇水。

第一次浇水结合追肥，667m^{2}追硝酸铵15kg。先溶于盆中，后随水灌入暗沟，浇2～3次水追1次肥，在明沟灌水时把化肥撒在垄沟和垄帮上，顺沟灌水。

追肥量不宜过多，以少施勤施为原则，并且应根据基肥的施用量和植株长势、结果情况进行。基肥充足时采收前期一般不追肥，追肥是为了满足结果期的需要，以氮和钾肥为主，第3层果实正在膨大时，667m^{2}追硫酸钾15kg，硫酸铵20～25kg，交替进行。

辣椒根系浅，根量比较少，单株需肥量不多，但是栽培密度大，结果数量多，单位面积需肥量较多。如果肥料不能满足需要，植株生长和果实膨大就会受到抑制，但是施肥量过多也会抑制生长。

(4) 植株调整　主要包括摘叶、摘心（打顶）和整枝等。摘叶主要是摘除底部的一些病残老叶，整枝是剪掉一些内部拥挤和下部重叠的枝条，打顶是在生长后期为保证营养物质集中供应果实而采取的有效手段。

辣椒长季节栽培的整枝方法有2种。一种为垂直吊蔓，每畦种2行，进行单干整枝。另一种每畦种1行，采取“V”形双杈整枝，具体方法是：当植株长到8～10片真叶时，叶腋抽生3～5个分枝，选留2个健壮对称的分枝成“V”形作为以后的2个主枝，除去其他多余的所有分枝。原则上两大主枝40cm以下的花芽侧芽全部抹去，一般从两大主干的第4节位开始，除去两大主干上的花芽，但侧芽保留一叶一花打顶。如此持续整枝不变，待每株坐果5～6个后，其后开放的花开始脱落，待第1批果采收后，其后开的花又开始坐果，这时主枝和侧枝上的果全留果，但侧枝务必留1～2叶打顶，一般每2～3周整枝1次。

辣椒在设施栽培条件下，由于湿度大，温度高，营养生长旺盛，茎叶繁茂，比露地栽培的植株高大，所以需要加强培土，有时需要搭架，以防倒伏，这是与露地栽培不同之处。

2. 日光温室早春茬辣椒管理　日光温室早春茬辣椒，定植以后温度和光照条件已经能够满足正常生长发育需要，只要调节好温度，给予适宜的肥水条件，控制好空气湿度，就能较快地进入结果期，提高采收频率。

(1) 温度管理　定植后密闭保温，促进缓苗。缓苗后控制辣椒生育最适宜的温度，白天23～28℃，夜间15～18℃。前期夜间温度有时凌晨保持不了15℃，短时间降到10℃左右，不会有较大影响。在管理上遇到寒流，尽量延长白天的高温时间，午后早盖草苫，加强保温。

日光温室早春茬辣椒栽培，由于各地市场的需求情况不同，在选择品种上有选长辣椒类型的品种，也有选择灯笼椒类型的品种。前者以供应早春为主，生育期较短，在管理中以促进生长发育为主，争取提早上市，提高采收频率，获得季节差价效益，在温度管理中，尽量创造最适宜的温度条件，进行偏高温管理；选择灯笼椒类型品种的，可延迟采收期到元旦后春节前，倒茬进行早春茬蔬菜生产，在温度管理中，应适当加大昼夜温差，防止植株早衰，尽量延长生育期。

随着外界温度的升高，不断加大放风量，延长放风时间，当外界最低温度达到12℃以上时，揭开前底脚围裙昼夜放风，降雨时放下围裙，防止雨水浇灌。进入盛夏季节，由于薄膜透光率已经下降，加上大放风，温室比露地气温、地温都低，光照也比较弱，不会受高温强光影响。入秋以后，随着气温的逐渐下降，减少放风量，当外界气温降到12℃以下时，放下底脚围裙，改为白天放风。当夜间温室内不能保持10℃以上时开始覆盖草苫保温。

(2) 水肥管理　在茄果类蔬菜中辣椒对水要求严格，既不耐旱又不耐涝，喜欢干爽的空气条件，由于根系少而浅，单株浇水量小。但是辣椒栽培密度大，需要小水勤浇。

缓苗期定植水浇足后，一般不需要浇水，缓苗后根据植株长势和土壤墒情，如果长势较差，土壤水分不足，可在地膜下暗沟轻浇1水，然后进行蹲苗，促进根系发育，控制地上部生长。在果实开始膨大时浇水，每次浇水量以灌多半沟水为度，明沟和暗沟交替进行，始终保持见干见湿。明沟浇水后，在表土见干时进行浅中耕培土，防止伤根和杂草发生。空气相对湿度以60%～80%为宜。

追肥应在果实膨大期进行，第1次667m^{2}追硝酸铵10～15kg，以后浇2～3次水追1次肥，掌握勤追少追的追肥原则，每次追硝酸铵667m^{2}10～15kg或硫酸铵15～20kg，其中667m^{2}要追硫酸钾10～15kg。

（3）植株调整　整枝方法与冬春茬辣椒相同。

（4）再生栽培　延长采收期到元旦后的辣椒，一般在7月末至8月初进行老株更新，将四面都结果部位的上端枝条剪下，剪枝宜选晴天上午进行，以保证伤口当天愈合。剪枝后的伤口容易感染炭疽病、病毒病，应及时喷1∶1∶240波尔多液，或50甲基硫菌灵800倍液。

剪枝后还要加强肥水管理，667m^{2}施农家肥2 000～3 000kg，复合肥10kg，松土培垄，1周后再喷0.2%～0.3%磷酸二氢钾。萌发新枝后，选留2个健壮枝条，使其萌发新枝，8月下旬可进入果实采收期。老株更新，不但可提高产量，而且还避开了露地辣椒的产量高峰，延长了采收期。

3. 大、中棚辣椒管理　大、中棚辣椒定植后主要是提高温度，防寒保温，促进缓苗。遇到寒流，大棚内扣小拱棚，中棚可覆盖草苫防寒。大、中棚升温快，降温也快，初期晴天中午很容易超过35℃，而凌晨降到5℃以下，所以缓苗后棚内气温超过30℃，扒缝放风，中棚揭开几处底脚薄膜放风，在内侧挂上底脚围裙，冷风从围裙上部进入棚内。因为昼夜温差大，白天尽量延长高温时间，多储存热量，缩短低温时间。

随着外界温度的升高，逐渐加大放风量，延长放风时白天保持25～28℃，当外界温度达到15℃以上时昼夜放风。进入盛夏高温强光时期，由于薄膜的透光率已经下降，揭开底脚围裙昼夜放风，加上植株生长繁茂，地温比露地低，光照也不会过强，对辣椒的生长发育是比较适宜的。进入秋季以后，随着外界气温的下降，逐渐减少放风量，放下围裙，白天放风，夜间闭风，最后密闭保温，到霜冻出现前结束。

水肥管理和植株调整，参照日光温室早春茬辣椒栽培进行。大、中棚辣椒也可以剪枝再生栽培，方法见日光温室早春茬辣椒栽培部分。

4. 日光温室秋冬茬辣椒管理

（1）水肥及土壤管理　秋冬茬辣椒定植初期正处在温度较高、光照充足条件下，定植2～3d后浇缓苗水，水渗后中耕培垄。现蕾前保持土壤水分适宜，以见干见湿为原则，浇水最好在早晨或傍晚进行。每次浇水后，待表土见干时细致松土培垄，进行蹲苗。

门椒开始膨大时，667m^{2}追硫酸铵20kg，撒在垄帮和垄沟中，立即逐沟灌水，灌水后仍需及时中耕培垄。

进入盛果期前培成高垄，以后不再中耕，只进行灌水追肥，盛果期应再追2次肥，每次667m^{2}追硫酸钾15kg、硫酸铵20kg，追肥时期根据植株长势进行。

（2）温度管理　定植初期温度较高，需昼夜放风，进入9月下旬以后白天放风，夜间闭风，气温不超过30℃，最好保持25～28℃。随着外界温度的下降，当室内夜温低于15℃时覆盖草苫保温。

5. 小拱棚辣椒短期覆盖栽培管理　定植后密闭保温促进缓苗。小拱棚晴天温度上升快，降温也快。因为覆盖普通薄膜，内表面布满水珠，定植水浇足，缓苗期不放风，虽然温度高，不会烤伤秧苗。

缓苗后超过 30℃揭开两端薄膜放风，进一步由背风一侧支开几处薄膜放侧风，外界气温升高后由两侧支起几处薄膜放对流风，经过几天放对流风后，选无风或小风天气，揭开薄膜进行中耕培垄。发现土壤水分不足时逐沟灌水。经过放风锻炼以后，选早晨、傍晚或阴雨天撤掉小拱棚，转为露地栽培。

(七) 病虫害防治

辣椒设施栽培主要病害有病毒病、炭疽病、疫病和软腐病。药剂防治软腐病可用农用链霉素或新植霉素 200mg/kg；病毒病可采用 20%病毒 A 500 倍液，或 1.5%植病灵乳剂 300 倍液，或 83 -增抗剂 100 倍液，或抗病威 300～400 倍液；炭疽病可采用 50%炭疽福美 300～400 倍液，或 70%甲基托布津 800 倍液，或 80%代森锰锌 500 倍液喷雾；用 25%瑞毒霉 800 倍液，或 40%乙磷铝 300 倍液喷洒或灌根可预防疫病。

虫害主要有烟青虫和蚜虫。烟青虫药剂防治，关键是抓住孵化盛期至 2 龄盛期，即幼虫尚未蛀入果内时用药，可选用 21%灭杀毙 4 000 倍液，或 2.5%功夫乳油 5 000 倍液，或 2.5%天王星乳油 3 000 倍液，或 10%菊马乳油 1 500 倍液。蚜虫参照番茄蚜虫防治措施。

三、茄　　子

茄子在我国栽培历史悠久，在蔬菜生产和供应中具有十分重要的地位，是我国主要的设施蔬菜品种。

(一) 生长发育对环境条件的要求

1. 温度　茄子种子发芽期的适宜温度为 28℃左右，昼温 30℃、夜温 20℃变温下发芽整齐；地温 18～20℃。营养生长期的适温白天 22～23℃，夜间 15～17℃；结果期要求白天 25～30℃，夜间 15～20℃。当温度超过 35℃或低于 15℃时，生长缓慢，落花严重，11℃以下停止生长。

2. 光照　茄子对光照度和光照时数要求较高，光饱和点为 40klx，补偿点为 2klx。苗期光照不足，影响花芽分化的数量和质量；结果期通风透光不良，果实膨大缓慢，着色不好，降低果实的品质和产量。如果栽培紫茄品种，温室应覆盖聚乙烯薄膜。覆盖聚氯乙烯无滴膜，茄子着色不良。

3. 湿度　茄子对水分的需求量大，但如果空气湿度长期超过 80%，易引起落花、落蕾和病害的发生。在设施栽培中，适宜的空气相对湿度为 70%～80%，应注意通风排湿。田间适宜土壤相对含水量应保持在 70%～80%，一般不能低于 55%。

4. 土壤及营养条件　茄子对土壤要求不太严格，一般以含有机质多、疏松肥沃、排水良好、土壤含氧量 5%～10%的沙质壤土生长最好，尤以栽培在微酸性至微碱性（pH 6.8～7.3）土壤中产量较高。

茄子的生长发育对氮肥和钾肥的需求量大，磷肥的使用量适当，过多易使果皮变硬，影响品质。

（二）茬口安排

1. 日光温室秋冬茬栽培 7月中旬露地育苗，苗期遮荫防雨，9月中下旬定植，日光温室10月份开始保温，12月下旬至翌年1月上旬开始采收，主要供应元旦和春节市场。

2. 日光温室冬春茬栽培 9月上旬至10月中旬在温室内播种育苗，11月定植，翌年1月中旬至2月中旬开始采收，可一直采收到6月上中旬，如果管理得当或进行再生栽培可周年生产。但北纬40°以北地区栽培冬春茬茄子时，由于12月中旬以后光照弱、温度低，往往满足不了茄子正常发育的要求，果实膨大缓慢，如再遇到灾害性天气，容易形成畸形果。进入2月份以后，果实才能正常发育，所以东北地区生产冬春茬茄子难度大，不宜发展。

3. 日光温室早春茬栽培 10月中旬至11月上旬在温室内育苗，翌年1月中旬至2月定植，2月下旬至4月初开始采收。北纬40°以北地区以早春茬茄子栽培为主。

4. 塑料大棚春季早熟栽培 一般北方地区于1月中下旬至2月上中旬播种，3月下旬定植，5月上中旬开始采收；南方地区于1月上中旬育苗，2月下旬至3月上旬定植，4月中旬开始采收。大棚早熟栽培一般在夏天拉秧，若采用中晚熟品种进行一茬到底栽培，11月上中旬才拉秧，南方可以采收到元旦前后。

（三）品种选择

茄子可分为圆茄、长茄和矮茄3个变种。圆茄类型的茄子品质好，植株高大，果实大，果皮紫色、黑紫色、红紫色或绿色，这类品种耐热耐湿性差，以北方栽培为主；长茄类型的品种植株长势中等，果实细长棒状，果皮紫色、紫红色、绿色或淡绿色，这类品种较耐湿热，是我国南方地区普遍栽培的品种类型；矮茄栽培很少。

茄子的消费和栽培有较强的地区性，各地应根据当地的栽培、消费习惯选择相应颜色和形状的品种。此外，在冬春季节栽培时，宜选择早熟、果实发育快、植株开展度小、耐寒、抗病性强、丰产的品种；在秋冬季及冬季栽培时，宜选择抗病、耐热、耐低温、果实膨大速度快、早熟、丰产的品种。目前尚无适宜保护地的专用品种。生产中多选用果型适中、熟性较早、植株开展度较小的品种，如‘丰研2号’、‘天津快圆茄’、‘北京六叶茄’、‘西安绿茄’、‘辽茄5号’、‘苏崎茄’、‘杭州红茄’等。

（四）播种育苗

茄子千粒重4～5g，667m^{2}需种量40～50g。茄子的苗龄一般为60～80d，种子经浸种催芽后播种于电热温床，播种后白天保持25～30℃、夜间15～20℃，地温20℃以上，促进出土。出苗后白天20～25℃、夜间15℃，第1片真叶展开后，白天25℃、夜间15～20℃。浇水应选晴天上午进行，浇水后注意放风，保持见干见湿。茄子在4片真叶时花芽分化，分苗应在2～3叶时进行，苗距10cm，分苗后注意保温、保湿，促进缓苗。定植前进行秧苗锻炼，白天20～25℃、夜间10～15℃。

预防茄子黄萎病、增强耐低温能力，可进行嫁接栽培。以‘日本赤茄’、‘刺茄’、‘托鲁巴姆’、‘耐病VF’等作砧木，嫁接方法以劈接为主。‘托鲁巴姆’种子发芽缓慢，应比接穗提早

25d（催芽）至35d（仅浸种）播种。其他砧木比接穗提早4～5d播种。'托鲁巴姆'砧木3～4片真叶，接穗2～3片真叶时嫁接为宜。劈接时将砧木3片真叶以上的茎横着切除，也可不留真叶，沿中轴向下切深0.8～1.0cm；接穗在第2片真叶处切断，切口削成楔形，插入砧木切口中，并加以固定。

由于嫁接育苗有接后愈合阶段，所以嫁接苗苗龄比普通茄苗苗龄长10～15d。

具体嫁接方法及嫁接后的管理技术参见第七章设施育苗技术。

（五）定植

定植前整地，667m² 施腐熟基肥5 000～6 000kg。基肥2/3普施后翻耕耙平土壤。选择晴天定植，根据品种特性和栽培方式确定株行距，按行距开沟，剩余的1/3基肥施于定植沟中，一般行距50～70cm，株距35～40cm。将苗摆放沟中，培土稳坨，灌足定植水。水渗后埋土封沟，并在行间开沟培垄，注意嫁接切口位置要高于垄面，防止接穗二次生根侵染病害。然后可覆盖地膜，开口把苗引出膜外，并用土封严膜口。667m² 栽苗3 000～3 500株。

（六）定植后的管理

1. 日光温室冬春茬管理

（1）温度管理　定植时温光条件较好，1周左右心叶开始生长，标志已经缓苗，开始生长，气温超过30℃时防风，降到25℃缩小放风口，降到20℃左右时闭风。午后气温降到15℃左右时放下草苫，夜间保持15℃左右。

冬春茬茄子定植后到立春前将遇到70多天日照时数不断减少、温度逐渐下降的天气，有时还会出现灾害性天气，所以立春以前应加大昼夜温差，以促根控秧为主，尽量提高植株的抗逆性。

在茄果类蔬菜中，茄子要求温度比较高，日光温室冬春茬茄子栽培，在弱光低温阶段，尽量延长白天的高温时间，缩短后半夜的低温时间，一旦遇到灾害性天气，需要进行加温。

茄子的花粉发芽、花粉管伸长要求温度15℃以上，低于15℃不能受精，但是日光温室凌晨气温低于15℃是经常的，甚至低于10℃仍能正常结果。原因是温度低于15℃正在发芽的花粉停止发芽，花粉管的伸长也停止，以后温度上升到15℃以上，花粉又继续发芽，花粉管也继续伸长；在4d范围内都能恢复，所以日光温室冬春茬茄子，立春以后，温光条件好转，可逐渐转向偏高温管理。

（2）光照调节　茄子对光照要求比较严格，为了提高光照强度，除了覆盖无滴膜外，每天揭开草苫后，清洁前屋面棚膜，在后墙及东西山墙上张挂反光幕，以便增强室内光照强度。栽培紫茄子品种需覆盖聚乙烯无滴膜，最好覆盖紫色聚乙烯无滴膜，使茄子果实着色好。如果覆盖聚氯乙烯无滴膜，果实着色不良。

（3）水肥管理　定植水浇足，坐果前不宜浇水，以促根控秧为主。门茄坐住并开始膨大时，开始浇水，但是浇水量宜小，在地膜下暗沟灌水，随水每667m² 施磷酸二铵20kg，用盆溶化后，缓缓注入水流中。开始15～20d浇1次水，隔1次清水追1次肥。进入4月份以后，由于温光条件优越，放风量大，果实发育快，5～7d浇1次水，浇2次清水追1次肥，每次667m² 追硫酸铵

20kg，明沟、暗沟交替进行。明沟浇水后，表土见干时浅松土培垄。

(4) 植株调整　设施栽培茄子，特别是日光温室早春茬栽培，光照条件差，栽培密度大，需要双干整枝。双干整枝是在对茄以上各保留1个侧枝，到四面斗结5个茄子，到八面风才结7个茄子，即始终保留2个枝干（图8-1）。

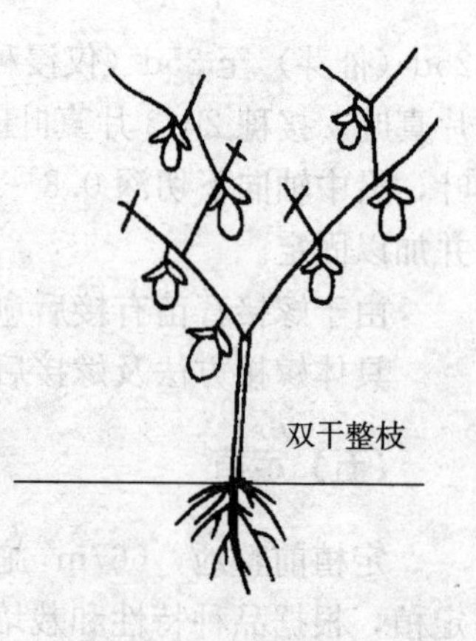

图8-1　茄子整枝

(5) 保花、保果　茄子落花原因很多。主要原因是花的本身素质差，形成短柱花。另外，营养不良，连阴天或持续低温，定植时伤根，浇水过早，地温低都容易落花。防止落花的根本措施是培育壮苗，加强管理，保护根系，调节好温、光、水、肥条件。此外，在开花前1d或开花2d，用30～50mg/L番茄灵喷花，或用30～40mg/L 2,4-D处理，方法是用毛笔蘸2,4-D溶液涂到花柄及花萼上，可有效防止茄子落花。

2. 日光温室和塑料拱棚早熟栽培

(1) 温度管理　定植后密闭棚室保温促进缓苗。5～7d后心叶展开，标志进入生长期，白天20～25℃，夜间15～17℃，早晨揭草苫前不低于10℃。随着外界气温回升，逐渐加大放风量，延长放风时间。进入结果期以后，白天保持25～28℃，夜间17～20℃，地温提高到20℃以上。以促进果实迅速发育，提高采收频率。

(2) 水肥管理　定植水要浇足，2～3d后表土见干时进行松土，铲平垄沟，然后从行间开沟培垄，以提高地温，促进根系发育。在门茄坐住前控制水分，进行促根控秧。门茄坐住并开始膨大时（果实长到3～4cm，即瞪眼期），开始追肥浇水，每667m² 追尿素15～20kg，撒于沟中，边撒边灌水。

第1次浇水后在表土半干时中耕培垄，第2次追肥在对茄膨大时进行，每667m² 追磷酸二铵20kg，第3次追肥在四面斗茄膨大时，667m² 追硫酸铵20kg。每次追肥后都要在表土见干时松土培垄，第3次追肥灌水后培高垄，以后不再中耕，只进行灌水。每次追肥需间隔1～2次清水。

(3) 植株调整　双干整枝方法与冬春茬栽培相同，但是四门斗茄子结果时，光照充足，放风量大，可以改为留4干，结4个茄子。

(4) 老株更新　7月中下旬以后，把主干枝杈上部剪掉老枝，主干原来的叶腋处可萌发新的枝条，加强管理，其再生能力较强，能结出质量较高的茄子。

具体方法：从主干距地面10～15cm处剪去老枝，保持斜面切口，割后用0.1%高锰酸钾溶液涂抹伤口，防止病菌侵入。割后及时松土追肥浇水，667m² 追尿素10kg，最好追1 000kg优质有机肥。以后10～15d浇1次水。新枝条萌发后，选留2个长势旺盛的枝条，每个枝条结1～2个茄子，多余的枝条摘除。一般更新后15～20d开花，开花后15d左右茄子可达到采收成熟度。

3. 秋冬茬和秋延后管理

(1) 温度管理　定植时温室前底脚围裙全部揭开，昼夜放风。随着外界温度的下降，当最低温度降到15℃以下时，放下底脚围裙，改为白天放风，夜间闭风。外界气温进一步下降，夜间室内低于15℃时，开始覆盖草苫，尽量延长白天的高温时间，提高采收频率。

（2）水肥管理　定植2～3d浇缓苗水，表土见干时中耕培垄，只培起垄帮，不向垄台上培土，以利于灌水时不漫垄。

门茄进入瞪眼期开始追肥，结合灌水，667m² 追硝酸铵20～25kg，撒在垄沟和垄帮上，立即灌水。对茄开始膨大时进行第2次追肥，667m² 追三元复合肥30kg。

秋冬茬茄子生育期短，一般追2次肥即可，前期温度高，蒸发量大，浇水宜勤，随着温度下降，放风量减少，浇水间隔日数增加，以土壤见干见湿为原则。第2次追肥浇水后，表土见干时中耕培高垄，以后只浇水不进行中耕。

（3）植株调整　采取双干整枝，与冬春茬茄子整枝方法相同。

（七）采收

在果实萼片下端有一段果皮颜色特别浅的部分，这段果皮颜色越长，说明果实在生长，未达采收标准，以后逐渐缩短，颜色不显著时即为采收时期。采收早影响产量，采收晚影响品质和上部果实的发育。采收宜在下午或傍晚进行，为防止折断枝条，应用果树剪贴茎部剪断果柄。门茄采收还要观察植株长势，如果长势较弱，应尽量早收以免坠秧。

（八）病虫害防治

茄子病害主要有立枯病、猝倒病、绵疫病、褐纹病和黄萎病等，虫害主要有红蜘蛛、茶黄螨和茄白翅野螟等，应及时防治。

第三节　瓜类蔬菜设施栽培

一、黄　瓜

黄瓜原产于喜马拉雅山南麓的印度北部地区，为世界主要蔬菜之一。黄瓜设施栽培起步早，栽培技术较为成熟，各种设施栽培均有，尤其是北方日光温室黄瓜栽培在设施栽培中占重要地位。

（一）生长发育对环境条件的要求

1. 温度　黄瓜喜温但不耐高温，生育适温为10～30℃，白天25～30℃，夜间10～18℃，光合作用适温为25～30℃。黄瓜不同生育时期对温度的要求不同。发芽期适温为25～30℃，低于20℃发芽缓慢，发芽所需最低温度为12.7℃，高于35℃发芽率降低；幼苗期适温白天25～29℃，夜间15～18℃，地温18～20℃。苗期花芽分化与温度、光照关系不大，但光照不足及低温会延缓生育，延迟花芽分化，低温（特别是夜温13～17℃）、短日照（8～10h）有利于花芽的雌性化。

定植期适温白天25～28℃，地温18～20℃（最低限15℃），夜间前半夜15℃，后半夜12～13℃，长期夜温高于18～20℃，地温高于23℃，则根生长受抑，生长不良。结果期适温白天23～28℃，夜间10～15℃，温度高果实生长快，但植株易老化。

2. 湿度 黄瓜喜湿不耐旱，要求较高的土壤湿度和空气湿度。适宜的空气相对湿度为80%～90%，在土壤湿度大时，空气相对湿度虽在50%左右也不影响生长。黄瓜不同生育时期对土壤湿度要求不同，种子发芽期要求充足水分，幼苗期和根瓜坐瓜前土壤湿度应控制在60%～70%，结瓜期适宜的土壤湿度为80%～90%。

园艺设施的高湿条件对黄瓜生长非常有利，但不宜过湿，黄瓜根系是好气性的，怕涝，土壤低温多湿易沤根。因此，在设施栽培管理中要经常通风换气，降低空气湿度，近年来设施栽培黄瓜，多采用膜下暗灌或滴灌方式，除节水、省工、增加地温和保持较高的土壤湿度外，也相应地降低了空气湿度。

3. 光照 黄瓜喜光，又耐弱光，光饱和点为55klx，光补偿点为1.5～2.0klx，适宜的光照强度为40～50klx，20klx以下不利于高产。在我国北方冬季设施栽培黄瓜比南方有利，但由于冬季日照时间短，照度弱，所以争取充足的光照，是提高冬季黄瓜产量的重要条件。

4. 土壤及矿质营养 黄瓜对土壤适应范围比较广，在pH 5.5～7.2均能适应。但最适宜的是富含有机质的肥沃壤土，pH 6.5为宜。黄瓜喜肥，但不耐高浓度肥料，根系适宜的土壤溶液浓度为0.03%～0.05%，土壤溶液浓度过高或肥料不腐熟易发生烧根现象。而黄瓜生长迅速，进入结果期早，产量高，故耗肥量较大，因此黄瓜的施肥原则是“少量多餐”。黄瓜整个生育期间要求钾最多，依次为氮、钙、磷，氮、磷、钾以2～3：1：4较为合适。黄瓜在幼苗期和甩条发棵期吸收的氮、磷、钾量占全生育期的20%，而在结果期占80%以上，故应将结果期作为施肥的关键时期。

5. 气体 空气中二氧化碳浓度只有330μl/L，在设施栽培条件下，低温季节通风2h，二氧化碳浓度会更低，因此在一定范围内，提高二氧化碳浓度至大气中浓度的2～3倍，可以显著提高产量，但长期施用，植株易早衰。

黄瓜适宜的土壤含氧量为15%～20%，氧气不足，将直接影响到根系各种生理代谢活动，并进而影响到黄瓜的产量和质量，因此要求土壤有较好的透气性，尤其在生长前期注意中耕松土。

（二）茬口安排

黄瓜设施栽培以日光温室栽培和塑料大棚栽培为主。日光温室黄瓜栽培的茬口主要有冬春茬、早春茬、秋冬茬3种类型；塑料大棚有春提前和秋延后2茬。

1. 日光温室栽培茬口类型

（1）冬春茬 10月中下旬至11月上旬播种，11月下旬至12月上旬定植，翌年1月中旬开始采收，5月末至6月初采收结束。生育期由秋末开始，跨越冬、春、夏3季，采收期长达130～150d。冬春茬黄瓜长季节栽培，是“三北”地区栽培面积较大、技术难度最大、效益最高的茬口。

（2）早春茬 一般12月下旬至翌年1月上旬播种，2月上中旬定植，3月上中旬开始采收，7月上旬拉秧。

（3）秋冬茬 8月末至9月初播种，播种后40～45d后采收根瓜，盛果期安排在10月中下旬以后，发挥日光温室保温性能好，可以延长生长期的优势，避开大棚秋黄瓜的产量高峰，以冬季和元旦供应市场为主要栽培目的。

2. 塑料棚栽培茬口类型

（1）小拱棚早熟栽培　一般在春季进行，属于短期覆盖，可比露地黄瓜提早 15d 左右定植，早熟效果超过地膜覆盖栽培，近年来采用地膜加小拱棚的双膜覆盖，效果更好。

（2）大棚栽培　主要以春提早栽培为主，其次是秋延后栽培。

①春提早栽培：在华北地区一般在 1 月下旬至 2 月上旬于温室播种育苗，3 月中旬定植，4 月中旬至 7 月中下旬供应市场。供应期可比露地提早 30d 左右。

②秋延后栽培：华北地区一般是 7 月上中旬至 8 月上旬播种，7 月下旬至 8 月下旬定植，9 月上旬至 10 月下旬供应市场。一般供应期可比露地延后 30d 左右。

（三）品种选择

应根据栽培季节的特点选择适宜品种。秋冬茬栽培，应选择耐热、抗寒、长势强、抗病的品种，根据市场要求，以中后期产量高的品种才能取得较高效益，主要品种有‘津杂 1 号’、‘津杂 2 号’、‘津研 7 号’、‘京旭 2 号’、‘中农 1101’等；冬春茬和早春茬栽培则应选用耐低温弱光、耐寒抗病、生长势强和连续结瓜能力均较强、早熟性好的品种，目前生产中多采用的品种有‘长春密刺’、‘新泰密刺’、‘山东密刺’、‘津春 3 号’、‘津春 4 号’以及其他与密刺系统黄瓜有亲缘关系的杂交种。由荷兰引进的小型黄瓜‘戴多星’等雌性系系列品种，近年来也受到欢迎。黄瓜 $667m^2$ 栽培面积用种量为 150g。

（四）育苗

目前日光温室栽培黄瓜，为提高黄瓜根系的耐寒性和抗枯萎病的能力，除秋冬茬外，冬春茬和早春茬大多采用嫁接育苗。

秋冬茬黄瓜有直播或育苗移栽两种方法。直播可按 60cm、80cm 的大小行开沟，沟内灌水，待水渗后按株距 25～30cm 的点播，覆土厚度 1.5～2.0cm。直播较省工，但幼苗易徒长。育苗正处于高温季节，应在苗床上搭遮荫棚降温防雨，幼苗从播种到定植 20d 左右，在 2～4 片真叶时，用浓度为 100μl/L 的乙烯利处理 2 次，以诱导雌花的分化。

冬春茬、早春茬黄瓜多采用嫁接育苗方法，嫁接砧木应选择嫁接亲和力、共生亲和力、耐低温能力都较强，嫁接后生长出的黄瓜品质无异味的南瓜品种，目前生产中以云南黑子南瓜作砧木最为适宜，多采用靠接法和插接法。冬春茬黄瓜苗龄不宜太长，包括嫁接时间在内，一般从播种到定植 30～40d，幼苗达到 3 叶 1 心，苗高 10～13cm；早春茬黄瓜为提早收获，提高早期产量，应培育大苗，苗龄 50～60d，幼苗高 16～20cm，具 5～6 片真叶。嫁接方法多采用靠接方法。

日光温室冬春茬黄瓜，育苗期处在初冬，温度条件容易满足要求。定植后有较长一段低温、弱光时期，有时还会出现灾害性天气，所以必须培育抗逆性强的壮苗，才能适应这样的环境条件。培育适龄壮苗通常采用大温差管理的方法，即嫁接苗断根成活后，通过放风控制昼夜温度，白天保持在 30～35℃，最高不超过 38℃，夜间保持在 8～10℃，早晨最低时可达 5℃，阴雨天白天保持在 15～20℃，夜间不低于 5℃，昼夜温差可达 20～25℃，经过大温差育苗，幼苗根系发达，吸收能力增强，叶面积大，同化作用增强，节间短，雌花节位低，结瓜早，适应性强。

（五）定植

日光温室黄瓜宜采用垄作或高畦栽培，为防止枯萎病等土传病害的发生，最好不与瓜类作物重茬。定植前深翻土地30～40cm，每667m² 施腐熟有机肥5 000～10 000kg，过磷酸钙50～100kg，再翻耕耙平，然后按80cm、60cm的大小行距起垄或做高畦，按株距25～30cm定植，每667m² 定植3 000～3 500株，定植后覆地膜。

一般塑料大棚有春提前和秋延后两茬。秋冬茬黄瓜在9月中下旬定植；冬春茬黄瓜在11月末至12月初定植；早春茬黄瓜在2月上中旬定植，采光、保温性能好的日光温室可提早于1月中旬定植，高寒地区，如果温室性能较差，应于3月上中旬定植。

（六）定植后的管理

1. 温度管理 多数黄瓜品种生长阶段的适宜温度为白天22～32℃，低于13℃或高于35℃时出现生长障碍，夜间温度低于8℃，则易发生冷害，日光温室通过放风和增加覆盖等措施调节设施内的温度。

秋冬茬黄瓜定植初期外界气温较高，温室前底脚薄膜应揭开，后墙有通风口也应全部打开，昼夜通风，避免温度过高造成徒长，而降低抗逆性，白天保持28～30℃，夜间13～15℃，阴天白天20～22℃，只要外界最低温度不低于12℃，即应昼夜放风。进入10月份以后，外界气温下降，早晨有时出现霜冻，夜间应放下底脚薄膜，关闭通风口。10月下旬晚间加盖草苫，11月上中旬以后还应加盖纸被。

冬春茬黄瓜定植后应密闭温室不放风。以提高地温和气温，促进缓苗，白天温度控制在25～32℃，夜间控制在20℃以上，不低于16℃，地温控制在15℃以上，温度超过35℃时从顶部放风。缓苗后，适当降低温度管理，白天温度超过35℃时放顶风，降到20℃时闭风，天气不好可提早闭风。一般室温降到15℃放草苫，遇到寒流时可在17～18℃放草苫。前半夜温度保持15℃以上，后半夜降到11～13℃，早晨揭苫前降到10℃，有时降到8℃，甚至降到5℃，短时间降温不致受害。12月下旬到翌年1月上旬进入结瓜期，温室内应保持较高温度，白天温度超过32℃才开始放风，使室内较长时间保持在30℃左右，白天温度高，室内储存热量多，有利于夜间保持较高温度，夜间温度应保持在10℃以上，最低不低于8℃。2月下旬至3月初以后，外界气温逐渐回升，根据室内气温的变化，放风量应逐渐加大，晴天白天保持在27～30℃，夜间12～14℃，高温时放腰风，后期放底脚风。

早春茬黄瓜定植后也要求特别注意防寒保温，定植初期，最好在苗上覆盖小拱棚，挂2道幕，夜间前屋面覆盖草苫和纸被，室温不超过32℃不放风，缓苗后白天保持25～30℃，夜间13～15℃，超过30℃放风。3月下旬到5月下旬为结瓜期，外界气温逐渐升高，白天保持25～32℃，超过32℃放风，夜间保持14～15℃，阴天光照弱，室温应比晴天低2～3℃，5月中旬以后，夜间最低气温达到15℃以上时，应把温室前底脚薄膜打开，昼夜通风。

2. 光照管理 黄瓜为短日照植物，苗期较短的日照和较低的温度有利于花芽分化和雌花形成。黄瓜生长虽较耐弱光，但结果期仍需要较强的光照条件。日光温室栽培，应采用无滴膜、室内张挂反光幕并保持膜面洁净等措施，改善室内的光照条件，在满足温度要求的前提下，应尽量早揭晚盖草苫，阴雪天气也应揭开草苫，以延长室内的光照时间。

3. 水肥管理 黄瓜喜湿喜肥，但由于黄瓜根系在土壤中分布较浅，吸收能力较弱，对土壤肥料浓度过高反应敏感，在施肥上应采取低浓度、多次施肥的方法。

秋冬茬黄瓜定植时要浇足定植水，定植后2～3d再浇1次缓苗水，以后待根瓜坐住后才开始灌水施肥。灌水时，每667m^{2}追施硝酸铵15～20kg，进入结瓜期，根据外界温度和光照条件，结合土壤湿度和植株长势进行灌水追肥，前期晴天温度高，放风量大时，适当勤灌水，灌水量大些；外界气温低，阴天光照弱时，尽量不灌水或少灌水。结果期间再追肥1～2次，数量可比第1次适量增加，进入结果后期停止追肥，灌水次数也应减少。

冬春茬黄瓜定植时应浇足定植水，在寒冷季节严格控制浇水。一般情况下，根瓜长到10cm左右时，开始追肥灌水，灌水量大，667m^{2}施硝酸铵15～20kg，为防止温室内湿度过高，可采用膜下暗灌的方式，有条件的还可采用滴灌的方式，追肥灌水应在晴天上午进行，以便中午前后放风排湿；以后20～25d不再浇水施肥，缺肥时，可叶面追施尿素、磷酸二氢钾等。2月下旬至3月初，随外界气温的回升，加强肥水管理，一般5～7d浇1次水，15d左右追1次肥，每次施尿素或磷酸二铵每667m^{2}10kg左右，浇水后注意通风排湿。

早春茬黄瓜在浇足定植水的情况下，结瓜期以前不再浇水。3月中下旬进入结瓜期以后，外界气温逐渐升高，应经常保持土壤湿润，每4～5d浇水1次，并结合浇水追肥，追肥应掌握少施勤施的原则，667m^{2}每次追施尿素或磷酸二铵10kg左右，浇水施肥应在晴天上午进行，以便中午放风排湿。追肥还应氮、磷、钾配合施用，追两次氮肥，再追1次复合肥，667m^{2}追施复合肥10～15kg或过磷酸钙25kg。另外，还可结合打药进行叶面追肥。

二氧化碳施肥：黄瓜生长盛期增施二氧化碳可增产20%～25%，还可提高黄瓜品质，增强植株的抗病性。通常在定植后30d，开始结果期时，在日出后30min至换气前2～3h内施二氧化碳气肥，晴天浓度为800～1 500μl/L，阴天浓度低些，为500～1 000μl/L。施气体条件下，昼温、夜温、湿度等都要求正常管理，要防止低温、长期不通风、湿度过大、施肥过多等情况，以防止生长过旺。

4. 植株调整 植株调整的目的在于平衡营养生长和生殖生长的关系，改善生长条件，充分合理地利用阳光、水分和营养条件，提高蔬菜的产量和品质。主要包括以下措施：

（1）吊蔓 近年来，黄瓜日光温室栽培大多采用吊蔓的方式，通常在黄瓜顶部的拱架上南北向拉一道铁丝，将塑料绳的一端系在铁丝上，另一端系在黄瓜的下胚轴上，黄瓜6片叶左右不能直立生长时缠绕在吊绳上，缠绕工作应经常进行，防止茎蔓下垂。为了受光均匀，缠蔓时应使龙头处在南低北高的一条斜线上，个别生长势强的植株应弯曲缠在吊绳上。

（2）摘卷须和雄花 在缠蔓时，应摘除卷须、雄花以及砧木的萌蘖。同时，黄瓜植株上萌发的侧枝也应及时摘除，以减少养分消耗。

（3）落蔓和打老叶 日光温室越冬茬和冬春茬黄瓜，生长期长，有时茎蔓可长达6m以上，一般生长过程中需要进行2次落蔓。落蔓时为了不影响植株生长，可采用增加塑料吊绳长度的方法，即当植株顶端将要接触棚顶时，将塑料吊绳上端解开并增加长度，然后把吊绳及瓜秧下落后重新系上即可。落叶前应摘除植株下部的老叶和病叶，以减少营养消耗和病害传播。

（4）摘心　秋冬茬黄瓜生长期短，一般在植株长到25片叶左右时摘心，以促进回头瓜的生长。

5. 采收　黄瓜属于嫩瓜采收。一般根瓜应及早采收，以免影响茎叶和后续瓜的生长，结瓜初期2～3d采收1次，结瓜盛期1～2d采收1次，勤于采收，有利于延长结瓜期，提高单位面积产量。

6. 病虫害防治　黄瓜设施栽培，因温度高、湿度大，病虫害较为严重。主要病害有霜霉病、白粉病、枯萎病、炭疽病、疫病、细菌性角斑病等；虫害有蚜虫、白粉虱、斑潜蝇等，防治中应注意降温、降湿的生态防治和化学防治相结合。

二、西葫芦

西葫芦原产北美洲南部热带地区，现在我国东北、华北、西北各省市普遍栽培，是目前冬春季设施栽培的主要蔬菜种类之一。

（一）生长发育对环境条件的要求

1. 温度　西葫芦属喜温蔬菜，但对温度有较强的适应能力。种子发芽适温为25～30℃，15℃时发芽缓慢；生长发育适温为18～25℃，11℃以下的低温和40℃以上的高温，生长停止；开花结果期要求的温度较高，以22～25℃为宜，32℃以上高温花器官不能正常发育。长期高温，易诱发病毒病。西葫芦不耐霜冻，0℃即会致死。

2. 光照　西葫芦光饱和点为45klx，光补偿点为1.5klx，栽培中需要确保光照强度在40klx以上，光照不足和栽培密度过大会导致化瓜。西葫芦属短日照作物，短日条件下有利于雌花分化，长日则利于雄花发生。

3. 水分　西葫芦根系发达，抗旱能力较强，但由于叶片大，蒸腾作用旺盛，需要大量的水分。因此，生育期应保持土壤湿润，开花期降低空气湿度，防止授粉不良造成落花、落果。结果期果实生长旺盛，需水较多，应适当多浇水，保持土壤湿润。

4. 土壤　西葫芦对土壤要求不严格，在黏土、壤土、沙壤土中均可栽培，设施栽培应选用土层深厚、疏松肥沃的壤土，土壤pH 5.5～6.7为宜。西葫芦生长迅速，产量高，需肥量大，生长发育期内对矿质元素的吸收量以钾最多，氮次之，磷最少。

（二）茬口安排

西葫芦适于各种形式的设施栽培，以春夏早熟栽培为主，主要栽培形式有大棚春季早熟栽培和日光温室春季早熟栽培。随着日光温室采光和保温性能的提高，日光温室西葫芦越冬生产获得成功，不仅生长期长，产量高，而且效益好，已在北方大面积推广种植。以北京地区为例，其茬口安排如下：

1. 大棚春季早熟栽培　一般2月中下旬于温室或阳畦播种育苗，3月下旬定植，4月下旬至6月上中旬采收，生长期100～120d。

2. 日光温室早春茬栽培　一般12月中下旬至翌年1月下旬于日光温室内电热温床育苗，2

月初定植，3 月上中旬至 5 月下旬采收，生长期 150d 左右。

3. 日光温室冬春茬栽培　一般 10 月中下旬至 11 月初于日光温室播种，嫁接育苗，11 月末至 12 月初定植，翌年 1 月上旬至 5 月中下旬采收，生长期 210d 左右。

（三）品种选择

西葫芦设施栽培应选择生长势强、早熟、耐低温的矮生型品种，果实的形状、大小、色泽均应符合消费习惯和市场要求，目前生产中应用品种较多的有‘早青’、‘早玉’、‘纤手’、‘香蕉西葫芦’等。

（四）育苗

西葫芦多于温室或阳畦内采用营养钵育苗，寒冷季节应采用电热温床育苗，白天温度 20～25℃，夜间 10～15℃，地温 15～20℃。一般苗龄 25～30d，苗高 8～10cm，具 3～4 片真叶即可定植。667m^2 用种量 250～300g。

西葫芦对枯萎病具免疫性，一般不需要嫁接换根，但为了进一步提高根系的耐低温性和吸收能力，越冬栽培可采用嫁接方式。一般采用云南黑子南瓜作砧木，采用靠接的方法嫁接西葫芦，嫁接育苗苗龄 35～40d，具 3 叶 1 心或 4 叶 1 心即可定植。嫁接后的西葫芦不仅抗寒性和吸收能力增强，而且生长速度加快，结果期延长，产量明显提高。

（五）定植

西葫芦自根苗或嫁接苗根系发达，入土较深，植株生长快，生长期长，产量高，定植前应深翻施基肥。一般深翻深度为 30～40cm，每 667m^2 施优质腐熟有机肥 5 000kg，过磷酸钙 50～100kg，其中 2/3 在翻地时全面撒施，1/3 施在定植沟内。耕翻施肥后将土壤耙平，按 100cm、80cm 的大小行开沟，将剩余的 1/3 有机肥施在沟内，再在相邻两个窄行上做成高畦或高垄，并覆盖地膜（图 8-2）。每个高畦定植 2 行，高垄 1 行，株距 45～50cm，交错定植，667m^2 可定植 1 500 株左右。

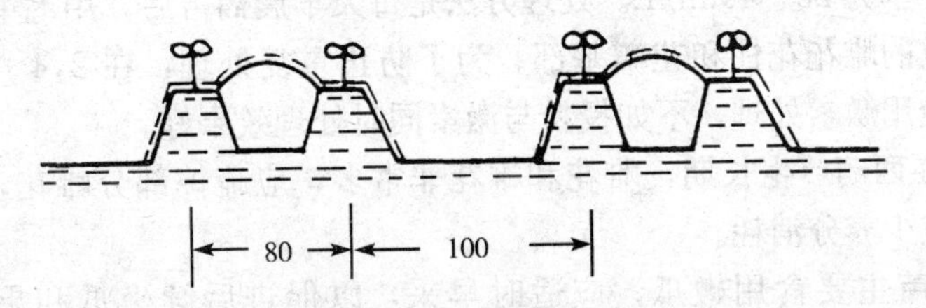

图 8-2　西葫芦定植示意图（单位：cm）

定植应选晴天上午进行。西葫芦的幼茎及节间都易生不定根，所以栽苗时可适当深栽。定植后及时浇定植水，浇水量不宜过大，以湿透土坨为宜，避免水多造成土温低，缓苗慢。

（六）定植后的管理

1. 温度管理　定植后应保持较高温度，不超过 30℃不放风。白天温度控制在 25～30℃，夜间18～20℃，以促进缓苗。缓苗后适当降低温度，白天控制在20～25℃，夜间10～15℃，并注意通风降湿，以防幼苗徒长。结瓜期白天温度保持在25～28℃，夜间15～18℃；严冬低温寡日照期，白天23～25℃，夜间10～12℃，一般在下午气温下降至18℃左右时盖草苫，前半夜温度保持在15℃以上，后半夜保持在10℃以上，早晨揭苫前室温不低于8℃。严冬过后，室温白天保持25～28℃，夜间15～18℃为宜，随着外界温度的升高，逐步加大通风量，延长放风时间，当外界温度稳定在12℃以上时，昼夜通风。

2. 水肥管理 定植时要浇足定植水，一般在开花坐瓜前，不进行浇水施肥，主要通过中耕控水，增强土壤透性，促使根系不断发生发展，使植株生长粗壮。塑料大棚及日光温室西葫芦春季早熟栽培进入结瓜期以后，应加强肥水管理，一般7～10d浇1次水，隔1次水施1次肥，每次施尿素或硝酸铵每667$m^2$10～15kg。

二氧化碳不足是限制冬春茬西葫芦产量的主要因子之一，因此，一般应进行二氧化碳施肥。施肥方法、时期、浓度可参照黄瓜冬春茬栽培二氧化碳施肥技术。

3. 光照管理 西葫芦生长要求较强的光照条件。严寒冬季，在满足温度要求的情况下，应尽量增加光照强度和延长光照时间，除了使用无滴膜外，平时应注意保持薄膜清洁，有条件的可在室内张挂反光幕，以增强室内的光照强度。

4. 植株调整 西葫芦以主蔓结瓜为主，为防止营养消耗，应及早摘除侧芽、雄花以及下部老叶。同时，在植株封垄以前，随顶芽生长培土压蔓。冬春茬西葫芦虽为矮生型品种，但由于生长期长，茎蔓长度可达2～3m，生产中常采用吊蔓方式栽培，方法同黄瓜吊蔓方式，即茎蔓开始匍匐地面生长之前，将聚乙烯塑料绳的一端拴在西葫芦茎蔓基部，另一端拴在垄上顶部事先准备好的细铁丝上，在西葫芦生长过程中不断将吊绳缠绕在茎蔓上。

5. 保花与保果 由于西葫芦不具单性结实特性，冬季温室内昆虫活动少，因此，开花后必须每天进行人工授粉，授粉应在早晨揭苫后进行，方法是摘下雄花，去掉花瓣，用雄蕊花药涂抹雌蕊柱头，一般1朵雄花可为3朵雌花授粉。

利用植物生长调节剂防止落花、落果也很重要。具体方法：采用2,4-D处理，处理时间一般在8：00～9：00，2,4-D浓度应根据栽培季节的不同有所区别。据试验，冬季低温季节浓度为80～100ml/L，春季为25～40ml/L。处理方法是每天早晨揭苫后，用毛笔蘸上配好的2,4-D溶液，涂抹在刚开放的雌花花柱和花瓣基部。为了防止重复处理，在2,4-D溶液中加入红色。生产实践证明，单纯用激素处理，不如授粉与激素同时处理效果好。

6. 疏花疏果 在西葫芦生长期，雌花和雄花非常多，应疏掉部分雌花，雄花全部疏掉，必要时可以疏果，以减少养分消耗。

7. 采收 西葫芦主要食用嫩瓜，应适时早采，以促进后续坐瓜和果实生长。一般根瓜0.25～0.5kg即应采摘，结果中后期单瓜重0.5～1.0kg时采摘，后期食用老瓜重1.0～2.0kg时采摘。

8. 病虫害防治 病害主要有病毒病、白粉病和灰霉病等，西葫芦虫害主要有瓜蚜、红蜘蛛等。设施栽培西葫芦病毒病和白粉病较露地发病轻，防治的重点应放在防治瓜蚜上，以推迟和减轻病毒病的发生。

三、西　瓜

西瓜起源于非洲南部的热带沙漠地区，现在世界各国普遍栽培。

西瓜在我国除西藏外各地均有种植，黑龙江、山东、河北、河南及新疆等省（区）栽培面积较大。过去以露地栽培为主，成熟期多集中在7月中下旬。随着人们生活水平的提高，对西瓜的需求量越来越大，同时冬、春淡季已经成为消费热点，因此，西瓜设施栽培面积迅速扩大，并取得了较好的经济效益。

（一）生长发育对环境条件的要求

1. 温度　西瓜属耐热性作物，生长发育要求较高温度，不耐低温，更怕霜冻。西瓜生长所需温度范围10～40℃，最适温度为25～30℃，但不同生育阶段对温度要求不同，种子发芽期适温为28～30℃，夜温18～25℃，变温能促进整齐发芽，15℃以下或40℃以上，发芽困难；幼苗期适温为22～25℃，雌花分化期昼温25～30℃、夜温12～18℃最适；定植后抽蔓期最适温为25～28℃；结果期为25～32℃较宜，其中开花期为25℃，果实膨大期和成熟期为30℃左右。一定的昼夜温差有利于植株养分积累，使茎叶生长健壮，提高果实含糖量。

西瓜生长地温范围为10～30℃，最适地温为18～20℃。根系生长最低温度为10℃，低于15℃根系发育不正常，最高温度不能超过25℃。

2. 光照　西瓜属喜光作物，光饱和点为80klx，光补偿点为4klx，生长期间需充足的日照时数和光照度，西瓜栽培期间应确保棚室内的高光照度。

西瓜为短日照作物，苗期在日照长度8h以内和27℃适温条件下，则第1雌花节位低，雌花数增多；若日照长度16h以上，高温32℃以上，则抑制雌花的发生。

3. 水分　西瓜具有一定的耐旱性。但由于西瓜生长旺盛，果实含水量高，产量高，因此，土壤中必须有一定的含水量，才能满足植株生长和果实生长的需要，否则影响植株生长和果实膨大。适宜的土壤持水量为60%～80%，空气相对湿度以50%～60%为宜。

西瓜不同生育期对水分要求不同。发芽期要求土壤湿润；幼苗期水分不宜过多，适当干旱可促进根系扩展，增强抗旱能力；抽蔓前期适当增加土壤水分，促进发棵；开花前后应适当控制水分，防止徒长和化瓜；结果期需水最多，特别是结果前、中期果实迅速膨大，应保证充足水分，成熟期不宜浇水。西瓜忌湿怕涝，结果期湿度太大，坐瓜困难且易导致病害蔓延。

4. 土壤　西瓜对土壤的适应性较广，沙土、壤土、黏土均可栽培，但最好是冲积土和沙壤土，适宜的土壤pH 5～7，耐酸性土，但对盐碱较为敏感，土壤含盐量高于0.2%时不能正常生长。

以土层深厚、排水良好、疏松肥沃的壤土或沙壤土栽培为好，增施有机肥能获得较高产量。西瓜忌连作，设施栽培可采用嫁接方法。西瓜需肥量大，施肥应有机肥和化肥配合使用。

（二）茬口安排

西瓜设施栽培形式多样，以春夏早熟栽培为主，主要有薄膜小拱棚双覆盖栽培、塑料大棚栽培及日光温室栽培等。以北京地区为例，其茬口安排如下：

1. 薄膜小拱棚双覆盖栽培 一般2月下旬播种育苗，3月上旬嫁接，4月10日前后定植，6月上中旬采收上市。

2. 大棚春季早熟栽培 一般1月下旬播种，2月上旬嫁接，3月上旬定植并加盖小拱棚，头茬瓜5月上中旬收获，二茬瓜6月中下旬收获。

3. 日光温室春早熟栽培 一般12月中旬播种育苗，12月下旬嫁接，翌年1月末2月初定植，4月上中旬采收上市。

（三）品种选择

西瓜设施栽培品种应选择早熟优质、具有耐低温弱光的能力，在设施条件下，植株长势稳健，主蔓雌花出现节位低，结果能力强，果实发育周期短的品种。目前生产中常用的优良品种有'京欣1号'、'平优2号'、'郑州931'、'抗病苏密'、'郑杂5号'，'郑杂9号'、'早佳（84～24）'等，有的也采用'金钟冠龙'、'中育4号'等中熟品种。近几年，优质小型瓜、黑美人、小兰也开始在设施内大面积栽培。

（四）育苗

西瓜春季设施早熟栽培多于日光温室内采用电热温床育苗，为了提早上市，应提早播种，培育大苗。西瓜根系再生能力差，发根慢，移植伤根后容易形成僵苗，因此，应采用纸袋、塑料营养钵等容器育苗，以保护根系。西瓜的适龄壮苗为35～40d，具有3片真叶，僵苗和徒长苗不易栽种。

近几年，为防止西瓜枯萎病的发生和提高产量，许多地方采用嫁接育苗的方式，西瓜嫁接砧木主要有瓠瓜（葫芦）、南瓜、冬瓜和饲用西瓜等，最常用的则是葫芦和黑子南瓜。嫁接方法通常采用靠接法和顶插接法，嫁接西瓜适宜苗龄为40～50d。

（五）定植

1. 整地做畦 西瓜设施早熟丰产栽培，多采用开沟集中施肥的方法。一般地膜双覆盖爬地栽培按沟距1.8～2.5m开沟，而大棚温室搭架栽培按沟距1～1.2m开沟，沟宽、深均为40cm。667m^2沟施腐熟农家肥3 000～4 000kg，或饼肥100～150kg，加过磷酸钙40～50kg，硫酸钾15～20kg，或磷酸二铵15～20kg。将沟土回填并与粪肥混匀，合沟起高畦，一般爬地栽培畦宽80cm，搭架栽培畦宽60cm、高10～15cm。浇水造墒后，再用铁耙将畦面整成龟背形，覆盖地膜升温，等待定植。

2. 定植期 大棚或日光温室定植适期应在棚室内最低气温10℃以上，5～10cm地温稳定通过13℃时选晴天上午定植。定植期因栽培方式不同而不同，华北地区地膜双覆盖栽培定植期多在3月底至4月上旬定植；大棚栽培一般在3月下旬定植，如果大棚内套小棚或覆盖地膜，则可提前到3月上中旬定植；日光温室栽培可于1月末2月初定植。

3. 定植密度 西瓜定植密度应根据品种、土壤肥力和栽培方式等条件而确定。早熟品种、土壤肥力差可适当密植，中晚熟品种、土壤肥力好应适当稀植。一般爬地栽培定植密度为每

667m² 600～800 株，大棚温室搭架栽培定植密度为每 667m² 1 100～1 300 株。

4. 定植方法　定植时，在覆盖地膜的畦面上，用移苗器和瓜铲按预定的株距打孔，然后栽苗、浇水和覆土。

（六）定植后的管理

1. 温度管理　定植后密闭保温，在高温、高湿条件下促进缓苗。缓苗后白天棚室内温度超过 35℃放风，降到 25℃以下时闭风，夜间温度维持在 15℃以上。遇到寒潮增加覆盖，保持棚室内温度不低于 10℃；开花期注意通风散湿，以空气相对湿度 50%为宜，温度白天控制在 25～28℃，夜间 15～18℃。坐果后膨瓜期白天 30℃左右，但不宜超过 35℃，夜间 15～18℃；瓜大小长足后白天升温，夜间降温，加大温差。总之，温度管理中前期以覆盖保温为主，生长后期外界最低温 15℃以上时夜间可通风降温，加大昼夜温差以利果实生长。

2. 肥水管理　在浇足底水、及时整地、覆盖地膜、增温保墒的基础上，栽苗时定植穴内不浇水，或少量浇水，这样地温高，缓苗快。定植成活后，已经长出新根新叶，并开始大量生长时，如果水分不足，应浇 1 次小水，称为“缓苗水”。瓜秧长到 30cm 左右时，应浇 1 次“甩蔓水”。如果天气干旱，开花坐果前浇 1 次“促纽水”。坐瓜期为了防止瓜蔓徒长影响坐瓜，一般不浇水。坐果后，幼果长到鸡蛋大小时，应浇“膨瓜水”。当果实长到碗口大小时，浇第 2 次膨瓜水，浇膨瓜水时应追施膨瓜肥，667m² 施复合肥 15～25kg，促瓜快长，成熟前 7～10d 应停止浇水，提高品质和促进早熟。

3. 植株调整　西瓜 5～6 片叶时茎蔓开始伸长，不能直立生长，需及时插架清蔓。根据整枝方式采取相应插架方式。西瓜设施栽培，整枝方法一般用双蔓整枝，主蔓长 30cm 左右时，在主蔓 5～7 节叶腋处选留 1 条粗壮子蔓，其余摘除，每株西瓜插两根竹竿搭架或用尼龙绳吊蔓。无论哪种方式，都要及时吊绑茎蔓。因棚室高度有限，一般采取“S”形绑吊蔓，尽量降低植株高度，日光温室栽培要使龙头排列在南低北高一条斜线上，以利受光。绑蔓时要防止叶片重叠，坐瓜后顶部留 15 片叶摘心，全株留叶 50～55 片。

4. 人工辅助授粉　西瓜春季早熟栽培，因温度较低，昆虫很少活动。为了确保坐瓜，需要人工辅助授粉。具体方法是：在开花期，每天 7：00～9：00，采摘当天开放的雄花，授粉于当天开放的雌花柱头上，阴雨天气时可延迟至 10：00～12：00 进行。

5. 定瓜和吊瓜　瓜一般应选在 15～17 节，选瓜形正常、子房肥大发亮者保留，其余去掉，每株留 1 主蔓瓜，主蔓无瓜时也可侧蔓留瓜。当瓜重 500g 左右时及时吊瓜，以防瓜蔓承受不了瓜重而坠地。托瓜可用 8～10 号铅丝弯成网状瓜托，在瓜托圆环的三等分点上各系一根细绳（尼龙绳、麻绳均可）吊在棚室钢管架上。

6. 病虫害防治　西瓜设施早熟栽培，病虫害较少，主要病害有枯萎病、疫病、炭疽病等，主要虫害有蚜虫、红蜘蛛等，应及时防治。

（七）采收

西瓜应注意适期采收，以保证瓜的品质和成熟度。采收应在早晨露水干后或傍晚进行。鉴定西瓜成熟度主要方法有：

1. 标记开花后天数 每个品种果实成熟的天数基本一致，早熟品种开花到成熟需28～30d，中熟品种需30～35d。因此采用此法较为可靠。

2. 观察瓜秧和果实的性状表现 一般果实成熟后，果皮坚硬光滑具有光泽，果实脐部和蒂部向内凹陷，果实着地部位颜色变黄而粗糙，果柄刚毛稀疏不显。另外，与果实同节或前面1～2节的卷须枯萎，也可作为果实成熟的标志。

3. 弹瓜听声和估计比重 成熟的果实用手弹瓜发出“嘭嘭”的浊音，而未熟的瓜则是“噔噔”的实音，过熟的瓜则发出“卟卟”的颤音。另外，用手托起西瓜感到发轻，用手轻拍瓜面，手心感到微微颤动为熟瓜，反之为生瓜。

四、厚皮甜瓜

甜瓜大多认为起源于热带非洲的几内亚，现在世界各地普遍栽培。

根据甜瓜的生态特性，通常可分为厚皮甜瓜和薄皮甜瓜两种生态类型。厚皮甜瓜属高档水果，设施栽培不仅产量高，而且效益十分可观。目前设施栽培主要是厚皮甜瓜类型。本节重点介绍厚皮甜瓜设施栽培。

（一）生长发育对环境条件的要求

1. 温度 喜温暖、干燥的环境条件，生长发育的适宜温度为25～30℃，夜温16～18℃，长时间13℃以下或40℃以上导致生长发育不良，10℃时生长完全停止，结果期要求一定的昼夜温差，以昼温27～30℃、夜温15～18℃、昼夜温差13℃以上为宜。

2. 光照 喜光照，要求强光照及12h以上的日照，光饱和点55～60klx，光补偿点4klx。设施栽培在光照不足的情况下，生长发育受影响。

3. 水分 甜瓜需水量大，要求充足的水分供应，要求0～30cm土层的土壤含水量为田间持水量70%左右，甜瓜不同生育期对水分的要求不同。幼苗期和伸蔓期适宜土壤含水量为70%，果实生长期为80%～85%，果实成熟期为55%～60%。甜瓜生长要求较低的空气湿度，适宜的空气相对湿度为50%～60%，空气湿度过大，影响甜瓜生长且病虫害发生严重。

4. 土壤与营养 甜瓜对土壤的适应性较广，不同土质均可栽培，但以土层深厚、排水良好、肥沃疏松的壤土或沙壤土为好。适宜的土壤酸碱度为pH 6.0～6.8，pH 7～8也能正常生长。每生产1 000kg甜瓜约需吸收氮3.75kg、磷1.7kg、钾6.8kg、钙4.95kg、镁1.05kg。

5. 气体条件 甜瓜根系生长需一定氧气，最适宜的土壤含氧量以18%左右为宜。甜瓜二氧化碳饱和点为1 000μl/L，而空气中二氧化碳浓度仅300μl/L，故在设施栽培条件下进行二氧化碳施肥，有利于甜瓜优质高产。

（二）茬口安排

甜瓜设施栽培以日光温室和塑料大棚为主，而日光温室栽培技术要求高，效益显著。北纬40°以南地区日光温室内地膜加小拱棚覆盖栽培，一般于12月中下旬播种育苗，1月下旬至2月上旬定植，3月中下旬开始采收上市，6月中下旬采收结束。

（三）品种选择

应选用耐低温弱光、生育快、易坐瓜、果形好、早熟、抗病和丰产的品种。目前，黄皮类型品种主要有‘伊丽莎白’、‘状元’、‘迎春’等；白皮类型品种主要有‘蜜世界’、‘西博罗托’、‘白斯特’等，此外，还有生长期较长的网纹类型和哈密瓜类型，如‘翠蜜’、‘西域1号’、‘新世纪’、‘天蜜’、‘京兰’系列、‘黄蜜’系列等品种等。

（四）育苗

日光温室冬春茬栽培甜瓜育苗期正处于严寒冬季，一般多在温室内采用电热温床育苗，为保护根系，采用塑料营养钵护根育苗，营养土由6份田园土和4份充分腐熟的厩肥混合配制而成，每立方米营养土中应加入过磷酸钙1kg，草木灰2.5～5.0kg，敌百虫60g，多菌灵80g，甲基托布津80g，充分混合均匀，用塑料薄膜覆盖闷制7～10d，即可装入营养钵内，紧排于苗床上，待播。

播种前苗床浇透水，水渗后通电加温，当床温上升到25～30℃时播种。播种后出苗前床温稳定在27～30℃，出苗后至第1片真叶显现，白天温度控制在23～25℃，夜间13～18℃。第1片真叶展开，白天温度控制在25～30℃，夜间15～20℃。移栽前炼苗，白天温度保持在18～25℃，夜间温度10～15℃，最低可降到8～10℃。炼苗时，不要一次性降温过急，要每天逐渐下降，到定植前下降到接近生产棚、室的最低温度即可。苗期应保持土壤湿润，缺水时，可浇25℃温水。定植时适宜苗龄为幼苗3叶1心，30～35d。

（五）定植

当设施内10cm地温稳定通过12℃以上即可定植。定植前667m^{2}施优质腐熟厩肥4 000～5 000kg，尿素50kg，磷酸二铵50kg，硫酸钾50kg，肥料撒施，深翻细耙与土混匀。日光温室宜采用大小行小高垄栽培，大行80cm、小行50cm、株距40～50cm，定植密度为每667m^{2}早熟品种2 200株左右、中晚熟品种1 800～2 000株，定植前在小垄间覆盖地膜。

（六）定植后的管理

1. 温、湿度管理　利用覆盖物的增减及放风口大小调节温室内温、湿度。具体管理指标是：定植至缓苗期间，白天保持25～35℃，夜间15～20℃，缓苗后至坐瓜前，白天保持25～30℃，夜间15～20℃；坐果后至采收前7d，白天保持25～32℃，夜间16～20℃。采收前1～7d，白天保持25～35℃，夜间15～20℃。甜瓜怕高湿，空气相对湿度宜控制在50%～70%。网纹甜瓜较特殊，为了网纹发生良好，在网纹发生期空气相对湿度应维持在80%左右，待网纹发生期过后再降低湿度，可用纸袋短期罩住瓜造成局部高湿，以有利于网纹形成。

2. 浇水　幼苗宜选晴天定植，定植时宜在暗沟中浇足定植水。在结果预备蔓上的雌花开放前，选晴天上午暗沟浇1次小水，开花坐果期间一般不浇水。当幼瓜坐稳后，先在暗沟中浇1次小水，2～3d后在大行间浇1次大水。结果中期增加浇水量，经常保持暗沟中土壤湿润，大行间土壤潮湿，缺水时，晴天上午浇水。采收前7d，停止浇水。为降低空气湿度，可采用滴灌和膜下暗灌。

3. 追肥　在重施底肥的基础上，一般于开花前追肥1次，以饼肥、磷酸二铵等复合肥为主。若使用甜瓜专用肥，施肥量以每株氮9g、磷18g、钾10g、钙40g为宜。若底肥充足也可不追肥。生长后期根系的吸收能力衰退，可用氮0.5%、磷0.3%、钾0.3%及硼、锰、锌0.2%溶液叶面喷肥，利于提高品质。

4. 吊蔓与整枝　温室栽培甜瓜，生产中同黄瓜一样多采用吊蔓栽培。甜瓜采用单蔓整枝法，下部子蔓及早摘除，留第12～15节子蔓作为结果预备蔓，第15节以上的子蔓全部摘除，主蔓在第25节摘心。每条结果预备蔓上只留1个果形周正的瓜，瓜前留2片叶摘心。当幼瓜长到鸡蛋大小时，每株选留1～2个子房肥大、瓜柄粗壮、呈椭圆形的果实，多余的果实全部疏掉。第1茬挂采收前7～10d，从植株上萌发的新蔓中选留中上部，生长势强的2条侧蔓作为2茬瓜的结果预备蔓，疏去多余的枝蔓和下部黄叶、老叶和病叶。

5. 人工辅助授粉　在结果预备蔓雌花开放时，每天7：00～9：00，选当日开放的雄花给结果雌花授粉，以确保坐瓜。也可采用100倍坐瓜灵水溶液在雌花开放前浸蘸子房（瓜胎），坐瓜率可提高到98%以上。

6. 吊瓜和护瓜　果实膨大后及时进行吊瓜，以免瓜蔓折断和果实脱落。吊瓜可用塑料绳，下端固定在瓜柄基部的侧枝，上端固定在铁丝上，使结果枝呈水平状态。为使果实清洁美丽，着色均匀，喷药防治病虫害时，应避免农药喷到果实表面，可用旧报纸做成帽子盖住瓜。

7. 病虫害　危害甜瓜的主要病害有枯萎病、白粉病、细菌性角斑病等，主要虫害有蚜虫、白粉虱、斑潜蝇等，注意及时防治。

（七）采收

厚皮甜瓜采收期是否适当，直接影响其商品价值。一般可从外观、开花日数、试食结果等几方面综合确定适宜收获期。一般开花后，早熟品种40～50d、晚熟品种50～60d为收获适期，所以在开花时最好结合授粉、吊牌记录开花期，作为收获的标志。采收宜选果实温度低的清晨进行，收获时要保留瓜梗及瓜梗着生的一小段（3cm左右）结果枝，剪成“T”形，采后轻拿轻放，储放在阴凉处，待包装外运。网纹甜瓜一般有后熟作用，采收后在0～4℃条件下2～3d食用品质最好。

第四节　葱蒜类及叶菜类蔬菜设施栽培

一、韭　菜

韭菜是百合科葱属多年生宿根蔬菜，起源于中国，分布广泛，全国各地都有栽培，特别是在我国北方地区，已经成为设施栽培的主要蔬菜。

（一）生长发育对环境条件的要求

1. 温度　韭菜属于耐寒而适应性广的蔬菜。叶片能忍受－4～－5℃的低温，在－6～－7℃

甚至-10℃时，叶片才开始枯萎。地下部鳞茎、根茎、须根由于储藏了营养物质，含糖量高，再加上受土壤保护，其耐寒能力更强。如北方型的韭菜，冬季地上部干枯，地下茎在土壤的保护下，气温达到-40℃也能安全越冬。

韭菜生长适温为12～24℃，25℃以上生长缓慢，品质变劣。在设施环境条件下由于光照弱、湿度大且昼夜温差大，气温超过25℃，甚至达到28～30℃，也没有发现不良影响。但温度在10℃以下，叶片生长缓慢，低于3～4℃叶片易皱缩，长时间0℃以下易受冻害，叶尖发白。

韭菜不同生育阶段对温度的要求不同，发芽适温为15～18℃；幼苗期生长的适温为12℃以上；茎叶生长适温白天为24℃，夜间12℃。白天设施内最高温度不应超过30℃。

2. 光照 韭菜对光照度要求适中，适宜的光照度为20～40klx。光照过强植株生长受抑制，叶肉组织粗硬，品质下降；光照过弱，同化作用降低，叶片瘦小，分蘖少，产量低。

设施条件下栽培韭菜，对光照度的适应范围比较宽。这是由于设施环境中温度和湿度比较适宜，光照强些或弱些，对产量和品质影响不大。因此，韭菜是适合设施栽培的蔬菜种类之一。但是，如果在弱光条件下，加上高温、多湿及通风不良，则叶片旺长。所以，设施栽培韭菜应注意加强光照。

3. 水分 韭菜要求较高的土壤湿度和较低的空气湿度，适宜的土壤湿度为80%～90%，空气相对湿度60%～70%。土壤干旱，则生长缓慢，产量和品质均受到影响；空气湿度过高，容易诱发灰霉病等病害。

4. 土壤和营养 韭菜对土壤要求不严，但以耕层深厚、富含有机质、保水保肥能力强、疏松透气的壤土栽培效果好。韭菜忌连作，连作时表现为发芽率低，生长势差，病虫危害严重，产量低，所以栽培韭菜时注意调换茬口。

由于韭菜的生长期长，收割次数多，需肥量较大，除需要大量的有机肥料外，还应定期补充氮、磷、钾及铜、硼、镁等矿质元素。在韭菜的生长过程中，营养生长旺盛时期需肥量最多，是追肥的关键时期。

5. 气体 设施栽培的韭菜易受不良气体的危害。过量施用氮肥，或施用方法不当，或施用的有机肥没有充分腐熟，都会产生有害气体，轻者叶缘变白变黄，尖端干枯，重者整株枯萎，不能食用。一旦发现有害气体，应及时通风换气，排出不良气体，换进新鲜空气，补充氧气和二氧化碳气体。

（二）茬口安排

韭菜是葱蒜类蔬菜设施栽培中最广泛的一种，品种类型多，适应性强，栽培形式多样，适合各种类型的设施栽培，以京津地区为例，其茬口安排见表8-1。

表8-1 京、津、冀韭菜栽培形式

栽培形式	设施类型	适用品种	扣膜时间	供应期	备注
春早熟栽培	风障	北韭	—	4月上至6月中	春收3～4刀
	塑料大棚	北韭	2月上中	3月中下至5月上中	棚内收2～3刀
冬春栽培	阳畦	北韭	12月中下	2月上至4月下	畦（棚）内收3刀，5月初撤覆盖物后，可再收1～2刀

（续）

栽培形式	设施类型	适用品种	扣膜时间	供应期	备 注
	中小棚	北韭	12月中下	2月上至4月下	
冬季栽培	日光温室	通用	11月下至12月上	12月下至3月下	室内收4～5刀
秋延栽培	日光温室	南韭	10月中下	11月下至3月下	扣膜前收1刀，扣膜后室内收5～6刀
	塑料大棚	南韭	10月中	11月下至12月上	扣膜前收1刀，扣膜后棚内收1刀

（三）品种选择

韭菜设施栽培宜选择品质好、叶片宽、直立性好、抗倒伏、产量高、休眠期短、抗病、耐低温的品种，目前生产中设施栽培的主要品种有‘汉中冬韭’、‘河南791’、‘平韭2号’、‘杭州雪韭’、‘西蒲韭菜’、‘寒韭’、‘寿光独根红’等，其中‘河南791’、‘杭州雪韭’、‘平韭2号’、‘西蒲韭菜’适于秋延后及秋冬连续生产。

（四）根株培养

设施韭菜栽培都需要事先在露地培养根株，然后扣膜覆盖进行设施生产。一般2～3年生根株覆盖后产量高、品质好。但是，这种方法占地时间长，用工量大。目前，我国北方一些地区陆续改用当年播种、当年扣膜生产的方法。

1. 直播养根

（1）整地、施肥、做畦　韭菜喜肥，必须施足基肥。基肥以农家肥和磷肥为主，按每平方米不少于10kg的标准撒施腐熟有机肥，深翻20cm，耙平，做畦。

目前，日光温室韭菜多为当年播种当年扣膜生产，割数刀后毁根种植下茬，一般不会出现跳根现象，为了省工，多采用直播方式，畦宽与采用品种和茬口安排有关。一般畦宽1～1.2m，畦内开沟深6～7cm、宽10～15cm，沟距20～25cm，每畦4～5行。

（2）播种时期、方法及播种量　适宜的播种期是以当地10cm地温稳定达到10～15℃时为标准，一般是4月下旬至5月上旬。韭菜播种量每667m^{2}为4～5kg。对于分蘖早、分蘖能力强的品种，土壤肥力高的地块，可适当减少播种量；反之，应适当加大播种量。播种方式有撒播和条播两种。播种多采用干子。播种后覆盖厚1cm过筛的细沙，轻轻镇压，使种子与土壤密接，然后逐畦或逐沟灌水。

（3）播种后管理　此期主要管理工作是浇水、追肥和除草。

从齐苗至苗高15cm左右，要小水勤浇，一般3～5d浇1次小水，以利于扎根和小苗生长。苗高15cm以上，适当减少浇水次数，防止徒长倒伏，一般10～15d浇1次水。

追肥3次：苗高10cm左右每667m^{2}追化肥15kg，苗高15cm左右第2次追肥，6月下旬至7月上旬第3次追肥。以后不再追肥，以防徒长。

早春播种后杂草生长很快，人工除草费工且不及时，用除草剂除草效果好。方法是：在播种后出苗前，每667m^{2}用35%除草醚乳油300～350g，或50%除草剂1号100～150g，或扑草净75g，对水75～100kg，均匀喷洒畦面，药效约1个月。以后少量的杂草可人工除掉。

2. 移栽养根　就多数温室韭菜而言，都是采用直播培育根株的。但是，如果在韭菜播种适期内，温室内或计划建造温室的地块不能及时倒茬腾地，就需要先在另外的地块育苗，待温室地块前茬收获后，再进行移栽定植。

（1）苗床的准备　韭菜育苗田宜选择耕性好、含盐量低、浇水方便、土质肥沃的地块。育苗田与定植田的面积比以 1∶1.5～2 为宜。育苗田在施足农家肥和磷肥之后，耕翻细耙整平，做宽 1m 平畦，将畦埂踩实，畦面搂平，等待播种。

（2）播种　在播种适期内尽量早播，以便能提早定植。采用条播，行距 15cm 左右，每畦 5～6 行。播种量每 667m^2 8～10kg。播种方法及播后管理基本同直播田，育苗田更应注重除草剂的使用。

（3）移栽标准　韭菜秧苗移栽的标准为日历苗龄 60～90d，生理苗龄 5～6 片真叶、苗高 20～25cm，植株健壮但尚未开始分蘖。具体时间一般在 6 月下旬至 7 月上中旬，雨季到来之前移栽完毕。

（4）移栽　育苗田在移栽前 3～4d 先浇 1 次水，墒情适宜时起苗，抖净根部泥土，按大小、壮弱分级，分别移栽。

定植田深耕细耙，施足基肥，做畦方式基本同直播田，也有沟栽和平栽两种。平畦栽植，一般为行距 13～20cm，穴距 10～15cm，每穴 6～10 株。沟栽，一般开沟深 12～15cm，沟距 30～40cm，穴距 15～20cm，每穴 20～30 株。

韭菜栽植深度以不超过叶鞘为宜，栽植过深，分蘖少，长势弱，要栽齐、栽平、栽实。栽后及时浇定植水，4～5d 后再浇 1 次缓苗水，适时中耕。此后管理基本同直播田。

（五）设施韭菜栽培技术

1. 塑料拱棚韭菜栽培技术　塑料中、小拱棚韭菜生产的特点是棚架结构简单，成本低，效益高。若盖草苫保温性能好，可元旦、春节上市，不盖草苫可进行春提前生产。

（1）培养粗壮根株　冬前培养粗壮根株，是拱棚韭菜高产、高效益的基础。在根株培养管理中，应特别抓好以下几项管理：

①采用育苗移栽方式培养根株，以确保长势均匀强壮。

②加强水肥供应和除草治蛆工作。秋季可酌情比露地养根增加追肥量。

③及时打薹。

④春秋两季不收割，至少秋季不收割进行养根。

⑤从回根休眠至小雪节扣棚前，浇足冻水达到土壤墒情十足，以满足扣棚生长期的水分需要。扣棚后不再浇水，以免降低棚内地温和气温，增大空气湿度诱发灰霉病。

⑥韭菜定植时，畦向、畦宽提前计划好。一般畦宽 1.3～1.7m 为宜，以便每隔 2 畦扣 2 畦。畦向以东西延长为宜，若为春提前生产，可东西延长，也可南北延长。

（2）扣棚　一般中棚高 1.2～1.5m。当韭菜完全回根休眠后，于小雪节至大雪节扣棚膜。扣膜过早，未彻底回根，扣膜后生长缓慢，产量低。扣膜过晚，冻土层厚，化冻时间较长，出土返青慢，头刀太晚。但若为‘河南 791’或‘嘉兴雪韭’等浅休眠品种，可不回根就扣膜连续生长，深秋初冬开始上市。若为春提前生产中、小拱棚韭菜，一般华北在 1 月下旬至 2 月上旬扣棚。

(3) 扣棚后的管理　扣棚后5～7d土壤化冻，用4齿耙松行间和株间土壤，打碎耙平，提高地温。并灌药治蛆加以预防，可以用辛硫磷1 000倍液，每穴0.25kg左右灌根。中后期发生根蛆后难以根治。

韭菜生长适宜温度12～24℃。扣棚膜初期，密闭保温，迅速提高地温和气温。白天温度控制在25℃以下，夜间10℃左右。当夜间气温不能保持5℃以上时，夜间覆盖草苫。从扣棚至头刀收割前，正值气温逐渐降低、日照时数最少的季节，应密闭保持棚内温度。特别是1月份，还应加盖双苫保温。草苫晚揭早盖。如遇雪天可不揭苫，但必须扫雪，防止压塌棚架。如遇连阴乍晴天气，韭叶柔嫩，中午应注意回苫防止萎蔫。

立春后气温回升，而且气候易变，棚内气温亦变化剧烈。既要注意防寒又要防日灼伤。一般在头刀收割后，棚温25℃以上时注意放风。风口由小到大，放风时间由短渐长。

第2刀收割后，雨水节已过，白天外界温度和棚温均较高，要加强通风；夜间用草苫覆盖。冬春季节，棚内湿度大，韭菜易染灰霉病，应加强通风排湿，并定期用速克灵烟剂熏棚。

一般冬春拱棚韭菜收割3刀。头刀从扣棚到收割需60d左右，第2刀需30d左右，第3刀需25d左右。

(4) 拆棚后的管理　第3刀收割后及时拆棚，时间在春分节前后。拆棚后的管理，原则上以养根为中心，春秋两季不收割，为下一年冬春生产做准备。若拆棚后，韭菜长势强壮也可春季再收割1刀，但夏秋绝对不能收割。

2. 日光温室韭菜生产技术　日光温室韭菜生产一般都在秋冬季节，于早春2月行间定植黄瓜苗进行冬春茬黄瓜生产。这茬韭菜一般要在小雪至大雪节气韭菜回根后扣膜保温生产青韭。但若选用‘河南791’或‘嘉兴雪韭’等浅休眠品种，可在10月下旬气温降至－5℃之前扣膜，进行秋冬连续生产。这样可以增加产量产值。另外韭菜作为黄瓜的前茬，对防止黄瓜土传病害有一定作用。

(1) 根株培养　除参照前述拱棚韭菜根株培养技术外，还要注意定植时的行向和畦宽依下茬蔬菜而定。如果下茬是黄瓜，多按宽1.0～1.3m南北延长行向做畦。

(2) 扣膜及扣膜后的管理　日光温室韭菜的扣膜期应依品种和预期上市时间而定。

一般回根后扣膜的韭菜品种，头刀需40～45d，2～3刀需15～20d。据此推算扣膜的日期，以便头刀或2刀于春节上市。

不回根扣膜的韭菜品种，也要掌握好扣膜日期。扣早了生长迅速，产量高峰来得早，容易早衰；扣晚了在露地受低温后，转入被动休眠，扣膜后生长缓慢。一般秋冬生产的宜在10月下旬最低温度降至－5℃以前扣膜。

扣膜后的管理与拱棚韭菜基本相同。所不同之处有：①头刀韭菜以白天最高不超过25℃为宜。第2刀以后，以白天最高不超过30℃为宜，以加速生长。②扣棚后温室浇水，特别强调以下两水：第1次是每刀韭菜收割前5～7d浇增产水，为下茬生长创造条件。第2次是每刀韭菜生长期间浇1～2次发棵水。增产水对于每刀韭菜都是必需的，发棵水应根据每刀韭菜的具体情况而定。③在浇增产水的同时，应随水追施增产肥，一般施用速效氮肥，以硝铵或硝酸磷肥为好。④秋冬生产的扣膜韭菜，头刀是秋季生长的成株，第2～3刀是10～11月份温室内生长的韭菜，第4刀以后正值12月至翌年1月份（光照弱，日照短，温度低），韭菜长势弱，主要靠鳞茎和根茎中积累的养分生长。因此，为获高产、高效益，每次下刀宜浅，以免影响下茬长势。每次收割后应加强管理，中耕松土，提高室温，促进下一茬生长。最后一次收割在定植果菜之前，尽量深割，割后刨除韭根。

（六）生理病害及病虫害防治

1. 生理病害

（1）叶片干尖　保护地设施生产的韭菜，有时出现叶尖干枯，原因及防治方法如下：

①土壤酸化危害：韭菜生长适于中性土壤，当有机肥施用较少，大量施用硫酸铵、过磷酸钙会使土壤酸化，韭菜叶片生长缓慢、细弱、外叶枯黄。防治方法是施用足够的有机肥。

②有毒气体危害：在密闭情况下追施碳酸氢铵或尿素，会引起氨气危害，土壤酸化引起亚硝酸气体危害。氨气危害叶尖枯萎，逐渐变为褐色；亚硝酸危害叶尖变白枯死。防止方法是增施有机肥，密闭情况下不追施碳酸氢铵和尿素。

③高温和冻害引起的叶枯：温度超过 35℃叶尖干枯，低于 5℃首先叶尖受低温冷害，叶尖变白。防治方法是加强放风，防止出现 30℃以上高温，加强保温，使最低气温不低于 5℃。

④微量元素缺乏或过剩危害：缺钙中心叶黄化、生理受阻，缺镁外叶黄化，硼过盛从叶尖枯死。

（2）叶枯和死株

①根腐病造成死株：根腐病有 3 种情况，一是窒息性根腐，多是在韭菜田中堆放畜禽粪，由于发热温度升高，使韭菜根处于无氧条件下呼吸，造成乳酸和乙醇中毒；二是积水结冰引起根腐，浇冻水不当造成地面积水结冰，冻融交替拉断根系，低温水浸引起死根；三是用污染的水浇灌，使土壤被破坏或使韭根中毒死亡。

②韭蛆危害造成的根株死亡：未及时防治韭蛆，破坏了鳞茎导致死亡。

③腐烂：由多种病害引起腐烂，主要是疫病和灰霉病，灰霉病只限于叶部腐烂，疫病危害全株。

2. 病害　韭菜的病害主要有灰霉病和疫病，均易在高湿条件下发生。设施韭菜栽培应注意放风排湿。发现灰霉病及时喷洒 50％扑海因 1 000～1 500 倍液，或 50％速克灵 1 000～1 500 倍液。韭菜疫病发病初期可用 90％乙磷铝 500 倍液、58％甲霜灵锰锌 500 倍液或 64％杀毒矾 M_8 400～500 倍液防治。

3. 虫害　危害韭菜的根蛆有葱蝇和韭菜迟眼蕈蚊。二者均以幼虫在土壤中危害韭菜的鳞茎、根茎，使之腐烂，导致地上部韭菜叶枯死。防治方法：抓住关键时期，集中除治。早春 3～5 月份和入冬扣膜后要灌药除治。可用 20％杀灭菊酯乳油 8 000～10 000 倍液，或 90％敌百虫 1 000 倍液，或 75％辛硫磷 500 倍液，或 20％氯马乳油 2 000 倍液灌根治蛆。

二、西　　芹

西芹属伞形花科芹属，以肥嫩叶柄供食用，富含多种维生素和矿物质，还含有挥发性芳香油，具有特殊的香味，可炒食、凉拌和做馅，有增进食欲、调和肠胃、解腻消化的功效，是优良的保健蔬菜。

与中国芹菜（本芹）相比，西芹植株高大，叶柄肥厚而宽扁，多为实心，纤维少、质地脆嫩，味较淡，产量高，深受消费者欢迎，因此，近年来设施栽培芹菜以西芹为主，春早熟及秋延后设施栽培多用塑料拱棚（大、中、小棚均可），越冬栽培北方以日光温室为主。

（一）生长发育对环境条件的要求

1. 温度 西芹性喜冷凉，不耐高温。种子发芽需 4℃以上温度，最适温度 15～20℃，超过 25℃发芽时间延长，发芽率下降，30℃以上基本不能发芽，所以 6 月下旬至 8 月下旬的高温季节播种，必须在 15～20℃条件下催芽后播种才能出苗。西芹生长适宜温度为 15～25℃，最适生长温度白天为 20～22℃，夜间 13～18℃，土温 10～20℃。当气温高于 23℃时，易发生软腐病和叶斑病；高于 27℃时，叶柄纤维素含量增加，易出现叶柄中空现象，造成品质下降。西芹属绿体春化作物，幼苗生长到 3～4 片叶以后，在 10～13℃条件下，经过 14d 左右，即可通过春化，在 4～7℃下，则 8～9d 即可通过春化。

2. 光照 西芹在营养生长期喜中等光强（10～40klx），不耐强光。在光照强的情况下，叶柄纤维增多，品质下降，故西芹适合设施栽培。

西芹叶片本身对日照长短的要求不严格，但通过春化的植株，如果遇长日照，则容易抽薹。一般幼苗在 2～5℃低温下，10～20d 通过春化阶段，以后在长日照条件下，通过光照阶段而抽薹开花。所以早春播种应在温室育苗，且定植期不宜过早，以免造成未熟抽薹。

3. 水分 西芹原产沼泽地带，性喜湿润，在整个生育期中要求有均匀而充足的水分供应，特别是采收前 1 个月左右，植株生长迅速，需水量更大，这时如果水分不足，生长将受抑制，纤维增加，品质下降，产量降低。一般田间持水量应保持在 70%～80%。

4. 土壤及营养 栽培西芹宜选择有机质丰富、肥沃、保水保肥性能好的腐殖土，沙性重或过于黏重的土壤，不宜栽培西芹。

西芹生长量大，产量高，需肥量大，尤其需要较多的氮肥，氮肥不足，不仅生长发育受阻，植株生长细小，而且叶柄易空心与老化，西芹对磷、钾肥的要求也很高，磷可促进叶柄伸长，钾可提高产量和品质。除氮、磷、钾外，还要求一定量的钙、硼等微量元素，缺钙易出现黑心病，缺硼会引起叶柄横裂或褐裂，使产品失去商品价值。

（二）茬口安排

西芹为半耐寒性蔬菜，全国绝大部分地区均可利用大、中、小棚或日光温室达到周年生产，周年供应。

南方地区大棚栽培分秋冬茬和冬春茬，秋冬茬可在 5 月底至 9 月分批播种。5～6 月播种的，可在 11 月至翌年 2 月采收；冬春茬在 9 月播种，翌年 3～4 月植株抽薹前采收。

北方地区利用日光温室栽培，秋冬茬可在 7 月下旬至 8 月上旬播种，9 月下旬至 10 月上旬定植，翌年 1～2 月陆续收获上市；冬春茬 9 月上旬播种，11 月上旬定植，翌年 3～4 月收获。日光温室早春茬 12 月上旬在日光温室育苗，翌年 2 月上旬秋冬茬果菜类蔬菜倒地后定植，4 月份开始收获。大、中棚秋延后栽培，从 6 月上旬到 7 月上旬都可播种，8 月上旬到 9 月上旬定植，大棚出现霜冻前收获完毕，中棚覆盖草苫防寒可延迟到元旦；大、中棚春茬在大、中棚内气温稳定在0℃以上时定植，提前2个月左右在温室育苗。因各地气候有差异，定植期不同，但无论何时定植，到了芒种前后都要抽薹，必须在抽薹前收完。

（三）品种选择

西芹有多种类型，对品种的选择除考虑消费习惯外，应选择叶柄宽、纤维少、株型紧凑的品种，春夏季栽培的还应注意选择冬性强、抽薹迟的品种。目前生产中普遍采用的西芹品种有‘高优它52-70’、‘佛罗里达683’、‘嫩脆’、‘意大利冬芹’、‘意大利夏芹’、‘文图拉’、‘加州王’、‘高金’等，多从美国、意大利、荷兰等国家引进，667m^2 产量可达7 000kg以上。

（四）育苗

1. 种子处理与催芽　西芹种子细小，种皮坚硬，透水、透气性差，发芽比较困难，尤其夏季高温下发芽困难，需将种子进行适当的低温催芽处理。常用方法是：用20℃左右清水浸泡24h，然后清洗数遍，用湿布包好，放在15～20℃（低于15℃发芽不整齐，高于25℃，发芽速度虽快，但根芽纤弱，长势衰退）条件下催芽。西芹种子发芽需光照，因此，每天最好在见光处翻动2～3次，并保持种子湿润，待50%左右种子发芽时即可播种。

2. 播种　西芹夏季播种应选择地势高、排灌方便、通风好的地块，以肥沃的沙质壤土为宜，并搭设防雨遮阳棚；冬季育苗应准备同样的田块，准备好电热温床，覆盖好大棚薄膜。苗床一般均为高畦，宽1.0～1.2m，高10～15cm，充分耙细土块，整平畦面，然后浇足底水，待水下渗后，用过筛细土将畦面铺平即可播种。西芹种子小，为方便播种，可在种子中掺些细沙撒播，每平方米苗床播5～6g种子，667m^2 用种量50～60g。由于西芹种子破土能力弱，播种后覆土宜浅，厚度以0.3cm左右为宜，以盖没种子为度。

3. 苗期管理　夏季育苗时，要设法降温，可在苗床上架设遮阳防雨棚，出苗后，晴天白天光照强时盖上遮阳网，傍晚和阴雨天则应揭除遮阳网。

当幼苗具有1～2片真叶时，进行一次间苗，保持苗距3cm左右，同时拔除苗床杂草。幼苗长至3～4片真叶、高5～6cm时，进行一次分苗，分苗床每10m^2 施腐熟堆肥25kg、硫酸铵0.6kg、过磷酸钙1.0kg、氯化钾0.5kg。夏季育苗时，分苗宜在阴天或晴天傍晚进行，冬季育苗则在中午前后进行。分苗应边起苗，边栽植，边浇水，夏季应覆盖遮阳网遮光降温，冬季则用薄膜覆盖增温。分苗密度一般为5～6cm见方。

西芹喜湿润，夏季育苗特别要注意水分管理，整个苗期以小水勤浇为原则，保持土壤湿润。播种后到出苗前要用喷壶浇水，苗出齐后灌第1次水，以后每隔3～5d于早、晚浇水1次，做到畦面见干见湿。当植株长到5～6片真叶时，根系比较发达，可适当控制水分，防止地上部分徒长。在幼苗8～9片真叶时即可定植，定植前1周左右，要适当控制浇水，以利定植后活棵。

（五）整地施肥与定植

西芹需肥量大，定植前667m^2 需施优质腐熟有机肥5 000kg左右、磷酸二铵15kg、硼砂

1kg、硫酸钾 8kg，将肥料与土壤充分拌和，耙平耙细。一般畦面宽 80cm 左右，沟宽 40cm，深 15～20cm，每畦种植两行，株距 25～30cm，667m^2 种植 8 000～10 000 株。定植前一天将苗床浇透水，以利起苗时多带土移栽，移栽时将大小苗分开移栽，随起苗随移栽。秧苗定植深度以不埋没生长点为宜，定植后应立即浇水，如果定植时温度较高，应覆盖遮阳网降温。

（六）定植后的管理

1. 温度管理 西芹喜冷凉气候，其生长适温为 15～25℃，低于 10℃生长缓慢，超过 25℃时生长不良。大棚栽培西芹的温度管理，夏、秋季播种的，定植后以遮阳降温为主，11 月中下旬以后，应进行扣膜覆盖，防止植株受冻，必要时可在大棚内搭小棚加盖草帘或夜间用无纺布进行浮面覆盖。进入 4 月中下旬后，视气温情况，可撤除大棚四周的裙膜。北方日光温室 10 月中旬覆盖薄膜，11 月中旬外覆盖草苫，控制棚室内温度，白天 20～25℃，夜间 10～15℃，最低不低于 5℃，如要延长收获期可控温在 10～15℃。

2. 肥水管理 定植后 7～10d 应追施 1 次稀液肥，以促进秧苗恢复生长。定植 7 周以后，植株生长加快，需肥量大增，一般每隔 1 周追肥 1 次，每次每 667m^2 可追施硫酸铵 20kg 或尿素 15kg，加硫酸钾 3～5kg。最好将肥料施于距植株基部 5～8cm 处。

西芹需水量大，充足的水分是高产优质的重要保证。夏秋季栽培的，定植后第 1 周每天早晚各浇 1 次水，以促进幼苗恢复生长，1 周后应保持土壤湿润，灌溉最好采用沟灌或滴灌，尽量不用喷灌或浇灌，以减少叶斑病的发生。冬春季栽培的，定植初期宜在中午前后浇水，避免早晚浇水。

3. 中耕除草 西芹前期生长缓慢，再加之浇水量较大，易造成土壤板结和杂草危害，应及时进行中耕除草，改善土壤通气状况，促进根系发育，但西芹根系分布较浅，多分布在 15cm 以内的土层中，所以中耕宜浅，只要达到除草、松土的目的即可，以免中耕过深造成根系损伤，影响根系生长。

对于侧芽较多的西芹品种，侧芽生长会消耗许多养分，影响产量和品质，所以，定植后 50d 左右，可结合中耕除草及时摘除侧芽，必要时还可除去一些老叶。

4. 病虫害防治 在设施栽培条件下控制好温度和湿度，注意通风，加强管理，可以控制西芹的病害。主要病害有斑点病、斑枯病、菌核病、软腐病，药剂防治使用 80%代森锌800～1 000倍液、70%百菌清可湿性粉剂 500～800 倍液、50%多菌灵可湿性粉剂 500 倍液、1∶1∶250波尔多液喷施。软腐病在发病初期喷施呋喃西林 800 倍液或 150～200mg/L 农用链霉素。

虫害防治：蚜虫用乐斯本 1 000 倍或马拉硫磷1 000～1 500 倍液等药剂防治，每 7d 1 次，连续喷 2～3 次。

（七）采收

为了获得高产并保证质量，西芹必须及时采收，采收时将植株从地面割下，然后进行整理。内销一般只要去除外部的 3～4 片老叶后即可，外销则要求较严格，一般要剥去 4～5 片外叶，切除叶片，留下长 40cm 左右的叶柄及少量叶片。

三、莴 苣

莴苣是菊科莴苣属能形成叶球或嫩茎的一二年生草本植物。莴苣按食用部分可分为叶用莴苣（生菜）和茎用莴苣（莴笋）两大类，在我国均普遍栽培。近年来随着人们对优质反季节蔬菜需求的增加，茎用和叶用莴苣冬春季设施栽培面积均不断扩大。

（一）生长发育对环境条件的要求

1. 温度 莴苣喜冷凉，忌高温。炎热季节生长不良。发芽的最适温度为15～20℃，需4～5d出芽，30℃以上种子发芽受到抑制。所以，在高温季节播种莴苣时，种子需进行低温处理，如在5～18℃下浸种催芽，种子发芽良好。幼苗期生长适温为12～20℃，能耐－5～－6℃的短期低温，高温烈日易伤害幼苗胚轴而引起倒苗。成长植株0℃以下易受冻害，以白天15～20℃、夜间10～15℃最适宜生长。昼夜温差大可减少呼吸消耗，增加积累，有利于茎、叶生长，获得高产。结球莴苣的生长适温范围较窄，为18～22℃，25℃以上不能很好形成叶球，高温易引起心叶坏死而腐烂，烈日下会发生叶尖枯黄，产生苦味。

2. 光照 莴苣种子是需光种子，适当的散射光可促进萌芽，播种后，在适宜的温度、水分和氧气条件下，不覆土或浅覆土时均可较覆土的种子提前发芽。茎用莴苣茎叶生长期需充足的光照才能使叶片肥厚，嫩茎粗大。长期阴雨，遮阳密闭，影响茎、叶发育。叶用莴苣稍耐弱光，光饱和点为20～30klx。

3. 水分 莴苣为浅根性作物，不耐干旱，但水分过多且温度高时又易引起徒长，不同生育期对水分有不同的要求。幼苗期应保持土壤湿润，勿过干过湿或忽干忽湿，以防幼苗老化或徒长；发棵期应适时控制水分，进行蹲苗，使根系往纵深生长，莲座叶得以充分发育。结球期或茎部肥大期水分要充足，如缺水，叶球或茎细小，味苦，但在结球和茎肥大后期，应适当控制水分，防止发生裂球或裂茎。

4. 土壤与营养 因根系浅，吸收能力弱，且根系对氧气的要求高，在黏重土壤或瘠薄地块栽培时，根系生长不良，地上部生长受抑制，常使结球莴苣的叶球小，不充实，品质差，茎用莴苣的茎细小且易木质化，甚至提前抽薹开花。因此，栽培莴苣宜选用微酸性、排灌方便、有机质含量高、保水保肥的壤土或沙壤土。莴苣对土壤营养的要求较高，要求以氮肥为主，生育期间缺少氮素都会抑制叶片的分化，使叶片数减少，影响产量。此外，磷、钾肥也不可缺少，幼苗期缺磷会使叶色暗绿，叶数少，生长势衰退，植株变小，降低产量，缺钾影响叶球的形成和品质，缺钙易引起“干烧心”导致叶球腐烂。

（二）茎用莴苣大棚栽培技术

1. 品种选择 冬春莴苣宜选择耐寒性较强、茎部肥大的中晚熟品种，这些品种易达优质、高产。主要品种有‘成都挂丝红’、‘成都二白皮’、‘雁翎’、‘上海小尖叶’、‘紫皮香’、‘南京青皮’莴苣等。

2. 育苗

(1) 种子处理　莴苣种子发芽要求较低的温度，8～9月播种时，由于温度较高，种子不易发芽，需要对种子进行低温处理。可先将种子在清水中浸泡3～5h，捞起后用清水冲洗，然后用纱布包好，略挤干水分，放入冰箱冷藏室，也可吊于水井内水面上20～30cm处，每天用清水冲洗1次，2～3d后种子开始露白。播种前可将露白种子于阴凉通风处摊开炼芽4h左右，然后播种。

(2) 播种及苗期管理　选择肥沃疏松、排灌方便的地块作苗床，畦面平整。播前先浇湿苗床，避免出苗前再浇水影响发芽和出苗。由于莴苣种子细小，宜适当稀播，667m² 需种量20～30g，苗床面积需6～8m²，播种时可将种子与适量细沙或细土拌匀后播种，播后畦面撒1层厚0.5cm的营养土，再用木板轻轻压实床土，使种子与土壤紧密结合，然后畦面覆盖草帘，以促进萌芽。搭防雨棚或遮阳防雨棚等保温保湿或降温保湿，尽量使畦面温度保持20～25℃，一般播后4～5d出苗，出苗后及时揭除畦面覆盖物。幼苗2～3片真叶时间苗1次，苗间距4～5cm为宜，并追施10%的腐熟粪肥1次。一般苗龄25～40d，具4～5片真叶时即可定植。

3. 整地定植　在定植前7～15d，结合整地，667m² 施腐熟有机肥4 500kg，三元复合肥60kg，然后耕翻做畦。茎用莴苣一般株行距为25cm×30cm。其中，8～9月定植的应覆盖遮阳网遮光降温，10月中下旬气温下降时，及时覆盖棚膜，以增加温度。

4. 定植后的管理

(1) 温度管理　莴苣是喜冷凉作物，温度过高，湿度过大，易引起病害和徒长，导致产量下降，品质变差；若温度过低，则植株生长缓慢，甚至出现冻害。所以，茎用莴苣大棚栽培的关键是控制棚内温度。8～9月定植的莴苣，在定植初期需覆盖遮阳网，以降低温度，促进成活，成活后若气温适宜，则可拆除遮阳网。10月下旬至翌年4月进行大棚覆盖栽培，保持15～25℃的棚温，白天棚温超过25℃，应及时通风降温，夜间棚内温度维持在8～15℃，最低不低于5℃。

(2) 肥水管理　在茎用莴苣整个生育期内，都应保持土壤湿润，切忌土壤忽干忽湿。8～9月定植的，定植初期应在早、晚经常浇水，有条件的可采用喷灌或滴灌，冬春季应避免棚内空气湿度过高，以减轻病虫害。茎用莴苣生长期间的追肥一般分两个阶段进行。第一阶段是在秧苗成活、茎叶开始生长后，667m² 施20%腐熟粪肥1 500kg、加尿素6～8kg或碳铵15kg，以促进叶片的生长；第二阶段是肉质茎开始抽生时，一般667m² 追施尿素15～20kg和钾肥10～15kg，以促进肉质茎膨大。之后若植株生长势不佳还可适当追肥。

温度及肥水管理水平的高低不仅影响莴苣产量，还会导致先期抽薹和裂茎等问题。在温度较高季节，如果肥水供应不及时，植株老化，容易出现先期抽薹现象；第二阶段追肥时间过早，容易引起植株徒长，而过迟追肥又容易导致茎部开裂；生长期间忽干忽湿，也容易导致肉质茎开裂。

(3) 病虫害防治　莴苣的病虫害主要有霜霉病、灰霉病、黑斑病及蚜虫等，应采取措施及时防治。

5. 采收　茎用莴苣的采收标准是心叶与外叶平，俗称平口或现蕾以前为采收适期，这时茎部已充分肥大，品质脆嫩。采收过早常降低产量，收获过晚，花茎伸长，纤维增多，肉质变硬甚至中空，品质降低。

(三) 叶用莴苣日光温室栽培技术

1. 品种选择　常用结球或半结球叶用莴苣品种有‘爽脆’、‘大湖118’、‘玛莎659’、‘黑核’、‘波士顿奶油生菜’等；散叶叶用莴苣有‘软尾生菜’、‘广东玻璃生菜’等。

2. 育苗

（1）种子处理　7～8月播种时若温度较高，种子发芽困难，可浸种3～4h，用湿布包裹后，放在水井或阴凉处，有条件的可放入冰箱冷藏室催芽。10月以后气温下降，可以干子播种，播种前可用75%百菌清可湿性粉剂拌种，拌种后立即播种。

（2）播种及苗期管理　日光温室叶用莴苣一般安排秋冬茬、越冬茬和冬春茬栽培。秋冬茬栽培一般在8月下旬至9月上旬播种，苗期25～35d，9月下旬至10月上旬定植到温室内，元旦可大批供应市场。越冬茬和冬春茬的播种期，9月下旬至12月随时都可以。参照茎用莴苣进行育苗。

出苗前，应控制温度白天20～25℃，夜间10～15℃。当幼苗长至2～3片真叶时进行分苗或分次间苗，株距6～8cm、5～6叶时即可定植。一般在间苗后或分苗缓苗后，施1次稀液肥促幼苗生长，生菜幼苗对磷肥较敏感，缺磷时叶色暗绿，生长衰弱，所以要注意磷肥供给。

3. 整地施肥与定植　定植前7～10d整地施肥，667m^2施腐熟有机肥1 500kg，过磷酸钙40～50kg，氯化钾8～10kg，硫酸铵20～25kg，在北方日光温室栽培一般采用平畦。早熟品种株行距为25～30cm，中熟品种35cm，起苗时不要损伤根系和叶片，尽量多带宿土，定植不宜太深，否则缓苗慢，栽后应及时浇水。

4. 定植后管理

（1）温度管理　秋冬寒冷季节定植莴苣后要设法提高温度，缓苗期不放风，还可再加扣小拱棚增温，缓苗后再逐步加强放风，随气温升高放风和延长放风时间，白天温度控制在18～25℃，夜间最低不低于10℃。

（2）肥水管理　定植浇水后，根据墒情再浇1～2次缓苗水，之后中耕松土。6～7叶期追施第1次肥料，667m^2用尿素5～8kg；10叶期第2次追肥，667m^2用尿素8kg、氯化钾3～4kg；开始包心时追第3次肥，667m^2用尿素8kg、氯化钾4～6kg。每次追肥均结合浇水施入。叶用莴苣既怕干旱又怕潮湿，所以水分管理很重要，适宜的土壤含水量为60%～65%，同时应注意空气温度不要太高，冬季温室应注意通风，使叶面保持干燥，预防病害发生。

（3）病虫害防治　主要有灰霉病、霜霉病、蚜虫等，应及时防治。

第五节　豆类蔬菜设施栽培

设施栽培豆类蔬菜，主要有菜豆、荷兰豆、豇豆，其中以菜豆和荷兰豆在设施栽培中比较普遍。特别是冬季早春露地不能生产的季节，更受消费者欢迎。

一、菜　　豆

（一）生长发育对环境条件的要求

1. 温度　原产于美洲中部和南部，喜温暖，不耐霜冻，抗寒能力极弱。种子发芽适温为

20～25℃，35℃以上或8℃以下均不能发芽。幼苗期适温18～20℃，短期2～3℃失绿，0℃受冻害，幼苗生长临界温度13℃。花粉发芽的适宜温度为20～25℃，当温度提高到25～30℃时，发芽率显著下降，30℃以上丧失生活力而落花，低于15℃或高于27℃容易出现不完全开花现象。所以，根据日光温室和塑料大、中、小棚性能，安排播种期非常重要。

2. 光照 喜强光，光照减弱时常引起落花落荚。菜豆多数品种为中性作物，对日照长短要求不严格，但少数品种有一定日照长度要求，短日型品种在长日下或长日型品种在短日下，均可引起营养生长加强而延迟开花，降低结荚率。

3. 水分 菜豆根系入土较深，耐旱力稍强。植株生长适宜的土壤湿度为田间最大持水量的60%～70%。菜豆不耐空气干燥。开花时最适宜的空气湿度为75%左右。空气干燥，开花数减少，花粉易发生畸形或失去生活力，大量落花落荚。

4. 土壤营养 菜豆对土壤要求不严格，在排水良好的沙壤土、黏壤土上都能很好生长，只是对酸性土壤不适应，以pH 5.3～6.3为宜，最忌连作，一般间隔2～3年才能在同一地块上再种植菜豆。据试验，菜豆生育期为100d，每667m^2产量1 200kg时，吸氮10.8kg、磷2.7kg、钾8.2kg。

（二）品种选择

适合设施反季节栽培的菜豆品种，应具有蔓生、品质好、产量高、适应性广的特点。目前生产中采用的主要品种有‘芸丰’、‘碧丰’、‘特嫩1号’、‘特嫩4号’、‘特嫩5号’、‘秋抗6号’、‘85-1’、‘851-923’等。

（三）茬口安排

1. 日光温室秋冬茬 一般在当地大棚秋延后栽培菜豆拔秧前40d左右播种，即10月中下旬，可于新年和春节期间供应市场。也可在8月下旬育苗，9月下旬定植，定植后45d左右开始采收，春节前后结束。

2. 日光温室冬春茬 12月下旬育苗，翌年1月底定植，3月份开始采收，5月末结束。

3. 日光温室黄瓜、番茄套种菜豆 考虑到菜豆产量较低，为了提高效益，进行菜豆与黄瓜、番茄套作栽培，都有高产高效益典型经验。栽培季节为冬春茬。

4. 大棚春茬 菜豆在大棚内10cm地温稳定通过10℃以上可以定植。向前推算35d左右在日光温室育苗，定植后40～45d开始采收，采收期50d左右。

5. 大棚秋茬 7月下旬至8月上旬播种，9月中旬至9月下旬开始采收，大棚出现霜冻前结束。

（四）栽培技术

1. 播种

（1）整地、施肥、做畦 前茬收获后，深耕细耙，施足腐熟有机肥，每667m^2 3 000～5 000kg，过磷酸钙320～26.7kg，草木灰100kg或硫酸钾15kg左右作为基肥，播种前翻地施入。

北方多采用平畦，畦宽1.3～1.6m、畦长6～14m；南方多采用高畦，畦宽60～70cm、高

10～15cm；东北地区垄作较多。

(2) 播种方法、密度 蔓生菜豆开沟条播或穴播，矮生菜豆多为穴播。蔓生菜豆行距60～80cm、穴距15～25cm，1畦2行1架，每穴播4～6粒，每667m^{2}用种4～6kg。矮生菜豆每畦播种3～4行，行距30～40cm、穴距15～25cm，每穴播4～5粒，667m^{2}用种8～12kg。播种后覆土3～4cm。地膜覆盖栽培时，先点子，后铺膜，待豆苗出土后，再抠破引苗出膜，盖上细土封好膜口。

2. 育苗 日光温室冬春茬和塑料大棚春提前栽培，多实行育苗移栽的方法。

(1) 适宜苗龄 在适宜的温度条件下，蔓生菜豆发生4～5片真叶，一般需25～30d，这时的幼苗是定植适宜时期。

(2) 育苗床土的准备 选择温室中部温光条件较好的位置，做成东西向的育苗畦，畦宽1.2～1.5m、长6～10m，畦内平整。选用6份充分暴晒的园田土、4份腐熟有机肥，过筛后混匀。装入塑料育苗钵或纸筒内，不宜装得过满，比钵口低1.5cm左右为宜。将装满营养土的塑料钵整齐摆入育苗畦中。

(3) 温汤浸种 冬季和早春温度低，采用温汤浸种可提前2～3d出苗。将精选后的种子放入5倍于种子量的50～55℃温水中浸泡10min，水温降至37℃再浸种4～6h，当大部分种子吸水膨胀、少数种子尚皱皮时，即从温水中取出，待外种皮略干无水滴时，即可播种。催芽后播种的方法是：将种子沥干水分，放在25～28℃温度下催芽，2d左右菜豆种子即可发芽，已发芽的种子及时播种。播种前，将整齐摆放于苗床的苗钵浇透底水，然后播种。每个苗钵或纸筒或土方中均匀播入3～4粒种子，然后覆盖营养土3～5cm。

(4) 苗期管理 播种后，可在育苗畦上覆盖塑料薄膜，保温保湿，使苗床内气温达20～25℃，播种后约3d可出苗，出苗后将薄膜去掉。幼苗出齐到第1片复叶将展开，适当降低苗床温度，白天保持15～20℃、夜间10～15℃。第3片真叶展开后，到定植前10d，要提高育苗场地的环境温度，白天保持20～25℃、夜间15～20℃，利于幼苗的生长和花芽分化。定植前10d开始锻炼幼苗，前5d，保持白天15～20℃、夜间10～15℃；后5d夜温可降至8～12℃。育苗期间苗床水分管理掌握苗钵营养土见干见湿，浇水次数和浇水量不可过多，这样才能使幼苗矮壮，叶色深，茎节粗短。

3. 定植 蔓生菜豆每畦定植2行，行距50～60cm、穴距20～30cm，每穴2～3株。定植时，按行距开沟，沟深8～10cm，然后按穴距摆放。定植前，先开沟浇水，待水渗后，再覆盖干土。

4. 播种或定植后的管理

(1) 温度 秋茬、秋冬茬前期温度高，要昼夜放风，日光温室和大棚揭开底脚围裙，白天不超过25℃，夜间不低于15℃，随着外界温度下降，当最低外界温度降到15℃以下时，下底脚围裙，改为白天放风。在日光温室最低温度降到10℃以下时加盖草苫。

冬春茬前期外界温度低，以保温为主。播种或定植后密闭保温，出苗或缓苗后超过30℃放风，降到20℃闭风。生长期间尽量保持20～25℃，以保持正常生长发育。

(2) 水肥管理 直播的菜豆幼苗期不浇水，育苗移栽的菜豆，缓苗后不浇水。开花前结合浇水少量追肥。667m^{2}追硝酸铵或硫酸铵15～20kg，促进开花结荚，表土干时中耕培垄；第1次采收前进行第2次追肥，667m^{2}追三元复合肥20～25kg，浇水量不宜太大。冬春茬5～7d浇1

次水，秋茬和秋冬茬前期放风量大，土壤水分蒸发快，浇水要勤，随着外界温度下降，放风量小，浇水间隔时间要加长，以土壤见干见湿为原则。在采收盛期进行第3次追肥，667m² 追三元复合肥25～30kg。在结荚盛期用3 000～5 000倍钼酸铵溶液叶面喷肥，可促进早熟，提高产量。

(3) 插架或吊蔓　日光温室或塑料大棚菜豆多为蔓生品种，需要插架。一般在茎蔓抽生30cm长时，进行支架。用竹竿作支架，选用排架或人字架。采用绳作支架时，可顺畦方向在肩部拉铅丝或粗尼龙绳，然后在其上按照穴距绑吊绳，吊绳的下部直接拴在幼苗的茎蔓上。插好架后，进行引蔓，使茎蔓沿顺时针方向缠绕，避免“绞蔓”妨碍植株正常生长。

5. 适时采收　菜豆供食用的嫩豆荚主要是内果皮，当荚长度长到最大限度时，种子开始生长，这时纤维少，糖分多，品质最佳，是采收的适宜时期。以后中果皮的细胞壁增厚，钙质和纤维增多而变成硬荚，不堪食用，所以菜豆必须及时分次采收，一般每隔3～4d采收1次。

6. 菜豆落花、落荚的原因及其防范措施　菜豆分化的花芽数很多，开花数也较多。蔓生品种比矮生品种菜豆分化的花芽数更多。但其结荚率仅占开花数的20%～35%。

(1) 菜豆落花、落荚的原因

①植株营养分配不当：初期落花多是由于随着植株发育而引起的养分供应不均衡所致，中期落花多是由于花与花之间争夺养分而引起，而后期落花则常是由于营养不良与环境条件不良造成的。

菜豆在花芽分化期和开花期遇到10℃以下低温和30℃以上高温，空气湿度过低、过高，土壤干旱或土壤水分过多都能引起落花、落荚。

当光照时数减少、日照强度减弱时，或氮素供应过多，同时水分也供应充足时，会导致茎、叶徒长；或供应的营养物质不能满足茎叶生长和开花、结荚的需要，也会引起落花、落荚。另外，土壤缺磷，常会使菜豆发育不良，使开花数和结荚数减少。

②其他不良环境因素：如选地不当，种植过密，插架、施肥、灌水及防治病虫害等措施不当，都会引起菜豆落花、落荚。

(2) 防止落花、落荚的措施　选用适应性广、抗逆性强、坐荚率高的丰产优质菜豆品种。

适期播种，培育壮苗，应用排架、吊绳或人字架等架型，为菜豆生长创造一个良好的通风透光环境。定植缓苗后和开花期，以中耕保墒为主。植株坐荚前要少施肥，结荚期要重施肥，不偏施氮肥，增施磷钾肥。浇水，使畦土不过湿或过干。及时防治病虫害，使植株生长健壮，能正常开花结荚。除此以外，还应及时采收嫩荚，以提高营养物质的利用率和坐荚率。

为防止菜豆落花、落荚，可对正在开花的花序喷施5～25mg/L萘乙酸或2mg/L防落素。

7. 病虫害防治　在设施栽培条件下，菜豆主要病害有炭疽病、锈病、叶烧病、根腐病。虫害主要有蚜虫和红蜘蛛。应及时防治，并做到治早治好。

二、荷兰豆

嫩荚豌豆俗称“荷兰豆”，是一种专门以嫩荚作为蔬菜食用的豌豆。荷兰豆属豆科豌豆属1年生或2年生攀缘草本植物。西汉时传入我国，主要分布在长江流域和黄河流域。荷兰豆每100g嫩荚含水分70～78.3g、碳水化合物14.4～29.8g、蛋白质4.4～10.3g、脂肪0.1～0.6g、胡萝卜素0.15～0.33mg，还含有人体必需氨基酸。豌豆的嫩梢、嫩荚和子粒均可食用，质脆清香，富有营养，深受欢迎。

（一）生长发育对环境条件的要求

1. 温度　荷兰豆原产于地中海沿岸。喜温和湿润气候，不耐炎热干燥，也不耐严寒。种子在3～4℃就能发芽，发芽适温18～20℃，出苗适温12～16℃。营养生长要求10～15℃。开花要求15～18℃，如高于26℃，影响品质和产量。

2. 光照　喜强光照。荷兰豆的花芽分化对日照长短要求不严，但在长日照下能提早开花，缩短生育期。

3. 水分　荷兰豆根系入土较深，耐旱力稍强，但不耐空气干燥。最适宜的田间持水量为60%～70%，空气相对湿度为65%～75%。空气干燥，开花减少；高温干旱，花朵迅速凋萎，大量落花、落蕾。

4. 土壤营养　豌豆对土壤条件要求不严，各种土壤均可栽培，但以排水良好，耕层深厚，富含有机质，特别是磷肥充足的土壤最为理想。若磷肥不足时，下部节位分枝少，且易枯萎，同时也影响豆粒的发育。

（二）品种选择

豌豆按其用途可分为粮用和菜用两种。粮用豌豆的花为紫色，种子有斑纹，耐寒力强。菜用豌豆多数为白花，较好的品种有‘绿珠’、‘晋软1号’、‘大荚’豌豆、‘阿拉斯加’、‘大粒’豌豆。

（三）茬口安排

1. 日光温室秋冬茬　8月中下旬育苗或直播，9月中下旬定植，10月下旬开始采收，12月中下旬结束。

2. 日光温室冬春茬　10月上中旬育苗，11月上中旬定植，12月下旬开始采收，2月中旬结束；11月中旬到12月下旬育苗，苗龄35d左右，12月下旬到翌年立春前后定植，2月上旬到4月份采收，都属于冬春茬。

3. 大、中棚春茬　棚内土壤化冻超过10cm即可播种，由于大、中棚有利于控制对荷兰豆生育最适宜环境条件，播种后2个月左右可采收，采收期1个月左右。

4. 大、中棚秋茬　8月中下旬播种，10月中下旬至霜冻出现时结束。

（四）荷兰豆冬茬、冬春茬栽培技术

1. 育苗　荷兰豆的适龄壮苗具4～6片真叶，茎粗而节短，无倒伏现象。要达到上述适龄壮苗的日历苗龄，会因育苗期的温度条件不同而异：高温下（20～28℃）需20～25d；适温下（16～23℃）需25～30d；低温下（10～17℃）需30～40d。育苗方法：按照常规育苗方法进行，应采用容器育苗。播前浇足底水，干子播种，每钵2～4粒种子。早熟品种多播，晚熟品种少播，覆土后撒细土保墒。

播后温度控制在10～18℃，有利于快出苗和出齐苗。温度低发芽慢，应加强保温。温度过

高（25～30℃），发芽虽快，但难保全苗，应适度遮阳。子叶期温度宜低些，8～10℃为宜。定植前应使秧苗经受2℃左右的低温，以利完成春化阶段的发育。育苗期间一般不间苗，不干旱时不浇水。

2. 定植 每公顷施优质农家肥75 000kg，混入过磷酸钙750～1 500kg、草木灰750～900kg。普施地面，深翻20～25cm，与土充分混匀。耙平后做畦。单行密植时，畦宽1m，每畦栽1行。双行密植时，畦宽1.4～1.5m，每畦栽2行。隔畦与耐寒叶菜间套作时，畦宽1m，每畦栽2行。

定植方法：畦内开沟，深12～14cm，单行密植穴距15～18cm，667m^{2}栽3 000～3 600穴。双行密植穴距21～24cm，667m^{2}栽4 500～5 000穴。隔畦间作时穴距15～18cm。稳水栽苗，覆土后搂平畦面。

3. 定植后管理

（1）肥水管理 只要底水充足，现花蕾前一般不浇水，也不追肥。通过控水和中耕，促进根系发达。现花蕾后进行1次追肥、浇水，667m^{2}施氮、磷、钾复合肥15～20kg，随之中耕保墒，控秧促荚，以利高产。花期一般不浇水。第1朵花结成小荚到第2朵花刚凋谢时，标志着荷兰豆已进入开花结荚期。此时肥水必须跟上，一般每10～15d 1次肥、水，667m^{2}每次施氮、磷、钾复合肥15～20kg。

（2）温度管理 定植后到现蕾开花前，温度白天超过25℃时要放风，夜间不低于10℃。整个结荚期以白天15～18℃、夜间12～16℃为宜。

（3）植株调整 温室栽培多用蔓生或半蔓生品种，植株卷须出现时就要支架。蔓生品种苗高约30cm时，即用竹竿插成篱笆架。由于荷兰豆的枝蔓多，且不能自行缠绕攀附，故多用竹竿和绳子结合的方法来支持枝蔓。在行向上每隔1m设立1根竹竿，竹竿上下每0.5m左右缠绕1道绳，使豆秧相互攀缘。当植株长有15～16节时，可选晴天进行摘心。花期用30mg/L防落素叶面喷雾，防止落花、落荚。

4. 适时采收 多数品种开花后8～10d，豆荚停止生长，种子开始发育，此为嫩荚采收适期。为增加产量，可等种子发育到一定程度再采收。但一定要注意，采收晚了，品质会变劣。

5. 病虫害防治 荷兰豆设施栽培的主要病害是白粉病，药剂防治可在发病初期，用25%粉锈宁可湿性粉剂2 000～3 000倍液，70%甲基托布津可湿性粉剂1 000倍液。虫害主要是豌豆潜叶蝇，主要以幼虫潜在叶表皮下曲折穿行取食叶肉，使叶片干枯，可用40%乐果乳油1 000倍液，或90%敌百虫1 000倍液，或50%敌敌畏乳油1 000～1 500倍液防治。

第六节 芽苗菜设施栽培

一、概 述

（一）芽苗菜的定义、种类及特点

凡利用植物种子或营养器官，在黑暗或弱光条件下直接生长出可供食用的芽苗、芽球、嫩

芽、幼茎、幼梢，均称为芽苗类蔬菜。

芽苗菜依据其生长利用的营养来源不同，可分为子（种）芽苗菜和体芽菜两大类。子（种）芽苗菜是利用种子内储藏的养分直接培育成幼嫩的芽或芽苗。如黄豆芽、萝卜芽、豌豆苗、香椿苗等。体芽菜是利用2年生或多年生的宿根、肉质根、根茎或枝条中累积的养分，培育成芽球、幼茎、嫩芽、幼梢，如用肉质直根培育的菊苣芽球，宿根培育的菊花脑、蒲公英芽，根茎培育的芦笋、姜芽，枝条培育的枸杞头、香椿芽等。

此外，根据芽苗菜产品销售方式的不同，可分为离体芽苗菜和活体芽苗菜两类。根据芽苗菜食用部位的不同，可分为芽菜和苗菜两大类。

芽苗菜具有较高的营养价值，是一类无公害的绿色食品，在生产过程中设备投资少，并且生长期短，周转快，具有较高的经济效益。因芽苗菜具有生产过程受外界环境条件制约较少的特点，可以在一些恶劣条件下充分发挥其生产优势，因此芽苗菜是一类很有发展前途的新型蔬菜。

(二) 芽苗菜生产的环境条件、设施、器材

芽苗菜种类繁多，生产方式、栽培设施很多，现以子芽苗菜的生产设施为例，简要阐述芽苗菜生产的环境条件和设施器材。

1. 芽苗菜生产的环境条件 生产芽菜所需要的环境条件，主要有温度、光照、水分和空气。

(1) 温度 芽苗菜生产要求一定的温度。一般白天保持20～25℃，夜间不低于16℃。采用露地栽培，易受外界环境条件的制约，因此生产效益较低，为了提高经济效益，同时达到周年生产周年供应的目的，多采用设施栽培，可以在日光温室、塑料大棚、中棚、小棚、房舍内等地进行栽培。设施内气温过高或过低时，应增设降温、加温等设施。

(2) 光照 光与芽菜的质地、颜色关系密切。有的芽菜是以粗壮、质脆、洁白为上乘，如绿豆芽等，其生产过程是在遮光条件下进行的。但是香椿芽、萝卜芽、豌豆苗，不仅要求质脆鲜嫩，而且要求带有鲜艳的绿色，需要见光，室内保持2 000～5 000klx的光照度即可。

(3) 空气 芽苗是一个活体，种子浸种后进行剧烈的呼吸作用。氧气参与呼吸作用，同时又能保证酶的活性，促进养分的水解和合成。缺乏氧气影响细胞分裂和分化，影响新器官的形成和生长发育，所以氧气在芽菜生产中起重要作用。

但是，在正常的空气含氧量（约占21%）条件下，芽菜的呼吸加快，新陈代谢旺盛，芽菜生长细弱，纤维化严重，影响品质。采取控制空气流通的方式，适度降低芽菜周围空气中氧气的含量，有利于生产出胚轴粗壮、纤维较少、质脆鲜嫩的芽菜。

(4) 水分 芽苗菜生产需要大量的水分。因此，生产场地应有方便清洁、无污染的水源供应。

2. 芽苗菜生产的设施、器材

(1) 设施 目前，用于芽苗菜生产的设施主要是日光温室、塑料大棚、中棚、小棚以及厂房、农舍等。此外，芽苗菜生产还需要种子储藏室、工作室、清洗室、催芽室、消毒室等设施。

(2) 器材 栽培芽苗菜的器材可以因陋就简、就地取材，所需器材主要有下列几部分。

①多层栽培架：为便于立体栽培，充分利用空间，提高场地利用率，应制作栽培架。栽培架可用角铁、竹竿、木棍等焊接或绑扎而成。架高2m左右、宽50～60cm、长1～2m，一般分6

层，最低层距地面15～20cm，以上每层高30～40cm。有条件时，可在栽培床下安设车轮，以便搬运育苗盘和运输。

②育苗盘：栽培容器是芽苗菜生长发育的场所。一般用蔬菜塑料育苗盘，规格为外径长60cm、宽24cm、高5cm的底部带孔塑料盘，也可用木板、铝皮、铁皮等做成的盘代用（制作时应在底部留有足够的小孔以利于排水）。要求苗盘大小适当、底面平整、形成规范、价格低廉。

③浇水设备：规模化生产的自动化浇水，可以安装微喷装置及定时器，设定时间自动喷水。为降低生产成本，目前生产中多采用人工浇水。浇水方法是把胶皮管的一端接在自来水龙头上，另一端安装1个喷头，手执胶皮管，从苗盘的上层逐一向下浇水，比用喷壶喷水，既方便又节省时间。

④遮光设备：在日光温室的后屋面下生产芽菜，虽然光照比较弱，但是采光设计科学的温室，冬季光照仍比较充足，不符合芽菜生长要求，需要进行遮光。目前的遮光设备，最理想的是在中柱北侧张挂反光幕，不但可以给芽菜遮光，还对反光幕前的果菜类蔬菜增强了光照，提高了温度，芽菜生产部位也能保证足够的温度。没有反光幕也可以张挂有色薄膜或牛皮纸等进行遮光。

⑤栽培基质：芽苗菜的栽培基质很多，一般有白棉布、无纺布、泡沫塑料、珍珠岩、河沙、废纸等，只要是洁净、无毒、质轻、吸水及持水力强即可。

（3）器材消毒方法　采用架式设施栽培时，因栽培的密度大，设施、设备的重复利用率高，容易感染病菌并迅速蔓延造成损失，因此应注意对设施和设备进行消毒处理。方法有：①关闭设施，用1g/m²纯硫黄，点燃熏蒸4～12h，然后打开门窗通风换气；②用0.4%甲醛溶液喷雾，并关闭门窗进行闷熏2～3d后通风换气；③栽培容器、基质等可在日光下曝晒3～5d，或用80℃以上的热水浸泡15～30min，或用3%或0.2%漂白粉溶液或0.1%甲醛溶液浸泡，然后用清水冲洗2～3次后再使用。

为了便于销售，还应有集装架、运输车、喷水装置等。

二、芽苗菜设施栽培技术

（一）豌豆芽苗生产技术

豌豆芽苗也叫豌豆苗、龙须豌豆苗等，是由种子萌发形成的，其食用部分是幼苗的茎、嫩梢和初生小叶。由于豌豆种子来源甚广，价格低廉，生产周期短，再加上其产品营养丰富，无公害，因此目前已成为我国南北各地普遍栽培的一种新型蔬菜。

1. 品种选择　品种选择是生产豌豆苗的关键环节。目前使用较多的是‘青豌豆’、‘山西小灰豌豆’、‘紫花豌豆’等品种。

2. 浸种催芽　为了出苗整齐，播种前需要浸种催芽，首先把种子过筛，并剔除发霉、破损、不成熟的种子。豌豆种子发芽的吸水量为自身重的186%，将淘洗干净的种子放入大盆中，加上种子体积3倍的清水浸泡，浸泡时间根据水温决定，水温较高8h即可吸足，冬季水温低最多需20h，以种子充分吸胀为标准。浸种始终保持水的清洁，中间换水2～3次。

种子吸足水后，沥去多余水分，放在清洁的水桶中，上面覆盖湿布保湿，置于20℃左右的环境下催芽。催芽过程中用清水淘洗2～3次，不能让种子发黏。冬天需24～48h出芽，夏天24h出芽。刚冒出小芽时播种。

3. 播种上盘　豌豆芽苗多采用育苗盘、基质（珍珠岩、炉渣等）或旧报纸等进行栽培。播种前先准备好播种盘，盘底垫一层报纸，其作用是在收割后清理时，便于把残根倒出盘外。将催出小芽的种子再次清洗，平铺于苗盘中，每盘播种量500g左右。

播种后的育苗盘有两种处理方法：一种是5～10个盘叠放在一起，上面放一个空盘遮光。每天上下倒1次盘，因为不同高度的温度有差异，倒盘可使出苗一致。待长出幼苗时摆在栽培架上，没有栽培架的摆在地上。另一种方法是播种后直接摆到栽培架上，立即进行遮光，直到采收前3～4d去掉遮光进行绿化。

4. 出苗后的管理

（1）水分　根据天气和苗高进行浇水。晴天温度较高，一天中浇水3～4次，阴天温度低时少浇，一天浇1～2次。幼苗长到4～5cm前浇水量要大，要浇透水。豌豆苗长到5cm高以后，幼苗间基本没有空隙，水量大了容易窝水烂苗，浇水宜勤，每次水量要少。只浇清水，不浇营养液，全靠种子的养分供给生长。

（2）温度　豌豆苗生长的适温为20℃左右，但适应范围很广，10～30℃均能正常生长，只是温度低生长缓慢，温度高生长快，但是超过30℃容易发生根腐病，控制温度在20℃左右效果最好。

（3）湿度　空气湿度的调节非常重要，空气相对湿度以80%最理想，空气湿度过高容易生病，空气湿度低对生长不利。

（4）光照　豌豆苗对光照要求不严格。在株高3～5cm以前，保持黑暗环境条件，幼苗生长快，纤维化慢，品质鲜嫩以后进行80%的遮光，绿化时间3～4d即可。

5. 采收　豌豆苗生长期很短，采收要适时，过早采收影响产量，采收晚品质降低。采收标准株高10cm左右，顶部真叶始展开或已充分展开时，品质最佳。从芽苗根部1～2cm处剪割，放入塑料袋（盒）尽快上市。不能及时销售完的应放在8℃左右的冷藏室中储藏，一般可保存1周左右。亦可整盘上市，在销售时进行收割。每盘产量300～350g。播种量与产菜量为1∶1～1.5。

6. 豌豆芽苗的再生栽培　在第1次采收豌豆芽苗后，豌豆种子中还有大量的营养，可以继续利用提供幼苗再一次生长。这样既减少了浪费，又增加了经济效益。

在第1次采收时，注意不要将豌豆的种子割伤，也不可把芽基割除，以免染病和失去生长点。割取芽苗的距离可距表层豆粒0.5cm左右。同时，也应注意收割距离豆粒不可过长，过长会引起两个或两个以上的分枝，影响生长期和品质。

收割后的管理同第1次。但要经常检查，检出烂豆、病豆，防止发生病害。第2次收割时间和方法同第1次。如果管理得当，豌豆芽苗的再生栽培可进行4～5茬。以第1茬为最好，第2茬较好。第3茬次之，第4～5茬的品质严重下降。所以再生栽培以2～3茬为宜。

（二）萝卜芽菜生产技术

萝卜芽菜也叫娃娃萝卜菜、娃娃缨萝卜菜，其两片叶子像分开的贝壳，是萝卜种子直接萌发形成的肥嫩幼苗。萝卜芽菜营养丰富，味道鲜美，能起到顺气、助消化的作用，具有一定的保健功效。萝卜芽菜生产投资少，见效快，能够周年生产，周年供应，是很有开发前景的绿色蔬菜。

1. 生产条件 萝卜芽菜喜温暖湿润，不耐干旱和高温，对光照要求不严格。发芽生长的适温是20～25℃，最低温度为14～16℃，最高温度为35℃。温度适宜时，播种后7～10d，下胚轴长5～6cm，即可收获。在长江流域，萝卜芽是在地面做畦栽培的，不如利用基质进行营养液栽培的品质好，无污染，病害轻，品质鲜嫩。

2. 生产技术

(1) 品种选择 一般萝卜品种的种子都可以生产萝卜芽菜，但必须保证有充足的货源，种子价格便宜；种子的纯净度高，种粒大，种子的发芽率90%以上（当年生产的种子）；芽粗壮、抗病、产量高、纤维形成慢、叶柄色白或近白色，子叶嫩绿而肥厚，品质佳。一般要求种子的千粒重为9～15g。目前常用的品种有'大白萝卜'、'穿心红萝卜'、'湖南娃娃萝卜'、'四缨水萝卜'、'心里美萝卜'、'大红袍萝卜'、'浙大长白萝卜'等。据北京市农林科学院蔬菜研究中心试验，'四缨水萝卜'出苗快，但茎细小而短，产量低，辣味小；'心里美萝卜'茎粗，茎叶均为红紫色，辣味大；'大红袍萝卜'茎粗壮，子叶大，红茎绿叶外观漂亮，辣味大；'浙大长白萝卜'茎粗壮，子叶大，白茎绿叶外观漂亮，辣味小。其中以'大红袍萝卜'、'浙大长白萝卜'、'大白萝卜'等品种为佳。

(2) 栽培方法 栽培萝卜芽分土壤栽培和无土栽培两种。

①土壤栽培：将萝卜种子播种在土壤或河沙中，育成萝卜芽菜的方法。土培法可在露地或大棚、阳畦中进行。沙培法一般用育苗盘、箱在温室、大棚或房舍内进行。

土培时，应选肥沃、疏松、保水和排水良好的地块，精细整地，做成宽0.8～1m，畦长由前底角至北部通道。整平畦面，撒厚2～3cm育苗用营养土，耙平踩实，浇透水，水渗下后再薄薄撒一层细土，以免撒种到畦面上滚动造成分布不匀。根据千粒重不同，每平方米播种量80～150g。萝卜芽不间苗，播种要均匀，覆营养土厚0.5～1.0cm。为保持土壤水分，可在畦上盖稻草或黑色遮阳网。

播种后保持温度18～20℃，3d后出苗，幼苗高3～5cm时，浇0.5%尿素水溶液，以后在早晨和傍晚用细嘴喷壶喷水，注意轻浇，不要把苗喷倒。条件适宜时播种后8～10d，最多15d（遇到连阴天），苗高10cm，真叶刚显露时即可收获。1kg种子可生产5～8kg萝卜芽。

收割时用利刀贴地面割下，洗净后整理，捆成小把上市。

土壤栽培也可在播种后，覆盖疏松细土厚10cm，2片子叶刚展开时收割，下胚轴长而黄白软化，品质更为鲜嫩。

②无土栽培：无土栽培一般是利用育苗盘、箱，内放入基质（珍珠岩、草炭、炉渣、沙等），或用废纸铺底，育苗盘放在栽培架上进行栽培。栽培场所可以是日光温室、塑料大棚、厂房、农舍等，夏季设法降温，冬季加强保温或采用加温设备。

播种前应对苗盘、基质等进行消毒处理，然后在苗盘内铺上基质或纸，并浇水湿润，再撒播种子。育苗盘的规格一般为长60cm、宽25cm、高5cm，每盘播种量35～45g，播后进行喷雾，补充水分。然后将育苗盘叠在一起。放在20～25℃条件下，保持黑暗和潮湿进行催芽。2～3d芽苗出齐，再将育苗盘放到栽培架上进行栽培。

栽培时，栽培室应保持20～25℃，空气相对湿度保持70%以下，并加强通风。每天喷洒清水2～3次，阴雨天可酌减。株高3cm时，开始浇1～2次营养液，营养液配方见表8-2。

表8-2　营养液中各类营养元素的含量（mg/kg）

成分	N	P	K	Ca	Mg	Fe	B	Mn	Mo
浓度	100.0	30.0	150.0	60.0	20.0	2.0	1.0	6.0	0.5

在栽培架上应逐渐增加光照。苗高1cm时，在光照度为3 000～4 000lx的条件下5～7d即可上市。

（三）香椿苗生产技术

香椿苗主要有两种生产方法：一种是利用香椿种子萌发后直接形成香椿芽，又叫香椿芽苗、香椿种芽；另一种是利用香椿种子进行育苗或利用无性繁殖育苗，再定植到大田或设施内进行栽培，采收植株上萌发的嫩芽为产品，因此称为香椿体芽。香椿种芽生长周期短、见效快，一般只要温、湿度及光照条件适宜，可周年生产，周年供应。体芽生产受到气候条件、土壤条件及设施条件等影响，品质比香椿种芽略差，但产量高。香椿苗的营养丰富，香味浓郁，可凉拌、炒食、腌渍，是人们喜爱的蔬菜。

1. 香椿芽苗生产技术

（1）品种选择　常用于生产香椿苗的香椿品种有‘红油椿’、‘紫油香椿’和‘黑油椿’，因为香椿种子在常温条件下储藏易失去发芽率，并且种子的发芽率与树龄有很大关系，因此应选择10～25年树龄上采收的新种子，要求外观种粒大、饱满、纯度高、新鲜、无霉变、无病虫害。香椿种子发芽的最低温度为10～15℃，最高温度为30℃，最适温度为20～25℃。香椿芽苗生长的最低温度为16℃，最高为30℃，最适温度为20～23℃。

（2）浸种催芽　当年采收的种子去翅和杂质，用55℃温水装入盆中，将种子放入盆中，不停地向一个方向搅拌，水量相当于种子体积的5倍，当水温降到30℃左右时停止搅拌，继续浸种12h，用水清洗数次，沥去表面水分，放到22～24℃处催芽，2～3d芽长1～2mm时播种。催芽期间，每天用清水冲洗1～2次。

（3）播种　在育苗盘内播种。育苗盘中的基质可为珍珠岩、细土混农家肥（1∶1）、锯末细土（1∶1）。基质选定后，按5∶1 000加入三元复合肥，此外，在播种前10～15d，用多菌灵6～8g/m^{2}或代森锰锌8～10g/m^{2}进行基质消毒。育苗盘洗净，平铺厚2.5cm基质，整平基质，盘浇透水后，将催出芽的种子均匀撒到上面，覆土厚1～1.5cm。播种量为240g/m^2，每盘用干种量为50～70g。

（4）播种后管理　播种后，育苗盘叠放在栽培室内，出苗后放在栽培架上。栽培室中保持20～23℃，4 000～5 000kx的散射光线，每天通风。出苗后，每天喷水3～4次，使空气相对湿度保持在80%左右；2～3d根外追施0.1%尿素液1次。播种后5d胚根即可深入基质层，10d后下胚轴即可长到8～10cm，1mm粗。

（5）采收包装　香椿苗的下胚轴8～10cm高时即可采收。优良的香椿苗是：芽苗浓绿色，整齐，子叶平展，充分肥大，心叶未伸出，无烂种、无烂根或猝倒苗发生，香味浓郁。一般每平方米可产香椿芽 2 400g 左右。

收获一般采用整盘出售，或拔根后包装上市的方式。一般每盘产量 400～450g，1kg 干种可生产 14kg 产品。从播种至收获需 12～15d。产品若装在食品袋中封好口，置于阴凉处可保鲜 1 周左右。保鲜时切忌喷水和受热。

2. 香椿体芽生产技术 香椿体芽可以在露地、大棚或日光温室等场所生产。其繁殖方式有种子繁殖和无性繁殖。品种选择和浸种催芽，参阅香椿芽苗生产。

（1）种子育苗移栽法

①播种育苗：播种时应选择土壤疏松肥沃、保水性能良好、排水方便的田块作苗床，土壤病害较为严重的田块，播种前要进行土壤消毒（每 667m^2 用多菌灵 3～4kg，均匀撒于田间，并深翻细耙），为增加田间排水性，多做高畦，并于 4 月初播种。播种前按行距 30～35cm 开浅沟，将沟内浇足底水，待水渗后播种，播种后用地膜覆盖，保温、保湿，一般 10～15d 出苗，出苗后及时揭去地膜。当幼苗具有 4～5 片真叶时间苗，苗距 20cm 左右，每 667m^2 留苗 1.2 万株左右。

②定植：当苗高 16～20cm 时即可定植。定植前施足腐熟有机肥，一般每 667m^2 2 000kg，无机复合肥每 667m^2 100kg。株行距为 25cm×30cm，667m^2 栽植 1 万株左右。

冬季利用日光温室或塑料大棚加盖地膜，采取矮化栽培技术，可使香椿芽提早上市，也可提高香椿芽的产量。具体方法如下：做垄栽培，垄高 25cm 左右，垄间距 60cm 左右。将苗定植到垄上，株距为 15～20cm，定植密度每 667$m^2$1 000～1 200 株。当香椿苗高 40～50cm 时，及时打顶，以促进其矮化和分枝，矮化高度以距地面 30cm 左右为宜。应用此法栽培，香椿芽产量为 667m^2 150～200kg。

③田间管理：定植后应加强肥水管理，连续浇水 2～3 次，尤其进入夏季高温季节后，应保证水分供应，同时结合浇水，适当追施薄肥，667m^2 施尿素 10～15kg，促进幼苗木质化。此外，田间管理中最关键的是在苗高 50～60cm 时及时摘心，除去植株顶端优势，以促进植株多分生侧枝，提高产量。为了适应保护地生产，应对香椿苗进行矮化处理，具体方法是：香椿苗主干高 50cm 左右时开始摘心，分枝留 2～3 片复叶，进行摘心；也可利用多效唑或矮壮素进行化学处理，即多年生香椿苗从 6 月下旬开始、当年生香椿苗从 7 月下旬开始，喷施多效唑或矮壮素，每隔 10～15d 喷施 1 次，连续喷施 2～3 次。通过矮化处理，香椿苗当年即可形成顶芽饱满、基部有 7～8 个侧枝、须根较多的健壮苗。

④病虫害防治：香椿虫害主要有黄刺蛾、蛀斑螟和云斑天牛等，可用万灵、杀灭灵、抑太保防治。主要病害为叶锈病、白粉病、根腐病等，可用粉锈宁、可杀得、代森锰锌等加以防治。

（2）无性繁殖移栽法 可分为根蘖育苗、根插育苗和插条育苗等。

①根蘖育苗：又叫分株育苗。香椿植株生长过程中，其茎基部粗壮的侧根会形成分蘖苗，挖取后进行繁殖。在自然状态这种育苗法的繁殖系数较低，为了促进分蘖的形成，生产中多采用断根技术。断根方法：在冬季香椿落叶后或春季土壤刚解冻但新芽未萌动之前，选择已生长 2～3 年的健壮香椿植株，以树冠直径大小为标准，在植株根部周围挖宽 30～40cm、深 50～60cm 的沟，碰到 2cm 以下的侧根即截断，而 2cm 以上的侧根尽量少损伤。在沟内施用一定量的腐熟堆肥，浇足水后再填土筑埂。断下的根在春季萌芽后，切口形成愈伤组织，产生大量分蘖，长出地面后形成萌蘖苗。用此法获得的苗木由于根部营养积累不同，幼苗的生长差异较大，幼小的苗需

要在苗圃地生长1年，次年再作为苗木定植到大田。

②根插育苗：选取1～2年生的香椿苗，从根部挖取直径为0.5～1.0cm的健壮侧根，剪成长15～20cm的小段，按30～50根扎成1捆。扦插前如果土壤干旱，则应浇水；如果土壤湿润也可不浇水。扦插时小头向下剪成平口，大头向上剪成斜口，斜向插入土中，根段与地面成30°，地面露出2cm左右，上盖地膜保温、保湿。当根段上部萌发的新芽长为5cm时，立即划破地膜，在每根断根上选留一个健壮芽，其余的新芽全部去除，同时，用湿土压住地膜，当苗高10～15cm时，及时取出假植到苗床育苗，苗高40～50cm时再定植到大田。

③插条法：可在秋季香椿落叶后，选1～2年生枝、直径1cm左右的香椿枝条，截成15cm左右的枝段，剪口上平下斜，上剪口距芽眼1.5～2cm，20～30根扎成1捆，斜面切口向下，插入潮湿的沙中催芽，出现新根即可插到苗圃育苗。

如果在春季采种条时，应在萌芽前。先将种条在清水中浸泡1d，然后放在1/1 000～2/1 000萘乙酸溶液中浸0.5～1d。取出用清水清洗，插在背风向阳的沙坑中进行催根，当扦插条形成愈伤组织后即可扦插。

当香椿枝条上香椿芽长度为10～15cm时，即可采收上市。过早产量较低，过长则品质下降。

(四) 菊苣芽生产技术

用种子直接培育菊苣芽，称为种芽；用种子在春天播种，培育出粗大而健壮的根，秋季挖出后进行冬季软化栽培产生的芽，称为体芽。菊苣芽的生产，以体芽生产为主。

1. 品种选择 选用叶用菊苣品种中专供软化栽培用的比利时菊苣白叶和红叶品种。目前中外主栽品种有‘意大利’、‘大根’、‘大布鲁塞尔’等。

2. 播种 选用发芽率高的种子，在50～55℃温水中浸10min后，再在冷水中浸2～4h，捞出沥干，雨后抢墒播种，或播后浇水。播种前结合耕翻土地施足基肥，做平畦或深沟高畦，畦面宽1.5～1.8m。在春季，当10cm深地温稳定在10℃以上，即可播种。如采用条播时，行距40cm左右，播后覆土厚2cm左右。播种量为每667m^2 0.2～0.3kg，播后覆盖地膜保温、保湿。

3. 培育健壮的根 全苗后及时间苗，2～3叶时定苗，株距12～15cm。定苗后到封行前，行间可套种其他作物，可以充分利用土地，减少杂草生长。

定苗后和根生长盛期，667m^{2}可用专用果菜复合肥20kg追肥。干旱时少量浇水，促使根下扎。如不套种，生长期则要多次中耕锄草，封行后停止中耕，以防伤根。雨季应注意排水，防止根部腐烂。

4. 软化栽培用根的收获和保存 10月末至11月初，第1次严霜以后到土壤封冻之前，菊苣叶的顶端开始枯萎，此时可挖取菊苣的根。从根颈上方1～1.5cm处切除上部叶子，将根平放在盛有沙的箱中，将箱子储存在4～5℃的冷凉处，可以储存数月。收获的根按长度和直径的大小分类收藏。软化栽培用最适宜的根长是15～20cm。

5. 菊苣芽的软化栽培 软化栽培一般在10月下旬至翌年4月进行。可以根据菊苣芽上市的时间来确定，软化栽培用的直根必须储存到进行软化栽培的前1个月。

软化栽培在黑暗并且温暖的环境中进行，可以直接在地窖中进行，也可在地窖或仓库中的箱、筐中进行。直接在地窖进行软化栽培的，可先用砖块砌成栽培床。各栽培床间留有通道，便于操作和管理。在地窖的箱中进行软化栽培的，先将箱（筐）排列整齐，并留有通道。在箱（筐）或栽培床内填放厚15cm腐熟的厩肥或细土，在肥或土上开沟，将除去根梢、准备软化栽培的直根，依粗细分类密集栽植在沟中，将根紧靠根，根周围填满壤土和细沙，根颈与土表持平。

在根部浇透水，用干土和沙土围住根颈，顶部再盖厚15～20cm沙土或细土。根部不可过湿，尤其是根颈和盖土不能湿，也不能有正在腐烂的物质和厩肥等，以免引起根部腐烂。盖土起遮光和保湿作用。

在黑暗条件下，栽培环境保持温度在15～20℃，软化栽培根20～25d形成白色叶球。温度在10～12℃时，30～40d才能形成菊苣芽。地窖或仓库中，温度达不到15～20℃，可以加温。

露地进行软化栽培的，密集栽植直根的箱（筐）可置室外，用未堆制过的厩肥作覆盖物，正在分解的堆肥产生的热可以提高地温，保护芽和防霜冻。

在软化栽培过程中，每隔2～3周检查出芽和根周围水分的情况。若水分不足，则需补水。出芽达标准，可采收上市。

6. 采收 播种后2～3周，如发现叶梢或芽已伸出土表，则表明菊苣芽可以采收。从边上开始扒去土，依次在根颈上方1.5cm处折断，不要损伤生长点。采收后覆盖厚15cm沙土或壤土，几周后芽出土面，又可以收获1次。一般菊苣芽采收2次。

7. 包装和储存 采收后用软布把菊苣芽从上到下擦干净，按大小分级包装，用16cm×27cm塑料袋，每袋装300～400g，封口上市。长13～20cm、每个芽重85～115g为一级，其他级数长度、重量依次减少。不同等级的价格不一。包装好的菊苣芽可放在10℃左右冷柜（不见光）储存15d。

【思考题】

1. 简述蔬菜设施栽培特点。
2. 简述设施栽培方式及茬口类型。
3. 茄果类蔬菜设施栽培如何提高坐果率？
4. 简述番茄塑料大棚春早熟栽培技术要点。
5. 辣椒日光温室冬春茬定植后，如何进行温、湿度及肥水管理？
6. 简述茄子日光温室冬春茬栽培技术要点。
7. 黄瓜日光温室栽培分哪几个茬口？各茬口何时播种及定植？各应选择什么品种？
8. 日光温室黄瓜越冬茬与其他茬口在育苗上有何不同点？
9. 简述黄瓜日光温室越冬茬栽培技术要点。
10. 设施栽培韭菜有哪些栽培方式？各有何特点？
11. 怎样进行韭菜日光温室秋冬连续生产？
12. 日光温室韭菜覆盖薄膜后，怎样进行管理？
13. 西芹种子怎样进行催芽？

14. 日光温室冬西芹、春西芹应在何时育苗？怎样播种？
15. 日光温室冬西芹、春西芹怎样进行水肥管理？怎样进行温度管理？怎样使用赤霉素？
16. 菜豆设施栽培应选择哪些品种？结荚期怎样进行肥水管理？
17. 菜豆落花、落荚的原因及防止措施是什么？
18. 芽苗菜生产对环境条件有何要求？豌豆苗出苗后如何管理？
19. 简述香椿芽苗和体芽生产技术要点。

【技能训练】

技能训练一　设施果菜的植株调整

一、技能训练内容分析

掌握设施内果菜作物植株调整的方法，了解其对植株生长发育和产品器官产量、品质的影响。

二、核心技能分析

果菜的植株调整是一项细致的管理工作，进行植株调整的优点可概括为：①平衡营养器官和果实的生长。②增加单果重量并提高品质。③使通风透光良好，提高光能利用率。④减少病虫害发生和果实机械损伤。⑤增加单位面积株数，提高单位面积产量。

温室果菜的植株调整包括搭架、整枝、打杈、吊蔓、摘叶、疏花、疏果等。每一植株都是一个整体，植株上任何一个器官的消长，都会影响到其他器官的消长。

三、训练内容

（一）材料与用具

1. 园艺植物　可在下列蔬菜植物中选择一种进行操作：①不同生长类型的番茄植株。②不同品种的茄子、辣椒植株。③甜瓜、黄瓜植株。

2. 用具　竹竿、剪刀、塑料绳、记号笔、标签牌等。

（二）步骤与方法（以蔬菜为例说明）

1. 选择蔬菜品种并了解生长结果习性　①番茄按照花序着生的位置及主轴生长的特性，可分为有限生长类型与无限生长类型，不同生长类型植株调整方法不同，一般有单干、双干和改良单干整枝。②茄子根据开花结果习性不同，一般采用双干或3干整枝。③辣椒按开花结果习性可分花单生和花丛生两类，一般采取单干或双干整枝。④瓜类按结果习性可分为主蔓结果（黄瓜）、侧蔓结果（甜瓜）和主侧蔓（西瓜）均可结果3种类型。

2. 搭架、吊蔓、缚蔓

（1）番茄　苗高30cm左右时搭架，植株每生长3～4片叶缚蔓1次。

（2）黄瓜、甜瓜　5片真叶后茎蔓开始伸长，需支架或吊蔓。蔓长30cm以后缚或绕1次，以后每隔3～4节1次。当黄瓜蔓长至3m以上时应将吊绳不断下移落蔓，使下部空蔓盘起来，保证结瓜部位始终在中部。甜瓜则在第25～28叶打顶。

3. 定干（蔓）

（1）茄果类　番茄采用单干整枝，只留主干，去除所有侧枝。甜椒采用单干或双干整枝，辣椒采用双干或3干整枝，茄子采用双干或3干整枝。

（2）瓜类　温室黄瓜、甜瓜一般采用塑料绳吊蔓、单蔓整枝法。甜瓜去除第12节前的侧蔓，在第12～14节侧蔓上留果后，仅留1～2片叶摘心，第14节以后侧蔓也要去除。

4. 去侧枝、摘心、去老叶　在果菜生长过程中，应及时去除多余侧枝、卷须和老叶，此项工作应在中午进行，有利于伤口愈合。当植株长至一定高度时，根据定干要求进行摘心，促使养分集中输送到果实中去，有利于果实发育和提早成熟。

5. 疏花疏果

（1）番茄　大果型番茄每穗留2～3个果，中果型每穗留4～6个果，其余花果全部疏去。

（2）黄瓜　及时摘去根瓜及畸形花果。

（3）甜瓜　一般只保留1～2个果，开花后进行人工授粉，待幼果长至鸡蛋大小时，选留其中生长良好的1个果。

四、作业与思考题

1. 写出技能训练报告，记录整枝的操作步骤。

2. 举例说明为什么蔬菜作物植株调整必须以生长结果习性为基础。

第九章

设施花卉栽培技术

【知识目标】了解花卉设施栽培在生产中的概况，掌握其在花卉生产中的作用；了解花卉设施栽培的种类；掌握各类花卉设施栽培的基本技术。

【技能目标】根据花卉种类选择适合的园艺设施，并通过环境调控方法满足花卉在设施中生长发育的需要；掌握各类花卉设施栽培的繁殖、栽培管理技术。

第一节　概　述

一、花卉设施栽培的特点与现状

20 世纪 70 年代以后，随着国际经济的发展，花卉业作为一种新型的产业得到了迅速发展。荷兰花卉发展署的分析数据表明，70 年代世界花卉消费额仅 100 亿美元，80 年代后进入平均每年递增 25%的飞速发展时期，90 年代初世界花卉消费额即达 1 000 亿美元，2000 年达到 2 000 亿美元左右。据有关资料显示，各国每年人均消费鲜花数量为：荷兰 150 支，法国 80 支，英国 50 支，美国 30 支，而中国 1998 年鲜花产量 20.3 亿支，人均消费 1.7 支。荷兰是世界上最大的花卉生产国。1996 年仅花卉拍卖市场总成交额就高达 31 亿美元，每年出口鲜花和盆栽植物的总价值为 50 亿荷兰盾。荷兰的农业劳动力为 29 万人，占社会总劳动力的 4.9%，从事温室园艺作物生产的企业 1.6 万个，平均每年出口鲜花 35 亿株，盆栽植物 3.7 亿盆。

与其他园艺作物不同的是，花卉是以观赏为主，它主要是为了满足人们崇尚自然、追求美的精神需求，因此生产高品质的花卉产品是花卉商品生产的最终目的。为保证花卉产品的质量，做到四季供应，温室设施栽培是最可靠的保障。在花卉王国荷兰，2000 年花卉栽培面积为7 328 hm^2，其中温室面积 5 387hm^2，占总面积的 73.4%，除繁殖种球等在露地生产外，切花和盆栽观赏植物几乎全部在温室生产。设施栽培在花卉生产中的作用主要表现在以下几个方面：

1. 加快花卉种苗的繁殖速度，提早定植　在园艺设施内进行三色堇、矮牵牛等草本花卉的播种育苗，可以提高种子发芽率和成苗率，使花期提前。在设施栽培条件下，菊花、香石竹可以周年扦插，其繁殖速度是露地扦插的 10～15 倍，扦插成活率提高 40%～50%。组培苗的炼苗和驯化也多在设施栽培条件下进行，可以根据不同种、品种以及瓶苗的长势进行环境条件的人工控制，有利于提高成苗率，培育壮苗。

2. 进行花期调控　以前花卉的周年供应一直是一些花卉生产中的瓶颈，通过设施环境调控可以满足植株生长发育不同阶段对温度、光照、湿度等环境条件的需求，达到调控花期，实现周年供应的目的。如唐菖蒲、郁金香、百合、风信子等球根花卉种球的低温储藏和打破休眠技术，牡丹的低温春化处理，菊花的光照结合温度处理可解决周年供花问题。

3. 提高花卉的品质 花卉的原产地不同，具有不同的生态适应性，只有满足其生长发育不同阶段的需要，才能生产出高品质的花卉产品，并延长其最佳观赏期。如高水平的设施栽培，温度、湿度、光照的人工控制，解决了上海地区高品质蝴蝶兰生产的难题。与露地栽培相比，设施栽培的切花月季也表现出开花早、花茎长、病虫害少、一级花的比率提高等优点。

4. 提高花卉对不良环境条件的抵抗能力，提高经济效益 花卉生产中的不良环境条件主要有夏季高温、暴雨、台风，冬季冻害、寒害等，不良环境条件往往给花卉生产带来严重的经济损失，甚至毁灭性灾害。如广东地区1999年的严重霜冻，种植业损失上百亿元。其中陈村花卉世界种植在室外的白兰、米兰、观叶植物等损失超过60%，而大汉园艺公司的钢架结构温室由于有加温设备，各种花卉几乎没有损失，取得了良好的经济效益和社会效益。

5. 打破花卉生产和流通的地域限制 花卉和其他园艺作物的不同在于人们追求"新、奇、特"的观赏效果，各种花卉栽培设施在花卉生产、销售各个环节的运用，使原产南方的花卉如猪笼草、蝴蝶兰、杜鹃、山茶等顺利进入北方市场，丰富了北方的花卉品种。在设施栽培条件下进行温度和湿度控制，也使原产北方的牡丹花开南国。

6. 进行大规模集约化生产，提高劳动生产率 设施栽培的发展，尤其是现代温室环境工程的发展，使花卉生产的专业化、集约化程度大大提高。目前，在荷兰、美国、日本等发达国家从花卉的种苗生产到最后的产品分级、包装均可实现机器操作、自动化控制，提高了单位面积的产量和产值，人均劳动生产率大大提高。

我国花卉业于20世纪80年代开始起步，设施栽培面积达60%以上。90年代中期以后，花卉产业进入快速发展时期，从国外引进许多花卉新品种，与国际花卉业间的交流也与日俱增。截至2006年底，我国花卉种植面积已达14.75万 hm^2，是世界花卉种植面积最大的国家。花卉的栽培设施从原来的防雨棚、遮荫棚、普通塑料大棚、日光温室，发展到加温温室和全自动智能控制温室，表9-1列举了我国2005年花卉设施栽培情况。

表9-1 2005年我国花卉设施栽培情况（hm^2）

（数据来源农业部）

类型	总面积	保护地使用情况	
		用于切花	用于盆栽植物
加温温室	3 970.9	1 853.6	1 919.0
进口温室	248.9	60.2	153.9
日光温室	9 478.0	4 383.7	3 850.9
大、中、小棚	14 365.3	7 014.9	6 332.5
遮荫棚	10 137.9	2 346.5	7 332.5
合计	37 952.1	15 598.7	19 434.7

我国的花卉种植面积居世界前列，而贸易出口额还不到荷兰的1/100，这与我国的花卉生产盲目追求数量、质量差有很大的关系，另外，我国的花卉生产结构性、季节性和品种性过剩问题非常突出。为了解决这些问题，生产出高品质的花卉成品，提高中国花卉在世界花卉市场中的份

额，都必须充分利用我国现有的设施栽培条件，并继续引进、消化和吸收国际上最先进的园艺设施及栽培技术。

二、设施栽培花卉的主要种类

设施栽培的花卉按照其生物学特性可以分为一二年生花卉、宿根花卉、球根花卉、木本花卉等。按照观赏用途以及对环境条件的要求不同，可以把设施栽培花卉分为切花花卉、盆栽花卉、室内花卉、花坛花卉等。设施栽培的花卉种类十分丰富，栽培数量最多的是切花和盆花两大类。

1. 切花花卉　切花花卉是指用于生产鲜切花的花卉，它是国际花卉生产中最重要的组成部分。切花花卉又可分为切花类、切叶类和切枝类。切花类如非洲菊、菊花、香石竹、月季、唐菖蒲、百合、花烛、鹤望兰等；切叶类如文竹、肾蕨、天门冬、散尾葵等；切枝类如松枝、银芽柳等。

2. 盆栽花卉　盆栽花卉是国际花卉生产的第2个重要组成部分，盆栽花卉多为半耐寒和不耐寒性花卉。半耐寒性花卉一般在北方冬季需要在冷床或温室中越冬，具有一定的耐寒性，如金盏花、紫罗兰、桂竹香等。不耐寒性花卉多原产热带及亚热带，在生长期间要求高温，不能忍受0℃以下的低温，这类花卉也叫做温室花卉，如一品红、蝴蝶兰、花烛、球根秋海棠、仙客来、大岩桐、马蹄莲等。

3. 室内花卉　室内花卉泛指可用于室内装饰的盆栽花卉。一般室内光照和通风条件较差，应选用对两者要求不高的盆花进行布置，常用的有散尾葵、南洋杉、一品红、杜鹃花、柑橘类、瓜叶菊、报春花等。

4. 花坛花卉　花坛花卉多数为一二年生草本花卉，如三色堇、旱金莲、矮牵牛、五色苋、银边翠、万寿菊、金盏菊、雏菊、凤仙花、鸡冠花、羽衣甘蓝等。许多多年生宿根和球根花卉也进行一年生栽培用于布置花坛，如四季秋海棠、地被菊、芍药、一品红、美人蕉、大丽花、郁金香、风信子、喇叭水仙等。花坛花卉一般抗性和适应性强，进行设施栽培，可以人为控制花期。

第二节　切花设施栽培

一、月　季

月季别名月月红、四季花等，通常市场上的玫瑰切花实际是月季，为蔷薇科蔷薇属植物，原产中国。目前许多切花生产大国已基本形成了栽培设施、栽培技术、优质专用品种等配套的规范化技术体系。在全自动温室中，温度、湿度、光照、二氧化碳浓度、通风、施肥、灌溉等完全由计算机控制，同时无土栽培面积也越来越大。我国近年来也开始了大面积的切花月季栽培，但是在设施管理技术方面还不够全面，有待进一步提高。

(一) 生物学特性及对环境条件的要求

1. 生物学特性　月季为落叶直立丛生灌木，高度可达2m；茎直立或攀缘，灰褐色，密生刚毛和皮刺；叶互生，奇数羽状复叶，托叶大多附着在叶柄上，小叶5～9枚，椭圆形至卵形，长2～5cm，边缘有钝齿，质厚；叶表面叶脉深陷，布满皱纹、亮绿色，无毛，背面有柔毛及刺毛；花单生，成伞房花序或数朵聚生于新梢顶端，多种颜色，芳香，花径6～8cm。目前作切花的月季不但花色、花型丰富，香味浓，而且周年开花，已成为商品化生产的主要品种之一。

现代切花月季应具有以下基本特征：

①花型优美，高心卷边或高心翘角，特别是花朵开放1/3～1/2时，优美大方，含而不露，开放过程较慢。

②花瓣质地硬，花朵耐水插，外层花瓣整齐，不易出现碎瓣；花枝、花梗硬挺、直顺，支撑力强。其花枝有足够的长度，株型直立。

③花色鲜艳、明快、纯正，而且最好带有绒光；在室内灯光下，不发灰，不发暗。

④叶片大小适中，叶面平整，有光泽。

⑤冬季促成栽培的品种，要有较低温度开花的能力，温室栽培有较强抗白粉病的能力。夏季切花要有适应炎热气候的能力。

⑥有较高的产花量，具有旺盛的生长能力，发芽力强，耐修剪，上花率高。一般大花型年产量80～100支/m^2，中花型年产量150支/m^2左右。

⑦茎杆刺较少。

2. 对环境条件的要求 用作切花栽培的月季一般生长健壮，适应性强，耐寒，耐旱。适宜在通风、排水良好，中性或微酸性、肥沃湿润的疏松土壤中生长。露地条件下，2月下旬至3月发出新芽，从萌芽到开花需50～70d，5月上旬为开花高峰期。生长期要求每天至少5h以上的直射光，相对湿度70%～80%。最适宜的生育温度白天为20～25℃，夜间为10～15℃。冬季5℃左右也能生长，但影响开花。冬季休眠后能耐－15℃低温，夏季温度持续30℃以上进入半休眠状态。

（二）设施栽培类型

根据设施情况，我国切花月季生产有3种主要类型：

1. 周年型 适合冬季有加温设备和降温设备的温室。可以周年产花，但耗能较大，成本较高。

2. 冬季切花型 适合冬季有加温设备的温室和广东、昆明一带的露地及塑料大棚生产。此类切花生产以冬季为主，花期从9月至翌年6月，是目前切花生产的主要类型。

3. 夏季切花型 适合长江流域及其以北地区的露地及大棚切花生产。花期4～11月，生产设施简单，成本低，也是目前普遍采用的栽培类型。

（三）主要品种

在杂种茶香月季中，花大、有长花茎的各色品种都适于切花。其中最早受欢迎的是红色系品种，以后逐渐发展到粉红、橙色、黄色、白色及杂色，常见的各色品种中适于作切花的有：

1. 红色系 ‘卡尔红’、‘萨曼莎’、‘红衣教主’、‘飞红’等。

2. 粉红色系 ‘铁塔’、‘初恋’、‘索尼亚’、‘婚礼粉’等。

3. 黄色系　‘金凤凰’、‘和平’、‘赛维亚’、‘黄金时代’等。

4. 白色系　‘佳音’、‘白天鹅’、‘卡·布兰奇’等。

5. 其他色系　橙色‘杏花天’、‘蓝月’、杂色‘总统’等。

（四）繁殖

切花月季繁殖的方法主要有扦插、嫁接与组织培养3种。目前我国保护地切花月季栽培多以前两种为主。下面介绍嫩枝扦插与冬季保护地内硬枝扦插方法。

1. 嫩枝扦插　做宽100～120cm、长4m或8m、操作方便的插床。要求深30cm，床底铺垫12～15cm的煤渣作渗水层，上面再铺15～20cm厚的蛭石或河沙作为扦插基质。床间最好设有继电器、电磁阀、电子叶组成的自动控制系统控制的喷水装置。在7～8月份选择未木质化的嫩茎作插穗，插穗一般长5～8cm，剪去部分枝叶，留上面2片叶，也可再剪去复叶的顶叶以减少蒸发，然后插于扦插床，20～30d即可生根，扦插成活率可达95%以上。生根后移到培养土中培养壮苗。

2. 硬枝扦插　10月下旬至11月上旬，结合露地月季冬剪，剪取插穗。将半木质化和成熟的枝条剪成3～4节1段，上端平剪，下端斜剪，去掉叶片，然后用生根粉（200mg/L）液浸泡枝条下端0.5～1h。扦插深度为插穗长度的1/2，株行距3cm×3cm，保持地温20℃以上，气温7～10℃。基质见干浇水，20～30d后插条生根发芽。生根后每10d左右浇1次水，每浇2次施1次液体肥，2月底移栽。

（五）设施栽培技术

1. 土壤准备　月季栽植后，在棚内生长4～6年或更长时间，对土壤必须进行认真处理。栽前深翻土壤至少30cm，并施入充足的有机肥料，调节土壤pH为6～6.5。如缺磷可施用2.44kg/m^2过磷酸钙，有时为了改良土壤结构，每平方米另加2.3kg硫酸钙，还可适当加入磷酸二铵、复合肥、骨粉等作为基肥。每100m^2施入基肥量为：堆肥或猪粪500kg，牛粪300kg，鱼渣20kg，羊粪300kg，油渣10kg，骨粉35kg，过磷酸钙20kg，草木灰25kg。土壤整好后用蒸汽或化学药品消毒。

2. 定植及定植后管理

（1）栽植时间　从冬季到初夏均可，但为了节约能源，多在春季种植，以迎接夏季逐渐升高的温度。因采收切花，每年应有25%需去旧换新。

（2）定植方式　为了操作（如修剪、采花）方便，一般采用两行式。即每畦两行，行距30cm或35cm，株距依品种差异采用20、25或30cm，直立型品种（如‘玛丽娜’）密度（含通道）10株/m^2，扩张型品种密度6～8株/m^2。

（3）定植后管理　新栽植株要修剪，留高15cm，尤其是折断的、伤残的枝与根应剪掉；栽植芽接口离地面约5cm，栽后覆盖8cm的腐叶、木屑等有机物；定植初期每天喷雾几次，保持地上枝叶湿润；新植的苗室内温度不可太高，以5℃为宜，以利于根系生长。15d后可升温到10～15℃，30d升到20℃以上。

3. 整形修剪　修剪是强迫休眠的一种方法。生产中为了节日供花，可以在花上市前6～8周全面采收1次切花，然后减少浇水，迫使其休眠1周，为下次开花积蓄能量。如元旦上市，则在10月初开始恢复正常生长，给予浇水，一般品种，新梢抽生60d之后即可开花。修剪后如希望尽快恢复生长，应将光线减弱，温度降低，多次喷水，待新枝抽长到15～20cm时，加施肥料，摘心，促使其多生侧枝。在温室中修剪方式可采用以下2种：

（1）逐渐更替法　即第一次切花采收后，全株留60cm左右，一部分使它再开一次花，一部分短截，等截短的新枝开花后，原来开花的一部分再短截，这样轮流开花，植株不致升高太快，采花工作也可全年进行。

（2）一次性统剪法　冬季切花型的温室月季，夏季气温过高，往往让植株休眠，即6～7月采收一批切花后，主枝全部短截成一样高的灌木状。第一年新栽植株，留45cm，其他株龄留60cm，到9～10月份再生产新的产品。这种方法往往使植株生理上失去平衡，造成根系萎缩、主枝枯死等现象。通常采用折枝法来避免这种不良后果，此法已在国外温室生产中普遍应用。即把需要剪除的主枝都向一个方向扭折，让上部枝条下垂。具体操作时应注意：①折枝要求折而不断，新枝前上部枝叶可以适当修剪，但必须保留植株生长足够的叶数；②折枝高度一般为50～60cm，折枝时间一般为7月中旬；③折技前15d应停止浇水，以利折枝进行；④折枝前集中防治病虫害，清除病弱枝，喷药浓度可适当大一些；⑤摘除所折技再次发出的芽；⑥新枝长出后，如仍未到产花时期，可以剪枝，但要保留较多新枝条（一般留叶4～5片以上）；⑦直到新枝生长比较旺盛时期才可剪除所折的枝条，一般所折枝保留2～3个月。

4. 摘心　摘心主要有两个作用：一是促进侧枝生长，在栽培初期可通过摘心调整树形，为产花期形成适量的花枝打好基础；二是调整花期，开花后为了调剂市场上淡季或旺季的需要，进行不同程度的摘心。轻度摘心（花芽5～7mm时将顶端掐去）受影响的只是它附近的侧芽，仅形成1个枝条，对花期影响不大。重摘心（花芽直径达10～13mm时，摘掉枝顶到第二复叶处）能生出两个侧枝，对花期的促进比前者早3～7d。

5. 温度管理

（1）夜温　一般品种要求夜温15.5～16.5℃，但‘萨曼莎’等品种要求18～20℃，而‘索尼亚’、‘玛丽娜’、‘彭彩’等低温品种只要求14～15℃。夜温过低是影响产量、延迟花期的一个重要原因。有些栽培者为了节省能源，把夜温调至13℃，结果产量减少，采花期延迟1～3周，大大影响了经济效益。有关资料证明，‘索尼亚’夜温从12℃提高到15℃时，2月份产花量可提高40%～50%。

（2）昼温　一般阴天要求昼温比夜间温度高5.5℃，晴天要高8.3℃，如温室内人工增加二氧化碳浓度，温度应适当提高到27.5～29.5℃，才不致损伤花朵。如加钠灯照射的温室，温度应至少18.5℃以上，以充分利用光照。在夏季高温季节，温度控制在26～27℃最好。

（3）地温　国外研究（1949）认为，地温13℃、气温17.8℃时生长良好。近年来进一步研究证明，在昼温20℃、夜温16℃条件下，生长良好。当地温提高到25℃时可增产20%，但若只提高地温，而降低气温，则会生长不良。为了满足月季对温度的要求，应重视设施在冬季的保温与加温，夏季进行必要的降温。

6. 光照调节　月季是喜光植物，在充足的阳光下，才能获得到良好的切花。温室栽培中，强光伴随着高温，必须进行遮荫。遮荫的目的是为了降温，当夏季最强光达到129 000lx时，应遮荫降低光强的50%。有些地方3月初就开始遮荫，但遮荫度要低，避免植株短时间内在光照度上骤然变化，随着天气变暖可增强遮荫。若室内光照度低于54 000lx时，要清除覆盖物上的灰尘，9～10月，根据各地气候情况去除遮荫物。

冬季虽日照时间短，而且又有防寒保护，使室内光照量减少，但一般月季可照常开花。如果用灯光增加光照，可以提高月季产量，据报道，用钠灯以12 916～16 145lx的光照度在冬季夜间补光使光照时数达18h，产量大为提高。若用高光强电流的荧光灯和白炽灯组合的光源补光，也可明显提高花枝质量和产量。由于补光耗电量大，经济效益不高，只是对于常年阴天和下雪地区用冷光型的荧光灯补充光照。

（六）切花的采收与处理

每次采收时间的间隔按季节而有不同。春夏两季日照时间长，光照强度大，两茬采收时间相隔6周左右。秋季至冬季，7～8周才能采1次。温室栽培者可参考此数据，以结合摘心、灯光、增加湿度、调节温度来调整适宜花期。

切花采收的标准和季节与品种、是否当时应用、冷藏等有关。一般当花朵心瓣伸长，有1～2枚外瓣反转时（2度）采收。但冬天可适当晚些，有2～3枚外瓣反转时采收。从品种上看，一般红色品种2度时采收，黄色品种略早些，白色品种应略晚些，采花应在心瓣伸长有3～4枚（3度），甚至5～6枚（4度）时采收，若装箱运输，则应在萼片反转，花瓣开始明显生长，但外瓣尚未翻转（1度）时采收。采收时注意保留原花枝剪后应有2～4片叶，剪时在所留芽上方1cm处倾斜剪除，以利下次花枝生长。

采后的切花应立即送到分级室中在5～6℃下冷藏、分级。不能立即出售的，应放在相对湿度98%的冷藏库里，保持0.5～1.5℃低温，可保存数日。

二、菊　　花

菊花作为世界四大切花之一，占世界切花总量的30%左右。它原产我国，至今已有3 000多年的栽培历史。近20年来，我国的切花菊生产发展迅速，已发展为我国的四大切花之首，简单设施栽培条件下，利用品种搭配和提前、延迟开花技术，已经能够实现切花菊的周年生产。

（一）生物学特性及对环境条件的要求

1. 生物学特性　菊花为多年生草本植物，株高60～180cm，茎直立、粗壮，多分枝，青绿色或带有紫褐色，上被灰色柔毛，具纵条沟，半木质化；单叶互生，卵圆形至长圆状披针形，长3.5～15cm，羽状浅裂至深裂，边缘有缺刻或锯齿状，基部楔形，背面生白色绒毛，有强烈气味；头状花序，单生或数朵聚生，近缘为舌状花，中部为筒状花，形状、颜色及大小变化很大，有球形、托柱形、卷散形、松针形、莲座形、钢管形等；花色极其丰富，可分为黄、白、红、粉等色系。小型花单花直径2～5cm，大型花直径可达10～20cm；瘦果（种子）极细小，黄褐色，外表有纵行棱纹，寿命3～5年。

2. 对环境条件的要求　菊花性喜阳光充足、气候凉爽、地势高燥、通风良好的环境条件。

要求腐殖质含量丰富、肥沃疏松、排水良好、pH 6.5～7.2的沙质壤土。栽培中不宜连作。生长适温21℃，5～10℃以下地上部分枯萎死亡。我国南方常露地越冬，而在北方地区，需在温室内越冬。许多品种为典型的短日照植物，短日照条件促进花芽分化。尽管菊花喜光，但为了延长花期常需遮荫。

(二) 适用设施

菊花设施栽培主要有防雨棚、塑料大棚、日光温室等。防雨棚在夏菊和秋菊的切花生产中使用非常普遍。在上海、江苏、浙江等地的晚秋菊、寒菊生产多使用塑料大棚，同时根据品种的耐寒性和对花期的要求，在塑料大棚内还可以加设小拱棚。在我国华北和西北地区，晚秋菊和寒菊的栽培在日光温室内，这不仅丰富了北方秋冬季的观赏植物种类，而且具有较高的经济效益（表9-2）。

表 9-2　我国切花菊设施栽培季节安排

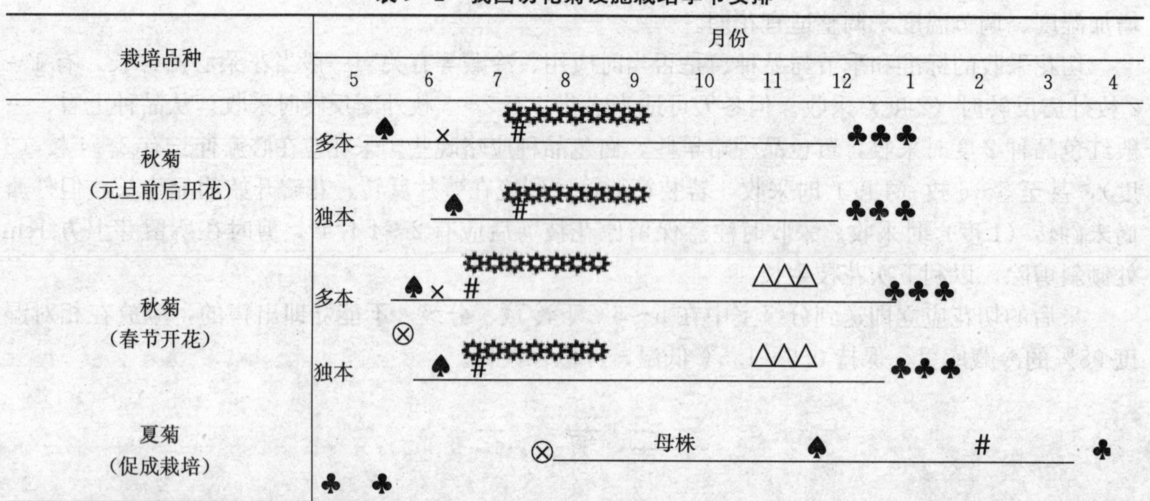

注：♠定植，△加温，✿加光，♣花期，×摘心，⊗重剪，#张网。

(三) 设施栽培方式与品种

1. 栽培方式　菊花的设施栽培方式主要有塑料大棚和日光温室促成栽培、补光抑制栽培。

在华东地区春菊品种露地栽培的花期在5月以后，同一品种在华北地区露地栽培，花期比华东地区晚20～30d。利用立春前后气温回升快的特点，华东地区1月下旬在塑料大棚内进行大苗移栽（可以是扦插苗、分株苗、组培苗），加强肥水管理，从4月中旬开始陆续有切花上市，花期比露地栽培早15～25d。华北地区可在2月中下旬将大苗移栽入日光温室，切花上市期比露地栽培提前25～35d，如果有加温条件，进行夜间短时加温，花期还将进一步提前。

我国目前大部分地区切花菊的春季供应仍然采用抑制栽培法。一般选择对光周期反应时间较长的秋菊和晚菊品种，在短日照开始前，给予人工延长光照，抑制花芽的分化。加光开始时间依上市时间和品种的自然花期不同而异。温度越低，从花芽分化至开花的时间越长，补充光照时间就应该相应提前。如夜温15℃条件下，花芽分化需10d，分化后至开花需50d左右，补光应从花前60～70d开始。延长光照多采用暗期间断法，常在22：00～23：00后加光3～4h，以起到抑制花芽分化的目的。在国外大面积菊花电照栽培，已开始采用循环电照法，即将整个电照期间断，在每个周期内只进行短时电照，其余为黑暗，以节省能源。补光系统国内以白炽灯为主，每$10m^2$装1只100W灯泡，灯泡离植株生长点的高度应始终保持在1.5m左右，光照度为50lx。国外则大多采用高压钠灯。

2. 栽培品种 菊花依其自然花期可分为春菊（花期4月下旬至5月下旬）、夏菊（花期5月下旬至8月）、秋菊（花期8月下旬至11月下旬）、寒菊（花期12月上旬至翌年1月）。切花菊主要有夏菊切花品种（表9-3）、秋菊切花品种（表9-4）、寒菊切花品种（表9-5）。

表9-3 夏菊切花品种

上市期	白色品种	黄色品种	桃红色品种
6月中旬	‘银香’	‘新明光’	‘常夏’、‘夜樱’
6月下旬		‘朝之光’	
7月中旬	‘森之泉’	‘宝珠’	

表9-4 秋菊切花品种

名称	花色	自然上市期	名称	花色	自然上市期
‘祝’	粉	8月上旬	‘红之华’	紫红	9月下旬
‘秋晴水’	白	9月上旬	‘千代姬’	紫粉	9月下旬
‘都’	粉	9月下旬	‘琴’	粉白	10月下旬
‘花言华’	粉	9月中下旬	‘秋之山’	黄	9月下旬
‘深志’	黄	9月中旬	‘花甬’	红色	9月下旬
‘秋之风’	白	10月下旬	‘秋樱’	粉	9月中下旬

表9-5 寒菊切花品种

品种	上市期	
	12月	1～2月
白色品种	‘银御园’、‘寒白梅’、‘岩之霜’、‘薄雪’	‘印南2号’、‘美雪银’、‘正月’、‘寒小雪’
黄色品种	‘金御园’、‘岩之霜’、‘金太郎’	‘印南1号’、‘春之光’
红、桃红色品种	‘寒樱’、‘寒娘’、‘新年樱’、‘岛小町’、‘早生姬小町’	‘姬小町’、‘春姬’、‘红正月’

目前我国切花品种主要是秋菊类，为了在元旦、春节期间供应切花，均需进行人工补光，以延迟开花。这种栽培方式对能源浪费较大，应提倡引进寒菊切花品种栽培，以减少人工补光的投入。

（四）设施栽培技术

1. 品种选择 切花菊一般选择平瓣内曲、花型丰满的莲座型和半莲座型品种，要求茎秆粗壮，茎长颈短，花瓣厚而硬，叶片有光泽，耐储运。春菊主要是从我国传统的夏菊品种杂交后代中选择出的花期进一步提前的品种，如‘上海早黄’、‘上海早白’、‘春黄’、‘春白’等品种。夏菊品种如‘银乔’、‘森之泉’、‘新光明’、‘朝之光’等；秋菊品种如‘祝’、‘秋樱’、‘都’、‘秋之风’、‘红之华’、‘琴’等；寒菊品种如‘寒白梅’、‘薄雪’、‘美雪’、‘寒小雪’、‘印南1号’

等，主要根据花期要求和设施栽培条件进行品种的选择。

2. 繁殖 切花菊栽培所用的种苗主要采用扦插繁殖和组织培养方式繁殖。

（1）扦插繁殖 6月底至7月初，利用宿根萌发的新芽反复剪取顶部长8～10cm的健壮嫩梢为插穗，采后立即浸入水中，做到随采随插，扦插之前应去掉基部1/3的叶片，上部叶过密时也应摘去1/3～1/2，然后在扦插床或育苗盘中扦插。插时用竹签先在基质上扎1小洞，再插入插穗，深度约为插穗长的1/2，然后压实周围土壤使之与插穗紧密结合，插好后立即浇水。浇完水后立即加盖荫棚，遮阳保湿。一般在15～20℃条件下2周即可生根。

（2）组织培养繁殖 一般选用植株嫩茎，用MS培养基添加6-BA 2mg/L、萘乙酸（NAA）0.2mg/L（或附加激动素KT 2mg/L、NAA 0.2mg/L）培养。pH 6～6.5，在室温（25±1)℃加日光灯8h环境下培养2周，再用MS培养基添加NAA 1～2mg/L作为生根培养基，10d左右生根，全根后移至栽培基质中培养，即可得到栽植用苗。

3. 栽培管理

（1）秋菊抑制栽培技术 由于冬天气温降低，不适于秋菊生长，为了让秋菊在元旦、春节开花，必须进行设施栽培，栽培管理简述如下：

①定植：7月下旬，扦插后有25d苗龄以上的植株即可定植。定植前按1～1.2m宽度整地筑畦，施入腐熟有机肥。定植时按深度1.3～2cm、株行距20cm×25cm栽植，19～20株/m^2。

②摘心：定植苗正常生长后，进行摘心，只留下面5～6片叶，保证每株生产5～6支切花。

③张网支架：摘心后株高30cm时，用网眼20～25cm见方尼龙网支撑，随着菊花长高，将尼龙网抬高，防止菊花倒伏。

④温度管理：秋菊生长适温为15～25℃，开花适温为10～15℃。10月中旬以前，一般不需特殊温度管理，但10月中旬后必须扣棚，否则温度下降对株高生长会造成影响，使花枝长度达不到标准。在供花前10d，应保持大棚内温度10～15℃，若不能达到，应采取加温措施。

⑤光照管理：补光是秋菊元旦、春天供花的关键。秋菊为短日照植物，补充光照可促进植株的营养生长，抑制花芽分化。如不补光，则达不到延迟花期的目的。

a. 补光强度：一般夜间5～10lx的照明即可产生抑制效果，但在实际生产中，补光强度一般要求40lx以上。

b. 补光方式：一般用白炽灯补光，可用100W和60W灯泡间隔装置，灯距1.5m左右，灯悬挂在畦的正中偏外侧方，高度根据畦宽而定，畦窄可高些，畦宽可低些。据测定6m宽的大棚种两畦，灯的悬挂高度为80～90cm。在生产中为了保证光照强度，节约用电，最好经常用照度计实际测量光照度，以减少补光的盲目性。

c. 补光时间：每天的补光应把整个夜间分为2段，每段暗期小于7h，因此每天补光应从23:00至翌日2:00补光2～3h为宜。不同纬度、不同月份，补光时数不同，在上海处暑至白露补光1h，白露至秋分补光2h，秋分至寒露补光3h。各地可根据当地日出日落时间推算，确定补光时间，若有些年份补光期间阴雨天气多，可适当延长补光时间。

d. 补光时期：根据菊花生长要求应在花芽分化前补光。菊花花芽分化在短日照、凉爽气温下进行，所以开始补光的时期应根据当地日照长短来决定。若7月下旬定植，摘心后侧枝长到10～12cm，即摘心10～15d花芽尚未分化时开始补光，日期一般为8月下旬以前，无论元旦，还是春节供花，补光的开始时间都是一样的，只不过是补光所需的天数不同而已。

e. 补光天数：一般品种在适宜条件下，停止补光后到花芽分化需10～15d，从花芽分化到开花需50～55d。根据供花时间可以推算出补光的天数和停止补光的时期，例如元旦供花，补光应截至于10月下旬，补光天数为80～90d。

⑥水肥管理：设施内菊花生长发育所需水分主要靠人工灌溉获得，根据报道设施栽培菊花的灌水指标为土壤水分张力（p*F*）1.9～2.2。但目前水分管理仍是凭经验灌溉。在设施栽培时，应在定植前浇足底水，使土壤充分湿润，定植后少量多次浇水，促进缓苗发根，使幼苗生长苗壮。在整个生育过程中应供给充足水分，经常保持土壤湿润。土壤水分的多少对花芽的发育和开花也有较大影响，可以利用土壤湿度大小来调节花期，如花蕾发育迟缓，可加大浇水量或叶面喷水；若花蕾发育过早，则应减少浇水。施肥应以土壤分析结果为依据，一般标准为土壤1份、蒸馏水6份的抽出液中，应含有硝酸根（NO_3^-）20～40mg/kg、钙150～250mg/kg、磷3～5mg/kg、钾20～40mg/kg，pH 5.6～6.5，低于此值即应施肥和调整pH。若施足了底肥，可以适当控制氮肥的施用，以防止植株徒长，影响切花质量。

（2）夏菊促成栽培技术　夏菊自然花期4～11月，在此期间不需人工遮光或补光，夏菊为日中性植物，其花芽分化及开花与日照长短无关。只要具备一定的温度及养分条件，即可进行花芽分化。夏菊花芽分化的适宜温度为10～13℃，15～20℃即可开花，因此如在元旦、春节期间开花，必须在设施内进行促成栽培。

①品种选择：选花芽分化需温度较高的中晚开花品种，如‘新精兴’、‘岩辉’、‘秀芳’等，若在10～12℃温度下栽培，‘银精兴’、‘天寿’等也可。

②育苗：传统的夏菊栽培主要用分株苗，这种方法适用于大多数品种。具体方法是：在切花采收后，加强对母株水肥管理，在7～8月份修剪，促使根芽分化，11月上旬，将母株掘起，用手掰下脚芽。脚芽以叶未展开、不带根的最好，掰下即可定植栽培。也可用扦插法育苗。扦插法育苗的关键是插芽的腋芽不能为花芽，而抑制花芽分化的方法是喷洒醋酸生育酚制剂。根据目标定植期间向前逆算100～120d对母株进行回缩，地上留5～10cm，然后全面喷1次1 000mg/kg醋酸生育酚溶液，2周后再喷1次，以保持接穗不带花芽。第2次喷洒后15～20d，当侧芽长至5cm时采穗，所采插穗处于半休眠状态（9～10月），应冷藏，用低温打破休眠。冷藏时间因品种而异，一般为40～50d，插穗冷藏环境要干燥，温度1～3℃为宜。插穗冷藏后需进行整理，去除下部叶和伤口部分，然后蘸生根剂插入苗床，苗床应用电热丝加温，温度保持20～25℃，插后15d生根。

③定植：定植操作同秋菊栽培。时间可根据上市要求选择，一般来说，欲在3月上市，为了确保株高，最迟不过11月中旬；而4月后上市的，应在12月中旬至翌年1月中旬，摘心栽培有必要提前20d左右。定植密度：若无摘心栽培，50株/m^2；摘心栽培，应按株行距12cm进行。定植到成活1周内，自然温度较低，应置于设施内保护，使地温保持在10℃以上，以促进成活。

④补光：研究证明，由于短日条件下伸长生长不良，补光对促进植株伸长有较大效果。补光以深夜3～4h、光照度20～30lx为宜，补光时间，从成活到株高约20cm，14片叶左右为止，总计30～40d。在补光处理时，夜温应控制在5～6℃。以后为促进花芽分化，应提高到8～10℃，注意不可高于10℃，因为10℃以上高温易使花茎变短，变细，切花品质下降。另外，品种不同，

对温度要求也有差异，如‘岩辉’、‘秀芳二世’在室温5℃条件下栽培，开花率和花的品质也不下降，只是花期推迟几天，但‘天寿’、‘银精兴’则需室温10～12℃。其他常规管理同秋菊。

（3）寒菊温室栽培技术　寒菊在年平均气温15℃以上的地区，如昆明、广州等地，可采用露地及无加温大棚栽培，而在北方只能在温室内栽培。寒菊用扦插苗栽培，一般在7月份扦插，8月份定植，鲜花上市为12月至翌年1月；寒菊栽培中主要应保持通风状态。温度不可过高，温度高时易发生病虫害，应及时防治，温室内其他栽培管理同秋菊。

（五）病虫害防治

菊花常见病害有白粉病、斑枯病、立枯病、叶枯病等；常见虫害有蚜虫、绿盲蝽、地老虎、蛴螬和线虫等，应注意及时防治。

（六）切花菊的采收、分级与包装

1. 切花菊的品质要求　作为优良的切花品种必须具备以下条件：株高80cm以上，茎直立，不弯曲；叶片肥厚光亮，上下布局均衡，大小适中；花头下第一节间短而粗；花色纯正，有光泽；花瓣坚挺，花朵耐储藏、耐运输、耐水插；花枝对光照不敏感。

2. 切花的采收及保鲜　标本菊花可在花苞阶段，即少数外瓣展开，花直径5～10cm时采收；立菊在花开放初期采收。

采收通常在清晨或傍晚进行，避免正午或午后采收；采收距地面10cm以上，不需切到木质部，尽量保证花枝的长度；采收后立即摘除下部1/3的叶片，并尽快将茎基部放入杀菌水中，以防微生物从茎端侵入。

3. 分级包装　切下的花枝应进行分级，以适应市场的需要。标本菊以10～12支为1组，多头菊250～300g为1束。用柔质塑料包裹。对飞舞型菊花，花朵间应垫以薄纸，以免相互挤压。包装后于－0.5℃储藏。低温可储藏0～8周，经储藏后，可再切茎基部；在4～8℃将花枝浸在38℃水中，使茎水合，这样，在2～3℃下能继续储存，但不能超过2周。切花长时间货车运输时，温度以2～4℃为宜。

三、花　烛

花烛别名安祖花、火鹤花、红鹤芋、红掌、烛台花，为天南星科花烛属常绿宿根花卉。原产南美洲哥伦比亚西南部。20世纪60年代，盛行于欧美各国，70年代末传入中国。目前美国夏威夷、荷兰和东南亚等地有大规模生产栽培，是国际上流行的高档切花花卉之一。

（一）生物学特性及对环境条件的要求

1. 生物学特性　花烛为多年生附生性常绿草本植物。叶长椭圆状心脏形，长30～40cm，宽10～12cm，叶柄长于叶片；花梗从叶腋处抽生，长约50cm，超出叶片之上；佛焰苞阔心脏形，革质，长10～20cm，宽8～10cm，表面不平，呈鲜朱红色，有漆一样的光泽；肉穗花序长约6cm，圆柱形，直立，先端黄色；环境条件适宜可周年开花。

2. 对环境条件的要求 花烛原产于热带雨林，要求高温多湿的栽培环境。生长的最低温度15℃，最适温度20～30℃。喜多湿的环境条件，但不耐土壤积水，适宜的空气相对湿度为80%～85%以上。不耐强光，全年宜在适当遮荫的弱光下栽培，光线过强叶片会发生日灼现象。冬季需充足光照，根系才能发育良好，植株生长健壮。要求排水、通气良好的栽培基质。盆栽花烛宜选用排水良好的基质，规模化生产用泥炭、珍珠岩、沙的混合基质，pH5.5～6.5为宜。

（二）适用设施

北方花烛栽培必须在温室内进行。冬季无霜，夏季多台风、暴雨地区，必须采用塑料大棚栽培，并以固定的方式覆盖遮阳网。冬天还可在塑料大棚四周加盖薄膜，以达到保温目的。温室、塑料大棚等多采用盆或栽培床进行无土栽培。

（三）栽培品种

生产中除栽培原种外，还有许多园艺变种。

1. 可爱花烛 佛焰苞深桃红色，肉穗花序白色，先端黄色。

2. 克氏花烛 佛焰苞长20cm，宽10cm，心脏形，中央带淡红色。

3. 大苞花烛 佛焰苞大，长21cm，宽14cm。

4. 粉绿花烛 高达1m，佛焰苞粉红，中心绿色。

此外，近10年来还培育出五彩色，镶嵌黄、绿、红、乳白色、粉红色等色泽的佛焰苞品种，亦有佛焰苞具有精巧红边的品种。

（四）设施栽培技术

1. 繁殖 主要用分株、高枝压条和播种法繁殖。分株繁殖和高枝压条繁殖系数低，不适于大量生产。播种与组织培养法适于大规模生产，但播种苗自播种至开花需3～4年。切花生产中多采用组织培养法繁殖。组织培养法通常采用无菌叶片，或幼嫩叶柄，或叶片作外植体，经过愈伤组织的诱导和生长、芽和根的诱导及生长等阶段，直至出瓶移植，育成幼苗。

2. 栽培管理

（1）盆栽管理 矮生花烛多行盆栽。盆土可用排水、通气良好，有较好的保水、保肥能力的基质，常用泥炭、腐叶土、水苔、松针土、珍珠岩、木屑等配制。每2～3年换盆1次，多于春天进行，气温保持25℃左右。栽植时，盆底应多垫碎瓦片、粗石砾等排水物。容器常用通气良好的陶质花盆。栽后每天喷水2～3次，并向周围地面洒水，以提高空气湿度，注意盆内不可浇水过多，以免引起根部腐烂。5月移出温室，在荫棚下栽培，并保持环境湿度的稳定。花烛根系好气，常抽出气生根，应予培土，以加强固持作用。10月移入温室弱光处，多行叶面喷水，控制盆内浇水。经常追肥，以使叶片色泽鲜艳，但应注意，花烛不耐盐碱，追肥应以低浓度的有机肥料为宜。为使根部湿润，常于根部四周填加水苔保水。

（2）切花栽培 切花栽培多采用温室地栽，栽培床高出地面35～40cm，宽100～120cm，床间距40～50cm，先在床底铺厚10～15cm粗沙或石块，再铺厚25cm的人工基质，基质原则上要有很好的透气性，具体选择应因地制宜，基质在栽植前必须进行消毒，为了能周年供花，可分种种植。通常种植1年后开花。1～5月定植，定植苗以6～7片叶、株高30cm为宜，定植株行距40cm×50cm，呈三角形栽植，每公顷用苗30 000株左右，单株栽培7～8年后生长势下降，需及时更新。

生长期间注意温度、湿度和光照调节。花烛生长适温为白天25～28℃、夜间19～20℃，高于35℃生长迟缓，40℃引起植株受害，夜温不可低于15℃，低于10℃时生长不良，恢复极慢。一般而言，冬季夜温尽可能维持在19℃，日温25℃；夏季夜温维持在24℃，日温30℃。夏季温室遮阳最好不要超过35℃，温度高于25℃时需注意通风，温度低于15℃时注意防寒。

大花花烛在光照度低于5klx时开花品质与数量受到影响，超过20klx以上发生叶面日灼。夏季遮光率75%～80%，冬季遮光率宜为60%～65%。

较高的相对湿度是花烛栽培成功的关键，其理想相对湿度为80%～85%，幼苗移植，则要求80%～90%。若相对湿度控制不好，在夏天低于80%，再遇高温，则易出现畸形花，佛焰苞不平整，顶端褐花。利用高空喷雾法，进行湿度调控。由于叶、花沾水后容易引起病虫害，不可用喷洒方式给植株供水，浇水可采用滴灌或渗灌方式，以减少病菌滋生，预防叶部病害。

花烛依品种不同需肥也不同，通常基肥应与追肥相结合，基肥以有机肥花生麸、骨粉为佳，由于花烛栽培基质渗透性高，追肥应为主要施肥方式。追肥浓度原则是盐量不超过100mg/L，成龄苗需肥量大，耐肥浓度也较高，总之施肥应根据基质、季节、肥料、植株状况不同，因地制宜施用。若肥料供应不足，则叶片变小、叶色淡、生长缓慢；肥料过浓，则产生肥害，出现畸形叶、叶片残缺、皱缩等症状。

由于植株不断生长，老茎也在升高，每年应增添1～2次栽培基质，使植株生长挺直。

（五）病虫害防治

花烛主要病害有炭疽病与根腐病，一般用组培苗繁殖、严格应用无污染栽培基质，可以防止传染，发病株可用杀菌药剂防治。发现病株应及时摘除病叶或整株清除，以减少传染。主要虫害为根结线虫、红蜘蛛、蚜虫、烟粉虱，也会有蜗牛、松毛虫、青虫等，可通过基质消毒、使用无污染的人工栽培基质和充分腐熟农家肥及无机肥可以预防虫害发生，发现虫害施用适量杀虫剂防治。

（六）切花采收

花烛最适采收时期为佛焰苞充分展开，肉穗花序变色1/3或少于2/3时。采收过早，花苞色、形均不理想，影响商品质量；采收过晚，会增加植株营养负担，对以后花枝生长发育不利，而且影响瓶插寿命。

四、非洲菊

非洲菊别名扶郎花，为菊科大丁草属植物。原产非洲南部的德兰士瓦。非洲菊风韵秀美，花色艳丽，周年开花，耐长途运输，瓶插寿命较长，为理想的切花花卉，目前已成为温室切花生产的主要种类之一。我国近年来非洲菊切花栽培面积明显增加，上海、云南等地开始大面积种植。

（一）生物学特性及对环境条件的需求

1. 生物学特性 非洲菊为多年生常绿草本植物，全株被细毛，株高30～60cm；叶基生，具长柄，长10～20cm，叶矩圆状匙形，基部渐狭，叶片长15～25cm，宽5～8cm，羽状浅裂或深裂，顶裂片大，裂片边缘具疏齿，圆钝或尖，叶背被白色绒毛；头状花序单生，花序梗长，高出叶丛，舌状花1～2轮或多轮，倒披针形或带形，端部3齿裂。有白、黄、橙红、淡红、玫瑰红和红等品种；筒状花较小，与舌状花同色或异色，端部2唇状；花序直径8～15cm；周年开花，5～6月和9～10月为盛花期。

2. 对环境条件的要求 非洲菊性喜温暖，忌炎热，生长适宜温度为20～25℃，低于10℃停止生长，能忍受短期0℃的低温。冬季若能维持在12℃以上，夏季不超过26℃，非洲菊可以终年开花。

非洲菊在华南地区可露地越冬，作露地宿根花卉栽培；华东地区覆盖越冬；华北地区可在冷床越冬或于温室中栽培。非洲菊为肉质根，大面积栽培要防涝。小苗期应保持适度湿润，以促进根系伸长，但不可过湿或淋雨，否则易发生病害甚至死苗。夏季生长旺期应供水充足，并注意温室的通风换气，否则容易发生立枯病和茎腐病，通风还有利于植株同化作用顺利进行，否则切花在出圃后弯颈现象十分严重，花期浇水不要注入叶丛，否则易引起花芽腐烂。

非洲菊喜光，但不耐强光，冬季生产非洲菊要求有较强光照，夏季应适当遮荫；喜疏松肥沃，富含腐殖质，排水良好的微酸性（pH 6.0～6.5）沙壤土，忌黏重土壤，中性或微碱性土壤也能生长，但在碱性土壤中，叶片易出现缺绿症状，可多施有机肥进行深翻；非洲菊不宜连作，连作易患病害。

（二）适用设施

我国南方云南、广州、海南等地区采用防雨棚、竹木塑料大棚可实现非洲菊周年供应。辽宁、山东、河北、陕西、甘肃等省在低温季节利用日光温室、塑料大棚进行非洲菊生产。上海、江苏等华东地区进行非洲菊生产主要采用管架塑料大棚或连栋塑料温室，也可利用自动化智能温室生产非洲菊。

（三）设施栽培方式及品种

1. 栽培方式 非洲菊主要进行切花栽培，只要温度适宜就可以实现周年生产；也可以进行盆栽观赏。盆栽可以选用盆栽品种，许多切花品种经过PP_{333}、B_9或CCC处理也可以盆栽。盆栽一般早春在温室育苗，并进行小盆栽植，只要温度适宜可以周年开花。

2. 栽培品种 非洲菊经世界各国广泛栽培和育种，新品种不断涌现。有单瓣品种，也有重瓣品种；有露地切花用品种，还有花坛栽植品种；有供温室栽培周年开花的品种，又有适于盆栽的低矮品种等；有重瓣品种和筒状花瓣化隆起的托桂品种等。此外，还有许多属间杂种，如以非洲菊为母本、金鸡菊或木茼蒿为父本进行杂交获得的一些杂种，有的已经开始在园林中应用。

从花色上来分有橙色系品种、粉红色系品种、大红色系品种和黄色系品种。常见栽培的品种有‘日花’、‘奥林匹克’、‘橙明蒂’、‘贝拉’、‘粉后’、‘星花’、‘粉莲’、‘莫尔’、‘签证’、‘游行’、‘名黄’、‘帕茫’、‘复色黄’、‘小洞’、‘白雪’、‘白明蒂’、‘努持’、‘王其莫’、‘彩粉’等。我国生产栽培的有‘莫尔’、‘粉后’、‘名黄’及‘白明蒂’等。

（四）设施栽培技术

1. 繁殖 非洲菊繁殖可以采用播种繁殖、分株繁殖和组培快繁，组培快繁为非洲菊现代化生产的主要繁殖方式。

（1）播种繁殖 主要用于杂交培育新品种。为了收获种子，花期应进行人工辅助授粉。种子寿命很短，通常在种子成熟后必须立即播种，种子发芽率较低，仅 30%～40%。播种用土可按腐叶土 2、泥炭 1、河沙 1 的比例配制。发芽适温 20～25℃，约 2 周发芽。子叶展开即可分苗，长出 2～3 片真叶时上盆或定植露地栽培。

（2）分株繁殖 通常于 4～5 月进行，因老株开花不良，一般 3 年分株 1 次（组培苗，因生长迅速，1 年半分株 1 次）。分株时首先掘起老株，然后用刀切分，每一新株应带 4～5 片叶，根部浸入 0.01%高锰酸钾溶液消毒后栽植，不可栽植过深，以根颈部略露土面为宜。

（3）组培繁殖 可以采用茎尖、嫩叶、花瓣、花托、花茎等作为外植体，以花托为多。

2. 栽培管理 切花生产宜高床栽培，最好垄栽、垄沟灌水。非洲菊根系发达，栽培床至少要有 25cm 以上疏松肥沃的沙质壤土层。定植前应多施有机肥，并与基质充分混匀。定植株行距为 30cm×30cm，栽植时根颈部需微露土面以上，以免引起腐烂。当非洲菊进入迅速生长期以后，基部叶片开始老化，要及时摘除外层老叶，以改善光照和通风条件，利于新叶和花芽的产生，促使植株不断开花，减少病虫害发生。

为防植株在冬季休眠，继续生长和开花，应保持温度 12～26℃及充足的肥水条件下，以实现非洲菊的周年生产。施肥以氮、磷、钾复合肥为主，比例为 15∶8∶25，追肥应勤肥薄施为宜，避免浓度过高引起死苗。为了保证切花质量，应根据母株的长势和肥水供应条件，对植株的着蕾数进行调整，一般每株着蕾数不超过 3 个。

（五）病虫害防治

非洲菊主要病害有褐斑病、疫病、白粉病和病毒病。病害的防治主要以预防为主，定植时注意不能过深，保证日光充足，环境通风，提高植株的抗病性，并加强苗期检疫。还可以用茎尖培养的方法生产脱毒苗，结合基质消毒，减少发病概率。在发病期间可依次喷施 70%甲基托布津、百菌清等药液进行防治。

主要虫害有红蜘蛛、棉铃虫、地老虎等，要及时进行防治。

（六）切花的采收、包装及保鲜

切花非洲菊单瓣花，当 2～3 轮雄蕊开放时即可采收，重瓣花当中心轮的花瓣开放展平且花茎顶部变硬时即可采收。国内的非洲菊一般 10 支 1 束，用纸包扎，干储于保温包装箱中，冷链运输，在2℃条件下可以保存2d，非洲菊切花在储存前应喷布或浸蘸杀菌剂，防止灰霉病发生。

五、香 石 竹

香石竹又名康乃馨、麝香石竹，为石竹科石竹属植物。原产南欧、地中海沿岸至印度。香石竹已经成为世界各国广泛栽培的重要商品切花之一。我国香石竹切花生产以上海最为著名。

（一）生物学特性及对环境条件的要求

1. 生物学特性 香石竹为常绿亚灌木。株高30～100cm，茎叶光滑，微具白粉，茎硬而脆，节处膨大，茎基部木质化；叶对生，线状披针形，全缘，基部抱茎，灰绿色；花单生，或2～5朵簇生；花色有白、红、水红、黄、紫、复色及异色镶边等；苞片2～3层，紧贴萼筒；萼筒端部5裂，裂片广卵形；花瓣多数，倒广卵形，具爪，内瓣多呈皱缩状；具有香气；花期5～7月，温室栽培四季开花不绝，主要花期为5～6月和9～10月。

2. 对环境条件的要求 香石竹喜凉爽干燥、空气流通、阳光充足环境。不耐酷热和严寒，生长适温15～20℃，冬春日温保持15～18℃，夜温10℃左右；夏秋日温18～21℃，夜温12～15℃为宜，但不同品种对温度的要求有一定差异；日中性花卉，只要环境适宜周年皆可开花。要求腐殖质丰富，疏松肥沃，排水良好，微酸性的（pH 6.0～6.5）黏质壤土。栽培土壤中最好掺入30%～40%的腐熟有机物，或用泥炭加珍珠岩。保持土壤湿润，忌低湿水涝，不可连作。香石竹在长江以南可以露地越冬，但上海地区虽能露地越冬，但不开花，若冬春生产切花，仍需温室栽培。

（二）适用设施

香石竹是世界上最大众化的切花，非常适合工业化生产，可实现周年供应，在我国北方低温地区可采用加温温室栽培，在南方温暖地区可采用温室塑料大棚栽培，夏季为防止暴雨、强光，亦可采用防雨棚、遮荫棚栽培。

（三）栽培品种

温室栽培类型四季开花，适于温室地栽或盆栽。主要用于切花生产，可分为3大类：

1. 大花香石竹 枝挺、花大、芳香、花色丰富，可周年开花，营养期长，耐远途运输，用组织培养苗进行规模化切花生产，是目前世界香石竹切花最重要的品种系统之一。如来自荷兰的品种：'波哥大'（'Bogota'），花白色；'托莱多'（'Toledo'），花金黄色；'基多'（'Quito'），花白色，瓣缘镶红线；'粉尤利亚'，（'Pink Julia'）花粉色等。

2. 散枝香石竹 即小花多朵香石竹。花径较小，4～5cm，着花多数，花色丰富，疏落有致，用组织培养苗进行规模化切花生产，是近年新发展起来的香石竹切花品种类型。常见的品种如'红芭芭拉'（'Red Barbara'），早花，红色，丰产，生长势强；'米尔娜'（'Mirna'），早花，纯黄色，茎坚挺，丰产性强；'比安卡'（'BianMca'），早花，纯白色，茎硬，生长势强健，抗病性强，易栽培等。

3. 盆栽香石竹 属香石竹温室盆栽类型。种子繁殖，多为杂种一代（F_1）。植株低矮，10～30cm（亦有高株品种），茎坚挺。常见品种如‘红骑士’，花深红色；‘小裙’，一季开花种，极早花，是母亲节用花的极好品种，株高25cm，各色混合，花径4cm，香气浓，较耐寒；‘美红’，四季开花，花朱红色，花径5.5cm，株高10～15cm等。

（四）设施栽培技术

1. 繁殖 可用扦插、播种和组织培养法繁殖。大规模切花生产皆用组织培养和扦插法繁殖。

（1）扦插 除炎夏外，其他季节都可进行，但以1～3月效果较好。可以50%泥炭加50%珍珠岩为扦插基质，插床需有增加地温的设施。插穗应选生长健壮，节间短，无病虫危害的植株中部的粗壮侧枝，因中部以下侧枝软弱，不充实，发根后生长不良；而中部以上侧枝，节间长，发根后较快地生出花蕾，难以形成高质量的切花植株。采取插穗时需带主干皮层，插穗长12～14cm，具4～5对叶片和完整的茎尖，扦插前去掉下部叶片，保留上部2对叶片；将插穗基部浸于水中30～60min，使之吸足水分；为提高成活率，可用10～100mg/L吲哚丁酸（IBA）处理插穗基部，扦插株行距为2cm×2cm，垂直插入，扦插深度为1.5cm，适当遮荫，在气温13℃、地温保持15℃条件下，20d可以生根。成活率可达70%～90%。根长约1cm时移栽。

（2）播种 露地栽培和温室盆栽品种多用播种法繁殖，或用于杂交育种。现在应用的多为杂交一代（F_1）种子。一般在7～9月播种，播种量102～136.5g/hm^2，在18～20℃，播后约1周发芽，翌年3～5月开花；若于9～11月播种，则翌年5～6月可以上市。

（3）组织培养 近年香石竹的病毒病严重危害切花生产，目前世界上切花生产皆用通过茎尖组织培养生产的无毒苗。切取长为0.2～0.5mm的茎尖，接种到MS固体培养基（附加萘乙酸0.2～0.1mg/L和6-苄基腺嘌呤0.5～2.0mg/L）上，3d后转绿，3～4周茎尖伸长，7周后形成丛生苗，分割丛生苗于新鲜培养基上继续培养，待苗高2cm时转移到1/2MS培养基上培养，20d左右可以发根，发根后即可出瓶移栽，保持相对湿度90%。成活的小苗，经检测确定无毒后，隔离培养，扦插繁殖成为母本，再从母本上取得大量插穗，用于切花生产。

2. 移植与摘心 扦插成活苗于3月初移入苗床，株行距6cm×6cm、注意浅栽，深栽易罹茎腐病，4月底第2次移植，株行距11cm×11cm。在3月底，当苗长至6～7节时，于基部以上4节处进行第1次摘心。摘心后发生的第1级侧枝选留2～3枝，当长至5～6节时，进行第2次摘心。选留第2级侧枝4～6枝。视品种、上市时期和生长情况，摘心2～3次，每株留侧枝4～6枝。

3. 定植 通常于5月下旬至6月中旬在整好的栽植床上定植，株行距15cm×15cm，带土移栽，仍需浅栽。

4. 张网扶持 定植后应尽早拉上尼龙制的香石竹专用扶持网，以免植株倒伏，一般需4～5层网，随植株生长一层层拉上即可。第1层距地面约15cm，其他各层相距20cm。

5. 施肥 香石竹喜肥，其总施肥量（包括基肥和追肥）每100m^{2}施氮肥18～20kg，磷肥20～30kg，钾肥20～26kg。近年研究认为应适当减少氮和磷，增施钾肥。由于香石竹栽培时间长，用肥量大，每年追肥10～20次，可干施或液施。肥料可用骨粉、鸡粪、油粕、牛粪、堆肥、过磷酸钙、草木灰、迟效性颗粒肥料等。

6. 浇水　每株年耗水量为25～30L。定植后进入高温期，最好在行间灌水，但不可过湿，以免发生茎腐病；9～10月，生长旺盛，要充分供水；11月或2～3月，日夜温差大，若温室温度较低，浇水多，则大轮系品种花萼筒容易开裂，应适当控制浇水量。

7. 温度　7～8月气温高，是病害高发季节，应注意采取降温措施，防止温度超过30℃。10月中旬以后夜间气温降至10℃以下，逐渐降低通风量。保持12～15℃夜温，则12月即可采收切花，到3月中旬至4月上旬可进入第2次切花盛期。

8. 中耕　行间要经常用锄浅耕，疏松表层土壤，使之保持土壤空气充足和适度湿润。促使根系发育旺盛。

9. 摘芽与摘蕾　香石竹植株在留定切花枝数后，切花枝上生出的侧芽应及时摘除，以免影响通风透光；但小朵多花型品种其上部侧芽不摘除。单花大花型品种茎顶端常生多个花蕾，要剥除侧蕾，选留顶蕾。

10. 防止花萼破裂　大轮、重瓣程度高的品种，由于各种原因，造成花瓣生长超过花萼生长的速度，挣破花萼，使花型散乱，造成巨大的经济损失。造成裂萼的原因多认为与温度、土壤水分有很大关系。在成花阶段若遇连续低温和昼夜温差较大，此时浇水较多，或肥料过多，尤其磷肥过多，则裂萼现象会严重发生。防止方法：①提高夜间室温，白天加强通风换气，以降低日夜温差；②均匀适量浇水，避免过干过湿；③30～50mg/L赤霉素喷洒花蕾，可减少裂萼。

（五）病虫害防治

香石竹病虫害较多，尤以病害危害严重。主要病害有茎腐病、立枯病、白绢病、锈病、细菌性斑点病、灰霉病、凋萎病和病毒病等。防治方法：

①栽植前进行土壤消毒，消灭土壤中潜伏病原菌，减少病害发生。

②注意温室通风换气，拔除温室周围的杂草。

③发现染病植株，及时拔除烧掉。

④喷药。发生锈病可喷敌锈钠200～300倍液，发病前可连续喷几次50%代森锌1 000倍液预防，其他病害（病毒病除外），在发病前或发病初期，喷120～160倍波尔多液3～4次（每15d喷1次）；发病后，喷50%代森锌或50%多菌灵1 000倍液防治。

⑤防止高温多湿，谨慎浇水，浅栽。

⑥防治病毒病时，首先，选用无病毒的插穗，现代化切花生产皆用由茎尖组织培养繁殖的无病毒苗，再经隔离扦插繁殖产生的无病毒插穗进行生产；其次，及时消灭能传播病毒的昆虫，避免危害感染，如蚜虫、叶蝉、粉虱等；再次，加强通风透光，合理灌溉施肥，提高抗病能力。

主要虫害有红蜘蛛、蚜虫、夜盗蛾、蓟马等，可用杀螨剂、苯硫磷等防治。注意避免高温、干燥、通风不良等诱致害虫发生的环境。

（六）切花采收与处理

在低温期间，以花开5～6成为宜；高温期花开4成即可采收。入冬（11月）进行第1次剪花，为确保采收后再萌发侧枝第2次开花，应在较高处下剪，促发侧枝。第1次开花盛期在12月下旬，则

3月中下旬开始第2次开花，4～5月为盛期。切花20支为1束，用瓦楞纸板箱包装上市。

第三节 球根花卉设施栽培

一、仙 客 来

仙客来为报春花科仙客来属半耐寒性球根花卉。其花形别致、色泽艳丽，花期长且适逢元旦、春节等重大节日，因此，深受人们喜爱，逐渐成为国际上主要的盆花之一。

20世纪80年代开始，我国从美国、日本等地引进一些新品种，丰富了仙客来的品种。我国园艺工作者对仙客来的种子脱毒、工厂化育苗、促成栽培、无土栽培基质、营养液配方等关键技术进行了一系列研究，天津、上海、青岛等地形成了商品性生产的一定规模。

（一）生物学特性及对环境条件的要求

1. 生物学特性 仙客来为多年生草本，球形或扁球形肉质块茎，外被木栓质；顶部抽生叶片，叶丛生，有心脏状、卵形、肾形、短剑形等，边缘具有大小不等的圆齿牙，表面深绿色，具白色斑纹；叶柄肉质，褐红色；叶背面暗红色；花梗着生于球茎叶腋间，花大型、单生下垂，伸出叶面。开花时花瓣向上反卷而扭曲，形如兔耳；花色有白、粉、桃红、玫红、紫红、大红、复色等，基部常有深红色斑；受精后花梗下弯，蒴果球形，种子呈扁平红褐色。

2. 对环境条件的要求 仙客来原产于地中海沿岸东南部的低山林地带，性喜凉爽、湿润及阳光充足的环境。秋、冬、春3季为仙客来生长期，生长适温18～20℃，花芽分化适温15～18℃，10℃以下生长不良，花色暗淡，容易凋谢；气温达30℃，植株进入休眠。在我国夏季炎热的地区，仙客来处于休眠或半休眠状态。当气温超过35℃，植株易受害而腐烂死亡；夜温不宜过高，15℃以上易使植株软弱徒长，花、叶倒伏，花蕾停止发育，进入休眠状态。昼夜温差以10℃最为理想。

仙客来生长期间相对湿度以70%～75%为宜，夏季休眠期45%左右为适。盆土要经常保持适度湿润，不可过分干燥，否则易使根毛受损，植株发生萎蔫，生长受挫，叶片要特别注意保持洁净，以利光合作用的进行。

仙客来虽喜光却不需强光直射，夏季一般需适当遮阳，遮光率以40%为宜，以保证叶温低于气温，促使球茎增大良好。冬季栽培要求良好的光照，否则植株软弱分散，叶柄增长、徒长、倒伏，不仅花色差，甚至开花困难，从而失去观赏价值。仙客来对日照长短要求不严，影响花芽分化的主要环境因子是温度，其适温为15～18℃。要求疏松、肥沃、排水良好而富含腐殖质的土壤，以沙土为好，pH 6左右。仙客来对二氧化硫抗性较强。

仙客来常自花授粉，易出现生命力降低、品种退化现象，如植株矮化、花与叶变小、生育缓慢等。花后3～4个月果实成熟，在干燥条件下储藏种子，发芽力可保持3年。

（二）设施栽培的类型与品种

仙客来园艺品种极为丰富，按花型可分为：

1. 大花型　花大，花瓣全缘，平展，开花时花瓣反卷，有单瓣、重瓣、银叶、镶边、芳香等品种。叶缘锯齿较浅或不显著，是仙客来的代表花型。

2. 平瓣型　花瓣平展，边缘具细缺刻和波皱，花瓣较大花型窄，花蕾尖形，叶缘锯齿显著。

3. 钟型　又名洛可可型，花蕾端部圆形，花呈下垂半开状态，花瓣不反卷。花瓣宽，顶部扇形，边缘波皱有细缺刻。花具浓香。叶缘锯齿显著。有人将平瓣型和本型合称缘饰型。

4. 皱边型　平瓣型和钟型的改进花型，花大，花瓣边缘有波皱和细缺刻，开花时花瓣反卷。

近年来，利用杂种优势，育出许多杂种一代（F_1），性状非常优良，如有的花朵大，生长势强；有的株丛紧凑，生长均一，多花性；有的花期早，最早花的品种，播种后 8 个月即可开花。另外，目前世界上“迷你型”仙客来（即小型仙客来）极为盛行，各国仙客来生产者都育出许多性状优异的品种。

（三）播种繁殖

仙客来块茎不能自然分生子球，一般采用播种繁殖。

1. 播种时期　可根据市场需求以及生育天数和品种而定，若温室能提供仙客来各个生长阶段的条件，在温室内可做到分批播种，周年供应。大花系仙客来播种期在 9～10 月为佳，播后 13～15 个月开花；中小花 1～2 月播种，播种后 10～12 个月开花。

2. 播种容器及播种土　可用烧制浅盆或播种箱，但为了大批量育苗方便，可做成统一规格的播种箱，播种箱规格 42cm×26cm×7cm。播种土要求透水透气保湿性良好，pH 5.8～6.5 为佳，一般以壤土、腐叶土、河沙、牛马粪等配制而成，常用播种土配方如下：

配方 1：沙、腐叶土、干牛粪按 4∶4∶2 混合，适当加入一些稻壳灰。

配方 2：腐叶土、干牛粪、田土、泥炭、河沙按 3∶3∶1∶1∶2 混合。

配方 3：腐叶土、田土、河沙按 4∶4∶2 混合。

配方 4：腐叶土、田土按 5∶5 混合。

配方 5：园土、泥炭、细沙按 4∶4∶2 混合。

配方 6：园土、腐叶土、堆肥、河沙按 4∶3∶2∶1 混合。

配方 7：砻糠灰、黄泥、腐叶土按 1∶1∶3 混合。

3. 种子处理　仙客来种子较大，约 100 粒/g，一般发芽率为 85%～95%，但发芽迟缓，出苗不齐，播前需对种子进行处理。用冷水浸种 24h 或 30℃温水浸泡 2～3h，然后洗掉种子表面的黏着物，包在湿布中催芽，温度保持为 25℃，放置 1～2d，种子稍有萌动即可取出播种。催芽后一般用多菌灵或 0.1%硫酸铜溶液浸泡 30min 消毒种子，消毒后晾干再播种。注意播种箱也需消毒处理。

4. 播种　在播种箱底先用塑料窗纱覆盖排水孔，以利于排水和防虫，然后填一层瓦片或粗沙等透水良好的材料，厚度 1～2cm，再填入播种用土，厚 4～5cm，用木板刮平，浇透水，间隔 1.5～2.0cm 打孔，把种子逐粒播入，覆盖厚 0.5～1.0cm 的细沙或播种土，然后喷洒少量水使土壤湿透，盖上一层报纸或黑塑料薄膜。室温控制在 15～22℃。在发芽期间不可浇水，故播种前必须浇透水。一般在黑暗条件下 25～30d 可发芽，40～50d 可出全苗，发芽后应及时除去覆盖物，让幼苗逐渐见光以适应环境。

5. 移栽　播种苗长出一片真叶时移栽，以株距3.5cm移入浅盆或播种箱内，用土与播种土相同，在每千克播种土中加入复合肥3g作基肥，N、P、K比例为1∶1∶1。栽植时应使小球顶部与土相平，栽后浸透水，置于阴凉处，当幼苗恢复生长时，逐渐给予光照，加强通风，勿使盆土干燥，保持室温15～18℃，此时可适当增施氮肥，施肥后浇1次清水，以保持叶面清洁。

当小苗长至3～5片叶时，把小苗移入直径10cm左右的盆中。盆土配方如下：

配方1：沙、腐叶土、干牛粪、园土按4∶4∶2∶1混合。

配方2：园土、腐叶土、干牛粪、泥炭按30∶30∶8∶5混合。

配方3：沙、泥炭、干牛粪按9∶7∶4混合。

配方4：蛭石、泥炭按5∶5混合。

配方5：园土、腐叶土、腐熟农家肥、沙按3∶3∶2∶2混合。

配方6：蛭石、炉渣按5∶5混合。

移栽时尽量不要将原土抖落，以免伤根。上盆前几天浇透水，挖出幼苗植入盆中，球根必须露出表土1/3～1/2。生长发育不良的苗，可再集中于育苗箱中继续培养。上盆后充分浇水，遮光2～3d，以后加强光照，2周后开始每15d施1次N、P、K比例为6∶6∶19的1 000倍液体肥料。随着植株的生长，常在6月份换盆以增加植株的营养面积，盆土配方一般以沙、腐叶土、干牛粪、园土按9∶7∶4∶2混合为宜，每千克盆土加入N、P、K比例为6∶4∶6的复合肥料，以促进球茎的发育及花芽分化。

（四）温室栽培与管理

1. 定植　9月，仙客来随着气温降低再次进入旺盛生长期，这时需要进行定植，即最后1次换盆。此次换盆一般选用直径20cm的盆，中小花者用直径15cm的盆。换盆时将仙客来从原盆中磕出植入新盆中，不要抖掉原土，从两边加入新土。要求将苗扶正，不要使芽的部位盖上土，球茎露出土面1/2为宜。换盆后立刻浇透水，进行2～3d遮阳缓苗，1周后即可施肥。

2. 四季管理要点

（1）秋季管理　秋季管理重点是上盆、浇水、施肥、转盆和光照4个方面。

秋季上盆有两种情况：一是越夏实生苗的最后1次上盆，即定植；二是其他苗龄植株再上大1号盆。上盆时注意盆土应加入3g迟效复合肥，对休眠株应用清水洗去根部干土，剪去2～5cm以下老根，用百菌清、多菌灵等药液浸泡30min后晾干，然后定植于大1号的盆中。上盆后1个月内应给予轻度遮阳，1个月后可施1次N、P、K比例为6.5%、6%、19%的1 000倍液肥。

10月转盆是管理的关键，在单屋面温室中由于光照分布不均匀，应通过转盆来调整花叶关系，满足商品盆花的要求。

仙客来的球茎喜湿润而透气好的土壤环境，浇水时表土不干不浇，同时浇水量必须根据环境条件的变化和植株的生长状态酌情处理；浇水的最佳时期可根据叶片来判断，当用手触摸叶片无弹性时是缺水初期，浇水最好。浇水一般应在上午进行，冬天10：00～12：00较好，寒冷天气要注意水温，以15～20℃为好。施肥用1份尿素、2份磷酸二氢钾配成0.1%溶液每周浇施1

次。10d左右叶面施1次1份氯化钾、2份磷酸二氢钾配成的0.1%溶液。秋季仙客来的水分蒸发较少，每次施肥的水分已经足够其生长发育的需要，同时应每隔3～5d叶面喷清水1次，保持空气湿度和叶面清洁。若叶大肥厚应及时停施氮肥。当花蕾显色含苞欲放时，增施1次充足的磷钾肥，促进花大色艳。

10月后，室温16～20℃时应尽量打开覆盖物让植株得到充足的阳光。11月显蕾以后，停止追肥，继续给予充足光照，到12月初即可开花。此时若阴天多，日照短，或气温低，光照不足，可用100～200W/m^{2}白炽灯泡在离植株80～150cm处补光、增温，能够明显地促进植株生长，提前进入花期。随着植株的生长，下面的芽往往被上面叶片遮挡，不易见光，造成后续芽发育不良，开花少，应注意把中心叶子向四周扩散，让中心见光，以保证花蕾发育一致，花期一致，开花高度整齐。若长期光照不足，1个月后不再开花，会大大缩短花期。

(2) 冬季管理　冬季1～2月是仙客来的主要花期，管理要点如下：仙客来适宜的白天温度是18～22℃，夜间为10～12℃，在温室大规模生产中，除了加温外，保温也是防止仙客来受冻不可缺少的，如北方用草苫覆盖、在温室内增加1～2层塑料膜或无纺布覆盖，可提高室温2～5℃。

仙客来花期严禁缺水，在盆土表面发白时应及时供水，浇水一次要浇透，避免因植物根部缺水引起花茎倒伏，叶片萎蔫，有碍观赏。

注意保持环境湿度，北方冬天室内干燥，要通过向地面洒水、喷雾等措施提高空气湿度。

仙客来花期长，缺肥会使花数、花的质量、叶数都受到影响。仙客来花叶比一般为1∶1，若到开花期叶片稀少或无叶，应施肥。一般大花仙客来每2个月增施1次复合肥或发酵过的农家肥，氮、磷、钾之比为1∶1∶1。同时每2周还需施1次液肥，氮、磷、钾含量分别为6.5%、6%、19%。

为了集中营养供植株开花，延缓植株老化，要求在仙客来花瓣开始变色时连同花梗一块及时摘除，摘后涂杀菌药液。此后，施1～2次磷钾肥促进继续开花。秋冬季温室密闭，经常会出现二氧化碳亏缺，应注意通风，二氧化碳施肥可促进植株生长，提前花期。

(3) 春季管理　春季仙客来开花逐渐结束，此季的管理工作是延长花期和为越夏准备。一般4月中旬应换盆准备越夏，盆土可为定植用土，换盆后可将花盆埋入土中降低根部温度，培养4～6周，根系恢复，球茎营养积累，可以安全越夏。

(4) 夏季管理　夏季是植株自然休眠阶段，花后停止浇水，植株叶片脱落，可搬到室外置于阳光不能直射、雨淋不到的通风阴凉处休眠。对于幼小的植株，夏季温室内管理的关键是降温、透光和浇水。

大规模设施栽培的仙客来宜采用蒸发冷却的方法进行降温，如湿帘降温等。

北方一般从5月下旬起需遮光，9月上旬结束，遮光一般采用黑色遮阳网遮去40%左右直射光。

继续生长的仙客来应适当浇水，盆土表面干燥时需浇1次透水，如叶柄过度伸长。应增加光照，控制浇水。

仙客来在整个生长期间，尤其是商品盆花出售前应进行整形管理，摘去黄叶、老叶，促进新叶生长，提高观赏价值。

（五）花期控制

1. 调节播期 利用仙客来幼苗对高温抗性较强的习性，防止夏天休眠，可缩短生长期，提早开花。根据青岛经验，12月上中旬在温室播种，第2年夏天幼苗虽生长缓慢，但不落叶休眠，到11～12月就可开花，即从播种到开花只需11～12个月，而早花品种只需9～10个月。

2. 延长光照时间 光照时间长短对仙客来生育影响很大，光合作用时间长，可使仙客来加快生长，提前进入花期。如花前2个月增加整夜光照，可提前12d左右进入花期，仙客来适宜光照强度为1.5万～2万lx，除了避免引起叶片日灼的强光照外，应尽量满足仙客来对光照的要求。

3. 激素处理 在预定开花的50～60d前，即9月中下旬用赤霉素处理仙客来可促进开花，赤霉素浓度为1～2mg/L，如在赤霉素中加入50～100mg/L细胞分裂素（BA）效果更好；也有报道，用0.1%硼砂、磷酸二氢钾溶液与5～10mg/L赤霉素溶液混合，用笔涂刷幼蕾能促进提前开花。

（六）病虫害防治

1. 软腐病 在7～8月高温高湿时发生。夏季气温高时，应控制水分，不施氮肥，避免使植株受伤，保持空气流通，适当遮阳。发现病叶及时摘去销毁，并用波尔多液喷治。

2. 孢囊线虫病 由孢囊线虫侵入根部而形成根瘤，被害植株生长衰弱，下部叶片萎蔫倒伏，甚至全株枯死。防治方法：进行土壤消毒，发现病株立即烧掉。

3. 炭疽病 主要危害叶及叶柄，通过孢子飞散可传染。病菌是借水浸染的。防治方法：摘除被害叶和叶柄并销毁，浇水时避免浇湿叶面。发病初期可用50%多菌灵可湿性粉剂500～600倍液喷治，效果良好。

4. 虫害 常见有蚜虫，可用抗蚜威、乐果等药剂喷杀。

二、郁金香

（一）生物学特性及对环境条件的要求

1. 生物学特性 郁金香别名洋荷花、草麝香、郁香、金香，是百合科郁金香属多年生草本，地下鳞茎呈扁圆锥形，具棕褐色皮膜。茎叶光滑具白粉，叶3～5枚，长椭圆状披针形或卵状披针形，全缘并呈波状；花单生茎顶，花冠呈杯状、碗形、百合花形，花色丰富，有白、粉、红、紫、黄、橙、黑色洒金、浅蓝等，有单色也有复色。

2. 对环境条件的要求 郁金香原产地中海沿岸，中亚细亚、土耳其、中亚为分布中心，喜冬季温暖湿润、夏季凉爽稍干燥、向阳或半阴的环境，耐寒性强，冬季可耐-35℃低温，生根需在5～14℃，9～10℃最为适合，生长适温为5～20℃，最适温度15～18℃。郁金香适宜富含腐殖质、肥沃而排水良好的沙质壤土，最忌黏重、低湿的冲积土，土壤pH以中性偏碱为宜。

郁金香花芽分化是在鳞茎储藏期内完成，因此花后6～7月球根储藏期间的温度条件至关重要。若6月处于较高温度（20～25℃），而7月处于较低温度（20℃以下），花芽分化则顺利完成。反之，超过35℃高温，花芽分化受到抑制，易出现花芽畸形或花被片部分叶化，郁金香根属肉质根，再生能力较弱，折断后难以继续生长。

（二）适用设施

郁金香属于需要一定时间的低温处理、并在其茎得到充分生长后才能开花的鳞茎植物。我国大部分地区冬季有充足的低温时间，秋天种植的郁金香在自然气候条件下可获得足够低温，在春天生长到一定高度后自然开花。因此，要使郁金香在春节前开花，必须给予鳞茎一定的人工低温处理，处理时间需要几个不同的温度阶段。首先将挖出的鳞茎经过34℃高温处理1周，再置于20℃下储藏，促使花芽充分发育完成，然后即可进入低温处理阶段并进行设施内促成栽培。

栽培郁金香的设施有玻璃温室、日光温室、塑料大棚、冷床等，另外要对种球进行低温处理，还需有配套的冷库。

（三）繁殖方法

郁金香通常采用分球根繁殖，华东地区常在9～10月栽植，华北地区宜在9月下旬至10月下旬栽植，暖地可延至10月末至11月初栽植完成，过早栽植常因入冬前抽叶而易受冻害，过迟常因秋冬根系生长不充分而降低抗寒力。

（四）设施栽培技术

我国北方一般于10月开始，将干藏的郁金香种球上盆，浇透水后将盆埋放于冷床或阴凉低温处，覆盖土或草苫等保温物，使环境温度稳定在9℃左右，同时防雨水浸入。经8～10周低温处理，根系充分生长，芽开始萌动。此时根据花期早晚，将花盆移进日光温室，温度保持在17～21℃，起初温度可低些，经3周以上便可开花。

近年来，我国进口荷兰郁金香种球数量不断增加，占领了我国大部分郁金香种球市场。荷兰对郁金香研究和生产水平居世界领先地位，他们利用现代化的生产设施，能够保证郁金香鲜花的周年上市。

1. 5℃郁金香促成栽培技术 这种方法是将干鳞茎在种植前用5℃或2℃的低温充分处理，处理时间因品种而异，一般10～12周。随后直接在温室里种植培养，室温开始控制在9℃左右，2周后升高到15～18℃，8周左右可以开花。

2. 9℃郁金香促成栽培技术 将郁金香种球在9℃条件下冷藏12～16周，后6周需将种球种在木箱或塑料箱内，浇水后进入9℃生根冷库，在冷库内植株发根、抽芽，而后移入温室催花。

郁金香在设施栽培过程中因品种对温度的反应不同，生育期差异较大，生产中要分别对待。

郁金香花蕾着色后，需放置低温处（5～10℃），以延长花期。郁金香花的质量除与栽培技术有关外，主要与种球的质量和大小相关。一般商品种球有3种规格，其球茎的周长分别为10～11cm、11～12cm及12cm以上，鳞茎越大，植株生长发育越健壮，花的质量越好。

栽培期间空气相对湿度很重要，以60%～80%为宜。土壤含水量不宜过大，以湿润为宜，相对湿度和土壤含水量过大易引起严重病害。

设施栽培的花盆大小选择应适宜，一般直径12cm左右的盆栽1棵，直径16cm的盆栽3棵，直径20cm盆栽4～6棵。栽培基质疏松，栽植深度以鳞茎顶芽露出为宜，上面最好盖一层粗沙，以防发根时将鳞茎顶出。基肥一次施足后，促成栽培期间可不施肥。5℃处理种球种植时最好将鳞茎皮去掉，9℃处理球不需去皮。

（五）病虫害防治

郁金香病害主要有叶斑病、腐烂病、菌核病等，一旦发现有上述病害，应及时拔除病株并烧掉。虫害主要是根虱，可用波美2度的石硫合剂洗涤鳞茎或用二硫化碳48h杀除。

三、百 合

百合有“百事合意，百年好合”之意，深受各国人民的喜爱。百合由于花大色艳，花姿奇特，花期长，是世界切花的一支新秀。近年来，我国开始在设施栽培条件下，大力发展百合切花生产。

（一）生物学特性及对环境条件的要求

1. 生物学特性 百合为百合科百合属多年生草本植物。鳞茎扁球形，由20～30瓣鳞片重叠累生在一起，无皮；茎绿色、光滑、直立；叶散生，披针形，螺旋着生于茎上；总状花序，花单生或簇生；花被片6枚，喇叭形，大花型，白、粉、橙等色；同属中麝香百合、鹿子百合为著名切花。麝香百合株高大于100cm，花单生或数朵顶生，平伸或稍下垂，白色，花心部有绿晕。鹿子百合株高100cm，总状花序花梗长11cm，下垂，花被张开反卷，花径约13cm，边缘波状，橘红色或白色，花瓣基部有红色斑点。

2. 对环境条件的要求 百合耐寒性强，喜冷凉湿润气候，生长适温白天25℃，夜间10～15℃，5℃以下或28℃以上生长受到影响。亚洲百合系生长发育温度较低，东方百合系要求比较高的夜温，而麝香百合杂种系属于高温性百合，白天生长适温25～28℃，夜间适温18～20℃，12℃以下易产生盲花。应根据当地的设施栽培条件，选择合适的品种。百合鳞茎休眠的打破，根据品种不同，需在5℃条件下冷藏4～10周。

百合属于喜光植物，光照度、光周期均会影响百合的生长发育。在夏季全光照下，需要根据不同品种进行适当遮阳，尤其以幼苗期更为明显。冬季弱光容易导致花蕾脱落，亚洲百合杂种系尤其严重，需要进行补光处理。百合属于长日照植物，在百合切花生产中，尤其在冬季延长光照时间可以加速生长，增加花朵数目，减少花蕾败育。

百合的生长发育要求较高而恒定的空气湿度，空气湿度变化太大，容易造成叶烧现象，适宜的相对湿度为80%～85%。对于土壤湿度的需求，因生长期不同而不同，营养生长期需水较多，开花期和鳞茎膨大期需水较少，若水分过多易造成落蕾、鳞茎组织不充实和鳞茎腐烂等。

百合属于浅根性植物，适宜在肥沃、腐殖质含量高、保水性和排水性良好的沙质壤土中生长，忌连作，适宜的基质pH为5.5～7.0。

百合在设施栽培的条件下，进行二氧化碳施肥，可以促进植株生长发育，有利于提高切花品质。

百合种类多，自然分布广泛，所要求的生态条件不尽相同，有些种类原始分布广，适应性较强，如卷丹和湖北百合比较喜温暖干燥气候，较耐阳光照射；要求高燥肥沃的沙壤土。有些种类则适应性较差，如麝香百合，喜光照充足的温暖环境，不耐寒，抗病力弱；不耐碱性土壤，严格要求酸性土壤，且易发生病害和退化。自然状态下，百合为秋植球根花卉，一般秋凉后萌发基生根和新芽，但新芽常不出土，待翌春回暖后方破土而出，并迅速生长和开花，花期一般5月下旬至9、10月。但是目前作切花栽培时通常温室栽培、周年供花。

（二）适用设施

栽培百合的适用设施有玻璃温室、日光温室、塑料大棚、遮荫棚、防雨棚，另外要对种球进行低温处理，还必须有配套的冷库。在我国北方地区，百合切花生产主要采用加温的玻璃温室和日光温室，夏季短期栽培可以用塑料大棚、遮荫棚；南方地区大面积的百合切花生产主要采用连栋塑料大棚或玻璃温室。在一些经济发达地区如上海、江苏等地也开始在全自动控制的现代化温室中进行百合切花生产，经济效益良好。

（三）栽培方式

百合设施栽培方式主要有促成栽培和抑制栽培。促成栽培是指采用低温打破鳞茎的休眠，在设施栽培的条件下，满足百合切花生长发育所需的环境条件使其提前开花。按照开花花期的早晚不同，可以把百合切花的促成栽培分为早期促成栽培、促成栽培和抑制栽培。

1. 早期促成栽培　8月采挖当年培养的商品鳞茎，通过低温打破休眠，10月上中旬分批种植于塑料大棚或玻璃温室中，12月至翌年1月采收切花。这一时期采收的切花经济效益好，但是8月正处于百合鳞茎的生长期，所以应选用早花品种。

2. 促成栽培　9月下旬收获当年生产的鳞茎，低温打破休眠后，11月上中旬到12月分批种植，翌年1～3月采收切花，这一时期外界气候条件多变，设施栽培条件直接影响百合切花质量。温室栽培除加温外，还应注意雨雪天的补光，以减少盲花和消蕾现象的发生。

3. 抑制栽培　通过人为控制环境条件，在满足百合切花生长发育的条件下，使其花期推迟。要求把当年秋季采收的鳞茎储藏在冷库中，按照所要求的花期在5～9月分批种植，花期从7～12月不等。这一时期的切花生产在南方主要考虑防雨降温，主要的设施有塑料大棚、防雨棚和遮荫棚；在北方10～12月的生产中还要根据品种的要求适当加温。抑制栽培比较困难，但经济效果较好。

（四）设施栽培技术

1. 品种选择　依栽培设施和栽培方式的不同可以选择不同的品种，进行早期促成栽培，可以选择生育期早的品种，主要品种多属于亚洲百合杂种系，如‘Kinks’、‘Lotus’、‘Sanciro’、‘Lavocado’、‘Orange’、‘Mountain’等，亚洲百合杂种系对弱光敏感，进行切花百合的冬季栽培，需有补光条件。东方百合需要的温度高，尤其是夜温高，需有加温设备。华东及华南地区在设施没有加温条件下，主要选择麝香百合杂种系。

2. 繁殖方式 百合的繁殖方法有鳞片扦插、分球繁殖、组织培养、叶插、播种繁殖和小鳞茎的培养，在生产实践中主要采用鳞片扦插、组织培养和培养小鳞茎的方法繁殖。

3. 打破休眠 百合种球采收后需经历6～12周生理休眠期。根据不同品种的生理特点，采用适宜的方法打破球茎休眠，是百合切花周年生产的关键。

种球采收后在13～15℃预冷，然后在2～5℃下储藏6～8周，能打破球茎的生理休眠，随着处理时间的延长，开花需要的时间缩短。采用100mg/L GA_3溶液浸泡，也可以打破百合鳞茎的休眠。在处理过程中，为避免发根阻碍，可先将鳞茎倒置浸泡一半，而后再恢复正常位置进行处理。

4. 肥水管理 切花百合适宜栽植在微酸性、疏松肥沃、潮湿、排水良好的环境中。国内多采用地槽式栽培，槽高30cm、宽1.2m，长度视需要而定，栽植行距为20～25cm、株距为5～6cm。在种球种植后3～4周不施肥，注意保持槽土湿润。百合萌芽出土后及时追肥，按薄肥勤施的原则3～5d追肥1次。切花百合营养生长期生长迅速，需水量大，应注意保持土壤湿润。进入开花期后，要适当减少灌水次数，以提高切花品质和防止鳞茎腐烂。

（五）病虫害防治

百合栽培过程中的病害主要有叶枯病、灰霉病、炭疽病、鳞茎腐烂病和茎腐病。主要以预防为主，种植前用40%福尔马林100倍液进行床土消毒，鳞茎在50%苯来特1 000倍液或25%多菌灵500倍液中浸泡15～30min。虫害主要有棉蚜、桃蚜、根螨，棉蚜和桃蚜应及时防治。

（六）切花的采收、包装及保鲜

百合第1朵花着色后，即可采收。切花采收时间以早晨为宜，切花采收后应立即根据花朵数及花茎长度分级，去除基部10cm左右的叶片进行预处理，以去除田间热和呼吸热。可采用打洞的瓦楞纸箱包装，进行冷链运输或进入销售市场。

第四节 盆花设施栽培

一、杜 鹃 花

杜鹃花别名映山红、山鹃、满山红、山石榴、山踯躅，属杜鹃花科杜鹃花属。杜鹃花为传统十大名花之一，被誉为“花中西施”，以花繁叶茂、绮丽多姿著称。

（一）生物学特性及对环境条件的要求

1. 生物学特性 杜鹃花为常绿或落叶灌木，主干直立，单生或丛生，枝条互生或近轮生，单叶互生，常簇生枝端，全缘，枝、叶有毛或无，花两性，常多朵顶生组成穗状，伞形花序，花色丰富。

2. 对环境条件的要求 由于地理种群的不同，对温度的要求各有差异，有耐寒及喜温两大类型，喜凉爽湿润气候。对光照要求不严，但一般均不喜过于曝晒，夏秋季需遮阳以防灼伤。适宜空气湿润的环境，忌干燥，故生长期间需常喷水，以增加湿度和降温，不耐水渍。要求土壤肥沃酸性，pH 5～6，忌含石灰质的碱土和排水不良的黏质土壤。根浅而细，喜排水良好的土壤，忌浓肥。

（二）栽培类型及品种

我国目前广泛栽培的园艺品种分为东鹃、毛鹃、西鹃和夏鹃4类。

1. 东鹃　即东洋鹃，因来自日本而得名。本类品种甚多，其主要特征是体型矮小，高1～2m，分枝纤细紊乱，叶薄色淡，毛少有光亮，花期4～5月，着花繁密，花朵小，一般花径2～4cm，最大6cm，单瓣或由花萼瓣化而成套筒瓣，少有重瓣，花色多样。品种有'新天地'、'雪月'、'碧止'、'日之出'以及能在春、秋两次开花的'四季之誉'等。

2. 毛鹃　俗称毛叶杜鹃、大叶杜鹃等。其特征是体型高大，达2～3m，生长健壮，适应力强，可露地种植，是嫁接西鹃的优良砧木。幼枝密被棕色刚毛，叶片长达10cm，粗糙多毛。花大、单瓣、宽漏斗状，少有重瓣，花色有红、紫、粉、白及复色等。花期4～5月。栽培较多的有'玉蝴蝶'、'紫蝴蝶'、'琉球红'、'玲珑'等品种。

3. 西鹃　最早在西欧的荷兰、比利时育成，故称西洋鹃、比利时杜鹃。其主要特征是体形矮壮，株形紧凑，花色丰富，怕晒怕冻。叶片厚实，深绿色，毛少，叶形有光叶、尖叶、扭叶、长叶与阔叶之分。花期2～5月，花色和花瓣多种多样，多数为重瓣、复瓣，少有单瓣，花径6～8cm，最大可达10cm。品种有'皇冠'、'天女舞'、'四海波'及一些新的杂交品种。西鹃是杜鹃花中花色、花型最多、最美的一类，非常适于盆栽，是目前国内外商品盆花生产中最受欢迎的一类。

4. 夏鹃　原产印度和日本。其特征是发枝在先，花期5～6月，是4类杜鹃中最晚的类型。枝叶纤细，分枝稠密，树冠丰满、整齐，高1m左右。叶片狭小，排列紧密。花宽漏斗状，径6～8cm，花色、花瓣丰富多样，花有单瓣、复瓣、重瓣。传统品种有'长华'、'大红袍'、'五宝绿珠'、'紫辰殿'等。

（三）繁殖方法

盆栽杜鹃多采用扦插繁殖，也可用压条、嫁接和播种法繁殖。

1. 扦插繁殖　选取当年生健壮、无病虫害、老嫩适中的新梢作插穗，从纯正母株上轻轻掰下插枝，基部带一些上一年生的组织（带踵），然后用利刀在基部斜削1刀，西鹃5～7cm，东鹃、夏鹃6～8cm，毛鹃8～10cm，随采随插成活率高。扦插时间是5月下旬至6月中旬，秋季8月下旬至9月中旬，室内2～4月也可。扦插方法是将插穗全长的1/3～1/2插入基质中，用手指在插穗四周稍稍压实。用浸水法或细孔喷壶浇透，放在荫棚内管理。插后15～30d可生根。

2. 嫁接繁殖　西鹃繁殖时多采用此法，用扦插成活的二年生毛鹃作砧木，5～6月进行劈接，或5月中下旬在砧木基部6～7cm处斜切1刀，进行嫩枝腹接。也可在杜鹃生长季节用靠接法，接后4～5个月伤口愈合。

3. 播种繁殖　主要用于新品种选育，种子成熟后，设施内可随采随播，播种可加少量细土，均匀撒播于基质之上，然后覆盖一层细土，以盖没种子为度，表面再覆盖塑料薄膜等，以减少水分散失，置于阴处，气温在15～20℃，20d左右出苗。此后可将覆盖物揭去，注意通风，干燥时喷水保湿。2～3片真叶时进行间苗，苗高2～3cm时，进行分苗，可以3 cm左右的间距浅种在较大的盆钵里，再用浸水法湿润，并遮阳培养。苗期需避免强光、暴雨、大风，土壤不宜太湿，浇水仍行喷雾。第2年可定植到小盆里，一般3～4月便能开花。

（四）设施栽培技术

杜鹃花的园艺品种大部分既可地栽，又能盆栽，其中以西鹃最适宜盆栽，盆栽商品价值高，花期容易控制，是进行日光温室促成栽培的首选品种。

1. 适用设施 杜鹃花的生产周期较长，一般培养2～3年以上才能形成商品盆花，因此，栽培场地既需要温室，也需要荫棚。冬季需要在日光温室里培养，最低温室一般控制在6℃以上，夏天必须遮阳降温，最高气温控制在35℃以下，保持杜鹃四季生长，因此在建有温室的基础上，还须有配套的荫棚。一般可将温室夏季覆盖遮阳网进行遮荫栽培，并加强室内通风降温。

2. 培养土配制 杜鹃属酸性植物，配制培养土常用的基质有泥炭、腐叶土、松针土、锯末以及混合基质，要求pH 5～6，并且疏松透气。

3. 上盆 为使杜鹃根系透气和降低成本，一般选用瓦盆，也可用塑料盆。盆的大小应适苗适盆，以免浇水失控，影响生长。一般1～2年生杜鹃选用直径10cm的盆，3～4年生选用直径15～20cm的盆，5～7年生用直径20～30cm的盆。上盆时，应在盆底垫入碎瓦片或厚3cm大块炉渣，以利通气透水，上盆压土时，应从盆壁向下压，以免伤根，上盆后应透浇1次酸化水，然后放于阴凉处。

4. 浇水 杜鹃根系细弱，既怕干，又怕涝，栽培中浇水必须十分注意，以免因水分过多或过少引起落叶，影响开花。一般情况下盆土应见干见湿，春秋两季可2～3d浇1次透水。夏季气温高，每天清晨和傍晚各浇1次水，同时要向地面和花盆周围地面喷水，增加空气温度。连阴雨天，应及时倾倒盆内积水，防止烂根。北方地下水偏碱性，为防盆土碱化，可每隔1个月施1次1%～2%硫酸亚铁溶液。

5. 施肥 杜鹃花要求薄肥勤施。一般春季和夏初每隔15d施1次稀薄液肥。花芽分化期增施1次速效性磷钾肥，促进花芽分化。盛夏季节，杜鹃花呈半休眠状态，应停止施肥。入秋以后，追施1～2次以磷肥为主的液肥，以满足其生长和孕蕾的需要。花后新枝生长期肥料浓度可增加一些，但仍忌浓肥，以免伤根落叶。如出现叶片黄化的生理病害，可用矾肥水代替一般液肥进行浇灌，也可以向盆中施硫酸亚铁或用0.2%硫酸亚铁溶液喷洒叶面。

6. 整形修剪 杜鹃花的萌发力较强，枝条密生，应结合换盆疏除过密枝、交叉枝、纤弱枝、徒长枝和病虫枝。生长期间剪除枝干上萌发的不必要的小枝，疏去过多的花蕾，每枝保留1朵花，花后摘除残花。整形有伞形、塔形等，应自幼通过修剪逐渐养成。

7. 遮阳 盆栽杜鹃5～10月需要遮阳，春秋季遮光少些，可用30%遮阳网，夏季用70%左右的遮阳网，以达到降温增湿的目的。

8. 花期调控 杜鹃一般于7～8月开始孕蕾，花蕾发育时间较长。冬季进入温室管理后，花蕾仍在发育，此时，通过温度调控很容易将花期控制在元旦和春节。如温室温度维持在15～20℃，需20d左右即可开花；若要推迟花期可降低温度至5～10℃，开花前再提高温度即可。

（五）病虫害防治

杜鹃花的病虫害相对较少，常见的病害主要是褐斑病，可用托布津、波尔多液进行防治。常见的虫害有红蜘蛛和军配虫，可用三氯杀螨醇、乐果及敌敌畏等药剂喷杀。

二、中国兰花

中国兰花指原产于中国的兰科兰属植物。我国人民素有养兰、赏兰的传统，兰花有花闻香，无花赏叶，是叶、花俱佳的观赏花卉。

（一）生物学特性及对环境条件的要求

1. 生物学特性　兰花为多年生草本植物。茎膨大而短缩，称为假鳞茎，其花、叶都长在假鳞茎上。根粗壮肥大，分枝少，有共生根菌。叶一般为带形、椭圆形或卵状椭圆形。花具花萼和花瓣各3枚，花瓣中1枚退化为唇瓣，果实为开裂的蒴果。

2. 对环境条件的要求　兰花园艺栽培中主要为地生或附生。因具假鳞茎，耐旱力强，生长快，繁殖栽培较容易。地生兰多生于排水良好和较阴凉的土壤中，常见于林下砾石之间与腐殖质较多的地方，也有生于岩石裂缝中，春兰、蕙兰为其典型代表。附生兰常生长在老的、腐朽的树上或者有少量腐殖质的地方。地生兰和附生兰无严格的界限，存在许多中间类型，如冬凤兰、兔耳兰。

附生兰分布在比较温暖的地区，对温度要求较高。一般冬季温度应在12～16℃，夜间在8～12℃。地生兰一般要求比较低的温度，白天10～12℃，夜间5～10℃。春兰与蕙兰是最耐寒的，冬季短期在积雪覆盖下，对开花毫无影响，在室温0～2℃也能安全越冬，冬季温度不能太高，温度过高对兰花生长不利。夏季30℃以上停止生长。

兰花对湿度要求较为严格，生长期要求相对湿度60%～70%，冬季休眠期50%左右，但不同的种类应有所区别。北方冬季室内有炉火或暖气加热时，空气比较干燥，对兰花生长不利，应在加热的同时考虑增湿，尤其对于原产于湿润地区的兰花，更应该注意。

兰花喜阴，冬季要求充足光照，夏季阳光太强，必须遮阳，一般中午要挡去70%左右阳光。兰花比较耐旱，它有假鳞茎储藏水分，叶有角质层和下陷气孔保水，根又能从空气中吸水。栽培基质要求疏松、通气排水良好。

（二）适用设施

养兰园艺设施有兰室（温室）和兰棚（荫棚）。因兰花主要是盆栽，一般11月至翌年4月在温室内栽培，夏季可搬出温室在荫棚中养护。兰花因种类繁多，习性各异，对温室环境的要求也不尽相同，在生产中按温度高低把养兰温室划分为4类，即高温温室、中温温室、低温温室和冷室，各温室的温度、湿度要求见表9-6。高温温室可栽培附生类热带兰，地生兰如春兰、蕙兰可在冷室或低温温室中栽培。

表 9-6 各类温室的温度与湿度

温室种类	温度（℃）			湿度（%）		
	最 低	最 适	最 高	最 低	最 适	最 高
高温温室	18	24	30	80	90	100
中温温室	12	18	20	70	80	90
低温温室	7	14	16	60	70	90
冷　　室	0	7	10	50	60	80

对温室要求光照充足，冬季能充分照光；室内有喷雾设施或水池等较大水面，调节空气湿度；室内要有通风设备，室顶装有可以自由调节的遮阳苇帘或遮阳网；要求有加热设备，最好用暖气加热，用煤炉或地炉加热注意勿污染室内环境；室内不宜铺水泥或砖，仅人行过道铺砖；室内应有植物台，可用木头或金属材料制成架子，使兰盆离开地面，以免盆底排水孔堵塞，影响排水及通风。

在进行兰花种子繁殖或组织培养的温室，则要求温度高些，平均白天温度 21～24℃，最高不超过 30℃，夜间 18℃，最低不低于 15℃。

在北方，一年里几乎半年时间兰花需要在兰棚中生长，所以兰棚是养兰必要的设施。要求兰棚的遮光度可以调节，早晚打开，中午可适当遮阳，不同月份遮光度也是变化的，应可以随时调节。棚内设喷雾设备。

（三）繁殖

兰花的繁殖方法有分株、播种和组织培养 3 种主要方法，在生产中主要采用分株法和组织培养繁殖。

1. 分株繁殖 一般在休眠期进行，即在新芽未出土、新根未生长前。夏秋开花的种类在早春（2～3 月）分株；早春开花的种类在花后或秋末分株。

分株时在假鳞茎之间寻找空隙较大的地方，即在俗称“马路”的地方用剪刀剪开，注意剪口要平，勿撕裂伤口，以防感染病害。剪去烂根、枯叶，经过消毒，即可上盆。分株时注意每丛新株至少有 3 个假鳞茎，附生兰应有 4 个假鳞茎，以保证成活，分株虽简单易行，但繁殖系数低，兰花一般 2～3 年才可分株，而且成活率不高。

2. 组织培养繁殖 一般用芽作外植体，在 MS 培养基上培养 4～6 周，形成原球体，把原球体再分为 4 份，经 1～2 个月又可分化出新的原球体，如此几个月内就可得到大量的原球体。把原球体放在液体培养基中进行旋转培养，此后转移到分化培养基中分化出根和芽，分化后的植株经过一段时间的培养，即可移植进温室培养。

（四）兰花栽培技术

1. 栽植

（1）基质　基质是盆栽兰花的首要条件，它的组成影响根部水、气平衡。由于各地养兰的环境不同、经验不同而千差万别，但基质的总体要求是含有大量腐殖质、疏松透气、排水良好、中性或微酸性、无病菌和害虫及虫卵。表 9-7 列出一些基质配方供参考。

表 9-7　不同兰花基质配制比例

材料	春兰	蕙兰	建兰	寒兰	墨兰	兔耳兰
腐叶土	70%	60%	70%	40%	50%	60%
朽木渣	20%	20%	15%	40%	30%	25%
羊肝石	10%	20%	15%	20%	20%	15%

在国外栽培地生兰一般用腐殖土或腐叶土 5 份加沙 1 份；或用泥炭土 3 份加河沙 1 份，掺入碎干牛粪 1 份，充分混合后使用。

(2) 上盆　兰花上盆基本操作程序同其他花卉，也有不同之处。

对兰花新苗应先囤放 20d 左右再上盆，植株易成活开花；对多年生兰栽前应剪去残花、枯叶、病叶和腐朽干枯的假鳞茎。对于腐烂的根、空根、断根也应剪除，但勿伤及芽和根尖。修剪好的兰根，用甲基托布津 800 倍水液浸泡 10～15min，冲洗后在阴凉通风处晾干，使兰根变软再行栽植。盆底排水物应占盆的 1/3～1/2，盆内填土深度因兰而异，春兰宜浅，蕙兰宜深，一般以不埋及假鳞茎上的叶基为度。栽好后在土面铺一层小石粒或水苔，既有利于美观又可保持叶面不被泥水污染。浸盆法浇水，上盆后应在阴凉处缓苗 1 周。

2. 温度管理　不同兰花种类不同生长发育阶段对温度的要求各异：种子发芽温度为白天 21～25℃，夜间 15～18℃；热带兰幼苗所需温度白天 23～30℃，夜间 18～21℃；附生兰成长植株所需温度白天 23～27℃，夜间 18～21℃；地生兰成长植株所需温度白天 20～25℃，夜间最低 3～5℃。在冬季兰花休眠期，温度可适当降低，如春兰和蕙兰冬季最低温为 5～6℃，降到 0℃或 −3～−2℃也无妨，但室内要保持干燥。

温度的调节主要是冬季防寒，夏季防暑。同时温度调节也可催延花期，如温室内春兰花期比野生兰提早 20～35d。

冬季根据气温和所种兰花种类不同，通过白天增加光照、夜晚用草苫或防寒毡保温，温度过低，可采用暖气加热。晴天中午，温度过高时应打开门窗通风，也可用电风扇吹风。有时把竹帘挂在温室一边，不断往竹帘洒水，然后用风扇吹，既可降温又可增湿。

夏天荫棚内主要靠遮阳降低温度，也可通过洒水降温。

3. 湿度管理　兰花喜湿，在高湿通风时生长健壮，但在低温又不通风的环境中，水汽会凝结成水滴，对新芽有害，而且易发生病虫害，故应避免低温高湿。

4. 光照调节　光照对兰花生长发育的影响：延长光照时间至 14～16h，可以促进小苗及中等植株开花，对成熟兰株光照时间超过 8h 才可促进开花。在栽培中，有花蕾的兰花，要促其开花，可适当延长光照和增加温度，在室内用 100W 灯泡，一般可提高 3～5℃，经 1 夜即可开花。

兰花的需光量一般可分为 3 类：轻微遮阳的兰花，需遮去日照强度的 70%～80%；中度遮阳兰花，需遮去日照强度的 80%～85%；重遮阳兰花，需遮去日照强度的 85%～90%。生产中可采用不同遮阳率的遮阳网进行光照调节，夏季可利用荫棚遮阳栽培。

5. 通风　要使兰花生长良好，栽培设施中通风占有重要地位。通风可促进兰花的新陈代谢，可以调节温度、湿度，还可防止病虫害的发生。在栽培中可通过开启门、窗；室内设环流风机、抽气机或排风扇。通风时注意风不宜过大、过弱，更不能使冷空气直接穿过温室，尤其夜间过堂风会对兰花幼芽造成损害。通风以柔风、和风对兰花有益。

6. 水分管理 兰花用水以不含矿质的软水为宜，pH 5.5～6.0，最好是雨水和雪水，自来水储放24h以上，最好暴晒，使漂白粉沉淀后再调pH为5.5～6.0后应用。

兰花的浇水与大多数盆花不同，“喜润而畏湿，喜干而畏燥”，浇水的次数因季节不同而异，在3～4月一般2～3d浇水1次，或每日少量浇1次；5～6月每天浇水；7～9月每天早晚充分浇水1次；10～11月每天浇水1次；12月至翌年1～2月4～5d浇水1次，冬季加温温室，空气过于干燥应每天都浇少量水，浇水时应注意水温与室温相同为宜。

兰花浇水可采用水壶浇水、喷水和浸水3种方法。水壶浇水容易控制浇水量，也可以避免迎头浇水，是常用的浇水方法；喷水可利用自动喷雾设施，既可以增加室内的空气湿度，又可冲洗叶片，是兰花生长季节常用的浇水办法；浸水法则是兰盆放入水中或放在有水的托盘中，使水由盆底和盆壁慢慢浸入。但应注意浸水不能太久，以表土湿润为宜。

7. 施肥管理 通常兰花每年都需换盆、换土，盆土中的养分足够当年生长可以不必追肥。如果几年换1次盆就需追肥。兰花常用肥料有牛粪、羊粪、豆饼、麻酱等有机肥。施用前必须充分腐熟和消毒灭菌，也可用硫酸钾、硫酸铵、过磷酸钙等化肥作追肥。兰花施肥应掌握“宜勤而淡，切忌骤而厚”。化肥可用水溶解直接浇入根部，也可采用叶面施肥，常用根外追肥的化肥为磷酸二氢钾或尿素，浓度为0.1%～0.2%。有机肥作基肥，也可配成溶液作追肥浇入根部，注意勿施到叶面上，以免引起肥害。

兰花在营养生长时期应注意稍偏施氮肥，生殖生长期多施磷钾肥。一般春兰、蕙兰和建兰在5月上旬开始施肥，三伏天以及12月至翌年2月初不施肥。一般开花前后不宜施肥，空气湿度过大时不追肥，因湿度大，水分不蒸发，根部不易吸收肥料；气温高于30℃时不追肥，因水分蒸发快，残留的肥料浓度增加，有可能发生肥害；休眠或半休眠（一般品种温度低于15℃）时不施肥。

（五）病虫害防治

兰花发生病虫害的原因大多是由于通风不良，日照不足，基质过干、过湿或积水，高温闷热，低温等不良栽培环境所引起的。所以只要重视预防和正确合理的管理则可消除病虫害，即使受害也会很轻。

三、一 品 红

一品红又名圣诞红，易进行花期调节，可实现周年开花。由于其花期长、摆放寿命长、苞片大、颜色鲜艳而深受人们喜爱，特别是红色品种，苞叶鲜艳，极具观赏价值，是全世界最重要的盆花品种之一。一品红必须在设施下栽培，不能露天淋雨及全光照，否则品质不能得到保证，甚至无法成功生产。

（一）生物学特性及对环境条件的要求

1. 生物学特性 一品红为大戟科直立灌木。茎光滑，含乳汁；叶互生，卵状椭圆形至披针形，长10～20cm，叶缘钝锯齿至浅裂或全缘，背面有软毛；茎顶部花序下的叶较狭，苞片状，通常全缘，开花时呈朱红色；顶生杯状花序；花期12月至翌年2月。

2. 对环境条件的要求　一品红不耐寒，栽培适温为18～28℃，花芽分化适温为15～19℃，环境温度低于15℃或高于32℃都会产生温度型逆境，5℃以下会发生寒害，必须在霜前移入温室。

一品红为短日性植物，日照10h左右为宜，夏季高温日照强烈时，应遮去直射光，并采取措施增加空气湿度，冬季栽培时，光照不足也会造成徒长、落叶。对光照度的管理建议采用摘心前26～36klx，摘心后36～46klx，出售前20～36klx。生产中可通过遮光处理调节花期，处理时应连续进行，不能间断，而且不能漏光。

土壤水分过多容易烂根，过于干旱又会引起叶片卷曲焦枯。浇水要见干见湿，浇则浇透。一般春季1～2d浇水1次，夏天每日浇水1次，还可向叶面喷水。温室管理还应注意通风，开花后温室湿度不可过大，否则，苞片及花蕾上易积水、霉烂。

目前国内一品红种植多采用含土的混合基质，这对一品红的施肥和病虫害控制带来很大困难，应采用无土混合基质。较好的基质有泥炭、蛭石、珍珠岩的混合基质。在国外，一品红专业化生产中开始使用适应不同品种生长发育要求的专用复合基质。一品红栽植最适宜的pH为5.5～6.5。

（二）适用设施

一品红喜光照充足，温暖湿润的环境，不耐阴，也不耐寒，10℃以下落叶休眠。我国目前专业化的一品红生产多在玻璃温室内或塑料连栋温室内进行，以保证质量和按期上市。

（三）栽培品种

一品红主要根据苞片颜色进行分类。目前栽培的主要园艺变种有一品白、一品粉和重瓣一品红。观赏价值最高、在市场上最受欢迎的是重瓣一品红，如‘自由’（‘Freedom’）、‘彼得之星’（‘Peter Star’）、‘成功’（‘Success’）、‘倍利’（‘Pepride’）、‘圣诞之星’（‘Winter Rose’）等。

（四）栽培技术

1. 繁殖　以扦插繁殖为主，分硬枝扦插和嫩枝扦插。硬枝扦插时间为春季，选取一年生木质化枝条剪成10cm小段，剪口蘸草木灰稍阴干后扦插于河沙或蛭石内，扦插深度为4～5cm，遮阳保湿，在温室内保持环境温度20℃左右，约1个月生根。嫩枝扦插时间为5～6月，剪取长约10cm的半木质化嫩枝，剪掉下面3～4片叶，浸入清水，阻止汁液外流，其他操作与硬枝扦插相同。为促使扦插生根，可以用0.1%高锰酸钾溶液或100～500mg/L NAA或IBA溶液处理插穗。

2. 栽培管理

（1）定植　扦插成活后，应及时上盆。通常采用直径6cm的小盆，随着植株长大，可定植于直径15～20cm的盆中。为了增大盆径，可以2～3株苗定植在较大的盆中，当年就能形成大规格盆花。盆土用酸性混合基质为宜，上盆后浇足水置阴处，10d后再给予充足光照。

（2）肥水管理　一品红定植初期叶片较少，浇水应适量。随着叶片增多和气温增高，需水逐渐增多，不能使盆土干燥，否则叶片枯焦脱落。一品红的生长周期短，且生长量大，从购买种苗到成品上市只需100～120d，肥料的管理对一品红的生长非常重要。一品红对肥料的需求量大，稍有施肥不当或肥料供应不足，就会影响花的品质，生长季节10～15d施1次稀薄的腐熟液肥。当叶色淡绿、叶片较薄时施肥尤为重要，但肥水不宜过多，以免引起徒长，影响植株形态。一品红不喜铵态氮，而喜硝态氮，因此在施用肥料时应考虑此问题，尽量不要施用氯化铵这类氮肥，最好施用硝酸钾这类氮肥。

（3）高度控制　传统的一品红盆花高度控制采用摘心和整枝做弯的方法，现在国内生产中使用的一品红盆栽品种多是一些矮生品种，其高度控制主要是根据品种的不同和花期的要求采用生长抑制剂处理，常用的生长抑制剂有CCC、B_9和PP_{333}。当植株嫩枝长2.5～5.0cm时，可用2 000～3 000mg/L B_9进行叶面喷洒，而在花芽分化后使用B_9叶面喷洒会引起花期延后或叶片变小。在降低植株高度方面，用CCC和B_9混合液在花芽分化前喷施比单独使用效果更加显著，可以用1 000～2 000mg/L CCC和B_9混合液在花芽分化前喷施。在控制一品红高度方面，PP_{333}的效果也十分显著，叶面喷施的适宜浓度为16～63mg/L。在生长前期或高温潮湿的环境下，使用浓度高，而在生长后期和低温下，一般使用较低浓度处理，否则会出现植株太矮或花期推迟现象。

（4）病虫害防治　一品红盆花设施栽培的主要病害有根腐病、茎腐病、灰霉病和细菌性叶斑病。根腐病和茎腐病的防治用瑞毒霉或五氯硝基苯，在定植时浇灌，灰霉病的防治可以用甲基托布津，细菌性叶斑病用含铜杀菌剂防治。主要虫害有粉虱、蓟马等，可用2.5%溴氰菊酯、乐果等防治。

（五）盆花上市和储运

当一品红株型丰满、花开始显色时即可上市。盆花在储运过程中出现的主要问题是叶片和苞片向上弯曲，为减少这种现象的发生，在启运前3～4h内应将植株包装在打孔纸套或玻璃纸套中。到达目的地后，立即解开包装，防止乙烯在内部积累发生伤害。在10℃条件下，植株在纸套中的时间不宜超过48h。

四、瓜 叶 菊

瓜叶菊花色艳丽，叶色浓绿，十分美丽，花色多为室内少有的蓝色，是主要的年宵花卉之一。瓜叶菊在世界各国温室普遍栽培。

（一）生物学特性及对环境条件的要求

1. 生物学特性　瓜叶菊属多年生草本植物，常作一二年生栽培。全株被毛，茎直立，株高20～60cm。叶大，心脏状卵形，掌状脉，叶缘具多角状齿或波状齿，形似黄瓜叶，故名瓜叶菊；茎生叶叶柄有翼，根出叶基部稍下延，叶柄无翼。头状花序簇生成伞房状。原种舌状花紫红花；栽培品种花色丰富，有白、粉、红、紫、蓝等色，有的为复色。花期11月至翌年5月，盛花期2～4月。瘦果小，纺锤形，有白色冠毛，4～6月果熟。

2. 对环境条件的要求　瓜叶菊喜凉爽气候，生长最适温度为10～15℃，以白天温度20℃以下，夜间温度5℃以上为宜，高温易引起徒长；不耐高温、高湿，在我国夏季炎热多雨地区，越夏困难，故常作2年生栽培；生长期要求光照充足，空气流通，稍为干燥的环境；短日照可促进花芽分化；长日照对花蕾发育有促进作用；喜富含腐殖质、疏松肥沃、pH 6.5～7.5、排水良好的沙壤土。

（二）适用设施

瓜叶菊设施栽培主要用盆栽。在北方，瓜叶菊的栽培主要以温室栽培为主，同时辅以荫棚越夏。南方气候温暖地区，可用塑料大棚栽培，冬天寒冷时在大棚内加盖1层小棚，外盖保温覆盖材料即可。

（三）设施栽培品种

品种类型很多、根据花径大小和着花情况，可分如下类型。

1. 大花型　株高25～30cm，花径4～10cm，着花较密，生长期较短。花色从白至深红以及蓝色，栽培较为普遍。

2. 小花型　又称星型。株高60～100cm。一株着花可达200朵。花色多为红紫色系。生长强健，生长期较长，适用于切花栽培。常采用地栽生产，也有矮型盆栽品种。

3. 中间型　高约40cm，花径3.5cm左右，多花，宜盆栽。本型品种数量众多。

4. 小花丰花型　1921年瑞士育出本型品种。株高25～30cm，花小型，着花量大，1株开花可达400～500朵。

在以上4型中，除纯黄色外，几乎各色俱全，以紫色和蓝色最多。另外还有复色、重瓣、管瓣等品种。

（四）设施栽培技术

1. 播种期的确定　瓜叶菊以播种育苗为主，在栽培中通过调节播种期来调节花期。一般早花品种播种后需5～6个月开花，一般品种需7～8个月开花，晚花品种则需10个月开花。在北方2～9月均可播种，一般采用3种形式：3月播种，12月下旬开花，元旦上市；5月播种，春节开花；8～9月播种，“五一”开花。其中8～9月播种最适宜，此时气候逐渐转凉，雨季已过，幼苗可以不受高温和雨涝的影响，生长迅速。播种期不宜过晚，9月以后播种，苗株生长弱小，日照长度逐渐变短，使花蕾提早发育开花，植株矮小，着花稀而小，观赏价值较低。

2. 播种　瓜叶菊种子细小，播种采用浅盆或播种箱。用土以沙壤土为宜，可用腐叶土、壤土、河沙按3∶1∶1配制。播种前容器盆土均需消毒，盆底垫细眼塑料网纱，装入4～5cm播种土，刮平，均匀撒播种子，然后用木板轻压，使种子和播种土密接，再用细眼筛盖土0.2cm左右，以不见种子为度，然后放入苗床，充分浇水，并盖上塑料薄膜保湿。发芽适温以21℃为宜，5～7d发芽。

3. 苗期管理　播种床应用遮阳网遮阳，遮光率为60%，播种后苗木一般需3次移苗，以下以8月播种为例分段说明具体管理。

（1）出苗后到第1次移苗　一般3～5d苗可出齐，苗齐后喷1 000倍70％甲基托布津1遍，此时除天气特别干旱外，一般不再浇水，并且注意揭去薄膜炼苗，以降低温度防止徒长及病害，到第1片真叶长出可用细眼喷壶施1∶20薄腐熟饼肥水2～3次。

（2）第1次移苗到第2次移苗　当幼苗长出3～4片真叶时，可进行第1次移苗，株行距5cm×5cm，移到浅盆中，盆土以腐叶土、壤土、河沙按2∶2∶1比例配制，增加腐叶土含量，使幼苗生长发育充实。

移苗后用喷壶浇水，以后需经常供给充足水分，每次浇水需叶片萎蔫后进行，移植1周后可施氮素液肥促进生长，注意浇水应在早晚进行，若同一天施肥或喷药，浇水通常在施肥之后、喷药之前，浇水后注意通风降温。

在此期间，气温下降到21℃以下后应除去遮盖物，让幼苗充分见光。

（3）第2次移苗到第3次移苗　待真叶长出5～6片时，可进行第2次移苗，选用直径7cm的盆，盆土同第一次移苗土，移苗后浇足水。

第2次移苗后，苗的生长速度加快，对肥水较敏感，此期缺肥水，会导致提前显蕾开花，花少而小，失去商品价值，因此必须保证充足均衡的肥水供应。缓苗后每隔1～2周应施液肥1次，并随着苗木生长逐渐增大浓度。肥料可用0.2％尿素加0.2％磷酸二氢钾溶液，此时应注意增加光照和保温。

4. 定植管理

（1）定植　当幼苗长出8～10片真叶时定植，定植时选用直径11～17cm的盆，用腐叶土、壤土、河沙按2∶3∶1比例配制，并适当施以豆饼、骨粉或过磷酸钙等作为基肥，每立方米加1kg 45％复合肥。

（2）温度调节　定植后，室内气温白天应控制在18～22℃，夜间不低于5℃。较大的昼夜温差反而使叶柄变短，叶片紧凑，株形矮壮，增强耐寒性。

在北方，从10月起应注意天气变化，当外界气温低于－2℃时应该加盖草帘或纸被防寒。白天气温回升到5℃以上时撤去覆盖物，充分采光，中午室内气温超过22℃应打开侧窗通风，到下午室温降至12℃时加覆盖物保温。若保温措施不能满足瓜叶菊对温度的需求，应开始加温。加温可采用红外线、暖气或电热器等。

现蕾以后为控制花梗伸长，白天温度不宜超过20℃，进入花期，温度不超过18℃，此时夜温不可低于1℃，应保持在5～8℃为宜，较低的温度有利于延长花期。在花初开时若不能及时出售，需用低温延长花期。若要提早上市则现蕾后白天温度应为22～25℃，夜间室温也适当提高，不低于10℃。在开花株出售前5d给予5～8℃锻炼，并加强通风见光，控制水肥，保证商品盆花对室外环境的适应能力。

15℃以上低温处理6周，可完成花芽分化，再经8周即可开花，从放入15℃以下处理到开花需3个半月。

（3）光照调节　瓜叶菊喜光照充足的环境，但不耐夏季强光。在冬季，由于覆盖保温，光照强度降低，基本能满足植物需要。因长日照可促进花芽发育而提前开花，早花品种在8月播种，11月以后增加人工光照，给予15～16h长日照条件，12月可以开花。

夏季光照过强，对5月播种的植株或3月播种的植株应注意遮光，一般遮光60％，同时也可起到降低温度的作用。遮光时间从5月下旬至6月初开始，直至10月初结束。

(4) 肥水管理　定植后至初花期是瓜叶菊需肥高峰期，从定植第10天起追施0.25%尿素和0.25%磷酸二氢钾，15d再施1次0.2%尿素和0.3%磷酸二氢钾，约在花芽分化前2周停止追肥，控制浇水。这是一项关键的栽培技术，其作用有两个方面：一是控制植株生长，使株形紧凑；二是可促进花芽分化，提高开花率，此时的温度白天21℃左右、夜间10℃左右为宜。

现蕾后，恢复正常管理，追施液肥，逐渐恢复浇水，恢复充足阳光。一般现蕾后再施1次液肥，以后不再施肥，但因瓜叶菊花期长，对不能及时上市和晚开的花，应再追肥1～2次，浓度酌减，施肥后注意用水洗净花叶上残留的肥液。瓜叶菊现蕾前，浇水时应注意水温与室内温度保持一致，浇水后注意通风，勿使室内湿度过高。

(5) 转盆　在单面温室内由于植株受光不均匀，影响株形的完善，应定期把花盆旋转90～180°，保证植株均匀受光，提高商品质量，在植株生长的高峰尤其值得注意，应缩短转盆的间隔。

(6) 倒盆　由于温室内存在温度、光照、通风等因素的差别，会导致同一温室内同一批苗木生长量和花期不一致，影响成批商品盆花的出售，应注意对不同区域的盆花定期进行轮流换位，尽量让它们处于相对一致的环境条件。

在设施栽培中，转盆与倒盆是一项最基本的操作。单面温室每周应倒盆和转盆各1次。

(7) 越夏管理　瓜叶菊不耐炎热，忌强光，而我国不少地区夏季持续高温，对瓜叶菊生长不利，在栽培中应注意越夏。具体措施有：避开夏季，8月播种；若3月或5月播种，在荫棚下栽培，并经常喷雾、通风，降低温度和湿度；用冷室栽培，或温室内用蒸发冷却法降低温度，控制水肥，勿淋雨，防止植株徒长和腐烂。

(五) 病虫害防治

设施栽培中植物密度比较大，若通风不良和管理不善，易发生菌核病和灰霉病，也易遭蚜虫和红蜘蛛危害，高温多湿还易发生白粉病。

对病虫害应以预防为主，温室内加强通风、降温，控制高温。发病初期也可喷洒1 000倍70%甲基托布津和2 000倍50%速克灵，虫害可喷2.5%敌杀死2 500倍或1 500～2 000倍乐果。

【思考题】

1. 我国与国外相比，在设施花卉栽培方面存在哪些差距？
2. 设施花卉栽培的主要种类有哪些？
3. 试述月季切花生产对品种的要求。
4. 切花菊都有哪些栽培类型？切花生产中应注意哪些问题？
5. 花烛是近几年花卉市场非常热销的一类花卉，试述这类花卉有哪些品种。
6. 为了保证非洲菊切花生产的质量，应从哪些方面采取措施？
7. 结合切花菊的采收与处理，谈谈切花的一般包装和储藏要求。
8. 香石竹切花生产中存在最大的问题是什么？如何解决这些问题？
9. 你们当地栽培的百合有哪些种类？它们是如何繁殖的？

10. 瓜叶菊是我国春节期间增加喜庆气氛的主要花卉，如何才能保证在节日期间准确及时地供应市场高质量的花卉?

11. 就仙客来的繁殖，讨论繁殖方法与花卉栽培效益的关系。

【技能训练】

技能训练一 主要设施花卉栽培方式及种类识别

一、技能训练内容分析

了解本地常见设施花卉的栽培方式，掌握常见花卉的分类方法，识别常见设施花卉的种类。

二、核心技能分析

①根据花卉生长习性、栽培方式、园林用途等对花卉进行分类。

②借助放大镜等仔细观察各种花卉的根、茎、叶、花、果，根据植物科学分类知识识别各种设施花卉。

三、训练内容

(一) 材料及用具

1. 场所及材料　各类设施花卉栽培场所栽培的切花、盆花等花卉种类。

2. 用具　镊子、放大镜、记录本、照相机等。

(二) 步骤与方法

1. 对花卉进行分类

(1) 根据生物学特性和生态习性　可将花卉分为一二年生花卉、多年生草本花卉，多年生木本花卉、水生花卉、兰科花卉、仙人掌类及多浆植物、蕨类植物、凤梨科植物、棕榈科植物、食虫植物等。

(2) 根据栽培方式　可将花卉分为促成栽培、抑制栽培、无土栽培、种苗栽培和荫棚栽培花卉等。

(3) 根据园林用途　可将花卉分为切花花卉（又可分为切花类、切叶类、切枝类)、盆栽花卉、室内花卉、花坛花卉等。

(4) 根据花卉原产地　可将花卉分为中国气候型、地中海气候型、墨西哥气候型（热带高原气候型)、热带气候型和沙漠气候型花卉等。

2. 观察花卉　借助放大镜等仔细观察各种花卉的根、茎、叶、花、果，根据植物科学分类知识识别各种设施花卉。

四、作业与思考题

根据观察结果将各类花卉按照生物学特性和生态习性将其进行分类。

技能训练二 设施花卉的扦插繁殖

一、技能训练内容分析

了解设施花卉最常用的扦插繁殖方法，掌握各类材料扦插要领。

二、核心技能分析

基质装盆；插穗准备；扦插技术；扦插后的管理。

三、训练内容

（一）材料及用具

1. 繁殖用材料 盆栽虎尾兰或蟆叶秋海棠、月季、菊花等。

2. 用具 河沙、直径25cm左右的陶质花盆、修枝剪等。

（二）步骤与方法

1. 基质装盆 将洗净晒干的河沙装入直径25cm的陶质新花盆，沙面与盆缘留5cm距离，以便浇水。

2. 插穗准备 选择生长正常、无病虫害的枝、叶作为插穗。

①选择成熟的虎尾兰叶片剪成5～10cm长小段或蟆叶秋海棠叶片切断几条主叶脉使成为几片。

②剪取生长健壮的接近木质化的月季或未木质化的菊花枝条2～3节为插穗，保留上部1～2片叶，其他叶片去掉，月季只留3～4枚小叶。

3. 扦插 上述准备工作完成后，使花盆充分洇水，然后将插穗插入盆中基质，嫩枝插穗插入深度1/2～2/3，叶片插入1/3～1/2。虎尾兰扦插时应注意形态学上下端，不能插翻。插后，洒水少许，使插穗与基质紧密结合。

4. 管理 插后于插穗上方罩大口玻璃瓶或塑料薄膜保湿、透光，置18～25℃条件下。以后2d喷水1次保持湿度直至生根发苗。

四、作业与思考题

1. 技能训练报告，记录扦插过程。

2. 嫩枝或叶片扦插时应注意哪些问题？为什么？

技能训练三 仙客来穴盘苗培育技术

一、技能训练内容分析

掌握仙客来穴盘苗培育的管理技术。

二、核心技能分析

掌握仙客来穴盘苗的管理，尤其是壮苗的培育技术。

三、训练内容

（一）材料及场地

1. 材料 刚刚出土的仙客来幼苗、育苗基质、肥料、农药、穴盘等。

2. 场地 育苗温室。

（二）步骤与方法

1. 检查 穴盘进入温室后及时检查幼苗，当发现有戴帽出土的幼苗后可进行人工脱帽，但要防止损伤子叶，发现霉烂幼苗应及时清除，清除后用600～1 000倍液细菌清处理霉烂幼苗周围，防止病害蔓延。

2. 分苗　当幼苗第3片真叶开始伸展时即可进行分苗。分苗一般采用72或50穴的穴盘。分苗前要对分苗场地进行消毒处理，预防幼苗感染致病。

(1) 基质选择　可选用专业的育苗基质，也可用木炭、蛭石以6∶4比例混合后使用。

(2) 装盘　基质装盘应松紧适宜，保证将基质平铺在穴盘中将穴盘孔填满不可用力压之。

(3) 移植　将幼苗从穴盘中取出，操作时要尽量少伤根，不散土包，防止损伤叶片和种球。分苗时要对幼苗分级，同一级别的幼苗分在同一穴盘内。同一穴盘的幼苗子叶方向一致，保持幼苗在穴盘孔正中，减少幼苗间相互遮荫，分苗深度以基质盖住种球，浇水后种球似露非露为宜。过深影响苗的发育，过浅种球露出部分易老化。穴盘摆放时要分品种、分级别统一摆放，穴盘摆放应平整紧密，便于管理，使幼苗生长一致。

3. 分苗后的管理

(1) 肥水管理　分苗后应马上浇水，随水施入广谱性杀菌剂，浓度视农药种类而定。为促进根系发芽，可用N、P、K按12∶45∶10比例配制幼苗促根肥，浓度2 000～3 000倍，使用1～2次。浇水应均匀一致，避免幼苗因水分不足而生长不匀。

(2) 湿度管理　分苗后空气湿度保持在85%左右，缓苗后将湿度控制在60%～80%。

(3) 光照　分苗1周内遮阳，促进缓苗，之后逐渐将光照控制在1 500～2 000lx。

(4) 温度　缓苗期温度控制在20℃左右，缓苗后温度可控制在15～20℃，尽量增加昼夜温差，促进种苗球茎增大，培育壮苗。

(5) 病虫害防治　温室通风处应安装防虫网，室内悬挂黄板，加强对蓟马、蚜虫等的防治。对病害防治要从环境控制入手，严格按标准调整室内的环境条件，定期对温室环境喷施广谱性杀菌剂，并且交替使用，防止产生抗药性。

四、作业与思考题

1. 简述仙客来穴盘育苗的优点。

2. 仙客来壮苗如何培育?

技能训练四　一品红“十一”开花花期控制技术

一、技能训练内容分析

学会花卉花期调节控制技术措施。

二、核心技能分析

掌握一品红“十一”开花花期控制关键技术——短日照处理的时间、方法。

三、训练内容

(一) 材料及用具

1. 场所及材料

(1) 材料　盆栽一品红，遮光暗室。

(2) 场所　校内技能训练基地。

2. 用具　花盆、花肥、农药、喷雾器等。

（二）步骤与方法

1. 种苗选择　在实际栽培中多采用3年生以上的大株进行花期控制，通常使用上口直径28cm、高20cm、底部直径18cm的花盆作为定植容器。宜选用沙质壤土作为栽培基质。用扦插法繁殖的种苗必须长出6～7片叶，其苞片才能变红。为了使植株具有更高的观赏价值，所使用的一品红植株通常每年3～4月换盆1次，并除去部分老根，同时对枝条进行短截。

2. 水分管理　一品红喜微潮偏干的土壤环境，稍耐旱。在生长旺盛阶段浇水不宜过多，否则植株容易徒长，应该等叶片刚刚萎蔫下垂时浇水。在中国大多数地区，入秋后天气逐渐转凉时，应将一品红移入温室管理，在入房后的一段时间里，应该适当减少浇水量，因为在温室里水分散失比在露天中慢得多，浇水过多，则植株容易发生烂根现象。

3. 施肥管理　一品红喜肥料充足，但施肥应该结合植株的长势调节用量，除在春季结合换盆施足基肥外，可在生长旺盛阶段每隔10d追施1次稀薄液体肥料。随着苞片的不断长大，可每周喷施1次0.1%磷酸二氢钾液肥，促使其颜色更为鲜艳。一品红不喜铵态氮，喜硝态氮，因此在施用肥料时应该考虑此问题。尽量不要施用氯化铵类氮肥，最好施用硝酸钾类氮肥。一品红苗期对肥料的需求量较多。

4. 温度管理　喜高温、忌严寒，是一品红对温度的基本要求。植株在25～35℃生长良好。在其花期控制过程中，环境温度不宜低于15℃，环境温度高于35℃花期后延。

5. 花期控制　一品红为典型短日性植物。当完成营养生长阶段后，每日给予9～10h自然光照、遮光14～15h，即可形成花芽开花。一般单瓣品种经45～50d、重瓣品种经55～60d即可开花。如欲“十一”开花，一般于8月1日开始进行短日处理即可。在短日处理期间应注意以下几点：

①遮光绝对黑暗，不可有透光漏光点。遮光应连续不可间断。

②遮光暗室或棚内温度不可高于30℃，否则叶片焦枯甚至落叶，影响开花质量。

③短日处理期间应正常浇水施肥，并加施磷、钾肥。

④短日处理时间应准确，不可过早或过迟。

一品红花期虽长，但以初开10d内花色最鲜艳，10d以后花色逐渐变暗，特别是单瓣品种。所以不宜过早进行短日处理，如处理过早，无法推迟，因短日处理一旦间断，已变红的苞片与叶片，在长日下会还原变为绿色，前期处理完全无效。

四、作业与思考题

1. 技能训练报告，记录一品红“十一”开花花期调节工作过程。

2. 分析一品红花期调节控制成功与否的原因。

技能训练五　百合分球繁殖技术

一、技能训练内容分析

掌握百合分球繁殖操作技术。

二、核心技能分析

根据百合生长习性、种植时期采取适当的分球方法。

三、训练内容

（一）材料及用具

1. 场所及材料　各类设施花卉栽培场所、百合鳞茎等。

2. 用具　铁锹、小铲、分生刀等。

（二）步骤与方法

1. 分球时期　分球繁殖一般在每年秋季或春季百合种植期进行。

2. 苗床准备　选择夏季凉爽，7月份平均气温不超过22℃，土质疏松肥沃，灌排方便的地方作百合鳞茎繁殖基地。一般宜选择高海拔冷凉山区、湖河水边或半岛地区为好，苗床清除残根、枯枝，精耕细作，并施入少量腐熟有机肥，苗床宽100～200cm，长度根据具体情况而定。

3. 分球方法

（1）鳞茎的自然繁殖　百合经过1年生长后，在地下部形成了新的鳞茎，兰州百合的鳞茎是两两相连的，称之为根茎形，卷丹形成的鳞茎是4个相连的，称之为集聚形。对各种类型的鳞茎都可按其自然形态加以分割，进行繁殖。这种自然分割繁殖的鳞茎体积大，只要条件适宜即能长成开花良好的新个体，但数量有限，所以不能成为繁殖种球的主要方法。

（2）子球繁殖　许多百合（如麝香百合）地下部或接近地面的茎节上会长出许多小子球，待充分长大后，将其小心取下单独种植，可形成新的植株。一棵麝香百合具有几十个子球，可繁殖几十棵新株。子球长成的新植株虽然开花较自然分割的母球晚，但比较健壮。

四、作业与思考题

1. 分生繁殖有何优点？

2. 百合分球繁殖时应注意哪些事项？

主要果树的设施栽培技术

【知识目标】了解果树设施栽培的基本技术原理；掌握北方主要果树设施生产的关键技术。

【技能目标】能够熟练掌握果树设施内环境因子的调控技术；能独立进行北方主要设施果树的周年管理。

第一节　概　　述

果树设施栽培根据果树生长发育的需要，调节光照、温度、湿度和二氧化碳等环境生态条件，人为调控果树成熟期，提早或延迟采收期，使一些果树四季结果，周年供应，显著提高果树的经济效益。同时，通过设施栽培提高抵御自然灾害的能力，防止果树花期的晚霜危害和幼果发育期间的低温冻害，还可以极大地减少病虫鸟等的危害。可使一些果树在次适宜或不适宜区成功栽培，扩大果树的种植范围，如番木瓜等热带果树，在温带地区的山东日光温室条件下引种成功；欧亚种葡萄在高温多雨的南方地区获得成功。

作为果树栽培的一类特殊形式，设施栽培已有100多年历史。20世纪70年代以后，随着果树栽培集约化的发展、小冠整形和矮密栽培的推广，工业化为种植业提供了日益强大的资金、材料和技术支持，加上果品淡季供应的高额利润，促进了果树设施栽培的迅猛发展。与此相适应，世界各国陆续开展了果树设施栽培理论和技术的研究，经过20多年发展，目前，果树设施栽培的理论与技术已成为果树栽培的一个重要类型，并已形成促成、延后、避雨等栽培技术体系及相应模式，成为21世纪果树生产最具活力的有机组成部分和发展高效农业新的增长点。

一、国内外果树设施栽培的现状

20世纪70年代以来，日本、韩国、意大利、荷兰、加拿大、比利时、罗马尼亚、美国、澳大利亚和新西兰等国设施果树栽培发展较多，其中日本果树设施栽培面积发展速度超过蔬菜与花卉。日本果树设施面积至2000年已达12 494hm^2，其中以葡萄面积最大，约占61%，其次为柑橘、樱桃、砂梨、枇杷、无花果、桃、李、柿等。目前，日本果树设施栽培面积仅为果树总面积的3%～5%，主要的设施类型有单栋塑料温室、连栋塑料温室、平棚、倾斜棚、栽培网架和防鸟网等多种形式，设施管理多采用自动或半自动化方式进行，栽培技术已达较高水准。

我国果树设施栽培始于20世纪80年代，起初主要以草莓的促成栽培为主，进入90年代以后，设施栽培的种类逐渐增多，种植规模也逐渐扩大。尤其是近年来，我国北方落叶果树地区的果树设施栽培发展迅速。据不完全统计，截至2004年底，全国果树设施栽培面积已达6.67万hm^2，产量达48万t。设施栽培获得初步成功的树种有草莓、葡萄、桃、杏、樱桃与李等，其他树种如无花果等也有少量栽培，但多处于试验阶段。设施类型以日光温室为主，塑料大棚为辅。生产模式以促早栽培为主，延迟栽培为辅。目前，辽宁、山东、河北、北京、河南、吉林、江苏、上海、浙江等省已发展果树设施栽培面积（包括草莓）超过37 000hm^2，其中山东省为9 600hm^2，辽宁省为4 800hm^2，河北省为3 400hm^2，河南省为2 600hm^2。设施栽培的种类以草莓最多，约占总面积的60%左右；其次是葡萄，约占18%，桃和油桃约占17%，其他占5%左右。设施栽培的单位面积经济效益很高，一般比露地栽培高2～10倍。

山东省是我国果树设施栽培面积最大、种类最多、技术较先进的省份，主要种植草莓、樱桃、葡萄、桃和油桃、李、杏等树种的优良品种，果品产量约1亿kg，50%以上销往北京、天津、上海等大城市以及辽宁、吉林、黑龙江等东北地区。主要生产形式有日光温室和塑料大棚，利用山东独特的地理位置和优越的光温条件，以不加温促成栽培为主。

在我国果树设施栽培迅速发展的形势下，生产需求与技术储备不足的矛盾比较突出，存在问题有：

1. 树种、品种结构不合理 如草莓生产比重过大，约占总面积的60%，而其他6种果树的栽培面积仅占40%，导致草莓生产总量过大，效益下降，樱桃、李、杏等果品生产总量过小，不能满足市场需求。

适宜设施栽培的专用品种较少，适应性和抗病性等都较差。因此，选育需冷量低、早熟、自花结实能力强、花粉量大及矮化紧凑型设施专用品种是十分紧迫的。

2. 设施结构和原材料尚需改善 多由蔬菜大棚、塑料薄膜日光温室改造而成，结构简陋，环境调控功能差，不适应果树设施栽培的要求。开发适合国情、先进实用的果树设施构型及原材料已势在必行。

3. 生产技术和管理水平有待完善 除草莓外，其他树种尚缺少成熟、完整的综合管理技术体系。许多地方果树设施栽培成功与失败并存，个别地方失败率较高。有选用品种不当的问题，但主要是生产者对果树设施栽培的需冷量、花粉育性、适宜授粉组合、自花结实力、果实发育等特性缺乏全面、系统的了解，管理措施带有较大的盲目性。

4. 果品商品化处理和产业化经营滞后 现阶段设施栽培果品生产总量较少，缺少生产技术和产品质量标准化，不能有效地提高商品质量，实现增值、增效。大部分无品牌优势，不能实行产、供、销一条龙的经营模式。

二、果树设施栽培的作用

1. 调控果实成熟，延长鲜果供应期 在果树设施栽培条件下，可以人为调控栽培环境条件，使果实成熟期提前或延后，供应水果淡季市场。如在人工控制条件下，可使樱桃、杏和李等果树的果实在2～4月份成熟，桃的果实在4～5月份成熟。一般露地栽培的巨峰葡萄，于6月初开花，果实8月中下旬成熟；而在设施栽培条件下，可以提前到2月下旬开花，4月下旬甚至更早果实成熟上市，提早60～120d。一些晚熟葡萄品种（如‘晚红’、‘秋黑’）和‘巨峰’、‘玫瑰香’等中、早熟品种所结的2～3次果，可在设施中延后30～60d（10月下旬至11月中下旬）采收上市。此外，还可使一些果树如草莓四季结果，周年供应。

2. 果实鲜美、质优、无污染 在设施中栽培果树，环境条件相对稳定，一些外界病虫害难以传播蔓延。同时集约化经营，投入高，管理细致，使果树生长健壮，抗逆性增强，因而病虫害较露地少而轻。只要注意早期防治，易于控制全年的病虫害。这样可大大减少打药次数和农药污染，有利于生产绿色食品，从而提高果品档次和质量，生产出鲜美、质优、无污染的果实。

3. 改善果树生长的生态条件 果树设施栽培可以根据果树生长发育需要，调节光照、温度、湿度和气体等环境生态条件，果树的物候期提早，生长期延长，制造的光合产物多，成花一般较好。如葡萄和桃等果树，均能当年定植，当年成花，翌年结果或丰产。据河北省抚宁县林业局报道，第一年春栽植桃树成品苗，翌年春每667m^2产量可达1 000～1 500kg，产量比露地高1～2倍。此外，由于果实提前采收或生长期拉长，使植株营养积累较多，花芽分化早而完善，对翌年开花、坐果和新梢生长有利，为连年丰产稳产奠定了良好基础。

4. 预防自然灾害，扩大栽植区域 由于设施的保护，果树可免受许多自然灾害的影响和侵袭。如我国南方，夏季高温、多雨，不利于果实生长，有了设施条件，便可以避雨、防风、遮荫、降温和防病，使难于在南方落户的葡萄等得以正常生长结果。而在北方，可以防御风、雪、霜、冻和冰雹等自然灾害，使南方果树向北转移或在夏季结果的果树改在冬季结果。这样就使许多果树由原产地向南或向北扩展，栽植区域不断扩大，使我国南方或北方增加种植树种，吃到当地产的、价廉的和充分成熟的新鲜水果。同时由于设施保护，可在果树花期有效防御低温、降雨和大风的侵袭，从而使授粉受精过程正常进行，实现坐果良好，产量较高的栽培目的。

5. 提高果树的经济效益 虽然设施栽培成本高，但其目的是以满足淡季水果供应和提高果实品质为目标，因此与露地相比，其经济效益高得多。一般比露地栽培增加产值2～10倍以上。如果与农业观光旅游结合，冬季早春观花，春季采果，经济收入还可提高。

三、果树设施栽培的主要树种和品种

目前世界各国进行设施栽培的果树有落叶果树，也有常绿果树，涉及树种达35种，其中落叶果树12种，常绿果树23种。落叶果树中，除板栗、核桃、梅、寒地小浆果等未见报道外，其他均有栽培，其中以多年生草本草莓栽培面积最大，葡萄次之。树种和品种选择的原则是：需冷量低，早熟，品质优，季节差价大，通过设施栽培可提高品质，增加产量以及适应栽培等。常见落叶果树及主要品种如表10-1。

表10-1 设施促成栽培中常见落叶果树及主要品种

树种	主要品种
葡萄	‘巨峰’、‘玫瑰露’、‘蓓蕾’、‘新玫瑰’、‘先锋’、‘龙宝’、‘蜜汁’、‘康拜尔早生’、‘底拉洼’、‘乍娜’、‘凤凰51’、‘里扎马特’、‘京亚’、‘紫珍香’、‘京秀’、‘无核早红’
普通桃	‘京早生’、‘武井白凤’、‘布目早生’、‘砂子早生’、‘八幡白凤’、‘仓方早生’、‘春蕾’、‘春花’、‘庆丰’、‘雨花露’、‘早花露’、‘春丰’、‘春艳’

（续）

树种	主要品种
油桃	‘五月火’、‘早红宝石’、‘瑞光 3 号’、‘早红 2 号’、‘曙光’、‘NJN72’、‘早美光’、‘艳光’、‘华光’、‘早红珠’、‘早红霞’、‘伊尔 2 号’
樱桃	‘佐滕锦’、‘高砂’、‘那翁’、‘香夏锦’、‘大紫’、‘红灯’、‘短枝先锋’、‘短枝斯坦勒’、‘拉宾斯’、‘斯坦勒’、‘莱阳矮樱桃’、‘芝罘红’、‘雷尼尔’、‘红丰’、‘斯特拉’、‘日之出’、‘黄玉’、‘红蜜’
李	‘大石早生’、‘大石中生’、‘圣诞’、‘苏鲁达’、‘美思蕾’、‘早美丽’、‘红美丽’、‘蜜思李’
杏	‘金太阳’、‘新世纪’、‘红丰’、‘和平’、‘红荷包’、‘骆驼黄’、‘玛瑙杏’、‘凯特杏’
梨	‘新水’、‘幸水’、‘长寿’、‘二十世纪’
苹果	‘津轻’、‘拉里丹’
柿	‘西村早生’、‘刀根早生’、‘前川次郎’、‘伊豆’、‘平核无’
无花果	‘玛斯义·陶芬’
枣	‘金丝小枣’

四、果树设施栽培的管理特点

目前，果树设施栽培有塑料薄膜拱棚和塑料薄膜温室 2 种主要类型，其中塑料薄膜拱棚在设施栽培中应用比较广泛。

果树设施栽培除各种果树特有的栽培措施外，有与露地栽培不同的技术管理特点。

1. 增加光照 设施栽培因覆盖物而导致设施内光照减弱，影响光合效能，且常会引起果树树势衰弱，可通过以下措施改善光照状况：选择透光性能好的覆盖材料；利用反射光，地面铺设反光材料和设施内墙刷白；用人工光源技术，如白炽灯、卤灯和高压钠灯进行补光；适宜的树形及整形修剪技术。

2. 施用二氧化碳 设施栽培由于密闭保温，白天空气中的二氧化碳因果树光合作用消耗而下降，设施内施用二氧化碳可以提高二氧化碳浓度，弥补由于光照减弱而导致的光合效能下降，将二氧化碳浓度提高到原来的 2 倍以上，可收到明显的增产效果。人工补充二氧化碳要解决不同树种、品种所适宜的二氧化碳气源、适宜的施用时间、促进扩散的方法及合理、有效的浓度等问题。

3. 调节土壤及空气湿度 土壤水分果实的膨大及品质构成因素影响很大。设施覆盖挡住自然降水，土壤水分完全可以人为控制，准确确定不同树种、品种在不同生育期下土壤水分含量的上下阈值，对优质丰产极为重要。此外，由于密闭作用，设施内空气湿度较大，不利于果树授粉受精。因此，可通过铺地膜和及时通风进行调节，以适应果树需求。

4. 控制温度 设施环境创造了果树优于露地生长的温度条件，其调节的适宜与否决定栽培的其他环节。一般认为，设施温度的管理有两个关键时期：一是花期，花期要求最适温度白天 20℃左右，晚间最低温度不低于 5℃，因此花期夜间加温或保温措施至关重要；二是果实生育期，最适 25℃左右，最高不超过 30℃，温度太高，造成果皮粗糙、颜色浅、糖酸度下降、品质低劣。因此，后期果树设施管理应注意通风换气。

5. 人工授粉 设施内尽管配植有授粉树，但由于冬季、早春温度较低，昆虫很少活动，影响果树的授粉受精。即使有昆虫活动，其传粉也极不平衡，除影响坐果外，桃和葡萄容易出现单性结实，果实大小不一致，差异较大，草莓容易出现畸形果。除早春放蜂（每 $300m^2$ 设置1箱蜜蜂）帮助果树授粉外，还需要人工授粉。通常用棉花小球、鸡毛掸蘸花粉进行，也可用鸡毛掸子或用兔毛自制毛刷，先在授粉品种花或花序上滚动，吸附花粉，再在主栽品种的花或花序上滚动，反复进行，可使花粉互相授粉，整个花期人工授粉2～3次，能确保果树授粉受精，保证坐果。

6. 应用生长调节剂 设施栽培时，冬春由于低温，一般果树生长较弱，以后又由于高温多湿，生长较旺，所以需要应用生长调节剂加以调控。为促进果树生长，通常应用 GA_3；防止枝叶徒长多用250mg/L PP_{333} 溶液，施用生长抑制剂过量时可用20mg/L GA_3 溶液调节。为抑制葡萄新梢生长，提高坐果率，通常在开花前5～10d喷洒0.2mg/L CCC溶液，有的国家施用0.3%～0.5% B_9 溶液。

7. 整形修剪 为经济有效地利用设施空间，栽植密度应加大，单株树体结构应简化，并应控制树体大小。由于设施减弱了光照，整形修剪方式以改善光照状况为基本原则，群体的枝叶量小于露地栽培，同时注意正确的手法，防止刺激过重，枝梢徒长。

8. 土肥水管理 多年或几年设施栽培后，设施土壤盐渍化是突出的问题，因此加强土壤管理尤其是增施有机肥成为各国设施栽培中土壤管理的重点。另外基于设施空气湿度的调节，地面一般采用清耕或全部覆盖地膜。

由于设施内肥料自然淋失少，追肥效率高，因此追肥量比露地少。保护栽培促进早期萌芽、开花与新梢生长，采果后树体易返旺徒长，影响花芽分化质量，应严格掌握施肥时期与数量。同时应适当减少灌水数量与次数，一般仅在扣棚前后、果实膨大期依需要浇水保墒。

9. 病虫害防治 果树设施栽培减轻或隔绝了病虫传播途径，可相应减少喷药次数与用药量，为生产无公害绿色果品开辟了新途径。

第二节 葡萄设施栽培

葡萄设施栽培远在300年前西欧就开始进行了，到了19世纪末、20世纪初，比利时、荷兰等国利用玻璃温室栽培葡萄已很盛行。在意大利除温室葡萄外，还有大量的葡萄园在秋季实行薄膜覆盖，使葡萄延迟到圣诞节采收。日本在第二次世界大战后，葡萄设施栽培迅速发展，到1990年止，其设施生产面积已占全国葡萄面积的23.9%，跃居世界之首。

我国葡萄的设施促成栽培起步较晚。辽宁省果树研究所1979—1985年，先后利用地热加温的玻璃温室、不加温薄膜温室和塑料大棚等保护设施，对巨峰葡萄进行了保护地栽培研究，使巨峰葡萄提早25～60d成熟上市，利用葡萄的二次结果习性进行延后栽培，其延迟效果长达60d。葡萄通过设施栽培，不仅能使其浆果提早或延迟成熟上市，而且还能获得优质、高产、稳产的栽培效果，目前在我国北方地区以促成栽培为主，南方多雨地区以欧亚葡萄的避雨设施栽培为主。

一、葡萄的促成栽培

（一）促成栽培的类型

促成栽培是以果实提早上市为目的的一种栽培方式。根据催芽开始时期的早晚，又可分为早促成栽培型、标准促成栽培型、一般促成栽培型。葡萄开始升温催芽时期的确定，与葡萄植株的休眠生理和保护设施种类及其性能有关。

1. 早促成栽培型 葡萄还没有解除休眠或休眠趋于结束的早些时候即开始升温催芽。以高效节能日光温室、加温日光温室等为保护设施，白天靠太阳辐射热能给温室加温，夜间加盖草帘、纸被等覆盖物保温。加温温室温度水平较高，促成效果较好。在利用这种保护设施进行葡萄保护地栽培时，升温催芽的时期可选在元旦前后，2月上中旬萌芽，3月中下旬开花，中、早熟品种果实可在5月下旬到6月中旬成熟上市，比露地栽培提早60～90d。

2. 标准促成栽培型 葡萄休眠结束后开始升温催芽。主要以节能日光温室为保护设施，在葡萄休眠完全解除后的2月上中旬升温催芽，只靠太阳辐射热能给温室加温，夜间保温覆盖至少2层草帘或1层草帘加1层牛皮纸被。葡萄可于3月下旬到4月初萌芽，4月中下旬进入花期，中、早熟品种果实可在7月中下旬成熟上市，提早45d左右。这种栽培型果实成熟时期正值外界高温季节，昼夜温差小，不利于果实积累糖分，着色不好是其缺点，巨峰品种尤其明显。

3. 一般促成栽培型 葡萄休眠结束后的晚些时候再进行升温催芽。主要以塑料大棚为保护设施，由于这种保护设施在夜间无保温覆盖，棚内早春气温回升较慢，人为升温催芽的开始期（即出土上架时期）应选择在3月上中旬，使其于3月底到4月上旬进入萌芽期，5月上旬开花，中、早熟品种的果实可在8月上中旬成熟上市。如棚内增设小拱棚、地膜覆盖、保温幕等保温设施，人为开始升温的时期还可提早15d左右，果实相继又可提早成熟。

（二）栽培设施

1. 塑料薄膜温室 可分为加温薄膜温室和不加温薄膜温室（即日光温室）。塑料薄膜温室根据其形状可分为一斜一立式、拱圆式和三折式3种，其中以一斜一立式为主。进行葡萄栽培时，一般脊高2.8～3.2m，跨度6.5～7.5m，后墙高2m左右，厚度0.5～1m（空心墙填保温材料），采光面为倾斜平面或微拱圆2种，坡度为16.5°～23.5°。

2. 塑料大棚 塑料大棚保温性能比日光温室差，昼夜温差较大，且春季地温回升缓慢。因而在进行果树栽培时，其生长的日期与薄膜温室比延后很多。一般栽培葡萄，需在露地日平均气温为5℃时，方可扣棚出土上架。

（三）品种选择

在设施内种植葡萄，投入的财力和人力较多，种植成本高，宜选择早熟性状好、品质优良、耐弱光、耐潮湿、低温需求量低、生理休眠期短的品种。适于促成栽培的主要适用品种如表10-2。

表10-2 葡萄促成栽培的主要适用品种

（李式军，2002）

种类	品种	果实性状				果实发育期（d）	需冷量
		单粒重（g）	穗重（g）	果粒颜色	品质		
欧亚种	‘京早晶’	3	450	黄绿色	上	60	
	‘凤凰51号’	8	420	紫玫瑰红	上	62	

（续）

种类	品种	果实性状				果实发育期 (d)	需冷量
		单粒重（g）	穗重（g）	果粒颜色	品质		
欧亚种	‘乍娜’	10	500	粉红色	上	65	1 300
	‘郑州早红’	5	390	紫红	上	65	
	‘京玉’	6.5	680	绿黄色	上	70	850 *
	‘早红无核’	3	300	粉红色	上	90	1 600 *
	‘京秀’	6.3	500	玫瑰红	上	110	1 100
	‘里扎马特’	10	850	红色	上	110	1 700
	‘森田尼无核’	4.2	510	黄白色	上	110	1 300 *
欧美杂交种	‘京亚’	9	400	紫黑色	中上	103	1 100
	‘京优’	10	510	紫红色	中上	118	1 100
	‘金星无核’	4.1	350	紫黑色	中上	115	
	‘藤稔’	12	450	紫黑色	中上	120	1 800
	‘巨峰’	10	400	紫黑色	中上	130	1 600
	‘先锋’	12	400	紫黑色	中上	135	1 400

注：需冷量数据来自山东农业大学，单位为冷温单位（C.U），带 * 数据为上海市农业科学院和南京农业大学，单位为小时（h）。

（四）建园技术

1. 设施选型　葡萄促成栽培适用的设施主要有高效日光温室、简易日光温室、塑料大棚等。

2. 栽植模式

（1）一年一栽制　每年采用培育良好花芽分化完全的二年生壮苗建园。

（2）多年一栽制　即栽植 1 次，连续生产多年。

（3）成龄葡萄园直接扣棚生产

（4）预备苗栽植　设施葡萄栽植前，可将葡萄苗栽植在营养袋中培育大苗，培育结果壮梢，待棚内作物收获后及早向棚内带袋移栽，能够实现当年栽植，当年结果，提高设施的利用率。具体培育方法如下：

①配制营养土：按腐熟园粪肥、炭化稻壳、表土按 3∶3∶4 混合。

②袋内栽植：将发育充实的壮苗修剪后，浸泡 1d 再栽植到营养袋内。

③袋苗假植：挖深 40cm 的假植沟，将栽入苗的营养袋排入沟内，袋间用土填实灌水后覆一薄层土后盖地膜，以利保墒提温、促根早发，培育结果壮梢。

3. 定植技术

（1）定植时间　在萌芽前 15d 定植，或生长季遮荫，带土定植营养钵或袋栽大苗。

（2）定植密度　因设施类型、品种特性和架式及栽培制度等情况而定。长势中庸的品种采用双十字 V 形架，株行距 1～1.5m×2.5m；矮篱架带状栽培，株行距 0.6～0.5m×1.0m。长势旺的品种采用“高、宽、垂”架式，株行距 1～1.5m × 3m；或采用棚架，株行距 1.0m × 2.5～3m。

（3）定植方法

①定植前准备：拉线定点，篱架以南北行为宜，棚架以东西行为好。每 667m² 施入腐熟有

机肥 5 000kg，采取起垄定植方式，垄台上宽 80～100cm，下宽 100～120cm，高 40～60cm，也可用砖砌同规格的槽，填入人工配制的基质后定植。

②定植：在定植点挖浅坑，将苗放入坑内，做到纵横成行，根系舒展，根颈与畦面齐平，盖土压实，高过根颈约 3cm，一次性浇透定植水。沿株距方向整畦，宽约 1m，最后畦面盖黑色地膜。

（五）设施栽培管理技术

1. 扣棚前准备 为了使葡萄促成栽培顺利进行，一般应在扣棚升温前，进行打破休眠处理。只有打破休眠，才能正常升温，否则升温后，发芽不整齐，生长结果不良，产量不高。生产中常用打破休眠的方法有：

（1）温度处理 低温和高温处理对打破葡萄休眠都具有一定的效果。生产实践中一般采用“人工低温集中处理法”。即当深秋平均温度低于 10℃时，最好在 7～8℃，开始扣棚，白天棚室薄膜外加盖草苫或草帘遮光，夜晚揭开草苫，通风降温处理，一般按此种方法集中处理 20～30d，可顺利通过自然休眠，以后进行保护栽培。

（2）化学药剂处理 根据日本研究报道，石灰氮（氰氨化钙）对打破休眠有良好效果。葡萄经石灰氮处理后，可比未经处理的提前 20～25d 发芽。施用时可用旧毛笔或布条涂抹，涂抹时应仔细均匀涂抹枝蔓体，涂抹后可将葡萄枝蔓顺行放贴到地面，盖塑料薄膜保湿。涂抹时间一般在葡萄休眠进行到 2/3 时（约 12 月中旬）。也可用乙烯氨醇 5～10 倍溶液，在根部活动旺盛时期涂抹枝条，涂后 7～15d 即芽萌发。

（3）摘叶＋药剂处理 生长季白天 30℃的高温下，先进行摘叶，然后用氰氨态氮处理。叶柄的有无对处理影响不大，摘叶后的芽和叶柄痕涂抹药剂，萌芽率可达 85%，不摘叶直接喷布的萌芽率达 80%，节间涂抹效果差，仅 60%。

2. 设施环境调控技术

（1）扣膜与揭膜

①扣膜：以当地气温稳定在 5℃左右为扣膜期，对于北方日光温室促成栽培，扣膜时间为 12 月下旬至翌年 1 月上旬；大棚一般在 2 月上中旬。避雨栽培的欧亚晚熟种在萌芽期扣膜，欧美种在 5 月上旬开花前扣膜。扣膜可提高棚内温度。促成栽培应于扣膜前，采用 7.2℃以下低温，集中预冷或用 20%石灰氮打破葡萄自然休眠。

②揭膜

a. 揭围膜：当地最低气温稳定在 15℃左右时揭除围膜，通风降温，实行避雨栽培。

b. 揭顶膜：欧亚种的早、中熟品种（含易裂果品种），在采果后揭顶膜；欧美中熟品种宜在多雨季节结束后揭顶膜。

（2）温度和湿度调控

①盖膜后至萌芽前：昼夜紧闭棚门，逐步增高棚温和地温，使棚温不超过 35℃，达到 30℃时通风降温；棚内浇水，保持土壤湿润，促进花芽继续分化。

②萌芽后至开花前 1 周

a. 预防冷害：当新梢长至 5～20cm，棚内若遇 5℃以下低温会受冷害，降至 0℃会产生严重冻害。主要采取预防措施有：棚内盖内膜；遇下雪，及时清除积雪；遇气温降至0℃甚至更低，棚内提前安装增温设施。

b. 防高温高湿：新梢生长最适温度为25～30℃，超过30℃，必须通风降温；3月中下旬开始覆膜，降低棚内湿度；当棚内最低温度超过12℃，晚间通风降低湿度。

③开花前1周至坐果开花期：适宜温度为25～28℃，温度过高、过低对开花都不利；最低气温超过14℃，可全天开棚门降低棚内湿度。

④坐果后至成熟期：棚内温度以不超过35℃为宜；避免雨水进棚，降低棚内湿度。

(3) 光照调控　①选用适宜的架式，设施内主要选用双十字V形架和“高、宽、垂”T架的叶幕，比单壁篱架和棚架的叶幕光照强度高。②使用适宜的新膜并保持膜面清洁，选用0.065mm厚EVA多功能复合膜，最好选用消雾膜、防尘膜、抗老化膜；3月下旬至采收结束，铺设反光膜。③适时揭围膜和顶膜，提高大棚内的光照强度。

(4) 气体调控　大棚内由于气体不流动或少流动，加上植株光合作用消耗，引起棚内二氧化碳浓度下降。常施用二氧化碳气肥，解决此问题。

①二氧化碳气肥施用时期：当新梢长到15cm时，选晴天早上日出前30min施用，避免雨天、雾天、高温天施用。

②二氧化碳的制备：多在室内用碳酸氢铵与酸反应生成二氧化碳。果树光合作用适宜二氧化碳浓度为1 000～1 200mg/L。

3. 土壤肥水管理技术

(1) 土壤管理　根据杂草发生和土壤板结情况，及时中耕除草，一般每次灌水后结合中耕除草，深度为10～15cm，消灭杂草，改善土壤通气状况，利于土壤微生物的活动。

(2) 施肥管理

①基肥：施肥时期以采收后和8月底至9月中旬为宜，667m² 施充分腐熟的有机肥4 000～5 000kg，加复合肥15kg，发酵的豆饼200kg，充分混拌后施入。

②追肥：当苗木长到40cm左右时，每667m² 追复合肥20kg，并进行叶面喷施高美施或磷酸二氢钾等肥料，促进植株生长和形成花芽。在温室升温后葡萄萌芽前追施尿素15kg，可促进萌芽整齐和花芽继续分化；在开花前喷布0.2%硼砂或0.3%硼酸溶液，可提高坐果率20%左右；在浆果膨大期为促进果粒加速生长，追复合肥15kg；当浆果开始着色时，追施硫酸钾15kg，过磷酸钙10kg，也可以叶面喷施高美施、磷酸二氢钾等液体肥料，促进浆果着色，提高含糖量。

(3) 水分管理　灌水应根据土壤、气候和葡萄生长等具体情况进行，开始升温时、开花前、果实膨大期、浆果开始着色时、果实采收前各灌1次水。非1年1栽的葡萄，在采收结束并修剪后结合追肥灌1次透水。

4. 花果管理技术

(1) 定量挂果　葡萄花序出现以后根据负载量要求，疏去过多、过弱、过小和位置不当的花序，提高叶果比，使养分集中供应选留的花序。落花后10～15d根据坐果情况进行疏穗，生长势强壮的结果枝，一般留2穗，生长势中庸的结果枝保留1穗，生长势弱的结果枝不留果。经过疏穗后使二年生葡萄每株保留果穗4～6个，多年生葡萄每平方米架面上保留6～8个果穗。一般产

量控制在每 $667m^2$ 1 500kg。

(2) 整穗 为节约营养，提高坐果率，使果粒大小整齐，果穗紧凑，穗形美观，可在花序展开尚未开花时（花前1周左右）剪去花序上的副穗及花序顶端（约花序全长的1/4）。

(3) 疏粒 在生理落果后用手轻抖果穗，震落发育差、受精不充分的果粒，再用疏果剪或镊子疏粒。疏果粒在谢花后 10～15d 进行，此时果粒为黄豆粒大小。去除小粒、病、伤、畸形粒及过密果粒，原则上大粒品种每穗留 40～60 粒，小粒品种留 80～100 粒。成熟时每穗重为 0.5～0.7kg 为宜。果实生长后期、采收前还需补充 1 次果穗整理，主要剔除病粒、裂粒和伤粒。

(4) 套袋

①纸袋的选择和套袋前准备：选用葡萄专用纸袋，果袋的选择根据地区日照强度及品种的果实颜色进行。套袋前疏掉畸形果、小果及过密的果粒，并细致喷施 1 次杀菌剂，待药液干后开始套袋。

②套袋的时间和方法：葡萄套袋在第 1 次果穗整理后坐果稳定时（幼果黄豆粒大小时）进行。套袋时先把袋鼓起，小心将果穗套进，扎紧袋口绑在穗柄所着生的果枝上。

③摘袋时间与方法：摘袋应根据品种及地区确定摘袋时间。不需着色或袋内即着色品种可带袋采收；有色品种宜在采前 15d 左右逐渐摘袋以利充分着色。摘袋时首先将袋底打开，经过 5d 左右的锻炼，再将袋全部摘除。

此外，采用花期放蜂或人工辅助授粉可明显提高坐果率。有的地方还采用生长季枝干环剥、顺穗、转穗、剪梢、根外补肥、摘老叶、铺反光膜等措施来促进浆果品质提高。

5. 整形修剪技术

(1) 架式 设施葡萄采用的架式主要有双十字 V 形架、“高、宽、垂” T 形架、单壁篱架和棚架。还可采用 V 字形单蔓整枝，进行吊蔓管理。

①双十字 V 形架：适用于长势中等或偏弱的品种，如欧美杂交种的‘藤稔’、‘京亚’；欧亚种的‘无核白鸡心’、‘87-1’、‘红地球’等品种。架式由架柱、横梁、铁线等材料组成。

a. 立柱：在定植前后沿株距方向立柱（水泥柱或竹、木、石柱等），柱长 2.5m，埋入土中 0.6m，柱距约 4m，纵横成行，两头边柱向外倾斜约 30°，并牵引锚石。

b. 架横梁：每根柱上加固 2 条横梁，上、下横梁长分别为 80cm 和 60cm；上、下横梁离地面高：‘藤稔’等欧美种分别为 150cm 和 110cm，欧亚种为 165cm 和 125cm。

c. 拉铁线：在柱的两侧离地面高 80cm（‘藤稔’）或 100cm（欧亚种）、横梁两端各拉 1 条铁线，共 6 条铁线（图 10-1）。

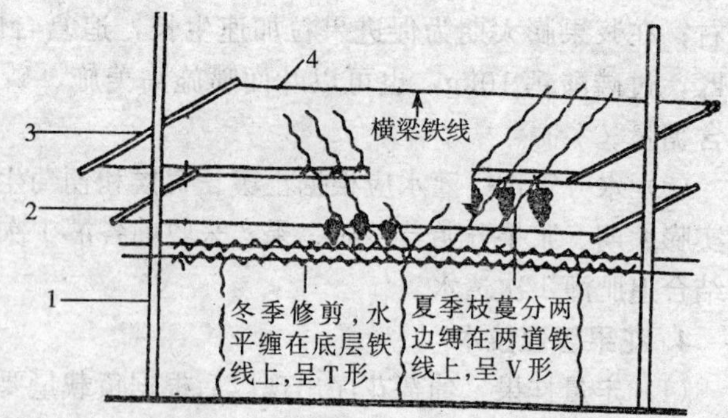

图 10-1 葡萄双十字 V 形架模式图

1. 水泥柱 2. 下横梁 3. 上横梁 4. 铁线

（杨治元，1995）

②“高、宽、垂” T 形架：这种架式适用于长势中庸和旺的品种；由架柱、横

梁和铁线等材料组成。

a. 立柱：与双十字V形架立柱相同。

b. 架横梁：横梁长220～240cm，每根柱在离地面高180cm处加固1条横梁。

c. 拉铁线：在柱的两侧离地面高150cm各拉1条铁线；在横梁离柱20cm、60cm和离横梁边5cm处分别拉1条铁线，共6条（图10-2）。

③单壁篱架：架高1.6～2.0m，架上横拉2～4道铁丝（图10-3）。

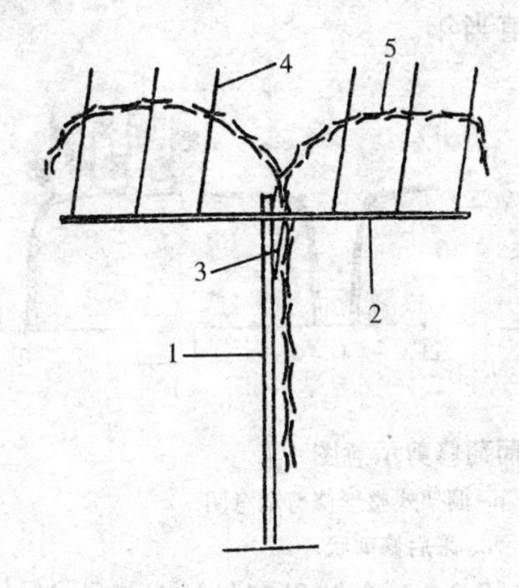

图10-2　"高、宽、垂"T架

1. 柱（地面至横梁1.8m）　2. 横梁（长2.2～2.4m）
3. 底层铁线（离地面1.5m）
4. 拉丝（横梁两边各3条）　5. 高、宽、垂整形

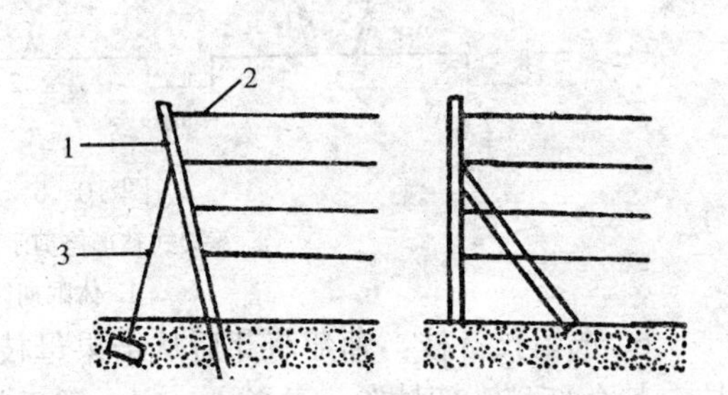

图10-3　单壁篱架

1. 水泥柱　2. 铁丝　3. 斜拉线

④棚架：适用于长势壮旺的品种。有两种：

a. 平面式棚架：柱距4m，离地面约1.8m纵横间隔40cm拉铁线，四周的柱向外倾斜约30°，并牵引锚石。

b. 屋脊式棚架：棚宽6～8m，边柱高1.5m，中间柱高约2.1m，柱距4m，边柱至中间柱架倾斜式横梁成屋脊式，横梁上间隔30～40cm拉铁线（图10-4）。

（2）整形　在设施内的高密栽培条件下，为使其迅速丰产，每株只保留1个主蔓。栽植当年培养1个健壮的新梢，及时引缚（绑梢）使其迅速延长生长，尽快达到要求的高度。

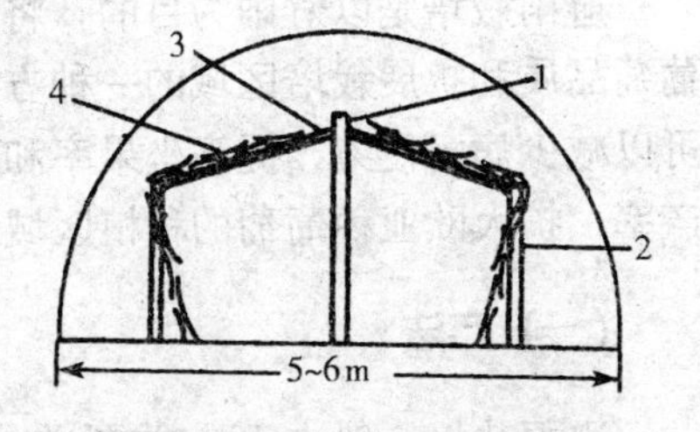

图10-4　屋脊式棚架

1. 中柱　2. 边柱　3. 顶梁　4. 屋脊式整形

（3）修剪

①结果期修剪：主要采取抹芽、摘心、定梢、绑蔓、除卷须等夏剪措施，要求主蔓每延长60cm摘心1次，副梢留1～2叶反复摘心，培育壮梢。

②结果后修剪：为了保证葡萄连年丰产，采果后主要采取以下措施：

a. 主蔓平茬：平茬在5月底6月初进行，越早越好。过晚，更新枝生长时间短，不充实，花芽不饱满，影响第2年产量。要求平茬园，饱施有机肥，水肥条件好，否则很难发出壮梢。

一般在苗木发芽后选留1个靠近地面生长健壮的芽作为新梢，其余抹除，新梢长至长80cm

时摘心，其下萌发的副梢留 1～2 片叶摘心，再萌发再摘心，集中营养，促苗生长、发育，形成良好的结果母枝。冬剪时留 60cm 短截，其上副梢全部剪掉。扣棚后从结果母枝发出的枝条中留 2～4 个生长健壮的作为结果枝，其余枝芽抹除，不留营养枝。长出果穗后，每枝留 1～2 穗形状好的，其余摘除。果穗以上留 8 片叶摘心，萌发的副芽全部抹除。采收后保留老枝叶 1 周左右，使根系积累一定的营养，然后近地面处平茬，促使母蔓上的隐芽萌发（图 10－5）。

平茬后，加强肥水管理，多次喷施叶面肥，前期喷0.1%～0.3%尿素促使枝叶生长，后期喷 0.3%磷酸二氢钾促进花芽形成。修剪技术同栽植当年。

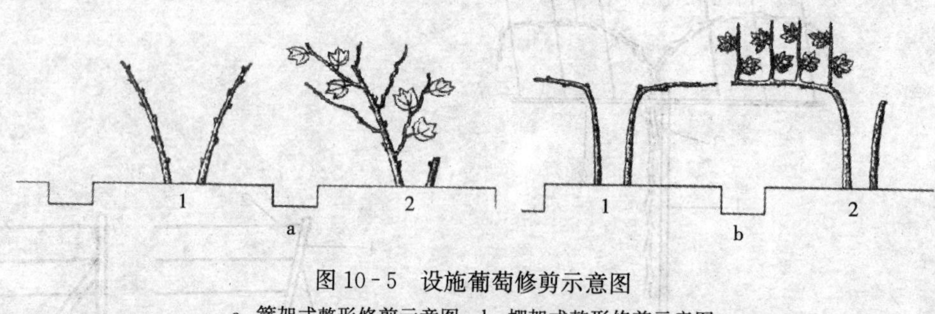

图 10－5　设施葡萄修剪示意图

a. 篱架式整形修剪示意图　b. 棚架式整形修剪示意图

1. 休眠期修剪状　2. 采后修剪状

b. 选留预备枝：葡萄萌芽后从结果母枝上选留 3～5 个结果新梢，从预备枝上选留 2 个营养枝，其余新梢全部抹除。花前 3～5d，结果新梢在果穗以上留 8～10 叶摘心。顶端留 1 副梢，对其留 2～3 叶反复摘心，其余副梢全部抹除。营养梢 10～15 节，长 1.0～1.5m 时摘心，顶端留 1～2 个副梢，对其留 2～3 叶反复摘心。其余副梢留 1 叶摘心，并除去副梢芽眼。落叶后，将结过果的枝条连同母枝一并剪除。预备枝上的顶部枝剪留10～12 节作结果母枝；下部枝剪留 2～3 节作预备枝。

二、葡萄的避雨栽培

避雨栽培是以避雨为目的，将薄膜覆盖在树冠顶部以躲避雨水、减轻病害、保护树体、提高葡萄品质和扩展栽培区域的一种方法，是我国长江流域及南方栽培欧亚种葡萄的一项有效措施。可以减少病害侵染，提高坐果率和产量，减轻裂果，改善果品质量，避免雨日误工，提高劳动生产率，扩大欧亚种葡萄的种植区域。

（一）方法

避雨栽培一般在开花前覆盖，落叶后揭膜，全年覆盖约 7 个月。避雨覆盖最好采用厚度 0.08mm、抗高温高强度膜，可连续使用 2 年，不能用普通膜。棚架、篱架葡萄均可进行避雨覆盖，在充分避雨前提下，覆盖面积越小越好。

（二）栽培设施

1. 塑料大棚　结构与促成栽培所用塑料棚相同，适于小棚架栽培。大棚两侧裙膜可随意开启，最好大棚顶部设置部分顶卷膜。根据覆膜时间的早迟和覆盖程序，分为促成加避雨或单纯避雨栽培等模式。

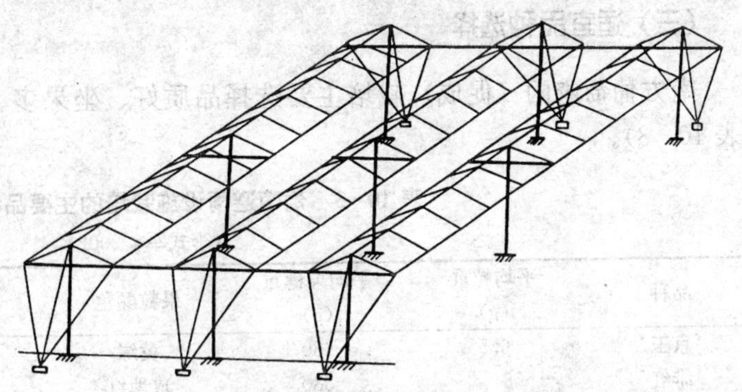

图 10-6　葡萄遮雨棚结构示意图

（李式军，2002）

2. 遮雨小拱棚　适用于双十字V形和单壁架，1行葡萄搭建1个避雨棚（图10-6）。葡萄架柱离地面高2.3m，入土0.7m。如原架柱较低，用竹棍或木料加高至离地面2.3m，每根柱的高度应一致。在每根柱柱顶下40cm处架长1.8m的横梁。为了加固遮雨棚，1行葡萄的两头及中间的葡萄架柱每间隔1根，横向用长毛竹将各行的架柱连在一起，这根柱上不需另架横梁。柱顶和横梁两头拉3条较粗的铁丝，且每行葡萄的两头拉3条铁丝并在一起用锚石埋在土中40cm以下。用长2.2m、宽3cm的竹片，每隔70cm 1片，中心点固定在中间顶丝上，两边固定在边丝上，形成架面。用宽2.2m、厚0.03mm的塑料薄膜盖在遮雨棚的拱片上，两边每隔35cm用竹（木）夹将膜边夹在两边铁丝上，然后用压膜带或塑料绳按拱片距离从上面往返压住塑料薄膜，压带固定在竹片两端。

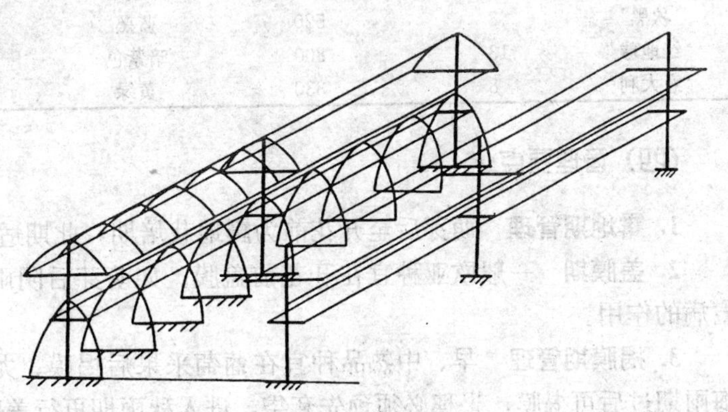

图 10-7　促成加遮雨小棚结构示意图

（李式军，2002）

3. 促成加遮雨小拱棚　主要在浙江一带应用，在双十字V形架基础上建小拱棚（图10-7）。柱上1.4m处拉1道铅丝，用3.6m竹片上部靠在铅丝上，两端插入地下，基部宽1.3m左右，竹片距离1m，形成拱棚。顶部利用葡萄架柱用竹棍加高至2.4m，柱顶拉1道铁丝，低于柱顶60cm的横梁两边75cm处各拉较粗的铁丝，两条铁丝的距离1.5m，用长2m的弓形竹片固定在3道铁丝上，竹片距离0.7m，形成避雨棚。

2月底盖拱棚膜，两边各盖宽2m的薄膜，两膜边接处用竹（木）夹夹在中间铁丝上，两边的膜铲入泥内或用泥块压，膜内畦面同时铺地膜。盖膜前结果母枝涂5%～20%石灰氮浸出液，打破休眠，使萌芽整齐。4月下旬（开花前）揭除拱膜，上部盖宽2m的避雨膜。

4. 连栋大棚　适于小棚架栽培葡萄，2～5连栋均可。连栋中1个单棚宽5～6m，种2行葡萄，1座连栋棚面积控制在1 500m² 以内，面积过大，不利于温、湿、气的调控。连栋棚的每个单棚高3m左右，肩高1.8～2m，每个单棚的两头、中间均应设棚门。

（三）适宜品种选择

南方葡萄避雨（促成）栽培主要选择品质好、坐果多、需冷量低及耐储的欧亚种葡萄为主（表 10－3）。

表 10－3　葡萄避雨设施栽培的主要品种（欧亚种）

（李式军，2002）

品种	平均粒重（g）	平均果穗重（g）	果粒颜色	品质	萌芽到果成熟期天数（d）
‘京玉’	6.5	680	黄绿	上	130
‘绯红’	8	380	玫瑰红	上	120
‘森田尼无核’	5.4	450	浅黄	上	140
‘里扎马特’	8	450	紫红	上	140
‘甲斐路’	7	350	紫红	上	170
‘秋红’	7.5	880	深紫红	上	180
‘秋黑’	8	520	蓝黑	上	160
‘红地球’	13	800	暗紫色	上	160
‘意大利’	8	330	黄绿	上	155

（四）管理要点

1. 露地期管理　萌芽后至开花前为露地栽培期，此期适当的雨水淋洗可防止土壤盐碱化。

2. 盖膜期　一般欧亚种宜在开花前盖膜。如萌芽后阴雨天多，则宜提早盖膜，起到防治黑痘病的作用。

3. 揭膜期管理　早、中熟品种宜在葡萄采果后揭膜，尤其是易裂果品种。晚熟品种在南方梅雨期过后可揭膜，果穗必须预先套袋，进入秋雨期再行盖膜，直至采果后揭膜。

4. 水分管理　覆盖后土壤易干燥，应注意及时灌水，而滴灌是避雨栽培最好的灌水方法。

5. 温度管理　夏季如覆盖设施内出现 35℃以上高温，可打开顶部通风降温，其他管理基本与露地葡萄相同。

6. 畦面管理　坐果后应畦面覆草，一则有利保持土壤湿润，二则可以防除杂草。

三、葡萄的促成兼延后栽培

在设施生产中常采用促成栽培，使果实提前成熟，为了周年供应新鲜食用葡萄，也可以利用葡萄一年多次结果的习性，实行促成兼延迟栽培。实现一年多次结果，达到浆果延后成熟上市的目的。

1. 利用冬芽副梢二次结实　为了二茬果能获得足够的产量，保证品质，一般在第 1 次盛花后的 50d 左右对主梢进行摘心，果枝率可达 90％以上。主梢摘心部位一般篱架栽培在花上 7～8 节处，棚架栽培在花上 4 节左右，同时摘去其下的所有副梢，经过 10d 左右，顶端冬芽被迫萌发，一般都能获得花序质量较好的冬芽副梢。适于利用冬芽二次结果的品种有‘巨峰’、‘凤凰51号’、‘玫瑰香’、‘莎巴珍珠’等。二次果成熟后，一般可不立即采收，而是利用当时的自然低温条件，继续留在树上延迟一段时间再采收上市，以利调节市场供应，但这种延迟采收并不是无限度的，最低限度是在设施内的最低气温不低于0℃。

2. 利用夏芽副梢二次结实 在主梢开花前15d左右，对生长势中等以上的新梢进行摘心。摘心部位在主梢花序以上、夏芽尚未萌动的节上，同时将已萌动的所有夏芽副梢全部抹除，使营养集中于顶端尚未萌动的夏芽中，以获得质量较好的花序原基。待保留的夏芽萌发后，如夏芽副梢带有花序，可在花序以上5～8片叶处摘心，利用夏芽二次副梢结实。如夏芽副梢上没有花序，待其展叶4～5片时，再留2～3片叶摘心，利用夏芽三次副梢结实。适于诱发夏芽二次结果的品种有‘巨峰’、‘玫瑰香’、‘葡萄园皇后’、‘白香蕉’等。

3. 利用不同栽培方式二次结果

（1）4月和10月分别采收的二次结果 为了4月收获上市，前一年从9月上旬预先摘叶，再用石灰氮涂抹或喷布枝条，可立即打破休眠，促进萌芽和展叶。当年4月收获第1次果后，4月上旬进行修剪，4月中旬摘叶，并进行打破休眠处理，6月开花，10月收获第2次果。

（2）6月后和12月后分别采收的二次结果 第1次采收上市的栽培管理基本相同。夏季第1次收获后应施肥、疏剪以恢复树势，8～9月间再修剪，同时摘除叶片，打破休眠并进行催芽处理，促进副梢萌发生长，12月前后即可采收第2次果。

四、病虫害防治

设施条件下葡萄病虫害防治应以农业防治和物理防治为基础，提倡生物防治，按照病虫害的发生规律，科学使用化学防治技术，有效控制病虫危害。病害主要有霜霉病、褐斑病、炭疽病、黑痘病、白腐病、灰霉病、白粉病、根癌病等；虫害主要有二星叶蝉、红蜘蛛、透翅蛾、瘿螨等。防治办法如下。

（一）农业防治技术

1. 夏季枝蔓管理 合理控制梢量，及时摘心，及时处理副梢，保持良好的通风透光性。果园通风透光性能增加能减轻灰霉病和穗轴褐枯病的发生，提高坐果，并有利于花芽分化。

2. 控制产量 产量越高葡萄植株的抗病力越弱。

3. 冬季清园 结合修剪，清除残叶、残果、剪除病虫枝，结合喷石硫合剂，剥除老翅树皮，老树干涂白涂剂。

（二）农药防治技术

1. 休眠期 清园后立即对树冠、地面及架子全面喷1次30倍晶体石硫合剂，杀死越冬菌源和越冬虫源。

2. 上棚后从新梢开始生长到花前 此期病害主要为霜霉病。发病前可以用半量式波尔多液200～240倍进行预防，发病后喷40%杜邦福星乳油6 000～9 000倍，加50%速克灵可湿性粉剂1 000～1 500倍防治。并喷5%噻螨酮可湿性粉剂1 500～2 000倍防治红蜘蛛，喷20%杀灭菊酯乳油3 000倍防治叶蝉。

3. 开花前后 该时期应喷68.75%杜邦易保水分散沥剂1 000～1 500倍或40%可湿性粉剂

施佳东800倍重点防治灰霉病和穗轴褐枯病。如发现透翅蛾、介壳虫、叶蝉、星毛虫等虫害，可喷2.5%功夫乳油2 000～4 000倍或1.8%阿维菌素乳油4 000～5 000倍防治透翅蛾、叶蝉和星毛虫，用25%噻嗪酮可湿性粉剂1 000～1 500倍防治介壳虫。

4. 幼果生长期 该时期可喷72%杜邦克露可湿性粉剂600～700倍防治霜霉病。喷15%哒螨灵乳油3 000倍液防治红蜘蛛，诱杀或套袋防治金龟子。

5. 果实上色期 此期应喷等量式波尔多液160～200倍或600倍多菌灵加1%氨基酸钙防治白腐病，并用10%浏阳霉素乳油1 000～2 000倍或2.5%华光霉素可湿性粉剂400～600倍防治红蜘蛛，喷2.5%敌杀死乳油3 000～6 000倍防治透翅蛾。

6. 采果后至10月上旬 以防霜霉病为主，可用广谱性保护剂防治，如等量式波尔多液200倍或78%科博可湿性粉剂500～600倍1～3次进行防治，保护好叶片。如果秋季嫩梢、嫩叶发生黑痘病，不必杀菌防治，剪除嫩梢即可。虫害可继续防治红蜘蛛。

五、采收、包装及保鲜

设施葡萄主要供鲜食，当果实达到固有风味和色泽时采收，注意轻拿轻放，果穗整形后包装，以1kg/盒为宜。短期保鲜可用冷库或窖藏保鲜。

第三节　桃、李、杏、大樱桃设施栽培

桃、李、杏、大樱桃等水果是人们喜食的果品。由于这些果品以鲜食为主，不耐储藏，季节性差价大；而且树体相对较小，结果早、产量高，是最具设施栽培价值的树种之一。通过设施栽培可以提早鲜果的供应期，采收期可提前10～50d；同时提高产量40%～50%，经济效益高，因此在我国辽宁大连，山东潍坊、烟台、寿光，河南郑州，陕西大荔等地区桃、李、杏、大樱桃设施栽培发展迅速。

一、良种选择

（一）良种选择原则

设施桃、李、杏、大樱桃促成栽培应选择早熟、优质、花粉多、自花结实率高、需冷量低的品种。延迟栽培主要选择抗低温、耐湿、丰产的晚熟或极晚熟品种。总体要求选用品种植株矮小，树冠紧凑，耐储运，品质好。同时由于设施内通风条件差，湿度大，桃、李、杏、大樱桃栽培均需搭配授粉树，授粉品种选2～3个为宜。

（二）常用设施品种

1. 桃 为了使果实提早成熟上市，一般选择需冷量500～850h、发育期短的极早熟（果实发育期55～70d）和早熟品种（果实发育期70～100d）。对于延后成熟，果实在10～12月上市的栽

培品种，主要选择果实发育期180～240d以上的品种。适宜促成栽培的中早熟品种有‘金久红’、‘春蕾’、‘春花’、‘雨花露’、‘长安早红’、‘安农水蜜’、‘早美光’、‘五月火’、‘早红2号’、‘早红霞’、‘早红宝石’、‘曙光’、‘艳光’、‘早油蟠桃’、‘早露蟠桃’等。用于延后栽培的晚熟品种有‘中华寿桃’、‘莱山蜜’、‘冬雪蜜桃’等。

2. 李 适于促成栽培的品种有‘大石早生’、‘莫尔特尼’、‘红美丽’、‘密斯李’等，用于延后栽培的有‘秋姬’、‘安哥诺’等。

3. 杏 适于促成栽培的品种有‘凯特杏’、‘金太阳’、‘黄金杏’、‘红丰’、‘新世纪’、‘玛瑙杏’、‘试管早红1号’、‘试管早荷1号’、‘试管红光2号’等。

4. 樱桃 以早、中熟优良品种促成栽培为主。主要选择个大，色艳，发育期短，需冷量低，树冠紧凑，自花结实率高的品种。适宜品种有‘红灯’、‘抉择’、‘佐藤锦’、‘红蜜’、‘红艳’、‘宾库’、‘雷尼尔’、‘高砂’等。‘莱阳矮樱桃’具有树体矮化、结果早、品质优、丰产等特点，是目前最适合设施栽培的中国樱桃品种。砧木最好选用具有矮化或半矮化性的砧木，如‘莱阳矮樱桃’、‘考脱’等。

二、建园技术

（一）园地选择

必须选择背风向阳，土层深厚肥沃，排水良好，有灌溉条件的地块。

（二）适用设施

目前桃、李、杏、大樱桃主要以促成栽培为主，适用设施有温室和大棚，各分加温型和不加温型两种设施。延后栽培主要以温室为主。

（三）栽植模式

1. 常规栽植 栽植前在温室内或待建温室地段按行距挖南北方向的定植沟，宽60cm，深80cm，每667m^{2}施入充分腐熟的有机肥4 000～5 000kg，与土充分混合并浇透水，待土壤干皮后栽植。樱桃在我国北方地区冬季绝对低温－22℃以南地区，可以先栽植，待生长3年形成花芽开始结果时，再建棚室扣膜生产；若在－22℃以北地区，为了保护樱桃安全越冬，栽植当年必须建棚，每年冬季都要进行扣膜。

（1）栽植密度　桃一般株行距为1m×1m或1m×1.25m，李树一般为2.5～3m×1～1.5m，杏树一般为1.5～3m×1～2m，樱桃为2～2.5m×3～3.5m。一般先密植，2～3年后隔株或隔行间伐即可，栽培期5～6年为宜。

（2）授粉树搭配　大樱桃自花结实力低，栽植时必须配植授粉树（表10-4）。

授粉树的配植比例为30%左右。4种树均需配授粉树，按主栽品种与授粉品种的比例以2～4∶1为宜。每一主栽品种需配2～4个授粉品种，并根据授粉品种数量与主栽品种隔行或隔株均匀分布。设施内至少栽培4个品种，且最好每品种1行，相间栽植。常规平地栽植，往往由于设施内部土壤透气性差，导致植株生长发育不良，早期落叶。为了解决这一问题，提倡南北行向起垄栽植。

表 10-4 甜樱桃的授粉组合

主栽品种	授粉品种
‘红灯’	‘红艳’、‘红蜜’、‘大紫’、‘宾库’、‘佳红’、‘宾库’
‘美早’	‘佳红’、‘红艳’、‘红蜜’、‘雷尼’
‘大紫’	‘那翁’、‘宾库’、‘芝罘红’、‘红灯’
‘芝罘红’	‘大紫’、‘那翁’、‘宾库’、‘红灯’
‘那翁’	‘大紫’、‘宾库’、‘雷尼’、‘先锋’
‘宾库’	‘大紫’、‘雷尼’、‘先锋’、‘红灯’

2. 限根栽培 主要利用容器栽植、垄台栽植、砖槽栽植、底层限制等方式，限制根系垂直根生长，以达到控冠、限高、促花的新型设施果树栽植模式。

(1) 垄台栽植 为了降低设施内树高，并促进花芽良好分化，提高果品早期产量及品质，便于管理，目前在北方日光温室栽培推广垄台栽植。

垄台规格为上宽 40～60cm、下宽 80～100cm、高 50cm，垄台上部 30cm 用人工配制的基质堆积而成，人工基质利用粉碎、腐熟的作物秸秆、锯末、食用菌下脚料以及其他有机物料，并混入一定的肥沃表土和优质土杂肥。

起垄后由于大幅度增大了地表面积，增加了设施内接受日光照射的表面积，提高了蓄热能力，室温比平地栽植提高 2～3℃，植株花期可提前 4～7d。根系环境通气良好，枝条发育健壮，花多质好（图 10-8）。

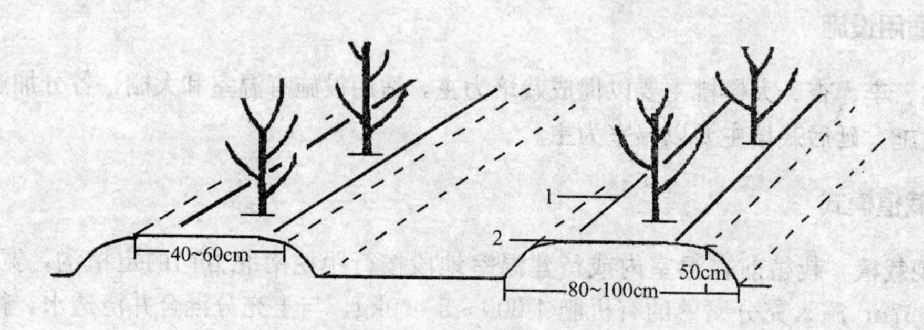

图 10-8 垄台栽植示意图

1. 滴灌管 2. 垄台

(2) 容器栽植 将幼苗栽植在尼龙编织袋、木箱，花盆等容器中，底部和四周打孔，装入基质土（腐熟鸡粪 1 份，炭化稻壳 1 份，表土 2 份混匀），植入苗木，每个容器定植 1 株苗，然后将容器埋入土中，保湿。严格按照既定土肥水及整形修剪措施进行，促花芽的形成。至秋季可培育成发育良好、矮化紧凑、具备一定数量优质花芽的壮苗。带容器将苗木移入温棚栽植，可实现当年栽植、当年成花、当年丰产目标。

另外，可采用箱式栽植、袋式栽植、底层限制等措施进行限根栽培，原理等同容器栽植。也有进行根系修剪及平面砖槽基质化限根栽培的（图 10-9）。

3. 预备苗技术 事先培育成发育良好，尤其是具备一定花量的壮苗，建园后，经保护地栽

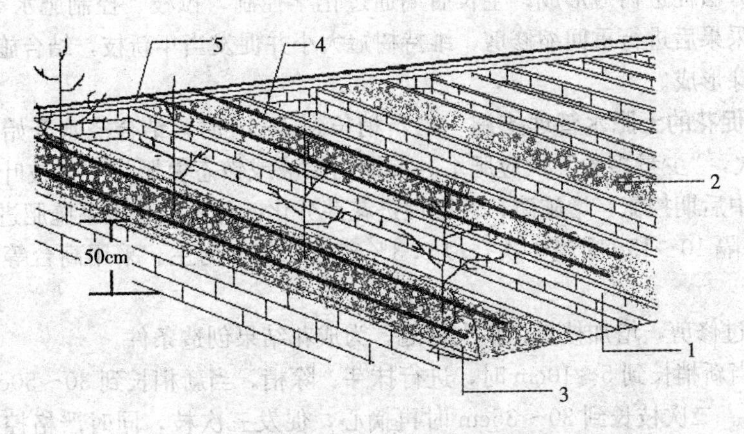

图 10-9　设施内平面砖槽基质化限根栽培模式图
1. 砖槽　2. 基质　3. 地膜　4. 滴灌管　5. 设施地平面

培，生长健壮，当年即可获得较高产量的一种新兴设施果树栽植模式。为了便于移动和更新，在育壮苗基础上，可结合容器栽植进行。该技术包括良种优系配套、苗木育壮促花、苗圃整形、容器栽培。

(1) 一年两熟栽培模式　通过容器同时栽植早熟桃和晚熟桃，促进成花，当年 11 月移入早熟桃，低温处理后，12 月升温，翌年 4～5 月采收，采后将早熟桃树移出温室，7～8 月将盆栽晚熟桃移入温室，10 月份扣棚保温，12 月前后成熟，达到一年两熟目标。

(2) 预备苗　可用于同年定植准备建棚的果园补栽死株和替换弱苗、花量少的苗，也可集中用于定植建园。预备大苗经设施栽培，可翌年结实，提高设施的利用效率。

(3) 预备苗技术　大樱桃结果较晚，幼树期长达 3～4 年，为了降低成本，提高设施利用率，常采用在露地通过花盆、塑料袋、木箱等容器，整形、施肥灌水，促进成花，培育结果大苗，然后再移栽到温室内进行生产，当年春季移苗，当年冬季就可生产，是一种新型的樱桃栽植技术，经济效益显著。大苗培育技术如下：

①苗木选择：选择 80～100cm 高、无病虫害、无根瘤病、根系发达、生长健壮的成品苗木进行大苗培育。

②培育技术：按照 2m×2m 株行距挖 40cm×50cm 的坑，将事先准备好的塑料编织袋放入坑中，在袋内装入少量腐熟土粪，然后装入 1/2 高的田园土，在袋内将苗木栽好，覆土至根颈处，灌水沉实，间隔 2～3d 灌 1 次透水，而后覆盖 1m^2 的塑料薄膜，及时定干（高度 35～40cm），然后套上塑料袋防虫害。苗圃地的大樱桃一般选择自然开心形和改良主干形。经过 3 个春夏的两季修剪，基本形成规定的树形要求。注意拉枝调整好骨干枝的角度。对冠内留作辅养枝的大枝，适当回缩，培养为结果枝组。注意树势平衡，利用多种措施，使树体形成大量花芽，为设施生产创造物质条件。

三、促花技术

促花技术可概括为肥水管理、整形修剪和控冠促花 3 个环节。生长前期采用加强肥水管理、摘心促发分枝等方法促进树冠形成；生长后期通过化学控制、拉枝、控制肥水等方法抑制树势、促进花芽形成；采果后进行重回缩修剪，维持树冠大小并促发当年新枝，结合施肥断根，多次夏剪，再次促进花芽形成。

1. 合理采取促花的土肥水管理措施 当新梢长到15cm时，结合浇水开始追肥，以后每隔15～20d追肥1次，“少量多餐”供应肥水。前期用沼液或铵态氮肥为主促枝叶生长，利于形成良好营养面积；中后期控氮，增施磷、钾肥促进花芽分化。此外结合根系施肥进行叶面补肥，全年喷5～8次，每隔10～15d喷施1次，以0.3%磷酸二氢钾为主。采用高台等限根栽培措施利于花芽形成。

2. 修剪 通过修剪，增加枝量，扩大树冠，为成花结果创造条件。

（1）夏剪 当新梢长到5～10cm时，进行抹芽、除梢。当新梢长到30～50cm时摘心，摘留长度为25～30cm。二次枝长到30～35cm时再摘心，促发三次枝，同时严格控制背上枝、旺长枝和竞争枝，对过于直立枝条开张角度，开通光路，缓和顶端优势，促进树体各部分平衡发展，改善光照条件。骨干枝长至50cm左右时，拉枝至50°～60°，辅养枝拉平。在树干光滑部位可采取绞缢，控制新梢生长，减少养分消耗，促进花芽分化。大樱桃常采用拉枝、刻芽、扭梢、绞缢、短截、PP_{333}处理等措施促花。

扭梢控制新梢生长：生长季主枝上发出的新梢在15～20cm时进行扭梢，留新梢基部6～7片大叶将新梢扭转90°即可，用叶片固定。生长强旺的新梢可以，剪去先端5cm，再扭梢。扭梢可以有效地缓和新梢生长势，促进成花。扭梢可随时进行。扭梢的同时对新梢进行摘心。主枝延长头和中央领导枝长到30～40cm时可由梢顶端剪去10cm，其余枝和背上直立枝留5～10cm重短截。

（2）冬剪 选留健壮枝、疏除徒长枝和密集枝，成花少的延长枝长放或轻短截到成花处；花芽多的健壮枝，轻打头或长放。尽量保留长30～40cm的结果枝，每667m² 保留果枝3 000～6 000条，不留营养枝。

3. 化学药剂处理 7月上中旬树冠基本形成时，控制其营养生长，促进花芽形成。主要措施是二次枝长到约40cm或二次枝摘心后三次枝长25～30cm时，喷PP_{333} 200～300倍液，间隔10～15d，再喷1次。药物抑制过强时来年需用赤霉素缓解。

四、设施栽培管理技术

（一）设施环境调控技术

1. 扣棚与打破休眠技术 进入休眠后，桃树多数品种需冷量为500～1 000h，李树品种多数需冷量为1 000～1 250h，杏树品种需冷量为860～1 081h，大樱桃多数品种需冷量为800～1 440 h。只有满足各自的需冷量要求，才能顺利打破休眠。生产中常采取以下措施打破休眠。

（1）采用人工低温预冷法 深秋平均气温低于10℃时扣棚（辽宁、河北一般在11月上旬），白天盖草苫降温，晚上打开草苫通风，创造0～7.2℃的低温环境，桃、樱桃需30～40d，李树需经过1个月，杏树需10～20d，可满足多数品种对低温的需求。提早满足果树需冷量，提早扣棚升温。

（2）使用休眠调控制剂　石灰氮（Ca_2CN_2）打破休眠油桃效果最佳，可使叶芽提早萌芽13～14d，花芽提早萌芽7d，提早开花7～13d，且萌芽率显著提高。硫脲打破休眠桃的效果最明显，可使叶芽萌发提前9～12d、花芽提早6d，并可提高萌芽率。萌芽前可全树喷布50mg/L赤霉素，打破李树休眠，促早萌芽。

扣棚时间：经低温处理后，桃、李多数品种在12月中下旬至翌年1月上旬扣棚，杏在12月上中旬扣棚，大樱桃在1月上中旬扣棚升温。

2. 设施内环境调控技术

（1）温度调控技术　扣棚升温后，温室、大棚温度主要靠开闭通风口，揭盖草苫来调节。桃要求升温到萌芽，白天温度控制在14～16℃，夜温在2℃左右；从萌芽到开花初期，白天温度控制在18～22℃，夜温控制在5℃以上；开花期白天温度控制在20～24℃，夜温6℃以上，果实膨大期最高温度控制在25℃，着色期为28℃，夜温分别达到10～15℃为宜。

（2）湿度　要求从萌芽到开花初期空气相对湿度70％～80％，开花期保持在50％，花后至采收保持在60％左右，主要通过放风、覆膜、浇水、喷雾等措施降湿或增湿。

杏、李、樱桃的温、湿度调整方法与桃相同，管理指标如表10－5、表10－6和表10－7所示。

表10－5　李各生育期温、湿度管理标准

温湿度	升温期	开花期	盛花期	果实膨大期		成熟期
				前期	后期	
昼温（℃）	20	20	18～20	22	23～26	25～28
夜温（℃）	0～2	3	5～7	8～11	10～15	10
昼湿（%）	50	40	35	40	35	30
夜湿（%）	90	80	60	60	60	50

表10－6　杏各生育期温度管理指标（℃）

温度	花前期	开花期	第1迅速生长期	硬核期	第2迅速生长期
最高气温	18～20	16～18	20～25	26～28	27～32
日均气温	6～11	11～13	13～18	18～22	22～25
最低气温	2	6	7	10	15
10cm深处地温	6～11	12～13	14～19	19～24	24～27
30cm深处地温	4～10	10～11	12～16	17～20	20～25

表10－7　樱桃各生育期温、湿度管理指标

生育期	温度（℃）		土壤相对湿度（%）	空气相对湿度（%）
	白天	夜间		
覆膜后到发芽前	18～20	3～5	80	80
发芽到开花前	18～20	6～7		
花期到果实膨大期	20～22，不超过25	10～12	60～70	50～60
果实着色成熟期	≤25	12～15，昼夜温差≥10		50

（3）揭除棚膜时间　根据气候条件、栽培区域和果实生育期而定。山东、河北一般在5月上中旬，夜温≥15℃时揭膜。揭膜后放风锻炼2～3d，以后选择阴天将膜全部卷起，增强光照，促进果实着色增糖。气温降低或下雨时将膜重新盖好，提高温度并防雨，果实采收后，完全除掉棚膜。

（二）土肥水管理技术

肥水管理应“前促后控”。前期加大肥水用量，增加枝叶量，促进树体生长；后期控肥、控水控制新梢旺长，提高营养积累，促进树体形成花芽，保障产量。

1. 土壤管理　通过土壤深翻、中耕松土、树盘覆盖和覆地膜等措施，保持土壤良好的透气性、保水性、保温性，促进根系发育，从而保证树体的生长发育。早秋深翻（深50cm），边深翻边混入鸡粪、牛马粪、豆饼等有机肥。每次灌水或降雨后进行中耕，中耕深度为5～8cm。

2. 施肥　按照“基肥要饱，追肥要早，叶面肥要巧”原则施肥。

（1）基肥　每年8月下旬至9月上旬施基肥。基肥的施入采取腐熟农家肥，每次株施约50kg。也可在果树升温前施入，每667m^3施充分腐熟的有机肥5 000kg左右，沟施（深40cm左右），或全园撒施后翻耕。也可落叶前用沼肥每株4～8kg混合秸秆沟施。

（2）追肥　设施栽培追肥应少量多次进行，自开始加温后每7～10d进行1次，以液体肥料为宜。花前叶面喷布0.3%硼砂或0.3%尿素或500倍高美施等。花期叶面喷布0.2%～0.3%硼砂或0.3%～0.5%尿素加0.3%磷酸二氢钾，可提高坐果率。硬核前期追施2次氮肥，硬核后以磷钾复合肥为宜，果实成熟前10d停止追肥。地下追肥的同时每10d进行1次叶面追肥，以加氮的0.3%磷酸二氢钾液喷布，一直延续到植株落叶前20d。

在采果前8～15d施入80%沼液肥，每株2kg。每次土壤施肥后均应浇水，但扣棚后宜浇小水。

3. 水分管理

（1）灌水　施肥后均需灌水。生长期一般需灌水3～4次。温室和大棚升温前灌1次透水，花前和果实硬核后少量补水，补水的标准是5～6年生树每次每株灌水30～40kg，7年生以上40～60kg。开花坐果期间，要求土壤含水量为田间持水量的70%左右。果实采收后，只要不是特别干旱，尽量不灌水。土壤结冻前灌1次透水。设施栽培提倡少量多次进行。

目前生产中推广膜下滴灌技术，可配合施肥“少量多次”进行。

（2）排水　设施内最忌积水。起大垄栽培是解决排水的有效措施。若不起垄，雨季到来前应将根颈处培高，并将土拍实，使土堆由树干向四周渐矮，行间和温室底角处挖深40cm、宽30cm排水沟，雨季及时排涝。

（三）整形修剪技术

1. 树形的选择　桃树主要采用主干形、自由纺锤形和Y字形，杏、李、樱桃多采用自然开心形、Y字形和纺锤形（图10-10）。

2. 修剪技术

（1）自然开心形整形修剪技术　定植当年，距地面40cm定干，萌芽后选3个交错排列生长

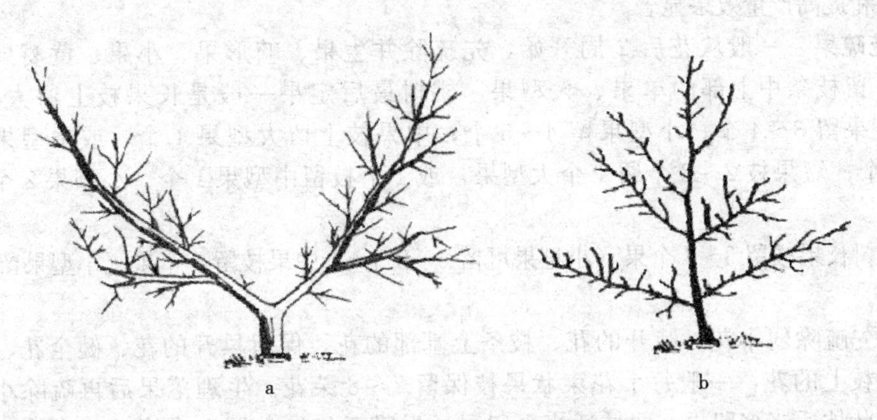

图 10-10　桃、李、杏、大樱桃常见树形示意图
a. 两大主枝自然开心形　b. 自由纺锤形

旺盛的新梢作主枝，多余的芽及早抹除。新梢长 15cm 左右摘心，促发侧生枝。主枝长 50～60cm 拉枝，开角 45°左右。及早疏除竞争枝、交叉枝、过密枝，位置较好的枝条长到 20cm 左右时摘心或拉枝控制生长，使其形成结果枝组和辅养枝。休眠期将骨干枝的延长枝剪留 50cm 左右，其余枝条缓放或破顶芽。定植第 2 年，对骨干枝的延长新梢继续摘心 1～2 次，对其他新梢通过摘心、扭梢、刻伤等方法，使其形成发育充实、粗壮的短果枝和花束状结果枝。休眠期修剪参照第 1 年进行。第 3 年树形基本完成，并开始结果。

（2）抹芽除梢　定植后，采用主干形或自由纺锤形时不定干，采用开心形时在距地面 20～30cm 的饱满芽处定干。苗木萌发后选择长势、方向、位置均适宜的新梢（芽）培养主枝，其余梢可作为辅养枝，过于密挤的梢（芽）及时疏除。抹除主干或其他部位不当的芽。

（3）扭梢摘心　当主枝延长头长到 60cm 以上时摘心，促发副梢。对有空间处的新梢，长到 25cm 左右进行第 1 次摘心，控长、控粗。副梢每延长 25cm 左右摘心 1 次。对没有坐果的枝条随时疏除或缩剪。中长果枝坐果后，当新梢长到 15cm 左右进行扭梢，以避免营养生长过旺、产生落果。

（4）采后回缩更新　采收后主要结果枝分次短截到 5cm，加强水肥，促发新梢，新梢长到 30cm 时摘心、揉平，控长、控粗。以后副梢每延长 25cm 左右摘心 1 次，疏密，控旺，通风见光即可。

（四）花果管理技术

1. 合理搭配授粉树　选花期相遇，花粉量大的品种作授粉树，授粉树品种应不少于 2 个。

2. 授粉　据调查，人工点授混合花粉，可使完全花坐果率达到 40%左右，再配合蜜蜂传粉坐果率可接近 70%。人工授粉每天 9：00～15：00 用毛笔、气门芯等工具将花粉直接点授到柱头上。花期放蜂（蜜蜂或壁蜂）授粉，一般 1 个大棚需放养蜜蜂 1 箱。花期用鸡毛掸子在不同品种树的花朵之间，轻轻掸触即可。自初花期开始，要进行 3～5 次，以保证开花期不同的花朵及时授粉。

花期喷布 15～20mg/kg 赤霉素、0.3%尿素和 0.3%硼砂；幼果期喷布 0.3%磷酸二氢钾，对促进坐果和提高产量效果显著。

3. 疏花疏果 一般从花后2周开始，先疏除并生果、畸形果、小果、黄萎果、朝天果和病虫果，留枝条中上部的单果、大型果，桃树最后定果一般是长果枝上留大型果2～3个，或中型果留3～4个、小型果留4～5个；中果枝上留大型果1个，或中型果2个、小型果2～3个；短果枝2～3个留1个大型果，或1个枝留中型果1个、小型果2个；延长枝上不留果。

杏、李树长果枝留3～4个果（小型果可留6～8个），中果枝留2个果（小型果留4个），短果枝留单果。

樱桃首先疏除弱小花、晚开的花、枝条上基部的花，保留早开的花、健全花、中短果枝和花束状果枝上的花，一般每个花束状果枝保留7～8朵花。生理落果后再疏除小果、畸形果。总之，壮枝适当多留果，弱枝适当少留果。揭膜后经过1周左右锻炼后，使果实糖分增加，即可采果。

桃延后栽培时，采用果实套袋可提高商品品质。

4. 防裂果 果实采收前经常遇雨，容易发生裂果。裂果的数量和程度，因品种特性和降雨量而不同。吸水力强、果面气孔大、气孔密度高，以及果皮强度低的品种（如油桃、樱桃中的'大紫'、'水晶'、'宾库'等）裂果重。果实采收前，注意补钙，避免土壤忽干忽湿或大量灌水，都可减轻裂果。

此外，在开始着色时，可采用摘叶、疏枝和铺反光膜等措施促进果实着色。果实成熟期不一致时，应分批适时采收，及时销售。

（五）病虫害防治技术

温室樱桃、桃、杏、李的主要虫害有红蜘蛛、卷叶蛾、蚜虫、介壳虫、梨小食心虫、樱桃叶蜂、樱桃果蝇、蚜虫等，主要病害有细菌性穿孔病、流胶病等。病虫害防治要坚持"预防为主，综合防治"的原则，提高农艺措施，增强树势，采用人工物理防治、生物防治为主，配合药剂防治。

1. 农业防治 增施有机肥、磷钾肥，及时修剪，保持合理的枝叶密度，改善通风透光条件等，提高树体对多种病虫害的抗性和耐害能力。彻底清除枯枝、翘皮、病枝、落叶、残花、病僵果，减少侵染源，是控制设施栽培病虫害的有效方法。

2. 生物、物理防治 保护或释放天敌，利用粘虫黄板可防治蚜虫，黑光灯或糖醋液诱杀桃蛀螟等成虫，人工捕杀金龟子，钩杀红颈天牛等。

3. 生态防治 采取在大棚北侧设反光膜、精细修剪等措施，改善棚内光照条件，提高棚内温度。采用地膜覆盖，合理浇水，勤通风等降低棚内相对湿度。调控设施内温、湿度能有效控制桃细菌性穿孔病、炭疽病、疮痂病等病害的发生。

4. 物理防治 温室覆盖后及时清扫地面枯枝落叶，剪枝后将枝条带出温室外。展叶后人工捕捉卷叶虫、毛虫和绿盲蝽等害虫，发生桑白蚧时，人工刮除。

5. 化学防治 扣膜前喷波美5度石硫合剂；萌芽期喷布80%喷克可湿性粉剂800倍液加10%吡虫啉可湿性粉剂2 000倍液；花芽膨大期喷布0.19%齐螨素乳油2 000倍液；谢花后喷布

80%喷克可湿性粉剂800倍加52.25%农地乐乳油2 000倍液或80%大生M-45可湿性粉剂800倍液；若病害发生严重，可用10%百菌清烟剂熏蒸。发生细菌性穿孔病时，喷90%新植霉素可溶性粉剂3 000倍液；采收后喷布25%灭幼脲3号悬浮剂1 500倍液。

第四节　草莓设施栽培

草莓为宿根性多年生常绿草本植物，因其具有适应性强、植株矮小、结果早、生长周期短、生长发育易于控制、繁殖迅速、管理方便、成本低等特性，非常适合设施栽培。我国从20世纪80年代中后期开始发展草莓设施栽培并且面积不断扩大，形成了日光温室，大、中、小棚等多种设施栽培形式，并根据不同地区的气候、资源优势形成了具有地方特色的规模化生产基地。通过设施栽培，我国草莓鲜果供应可从11月开始到翌年6月，不仅延长了市场供应期，更增加了生产者和经营者的经济效益，而且成为许多地区高效农业的主导产业。

一、生长发育对环境条件的要求

1. 温度　草莓对温度适应性强，喜温和冷凉的气候条件，耐寒不耐热。生长适宜温度为15～25℃，10℃以下和30℃以上生长均受抑制。冬季休眠期，根系能耐－8℃低温，芽能耐－10～－15℃低温。草莓的根系在10cm地温2℃即开始活动，10℃时生理活动开始活跃，生长适宜温度为15～23℃，最高温度为36℃。草莓花芽分化的界限温度为3～17℃，适温为8～13℃，开花期适温为25～28℃，夜温需在5℃以上。结果期白天适温为20～25℃，夜间为10℃，在此温度下，昼夜温差大有利果实发育和糖分积累。在适宜温度范围内，较低温度可形成大果，但果实发育慢，较高温度可促使果实提前成熟，但果个偏小。

2. 光照　草莓喜光，但也比较耐阴，光饱和点为20～30klx，故适于设施栽培。草莓不同生育时期对日照长度要求不同。旺盛生长期和开花结果期，适宜的日照长度为12～15h。花芽分化则需10～12h以下的短日照，16h以上日照不能形成花芽。诱导草莓休眠需要10h以下短日照，而长日照是打破草莓休眠的条件之一，这在设施栽培中有重要指导意义。

3. 水分　草莓为浅根系须根作物，叶片蒸腾量大，对土壤水分要求高。水分缺乏，阻碍茎、叶正常生长，降低产量和品质，在匍匐茎大量发生期，土壤缺水干旱，不定根难以扎入土中，造成子株死亡。但草莓也忌土壤湿度过高，因这样会导致土壤空隙少，氧气不足，影响根系生长，严重时会造成植株死亡。草莓正常生长期间要求土壤相对含水量70%左右，花芽分化期60%，结果成熟期80%为宜。草莓对空气相对湿度要求在80%以下为宜，花期不能高于90%，否则影响受精，易出现畸形果。

4. 土壤及营养　栽培草莓应选择土层深厚、疏松通气、保水保肥力强的壤土或沙质壤土，过沙、过黏的土壤均不适宜。草莓要求土壤地下水位不高于80～100cm，土壤pH以5.5～6.5为宜。pH在4以下或8以上，会出现生长发育障碍。草莓对土壤盐浓度敏感，盐浓度过高会发生生理病害，一般施液肥浓度不宜超过3%。

草莓要求土壤有机质含量丰富，花芽分化和开花坐果期增施磷、钾肥可促进花芽分化，提高产量和品质，而氮肥过多会抑制和延缓花芽分化。除氮、磷、钾外，草莓也要求适量施用钙、镁和硼肥。

二、设施栽培类型

草莓栽培设施主要为塑料拱棚和日光温室，根据扣棚时间可分为以下两种栽培形式。

1. 促成栽培 促成栽培是在自然条件下，草莓已分化花芽，但尚未进入休眠以前开始扣棚保温的一种栽培形式。即选用休眠浅的品种，在其尚未进入休眠以前，尽早保温，并采取给予高温、赤霉素处理或人工补光等措施，以防止植株进入休眠，便可在适宜的室温下正常生长、开花和结果。这种栽培形式，在周年供应中，结果上市最早，故称特早熟栽培，其第1茬采果期为12月至翌年2月，第2茬采果期为3～5月。草莓促成栽培是以早熟、优质、高产为目标，在南方地区以大棚栽培为主，北方地区以日光温室为主。

2. 半促成栽培 这种栽培形式是植株在秋季自然条件下，完成花芽分化以后，使其继续接受5℃以下的低温，当植株基本通过休眠期，开始扣棚保温，并采取给予高温、赤霉素处理或人工补光等打破休眠的措施，草莓便可以正常生长、开花和结果，一般采果期在2～4月。这种栽培形式需用休眠深的寒地晚熟或中熟品种。由于其花芽分化充分，又满足了低温要求，故保温以后植株生长健壮，产量较高。果实主要供应春节过后的市场，在品种要求上应以品质优、果型大、耐储运为主要标准。通常采用小拱棚、中棚、大棚以及日光温室栽培。

三、设施栽培主要品种

1. 小拱棚栽培与品种选择 小拱棚是一种简易的设施栽培形式，在北方、南方均有应用，主要进行草莓春季提早成熟栽培，应用面积比较大。小拱棚栽培草莓可比露地栽培提早成熟20d左右。辽宁丹东5月中下旬成熟，河北保定5月上旬成熟，南京、上海4月中旬成熟。

小拱棚栽培的草莓品种与露地栽培的基本相同，但要求在同一棚内有两个以上的品种，便于相互授粉，提高坐果率。目前生产中常用的品种有‘宝交早生’、‘丰香’、‘哈尼’、‘全明星’、‘玛利亚’等。

2. 塑料大棚栽培与品种选择 在南方地区，由于环境条件较好，温度易于控制，可以提早进行促成栽培。一般选择早熟、需冷量少、休眠浅、耐寒的品种，如‘丰香’、‘春香’、‘女峰’、‘丽红’、‘明宝’、‘宝交早生’、‘弗杰尼亚’等。这些品种可以在进入休眠前直接扣棚升温，并采用喷洒赤霉素或人工补光，使其继续生长。也可以人工打破自然休眠提早进行促成栽培。在北方地区，一般在严寒过后，草莓植株完成自然休眠后，气温回升到一定程度时，才能扣棚升温，进行半促成栽培，否则温度达不到生长要求，易出现冻害。常用品种有‘宝交早生’、‘达那’、‘玛利亚’、‘盛冈16’等。

3. 日光温室栽培与品种选择 利用日光温室进行草莓促成栽培，我国南北方都普遍采用，以北方应用最广泛；可以在花芽形成后，进入休眠前直接扣棚升温，也可以人工打破自然休眠提早进行促成栽培，使果实成熟期大大提前，采收期可以提早到12月份，收获期长达4个月。

日光温室草莓栽培选择品种的原则是：容易进行花芽分化，休眠需冷量少，容易打破休眠。目前应用较多的品种有‘弗杰尼亚’、‘丰香’、‘宝交早生’、‘红宝石’、‘大将军’。深休眠的品种如‘全明星’、‘新明星’、‘戈雷拉’等，果实个大、耐挤压、耐储运，适期保温结合喷赤霉素、人工打破休眠等在促成栽培中也有广泛应用前景。

四、培育壮苗

在草莓生产中主要选用匍匐茎形成的秧苗与母株分离形成新的草莓苗木的方法来进行苗木培育。母株管理要围绕节省营养，促进抽生匍匐茎和培养健壮子苗为中心。母株成活后产生花序应及时去掉，积累营养，提高苗木繁殖率。母株抽生匍匐茎时，要及时引压匍匐茎，并向有生长位置的床面引导抽生的匍匐茎，当匍匐茎抽生幼叶时，前端用少量细土压向地面，外露生长点，促进发根。进入8月以后，匍匐茎子苗布满床面时，要采取摘心及时去掉多余匍匐茎，控制生长数量。一般每一母株保留5～6个匍匐茎苗，多余的匍匐茎在未着地前去掉，9～10月即可培育出壮苗。

壮苗是草莓高产的基础。设施栽培选用的壮苗标准一般为：根系发达，叶柄短粗，成龄叶4～7片，新茎粗0.8cm以上，苗重20～40g，花芽分化早，发育好，无病虫害。

五、定植

1. 定植时间　目前草莓设施栽培均采用1年1栽制，以秋季定植为主，北方地区最早7月下旬至8月上旬。山东、辽宁、河北等地多在立秋前后，晚的可在9月下旬至10月上旬。

2. 整地施肥　定植前每公顷施优质鸡粪30～40t，深翻30cm，整平耙细后做畦。

3. 定植方式和密度　目前推广的高产方式有两种。一种是宽畦4行栽植，即1.0～1.2m畦上栽4行，小行距20～25m，株距15～20℃。一种是窄畦双行栽植，即50～60cm的畦上栽2行，小行距25～30℃，株距15～20m。设施栽培多采用高畦，一般畦高10～20cm，畦南北走向，步道沟宽20～30m。设施栽培密度应控制在每公顷12万～15万株。

4. 栽植方法　先顺畦覆好地膜，再在畦上按密度破膜挖穴栽苗，使秧苗新茎基部与畦面齐平，做到深不埋心，浅不露根，新茎弓背朝向畦外侧，以便花序向畦外延伸，有利于垫果和采收。秧苗定植后要及时灌透水，前3～4d，每天浇1次水，以后保持田间湿润。定植后还要注意铺青草、苇苫、遮阳网等遮光覆盖，以提高秧苗成活率。

六、定植后管理

1. 温度管理　利用高效日光温室和保温性好的塑料大棚，在北方或南方，可在秋季草莓花芽分化以后，即将进入休眠时，开始扣棚保温，并结合长日照、激素处理等措施，防止植株进入休眠，让其继续生长，从而提早开花结果。而对一般日光温室与塑料大棚，则在秋冬自然条件下，使植株通过自然休眠，然后扣棚，采取电加温、补光、激素处理措施，解除其休眠，使其提早生长和开花结果。或采取低温、短日照措施，让草莓植株尽快提早通过自然休眠，然后再采取电加温、补光和激素处理措施，使其恢复生长，提早开花结果。采用小拱棚栽培，北方地区可在2月中下旬到3月上中旬开始扣棚升温。扣棚过早，花期易出现低温，影响授粉受精，降低产量。采用双层保温塑料大棚和日光温室。山东一般在11～12月扣棚升温，成熟期比露地提早2～4个月以上。高效日光温室，在南方或北方可于草莓花芽分化后进入休眠前扣棚保温，山东省多在10月下旬，北京地区多在10月上旬进行，一般11月下旬果实开始成熟，翌年1月上旬至2月中旬为采收期。

扣棚初期，白天控制最高温度为30～35℃，夜间不低于8℃；开始现蕾时，最高温度28～30℃，最低6～8℃；开花期最高温度25～26℃，夜间不低于6℃，以7～8℃为宜；果实膨大期，温度可略低些，白天20～25℃，夜间4～6℃；果实采收期，白天温度保持18～20℃，夜温保持在5～8℃。温度过高时，应及时放风降温。当外界最低气温稳定在8℃以上时，可将棚膜去掉，实行露地管理。

2. 水肥管理 草莓喜湿但不耐涝，浇水应以小水勤浇为原则。保温初期，为了使植株适应高温环境，通过保温后浇水的方法增大湿度，但高温多湿管理不应持续太久，因为开花期对湿度反应较敏感，一般开花期棚室内相对湿度应控制在80%以下，以40%～60%为宜，其余时期均应控制在80%～90%。追肥从植株现蕾开始，每隔15d左右进行1次，共追2～3次。开花前追肥以氮、磷肥为主，667m^{2}施尿素10kg、磷肥20kg。坐果后追肥以磷、钾肥为主，667m^{2}施磷酸二氢钾15～20kg，追肥后要立即灌水。也可进行叶面喷肥，用0.3%～0.5%尿素和磷酸二氢钾叶面喷施，每隔10d喷1次。

3. 植株调整 草莓栽植成活后对植株管理主要包括3方面内容：一是除匍匐茎。及时摘除植株抽生的匍匐茎，做到随见随除，集中清出室外销毁。二是清除枯叶、弱芽。草莓成活后叶片不断老化，光合作用减弱，并有病叶产生，因此生长季节要不断除掉老黄叶、病叶和植株上生长弱的侧芽，以集中营养提供结果。三是疏除花蕾。在开花前疏除多余的花蕾。大型果的品种保留1～2级序花蕾；中、小型果品种保留1～3级序的花蕾。

4. 花期辅助授粉 草莓虽自花授粉结实，但由于日光室内空气湿度大、温度变化幅度大、通风量小、昆虫少等多种因素，不利草莓授粉和受精。不进行辅助授粉，则果实个头小，畸形果增多；进行辅助授粉果实个头增大，果形整齐，产量明显提高。温室内草莓辅助授粉可以采取两种方式：一是温室内放蜂用昆虫授粉，具有节省人工和授粉均匀的特点。一般667m^{2}温室放蜂2箱即可。二是用毛笔人工点授。

5. 病虫防治 草莓设施栽培易发生白粉病、灰霉病等。白粉病从现蕾开始每隔7～10d喷1次25%速克灵500倍液，或70%甲基托布津500倍液，或35%瑞毒霉1 000倍液。灰霉病可用25%粉锈宁3 000～5 000倍液，或70%甲基托布津1 000倍液，或50%退菌特800倍液。其他病虫害可根据发生情况，及时采取综合防治措施。

七、采收与包装

草莓属浆果，成熟后要及时分期分批采收。初熟期可2d采收1次，盛熟期应每天采收1次。

采收时间以清晨或傍晚为宜，此时温度低，果实硬度较大，有利于果实储运。采收应轻拿轻放，避免损伤。采下的浆果应及时直接装入精美抗压的小包装盒内，每盒装0.5kg为宜，并及时进行销售和保鲜储藏。

【思考题】

1. 设施葡萄促成栽培中，如何进行温、湿度调控？
2. 设施葡萄延后栽培如何进行花果管理？
3. 设施葡萄、桃、李、杏的整形修剪有哪些技术要点？
4. 桃树设施栽培品种选择应依据哪些原则？
5. 设施桃、李、杏栽培如何进行花果管理？
6. 设施草莓栽培植株管理主要有哪些内容？

【技能训练】

技能训练一　葡萄夏季修剪技术

一、技能训练内容分析

学习设施葡萄的夏季修剪方法，能够根据设施葡萄的物候期，选择适当的修剪技术。在葡萄开花前，分次完成抹芽疏枝、摘心、夏芽副梢处理、疏花序及掐序尖、除卷须与新梢引缚等实训项目。训练时教师先讲解示范，学生分组逐株进行。最后熟练掌握设施葡萄的夏季修剪技术。

二、核心技能分析

葡萄夏季修剪技术。

三、训练内容

1. 抹芽疏枝　新梢长到5～10cm时，将多年生枝干上隐芽萌发出的嫩梢抹去。同一芽眼发出2个以上嫩梢，选留最健壮主梢，其余抹除。新梢长到15～2cm时（已分清花序），进行疏枝、定枝工作。一般篱架每隔10～15cm留1个新梢，棚架每平方米架面留10～20个新梢。

2. 摘心　开花前1周左右进行摘心。结果枝在花序以上留4～6片叶摘心，营养枝留10～12片叶摘心。

3. 夏芽副梢处理　结果枝花序以下各节萌发的副梢全部疏去，花序以上各节萌发的副梢，留1～2片叶反复摘心。或在主梢摘心的同时除去所有已萌发的副梢，仅保留最顶端的1～2个副梢，以后副梢萌发的三次枝也采用与上述相同的处理方法。营养枝萌发的副梢均留1～2片叶反复摘心。

4. 疏花序及掐序尖　根据树势及结果枝强弱，适当疏去花序，在开花前1周左右进行。将花序顶端掐去其全长的1/4或1/5。对双穗果枝可疏除上位小穗。

5. 除卷须与新梢引缚　除卷须可大量节约养分，应随新梢生长及时除去卷须。新梢长至30～40cm时进行引缚，棚架可引缚30%左右的新梢，而篱架需全部引缚。

四、作业与思考题

1. 如何根据生长势来确定摘心及副梢处理方法?

2. 根据所进行的夏季修剪项目，总结技术要点。

技能训练二　设施桃、李、杏生长期修剪技术

一、技能训练内容分析

学习设施桃、李、杏的生长期修剪方法，能够根据设施果树的物候期，选择适当的修剪技术。分次完成抹芽、除梢、摘心、拉枝等项目。训练时教师先讲解示范，学生分组逐株进行。最后熟练掌握设施桃、李、杏的生长期修剪方法。

二、核心技能分析

设施桃、李、杏的生长期修剪技术。

三、训练内容

1. 抹芽、除梢　主要是用手抹除那些多余无用和位置、角度不合适的新生芽梢，如竞争芽梢、直立芽梢、徒长芽梢等。一般说被抹除的新生芽梢在5cm以下时称为抹芽，在5cm以上时称为除梢，其目的都是为了防止不规则枝条的形成和养分的无效消耗，减少伤口，促进保留新梢的健壮生长。

2. 摘心

(1) 主枝摘心　首先根据开心形的要求，按株距大小，合理配备主枝。一般当株距在2m以内时，可选留2个主枝相对伸向行间（丫形整枝）；当株距在2m以上时，可选留3个主枝（平面夹角互为120°）。在6～8月份，新梢分别每长60cm就摘去先端10cm以上新梢。要利用侧生枝向前延伸，使其左右拐弯，流水式向前伸展，以利于骨架枝上配备的结果枝组长势均衡，立体结果。

(2) 侧枝摘心　当株距大于或等于4m时，在每个主枝上配备2个大的背斜生侧枝。一般第1侧枝距主干40～50cm，第2侧枝（在第1侧枝对面）距主干100cm左右。其摘心方法同主枝，但第1次留的侧生枝要在侧枝的外面。

(3) 其他枝摘心　主侧枝两侧及背上旺枝可留5～10cm连续摘心，以削弱树势，促生分枝，促其成花，培养成大。

3. 疏枝　主枝选定后，对主干上过多的旺枝应及早疏除，平斜细弱的可留作辅养树体。但一次不可去枝过多，更不要在主干上“对口”疏大枝。

4. 拉枝　对主枝角度过小的，可于8月中下旬（处暑前后）拉枝开角。对主枝角度过大的，应及时用丫枝顶起来，以促进各主枝之间均衡生长。

四、作业与思考题

1. 总结设施桃、李、杏的修剪时期、方法和技术要点。

2. 观察并记录修剪后的反应和效果。

技能训练三　设施果树人工辅助授粉技术

一、技能训练内容分析

学习设施内果树人工辅助授粉的方法，掌握其技术要点。需分 2 次进行，第 1 次是采花粉，第 2 次为人工授粉，宜安排在果树初花至盛花期上午进行。时间为 3～5d。

二、核心技能分析

人工辅助授粉技术。

三、训练内容

1. 采花　在主栽品种预定授粉前 2～3d，在授粉树上采集大蕾期的花朵，可将几个授粉品种混合。

2. 采粉　撕开花苞，用镊子取下花药，或两个花朵对搓，去除杂物，置于室内阴干。在 20～22℃下放置 10～48h，散粉后收集于小瓶，放在低温、干燥、无直射光的地方储藏备用。

3. 授粉　授粉在 8：00～15：00 进行，用毛笔、气门芯等，直接将花粉点授到柱头上。授粉时点授的花朵之间的距离按留果的要求进行，整个花期授粉 2～3 次。

四、作业与思考题

1. 说明人工辅助授粉的技术要点。

2. 总结人工辅助授粉的作用及调查当地人工辅助授粉的做法和经验。

技能训练四　设施果树生长结果习性观察

一、技能训练内容分析

掌握果树生长结果习性的观察方法，了解桃、李、杏、樱桃的生长特性和结果习性。

二、核心技能分析

通过对设施果树树冠、芽、生长枝、结果枝的识别，掌握设施果树生长结果习性的观察方法。

三、材料与用具

1. 材料　设施内桃、李、杏、樱桃的结果树。

2. 用具　钢卷尺、卡尺、计数器和记载用具等。

四、训练内容

1. 观察树冠　干性（强、中、弱）；枝条分枝角度（大、中、小）、萌芽率和成枝力（高、中、低）；枝条极性（强、中、弱）。

2. 观察芽　单芽与复芽，花芽与叶芽外部形态。花芽、叶芽在枝条上的分布及排列形式。

3. 观察生长枝　发育枝、徒长枝、叶丛枝的区别及对生长结果的作用。分枝级次观察。

4. 观察结果枝　识别长、中、短果枝及花束状果枝。花芽在各类果枝上的着生位置，不同树种的主要果枝类型。结果部位外移与枝条更新规律。

5. 时间与方法

①根据当地设施栽培桃、杏、李、樱桃情况，进行树种选择。结合生产季节或其他训练项目，分次进行。根据观察内容，安排在休眠期或生长季节最适时期进行。时间为2～4学时。

②教师现场集中讲解、示范后分别指导。学生2～3人一组，按训练内容进行观察、识别、记录。

五、作业与思考题

1. 总结桃、李、杏、樱桃的生长特性和结果习性。

2. 比较桃、李、杏、樱桃生长结果习性的异同点。

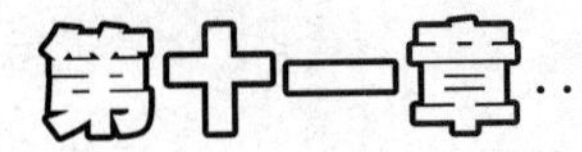

设施园艺新技术

【知识目标】了解节水灌溉、配方施肥、植物生长调节剂、工厂化育苗等现代化设施园艺新技术的特点及应用。

【技能目标】能安装与使用灌溉、施肥的相关设备；准确控制灌水和施肥时期、用量；掌握常用植物生长调节剂的配制方法和应用领域；能独立完成工厂化育苗主要环节的操作，正确调控环境。

第一节　节水灌溉技术

一、滴　　灌

滴灌是滴水灌溉的简称，它是将具有一定压力的水，过滤后经管网和出水管道（滴灌带）滴头，以水滴的形式缓慢而均匀地滴入植物根部附近土壤的一种灌水方法。

优点：节水、节能、省力；土壤不易板结；施肥、浇水等一次完成；滴灌湿润部分土体，利于作物行间干燥；提高作物产量和品质；对土壤和地形的适应性强，特别适合于立体栽培的灌水追肥。

缺点：由于易引起堵塞，可能引起盐分积累和限制根系的发展。

滴灌主要适用于蔬菜、果树、花卉等经济作物温室、大棚栽培的灌溉；水源极缺的地区或地形起伏较大地区的灌溉；对透水性强、保水性差的沙质土壤和咸水地区也有一定的发展前景。

（一）滴灌系统的组成及设备

1. 滴灌系统的组成　典型的滴灌系统由水源、首部枢纽、输水和配水管网及滴头 4 大部分组成（图 11-1）。

（1）水源　自来水、地下水，江、河、淡水湖泊、塘、沟渠水或泉水等均可作为滴灌的水源，但水质应符合农田灌溉水的要求。

（2）首部枢纽　包括水泵、肥料罐、过滤器、控制及测量设备等。其作用是从水源抽水加压，经过滤后按时按量输送至管网。采用高位水池供水的小型滴灌系统，可将可溶性肥料直接溶入池中，如果采用有压水作水源，可省去抽水的水泵和加压动力。

（3）输水和配水管网　包括干管、支管、毛管、管路连接管件和控制设备。其作用是将压力

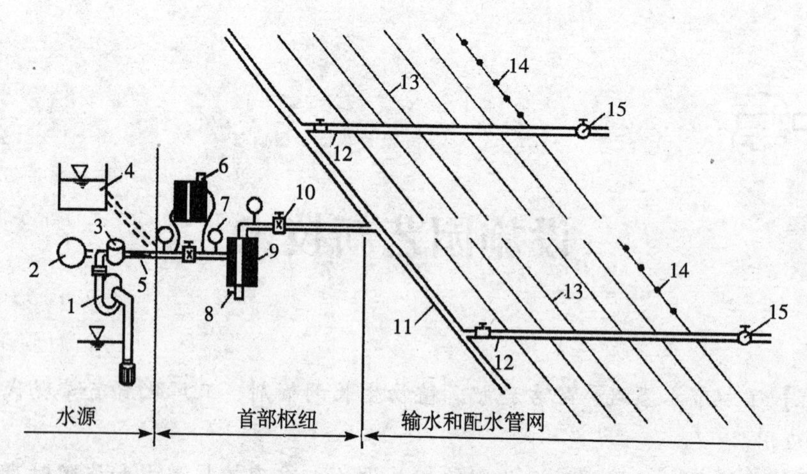

图 11-1　滴灌系统示意图

1. 水泵　2. 供水管　3. 水表　4. 蓄水池　5. 逆止阀　6. 施肥罐　7. 压力表　8. 排污阀
9. 过滤器　10. 阀门　11. 干管　12. 支管　13. 毛管　14. 灌水器　15. 冲洗阀

水或化肥溶液输送并均匀地分配到滴头。

(4) 滴头　其作用是使毛管中压力水流经过细小流道或孔眼，使能量损失而减压成水滴或微细流，均匀地分配于作物根区土壤，是滴灌系统的关键部分。

2. 滴灌系统的主要设备

(1) 滴头　滴头为滴灌系统的心脏。一般要求滴头流量低，流速均匀而稳定，不因微小的水头压力差而明显地变化；结构简单，不易堵塞，便于装卸；造价低，坚固耐用。滴头的种类很多，其分类方法也不同：

①按滴头与毛管的连接方式：分为管间式滴头和管上式滴头（图 11-2）。

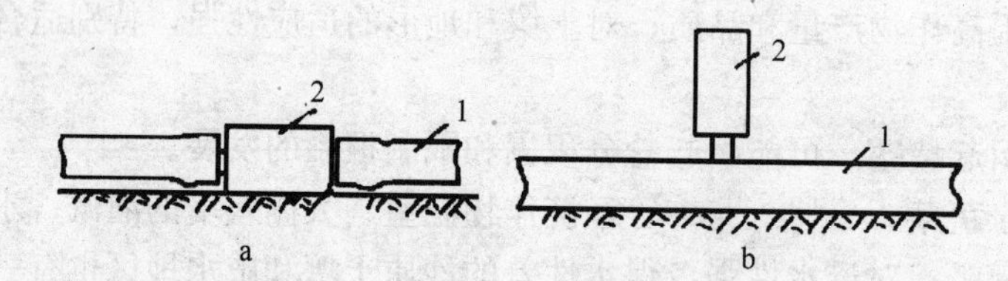

图 11-2　滴水器与毛管的连接方式

a. 管间式滴头　b. 管上式滴头

1. 毛管　2. 滴头

a. 管间式滴头：把灌水器安装在两段毛管中间，使滴水器本身为毛管的一部分（图 11-2a）。绝大部分水流通过滴头体腔流向下一段毛管，而很少一部分水流通过滴头体内的侧孔进入滴头流道流出。

b. 管上式滴头：灌水器安装在毛管上的一种滴头形式。施工时在毛管上直接打孔，然后将滴头插在毛管上（图 11-2b）。

②按滴头的消能方式：分为长流道式消能滴头、孔口消能式滴头、涡流消能式滴头、压力补偿式滴头、自冲洗滴头。

a. 长流道式消能滴头：靠水流与流道壁之间的摩擦耗能来调节滴头出水量的大小，如微管、内螺纹管式滴头等（图 11-3a）。

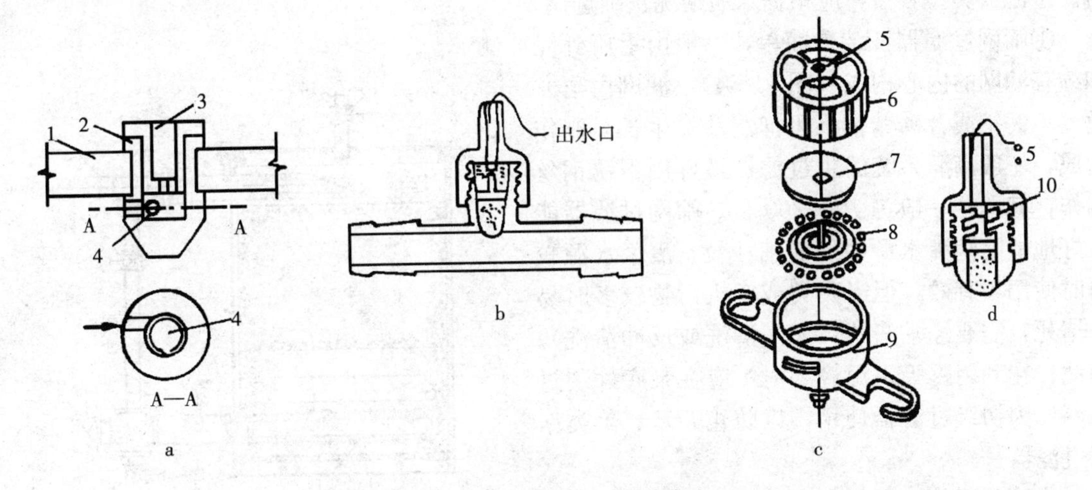

图 11-3　消能方式不同的滴头

a. 长流道消能式　b. 孔口消能式　c. 涡流消能式　d. 压力补偿式

1. 主管壁　2. 滴头体　3. 出水口　4. 涡流室　5. 出水口

6. 罩盖　7. 弹性橡胶　8. 螺旋流盘　9. 底座　10. 消能室

b. 孔口消能式滴头：以孔口出流造成的局部水头损失来消能（图 11-3b）。

c. 涡流消能式滴头：水流进入滴头涡流室的边缘，在涡流中心产生一个低压区，使中心的出水口处压力较低，因而滴头的出流量较小（11-3c）。

d. 压力补偿式滴头：借助水流压力使弹性部件或流道改变形状，从而使过水段面面积发生变化，使滴头出流小而稳定（图 11-3d）。压力补偿式滴头的显著优点是自动调节出水量和自清洗，出水均匀度高，但制造较复杂，投资高于其他形式的滴头。

压力补偿式滴头能在一个很大的压力范围内，保持滴流量不变。稳定的流量通过在流道内使用弹性材料而实现的，因此应使弹性材料的抗老化性能与滴头材料相当，以使整个滴头长期稳定工作。

e. 自冲洗滴头：分为打开—关闭自冲洗滴头和持续自冲洗滴头。打开—关闭自冲洗滴头是在系统开始工作或最后关闭的很短时间内进行自冲洗，它们大部分都是补偿式滴头。持续自冲洗滴头使用大口径弹性材料孔口来消除压力。当颗粒直径大于孔直径时，孔口直径变大持续排除堵塞颗粒。

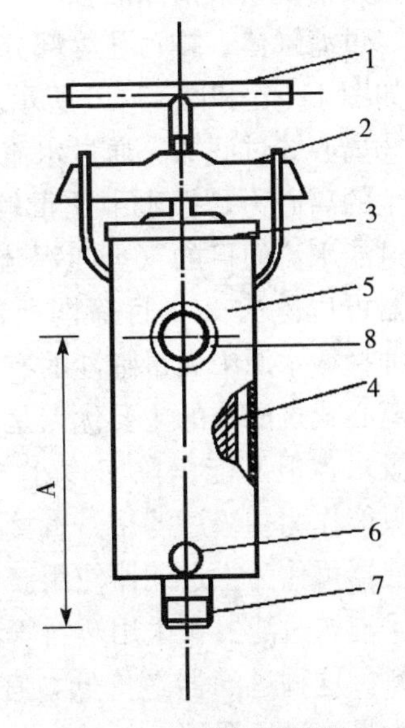

图 11-4　筛网过滤器

1. 手柄　2. 横旦　3. 顶盖　4. 滤网　5. 壳体

6. 冲洗阀门　7. 出水口　8. 进水口

(2) 过滤器　清除水流中各种有机物和无机物，保证滴灌系统正常工作的关键净化设备。过滤器是在较清洁的水源条件下直接使用的，如果水源有较多的悬浮物和泥沙，还需要拦污栅（筛、网）、沉淀池等设备先进行初步净化，然后再使用过滤器。过滤器类型较多，应根据水质情况正确选用。

①筛网过滤器：结构简单，一般由承压外壳和缠有滤网的内心构成（图 11-4）。滤网由尼龙丝、不锈钢或含磷紫铜（可抑制藻类生长）制作而成，一般滴灌系统的主过滤器最好用不锈钢丝制作，其孔径一般为 70～200 目。筛网过滤器能很好地清除滴灌水源中的极细沙粒。灌区水源较清时使用很有效，但当藻类或有机污物较多时易被堵死，需要经常清洗（人工清洗或反冲清洗）。因此，在利用露天水源滴灌时，应在泵底外装过滤网作为初级过滤器使用，以防止杂草、藻类堵塞过滤器。

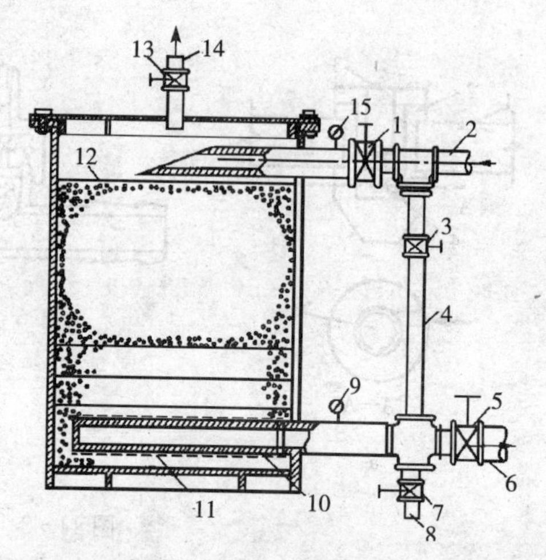

图 11-5　反冲洗沙过滤器

1. 进水阀　2. 进水管　3. 冲洗阀　4. 冲洗管　5. 输水阀　6. 输水管　7. 排水阀　8. 排水管　9. 压力表　10. 集水管　11. 滤网　12. 过滤沙　13. 排污阀　14. 排污管　15. 压力表

②沙砾石过滤器：由细砾石和经过分选的各级沙料分层铺设于过滤罐体中构成，是一种介质过滤器，它具有较强的截获污物的能力。影响砂石过滤器功能的因素是水质、砂石的类别和大小、流量等。虽然它们与筛网过滤器相比投资较高，但是沙石过滤器可用较少的反冲洗次数和较小的压降来清除较大数量的污物。当筛网过滤器需要频繁清洗或拟清除的颗粒小于 200 目时，建议使用沙砾石过滤器。其构造主要由进水口、出水口、过滤罐体、排污孔等部分组成，其结构形式因生产厂家不同而略有差别。常见的两种结构形式如图 11-5 和图 11-6 所示。

③离心式过滤器：通过水流在过滤罐内旋转运动时产生的离心力，把水中比重较大的泥沙颗粒抛出，以达过滤水流的目的（也叫涡流沙粒分离器）。这种过滤器可以除去 200 目筛网所能拦截沙粒的 98%，是一种拦截水源中大量细沙的有效装置（图 11-7）。

离心式过滤器的主要优点是能连续过滤高含沙量的灌溉水，但不能消除密度小于 1g/cm³ 的有机物，故它只能作为初级过滤用。直接采用井水滴灌时，离心过滤器可作为主过滤器使用。

④泡沫过滤器：采用塑料管和泡沫聚氨甲酸酯为过滤料。这种过滤器造价低，宜在水很干净时采用，或作为最终过滤器用。

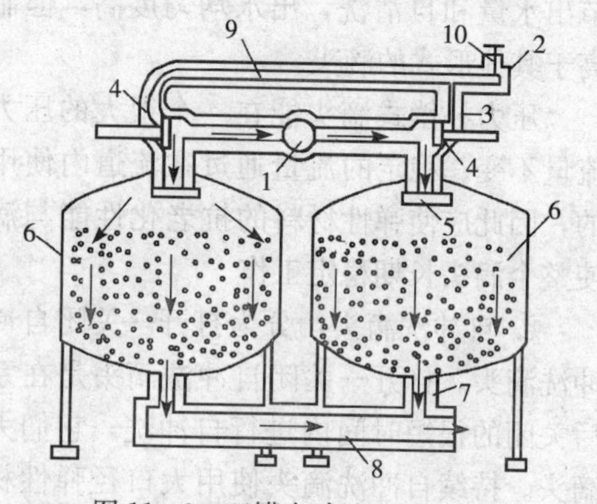

图 11-6　双罐自冲洗沙过滤器

1. 进水管　2. 排污管　3. 反冲洗管　4. 三向阀　5. 过滤罐进口　6. 过滤罐体　7. 过滤罐出口　8. 集水管　9. 反冲洗管　10. 排污阀

（3）施肥装置　随水施肥是滴灌系统的重要功能。当直接从专用蓄水池中取水时，可将化肥溶于蓄水池再通过水泵随灌溉水一起送入管道系统。

当直接从自来水、蓄水池或水井取水时，则需加设施肥装置。通过施肥装置将化肥溶解后注入管道系统随水滴入土壤中。向管道系统注入化肥的设备主要有下面几种：

①开放式肥料罐自压施肥装置：在自压滴灌系统中，使用开放肥料箱（或修建肥料池）非常方便。需将肥料箱放置于自压水源（如蓄水池）的正常水位下部适当的位置上，将肥料箱供水管（及阀门）与水源连接，输液管及阀门与滴灌主管道连接，打开肥料箱供水阀，水进入肥料箱可将化肥溶解成肥液。关闭供水管阀门，打开肥料箱输液阀，化肥箱中的肥液自动随水流输送到灌溉管网及各个灌水器，对作物施肥。

②压差式施肥罐：由储液罐、进水管、出水管、调压阀等组成（图 11－8）。

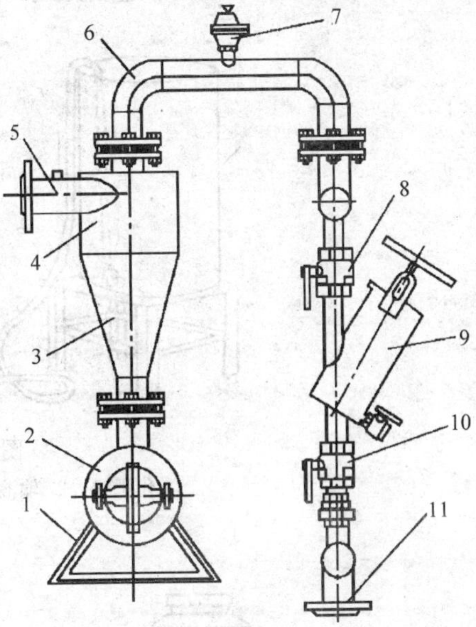

图 11－7　离心式与筛网过滤器的组合

1. 支架　2. 沙罐　3. 分离室　4. 旋流室　5. 进水口　6. 连接管　7. 排水（气）阀　8、10. 阀门　9. 网式过滤器　11. 出水口

压差式施肥罐施肥的工作原理与操作过程：待滴灌系统正常运行后，首先把可溶性肥料或肥料溶液装入储液灌内，关紧罐盖，接着依次打开供肥管阀门、进水管阀门，然后关小输水管道上的施肥调压阀门，使调压阀后输水管道内的压力变小。由于调压阀前管道压力大于阀后管道压力，从而形成一定压差（根据施肥量要求调整调压阀），使罐中肥料通过输肥管进入阀后输水管道中，又造成储液罐压力降低，因而阀前管道中的灌溉水由供水管进入储液罐内，罐中肥料溶液则又通过输液管进入滴灌管网及所控制的每个灌水器。如此循环运行，储液罐内肥料液浓度降至接近零时，即需重新添加肥料或溶液，继续施肥。储液罐应选用耐腐蚀、抗压能力强的塑料或金属材料制造。对封闭式储液罐还要求具有良好的密封性能，罐内容积应根据滴灌系统控制面积大小及单位面积施肥量、溶液浓度等因素确定。

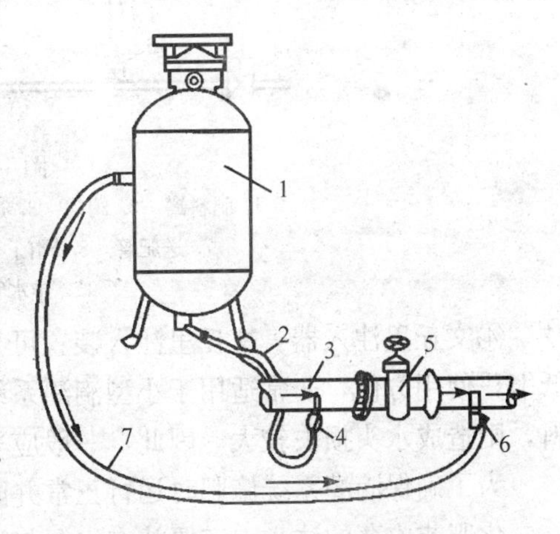

图 11－8　压差式施肥罐

1. 储液罐　2. 进水管　3. 输水管　4. 阀门　5. 调压阀　6. 供肥阀门　7. 供肥管

压差式施肥罐的优点是：加工制造简单，造价较低，不需外加动力设备。缺点是：溶液浓度变化大，无法控制；罐体容积有限，添加化肥次数频繁且较麻烦；输水管道因设有调压阀调压而造成一定的水头损失。

③注射泵：通常使用活塞或隔膜泵向滴灌系统注入肥料或农药。优点是肥液深度稳定，施肥质量好，效率高。缺点是所需注射泵的造价高。根据驱动水泵的动力来源又可分为水驱动和机械

驱动两种形式，图 11－9 为活塞施肥泵，图 11－10 为水动施肥泵。

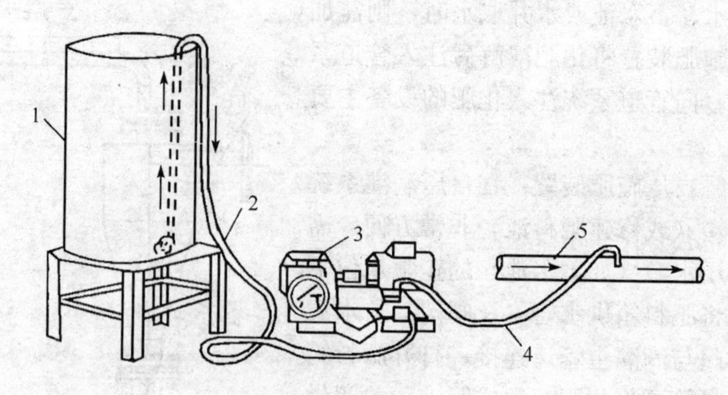

图 11－9　活塞施肥泵

1. 化肥罐　2. 输液管　3. 活塞泵　4. 输肥管　5. 输水管

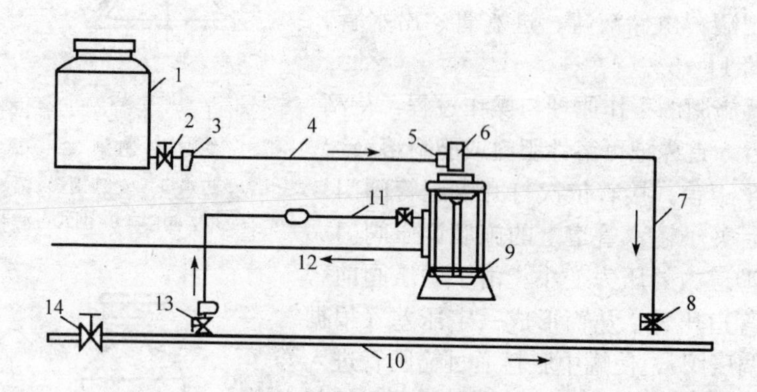

图 11－10　水动施肥泵

1. 肥料罐　2. 阀门　3. 过滤器　4. 吸肥管　5. 吸肥阀　6. 送肥阀
7. 送肥管　8. 阀门　9. 隔膜泵　10. 供水管　11. 进水管
12. 排水管　13. 阀门　14. 主阀门

④文丘里注入器：文丘里注入装置可与开放式肥料箱配套组成施肥装置。其结构简单，造价低廉，使用方便，非常适用于小型滴灌系统。但如果将文丘里注入器直接装在主管路上注入肥料，则造成水头损失较大，因此，一般应采取并联方式与主管路连接（图 11－11）。

为了确保滴灌系统施肥时运行正常并防止水源污染，使用施肥装置时必须注意以下 3 点：第一，化肥或农药的注入一定要放在水源与过滤器之间，使肥液先经过过滤器再进入灌溉管道，使未溶解化肥和其他杂质被清除掉，以免堵塞管道及灌水器。第二，施肥和施农药后必须利用清水把残留在系统内的肥液或农药全部冲洗干净，防止设备被腐蚀。第三，化肥或农药输液管出口处与水源之间必须安装逆止阀，防止肥液或农药流进水源，严禁直接把化肥和农药加进水源造成环境污染。

（4）管道与连接件　管道与连接件用于组成输水、配水的管网系统。塑料管是滴灌系统的主要用管，有聚乙烯管、聚氯乙烯管和聚丙烯管等种类。应尽量避免使用易于产生化学反应或锈蚀的管道，如钢管、铸铁管等。主要的连接件有接头、三通、弯头、螺纹接头、旁通及堵头等。

（5）控制、保护、测量与计量装置　这些装置为滴灌系统的正常运行所必需。控制装置指的是各类阀门，如控制阀、安全阀、进排气阀、冲洗阀等。保护装置有流量调节器、压力调节器和水阻管等。测量与计量装置指的是压力表和水表。

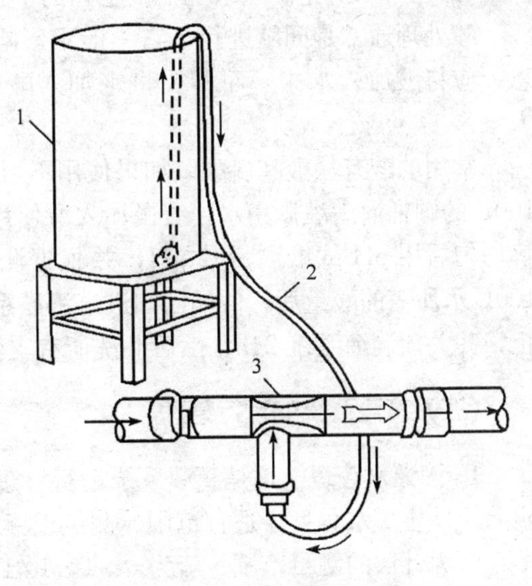

图 11-11　文丘里注入器

1. 开放式化肥罐　2. 输液管　3. 文丘里注入器

（二）滴灌水处理

滴灌对水质有很高要求，一般天然水源必须进行有针对性的水质处理。引起滴灌系统堵塞的原因包括多个方面，如水中存在大颗粒固体杂质，细菌的生长，藻类的繁殖，铁、硫的沉淀，钙盐沉淀等。水处理的方法主要有：

1. 物理处理　从水中除去粒径大于系统中最小孔径 1/10～1/7 的所有有机和无机杂质的方法。

（1）澄清　澄清的作用是从水中除去较大的无机悬浮颗粒。常用于较急的地面水源，如河流和沟渠。澄清也是水质初步处理经济而有效的方法，可大大减少水中杂质的含量。澄清池加上掺气是除去灌溉水中铁质和其他可溶固体物质的最好办法。

（2）过滤　当水流通过一种多孔或具有孔隙结构的介质（如沙）时，水中的悬浮或胶质物质被孔口拦截或截留在孔口、孔隙中或介质的表面上，此种将杂质从母液中分离出来的方法称为过滤。过滤是滴灌系统中应用最广泛、最经济而有效的处理方法之一。

2. 化学处理　水的化学处理目的是向水中加入一种或数种化学物品，以控制生物生长和化学反应。化学处理可单独进行，也可以与物理处理方法同时进行。滴灌系统中最常使用的化学处理方法是氯化处理和加酸处理。

（1）氯化处理　将氯加入水源的处理方法。氯气溶于水，有很强的氯化剂作用，可破坏藻类、真菌、细菌等微生物。对于微生物生长引起的滴头和孔口堵塞问题，氯化处理是经济有效的解决方法。滴灌系统最常用的水处理氯化物有次氯酸钙、次氯酸钠和氯气。

对于滴灌系统的最远处滴头而言，氯处理浓度标准如下：

防止细菌和藻类生长的连续处理为 1～2mg/L；对于已在滴灌系统中生长的藻类和细菌间歇处理为 10～20mg/L，维持 30～40min。

大多数情况下，为了控制微生物黏液的生长，需要用间歇处理方法。时间间隔取决于水源污染程度，开始时间短一些，然后逐渐拉开。在有机物已经影响了滴头流量的情况下，应进行超量氯处理，浓度为 500mg/L，并关闭整个系统，维持 24h 后冲洗所有支管和毛管。为了控制铁细菌，氯浓度应比铁含量高 1mg/L。控制铁沉淀的氯用量为 Fe^{2+} 含量的 0.64 倍，控制锰沉淀的氯用量为 Mn^{2+} 含量的 1.3 倍。

（2）酸处理　通过降低 pH 的方法解决水质问题。通常用于防止可溶物的沉淀（如碳酸盐和铁)，酸也可以防止滴灌系统中微生物的生长。

酸处理通常是间歇进行。它一般不影响大多数多年生植物的生长，对酸的管理和使用应注意：应将酸加入水中，而不要将水加入酸中。由于一般金属部件不耐酸，应当选用耐酸的注入泵。

常用的酸有盐酸和硫酸。如果使用不当，所有酸都是有害的。为了确定加酸量，可以取一个100L的圆桶灌满灌溉用水，缓慢加入所使用的酸，加入量略小于估计值，边加入边搅拌，待溶解均匀后用pH试纸测量其pH，并根据测量结果重复这一过程直到获得预期的pH，当获得100L水所需的酸量后，假如已知进入滴灌系统的水量，可计算出加酸量。加酸30～40min后停止，并关闭滴灌系统24h，然后冲洗所有支管和毛管。

（三）滴灌系统的运行管理

1. 滴灌水管理 这是滴灌系统运行管理的中心内容。以土壤水分的消长作为控制指标进行滴灌，使土壤水分处于适宜范围。测定土壤水分的方法很多，但以“张力计”法较为普遍。

张力计法的测量范围一般为$0\sim1\times10^5$Pa。旱地土壤有效水的范围是从田间持水量到萎蔫系数之间的含水量，水分所受到的吸力为$0.3\times10^5\sim15\times10^5$Pa，对于绝大多数作物而言，水分受到吸力为$0.3\times10^5\sim1\times10^5$Pa之间，即当张力计的读数为$1\times10^5$Pa时开始灌水，灌到$0.3\times10^5$Pa时停止。当然合理滴灌的指标还应根据作物及不同生育阶段对土壤水分的要求，以及气候、土壤条件适当调整。

2. 滴灌系统的日常管理 根据作物的需要，开启和关闭张力计读数滴灌系统；必要时，由滴灌系统施加可溶性化肥、农药；预防滴头堵塞，对过滤器进行冲洗，对管路进行冲洗；规范运行操作，防止水锈发生。

3. 滴灌施肥 滴灌施肥是供给作物营养物质最简便的方法，做法是：将称好的可溶性肥料先装入容器内加水溶解，然后将肥料溶液倒入水池（箱），经过一定时间，肥料液扩散均匀后，再开启滴灌系统随水施肥。为保证施肥均匀，应采用低浓度、少施勤施的方法，水池（箱）中最大浓度不宜超过500mg/L。

4. 堵塞处理方法

（1）酸液冲洗法 对于碳酸钙沉淀，可用0.5%～2%盐酸溶液，用1m水头压力输入滴灌系统，溶液滞留5～15min。当被钙质黏土堵塞时，可用砂酸冲洗液冲洗。

（2）压力疏通法 用$5.05\times10^5\sim10.1\times10^5$Pa的压缩空气或压力水冲洗滴灌系统，对疏通有机物堵塞效果好。对碳酸盐堵塞无效。

二、微喷灌及雾喷灌

微喷灌是通过低压管道系统，以小流量将水喷洒到土壤表面进行灌溉的方法。它是在滴灌和喷灌的基础上逐步形成的一种新的灌水技术。微喷灌时，水流以较大的速度由微喷头的喷嘴喷出，在空气阻力的作用下形成细小的水滴落到土壤表面或作物叶面。由于微喷头出流孔口直径和出流流速（或工作压力）都比滴灌滴头大，大大减少了灌水器的堵塞。微喷灌还可将可溶性肥料随水喷洒到作物叶面或根系周围的土壤表面，提高施肥效率，节省肥料用量。

雾喷灌（又称弥雾灌溉）与微喷灌相似，也是用微喷头喷水，只是工作压力较高（可达200～400kPa）。因此，从微喷头喷出的水滴极细形成水雾。微喷灌和雾喷灌具有较好的喷洒降温效果。可以增加作物湿度，调节土壤温度，且对作物打击强度小，具有显著增产作用，一些花卉、木耳等对温、湿度有特别要求的作物更为明显。同时微喷灌还具有独特景观。微喷灌的适应性强，可用于各种地形、土质果树、花卉及苗圃、城市园林绿化等。

（一）微喷灌系统的类型和组成

1. 微喷灌系统的类型 根据微喷灌系统的可移动性，可将微喷灌系统分为固定式和移动式两种。固定式微喷灌系统的水源、水泵及动力机械、各级管道等均固定不动，管道埋入地下。其特点是操作管理方便，设备使用年限长。移动式微喷灌系统是指轻型机组配套的小型微喷灌系统，它的机组、管道均可移动，具有体积小、重量轻、使用灵活、设备利用率高、投资省、便于综合利用等优点，但使用寿命较短、设备运行费用高。

2. 微喷灌系统的组成 微喷灌系统由水源、管网系统和微喷头等部分组成（图11-12）。各部分功能与滴灌基本相同。

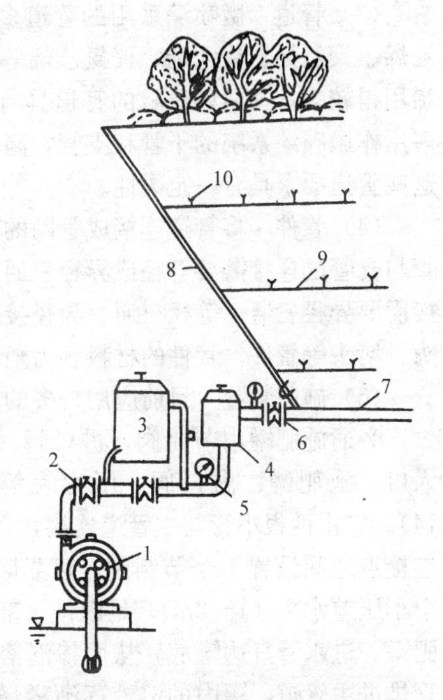

图11-12 微喷灌系统示意图
1. 水泵 2. 闸阀 3. 化肥罐 4. 过滤器 5. 压力表 6. 水表 7. 干管 8. 支管 9. 毛管 10. 喷头

3. 微喷灌设备

(1) 微喷头 常用微喷头有折射式、射流式、离心式和缝隙式4种。射流式有运动部件，又称旋转式喷头，后3种又称固定式微喷头。

①折射式微喷头：主要部件包括喷嘴、折射锥、支架。有单向和双向喷水两种形式。压力水从孔口喷出并碰到孔顶部扩射时，水流受阻折射并形成薄水层后向四周射出，在空气阻力和内部涡流作用下被粉碎，形成水滴洒落在地面进行灌溉，其工作压力通常为100～350kPa，射程为1.0～7.0m，流量为30～250L/h。其优点是结构简单，没有运动部件，工作可靠，价格便宜，适用于果园、苗圃、温室、花卉等的灌溉（图11-13）。

②射流式喷头：通过曲线形的导流槽使水流以一定的仰角向外喷出，利用水流的反作用，使摇臂带着水快速旋转，并均匀洒在地面上。其工作压力一般为1 000～1 500kPa，喷洒半径为1.5～7.0m，流量为45～250L/h。常用于果树、温室、苗圃和城市园林绿化的灌溉。对于全面喷洒灌溉，密植作物的灌溉，以及对透水性较强的沙土和透水性弱的黏土等效果更为明显。

③离心式微喷头：水流从切线方向进入离心室，绕垂直轴旋转后，从离心室中心射出，在空气阻力作用下粉碎成水滴洒灌在微喷头四周。这种微喷头的特点是工作压力低，雾化程度高。适用于蔬菜、花卉、园林绿化等的灌溉。

④缝隙式微喷头：这种喷头的特点是雾化，扇形向上喷洒。特别适用于长条带状形花坛灌溉。

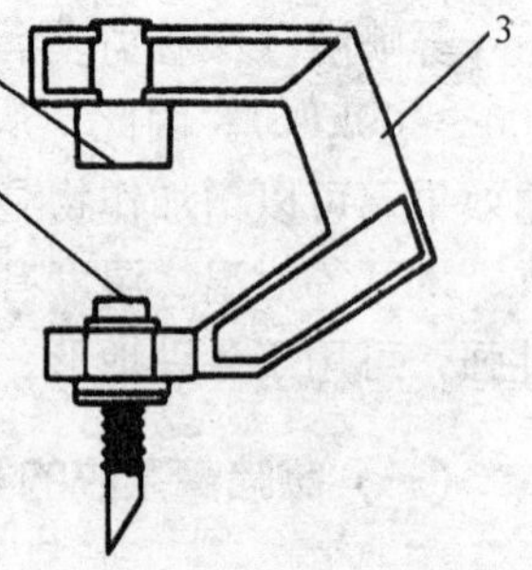

（2）过滤器具　微喷灌系统与滴灌系统比较，虽然不易发生堵塞，但仍然存在问题，应引起高度重视。堵塞降低系统的效率及灌水的均匀性，甚至造成漏喷。防止堵塞的方法主要是对水源进行过滤。微喷灌系统对水质净化处理的要求比滴灌系统低，所用过滤器的微粒和滤网的目数应根据水质状况选择。一般过滤器的目直径比滴灌系统的大。

图 11-13　折射式微喷头

1. 喷嘴　2. 折射锥　3. 支架

（3）管道　微喷灌采用的管道多为塑料管，其材料有高压聚乙烯、聚乙烯、聚丙烯、聚氯乙烯等，其中高压聚乙烯和聚氯乙烯用得较多，这两种质材的管道具有较高的承压能力。聚氯乙烯多用作微喷灌系统的干管和支管，高压聚乙烯主要用于小直径管道，如毛管、支管、连接管等，这些管道要求具有一定柔性。

（4）管件　将管道连接成管网的部件。管道的种类与规格不同，所用的管件不尽相同。如干管与支管的连接需要等径或异径三通，还要设置阀门，以控制进入支管的流量；支管与毛管的连接需要异径三通、等径三通、异径接头等管件；毛管与微喷头的连接需要旁通、变径管接头、弯头、堵头等管件。管件的材料多为塑料，也可以采用金属件。

（5）施肥装置　目前应用较多的施肥罐是旁通式，也有文丘里泵、注射泵等。

旁通施肥罐由节制阀、进口阀、水表、肥料注入口、施肥罐、出口阀、压力表等组成（图 11-14）。它由两根小管与主管道连接，在主管道上 2 个连接点之间设置 1 个节制阀，可靠阻力作用产生 1 个小压差水头（1～2m），足以使一部分水流流经施肥罐。进水管直达罐底，从而掺混溶液并由另一根管排进主管道，罐内的溶液逐渐稀释。这种施肥装置特点：结构、组装和操作简单，价格较低；不需外界动力，对系统流量和压力变化不敏感等。施肥罐的容积一般为 60～220L。在肥液被排入系统输送管末端应安装一个抗腐蚀的过滤器，滤网规格以 48 目为宜。

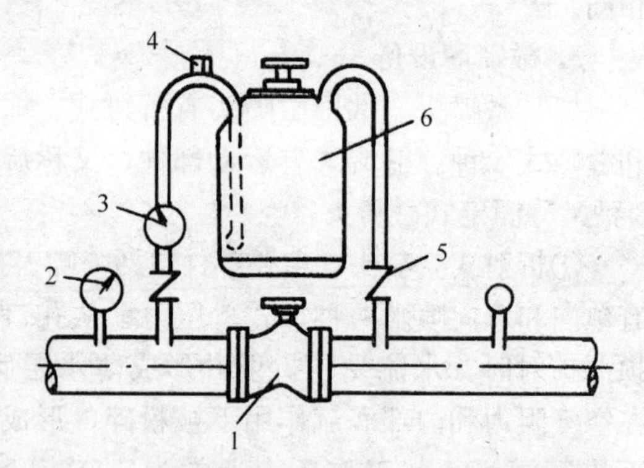

图 11-14　旁通施肥罐示意图

1. 节制阀　2. 压力表　3. 水表　4. 空气阀　5. 控制阀　6. 化肥罐

（6）水泵　水泵是微喷灌系统的心脏，它从水源抽水并将无压水变成满足微喷灌要求的有压水。水泵的性能直接影响微喷灌系统的正常运行及费用。应根据微喷灌系统的需要选用相应性能的高效率水泵。

（二）微喷灌的管理

1. 用水管理　微喷灌的用水管理主要是执行既定的灌溉制度。

$667m^2$ 用水定额（m^3）＝土壤容重（t/m^3）×A×计划湿润深度（m）×$667m^2$

式中，A 为土壤适宜含水量的上下限。

计划湿润深度：苗期 0.3～0.4m，随作物生长逐渐加深，最深不超过 0.8～1.0m。

具体灌水时间和灌水量应根据作物及其不同生育时期的需水特性及环境条件，尤其是土壤含水量确定，也可采用张力计控制微喷灌时间和灌水量。

2. 施肥管理　在微喷灌过程中施肥具有方便、均匀的特点，容易与作物各生育阶段对养分的需求相协调；易于调整对作物所需养分的供应；有效利用和节省肥料，施用液体肥料更方便，且能有效控制施肥量。但有的化肥会腐蚀管道中的易腐蚀部件，施肥时应注意。

微喷灌系统大部分采用压差化肥罐，用这种方法施肥的缺点是肥液浓度随时间不断变化。因此，以轮灌方式逐个向各轮灌区施肥，应控制好施肥量，正确掌握灌区内的施肥浓度。另外，喷洒施肥结束后，应立即喷清水冲洗管道、微喷头及作物叶面，以防产生化学沉淀，造成系统堵塞及作物叶片被烧伤。

微喷灌施肥的具体施肥量、肥液浓度的确定与滴灌的施肥管理要求相似。

三、膜下灌溉

膜下灌溉是一种在膜下面滴灌进行浇灌的技术。滴灌一般采用的是软管滴灌设备。其中最主要的是软滴灌带。软滴灌带为无毒聚乙烯薄膜管，直径一般为 20～40mm，滴头与毛管制成一体，兼具配水和滴水功能，按结构分为：内镶滴灌带和薄壁滴灌带。它具有设备简单、安装使用方便、省水省工、灌水后土壤不易板结、不明显增加空气湿度等优点。结合地膜覆盖进行膜下滴灌，则降低空气湿度的效果更加明显，能大大降低设施内病虫害的发生。

膜下灌溉方法是：首先根据栽培作物的种类确定好畦的宽度，然后在畦面铺设软滴灌带，铺设时将小孔朝上顺着畦长方向把管放好，管长与畦同长。为了保证供水均匀，一般要求管长不超过 60m。在畦面上铺设滴灌带（图 11 - 15）的根数应与栽培方式配套，如高畦双行栽培黄瓜时通常铺两行（图 11 - 16）。

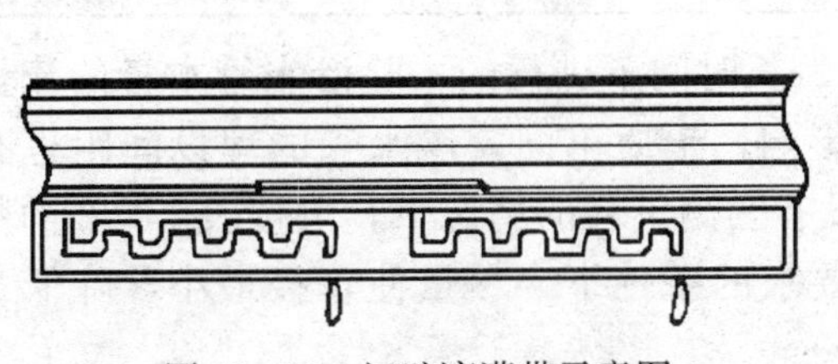

图 11 - 15　江壁滴灌带示意图

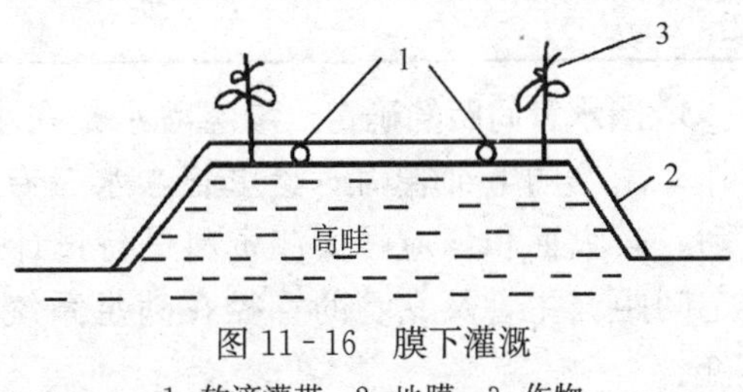

图 11 - 16　膜下灌溉

1. 软滴灌带　2. 地膜　3. 作物

四、渗　　灌

渗灌是利用埋于地表下开有小孔的多孔管或微孔管道，使灌溉均匀而缓慢地渗入作物根区地下土壤，借助土壤毛管力作用湿润土壤的一种方法，主要用于要求空气湿度较低的作物栽培中应用。渗灌的特点：节水、节能、便于中耕；不破坏土壤结构；降低保护地环境湿度，有利于防止杂草丛生和病虫害发生。渗灌对于一些对水分有特殊要求的园艺作物尤为适宜，如草莓，其茎叶适合生长在湿润土壤中，而浆果不能接触水分，采用渗灌可以解决这一问题。

1. 渗水管 仅以地下微孔渗灌技术为例简单介绍。

①意大利生产的直径为10～20mm的塑料渗水管，管壁上开有5～10mm的纵缝，每条管道长为100m，埋于地下使用。使用时管道两端均与供水管连接，管内水流流速很低，流态为层流，供水时，管壁因受力膨胀使纵缝张开向外渗水，停水时纵缝闭合。

②法国生产的由塑料加发泡剂和成型剂混合挤压成型的塑料渗水管，管壁有无数发泡状微孔，可以埋入地下，也可铺设地表使用。供水时，水沿发泡孔状的管壁渗出或沿管壁均匀地喷出极细水流，渗水量大小及渗水均匀度取决于运行压力、泡孔的孔径和材料的均匀性。

③美国生产的由废旧橡胶、塑料树脂和一些特殊的添加剂，经过特殊加工工艺制成的橡胶渗水管，其管壁上布满了许多肉眼看不见的、细小弯曲的透水微孔。

2. 渗水管埋设方式及深度的确定 一种是开沟后将渗灌管埋入沟内，然后回填；另一种是在地表铺设渗灌管，然后用土堆出的埂或高畦将管埋上（图11-17）。后者更适合多雨地区。渗灌管的埋设深度取决于作物种类，一般可参考表11-1。

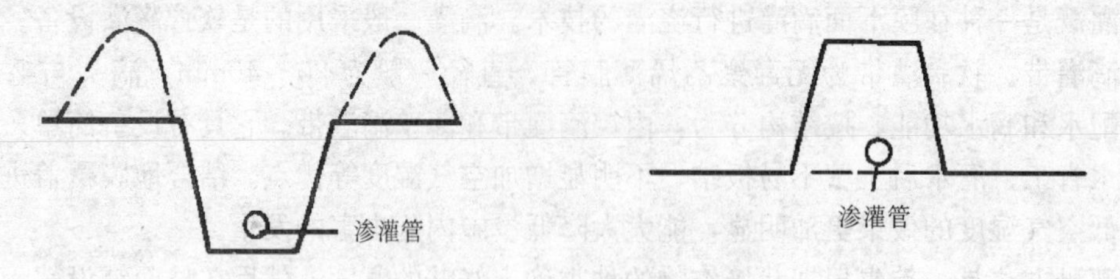

图11-17 渗灌管埋设示意图

表11-1 渗灌管的埋设深度参考值

作物	草莓、春菊、西瓜、菠菜、韭菜、生菜、叶姜、葱等	黄瓜、茄子、番茄、青椒等	菊花、玫瑰、香石竹、草坪	果树
埋深（cm）	5～30	20～40	10～30	20～60

3. 渗水管间距的确定 渗灌灌水是在小流量、长时间下进行的，除渗水管本身的流量指标外，土壤的毛细管力对渗水管渗水量有直接影响，土质不同，渗水管的埋设间距也有所区别。较大面积均应按实测资料进行设计，在没有实测资料的情况下，可按表11-2的数值确定间距。主管及支管的管径在满足系统流量要求的条件下，尽量使管径最小，降低工程造价。

表11-2 渗水管间距参考值

土壤质地	沙土		沙壤土		黏土	
入渗形式	图11-18a		图11-18b		图11-18c	
畦宽（cm）	0～50	50～100	0～90	90～180	0～120	120～240
每畦灌管根数	1	2	1	2	1	2

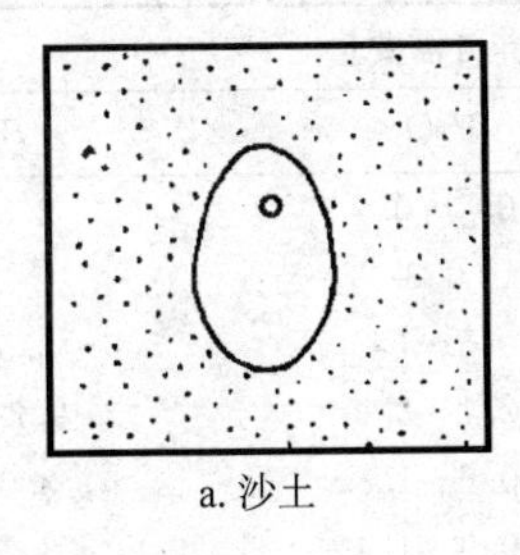
a. 沙土

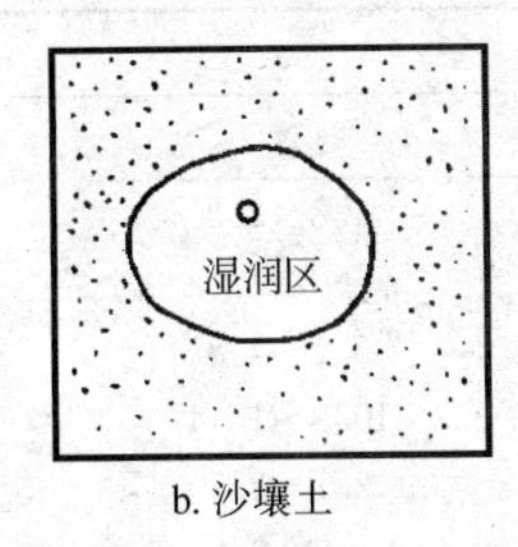

b. 沙壤土

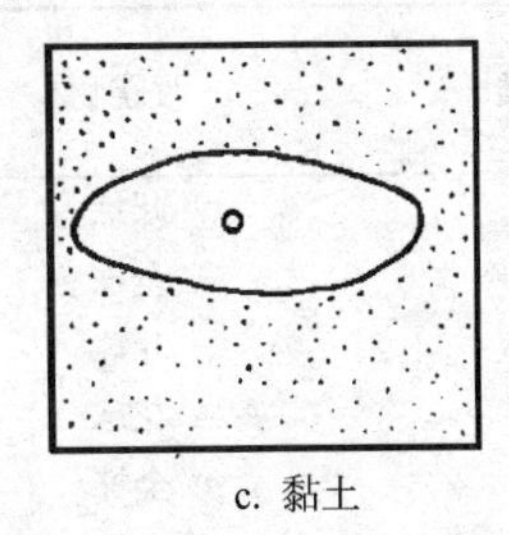
c. 黏土

图 11-18　不同土壤渗灌湿润区域示意图

第二节　施肥技术

一、配方施肥

配方施肥也叫测土配方施肥，是综合运用现代农业科技成果，根据作物需肥规律、土壤供肥性能与肥料效应，在以有机肥为基础的条件下，计算出氮、磷、钾和微量元素适当用量、比例，并提供相应的施肥技术。测土配方施肥包括 3 个过程：一是对土壤中的有效养分进行测试，了解土壤养分含量的状况，这就是测土；二是根据种植作物预计产量，即目标产量，根据该作物的需肥规律及土壤养分状况，计算出需要的各种肥料及用量，这就是配方；三是对所需的各种肥料进行合理安排，作基肥、种肥和追肥施用及确定施用比例和施用技术，这就是施肥。下面介绍目前国内外确定施肥量的最常用的方法——目标产量法。

（一）计算公式

该法是以实现作物目标产量所需养分量与土壤供应养分量的差额作为确定施肥量的依据，以达到养分收支平衡。因此，目标产量法又称养分平衡法。计算公式为：

$$F=\frac{(Y\times C)-S}{N\times E}$$

式中，F 为施肥量（kg/hm²）；Y 为目标产量（kg/hm²）；C 为单位产量的养分吸收量（kg）；S 为土壤养分供应量（kg/hm²），S=土壤养分测定值×2.25（换算系数）×土壤养分利用系数；N 为所施肥料中的养分含量（%）；E 为肥料当季利用率（%）。

（二）参数确定

实践证明，参数确定的是否合理是该法应用成败的关键。

1. 目标产量　以当地前 3 年的平均产量为基础，再加 10%～15%的增产量为目标产量。

2. 单位产量养分吸收量　它是指作物形成每一单位（如每 1 000kg）经济产量从土壤中吸收的养分量（表 11-3）。

表 11-3　不同园艺作物形成 1 000kg 经济产量所需养分数量

作物种类	收获物	养分需要量		
		N	P_2O_5	K_2O
大白菜	叶球	1.8～2.2	0.4～0.9	2.8～3.7
油菜	全株	2.8	0.3	2.1
结球甘蓝	叶球	3.1～4.8	0.5～1.2	3.5～5.4
花椰花	花球	10.8～13.4	2.1～3.9	9.2～12.0
菠菜	全株	2.1～3.5	0.6～1.8	3.0～5.3
芹菜	全株	1.8～2.6	0.9～1.4	3.7～4.0
茴香	全株	3.8	1.1	2.3
莴苣	全株	2.1	0.7	3.2
番茄	果实	2.8～4.5	0.5～1.0	3.9～5.0
茄子	果实	3.0～4.3	0.7～1.0	3.1～6.6
甜椒	果实	3.5～5.4	0.8～1.3	5.5～7.2
黄瓜	果实	2.7～4.1	0.8～1.1	3.5～5.5
冬瓜	果实	1.3～2.8	0.5～1.2	1.5～3.0
南瓜	果实	3.7～4.8	1.6～2.2	5.8～7.3
架芸豆	豆荚	3.4～8.1	1.0～2.3	6.0～6.8
豇豆	豆荚	4.1～5.0	2.5～2.7	3.8～6.9
胡萝卜	肉质根	2.4～4.3	0.7～1.7	5.7～11.7
大蒜	鳞茎	4.5～5.1	1.1～1.3	1.8～4.7
韭菜	全株	3.7～6.0	0.8～2.4	3.1～7.8
大葱	全株	1.8～3.0	0.6～1.2	1.1～4.0
洋葱	鳞茎	2.0～3.7	0.5～1.2	2.3～4.1
生姜	块茎	4.5～5.5	0.9～1.3	5.0～6.2
马铃薯	块茎	5.0	2.0	10.6
柑橘	果实	3.5～6.0	1.1～3.0	2.4～5.0
梨	果实	4.7	2.3	4.8
柿	果实	5.9～8.0	1.4～3.0	5.4～12.0
葡萄	果实	3.8～6.0	2.0～3.0	4.0～7.2
苹果	果实	3.0～7.0	3.0～3.7	3.2～7.2
桃	果实	2.5～4.8	1.0～2.0	3.0～7.6
猕猴桃	果实	1.8	0.2	3.2
菠萝	果实	3.5	1.1	7.4

3. 土壤养分测定值　以菜园土为例，土壤有效养分的测定方法及其丰缺分级参考指标见表 11-4。

表 11-4　菜园土壤有效养分丰缺状况的分组指标

水解氮（N）		有效磷（P）		速效钾（K）	
mg/kg	丰缺状况	mg/kg	丰缺状况	mg/kg	丰缺状况
＜100	严重缺乏	＜30	严重缺乏	＜80	严重缺乏
100～200	缺乏	30～66	缺乏	80～160	缺乏
200～300	适宜	60～90	适宜	160～240	适宜
＞300	偏高	＞90	偏高	＞240	偏高

（续）

交换性钙		交换性镁		有效硫		氯	
mg/kg	丰缺状况	mg/kg	丰缺状况	mg/kg	丰缺状况	mg/kg	作物反应
<400	严重缺乏	<60	严重缺乏	<40	严重缺乏	<100	一般无抑制作用
400～800	缺乏	60～120	缺乏	40～80	缺乏	100～200	有抑制作用
800～1 200	适宜	120～180	适宜	80～120	适宜	>200	呈现过量症状
>1 200	偏高	>180	可能偏高	>120	偏高		

4. 2.25 是将土壤养分测定单位 mg/kg 换算成 kg/hm² 的换算系数 因为每公顷 0～20cm 耕层土壤重量约为 225 万 kg，将土壤养分测定植的单位 mg/kg 换算成 kg/hm² 计算出来的系数。

5. 土壤养分利用系数 也叫土壤养分校正系数，为了使土壤测定值更具有实用价值，应乘以土壤养分利用系数进行调整，才能使土壤养分供应量的值更加准确。

6. 肥料中养分含量 一般氮肥和钾肥成分稳定，不必另行测定。而磷肥，尤其是小型磷肥厂生产的磷肥成分变化较大，必须进行测定，以免计算出的磷肥用量不准确。

7. 肥料当季利用率 肥料利用率一般变化幅度较大，主要受作物种类、土壤肥力水平、施肥量、养分配比、气候条件以及栽培管理水平等影响。目前化学肥料的平均利用率氮肥按 35% 计算，磷肥按 10%～25%计算、钾肥按 40%～50%计算。

（三）保护地设施内施肥注意事项

保护地设施是一个相对封闭的环境，过量施肥容易引起土壤中盐类的积聚产生土壤盐碱化和有害气体。因此，在肥料施用中应注意以下几点：

1. 以施用有机肥为基础，合理搭配 良好的施肥方式应该达到的目标是：不断提高土壤肥力；改善土壤理化性质；满足作物对各种养分的需求；降低成本，产量高，品质好，经济效益最大。要想达到上述的目标，必须按照以施用有机肥为主、化肥为辅的原则，确定适宜的有机肥与化肥的比例，并且注意通过与加强其他田间管理实现产量的提高，而不能只求通过多施肥来提高产量。

2. 施肥时期要准确 应根据作物的生育特性及其需肥规律，在不同生育期，满足作物对肥料养分种类、数量要求。

3. 施肥方法要正确 施肥方法有基肥和追肥，一般要求做到以基肥为主，追肥为辅。具体做法：基肥选用充分腐熟的猪粪、牛粪、土杂粪等；深施，切忌使用未腐熟的肥料，避免产生危害；追肥适时适量，不超量施肥，不偏施氮肥，氮、磷、钾配合使用，尽量减少硫酸铵、硫酸钾、氯化钾等易在土壤中造成盐分积累肥料的使用量。

二、根外追肥

根外追肥在作物生产中历史悠久，根外追肥能迅速补充作物所需的营养元素，克服作物因缺乏营养元素引起的缺素症，特别是微量元素，由于作物吸收、利用少，在土壤中施用易被固定或分解，因此追肥更为经济、有效。在某些特定的条件下，如干旱季节、水洼地等，应用根外追肥具有明显的增产效果。但根外追肥在实际应用过程中也存在一些问题，如大面积喷雾的机械问题、喷雾的劳动力成本问题、根外追肥营养元素的实际利用率等。因此，根外追肥只能作为土壤施肥的补充，而不能替代土壤施肥。

1. 根外追肥常用的肥料种类及使用浓度　如表 11－5 所示。

表 11－5　根外追肥常用肥料种类及使用浓度

肥料名称	使用浓度（%）
尿素	0.2～0.5
磷酸二氢钾	0.1～0.3
过磷酸钙	1～5（取上清液）
硫酸镁	1.0～2.0
硫酸亚铁	0.1～0.2
氯化钙	0.3～0.5
硫酸锰	0.05～0.1
硫酸锌	0.05～0.4
钼酸铵、钼酸钠	0.01～0.05
硫酸铜	0.02～0.1
硼酸、硼砂	0.1～0.3

2. 根外追肥注意事项

①用微量元素进行根外追肥时，必须慎重，因为作物对微量元素的需求量很小，从缺乏到过量之间的变幅较小，微量元素的缺乏或过量都会造成作物生理失调，使用前应根据作物的症状或通过定量分析加以确诊，使用时注意用量。

②叶面追肥时最好采用雾化性能较好的工具，提高肥料溶液的雾化程度，增加肥料与作物的接触面积，提高肥料的吸收率。

③喷洒时间最好选择在下午进行，防止在强光高温下使肥料溶液迅速变干，降低吸收率甚至引起药害。一般溶液在叶片上湿润时间达到 30～60min，养分吸收速度快，吸收量大。

④从叶片的结构看，叶背面多是海绵组织，比较疏松，细胞间隙较大，多气孔，营养液通过比较容易。因此，在叶面追肥时，应尽可能喷洒到叶片背面，提高吸收速度及利用率。

⑤叶面追肥可与杀虫剂、杀菌剂配合使用，降低生产成本；也可在肥料溶液中加入适量湿润剂，降低溶液表面张力，增大与叶片的接触面积，提高肥效。

第三节　化控技术

化控技术是指在栽培环境不适合蔬菜、花卉、果树等生长发育的条件下，用化学制剂调节植株的生长发育，确保产品优质高产的技术。

一、植物生长调节剂的种类

目前公认的植物激素有生长素、赤霉素、乙烯、细胞分裂素和脱落酸 5 大类。油菜素内酯、多胺、水杨酸和茉莉酸等也具有激素性质，故有人将其划分为9大类。而植物生长调节剂的种类仅在园艺作物上应用的就达40种以上。如植物生长促进剂类有赤霉素、萘乙酸、吲哚乙酸、吲哚丁酸、2，4-D、防落素、6-苄基氨基嘌呤、激动素、乙烯利、油菜素内酯、三十烷醇、ABT增产灵、西维因等；植物生长抑制剂类有脱落酸、青鲜素、三碘苯甲酸、增甘磷等；植物生长延缓剂类有多效唑、矮壮素、调节磷、烯效唑等。

二、植物生长调节剂的配制

（一）配制方法

不同植物生长调节剂需用不同溶剂溶解，多数植物生长调节剂不溶于水，溶于有机溶剂。表11-6是不同植物生长调节剂的剂型、使用的溶剂种类和配制时的注意事项。

表11-6　不同植物生长调节剂的剂型及配制时常用的溶剂

植物生长调节剂的种类	溶　剂	剂　型
萘乙酸（NAA）	溶于丙酮、乙醚和氯仿等有机溶剂，溶于热水，可将原药溶于热水或氨水后再稀释使用	80%原粉，遇碱形成盐
吲哚乙酸（IAA）	溶于热水、乙醇、丙酮、乙醚和乙酸乙酯，微溶于水、苯、氯仿；在碱性溶液中稳定	粉剂和可湿性粉剂
吲哚丁酸（IBA）	溶于醇、醚、丙酮等有机溶剂，不溶于水、氯仿；使用时先溶于少量乙醇，然后加水稀释到所需浓度，若溶解不全可加热，冷却后加水	92%粉剂
2，4-D	溶于乙醇、乙醚和苯等有机溶剂，难溶于水；配制时先用1mol/L氢氧化钠溶液溶解再加水	80%粉剂，72%丁酯乳油，55%胺盐水剂
防落素（PCPA）	溶于醇、酯等有机溶剂，微溶于水；使用时用少量乙醇或氢氧化钠溶液滴定溶解，再加水稀释至所需浓度，水溶液稳定	1%、2.5%、5%水剂，99%粉剂，99%可湿性片剂
6-苄基氨基嘌呤（6-BA）	溶于碱性或酸性溶液，在酸性溶液中稳定，难溶于水；使用时加少量0.1mol/L盐酸溶液溶解，再加水稀释至所需浓度	95%粉剂
激动素（KT）	溶于强酸、碱性溶液及冰乙酸中，微溶于乙醇、丙酮、乙醚，不溶于水；配制时先溶于1mol/L盐酸中，完全溶解后再加水稀释至所需浓度	
赤霉素（GA）	溶于甲醇、丙酮、乙酸乙酯和pH 6.2的磷酸缓冲液，难溶于水、氯仿、苯、醚、煤油	85%结晶粉；遇碱易分解
乙烯利	溶于水和乙醇，难溶于苯和二氯乙烷；在酸性介质（pH<3.5）中稳定，在碱性介质中分解，很快放出乙烯	40%水剂
油菜素内酯（BR）	溶于甲醇、丙酮和乙醇等多种有机溶剂	0.01%乳油，0.2%可溶性粉，0.04%水剂
三十烷醇（TRIA）	溶于乙醇、氯仿、二氯甲烷和四氯化碳，不溶于水	乳精，1.4%TA乳剂
ABT生根粉	溶于乙醇、用95%以上工业乙醇溶解后再加水	粉剂、水剂
西维因	溶于甲醇、丙酮和乙醇等多种有机溶剂，遇碱水解失效	5%粉剂，25%和5%可湿性粉剂
脱落酸（ABA）	溶于乙醇、甲醇、丙酮、碳酸氢钠、三氯甲烷和乙酸乙酯，难溶于水、苯和挥发油	生产上很少使用
青鲜素（MH）	溶于冰乙酸，难溶于水，微溶于醇，它的钠、铵、钾盐及有机碱盐类易溶于水	25%钠盐水剂，30%乙醇铵盐水剂

（续）

植物生长调节剂的种类	溶剂	剂型
三碘苯甲酸（TIBA）	溶于乙醇、甲醇、丙酮、苯和乙醚	98%粉剂
多效唑（PP_{333}）	溶于甲醇、丙酮	25%乳油，15%可湿性粉剂
矮壮素（CCC）	易溶于水，不溶于苯、乙醚和无水乙醇，遇碱分解	50%水剂
调节膦	制剂为水剂	40%水剂
比久（B_9）	溶于温水	85%可溶性粉剂，5%液剂

（二）用药量的计算方法

例 1（植物生长调节剂有效成分小于 100%）：应用生长延缓剂延缓和抑制桃、山楂、葡萄、黄瓜等新梢或枝蔓生长，一般可叶面喷布 1 000mg/kg（L）的多效唑（PP_{333}），配制 15kg 或 15L 的溶液需要多多效唑？

1. 先求出其 15kg 或 15L 1 000mg/kg（L）多效唑溶液中含纯多效唑的质量：

$$1\,000g : 1g = 15\,000g : X\ (g)$$

$$X = 15\ (g)$$

2. 多效唑为 15%可湿性粉剂，即含量只有 15%，必须再求出 15g 纯多效唑相当于 15%的多效唑多少克？

$$100g : 15g = X\ (g) : 15g$$

$$X = 100g$$

需用 15%多效唑 100g，即 15kg（15L）水中加 100g 多效唑，浓度为 1 000mg/kg（L）。

例 2（植物生长调节剂有效成分 100%）：要将 1 000mg/L 的原液稀释到浓度为 100mg/L 的溶液 500ml，问需要多少原液？

$$A : a = b : X$$

$$X = a \times b / A$$

式中，A 为原液浓度；a 为所需浓液浓度；b 为所需浓度浓液的体积；X 为配制所需浓液需要的原液的体积。

A=1 000mg/L；a=100mg/L；b=500ml；求 X=？

$X = a \times b / A = 100 \times 500 / 1\,000 = 50$（ml）

三、植物生长调节剂在园艺作物中的应用

1. 打破种子休眠，促进萌发 核桃种子用 100～200mg/L GA 液浸泡 6～12h，沙藏后 16d，即可发芽播种；莴笋高温季节播种时，用 100mg/L BA 液浸种 3min 或用 100mg/L GA 液浸种 2～4h，可提高发芽率；柑橘种子用 1 000mg/L GA 液浸种 24h，可提高发芽率；马铃薯薯块用 0.5～1mg/L GA 液浸泡 10～15min，捞出阴干，在湿沙中催芽或用 10～20mg/L GA 液喷施块茎，均能促进薯块发芽（表11-7）。

表 11-7　主要蔬菜、花卉打破休眠用赤霉素的浓度

作物名称	浓度（mg/L）	处理方法
马铃薯	1	浸泡薯块
龙胆	50	浸泡种子
杜鹃（喜光型）	100	浸泡种子
山茶（低温型）	100	浸泡种子
米心树	100	浸泡种子
山毛榉	1	浸泡种子
牡丹	10～100	处理有幼根的种子
麝香百合	100	浸泡鳞茎
蛇鞭菊	100	浸泡根株
菊花	50	喷洒 2～3 次
桃树、葡萄	1 000～4 000	喷洒
樟子松、红皮云杉	100	浸泡种子

2. 促进生根　葡萄插条用 50mg/L IBA 液浸基部 8h，或用 50～100mg/L NAA 液浸基部8～12h，或用 50～100mg/L ABT 生根粉 1 号液浸基部 2～3h，促进插条生根。α-NAA 可促进番茄、茄子、辣椒、黄瓜等枝蔓插条生根，用 50mg/L α-NAA 液浸番茄插条基部 10min，或用 2 000mg/L α-NAA 液速蘸茄子、辣椒插条基部，可促进生根。月季以 2～4 年生插条扦插前将基部浸泡于 500～1 500mg/L NAA 液 5～6min，扦插生根率可达 95%以上，繁殖周期可缩短 10～20d（表 11-8）。

表 11-8　吲哚丁酸（萘乙酸）促进生根的使用方法与浓度

植物名称	药剂浓度（mg/L）	处理方法
侧柏	25～100（吲哚丁酸）	浸 12h
	200～400（萘乙酸）	浸 12h
大叶黄杨	50～100（吲哚丁酸）	浸 3h
	4 000（吲哚丁酸）	快蘸 10s
倒挂金钟	500～1 000（吲哚丁酸）	浸 24h
天竺葵	500～1 000（吲哚丁酸）	浸 24h
瓜叶菊	1 000（吲哚丁酸）	浸 24h
满天星杜鹃	1 000（吲哚丁酸）	浸 3h
	2 000（吲哚丁酸）	快蘸 20s
仙客来	1～10（萘乙酸）	浸球茎 6～12h
龙船花	2 500（吲哚丁酸）+2 500（萘乙酸）	快蘸 10s
石竹	2 500（吲哚丁酸）+250（萘乙酸）	快蘸 10s
葡萄	40～60（吲哚丁酸）	浸 4～12h
番茄	50（萘乙酸）	浸泡枝条 10min
	100（吲哚丁酸）	浸泡枝条 10min
大白菜、甘蓝	2 000（吲哚丁酸）	快蘸 10s
猕猴桃	200～500（吲哚丁酸或萘乙酸）	浸 12h
葡萄绿枝	50（萘乙酸）或 100（吲哚丁酸）	浸 8h
芒果	500～1 000（吲哚丁酸或萘乙酸）	快蘸 30s
水杉、池杉	50（萘乙酸）	浸 18～24h
油橄榄	100（吲哚丁酸）	浸 24h

3. 抑制茎叶和新梢生长，调节营养生长 猕猴桃于5月份喷2 000mg/L多效唑可控制新梢生长；苹果、梨、桃盛花期后15～17d喷500～2 000mg/L B_9，每10d喷1次，共2～3次，可明显减少新梢生长量。近年来常用的生长延缓剂多效唑（PP_{333}），对抑制枝条徒长非常有效，已在苹果、梨、桃、枣、柑橘、葡萄、板栗、樱桃、李、杏等多种果树上取得满意效果，使用浓度一般为1 000～2 000mg/L。土施500mg/L矮壮素（CCC）可防止番茄徒长；番茄2～4片真叶期喷300mg/L CCC可防止茎叶徒长，5～8片真叶期喷20mg/L PP_{333}可防止徒长；辣椒苗高6～7cm时，喷10～20 mg/L PP_{333}可防止徒长；豆类蔬菜用10～100mg/L CCC浸种后，可防止徒长，增加结荚数和产量。

水仙用50mg/L PP_{333}液浸泡球根48h，随后水养，可使植株明显矮化，叶片紧凑坚挺，提高观赏价值。月季经修剪后，侧芽往往萌动较慢。若修剪后用0.25% 6-BA羊毛脂膏涂抹于枝条切口，即距离侧芽0.5cm左右，可有效促进侧芽萌发，保证正常开花（表11-9）。

表11-9 主要花卉矮壮素使用浓度和方法

花卉名称	浓度（mg/L）	处理方法
竹节海棠	250	定植后1周浇灌土壤
一品红、石竹	2 000～3 000	定植后1～2周浇灌土壤
天竺葵	2 000～3 000	定植后1～2周浇灌土壤
百合	6 000～25 000	茎高6～7cm时浇灌土壤
茶花	3 000	茎高6～7cm时叶面喷洒
木槿	1 000	新芽长到5～7cm时叶面喷洒
杜鹃	1 500～2 000	修剪后3周浇灌土壤

4. 调节花芽形成及开花

（1）诱导或促进雌花形成 黄瓜幼苗1～3片真叶期叶面喷100～200mg/L乙烯利，或1～3叶期叶面喷10mg/L α-NAA，或3～4叶期叶面喷500mg/L IAA均可诱导或促进雌花形成；南瓜3～5片真叶期叶面喷150～300mg/L乙烯利可诱导雌花形成。

（2）诱导单性结实，形成无子果实 在山楂花期喷50mg/L GA可诱导单性结实；葡萄开花前用200mg/L GA浸蘸花蕾，1周后再蘸花可诱导形成无籽果实。

（3）促进开花 如表11-10所示。

表11-10 赤霉素促进植物开花的浓度与方法

作物名称	浓度（mg/L）	处理方法
绣球花	10～50	秋天去叶后喷洒植株
紫罗兰	1～100	秋天短日照下叶面喷洒
樱草	10～20	11月上旬喷洒花蕾
山茶花	1 000～2 000	滴花蕾腋部
郁金香	400或200+5～20（6-苄基嘌呤）	株高5～10cm时，滴入筒状中心
丁香	100	休眠植株，冬季喷3次
天竺葵、石竹	10～100	叶面喷洒（可代替长日照）
大丽花	10～100	叶面喷洒（可代替长日照）
珍珠梅、灯台树	200～400	喷洒茎叶

（续）

作物名称	浓度（mg/L）	处理方法
水杉、柳杉	50～150	叶面喷洒
夏菊	5～50	生育初期每10d喷洒1次，共2次
白芷	20～50	生育初期浸植株30min
鸢尾	3 500	从发芽到开花喷7次
月季	100	展叶期喷施
草莓	10～20	花芽分化前2周
仙客来	1～5	喷洒含花蕾的芽中心
牡丹	1 000	花芽分化后，涂点花芽

5. 提高坐果率，防止落果 苹果、梨、山楂盛花期喷25～50mg/L GA，或桃新梢生长至10～30cm时喷1 000mg/L多效唑，可提高坐果率。番茄、茄子、辣椒和西瓜花期喷20mg/L 2，4-D或20～40 mg/L防落素，可提高坐果率，防止落花、落果。

3年生以上盆栽成形山茶花蕾膨大后，用1 000mg/L GA_3涂抹充分发育的花蕾基部，每2d用药1次，共处理2～3次，能够诱导出开花较早、花型较大、花期较长的山茶花，提高观赏价值。万寿菊现蕾时用1 000mg/L B_9喷洒植株中上部的叶片，每7d用药1次，共处理2～3次，可使开花时间延缓10d左右。10月上旬播种勿忘我种苗，花梗即将抽生前用500mg/L GA_3喷洒叶面1次，可提前花期5～7d。

6. 控制抽薹与开花，疏花疏果 芹菜、莴苣3～4片真叶期喷50mg/L MH，可促进抽薹开花；大白菜花芽分化初期喷0.125% MH，可抑制花芽分化。

苹果盛花期后10～15d喷5～20mg/L NAA，或盛花期后10～25d喷600～1 000mg/L西维因，或盛花期后14～20d喷25～150mg/L 6-BA，可疏花疏果；梨盛花期后1周喷1 500mg/L西维因，或梨、桃盛花期后1～2周喷20～40mg/L α-NAA，可疏花疏果。

7. 促进果实成熟 苹果成熟前3～4周喷800～1 000mg/L乙烯利，或成熟前2周喷1mg/L BA，均可催熟；桃盛花期后70～80d喷400倍乙烯利，可催熟；番茄果实白熟期、着色期和采收前分别喷施乙烯利300～500倍、1 000mg/L和3 000mg/L，可促进着色提早成熟，在植株上用500～1 000mg/L乙烯利浸抹果实，可提早成熟5～6d。盆栽金橘（5年生以上）果实即将成熟时，用200mg/L乙烯利均匀涂果，可有效促进果实迅速转黄，提高观赏价值。

8. 保鲜 白菜类蔬菜（如白菜、甘蓝、花椰菜等）若在采收前5～7d用25～50mg/L 2，4-D钠盐水溶液喷洒植株外叶，可防止储藏期间“脱帮”，减少重量损失。蒜薹采收后立即用40mg/L GA_3浸泡基部5min，可保持新鲜状态。白菜类蔬菜（白菜、甘蓝、花椰菜等）若采前用10～20mg/L BA喷洒植株或采收后用5～10mg/L BA浸洗处理，可有效防止失绿变黄，保持新鲜。

水杨酸可用于插花和水果保鲜。

四、应用植物生长调节剂应注意的问题

1. 药液浓度要适宜 确定药液浓度要从以下3个方面考虑：

（1）化控剂的种类 作用相似的化控剂间，适宜的使用浓度往往有差别，确定浓度时，必须

严格按照使用说明要求的浓度配制药液。

（2）处理的作物类型　对一些耐药性强的作物，药液浓度可适当高一些，而对一些耐药性弱的作物，药液浓度应适当低一些。

（3）设施内的温度　对保花、保果化控剂来讲，设施内的温度较高时，药液浓度应适当低一些，设施内的温度偏低时，药液浓度应高一些。而对生长抑制类化控剂来讲，设施内温度偏高时，药液浓度应高一些，设施内温度偏低时，药液浓度应低一些。

2. 使用方法要正确　凡是在低浓度下能够对植株产生药害的化控剂，必须采取点涂的方法，局部植株处理，减少用药量，严禁采取喷雾法。对一些不易产生药害的化控剂，为提高工效，可根据需要，选择喷雾、点、涂等方法。

喷药时间最好在晴天傍晚进行。不要在下雨前或烈日下进行，以免改变药液浓度，降低药效。

3. 用药量要适宜　由于绝大多数化控剂对植株的有效作用部位为植株的生长点或花蕾，因此凡是喷洒化控剂，均要求轻喷植株上部或只喷洒花朵。另外，对2，4-D等不能重复处理的化控剂，应在溶液中加入适量指示剂，如滑石粉、色剂等，以便在植株的已处理部位上留下标记，避免日后重复处理。

4. 化控处理与改善栽培条件要同时进行　环境条件对化控效果的影响很大，应在使用化控剂的同时，相应改善作物的栽培环境。例如，要控制蔬菜徒长，应在使用化控剂的同时，减少浇水量和氮肥用量，并加大通风量；要促进蔬菜开花结果，在使用激素的同时，提高或降低保护地内温度。

第四节　植物工厂化生产技术

一、植物工厂定义

植物工厂指在工厂般的全封闭建筑设施内，利用人工光源实现环境的自动化控制，进行植物高效率、省力化、稳定种植的生产方式。植物工厂是园艺保护设施的最高层次，是一种高投入、高科技、精装备的设施园艺技术，其管理完全实现了机械化和自动化，不受外界条件影响，从而实现周年均衡、优质、高效生产，即园艺植物工厂化生产。植物工厂不仅限于温室的封闭式人工生态系统，还要扩展到组培苗、穴盘苗、嫁接苗等种苗的工厂化生产及月球、火星等宇宙航天食品的生产，被称为21世纪的未来农业，引起人们的极大关注。截至20世纪80年代中期，奥地利、英国、挪威、伊朗、希腊、利比亚、美国和日本等国曾经有近20家企业和农户利用植物工厂生产莴苣、番茄、菠菜、药材和牧草等作物。但除了日本以外，都没有持续发展起来。日本对植物工厂化生产给予高度重视，全国设有相应的研究学会，有专门生产植物工厂设施的企业和进行商品化生产的农家。

二、植物工厂化生产的特征

①作物生产具有很强的计划性、周年生产的均衡性和产量的稳定性，这主要是由于在植物工

厂中植物所要求的养分、水分和其他环境条件都可以在最适的范围内，进行严格的、精确的调控，因此其生长过程可按照人们拟定的计划进行。

②叶菜类作物的生育期短、果菜类的始收期提早、收获期延长，产量高，产值也高。

③机械化和自动化程度高，省工省力，劳动效率大大提高。

④由于周年环境控制的一致性，便于实行无农药、无公害生产，生产出质量完全一致的均一产品。

⑤与现代生物技术紧密结合，可生产出稀有、价高、营养丰富的植物产品。

⑥栽培向立体化方向发展，不占用农用耕地，不受地理及气候条件的限制。

⑦大量使用机械化设备和计算机等监控设备，同时耗费大量的能源，建设费用和运行费用均非常昂贵。

三、植物工厂的类型

根据植物工厂中植物生长所需光照的供给方式不同，可分为人工光源利用型、太阳光能利用型以及太阳光能并用型。

1. 人工光源利用型　厂房采用不透光、隔热性能较好的材料做成，植物生长所需的光源来自高压卤素灯（如高压钠灯）、荧光灯、生物灯等（图 11 - 19）。工厂内的环境几乎不受自然条件的影响，室内的光照、温度、湿度、氧气和二氧化碳浓度等植物生长所需的条件较易控制，植物的生长较为稳定，如美国的叶用莴苣工厂、荷兰的食用菌工厂、日本的芽菜工厂等。目前在日本等国作为商品性运营的植物工厂，都是完全利用人工光源完全控制型植物工厂。但由于人工光源的光量较弱，喜光或长季节生长的作物难以栽培。

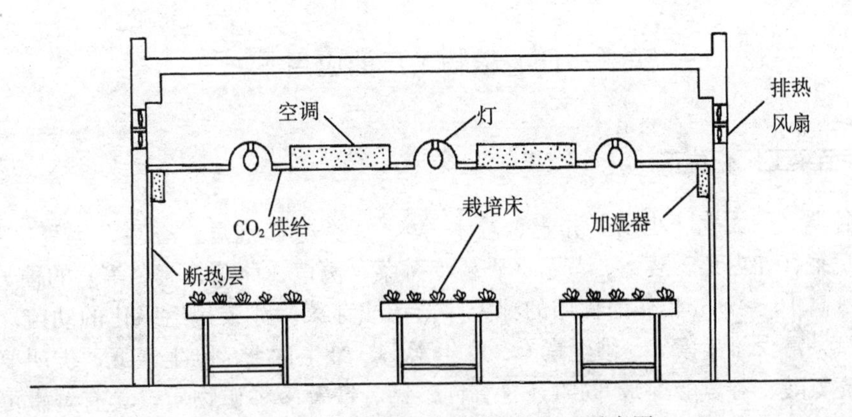

图 11 - 19　人工光源利用型植物工厂示意图

（伊东等，1995）

2. 太阳光能利用型　以太阳光作为光合作用光源的植物工厂，是设施园艺的高级类型。厂房为大型的玻璃温室或连栋的塑料温室，然后在这些温室附设各种环境因子的监测和调控设备，同时棚室内采用营养液栽培或基质栽培。这类植物工厂已经在许多国家开始应用，只是其机械化或自动化程度有所不同。我国在上海、广东、南京、沈阳、北京等地也先后引进了一些这种类型的大型温室，就目前的使用效果来看，还不尽如人意。主要原因是其运行成本太高。这类植物工厂仍然受到自然条件或多或少的影响，作物生产不稳定。

3. 太阳光能并用型 利用太阳光和补充人工光源作为光合作用光源的植物工厂，是太阳光能利用型植物工厂的发展型。通常以温室作为栽培场所，以玻璃作为透明覆盖材料，内部采用遮黑幕或泡沫颗粒来调节光照，夜间补充人工光源，为使温度、湿度稳定，安装有自动控制的空调设备，作物生产较稳定（图 11-20）。

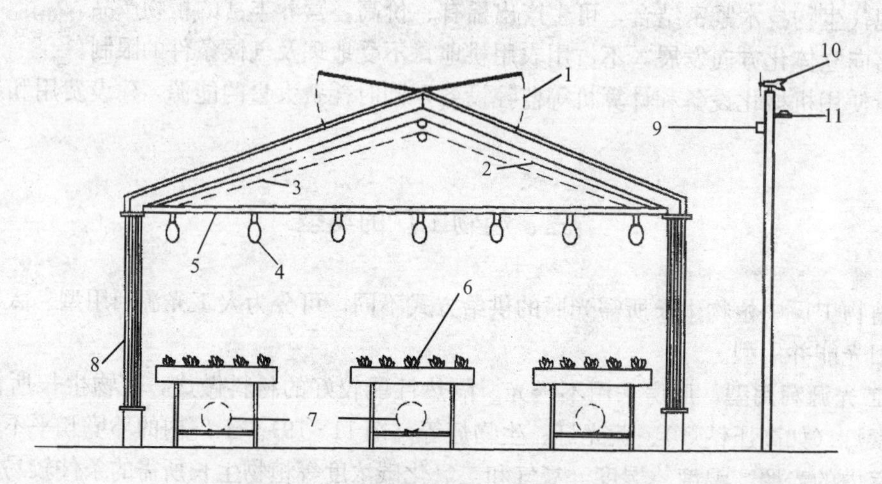

图 11-20 太阳光能并用型植物工厂示意图

1. 自动启闭天窗 2. 遮阳网 3. 保温幕 4. 补光灯 5. CO_2 供给 6. 栽培床
7. 冷暖空调通道 8. 自动启闭侧窗 9. 降雨感应器 10. 风向风速计 11. 太阳辐射能感应器
（伊东等，1995）

四、植物工厂的应用

（一）芽苗菜工厂化生产

利用禾谷类（如大麦、小麦、荞麦、薏米等）、豆类（如豌豆、蚕豆、黑豆、黄豆、绿豆、红豆等）和蔬菜（如白菜、萝卜、苜蓿、香椿、蕹菜、莴苣、茼蒿、芫荽等）的种子萌发后短期生长的幼苗（高 10～20cm）作为食用的称为芽苗菜或芽菜。芽菜是经绿化的幼苗，其营养成分比豆芽更丰富，富含维生素 B、维生素 C、维生素 D、维生素 E、维生素 K、类胡萝卜素和多种氨基酸（如亮氨酸、谷氨酸等），同时还含有钾、钙、铁等多种矿物质，具有鲜嫩可口、营养丰富、味道鲜美等特点。

中国农业科学院蔬菜花卉研究所根据芽类蔬菜生长发育规律及环境要求，设计轻工业用厂房，多层立体活动栽培架、产品集装架、栽培容器、自动喷淋装置等，自动调控光照、温度和湿度条件，实现了芽类蔬菜高效优质工厂化规模生产，取得了良好的经济效益。日本的芽菜生产已进入规模化和工厂化生产阶段，如日本的海洋牧场和双层秋千式工厂化芽菜生产系统。

1. 海洋牧场 1984 年日本静冈县建立了一个以生产萝卜芽为主的海洋牧场，它主要由 2 部分组成，一是进行种子浸种、播种、催芽和暗室生长的部分；一是暗室生长之后即将上市前几天绿化生长的绿化室部分。在这个芽菜工厂中，每隔1周可以生产出一批萝卜苗（图11-21）。

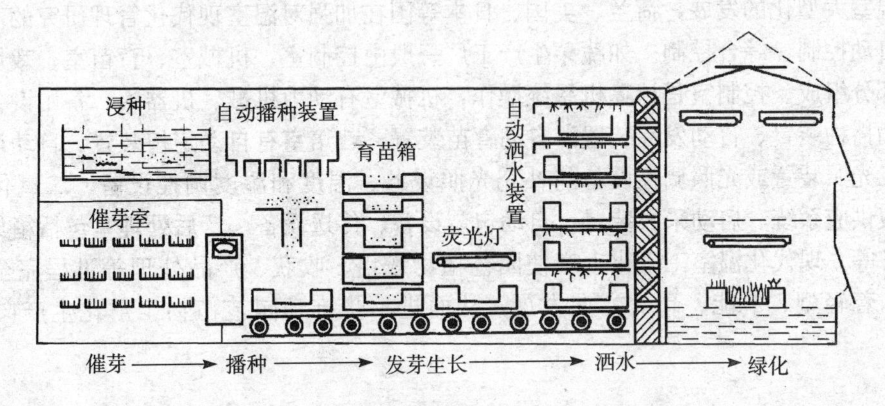

图11-21　海洋牧场的生产流程示意图

2. 双层秋千式工厂化芽菜生产系统　种子经过消毒、浸种催芽6～12h后撒播于泡沫塑料育苗箱中，然后把育苗箱移入吊挂在双层传送带的架子上，传送带在马达的驱动下不停地缓慢运动，当育苗箱处于下层的灌水槽时，有数个喷头喷洒式供应清水或营养液，多余的清水或营养液通过V形灌水槽回收至营养液池中（图11-22）。

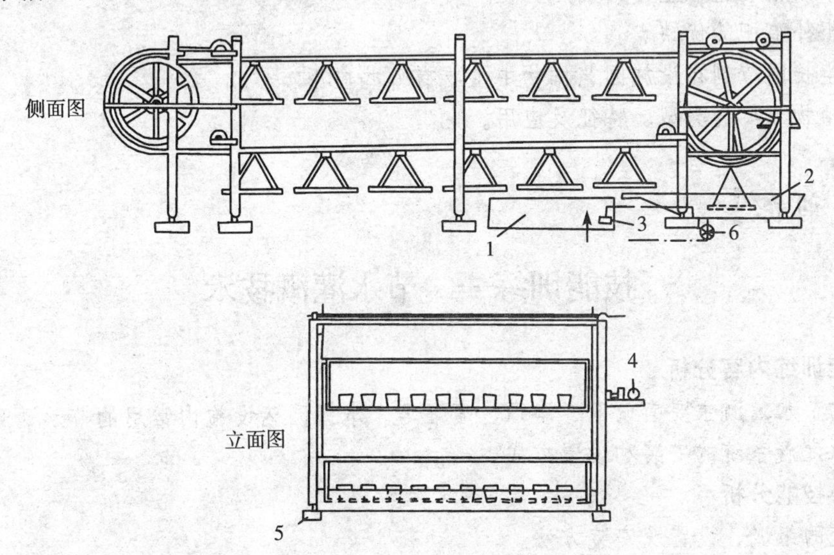

图11-22　双层秋千式工厂化芽菜生产系统

1. 营养液池　2. 灌液槽　3. 水泵　4. 马达　5. 水平调节脚　6. 阀门

芽类蔬菜工厂化生产技术流程主要包括种子筛选精洗、消毒、浸种催芽、铺放种子、暗室生长、绿化室生长成苗等过程。其作业程序一般为：苗盘准备→清洗苗盘→铺基质→撒播种子→种子2次清选→铺匀种子→叠盘上架→覆盖保温层→置入催芽室→催芽管理→完成催芽→移入栽培室置于栽培架→栽培管理→整盘活体销售上市。整个生产过程均在相应“车间”进行，销售以商业化、规范化方式进行，具有较高的生产效率和良好的经济效益。

（二）现代化温室工厂化生产

随着温室大型化的发展，荷兰、美国、日本等国在加强对温室现代化管理研究的同时，已逐步实现了自动控制、综合控制。如蔬菜生产工厂一般由控制室、机械室、育苗室、栽培室、产后处理室等部分组成。控制室是计算机系统操作，机械室有动力机械、机器人、备用设备等，育苗室包括自动播种装置、自动发芽装置、自动育苗装置，栽培室有自动定植装置、自动调节株行距装置、人工光照装置或光照调控设备与补充光照设备、温度和湿度调控设备、二氧化碳施肥设备、营养液供应系统、启动采收装置、自动包装设备、传送设备，产后处理室包括箱集作业、预冷机械设备等。现代化温室工厂化生产使园艺植物栽培、收获、产品处理等过程完全实现机械化，并且向着轻型、节能、高效方向发展，从而进一步推动园艺植物工厂化生产向更高层次发展。

【思 考 题】

1. 什么是节水灌溉？主要有哪些技术环节？
2. 分别简述滴灌、微喷灌系统组成以及正确使用方法。
3. 测土配方施肥施肥量如何确定？
4. 分析根外追肥的优缺点。
5. 植物生长调节剂在设施园艺作物中主要有哪些应用？
6. 简述植物工厂的类型、特征及应用。

【技能训练】

技能训练一　节水灌溉技术

一、技能训练内容分析

设施内的节水灌溉主要有滴灌、渗灌、喷灌等。掌握园艺设施内常用的节水灌溉方法，并学会设施内节水灌溉系统的安装和设置方式。

二、核心技能分析

滴灌系统的组成、设置及安装方法。

三、训练内容

（一）材料与用具

滴灌支管、滴灌毛管、三通、旁通、过滤器、施肥罐、细铁丝、小竹棍、地膜等。

（二）步骤与方法

1. 到学校试验基地或附近生产单位调查滴灌系统的组成　温室、大棚中的滴灌系统是由水泵、仪表、控制阀、施肥罐、过滤器等组成的首部枢纽，担负着输、配水任务的各支、毛管组成的管网系统和直接向作物根部供水的各种形式的灌水器3部分组成。可组织学生调查滴灌系统各组成部分在棚室内的设置方式及性能。

(1) 首部枢纽

①过滤设备：滴灌要求灌溉水中不含有造成灌水器堵塞的污物和杂质，而实际上任何水源，都不同程度地含有各种杂质，因此，对灌溉水进行严格净化处理是滴灌中的首要步骤，是保证滴灌系统正常进行、延长灌水器使用寿命和保证灌水质量的关键措施。过滤设备主要包括拦污栅(筛网)、沉淀池、离心式过滤器、沙砾石过滤器、滤网式过滤器等。可根据水源的类型、水中的污物种类及杂质含量来选配合适的类型。

②施肥装置：施肥装置主要是向滴灌系统注入可溶性肥料或农药溶液的设备。将其用软管与主管道相通，随灌溉水即可随时施肥。还可以根据作物需要，同时增施一些可溶性的杀菌剂、杀虫剂。常用的是压差式施肥罐。规格有10、30、60和90L等。

③闸阀：在滴灌系统中一般采用现有的标准阀门产品，按压力分类阀门有高、中、低3类。滴灌系统中主过滤器以下至田间管网中一般用低压阀门，并要求阀门不生锈腐蚀，因此，最好用不锈钢、黄铜或塑料阀门。

④压力表与水表：滴灌系统中经常使用弹簧管压力表测量管路中的水压力。水表是用来计量输水流量大小和计算灌溉用水量的多少，水表一般安装在首部枢纽中。

⑤水泵：离心泵是滴灌系统应用最普遍的泵型，尽量使用电动机驱动，并需考虑供电保证程度。可根据灌溉面积来选择适宜功率的水泵，一般667m^{2}选用370W的水泵即可满足需要。

(2) 管网系统　管网是输水部分，包括干管、支管、毛管等。常用干管材料有PVC管、PP管和PE管，主要规格有直径为160、110和90mm 3种，使用压力为0.4～1.0MPa，可根据流量大小选择合适的规格。支管一般选用直径为32、40、50和63mm的高压聚乙烯黑管或白管，以黑管居多，使用压力为0.4MPa。毛管与灌水器直接相连，一般放在地平面，多采用高压聚乙烯黑管，要求耐压0.25～0.4MPa，多用直径为25、20和16mm的管。支管与毛管连接时配有各种规格的旁通、三通等，只需在支管上打好相应的孔，就能连接。但是，打孔必须注意质量，否则会密封不严而漏水。

(3) 灌水器　灌水器包括滴头、滴灌管和滴灌带等。有补偿式滴头、孔口滴头、内镶式滴灌管、脉冲滴灌管以及迷宫式滴灌带等。可根据种植作物的种类、灌溉水的质量、工作压力以及经济条件选择合适的类型。

2. 节水灌溉系统的安装　节水灌溉系统的安装分安装前规划设计、施工安装前准备、施工安装和试运行验收等环节。

(1) 安装前规划设计　根据使用要求、水源条件、地形地貌和作物的种植情况（农艺要求），合理布置引、蓄、提水源工程，首部枢纽设置和输配水管网及管件配置，提出工程概算。

①水源工程的设置：一般来说，设施连片栽培或集中的基地水源工程应该配套，做到统一规划、合理配置，尽量减少输水干管、水渠的一次性投资，单个棚室用井、水池作为水源时，尽可能将井打在设施中间，水池尽量靠近设施。

②系统首部枢纽和输水管网配置：首部枢纽通常与水源工程一起布局设计，对于设施连片的基地，输水干管应尽量布置在设施中间，并埋入地下30cm左右，1～2个大棚（温室）处留一出水口接头，当田面整理不平时，干管应设置在田块相对较高的一端。

(2) 施工安装

①首部安装：必须认真了解设备性能，设备之间的连接必须安装严紧，不得漏水，施肥器安装时应按其标示的箭头方向进水，需要用电机作动力时，应注意安全。

②滴灌管网的安装：安装顺序是先主（干）管再支、毛管，以便全面控制，分区试水。支管与干管组装完成后再按垂直于支管方向铺设毛管。在作物定植之前或定植后均可铺设，以定植之前安装，铺设质量最高。

支管一般选用直径为25mm的PE管，安装时按实际大棚、温室的长度，用钢锯截取相应长度。支管一般安装在设施内垂直于畦长方向布置，对于温室，一般在南底角处，对于大棚，可安装在大棚中间或一端。若大棚、温室长度在50m以下，可直接由大棚或温室较高的一端向另一端输水；棚室长度在50～60m以上时，最好从大棚或温室中间的支管进水，向两头输水，以减少系统水头损失，并提高灌水均匀度。支管用三通连接起来，三通的一通与滴灌软管连接，注意在支管上留好进水口并接上进水管。

根据温室、大棚中作物的种植方式：一畦一行、一畦二行或者垄作等，铺设毛管（滴灌软管）。首先要精细整地，使畦面平整，无大土块，将软管与畦长比齐后剪断，可以在两行作物之间安装一根软管，同时向两行作物供水；也可以每行作物铺设一根软管；还可以把软管按照大于双倍畦长截断，将软管的一头接在支管上，顺在畦的一侧，不要在外侧（离畦外缘15cm左右），然后在畦的另一端插两根小竹棍，小竹棍的间距略小于作物的行距，使滴灌软管绕过小竹棍折回，至支管端，用细铁丝将其末端卡死。需要注意软管在铺放时一定不能互相扭转，以免堵水。另外，如果结合地膜覆盖，在铺放软管时滴孔要朝上。

待整个系统安装完毕后，通水进行耐压试验和试运行，并检查管网是否漏水，确认无漏水，回填地下输水干管沟槽；检查首部枢纽运行是否正常。观察软管喷水的高度即检查软管出水是否均匀平衡，支管与软管之间是否畅通，确认没有问题后，再在畦上覆盖地膜。

3. 滴灌系统的管理与维护　为了确保滴灌系统的正常运行，延长滴灌设施的使用年限，关键是要正确使用、维护和良好的管理。

①初次运行和换茬安装后，应对蓄水池、水泵、管路等进行全面检修、试压，以确保滴灌设施的正常运行。对蓄水池等水源工程要进行经常维修养护，保持设施完好。对蓄水池沉积的泥沙等污物应定期洗刷排除。开敞式蓄水池的静水中藻类易于繁殖，在灌溉季节应定期向池中投施绿矾，使水中的绿矾浓度在0.1～1.0mg/kg，以防止藻类滋生。水源中不得有超过0.8mm的悬浮物，否则要安装过滤装置。

②对水泵要按水泵运行规则进行维修和保养，在冬季使用时，注意防止冻坏水泵。

③滴灌运行期间，定期对软管进行彻底冲洗，洗净管内残留物和泥沙。冲洗时，打开软管尾端的扎头或堵头。冲洗好后，再将尾端扎好，进入正常运行。

④每次施肥、施药后，一定要灌一段时间清水，以清洗管道。

⑤每茬作物灌溉期结束，用清水冲洗后，将滴灌软管取下。然后应将软管按棚、畦编号分别卷成盘状，放在阴凉、避光、干燥的库房内，并防止虫（鼠）咬、损坏，以备下次使用。

⑥对滴灌设施的附件，如三通、直通、硬管等，在每茬灌溉期结束时，三通与硬管连接一般不要拆开，一并存放在库房内。直通与软管一般不要拆开，可直接卷入软管盘卷内。

⑦软管卷盘时，原则上要按原来的折叠印卷盘，对有皱褶的地方应将其整平后再卷盘。

⑧由于软管壁较薄，一般只有0.2mm左右，因此，平时田间劳作和换茬收藏时，要小心操作，谨防划伤、戳破软管。并且卷盘时，不要硬拖、拉软管。

四、作业与思考题

1. 在设施内安装滴灌系统过程中，应注意哪些问题？

2. 滴灌系统是由哪几部分构成的？各部分的主要性能是什么？

3. 设计面积为667m^2的日光温室内配置滴灌系统的平面图。温室的尺寸为7.5m×89.25m，室内种植番茄。注明水源、支管的位置、毛管的数量和间距等。

技能训练二　植物生长调节剂的应用

一、技能训练内容分析

了解主要植物生长调节剂的功效，掌握应用方法。

二、核心技能分析

植物生长调节剂的配制技术和使用方法。

三、材料与用具

2,4-D、防落素、助壮素、乙烯利、赤霉素，小型喷雾器、毛笔、滑石粉、红土等。

四、步骤与方法

1. 2,4-D、防落素保花　用15～25mg/L 2,4-D，加少量滑石粉或红土后点抹番茄的花梗或西葫芦的雌花柱头，或用25～50mg/L防落素喷花。分别处理20朵花，统计处理后的坐果率，并检查果实内有无种子。

2. 赤霉素促进生长　用20～50mg/L赤霉素喷洒芹菜或黄瓜生长点。处理20株，与未处理株比较，观察植株的生长速度变化情况。

3. 助壮素抑制生长　在番茄、黄瓜秧发生徒长初期，用100mg/L助壮素喷洒心叶，1周1次，连喷2～3次。处理后，观察处理株的心叶形态变化以及植株生长快慢的变化。

4. 乙烯利促进雌花分化　黄瓜或西葫芦1叶1心期，叶面喷洒150～200mg/L乙烯利，5～7d后再喷1次，处理20株苗。调查植株雌花的发生率变化。

5. 丁酰肼、青鲜素等保鲜剂　处理大丽花、月季、香石竹等，每种花卉处理20株，用未处理株作比较，观察处理后花的形态变化。

6. 吲哚丁酸、萘乙酸　分别与混合处理番茄、葡萄、黄杨等的扦插枝条，用未处理枝条作比较，观察处理枝条的生根快慢、生根量，并比较两种化控剂单独使用与混合使用对生根的影响。

五、作业与思考题

1. 写出观察结果，总结植物生长调节剂在园艺植物生产中的应用情况。

2. 分析试验结果，说明各生长调节剂的使用要点。

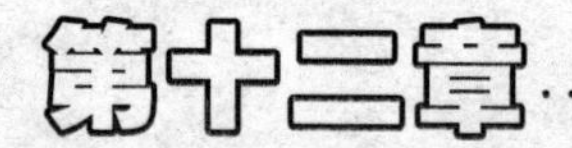

综合技能训练

综合技能训练一　园艺设施结构类型的调查

一、训练内容分析

通过对不同园艺设施结构的实地调查、测量、分析，结合观看影像资料，学会园艺设施构件的识别及其合理的评价。

二、核心技能分析

掌握本地区主要园艺设施结构类型、特点、性能及在生产中的应用。

三、训练内容

（一）用具及设备

1. 室外调查　皮尺、钢卷尺、测角仪（坡度仪）等测量用具及铅笔、直尺等记录用具。

2. 影像资料及设备　不同园艺设施类型和结构的幻灯片、录像带、光盘等形象资料以及幻灯机、放像机、VCD等影像设备。

（二）步骤与方法

1. 调查和测量　分组按以下内容进行实地调查、访问和测量，将测量结果和调查资料整理成报告。

2. 调查本地温室、大棚及夏季保护设施的类型和特点　观测记录各种类型园艺设施的场地选择、设施方位和整体规划情况。

3. 测量并记载不同类型园艺设施的结构规格、尺寸、性能特点和应用

①日光温室的方位，长、宽、高，透明屋面及后屋面的角度、长度，墙体厚度和高度，出入口的设置，建筑材料和覆盖材料的种类，配套设施、设备等。

②塑料大棚（装配式钢管大棚和竹木大棚）的方位，长、宽、高，材料种类等。

③大型现代温室或连栋大棚的结构、型号、生产厂家、骨架材料和覆盖材料以及方位、长、宽、肩高、顶高、跨度、间距与配套设备设施。

④遮阳网、防虫网、防雨棚的结构类型，覆盖材料和覆盖方式等。

4. 调查本地设施利用情况　调查记载不同类型园艺设施在本地区的主要栽培季节、栽培作物种类品种、周年利用情况。

5. 观看录像、幻灯、多媒体等影像资料　了解我国简易设施，地膜覆盖，大、中棚，日光温室，连栋大棚，大型温室，夏季保护设施等园艺设施种类、结构特点和功能特性。

四、作业与思考题

1. 写出综合技能训练报告，根据当地园艺设施类型、结构、性能及其应用的实际情况，写出调查报告，绘制出主要设施、类型的结构示意图，注明各部位名称和尺寸，并指出优缺点和改进意见。

2. 说明本地区主要园艺设施结构的优缺点并提出改进意见。

综合技能训练二　园艺设施总体规划设计

一、训练内容分析

通过对园艺设施总体的规划设计，使园艺设施的结构能适应设施作物栽培的特点和要求，并能因地制宜地考虑建筑规模和设计标准，实现园艺作物高产、高效、优质的生产目的。

二、核心技能分析

根据园艺设施的建筑特点、要求和当地的自然环境及经济条件，选择适宜的园艺设施类型，并做好科学的规划设计。

三、训练内容

(一) 用具及设备

皮尺、钢卷尺、测角仪（坡度仪）等测量用具及铅笔、直尺等记录用具。

(二) 步骤与方法

1. 自然环境调查　调查风向、风速的季节变化，降水量、温度变化、自然灾害情况、病虫害等。

2. 场地调查选择 调查场地的地形、大小和有无障碍物等，特别注意与邻地和道路的关系。先看场地是否能满足需要，其次要看场地需要平整的程度，以及有无地下管道等障碍。此外，还要调查供水、送电和交通等情况。

分组按以上内容进行实地访问、调查，将调查结果资料整理成报告。

3. 园艺设施的布局

（1）集中管理、连片配置 园艺设施生产在集中经营管理中多数是连片生产，集中管理，多种形式相结合的。这对于加强科学管理，合理利用土地，节约劳动力，配套生产是十分有利的。

一般应该将与每个设施都发生联系的作业场、供电室、锅炉房等共用建筑物设在中心，这样便于管道、线路设计，节约工时费和热量消耗。锅炉不能离温室过远，同时也不要建筑在温室的上风口，以免造成烟尘对温室的污染。锅炉两边要有足够的堆煤场和灰渣场。

（2）因时因地，选择方位 在进行连片的温室、大棚的布局中，主要是考虑光照和通风，涉及方位问题。农业设施的方位分为南北延长和东西延长两种方位。

一般来讲，单屋面温室以东西延长为好，即坐北朝南，这样，在一天太阳光较充足的情况下，温室里可以得到较强的光照。南北延长的大棚光照分布是上午东部受光好，下午西边受光好，但就日平均来说，受光基本相同，且棚内不产生“死阴影”，而东西延长的大棚，南北受光不均匀。南部受光强，北部受光弱。因此，根据大棚使用季节（3～11 月）多采用南北延长的方式。

对于连栋双屋面现代化温室来讲，南北延长和东西延长的光照强度没有明显差异，但在实际生产中采用南北延长的为数较多，可根据具体情况而定。

（3）道路的设置 场内道路应该便于产品的运输和机械通行，主干道路宽 6m，允许两辆汽车并行或对开，设施间支路宽最好 3m 左右。主路面根据具体条件选用沥青或水泥路面，保证雨雪季节畅通。

（4）邻栋间隔，合理设计 温室和温室的间隔叫做栋间隔，从土地利用率考虑，其间隔越狭窄越好。但从通风遮荫考虑，过狭窄不利。

一般来说，塑料大棚前后排之间的距离应在 5m 左右，即棚高的 1.5～2 倍，这样在早春和晚秋，前排棚不会挡住后排棚的太阳光线。当然，各地纬度不同，其距离应有所变化，纬度高的地区距离大一些，纬度低的地区小一些，大棚左右距离，最好是等于棚的宽度，并且前后排位置错开，保证通风良好。一般东西延长的前后排距离为温室高度的 2～3 倍以上，即 6～7m。南北延长的前后排距离为温室高度的 0.8～1.3 倍以上。

四、作业与思考题

1. 总结调查结果，并指出拟建设的场地的优缺点和改进意见。
2. 说明园艺设施规划设计的重要性。

综合技能训练三　设施覆盖材料的使用与管理

一、训练内容分析

掌握园艺设施覆盖材料的主要性能，学会对设施覆盖材料的使用和科学管理，了解不同覆盖材料对设施内环境条件的影响。

二、核心技能分析

掌握主要设施覆盖材料的性能、使用及科学管理方法。

三、训练内容

（一）材料与用具

1. 材料　烙好的大棚或温室棚膜、压膜线、草帘、纸被或保温被、遮阳网、无纺布等。

2. 用具　细铁丝、钳子、铁锹、大缝针等。

（二）步骤与方法

设施覆盖材料的种类很多，功能不尽相同。就其主要功能而言，分为3类：用于园艺设施采光的，是一些透明覆盖材料，如玻璃、塑料板材和塑料薄膜；用于外覆盖保温的，主要是一些不透明的材料，如草帘，纸被、保温被等；用于调节设施内光、温环境的，主要是一些半透明或不透明材料，如遮阳网、反光膜、薄型无纺布等。在选择覆盖材料时，应充分考虑各种覆盖材料需适应设施园艺作物生长发育的要求。

1. 透明覆盖材料的使用与管理

（1）扣膜前的准备　首先是要清棚，将温室或大棚内地面的枯枝败叶、杂草清扫出去；其次是要检修棚架，注意结构是否牢固，有无铁丝头等尖锐物体伸出架外，最好将铁丝绑接的地方用布条或草绳缠好，以免划破棚膜。最后根据温室或大棚的大小，将棚膜粘好。并准备好压膜线。

（2）扣膜　设施的扣膜要选择无风或微风的暖和天气进行。一般温室棚膜按上、下通风口的宽度把整个前坡薄膜分成3块（两小一大）。大棚棚膜分成下部的围裙膜和整个骨架上部的一大块棚膜。扣膜时，一般先上围裙膜，把围裙膜下缘埋入土中，上缘卷上细竹竿用铁丝绑在温室或大棚的骨架上。也可烙出一条串绳筒，穿入细绳，紧固在大棚或温室两端。然后顺大棚或温室的延长方向把粘好的顶膜，从棚的迎风侧向顺风侧由下至上拉开（对于日光温室，将膜从下至上拉开），注意把薄膜拉紧，拉正，不出皱褶，绷紧，顶膜两侧要搭在围裙膜外面，搭叠30～40cm，最后，在两拱杆之间上压膜线，绷紧后绑在地锚上。对于管架大棚和温室，应在卡膜槽中上好卡簧。大棚两端棚膜拉紧后埋入土中，并留出门的位置。温室两侧的薄膜要卷上3～5根细竹竿，然后牢牢地钉在两侧的山墙上，温室顶部的一条薄膜固定在后屋面上，前缘与中间大膜搭叠20cm左右，以备通顶风。

2. 外保温覆盖材料的使用与管理 在北方9月末至10月上旬，随着气温的逐渐下降，日光温室需要加盖防寒保温的外覆盖物。根据各地的具体条件，可以覆盖保温被、蒲席、草帘等，对于东北地区，为增强室内的保温效果，还需在蒲席或草帘下铺一层纸被，纸被是由4～6张牛皮纸叠合而成，不仅增加了覆盖材料的厚度，而且弥补了蒲席或草帘的缝隙，大大减少了缝隙散热，可使室内气温提高3.0～5.0℃。

头一年用过的草帘、纸被、保温被在使用前要充分晾晒，挑出破损的、不能再继续使用的，破损较轻的修补。选择在无风或微风天气进行。安装自动卷帘机的温室，冬季雪多的地区，为了方便卷帘和清扫，可在纸被下、草帘上各铺一整条彩条布或旧棚膜。先铺下部的彩条布（或旧棚膜），然后铺纸被，纸被的覆盖方法可以根据当地的季候风向，如东北地区冬季以西北风为主，先铺温室最东面的1片，第2片压在第1片的上面，搭叠5～10cm，铺完纸被后由西至东呈“覆瓦式”，纸被上面铺草帘，覆盖方法与纸被相同，草帘上面铺彩条布，最后用大缝针把上下彩条布与草帘、纸被搭叠处的下端缝起来，以便于卷帘。

设施的透明覆盖物（塑料薄膜、玻璃、塑料板材等）主要作用是保证设施的采光，所以保证透明覆盖物的清洁是日常管理的主要内容。教师可组织学生清洗、用长把拖布擦拭透明覆盖物。

3. 半透明覆盖材料的使用与管理 半透明覆盖材料主要用于调节设施内的光、温条件，所以在设施内应用较广泛而灵活。

（1）无纺布 以聚酯为原料经熔融纺丝，堆积布网，热压黏合，最后干燥定型成棉布状的材料。根据纤维的长短，将其分为两种：长纤维无纺布和短纤维无纺布，应用于设施园艺的是长纤维类型。又根据每平方米的重量，将其分为薄型无纺布和厚型无纺布。一般薄型无纺布可以直接覆盖在蔬菜秧苗上，作浮面覆盖栽培，起到增温、防霜冻，促进蔬菜早熟、增产的作用；也常作棚室内晚间的二层保温帘幕（白天拉开放置一边），可提高棚室内的温度，透气性好，不会增加空气湿度。厚型无纺布可作为园艺设施的外覆盖材料，但需要用防水性能好、强度大、耐候性强的材料包裹，才能延长其使用寿命，并提高防寒、保温效果。

（2）遮阳网 以聚乙烯、聚丙烯和聚酰胺等为原料、经加工制作拉成扁丝，编织而成的一种网状材料。种类和规格较多，颜色有黑色、绿色、银灰色、银白色、黑与银灰色相间等几种，而且质地轻柔，便于铺卷。遮阳覆盖栽培方式一般有温室遮阳网覆盖、塑料大棚遮阳覆盖、中小拱棚遮阳覆盖、小平棚遮阳覆盖和遮阳浮面覆盖等，在温室和大棚中使用又分为外遮阳和内遮阳覆盖。

在使用中应注意单层无纺布和遮阳网由于经常揭盖拉扯，较易损坏。同时要防止被铁丝等尖锐、粗糙的物体刮破，以延长其使用寿命。

四、作业与思考题

1. 怎样从采光和保温角度，为设施覆盖材料的科学使用和管理提出意见和建议？

2. 在设施覆膜及覆盖外保温覆盖材料时，应注意哪些事项？

3. 举例说明无纺布、遮阳网等半透明覆盖材料在设施内的应用状况。

综合技能训练四　设施园艺在生产中的应用

一、训练内容分析

通过对设施生产的现状进行调查，了解园艺设施在园艺作物生产中的应用，掌握园艺植物的植株调控。

二、核心技能分析

设施园艺在园艺作物生产中已经得到广泛应用，学生通过到园艺生产第一线进行调查，掌握设施园艺在生产中应用的第一手资料。

三、训练内容

（一）主要仪器及试材

皮尺、直尺等测量工具。

（二）步骤与方法

1. 设施在蔬菜生产中的应用调查　调查园艺设施在蔬菜育苗、蔬菜生产中的应用，了解设施蔬菜栽培的主要种类、投入和产出情况。

2. 设施在果树生产中的应用调查　调查园艺设施在果树育苗和生产中的应用，重点了解采用设施进行无病毒苗培育的优点和方法。

3. 设施在花卉生产中的应用调查　调查园艺设施在花卉育苗和生产中的应用，了解设施花卉栽培的主要种类、栽培经济效益。

4. 设施果菜的植株调整方法　在蔬菜温室内学习设施果菜的植株调整方法，掌握设施内吊蔓、引蔓和落蔓的基本方法，比较果菜类蔬菜在设施条件下和露地条件下生长发育习性的区别。

（三）注意事项

每个班分成若干个小组，以小组为单位进行调查。调查期间不能损伤生产单位种植的园艺作物。

四、作业与思考题

1. 对调查结果进行分析，总结设施园艺在生产中的应用情况。

2. 所进行的园艺设施生产调查中，设施栽培经济效益好的作物有哪些种类？设施栽培还存在哪些问题？

综合技能训练五　现代化园艺生产园区参观考察

一、训练内容分析

通过对现代化园区的参观考察，使学生了解现代化园区历史、现状和发展趋势，了解现代化园区的规划、布局与建设方法，进一步明确现代化园艺产业发展的方向。

二、核心技能分析

了解园区的规划布局、经营管理模式、主要先进技术和现代化设施。

三、训练内容

（一）参观考察地点

选择当地现代化和产业化水平较高的园艺生产园区。

（二）方法与步骤

近年来，现代化园艺生产园区在我国发展迅速，全国各省市建设了具有一定规模和层次的现代化园区。现代化园艺生产园区在引进吸收国外先进设施和技术的同时，融入我国具有自主知识产权的新技术，逐渐使现代化园艺技术本土化，不但为园艺产业发展指明了方向，同时作为技术辐射和储存库对一定区域的农民生产起到了示范带动作用。主要参观考察现代化园艺生产园区建设背景与依据；园区概况与规划布局；园区的经营管理模式；园区主要先进技术；园区的功能和作用；园区现代化设施。

四、作业与思考题

参观结束后，每位学生根据自己的体会在以下几方面选择撰写考察报告。

1. 该现代化园艺生产园区的生产布局与技术特点，存在的问题和解决措施。
2. 根据该园艺生产园区的历史与现状，谈一下你对园区进一步发展的设想。

综合技能训练六 蔬菜设施栽培的参观调查

一、训练内容分析

通过对蔬菜设施栽培的参观调查，了解当地蔬菜设施栽培的种类、模式、使用设施类型及生产效益，并能根据所学知识提出建设性意见和建议。

二、核心技能分析

根据自然环境条件和经济状况，因地制宜地选择适宜当地条件的蔬菜设施栽培的种类、模式和设施类型。

三、训练内容

（一）调查方法

1. 点面结合 首先应在调查范围内，选择几个有代表性的地点进行详细调查，在此基础上进行普查。例如调查某个乡镇时，应选几个能代表该乡镇蔬菜生产水平的村进行详细调查，再对其他村进行一般性调查。

2. 座谈会和实地考查相结合 蔬菜生产调查一般要和当地行政部门配合召开基地相关人员、技术人员、老菜农座谈会，了解基本情况后，再进行田间实地调查观察和个别问题的深入访问。

（二）调查内容

蔬菜生产调查应包括蔬菜生产基本情况；蔬菜栽培种类、模式、设施类型和技术特色；生产效益等，分别填入调查表。

（三）编写调查报告

调查结束后，要对资料进行整理分析，编写调查报告。调查报告一般包括以下内容，但不应受此限制。

①目的意义。

②当地环境条件及经济状况。

③蔬菜栽培的种类、模式、设施类型和生产效益等。

④结论，包括存在问题及解决途径和今后生产发展方向等。

四、作业与思考题

（一）记录调查内容

记录当地基本情况（表 12-1）和蔬菜设施栽培情况（表 12-2）。

表 12-1　当地基本情况记录表

调查地点　　　　省　　　市　　　县　　　乡（镇）　　　村		
调查日期　　　年　　　月　　　日		
调查人		
耕地面积　　　　hm^2		
人口　　　人	劳动力　　　人	其中从事农业　　　人
工农业总产值　　　　万元		
农业总产值　　　万元		
农民人均收入　　　元		
主要农业生产设备和工具		
早霜自　　　月　　　旬开始		最低温度　　　℃
晚霜自　　　月　　　旬结束		最低温度　　　℃
年平均日照时数		最大日照时数
年平均降雨量　　　mm	最大降雨量　　　mm	最小降雨量　　　mm
水源		
土壤种类	有机质含量	酸碱度
地下水位	耕作水平	肥力水平
环境污染情况		
当地蔬菜栽培历史		
目前蔬菜栽培面积　　　hm^2		蔬菜设施面积　　　hm^2

表 12-2　蔬菜设施栽培调查记录表

蔬菜栽培种类	总面积（hm^2）	栽培模式	设施类型	栽培季节	周年利用情况	单位面积投资（元）	单位面积产出	年收益（元）

调查地点　　　　调查日期　　　　调查人

（二）通过调查编写一份调查报告

综合技能训练七　花卉设施栽培的参观调查

一、训练内容分析

通过对花卉设施栽培的参观调查，了解当地花卉设施栽培的种类、模式、使用设施类型及生产效益，并能根据所学知识提出建设性意见和建议。

二、核心技能分析

根据自然环境条件和经济状况，因地制宜地选择适宜当地条件的花卉设施栽培的种类、模式和设施类型。

三、训练内容

（一）调查方法

1. 点面结合　首先应在调查范围内，选择几个有代表性的地点进行详细调查，在此基础上进行普查。例如调查某个乡镇时，应选几个能代表该乡镇花卉生产水平的村进行详细调查，再对其他村进行一般性调查。

2. 座谈会和实地考查相结合　花卉生产调查一般要和当地行政部门配合召开技术人员、老花农座谈会，了解基本情况后，再进行田间实地调查观察和个别问题的深入访问。

（二）调查内容

花卉生产调查应包括花卉生产基本情况、花卉栽培种类、模式、设施类型及生产效益等，分别填入调查表。

（三）编写调查报告

调查结束后，要对资料进行整理分析，编写调查报告。调查报告一般包括以下内容，但不应受此限制。

①目的意义。

②当地环境条件及经济状况。

③花卉栽培的种类、模式、设施类型和生产效益等。

④结论，包括存在问题及解决途径和今后生产发展方向等。

四、作业与思考题

（一）记录调查内容

记录当地基本情况（表12-3）和花卉设施栽培情况（表12-4）。

表12-3 当地基本情况记录表

调查地点　　省　　市　　县　　乡（镇）　　村		
调查日期　　年　　月　　日		
调查人		
耕地面积　　hm^2		
人口　　人	劳动力　　人	其中从事农业　　人
工农业总产值　　万元		
农业总产值　　万元		
农民人均收入　　元		
主要农业生产设备和工具		
早霜自　　月　　旬开始	最低温度　　℃	
晚霜自　　月　　旬结束	最低温度　　℃	
年平均日照时数	最大日照时数	
年平均降雨量　　mm	最大降雨量　　mm	最小降雨量　　mm
水源		
土壤种类	有机质含量	酸碱度
地下水位	耕作水平	肥力水平
环境污染情况		
当地花卉栽培历史		
目前花卉栽培面积　　hm^2		花卉设施面积　　hm^2

表12-4 花卉设施栽培调查记录表

花卉栽培种类	总面积（hm^2）	栽培模式	设施类型	栽培季节	周年利用情况	单位面积投资（元）	单位面积产出	年收益（元）

调查地点　　　　调查日期　　　　调查人

（二）通过调查编写一份调查报告

综合技能训练八 果树设施栽培的参观调查

一、训练内容分析

通过对不同果树栽培设施的实地调查、测量、分析，结合观看影像资料，掌握本地区主要果树栽培设施的结构特点、性能及应用，学会果树设施构件的识别及其合理性的评估。

二、核心技能分析

掌握本地区主要果树栽培设施的结构特点、性能及应用；本地区果树栽培设施的主要栽培季节、栽培果树种类。

三、训练内容

（一）用具及设备

1. 用具 室外调查皮尺、钢卷尺、测角仪（坡度仪）等测量用具及铅笔、直尺等记录用具。

2. 影像资料及设备 不同果树栽培设施类型和结构的幻灯片、录像带、光盘等形象资料以及幻灯机、放像机、VCD等影像设备。

（二）步骤与方法

1. 调查和测量 分组按以下内容进行实地调查、访问和测量，将测量结果和调查资料整理成报告。要点如下：

（1）调查本地温室、大棚及夏季保护设施的类型和特点 观测各种类型果树栽培设施的场地选择、设施方位和整体规划情况。分析不同果树栽培设施结构的异同、性能的优劣和节能措施。

（2）测量并记载不同类型果树栽培设施的结构规格、配套型号、性能特点和应用

①日光温室的方位，长、宽、高尺寸，透明屋面及后屋面的角度、长度，墙体厚度和高度，门的位置和规格，建筑材料和覆盖材料的种类和规格，配套设施、设备和配置方式等。

②塑料大棚（装配式钢管大棚和竹木大棚）的方位，长、宽、高规格，用材种类与规格等。

③大型现代温室或连栋大棚的结构、型号、生产厂家、骨架材料和覆盖材料以及方位，长、宽、肩高、顶高、跨度、间距与配套设备设施。

④遮阳网、防虫网、防雨棚的结构类型，覆盖材料和覆盖方式等。

（3）调查记载不同类型果树栽培设施在本地区的主要栽培季节、栽培果树种类、品种及周年利用情况

2. 观看录像、幻灯、多媒体等影像资料 了解我国及国外简易设施，地膜覆盖，大、中棚，

日光温室，连栋大棚，大型温室，夏季保护设施等果树栽培设施种类、结构特点和功能特性。

四、作业与思考题

1. 从本地区果树栽培设施类型、结构、性能及其应用的角度，写出调查报告，画出主要设施、类型的结构示意图，注明各部位名称和尺寸，并指出优缺点和改进意见。

2. 说明本地区主要果树栽培设施结构的特点和形成原因。

附　　表

附表1　部分蔬菜种子的绝对质量、每克粒数、需种量、寿命和使用年限参考表

蔬菜种类	千粒重（g）	每克种子粒数	每667m² 需种量（g）	寿命（年）	使用年限（年）
大白菜	0.8～3.2	313～357	125～150（直播）	4～5	1～2
小白菜	1.5～1.8	556～667	250（育苗）～1 500（直播）	4～5	1～2
结球甘蓝	3.0～4.3	233～333	25～50（育苗）	5	1～2
花椰菜	2.5～3.3	303～400	25～50（育苗）	5	1～2
球茎甘蓝	7～8	303～400	25～50（育苗）	5	1～2
大萝卜	8～10	125～143	200～250（直播）	5	1～2
小萝卜	1～1.1	100～125	1 500～2 500（直播）	5	1～2
胡萝卜	0.5～0.6	909～1 000	1 500～2 000（直播）	5	1～2
芹菜	6.85	1 667～2 000	1 000（直播）	6	2～3
芫荽	5.2	146	2 500～3 000（直播）	2	1～2
小茴香	8～11	192	2 000～2 500（直播）	2	1～2
菠菜	2.1	91～125	3 000～5 000（直播）	5～6	1～2
茼蒿	0.8～1.2	2.1	1 500～2 500（直播）	5	2～3
结球莴苣	0.8～1.0	1 000～1 250	20～25（育苗）	5	2～3
大葱	3～3.5	286～333	300（育苗）	1～2	1
洋葱	2.8～3.7	272～357	250～350（育苗）	1～2	1
韭菜	2.8～3.9	256～357	5 000（育苗）	1～2	1
茄子	4～5	200～250	50（育苗）	5	2～3
辣椒	5～6	167～200	150（育苗）	4	2～3
番茄	2.8～3.3	303～357	40～50（育苗）	4	2～3
黄瓜	25～31	32～40	125～150（育苗）	5	2～3
冬瓜	42～59	17～24	150（育苗）	4	1～2
番瓜	140～350	3～7	150～200（直播）	4～5	2～3
西葫芦	140～200	5～7	200～250（直播）	5	2～3
丝瓜	100	10	100～120（育苗）	5	2～3
西瓜	60～140	7～17	100～150（直播）	5	2～3
甜瓜	30～55	18～33	100（直播）	5	2～3
菜豆（矮）	500		6 000～8 000（直播）	3	1～2
菜豆（蔓）	180	5～6	1 500～2 000（直播）	3	1～2
豇豆	81～122	8～12	1 000～1 500（直播）	5	1～2
豌豆	125	8	7 000～7 500（直播）	3	1～2
蚕豆	735	1.3	～	3	2
苋菜	0.73	1 384	4 000～5 000（直播）	2	1～2

附表 2　部分园艺植物种子的千粒重和播种量

植物名称	千粒重（g）	播种量（kg/hm²）
山定子	4.2～6.8	7.5～22.5
海棠	15.2～23.8	15～45
西府海棠	16.7～25.0	3～30
湖北海棠	8.4～12.5	15.0～22.5
杜梨	14～41.7	15～30
山梨（秋子梨）	52.7～71.4	60～75
毛桃	1 250～4 545	300～750
山桃	1 667～4 167	300～750
山杏	555～2 000	375～900
毛樱桃	83.3～125.0	22.5～112.5
榆叶梅	250	112.5
山樱桃	71.4～83.3	52.5～75.0
中国樱桃	90.9～100	22.5～37.5
酸樱桃	167～200	45～75
甜樱桃	250	75
山楂	62.5～100	187.5～525
山葡萄	33.3～50.0	37.5～60.0
山核桃	3 300～4 500	1 125～2 250
薄壳山核桃	4 500	1 500～1 875
核桃	6 250～16 700	1 875～5 025
板栗	3 100～6 000	1 125～2 250
黑枣（君迁子）	140	60～90
油松	33.9～49.2	30.0～37.5
侧柏	21～22	30.0～45.0
银杏	2 500～3 300	750～1 500
香椿	14～17	7.5～22.5
刺槐	20～22	15.0～22.5
悬铃木	4.9	
枫杨	70	27～54
白蜡	28～29	15～30
紫穗槐	9～12	7.5～22.5
黄栌	3.6	7.5～15.0
桑	1.48	4.5～7.5

附表 3　我国主要城市的地理纬度及气象资料

城市	北纬	东经	海拔高度(m)	气温						风速(m/s)		最大厚度		日照				
				月平均最低	极端最低	冬季月平均			年平均	年平均	最大	积雪(mm)	冻土(cm)	年日照时数(h)	年日照百分率	阴天日平均总云量＞8	晴天日平均总云量＜2	1月份日照百分率
						12月	1月	2月										
漠河	53°29′	122°21′	279.6	−37.3	−52.3	−29.2	−30.9	−26.0	−4.9	2.1	16.7	530	—	2 443	54	94.7	61.9	60
哈尔滨	45°45′	126°38′	171.7	−24.8	−38.1	−15.6	−19.4	−15.4	3.6	4.1	26.0	410	215	2 641	60	69.9	89.9	64
长春	43°52′	125°20′	236.8	−21.6	−36.5	−12.8	−16.4	−12.7	4.9	4.3	31.0	220	169	2 644	60	73.3	91.5	68
乌鲁木齐	43°47′	87°37′	635.5	−20.6	−41.5	−11.6	−15.4	−12.1	5.7	2.8	30.0	440	133	2 734	61	79.1	89.1	53
沈阳	41°46′	123°26′	41.6	−17.3	−30.6	−8.5	−12.0	−8.4	7.8	3.3	29.7	200	148	2 574	58	105.2	67.0	58
鞍山	41°10′	122°56′	21.6	−10.2	−30.4	−6.7	−10.2	−7.0	8.8	3.1	17.0	500	90	2 562.8	60	60	140	55
呼和浩特	40°49′	110°41′	1 063.9	−18.9	−32.8	−11.0	−13.1	−9.0	5.8	1.8	28.0	300	143	2 971	67	55.4	112.4	68
海城	40°35′	112°18′	20.9	−11.1	−33.7	−7.4	−11.1	−7.4	8.4	3.1	17.0	500	100	2 679	61	60	142	57
北京	39°57′	116°19′	31.2	−9.9	−27.4	−2.7	−4.6	−2.2	11.5	2.4	23.8	240	85	2 780	63	83.2	100.8	68
银川	38°25′	106°16′	1 111.5	−15.0	−30.6	−6.7	−9.0	−4.8	8.5	1.9	28.0	70	88	3 040	69	65.1	106.6	76
石家庄	38°04′	114°26′	81.8	−7.8	−26.5	−0.9	−2.9	−0.4	12.9	1.8	15.0	190	54	2 738	62	89.2	102.0	67
太原	37°55′	112°34′	777.9	−13.0	−25.5	−4.9	−6.6	−3.1	9.5	2.5	25.0	160	77	2 676	60	80.9	107.1	65
济南	36°41′	116°58′	51.6	−5.4	−19.7	1.1	−1.4	1.1	14.2	3.2	33.3	190	44	2 737	62	90.1	97.5	62
邯郸	36°40′	114°30′		−7.5	−21.1				12.7	3.0	19.0	110	43	2 526				
西宁	36°35′	101°55′	396.9	−15.1	−26.6	−6.7	−8.4	−4.9	5.7	1.9	15.7	140	134	2 762	62	102.7	69.3	61
兰州	36°01′	103°53′	1 517.2	−12.6	−21.7	−5.5	−6.9	−2.3	9.1	1.1	16.0	90	103	2 608	59	102.8	70.3	70
郑州	34°43′	113°39′	110.4	−4.7	−17.9	1.7	−0.3	2.2	14.2	3.1	20.3	250	27	2 385	54	126.2	68.5	54
西安	34°15′	108°55′	396.9	−5.0	−20.6	0.7	−1.0	2.1	13.3	2.2	15.2	140	45	2 038	46	131.9	58.4	45
南京	32°04′	118°47′	8.9	−1.6	−14.0	4.4	2.0	3.8	15.3	2.7	25.0	510	9	2 155	49	146.5	61.0	46
合肥	31°53′	117°15′	23.6	−1.2	−20.6	4.6	2.1	4.2	15.7	2.6	21.3	450	11	2 163	49	150.9	56.5	45
上海	31°12′	121°26′	4.5	0.3	−10.1	6.2	3.5	4.6	15.7	3.1	30.0	140	8	2 014	45	162.9	45.1	43
武汉	30°38′	114°04′	23.3	−0.9	13.1	5.4	3.0	5.0	16.3	2.7	19.1	320	10	2 058	46	159.1	51.6	39

附表 4　菜田常用农药安全使用标准

农药名称	剂型（%）	对水倍数	最多使用次数	LD_{50}（mg/kg）	收获前禁用天数	最高残留限量（mg/kg）
敌百虫	80SP	1 000	5	630	7	0.1（青菜）
敌敌畏	80EC	2 000	5	80	3	0.1（青菜）
乐果	40EC	1 000	6	250	7	1（青菜）
戊氰菊酯	20EC	2 000	3	451	5	1（青菜）
杀虫畏	20EC	800		5 040	3	2（青菜）
二嗪农	40EC	1 000		108	10	0.7（青菜）
敌杀死	2.5EC	3 000	3	138	7	0.2（叶菜）
氯氰菊酯	10EC	2 000	3	251	3	1（叶菜）
顺氯氰菊酯	10EC	5 000	3	60	3	1（叶菜）
百树菊酯	5.7EC	1 000		590	7	1（叶菜）
功夫	2.5EC	5 000	3	79	7	0.2（叶菜）
抗蚜威	50WP	2 500	3	68	7	1（叶菜）
除虫脲	25WP	1 500		>4 640		1（叶菜）
低毒硫磷	50EC	1 500		925	7	0.2（叶菜）
杀螟松	50EC	1 000		250	21	0.5（菜花）
马拉硫磷	50EC	800		1 751.6	10	0.5（菜花）
氧氯化铜	30F	600		1 400		15（蔬菜）
除虫菊酯	110EC	2 000		430	2	3（蔬菜）
BT		600		极低毒		免除限制
毒死稗	40EC	1 000	3	163	7	1（甘蓝）
喹硫磷	25EC	1 000	2	66	24	0.2（甘蓝）
伏杀磷	35EC	800	2	120	7	1（甘蓝）
西维因	25WP	1 000		850	30	2（甘蓝）
巴丹	90SP	2 000		325	21	0.2（甘蓝）
灭扫利	20EC	2 000	3	107	3	0.5（甘蓝）
来福灵	5EC	8 000	30	325	3	2（甘蓝）
马扑立克	10EC	1 000	3	286	7	1（甘蓝）
扑虱灵	10EC	1 000	3	2 198	11	0.3（黄瓜）
克螨特	73EC	2 000		2 200	7	0.5（黄瓜）
双甲脒	20EC	1 000		500	30	0.5（黄瓜）
倍乐霸	25WP	1 000		76	21	0.5（黄瓜）
尼索朗	5EC	2 000		>5 000		0.1（黄瓜）
瑞毒霉	25WP	1 000	3	669	1	0.5（黄瓜）
杀毒矾	64WP	1 000	4	3 480	3	5（黄瓜）

（续）

农药名称	剂型（%）	对水倍数	最多使用次数	LD_{50}（mg/kg）	收获前禁用天数	最高残留限量（mg/kg）
多菌灵	25WP	400	4	>104	15[b]	0.5（黄瓜）
虎胶酸铜	30F	600		501	3	5（黄瓜）
代森锌	50WP	600	4	>5 200	15[b]	7（美国）
托布津	50FL	800		15 000	5[b]	2（日本）
代森锰锌	70WP	300		5 000	15[b]	0.4（日本）
天王星	2.5EC	8 000	3	54.5	4	0.5（番茄）
托尔克	50WP	2 000	2	2 631	7	1（番茄）
百菌清	75WP	600		>104	7	5（番茄）
粉锈宁	25WP	1 000		1 200	7[b]	0.5（番茄）
辛硫磷	50EC	1 000		1 976	5	0.05（菜豆）
亚胺硫磷	25EC	800		230	7	0.1（豌豆）
乙酰甲胺磷	25EC	1 000	2	823	7	2（豌豆）

注：EC为乳油；SP为可溶性粉剂；WP为可湿性粉剂。

附表5　主要杀菌剂及其在栽培技术中的应用

药剂名称	药效作用及性质	主要防治对象	使用方法及注意事项
代森锌	有机硫杀菌剂，对真菌病害有效，起保护和治疗作用。日光和高温、高湿下易逐渐分解失效，对作物无害，对人畜近于无毒	黄瓜霜霉病；番茄叶霉病、炭疽病	65%可湿性粉剂400～500倍液、80%可湿性粉剂600～800倍液喷雾。65%粉剂与五氯硝基苯1∶1混合配制五代合剂，为苗床土壤消毒的主要药剂之一。不可与含铜、汞及碱性药物混用
福美双（赛欧散）	有机硫杀菌剂，起杀菌作用。用于拌种时对种子无害。遇酸易分解，对人畜低毒	主要用于处理种子和土壤，也可用于茎叶喷雾。处理土壤可防治果菜猝倒病、立枯病、甘蓝黑茎病；喷雾可防治黄瓜霜霉病、白粉病	50%可湿性粉剂，拌种时用药量为种子重量的0.3%～0.5%。土壤消毒667m^2用0.75～1kg，用10倍土，播种时开沟施用。按1∶10与土混合撒于瓜类苗床四周及盆栽花卉的盆边，可避鼠害。喷雾时对水500～800倍液。粉剂对鼻黏膜有刺激作用
克菌丹	又名法尔屯，杀菌范围较广，在干燥条件下较稳定	瓜类和茄果类的疫病、角斑病、立枯病等	50%可湿性粉剂300～400倍液喷雾。不可与油类乳剂、碱性药物混用。对大白菜安全
乙磷铝（霜霉净、疫菌灵）	为保护性杀菌剂，对人畜毒性低	黄瓜霜霉病，番茄、黄瓜疫病，防效较好。为治疗黄瓜霜霉病的主药	40%可湿性粉剂200～250倍液，90%可湿性粉剂400～500倍液喷雾。与福美双、多菌灵混用，可大大提高防效。与糖、尿素混用，用于黄瓜霜霉病的营养治疗
多菌灵	高效、广谱、内吸杀菌剂，有预防和治疗两种效果。药效持久，对作物、人畜无害。系与托布津、甲基托布津同类药	多种蔬菜的白粉病、炭疽病、菌核病、蔓枯病、灰霉病、叶霉病、黄瓜枯萎病、黑星病、茄子黄萎病	50%可湿性粉剂500～1 000倍液喷雾，500倍液灌根。25%可湿性粉剂400倍液喷雾，为治疗黄瓜黑星病特效药之一。对托布津、甲基托布津产生抗药性的病原菌，对多菌灵同样有抗性

（续）

药剂名称	药效作用及性质	主要防治对象	使用方法及注意事项
甲基托布津	高效、光谱、内吸杀菌剂，具有保护、预防和内吸治疗作用。药效持久。怕碱，对人畜无害	对多种蔬菜的白粉病、炭疽病、菌核病、蔓枯病、灰霉病、叶霉病等疗效较好。对黄瓜枯萎病有较好防效	70%可湿性粉剂 800～1 000 倍喷雾，500 倍灌根，667m^2 用药 1～1.5kg 灌根时，药效可维持 15d 以上。也可拌成药土围根治疗黄瓜枯萎病。与 50%扑海因等混合 500 倍喷雾，防治黄瓜疫病
敌克松	以保护作用为主，兼有内吸治疗作用。水溶液遇直射阳光即分散失效	番茄、茄子立枯病、青枯病、黄瓜枯萎病及苗期病害	70%可湿性粉剂 500～700 倍喷雾。90%原粉 500～1 000 倍灌根或 200 倍涂抹病部，或 40kg 过筛细土加原粉 15～30g 做成药土，可防治苗期病害
粉锈宁（粉锈灵、三唑铜）	具双向传导的强内吸杀菌剂，起保护和内吸治疗作用，杀菌范围广，药效时间长，田间药效可维持 1 个月	白粉病、锈病、韭菜灰霉病	15%可湿性粉剂或水剂 1 000 倍、25%可湿性粉剂 1 500 倍喷雾
百菌清	具有保护和内吸治疗作用，残效期长，效果稳定，对人畜毒性低，对鱼类有毒	黄瓜白粉病、霜霉病、蔓枯病、疫病、番茄晚疫病、韭菜灰霉病	75%可湿性粉剂 600 倍喷雾。烟雾剂（片、柱）熏蒸，或直接用于喷粉
瑞毒霉（甲霜灵）	双响传导性的内吸杀菌剂，具有良好的保护和治疗作用，残效期长，对作物安全	黄瓜霜霉病、疫病、番茄晚疫病、葡萄霜霉病	25%可湿性粉剂 600～800 倍喷雾或灌根，25%可湿性粉剂 0.2kg 加 65%代森锌可湿性粉剂 0.25kg 混合 1 000 倍喷雾。不能与碱性药物混合，尽量不单用，以防产生抗药性
杀毒矾 M_8	具有预防、治疗和根除 3 大功效。对作物、人畜和昆虫安全，药效持续时间长	对黄瓜霜霉病、疫病效果尤好，兼治瓜果类蔬菜的早疫病、褐斑病、黑腐病、蔓枯病、苗期猝倒病	64%可湿性粉剂 400～500 倍喷雾。黄瓜疫病急性发作时，可用 50～100 倍液涂抹
代森锰锌	高效、广谱、保护性杀菌剂，高温遇潮湿易分解，对人畜低毒	黄瓜霜霉病、炭疽病、黑斑病、番茄早疫病、叶霉病、轮纹病、斑点病，茄子灰霉病、黑枯病，白菜、甘蓝霜霉病等	70%可湿性粉剂 300～500 倍喷雾。温室黄瓜喷用时，宜在下午温度低时进行，使用浓度也宜低些。低温时期使用时，宜与其他药物交替使用，防止出现锰过剩症
瑞毒锰锌（甲霜灵锰锌）	具内吸和保护作用的杀菌剂，可在植物体内上、下移动	十字花科及瓜类霜霉病，洋葱霜霉病、番茄晚疫病	58%可湿性粉剂 400～500 倍喷雾。在发病高峰期 5～7d 1 次，可与其他农药交替使用，以防产生锰害
五氯硝基苯	为土壤杀菌剂，在土中稳定，残效期长	苗期猝倒病、立枯病	与 65%代森锌 1∶1 混合（五代合剂），或与 50%福美双 1∶1 混合（五福合剂）。使用时每平方米苗床用其中一种混合剂 8g，先与 1kg 过筛细土混合，再与 14kg 细土混合。播种时 2/3 药土铺底，1/3 药土盖种
扑海因	高效、广谱杀菌剂，对人畜低毒，使用安全。药效时间长，1 000 倍液喷后 20d 药效可维持 80%以上	瓜类枯萎病、番茄早疫病、灰霉病，洋葱、黄瓜、韭菜灰霉病，白菜、甘蓝黑斑病	50%可湿性粉剂 1 000～1 500 倍喷雾。800～1 000 倍灌根防治枯萎病。与 70%甲基托布津 1∶1 混合 500～800 倍喷雾防治黄瓜疫病

（续）

药剂名称	药效作用及性质	主要防治对象	使用方法及注意事项
农抗120	农用抗菌素的生物制剂，喷后0.5h即进入植物体内，对人畜无害	白粉病、西瓜炭疽病、黄瓜炭疽病、枯萎病	用含量3万单位的药液150～200倍喷雾或灌根
甲霜灵铜（瑞毒铜）	对细菌和真菌病害均有较好疗效	黄瓜细菌性角斑病、疫病、霜霉病，茄子黄萎病，辣椒疮痂病，西瓜白粉病	43%可湿性粉剂600～1 000倍液喷雾。不能与碱性药物混用。最好与乙磷铝交替使用
DT杀菌剂	有机铜制剂，兼有保护和治疗作用，对细菌和真菌均有一定作用	黄瓜细菌性角斑病，兼治白粉病和霜霉病。对芹菜斑枯病有特效	30%粉剂300～500倍喷雾。药粉充分化开，并注意使用袋内增效剂。高温下对黄瓜发生药害，用药浓度不宜大，喷药应避开高温时间。白菜对铜敏感，应慎用
农用硫酸链霉素或新植霉素	农用抗菌素	黄瓜细菌性角斑病、霜霉病，白菜软腐病，甘蓝黑腐病	原粉用清水稀释至150万～200万单位（mg/kg）喷雾（无法购到农用品时，可用人畜用链霉素，或链霉素与青霉素混用代替）
波尔多液	硫酸铜与生石灰反应生成碱式硫酸铜，喷布植物表面后，受二氧化碳和氨气的作用，逐渐产生可溶性铜盐而起到杀菌作用。虽历史较久，但仍为各国所重视的高效、无污染的常用杀菌剂。药效期较长	瓜类细菌性角斑病、炭疽病，黄瓜生育后期的霜霉病，番茄叶霉病，辣椒炭疽病，茄子绵疫病、褐纹病等	不同作物、不同生育期应用不同的配比，配合不对易生药害。按硫酸铜、生石灰、水的配比可分：①石灰半量式（1：0.5：200～250）适于对石灰敏感的番茄、辣椒、黄瓜、西瓜使用；②石灰等量式（1：1：200～250）适于菜豆等蔬菜使用；③石灰倍量式（1：2：200～250）适于对铜敏感的大白菜使用。配制方法：先将洁净的硫酸铜（蓝矾）、生石灰（若无生石灰可用新鲜熟石灰，但要增加用量50%）及水称量好。将硫酸铜用少量热水充分化开，然后倒入缸内，加入总用水量的5/6，用其余1/6配制石灰乳。将石灰乳缓慢倒入硫酸铜溶液里，边倒边搅拌。随配随用，不宜储存过久。用药应以防病为主
铜皂液	用硫酸与肥皂配制而成，较波尔多液药害少，对瓜类比较安全。残效期10d左右	黄瓜霜霉病、白菜霜霉病、白斑病；大葱紫斑病、霜霉病及蔬菜苗期多种叶斑病	按硫酸铜、肥皂、碱面和水的比例为1：5：1：800配制。取总用水量1/10配硫酸铜溶液，再取1/10水量溶解肥皂，将两种溶液均加温至70～80℃。将硫酸铜溶液缓缓倒入肥皂液中，并不断搅拌成铜皂原液。将碱面加入剩余8/10水中，趁热把铜皂原液缓慢倒入碱水中，并稍加搅拌即成。配制时不能用金属容器。不能与代森锌混用
铜铵合剂		瓜类猝倒病	硫酸铜2份，碳酸氢铵11份，充分研磨成粉后混合均匀，装入塑料袋内扎口密封24h，即成铜铵制剂。使用时，取1份铜铵合剂，加水400倍，溶解后即可喷用

附表6　不同类型棚膜的规格、性能与用途

种类		规格 厚度（mm）	折径（m）	性能特点	667m² 用量（kg）	
聚乙烯	普通	0.06～0.12	1.5、3.5、2.0、4.0、3.0、5.0	透光率衰退慢，相对密度0.92，单位面积用量少，使用期4～6个月，可络合，不易粘贴	温室 大棚 中小棚	100 110～140 80～130
	长寿	0.10～0.12	1.0、2.0、1.5、3.0	强度高，耐老化，使用期2年以上，其他同普通膜	温室 大棚	80～100 100～300
	线性	0.05～0.09	1.0、2.0、1.5、4.0	强度高，较耐老化，使用期限1年左右，散射光透性好，其他同普通膜	大棚 中小棚	80～100 50～110
	薄型耐老化多功能	0.05～0.08	1.0、2.0、1.5、4.0	耐老化，使用期1年以上，全光性好，散射光占50%以上，单位重量覆盖面积大	温室 大棚 中小棚	50～60 60～80 50～100
聚氯乙烯	普通	0.10～0.12	1.0、2.0、3.0	保温性好，新膜透光率高，使用1～2月后大幅度下降，耐老化性较好，使用期1年左右，相对密度1.25，单位面积用量大，耐高温不耐高寒，易络合，易粘贴	温室 大棚	120～130 130～150
	无滴	0.08～0.12	0.75、1.0、2.0	表面不结露，形成一薄层透明水膜，透光性强于PVC普通膜，其他性能同普通聚氯乙烯膜	温室 大棚	110～125 140～150

附表7　常用地膜规格、用途和性能

地膜类型	规格 幅宽（cm）	厚度（mm）	用途及667m² 用量（kg）	性能
普通地膜（LDPE）	70～250	0.014±0.002	地面、近地面覆盖，保温幕；7.5～15kg	透明，保温、增温、保湿性较好，强度大，耐候性较强，使用期长，适应性广
低压高密度聚乙烯膜（HDPE）	80～120	0.008±0.002	地面覆盖；4～6.2kg	半透明，强度高，开口性好，柔软性、耐候性差，不易与土表贴紧
线性聚乙烯膜（L-LDPE）	80～120	0.008±0.002	地面覆盖；4～6.2kg	透明度介于LDPE与HDPE之间，耐刺穿性、开口性、柔软性较好，强度大，耐候性强，但易粘连
黑色膜	100～200	0.02±0.005	地面覆盖，软化栽培和防除杂草；7.4～12.3kg	透光率10%以下，保墒性好，灭草效果好，增温效果差

（续）

地膜类型	规格		用途及667m²用量（kg）	性　能
	幅宽（cm）	厚度（mm）		
绿色膜	80～120	0.015～0.02	地面覆盖，抑制杂草生长和地温增加；7.4～9.9kg	橙红光透光率低
银灰色膜	80～120	0.015～0.02	地面覆盖，驱蚜避虫；7.4～9.9kg	地膜表面喷涂一层铅箔，反射紫外光能力强
耐老化长寿膜		0.015	地面覆盖，一次覆盖多茬栽培；9.6kg	强度高，不易老化，使用时间长
除草膜	80～130	0.015	地面覆盖，防除杂草；7.4～8.0kg	将除草剂混入或吹附在地膜表面，朝土覆盖，具增温、保墒、除草3种功能
黑白双地膜	80～120	0.025～0.04	夏季防草降温覆盖；12.3～19.8kg	黑白两色膜复合而成，白色朝上反光，黑色朝下灭草
切口膜	140～170	0.012～0.02	撒条、条插、断续条播地面覆盖；7.2kg左右	膜上有横向切口，呈带状，增温保墒性能差

附表8　蔬菜常用农药混合使用表

农　药	敌百虫	敌敌畏	乐果	马拉松	亚胺硫磷	微生物杀虫剂	波尔多液	石硫合剂	三氯杀螨醇	多菌灵、托布津	瑞毒霉	百菌清	粉锈宁	菊酯类	代森类	退菌特	乙烯利	助壮素
敌百虫	○	+	+	+	+	+	⊕	⊕	+	⊕	+	+	+	+	+	+	+	+
敌敌畏	+	○	+	+	+	+	×	×	+	⊕	+	△	+	+	+	+	+	+
乐果	+	+	○	+	+	+	×	×	+	⊕	+	△	+	+	+	+	+	+
马拉松	+	+	+	○	+	+	×	×	+	⊕	+	△	+	+	+	+	+	+
亚胺硫磷	+	+	+	+	○	+	×	×	+	⊕	+	△	+	+	+	+	+	+
微生物杀虫剂	+	+	+	+	+	○	×	×	×	×	×	×	×	×	×	×	△	△
波尔多液	⊕	×	×	×	×	×	○	×	×	×	△	△	×	×	×	×	×	⊕
石硫合剂	⊕	×	×	×	×	×	×	○	×	×	△	△	×	×	×	×	×	⊕
三氯杀螨醇	+	+	+	+	+	×	×	×	○	+	+	+	+	⊕	+	+	+	+
多菌灵、托布津	⊕	⊕	⊕	⊕	⊕	×	×	×	+	○	+	+	+	⊕	⊕	⊕	⊕	⊕
瑞毒霉	+	+	+	+	+	×	△	△	+	+	○	+	+	+	+	+	+	+
百菌清	+	△	△	△	△	×	△	△	+	+	+	○	+	+	+	+	+	+
粉锈宁	+	+	+	+	+	×	×	×	+	+	+	+	○	+	+	+	+	+
菊酯类	+	+	+	+	+	×	×	×	⊕	⊕	+	+	+	○	+	+	+	+
代森类	+	+	+	+	+	×	×	×	+	⊕	+	+	+	+	○	+	+	+
退菌特	+	+	+	+	+	×	×	×	+	⊕	+	+	+	+	+	○	+	+
乙烯利	+	+	+	+	+	△	×	×	+	⊕	+	+	+	+	+	+	○	+
助壮素	+	+	+	+	+	△	⊕	⊕	+	⊕	+	+	+	+	+	+	+	○

注：(1) 表内符号说明："+"可以混合，"×"不可以混合，"⊕"即混即用，"△"尚待试验，"○"无需混合。

(2) 菊酯类：包括溴氰菊酯、氯氰菊酯、速灭杀丁、灭扫利、马扑立克、百树菊酯。

(3) 代森类：包括代森锌、代森铵、代森锰铵。

(4) 微生物杀虫剂：包括青虫菌、杀螟杆菌等。

附表 9　用化学肥料供给主要元素的百分含量及换算系数

供给元素 (1)	肥料名称	分子式 (2)	相对分子质量	供给元素含量（%）	换算系数	
					(1) → (2)	(2) → (1)
N	硝酸钙	$Ca(NO_3)_2 \cdot 4H_2O$	236	11.87	8.424 6	0.118 7
	硝酸钾	KNO_3	101	13.86	7.215 0	0.138 6
	硝酸铵	NH_4NO_3	80	35.01	2.856 3	0.350 1
	磷酸二氢铵	$NH_4H_2PO_4$	115	12.18	8.210 2	0.121 8
	磷酸氢二铵	$(NH_4)_2HPO_4$	132	21.22	4.712 5	0.212 2
	硫酸铵	$(NH_4)_2SO_4$	132	21.20	4.717 0	0.212 0
P	磷酸二氢钾	KH_2PO_4	136	22.76	4.393 7	0.227 6
	磷酸氢二钾	K_2HPO	174	17.78	5.624 3	0.177 8
	磷酸二氢铵	$NH_4H_2PO_4$	115	26.92	3.174 7	0.269 2
	磷酸氢二铵	$(NH_4)_2HPO_4$	132	23.45	4.264 4	0.234 5
Ca	硝酸钙	$Ca(NO_3)_2 \cdot 4H_2O$	236	16.97	5.892 8	0.169 7
	氯化钙	$CaCl_2$	111	36.11	2.769 3	0.361 1
Mg	硫酸镁	$MgSO_4 \cdot 7H_2O$	246	9.86	10.142	0.098 6
	氯化镁	$MgCl_2$	95	25.53	3.917 0	0.255 3
S	硫酸镁	$MgSO_4 \cdot 7H_2O$	246	13.01	7.686 4	0.130 1
	硫酸铵	$(NH_4)_2SO_4$	132	24.26	4.122 0	0.242 6
	硫酸钾	K_2SO_4	174	18.40	5.434 8	0.184 0
Fe	硫酸亚铁	$FeSO_4 \cdot 7H_2O$	278	20.09	4.977 6	0.209 0
	三氯化铁	$FeCl_3 \cdot 6H_2O$	270	20.66	408 403	0.206 6
B	硼酸	H_3BO_3	62	17.48	5.720 8	0.174 8
	硼砂	$Na_2B_4O_7 \cdot 10H_2O$	381	11.34	8.818 3	0.113 4
Mn	硫酸锰	$MnSO_4 \cdot H_2O$	169	32.51	3.076 0	0.325 1
	氯化锰	$MnCl_2 \cdot 4H_2O$	198	27.76	3.602 3	0.277 6
Zn	硫酸锌	$ZnSO_4 \cdot 7H_2O$	287	22.74	4.399 4	0.227 4
Cu	硫酸铜	$CuSO_4 \cdot 5H_2O$	250	25.45	3.929 3	0.254 5
Mo	钼酸铵	$(NH_4)_6Mo_7O_{24} \cdot 4H_2O$	1 236	54.34	1.840 3	0.543 4

附表 10　主要有机肥养分含量和性质

种类	含氮量（%）	含磷量（%）	含钾量（%）	性质
大粪干	9.12	3.16	2.98	速效、微碱
猪粪干	3.00	2.25	2.50	速效、微碱
鲜猪厩肥	0.45	0.19	0.60	迟效、微碱
马粪干	2.08	1.45	1.25	迟效、微碱
鲜马厩肥	0.58	0.28	0.63	迟效、微碱
牛粪干	1.87	1.56	0.62	迟效、微碱
鲜牛厩肥	0.45	0.23	0.50	迟效、微碱
羊粪干	1.78	1.42	0.71	迟效、微碱
鲜羊粪干	0.83	0.23	0.67	迟效、微碱
土粪	0.12～0.58	0.12～0.68	0.26～1.53	速效、微碱
堆肥	0.4～0.5	0.18～0.26	0.45～0.70	迟效、微碱
鸡粪干	3.7	3.5	1.93	迟效、微碱
兔粪干	1.58	1.47	0.21	迟效、微碱
家禽粪干	0.5～1.5	0.5～1.5	1.0～1.5	迟效、微碱
木灰	—	3.90	11.70	速效、微碱
蒿秆灰	—	2.10	4.50	速效、微碱
粉渣干	5.18	0.59	0.49	迟效、微碱

附表 11　适宜追肥用的有机肥营养成分

种类	含氮量（%）	含磷量（%）	含钾量（%）	性质	使用方法
人尿	0.43	0.06	0.28	速效、微碱	腐熟后追肥，加水 5～10 倍
人粪尿	0.5～0.8	0.2～0.4	0.2～0.3	速效、微碱	腐熟后追肥，加水 5～10 倍
草木灰	—	2～3.1	0.1	迟效、碱性	易溶于水，追肥
多年房框土	3.60	—	—	速效、微碱	追肥
家畜血	3.05	0.06	0.08	迟效、碱性	与细土混合做追肥
鱼粉	7.97	7.12	2.85	迟效、碱性	与细土混合做追肥
肉骨粉	8.68	8.37	—	迟效、碱性	与细土混合做追肥
粉渣	5.18	0.59	0.49	迟效、微碱	追肥

附表12 主要植物生长调节剂、营养素的使用

名称	应用作物	使用浓度或用量	使用方法	使用目的
2，4-D	番茄	10～20mg/kg	①蘸花，将刚开放的花浸入药液中；②涂花，毛笔蘸药涂抹花及花柄；③喷花，用手持小喷雾器喷花，但不要喷到植株体上	防落花、落果
	茄子	15～25mg/kg		
	辣椒	15～25mg/kg		
	西葫芦	15～20mg/kg		
防落素	番茄	25～35mg/kg	同一花序半数花开时喷花	提高坐果率，促进早熟增产
	茄子	30～40mg/kg	花期喷花	
	辣椒	20～25mg/kg	花期喷花	
	西葫芦	10～50mg/kg	花期喷花	
	甜瓜	10～50mg/kg	花期喷花	
			注意不要喷到植株体上	
矮壮素（CCC）	黄瓜	2 500～5 000mg/kg	苗床浇施 $1kg/m^2$	防幼苗徒长，促进秧苗健壮
	番茄	1 000mg/kg	$667m^2$ 用40～50kg花期喷茎叶	
	茄子	4 000～5 000mg/kg	$667m^2$ 用40～50kg花期喷茎叶	
	辣椒	4 000～5 000mg/kg	$667m^2$ 用40～50kg花期喷茎叶	
缩节胺	番茄	100mg/kg	移植前和初花期分两次叶面喷施	提高坐果，增加产量
	辣椒	100mg/kg	植株初花期喷施	
比久（B_9）	黄瓜	1 000～5 000mg/kg	喷洒植株	控制徒长，提高产量
	番茄	2 500～5 000mg/kg	幼苗期1～4叶期、坐果后各喷1次	
赤霉素（九二〇）	菠菜	10～30mg/kg	4～6叶后喷3次，或收获前7d喷1次	加速生长，提高产量
	芹菜	40～100mg/kg	收获前20d喷2次	
	芫荽	10～20mg/kg	收获前20d和15d各喷1次	
	黄瓜	20～40mg/kg	雌花开花时喷花或喷幼瓜	
	韭菜	20～30mg/kg	收割前15d和10d各喷1次	
五四〇六细胞分裂素（3号制剂）	黄瓜	600倍浸提液	定植后10d开始使用	促进细胞分裂、叶绿素形成，提高抗病性、抗寒性，增加产量
	番茄		4叶期使用	
	辣椒		定植后10～15d开始使用	
	茄子		定植后20～30d开始使用	
	西瓜		始花期使用	
	芹菜		定植后20d使用	
			均需隔10d喷施1次，连用3次	
乙烯利	黄瓜	60～200mg/kg	苗期1叶、3叶期各喷1次	增加雌花，控制徒长，促进根系生长，催熟增产
	南瓜	100mg/kg	4叶期前喷2次、间隔7d	
	番茄	2 000～4 000ml/L	浸果、抹果，催熟；拔秧前7d全株喷施	
	西葫芦	100～200ml/L	3叶期后喷3次，间隔10d	
丰产素	黄瓜	0.5～1mg/kg	开花结瓜前叶面喷2次，间隔15～20d	促进细胞分裂与伸长，促进根系生长，提高结实，增加产量

（续）

名称	应用作物	使用浓度或用量	使用方法	使用目的
丰产素	番茄	0.5～1mg/kg	盛花期喷施1次	促进细胞分裂与伸长，促进根系生长，提高结实，增加产量
	辣椒		苗期、结果期各喷1次	
	茄子		苗期、结果期各喷1次	
	芹菜		生育期共喷3次，间隔15～20d	
	韭菜		苗高7～10cm时喷1次	
三十烷醇	番茄	0.5～1mg/kg	花期喷2次	提早2～5d
	茄子	1mg/kg	花期喷叶	成熟，减轻病害，增产
	辣椒	1mg/kg	花期喷叶	
	黄瓜	0.5mg/kg	花期喷叶	
	西瓜	0.5mg/kg	西瓜直径10cm时喷用	增加雌花数，增产
	食用菌	1mg/kg	菌丝体生长期、菌丝更新期、子实体形成期喷用	增糖，提高品质，提高菌丝活力，菌柄粗壮洁白，增产
	韭菜	0.5mg/kg	苗高6～7cm时喷用	促进生长
	大蒜	0.5mg/kg	喷洒植株	促进生长，蒜薹粗壮
农乐	黄瓜	0.03%水溶液	根瓜坐住喷1次，667m² 用药液20kg，间隔25d再喷1次，667m² 用药液35kg	促进根壮，提高坐果，延缓衰老
爱多收	果菜类	6 000倍液	浸种12h；苗期每月喷2～3次；黄瓜定植后喷4～5次，番茄各花序2～3朵花开放时喷1～2次	促进发根、早熟，提高抗逆性
	叶菜类		浸种4～6h，生长期每周喷1～2次，直至收获	发芽整齐，促进生长
叶面宝	果菜类	每667m² 5～7.5ml	瓜类开花前后及果期各喷1次，茄果类花前、结果期每10d喷1次	提高坐果率，增加单瓜重

附表13　人工补充照明所需功率及补光时间

补充目的	适合光源	安装功率（W/m²）	每天补光时间（h）
加强光合作用	水银灯 水银荧光灯 荧光灯	50～100	8～12
增加光照强度	荧光灯 钨丝灯	5～50	8
促进球茎花卉开花	钨丝灯 荧光灯	25～100	12
无光室内栽培	水银荧光灯 荧光灯 钨丝灯（发芽）	200～1 000	16

主要参考文献

包满珠．2003. 花卉学．第 2 版．北京：中国农业出版社

北京林业大学园林系花卉教研组．2001. 花卉学．北京：中国林业出版社

北京农业大学．1989. 蔬菜栽培学　保护地栽培．第 2 版．北京：农业出版社

别之龙，2007. 从国家农业科技发展导向探讨中国设施园艺的发展方向．农业工程技术（10）：30～31

别之龙．2005. 蔬菜设施栽培专题讲座　第三讲　长江流域茄果类蔬菜春季设施栽培技术．长江蔬菜（3）：45～47

别之龙．2005. 蔬菜设施栽培专题讲座　第九讲　长江流域设施蔬菜秋延后栽培技术．长江蔬菜（9）：52～53

别之龙．2005. 蔬菜设施栽培专题讲座　第六讲　设施蔬菜栽培灌溉系统的选择．长江蔬菜（6）：49～51

别之龙．2005. 蔬菜设施栽培专题讲座　第一讲　园艺设施类型与覆盖材料的选择．长江蔬菜（1）：54～56

别之龙．2005. 蔬菜设施栽培专题讲座　第八讲　夏季蔬菜设施育苗管理技术．长江蔬菜（8）：56～57

别之龙，汪李平．2005. 蔬菜设施栽培专题讲座　第五讲　长江流域西甜瓜春季设施栽培技术．长江蔬菜（5）：46～48

曹毅，李春梅．2002. 园艺设施中的环境控制技术．长江蔬菜（1）：22～23

陈殿奎．2000. 引进温室与我国设施园艺发展．中国温室．中国温室网网刊（6）：4～7

陈殿奎．2001. 蔬菜工厂化穴盘育苗技术．中国温室　中国温室网网刊（6）：6～12

陈殿奎．2004. 从荷兰温室园艺的发展反思我国工厂农业．中国蔬菜（6）：42～43

陈端生．2003. 设施园艺生产对覆盖材料性能的要求．农村实用工程技术（1）：25～26

陈贵林．1997. 蔬菜栽培学．北京：中国农业科技出版社

陈贵林．2000. 蔬菜温室建造与管理手册．北京：中国农业出版社

陈俊愉．1990. 中国花经．上海：上海文化出版社

陈青云，李成华．2001. 农业设施学．北京：中国农业大学出版社

程智慧．2003. 园艺学概论．北京：中国农业出版社

董春旺，胡斌，坎杂，张若宇，李明志．2008. 工厂化穴盘育苗精量播种装置现状及发展对策．农机化研究（8）：247～249

董子安．2006. 园艺设施类型与覆盖材料的选择．现代园艺（12）：21～22

樊巍，王志强等．2001. 果树设施栽培原理．郑州：黄河水利出版社

高东升，束怀瑞．2001. 几种适宜设施栽培果树需冷量的研究．园艺学报．28（4）：283～289

高华君，王少敏．2003. 中国果树的保护地栽培．世界农业（11）：41～42

葛晓光．1995. 蔬菜育苗大全．北京：中国农业出版社

郭世荣．2003. 无土栽培学．北京：中国农业出版社

郭维明，毛龙生．2001. 观赏园艺概论．北京：中国农业出版社

郝保春．2000. 草莓生产技术大全．北京：中国农业出版社

黄照愿等．2008. 配方施肥与叶面施肥．修订版．北京：金盾出版社

蒋锦标，吴国兴．2000. 果树反季节栽培技术指南．北京：中国农业出版社

蒋卫杰，刘伟，余宏军，郑光华．2001. 中国大陆无土栽培发展概况（英文）．农业工程学报（1）：10～15

蒋卫杰，郑广华等．1996. 有机生态型无土栽培技术及其营养生理基础．园艺学报，23（2）：139～144
蒋有条等．1998. 大棚温室西瓜甜瓜栽培技术．北京：金盾出版社
鞠剑峰等．2006. 园艺专业技能实训与考核．北京：中国农业出版社
李光晨．2000. 园艺通论．北京：中国农业大学出版社
李光晨等．2001. 园艺植物栽培学．北京：中国农业大学出版社
李鹤荣．2001. 果树栽培学各论．北京：中国农业出版社
李绍华等．1999. 果树栽培概论．北京：高等教育出版社
李式军．2002. 设施园艺学．北京：中国农业大学出版社
李天来．2004. 设施园艺在我国农业发展中的战略地位及发展方向．华中农业大学学报（增刊）：1～3
李宪利，高东升．2000. 果树优质高产高效栽培．北京：中国农业出版社
李援农等．2000. 保护地节水灌溉技术．北京：中国农业出版社
李志强等．2006. 设施园艺．北京：高等教育出版社
连兆煌．1994. 无土栽培原理与技术．北京：中国农业出版社
刘士哲．2001. 现代实用无土栽培技术．北京：中国农业出版社
刘伟，陈殿奎，E. A. vanos. 2005. 无土栽培营养液消毒技术研究与应用．农业工程学报（Z2）：121～124
刘燕．2003. 园林花卉学．北京：中国林业出版社
刘宜生等．1996. 蔬菜育苗技术．北京：金盾出版社
鲁涤非．1998. 花卉学．北京：中国农业出版社
马文哲等．2007. 绿色果品生产技术．北京：中国环境科学出版社
马占元．1997. 日光温室实用技术大全．石家庄：河北科学技术出版社
毛海军，田文斌．2008. 我国设施园艺发展的思考．现代园艺（5）：2～3
孟新法，陈端生，王坤范．2007. 草莓设施栽培技术问答．北京：中国农业出版社
孟新法，王坤范．1996. 果树设施栽培．北京：中国林业出版社
潘瑞炽，李玲．1995. 植物生长发育的化学控制．广州：广东高等教育出版社
山东农业大学．1999. 蔬菜栽培学各论．北京：中国农业出版社
司亚平，何其明．2000. 穴盘育苗技术要点．中国蔬菜（6）：52～53
宋佩茹．2008. 设施园艺工程与我国农业现代化建设．现代农业（6）：11～12
隋家明等．2006. 农业综合节水技术．郑州：黄河水利出版社
孙程旭，李建设，高艳明．2007. 我国设施园艺农用覆盖材料的应用与展望．长江蔬菜（4）：32～36
孙曰波，李瑞昌．2008. 百合生产实用技术．北京：中国农业科学技术出版社
王海波，刘凤之，王孝娣，李敏．2007. 中国果树设施栽培的八项关键技术．农业工程技术（温室园艺）（2）：48～51
王丽霞，汤举红．2006. 园艺设施内微灌系统的设计·安装及使用．安徽农业科学（10）：2112～2114
王香春．2001. 城市景观花卉．北京：中国林业出版社
王秀峰．2000. 蔬菜工厂化育苗．北京：中国农业出版社
王耀林．2000. 设施园艺工程技术．郑州：河南科学技术出版社
王中英等．1997. 果树的设施栽培．世界农业（6）：28～31
吴殿星，胡繁荣．2004. 植物组织培养．上海：上海交通大学出版社
吴国兴．2000. 保护地蔬菜生产技术大全．北京：中国农业出版社
吴国兴．2000. 蔬菜周年生产技术．沈阳：辽宁科学技术出版社
吴普特等．2002. 现代高效节水灌溉设施．北京：化工工业出版社

夏春森等．2000．蔬菜遮阳网　防虫网　防雨棚覆盖栽培．北京：中国农业出版社
邢禹贤．1990．无土栽培原理与技术．北京：中国农业出版社
徐志豪，寿伟林．2001．设施栽培系列讲座　园艺设施类型、结构、投资和高效栽培模式．浙江农业科学（1）：47～48
闫杰，罗庆熙．2004．园艺设施内湿度环境的调控．长江蔬菜（9）：36～39
杨天仪等．2000．上海地区绯红葡萄促成与避雨栽培研究．果树科学，17（2）：83～85
杨祖衡．2000．设施园艺技能训练及综合实习．北京：高等教育出版社
叶自新．1988．植物激素与蔬菜化学控制．北京：中国农业科技出版社
虞佩珍．2003．花期调控原理与技术．沈阳：辽宁科学技术出版社
张德纯，王德槟．2003．芽苗菜生产及展望．中国食物与营养（1）：8～10
张德纯，王德槟．2003．芽苗菜栽培技术．中国食物与营养（2）：10～11
张福墁．2002．农业现代化与我国设施园艺工程．农业工程学报（增刊）：1～4
张福墁．设施园艺学．2001．北京：中国农业大学出版社
张丽琴，别之龙．2005．蔬菜设施栽培专题讲座　第十二讲　设施蔬菜生产中的主要问题及新技术介绍．长江蔬菜（12）：46～47
张彦萍．2002．设施园艺．北京：中国农业出版社
张英，徐建华，李万良．2008．无土栽培的现状及发展趋势．农业展望（5）：40～42
张真和，李建伟．2002．无公害蔬菜生产技术．北京：中国农业出版社
章镇，王秀峰．2003．园艺学总论．北京：中国农业出版社
中国农业百科全书·观赏园艺卷．1996．北京：中国农业出版社
中国农业百科全书·果树卷．1993．北京：中国农业出版社
中国农业百科全书·蔬菜卷．1990．北京：农业出版社
中国农业科学院蔬菜花卉研究所．1987．中国蔬菜栽培学．北京：农业出版社
中国农业科学院郑州果树研究所．1987．中国果树栽培学．北京：农业出版社
周长吉等．2003．现代温室工程．北京：化工工业出版社
周静波．2008．无土栽培技术综述．安徽农业科技（1）：35～37，41
邹志荣．2002．设施园艺学．北京：中国农业出版社
Eugeue Reiss and A J Both. 2001. Open-Roof Greenhouse Update. Horticultural Engineering，16（4）：1～2

图书在版编目（CIP）数据

设施园艺/张彦萍主编．—2版．—北京：中国农业出版社，2009.5（2015.12重印）
普通高等教育“十一五”国家级规划教材
ISBN 978-7-109-13428-7

Ⅰ．设… Ⅱ．张… Ⅲ．园艺－保护地栽培－高等学校－教材 Ⅳ．S62

中国版本图书馆CIP数据核字（2009）第024319号

中国农业出版社出版
（北京市朝阳区农展馆北路2号）
（邮政编码 100125）
责任编辑 戴碧霞

北京万友印刷有限公司印刷 新华书店北京发行所发行
2002年6月第1版 2009年5月第2版
2015年12月第2版北京第4次印刷

开本：820mm×1080mm 1/16 印张：26.25
字数：620千字
定价：48.00元